"十二五"普通高等教育本科国家级规划教材

教育部"国家精品课程"
北京大学"变态心理学"课程配套教材

变态心理学（第二版）

Foundations of Abnormal Psychology

钱铭怡 主　编
钟　杰 副主编

北京大学出版社
PEKING UNIVERSITY PRESS

图书在版编目(CIP)数据

变态心理学 / 钱铭怡主编；钟杰副主编. -- 2版. -- 北京：北京大学出版社，2024.11. -- (北京大学心理学教材基础课部分). -- ISBN 978-7-301-35501-5

Ⅰ. B846

中国国家版本馆CIP数据核字第2024UL3088号

书　　　名	变态心理学（第二版） BIANTAI XINLIXUE（DI-ER BAN）
著作责任者	钱铭怡　主编　钟　杰　副主编
责任编辑	赵晴雪
标准书号	ISBN 978-7-301-35501-5
出版发行	北京大学出版社
地　　　址	北京市海淀区成府路205号　100871
网　　　址	http://www.pup.cn　　新浪微博：@北京大学出版社
电子邮箱	zpup@pup.cn
电　　　话	邮购部 010-62752015　发行部 010-62750672　编辑部 010-62752021
印　刷　者	北京市科星印刷有限责任公司
经　销　者	新华书店
	730毫米×980毫米　16开本　33印张　684千字 2006年5月第1版 2024年11月第2版　2024年11月第1次印刷（总第26次印刷）
印　　　数	210001—217000册
定　　　价	89.00元

未经许可，不得以任何方式复制或抄袭本书之部分或全部内容。
版权所有，侵权必究
举报电话：010-62752024　电子邮箱：fd@pup.cn
图书如有印装质量问题，请与出版部联系，电话：010-62756370

谨以此书纪念陈仲庚教授、万文鹏教授。

第二版序言

《变态心理学》自 2006 年出版以来受到广泛好评,成为许多高校变态心理学课程的教科书,并且在出版的当年入选"十一五"普通高等教育国家级规划教材,2012 年入选"十二五"普通高等教育国家级规划教材。

以此书为教材,当时由我主持的变态心理学课程,分别在 2006 年获评国家级精品课程,2014 年获评国家级精品资源共享课,此后课程被做成慕课。后来不知道由什么人从哪里获得,也不知道是什么时间,有人将我们变态心理学课程的视频放到了某网站上。过了好几年我才从其他老师口中听说,并了解到变态心理学课程当时已成为该网站心理学课程点击率最高的课程视频。虽然一直没有任何人联系我们说明课程视频上网的事情或签署任何授权协议(时至今日,依然如此),作为知识的贡献者,我们感到自己的权利未被尊重,但听到一届届前来报考北京大学临床心理学硕士研究生的学子说他们都受益于此网络课程,也就释然了。

一、与教材修订相关的情况

随着时代的发展、科学研究的进步,之前的教材和课程内容有些已经过时,虽然北京大学接手我的变态心理学课程的老师们已经对课程内容进行了修改,但教材尚未修订,是一件憾事。事实上,启动变态心理学教材的修订工作,经历了比较长的时间。

2013 年,美国精神医学学会出版了《精神障碍诊断与统计手册(第 5 版)》(DSM-5),当时第一版《变态心理学》的许多作者就和我说应该对书进行修订了。鉴于当时学界都认为既然美国出了 DSM-5,世界卫生组织的 ICD-11 不久也会发布,我们考虑后认为,不如等 ICD-11 出来以后一并修改。加之北京大学精神卫生研究所的田成华主任一再和我说,国内精神医学领域使用的都是 ICD 体系的诊断标准,建议我们在修改《变态心理学》时应以 ICD 诊断标准为主进行修订。未曾想,ICD-11 迟迟未见其全部标准的真容,直到 2022 年 1 月世界卫生组织才宣布各国可以开始使用 ICD-11 了。因此,我们对《变态心理学》修订的事情就随之延误了下来。

为了提前获取 ICD-11 的标准,也为了寻找以 ICD 体系为标准撰写的教科书,我拜托了几位在欧洲的留学生、在那边工作的专业人员帮助寻找,ICD-11 的标准是按疾病分部分推出的,而以 ICD 系统为基本标准撰写的变态心理学或精神医学的英语教科书,竟然一本也没有找到,也许欧洲各国有以其本国语言撰写的相关教科书?反观在美国,以DSM系统为标准撰写的变态心理学书籍有多本可供参考。最终我们的书仍然选择以DSM-5 为主,兼顾 ICD-11 的诊断标准来撰写。

我们从 2013 年开始等待多年后,感觉不能再等,2018 年开始准备修订大纲,2019 年启动修订工作,包括找作者颇有周折。另外,许多章节反复修改,有些达 6 稿之多。而且当 2022 年 ICD-11 全部发布之后,许多已经完成的章节,又重新审看是否和 ICD-11 一致,不一致的要重新修改,所以全部稿件完成,提交给北京大学出版社的时间是 2022 年 10 月底。直到今年,我们也在不断完善书稿内容,并加入了与我国心理卫生工作相关的新内容。

作者方面,我们从 2019 年就开始联系第一版的各位作者,希望他们参加第二版《变态心理学》的修订工作。但时隔多年,人事变迁。之前的作者或已经退休、或出国、或创办公司、或忙于教学科研等,很难按我之前的设想让第一版全班人马再次上阵完成修订。因此,一些章节另外寻找了一批作者来完成此次修订工作。许多章节,虽然第一版的作者未参加修订,但因后续作者是在第一版章节内容的基础上进行的修改,所以仍然保留了第一版作者的名字。因此大家会看到我们的作者阵容扩大了不少,各章作者如下:第一章钱铭怡;第二章钱秭澍,张怡玲,易春丽;第三章温旭,解亚宁;第四章杨寅,徐凯文;第五章徐凯文,殷竹婷;第六、七章施承孙;第八章黄峥;第九章张怡玲;第十章刘鑫;第十一章刘兴华,刘竹;第十二章钟杰;第十三章李旭;第十四章王雨吟,张怡玲;第十五章安芹,魏世娟。

《变态心理学(第二版)》的写作思想与第一版是一致的,仍定位于是供专业人士、学生学习的教科书;内容包括变态心理学的历史发展,精神障碍的表现及诊断,病因与治疗等;诊断标准以 DSM-5 为基础,并对比了 ICD-11 与之的异同;在引用文献等方面,尽可能增加新近的研究文献及研究成果,同时在案例的选择上,也尽可能选择我国的案例(除特别标注了文献引用的案例之外,多数案例来自各章作者的专业实践,但为保护当事人的隐私,案例均经过了改写)。

近日,我正在着手编辑我的导师陈仲庚先生的纪念文集,眼前又浮现了他老人家当年对我的谆谆教诲,他曾经殷切希望我做好、完成好《变态心理学》教科书的撰写,我会在心里记得他的话,也会勉力前行。

二、教材名称之争

在第一版的序言中,我们曾经提出将 "abnormal" 翻译为 "变态" 带有某种程度的贬义,而且也不能很好地反映英文的原意,因此建议将其称为异常心理学。事实上,十几年过去,对此名称的争议更为白热化。在美国,与此相关的重要事件是,2022年1月,美国心理学会下属的《变态心理学杂志》(Journal of Abnormal Psychology)正式更名为《心理病理学与临床科学杂志》(Journal of Psychopathology and Clinical Science)。与之相关联的事件是《儿童变态心理学杂志》(Journal of Abnormal Child Psychology)也改名为《儿童青少年心理病理学研究》(Research on Child and Adolescent Psychopathology)。《变态心理学杂志》编委会在2021年发表的文章中指出:将"变态心理学"(Abnormal Psychology)更名为"心理病理学"(Psychopathology),是因为"变态"具有明显的贬义,在学术界已经被批判,不利于改变人们对精神疾病的污名化;而精神疾病不仅在人的一生中很常见,且人类的多样性是无法被某个词的意思所涵盖的。改名为《心理病理学与临床科学杂志》反映了编委会去污名化、对心理疾病背后的机制的科学研究的兴趣;也是对此领域未来发展方向的预测。

在上述背景之下,在第二版是否要改书名这一问题上,我们也和出版社进行过探讨。考虑到本书是一本教科书,其名称是与大学中相应课程对应的;在各大学的课程均以变态心理学为名时,教材名称修改无法单独前行。因此我们未来需要促进国内学界对此领域内涵的理解,提倡对变态心理学名词的修改,推动大学相应课程名称的改进,以便进一步修改教材名称。

问题是,如果我们未来对相应的课程和教材名称进行修改的话,未来的课程和教材的名称是否与美国学界的修改要一致起来?目前,北京大学临床心理学方向的研究生课程中也有心理病理学课程,与本科生的变态心理学课程内容不尽相同。前者更多偏重于对异常心理现象的诊断、脑机制及其他致病机理的研究;后者则偏重于介绍异常心理现象的发生、发展和变化过程的识别、鉴别及干预。因此,变态心理学课程及教材的命名未来改为什么名称更好?是否以一个更中性的"异常心理学"为名?这是值得我们认真思索的问题。

钱铭怡

2023年6月30日起草于北京

2023年7月5日修改于广东中山

第一版序言

（一）

变态心理学是心理学本科生的必修课程之一，教材更新的问题一直在困扰着我们。目前国内已有的变态心理学书籍，许多是20世纪80年代出版的，内容不能很好地反映当前此领域学科的进展情况。还有些同类书籍，其内容近似精神病学教科书，未能反映出变态心理学作为一门心理学课程这样一个视角的特点。

鉴于上述情况，我们于2000年开始启动这本变态心理学书稿的写作，以期能为心理学专业的学生、同仁和相关的专业工作者提供一本能够反映变态心理学作为心理学分支科学的特点，突出变态心理学研究所得到的最新成果的参考书。至2005年国庆节全部完稿，其间此书稿曾作为北京大学心理学系在职研究生和本科生变态心理学课程的讲义使用。绝大部分内容六易其稿，有些章节在2004年甚至重新改写或全部重写。在修改过程中吸收了学生的意见，并增加了近几年的新的发展，突出了中国的相关诊断、案例和研究资料。每次修改主编均在全部通读的基础上对每一章节的修改提出具体的意见和建议，某些章节还请相关专家提出了意见和建议（例如唐宏宇教授曾对第14章提出中肯的意见）。其中林焯文、刘嘉、杨珉等人参加了此书前期的撰写、修改等工作，李波曾帮助主编整理稿件，王雨吟、秦漠曾帮助寻找相关资料，张怡玲曾对第四稿的绝大部分内容进行审阅。

可以看出，本书是集体长期努力的成果，各章的作者为：第1章钱铭怡，第2章张怡玲、易春丽，第3章解亚宁、钱铭怡，第4~5章徐凯文，第6章施承孙，第7~8章刘鑫，第9章刘兴华，第10章钟杰、张怡玲，第11章李波，第12章李旭，第13章张怡玲、钱铭怡，第14章安芹。

本书的许多作者在开始写第一稿时还是北京大学的研究生，但他们现在有的已经在海外留学，有的已经开始在新的工作岗位崭露头角。翻开本书，读者可以看到作者们所查阅的大量国内外相关资料，其心血尽在其中。写书的过程也是作者们不断学习，丰富、充实自身的过程，同时，也伴随着年轻一代的成长。作为主编，我特别要感谢张怡玲对于本书的奉献，她在2004~2005年期间花费大量时间查阅了若干英文最新文献，修改、重写部分章节，并对全书绝大部分稿件进行了审阅，对于书稿的修改提出了许多有益的意见和建议。她的努力和智慧为本书增添了新的色彩。

此外，在北京大学心理学系和北京大学出版社的支持下，本书在2005年获得北京大学教材立项，这进一步促进了本书的完成。

(二)

变态心理学(abnormal psychology)的内容涉及对该领域中主要的异常心理现象的描述,对其如何进行诊断、不同理论模型对各种异常心理现象成因的分析和解释,以及如何进行有效的治疗和干预等内容。"abnormal"一词的含义是不正常,或异常。"变态"一词的翻译,有研究者认为带有某种程度的贬义,而且也不能很好地反映英文的原意,因此建议将其称为异常心理学。本书也曾考虑改为异常心理学,但最终因变态心理学一词的用法已有时日,而且在大学心理学系中的课程设置中均称之为变态心理学,因此仍沿袭了这一用法。

本书首先介绍了变态心理学中涉及的相关概念、历史情况,介绍了对于异常心理现象进行分析和解释的相关理论模型和心理评估与诊断等内容。以后的各个章节,通过对历史的回顾,对不同心理障碍的症状表现和案例的描述,对诊断标准的比较,对于病因的分析与解释,对于治疗或干预要点的提供等,有助于读者对不同的异常心理现象有比较全面的了解和认识;此外,本书汇集了许多国内外最新的研究资料,突出了心理学对异常心理现象的研究、治疗方面的贡献,使读者真正了解什么是变态心理学研究的重点内容。

全书写作思想及要点如下:

(1)定位:本书是一本供专业人士学习的教科书或工具书,不是科普读物。鉴于广大心理学工作者和一些精神科医生的需求,本书注意突出心理学的色彩。

(2)涉及内容:历史发展,临床表现及诊断,流行病学情况,相关障碍的病因与治疗或干预(生物、心理和文化的原因及治疗),每章最后为总结、思考题和推荐读物。

(3)诊断标准:以 DSM-Ⅳ 诊断标准为主,参考我国的 CCMD-3 和世界卫生组织的 ICD-10,并在三者有差异时专门进行比较和说明。

(4)案例:每章都引用了一些相关案例,以帮助读者进一步理解相关障碍的情况,其中除标明出处者外,许多都来自作者自己的工作。

(5)专栏:每章包括了一些专栏,希望对读者开阔眼界和思路、扩展知识有所裨益,但专栏中的知识并非重点学习内容。

(6)引文:本书力求反映国内外相关领域的最新进展,引用了许多国内外新近研究资料,在涉及这些资料时均标出文献出处,并将参考文献列于全书的最后部分,便于专业人员进一步学习和检索。

(三)

完成本书是令人感到欣慰的一桩大事。对于我个人而言,则不仅仅感到欣慰,还包括了可以告慰两位专业领域先师的心情在内。

第一位是我国著名临床心理学家陈仲庚教授。陈先生是我的硕士、博士导师,是引导我走上临床心理学之路的领路人。陈先生在临床心理学方面有精深的造诣,不仅是我们北京大学现代临床心理学的奠基人,也是我国临床心理学专业领域的杰出代表人物。他虽然自青年时期起就长期患病,但始终循循善诱、兢兢业业地坚持在教学、科研第一线。陈先生一生勤奋耕耘,发表了许多论文和论著。他于1985年主编的《变态心理学》,多年来一直是变态心理学课程的重要参考教材。当他得知我在组织人员撰写新的变态心理学书稿时,非常高兴,一再说这是非常重要的事情,并鼓励我要好好完成这本书的撰写工作。直到2003年2月他去世之前,还关切地问起这本书的进展情况。当时的我无言以对,此情此景至今仍历历在目。陈先生既是一位导师,又是敦厚善良、令人敬重的长者,他的敬业和勤勉,他的严谨治学和淡泊名利,都给我留下了深刻印象。在撰写和修改本书的过程中,每当想到陈先生的殷切期望,就不能不再勉力前行。

第二位是我国著名的精神病学家万文鹏教授。我有幸认识万先生,是在中德两国联合举办的心理治疗培训项目(简称中德班)。万先生以他的远见卓识,于20世纪80年代和德国的心理治疗师玛加丽女士等人共同开创了中德班,为心理治疗专业人员匮乏的我国培养出了一批专业人才。这个项目最初的参加者,如今都已成为全国各地的心理治疗骨干。万先生还是我国跨文化精神病学研究的杰出代表,是我国戒毒工作的先驱人物。万先生在我的心目中不像是一位学术权威,而更像是一位慈善的长者。不仅在中德班举办过程中的许多工作我会向他求教,而且在认识他以后的很长的时间里我都得到了他毫无保留的帮助。他话语不多,但言简意赅。他的坚定的信念,他的高瞻远瞩,他的学识和睿智,令人难忘。我自知自己的学识距离编撰一本高水平的变态心理学书籍有很大的差距,特别是书中会涉及很多的医学和精神病学知识,因此在一次和万先生的交谈中(大约是2001年)提出请他审阅全书并为此书作序。尽管那时他已经病魔缠身,仍欣然同意了我的要求。令我惭愧和遗憾的是,此书的撰写和修改工作一拖再拖,他已经不可能为本书作序了。2005年7月,传来他已作古的消息。我知道他和陈仲庚先生一样,如果他们知道本书已经付梓,一定会含笑九泉。

钱铭怡

2005年10月9日于北京

目 录

1 概论 ·· (1)
    第一节　变态心理学有关概念 ··· (1)
    第二节　变态心理学的评价标准 ··· (4)
    第三节　变态心理学的有关历史 ··· (7)
    第四节　变态心理学的研究方法 ·· (20)

2 异常心理的理论模型和治疗 ································· (30)
    第一节　生物医学模型 ·· (30)
    第二节　心理动力学模型 ·· (37)
    第三节　认知行为模型 ·· (43)
    第四节　人本主义模型 ·· (52)
    第五节　来自亚洲的理论和观点 ······································ (54)

3 临床心理评估与分类诊断 ····································· (61)
    第一节　临床心理评估 ·· (61)
    第二节　常用心理测验 ·· (67)
    第三节　心理障碍的分类与诊断 ······································ (81)

4 精神分裂症 ·· (91)
    第一节　概述 ·· (91)
    第二节　精神分裂症的临床症状和诊断 ························ (94)
    第三节　精神分裂症的病因 ·· (103)
    第四节　精神分裂症的治疗 ·· (113)

5 抑郁障碍、双相障碍与自杀 ································· (121)
    第一节　抑郁障碍 ·· (122)
    第二节　双相及相关障碍 ·· (142)
    第三节　自杀 ·· (154)

6 焦虑障碍 ·· (165)
    第一节　概述 ·· (165)
    第二节　广泛性焦虑障碍 ·· (169)
    第三节　惊恐障碍 ·· (175)

- 第四节 特定恐怖症 …… (180)
- 第五节 场所恐怖症 …… (186)
- 第六节 社交焦虑障碍 …… (190)

7 强迫及相关障碍 …… (196)
- 第一节 概述 …… (196)
- 第二节 强迫症 …… (198)
- 第三节 躯体变形障碍 …… (207)
- 第四节 其他强迫及相关障碍 …… (210)

8 创伤及应激相关障碍 …… (217)
- 第一节 概述 …… (217)
- 第二节 创伤及应激相关障碍的临床表现 …… (220)
- 第三节 创伤及应激相关障碍的病因与机制 …… (227)
- 第四节 创伤及应激相关障碍的治疗与预防 …… (232)

9 躯体症状及相关障碍与分离障碍 …… (237)
- 第一节 概述 …… (237)
- 第二节 躯体症状及相关障碍 …… (241)
- 第三节 分离障碍 …… (252)

10 进食障碍 …… (267)
- 第一节 概述 …… (267)
- 第二节 进食障碍 …… (271)
- 第三节 进食障碍的病因 …… (279)
- 第四节 进食障碍的治疗 …… (284)

11 物质相关及成瘾障碍 …… (290)
- 第一节 概述 …… (290)
- 第二节 酒精使用障碍 …… (293)
- 第三节 阿片类物质使用障碍 …… (296)
- 第四节 大麻使用障碍 …… (299)
- 第五节 烟草及其他易成瘾物质 …… (301)
- 第六节 赌博障碍 …… (305)
- 第七节 物质使用障碍的影响因素 …… (307)
- 第八节 物质使用障碍的治疗 …… (311)

12 人格障碍 …… (317)
- 第一节 概述 …… (317)
- 第二节 诊断与评估 …… (318)

  第三节　人格障碍的分类与治疗 ………………………………………… (325)
13　性和性别烦躁 ……………………………………………………………… (352)
  第一节　概述 ……………………………………………………………… (352)
  第二节　性功能失调 ……………………………………………………… (355)
  第三节　性欲倒错障碍 …………………………………………………… (365)
  第四节　性别烦躁 ………………………………………………………… (374)
14　儿童和青少年期相关心理障碍 ……………………………………………… (381)
  第一节　概述 ……………………………………………………………… (381)
  第二节　儿童和青少年期情绪障碍 ……………………………………… (382)
  第三节　品行问题 ………………………………………………………… (389)
  第四节　神经发育障碍 …………………………………………………… (396)
15　心理健康服务：法律与伦理 ………………………………………………… (419)
  第一节　我国心理卫生工作概述 ………………………………………… (419)
  第二节　重性精神病人的管理与权利 …………………………………… (425)
  第三节　心理卫生工作中的法律与伦理议题 …………………………… (432)
  第四节　我国心理卫生工作面临的挑战 ………………………………… (437)
参考文献 …………………………………………………………………………… (443)

1

概 论

　　心理障碍涉及各种人类经验：感觉、知觉、思维、情感、意志、行为等各个范畴。一个成年人，如果从未听过或见过任何一种心理异常的现象或表现，可能会让人感到非常奇怪。因为这些现象就存在于我们的生活之中。本书希望帮助读者了解异常的心理现象，并了解心理学家对这些异常心理现象的原因的探索及治疗方面的努力。

第一节　变态心理学有关概念

一、变态心理学的概念及研究内容

　　变态心理学(abnormal psychology)，又译异常心理学，顾名思义，是心理学中研究异常心理现象的一个分支。心理学(psychology)是对人类和动物的心理过程及行为进行研究的一门科学、一个专业、一个学术领域(Emery, Oltmanns, 2000)。通常，不同的心理学分支学科所研究的内容都是在人类中具有广泛意义的正常的心理现象。而变态心理学却有所不同，其所研究的内容仅仅适用于一部分人或一些人一生中出现问题的那部分时间。

　　尽管如此，学习和了解变态心理学知识却非常重要，我们可以因此对一些心理异常现象早期发现，及时治疗；或善于应对，积极预防，提高我们的生活质量。

　　变态心理学是将心理科学应用于对心理障碍，包括对其产生的原因及如何治疗进行研究的一个心理学的分支学科。

　　变态心理学的工作重点包括下列三个方面：①描述现象，指描述心理障碍的异常表现、与正常现象的区别、病程及预后；②发现原因，即从生物学、心理学、社会等方面看异常心理现象产生的影响因素；③治疗干预，探讨对心理障碍进行干预的不同的理论观点、治疗方法及疗效等。

　　与变态心理学相似的概念还有心理病理学(psychopathology)，这也是对心理障碍进行科学研究的专业领域。但与变态心理学相比，心理病理学往往更偏重对异常心理现象的原因和机制的探讨。

二、心理异常、心理障碍与其他相关概念

我们在上面的部分已经提到了心理异常、心理障碍这样的概念,另一些常见的概念还有行为异常、精神病、精神疾病、神经症、神经病等。这些名词说出来似乎谁都理解,但在日常生活中人们对这些名词的用法却常常混淆。最常见的情况是如果有人认为某人不正常,常常会冠以"神经病"的称谓。在许多人的心目中,发疯的人、精神失常的人是患了"神经病"。这样的说法是否正确?我们在变态心理学中真正关心的研究对象是什么呢?

专栏 1-1

大学生对于心理健康知识的认知

钱铭怡等人曾经采用自编的"心理健康知识调查表",对北京市共 440 名大学生的心理健康认知进行了调查。结果发现,大学生比较关心心理健康和心理健康知识,对于心理健康有一定了解,但是同时也存在着一些认识上的误区。例如,在对于"你认为下列哪些情况可能是心理不健康?"的回答中,选择人数最多的依次是"严重的情绪失常"(76.4%)、"明显的行为反常"(61.4%)、"无法良好的适应社会"(52.5%);29.5%的学生选择了"神经症",34.8%的学生选择了"神经病"。在心理障碍和精神病的概念区分上,80.2%的学生认为"心理障碍与精神病不同",但是同时有 68.4%的学生认为"心理障碍继续加重,时间长了就会变成精神病";在精神病和神经病的概念区分上,87.0%的学生认为"神经病与精神病不同"(钱铭怡,马悦,2002)。

上述回答正确与否,读者在本章的学习之后就能正确地进行分辨。

在本书中,我们会常常采用心理异常或行为异常的说法。这种用词是公众和专业人士均可以理解和接受的说法。当然,心理异常一词可能更多地用于各种不同的异常现象,而行为异常更加偏重表述个体外显行为的异常现象。

此外,我们还会采用其他相关词汇,例如心理障碍一词。在这里,我们有必要先对一些相关的概念进行简单的讨论。

(1) 神经病(neuropathy):属于临床医学中神经病学(neurology)研究的范畴。当个体的神经系统出现障碍时,个体表现为神经系统的不同的疾病。例如著名影星史泰龙,其面部神经受损,导致面部肌肉无法正常运动,所以不会笑,反而被认为是一个很"酷"的硬汉形象。

(2) 精神障碍(mental disorder):有时也译作心理障碍,与精神疾病(mental illness)的含义大致相同(梁宝勇,2002),属于临床医学中精神病学(psychiatry)的研究范畴。精神疾病包括了精神障碍的所有内容,例如精神分裂症、抑郁症、双相障碍、神经症

(neurosis)或焦虑障碍、人格障碍等。精神疾病也包括了脑器质性病变所致的精神障碍,例如车祸导致的颅脑损伤,可能使人出现人格改变,变得暴躁、打人、骂人等,这类障碍是因神经系统的损伤导致了异常的心理与行为而归类于精神疾病的范畴的。

(3) 精神病(psychosis):属于临床医学中精神病学的研究范畴。此概念分广义和狭义的用法,广义的精神病概念类似于精神疾病的概念;但人们提及此词汇时更多的是应用其狭义的概念,即指精神障碍中患者的心理功能严重受损,自知力缺失,不能应付日常生活要求并保持与现实的接触的一组情况(梁宝勇,2002)。主要包括精神分裂症(妄想障碍)和某些(具有精神病性症状的)障碍,例如双相障碍。精神病有三个特点:①现实检验能力严重受损;②社会功能严重受损;③缺乏症状自知力(许又新,1993)。传统上将精神病分为器质性和功能性两类,前者包括脑器质性精神病、症状性精神病和中毒性精神病等,后者包括精神分裂症、偏执性及情感性精神病等;而神经症和人格障碍则属于较轻的功能性精神障碍(梁宝勇,2002)。

(4) 心理障碍(psychological disorder):是对许多不同种类的心理、情绪、行为失常的统称,属于心理学的研究范畴。此词广义的概念与精神病学中的精神障碍(mental disorder)所涉及的内容是相似的。之所以采用心理障碍而非精神障碍一词,其原因是前者更多地反映了从心理学角度对异常现象的研究与理解,而后者则更偏重医学的或精神病学的视角(Nevid,Rathus,Greene,2000)。不过,当我们采用心理障碍一词时,常常更偏重其狭义的概念,即更偏重于说明重性精神病、器质性精神障碍以外的那些更多地由心理原因所致的障碍,例如神经症或焦虑障碍。David H. Barlow 和 V. Mark Durand 则直接指出:心理障碍,或者说异常行为(abnormal behavior),是一种心理功能障碍(巴洛,杜兰德,2017)。

焦虑障碍与其他重性精神病(如精神分裂症)有不同的发病机理、不同的病程及预后。前者更多地受到心理因素的影响,而后者更多地受到生物因素的影响。除非出现了诊断方面的失误,否则焦虑障碍发展得再严重也无法变成精神分裂症,就好像肝炎再严重也无法变成冠心病一样。

许多读者可能会对本书中所涉及的内容与精神病学书籍中的许多内容有所重叠感到奇怪。正如我们前面所说,心理障碍和精神障碍的一个重要区别即在于其研究重点的差异。精神病学从医学的角度研究各种障碍的发生、发展的原因及规律,并采用以医学手段为主的治疗理论观点和技术方法对其进行治疗;而变态心理学的主要内容是对不同障碍从心理学的角度探讨其产生的原因,并采用心理治疗的理论观点和技术方法进行干预。对于特定的障碍,依据其产生原因的不同,可能采用以某一学科的解释及治疗为主,另一学科的解释及治疗为辅的方式进行工作,例如对精神分裂症的解释和治疗是以精神科的药物治疗为主,心理治疗为辅;而对于另外的一些障碍,可能采用相反的方式工作,例如对于社交恐怖症的解释和治疗。因此,变态心理学和精神病学分属于心理学和医学两个不同的科学领域,从不同的角度对许多相同的障碍进行研究,其结果相辅相成。心理障碍和精神障碍的不同称谓,恰恰反映了两个学科对相同障碍的认识的侧重点的差异。

第二节 变态心理学的评价标准

前面我们对变态心理学的研究内容进行了论述,了解了心理或行为异常是其研究的主要对象。但究竟什么是心理异常或行为异常,怎样就算作是异常,这个问题却不是所有人能够回答清楚的。让我们来看下面的事例:

一位男性与另一位男性在街上见面时相互亲吻面部。

一位妇女在喃喃自语。

一位年轻女性连续多日拒绝进食。

一个中年男性披头散发、手舞足蹈地对天大声呼喊。

如果我们请读者说明上述事例中哪些属于异常的心理或行为表现,读者可能会回答:可能都是,也可能都不是,这依赖于这些人是在什么条件和情境下这样做的。

一、以社会文化、社会常模及社会适应的情况进行判别

文化相对论(cultural relativism)的观点认为,对人的心理或行为异常与否的判断,不存在普适性的标准或规则,行为的正常与否与社会的常模有关(Nolen-Hoeksema,2001)。

例如在上述事例中,欧洲人见面会相互亲吻脸颊,这在他们的文化中是正常现象,但在另一些文化中,两个男性的这种行为却可能会被认为是不正常的。如果那位喃喃自语的妇女周围没有其他人和物品,我们会认为她的举止异常;但如果她是在逝去的亲人遗像前供上鲜果和点心,对着遗像在喃喃自语,在我们的文化中会理解为她在和亲人的交流中缅怀亲人。即使如此,在另一些文化中生活的人们却无法理解为死去的人供奉食物并与之进行言语交流的行为,在他们眼中,这种行为是不正常的。至于那个披头散发、手舞足蹈地对天大声呼喊的人,如果他是在某部落中做法事,则围观的人可能对其肃然起敬;但在其他场合,则人们无疑会认为此人精神异常。

人在特定的文化、社会环境中生活,其行为必然受到文化背景和社会环境的影响。个体会依据相关的社会文化对人的要求来规范自己的行为,并会以此为依据来衡量他人的行为举止。如果一个人的行为举止符合所处的社会文化的要求,那么他的行为就是适应性的,是符合社会常模的,会被周围的人们视为正常的;反之则属于非适应性的,是不符合社会常模要求的,就会被人们认为是异常的。因此对人的行为的判断是会受到时间、地点和习俗等因素的影响的,与社会文化密切相关。

二、各种不同的判定标准

在前面的部分,我们提及某种行为在一种文化中被接受,在另一种文化中不被接受的情况。那些不为人所接受的行为就会被认为是异常的。那么,是否存在为不同文化所接受的共同的心理或行为异常的标准呢?

翻开各种变态心理学的教科书,读者可以发现,那些著名的研究者对心理异常或行为异常并没有统一的界定标准,有的作者干脆明确指出,定义异常心理现象这件事令人为难(Carson,Butcher,Mineka,1996)。当然,研究者们也有一致之处,即认为对异常的判断受到社会文化的影响。

不同的作者提出了不同的界定心理异常现象的标准。例如 Barlow 和 Durand(2001)指出心理障碍的界定标准包括三个方面:①心理上的失调;②感到痛苦或受到损害;③非典型性的反应(atypical response)。有意思的是,Barlow 和 Durand(2012)进一步改进了他们的界定标准,强调心理障碍是一种心理功能障碍,其界定标准将个体内心感觉痛苦排在了第一位,而将其社会功能是否完好放在了第二位。他们界定的三个方面的标准是:①内心痛苦;②社会功能缺损;③行为异常或违反社会规范。按照这三个标准看,如果一个恐血的病人,当他看到血时有可能会晕倒,他对自己的这一情况感到非常痛苦,如果他是一个医学生而因此无法正常学习,则其社会功能同时受到了损害,因此他对血液的异常恐惧和回避,可能会让其他人认为其行为是异常的。

专栏 1-2

对于心理障碍的认识

在教授变态心理学课程的过程中,常常有学生会怀疑并问及他们自己的某些行为是否是不正常的。就好像学医的学生在学习不同种类的疾病时常常会发生的情况那样,许多医学生会认为自己或自己的朋友得了某种他们在课堂上或书本上学习的疾病。这就是所谓的"医学生综合征"。在对情况没有完整、深入的了解,也没有临床的实践经验时,只根据个别现象得出结论,通常是不准确的。

在我们学习变态心理学时,应明确的一点是许多在书中或在课堂上讨论的心理现象,在正常人身上也会偶尔出现,其程度也很轻微。判断心理障碍除了要满足心理现象异常的标准,病程和排除条件也是很重要的。例如许多学生会在考试前出现焦虑、失眠现象;很多人在遇到挫折时会出现情绪低落的情况。但这些现象出现时间较短,对个体的情绪、行为或能力、社会功能没有造成严重的干扰或影响——这些现象均与心理障碍的情况不同。

也有人偶尔会听到别人叫自己的名字,但实际上并没有。Choong 等人(2007)曾对非精神分裂症人群的听幻觉的研究进行探讨,指出人们很早就发现非精神疾病人群在朦胧状态、半醒状态存在的幻觉。与精神病人的幻觉不同的是，非精神病人的幻觉大部分对个体是没有威胁性的或是正性的；而精神病人的幻觉则是具有侵入性的，且频繁出现并令他们感觉痛苦。例如，对正常人而言，偶尔在听到有人叫自己名字或听到了已故亲人的声音时，能够意识到这不会是真的，并不会因此而感觉痛苦。

按照上述示例的情况来看，某种现象是否经常出现，是否对个体具有威胁性，是否令个体感觉痛苦，可视为进行简单鉴别的要点。个体如果认为某种令其烦恼的行为频繁出现，且在较长时间干扰了个人的生活或社会功能，或者让某个人感到非常痛苦，那最好去找有经验的专业人员谈一谈(Nolen-Hoeksema，2001)。

Nevid，Rathus 和 Greene(2000)对如何界定心理异常提出了他们的看法。①不同寻常的行为：例如一进商场就感到恐慌，而正常情况下人们不会有此感受。②社会不能接受或打破社会常模的行为：如果个体在一个四周无人的公园内高声呐喊且行为怪异，则会被视为异常。③对现实的感知或解释是错误的：例如出现幻觉或妄想。④个体处于明显的痛苦之中：例如出现了过度的焦虑、恐惧、抑郁等情绪。⑤行为是非适应性的或是自我挫败式的：例如场所恐怖症状，使个体回避涉足公共场所。⑥行为是危险的：个体的行为对自己或他人是危险的，例如自杀行为。

张伯源、陈仲庚(1986)则提出下列判断标准。①以个体的经验为标准：涉及出现问题的人自己的主观感觉不良和研究者对异常现象的主观判断。②社会常模和社会适应的标准。③病因与症状存在与否的标准：医学模式常用的标准，主要根据致病因素(如物理、生化、心理生理测查的结果)和症状的存在与否进行判断。④统计学标准：正常人的心理特征的人数分布多为常态分布，位居中间部分的大多数人为正常，居两端者为异常，即以个体的心理特征是否偏离平均值为依据。心理测验即可测查出个体的心理特征，但有时某种心理特征的一端并非不正常，例如智力(高分是智力超常，低分为智力低下)。不同的作者虽然提出了不同的界定标准，但均指出各标准都不尽完美，需要结合使用。在临床实践中，常常需要对心理异常或行为异常有明确的分类，以便专业人员能够对异常现象的性质、原因及治疗进行探讨；在实际的研究中，也需要有明确的分类体系，以确认具有特定的异常现象的人作为研究的对象或实验的被试。

目前，专业人员使用的是对心理障碍的医学诊断分类描述体系。在美国有《精神障碍诊断与统计手册(第五版)》(Diagnostic and Statistical Manual of Mental Disorders，DSM-5)(APA，2013)，世界卫生组织则有《疾病和有关健康问题的国际统计分类(第十一次修订本)》(International Classification of Diseases and Related Health Problems，ICD-11)(WHO，2022)。这些诊断分类系统为明确异常心理现象的分类及诊断提供了良好的依据。我国原有《中国精神障碍分类与诊断标准(第三版)》(Chinese Classification and Diagnostic Criteria of Mental Disorders，CCMD-3)(中华医学会精神科分会，

2001),但近年来因缺乏长期随访、大样本的前瞻性研究等原因,已经很少用此诊断系统了。对 DSM 和 ICD 的诊断体系我们将在第三章予以进一步的说明和论述。

> **专栏 1-3**
>
> **影响精神疾病界定的非科学因素**
>
> 在精神疾病界定的发展过程中,科学因素和非科学因素都起着重要作用。科学因素是指经过假设检验研究所得到的证据和推论,例如通过实验研究探讨抑郁障碍个体的兴趣减退问题;而非科学因素则是指其他影响人们认识事物的因素,这些因素没有直接的证据和推论,但是会影响人们对事物的价值判断过程。吴钰等人(2019)将影响精神疾病界定的非科学因素分为两类:外部因素和内部因素。
>
> 其中,外部因素指的是精神病学界研究之外的因素,包括政治、经济和社会文化因素。创伤后应激障碍(PTSD)的诊断就是一个典型的受到外部因素影响精神疾病界定的例子。越南战争结束后,美国越战老兵这一强势集团为了实现自己对于社会资源的诉求,加之美国政府为了维持社会稳定的政治需求,从而影响了 PTSD 的诊断标准的界定。
>
> 内部因素指的是存在于精神病学界内部驱动的因素,即精神病学界内部的利益需求。它们通过两个方面影响界定:首先,精神病学为维护自己作为一门独立学科的学科利益会影响其对于精神疾病的界定;其次,精神病学界因追求经济利益而对精神疾病的界定产生影响。现今的精神疾病诊断分类系统仍然受到了内部因素的严重影响。例如 DSM 系统从第一版到第五版,均有一些病理机制尚不清晰的疾病因此被纳入精神疾病范畴。
>
> 觉察和反思非科学因素,可以帮助我们更好地对精神疾病的定义和范畴进行讨论,亦能推动学界不断修改并制定有足够信效度的诊断标准。对非科学因素深入的思考也能够帮助我们正视精神疾病界定中存在的问题,有助于我们更好的理解和认识精神疾病。

第三节 变态心理学的有关历史

一、变态心理学在国外的历史

对于变态心理学的记载和研究,可以追溯到几千年以前。变态心理学的教科书通常都是按照时间线索,即历史发展的年代讲述相关的历史情况的,但彼得森(Christopher Peterson)却将相关的历史情况分门别类地进行了总结(彼得森,2002)。例如,对异常行为加以神秘主义的解释的情况与发展,以躯体理论解释异常心理现象的观点及发展,心因性理论与解释的发展及医院对异常行为的治疗的情况与变化。本书也将参考彼得森的历史描述构架对相关的历史发展情况进行简要介绍。

(一) 神秘主义的解释

对疯狂(madness)和精神错乱或失常(insanity)的记载贯穿于人类的历史。我们对于没有文字记载的史前的文化的了解是从考古学中古人的工艺品、器具及骨头的碎片中得到的;此后通过所发掘的文字内容了解前人的看法及做法。无论是哪一种形式,均可以发现人类总是把异常心理现象看作是需要进行特别解释的事情。

历史学家曾推测史前的人已经有了关于精神错乱的概念,这种概念可能来自超自然的信念——鬼怪或神灵是引发异常行为的原因。当一个人行为异常时,他可能被鬼神所摆布,因此治疗就是要把带来麻烦的鬼神驱逐走(Nolen-Hoeksema,2001)。

1. 头盖骨钻洞术

在全世界许多地方(欧洲、中美洲、南美洲、大洋洲和非洲)都可以找到石器时代被钻了一些洞眼的头盖骨。这种在头盖骨上钻眼的手术被称为"头盖骨钻洞术"(trephination)。这种手术可能是为了减轻脑部的肿胀,或许还有其他原因,但其中一种解释是这种手术可以使"邪恶的鬼神"离开人的头脑(彼得森,2002)。

2. 巫师

世界的许多文化中都曾出现过巫师(shamanism)的角色,在许多偏僻的地区或仍保留着比较原始的生活方式的地区或部落仍存在着巫师的角色。这种角色早在公元前2000年前后就已经出现(彼得森,2002)。巫师似乎对自然界的许多现象非常敏感,精通巫术,许多遭受心理或躯体痛苦的人向他们寻求帮助。这些人相信,巫师能通过相关的行为仪式或咒语驱逐使人遭受痛苦的神鬼,从而使人从痛苦中解脱出来。

3. 魔鬼附体

古埃及人、早期的希伯来人和古希腊人都有关于鬼神附体(demonology)的说法,这些说法可追溯至约公元前1000年。在这些地区,人们把鬼神分为"好的"和"坏的",并广泛地用鬼神来解释闪电、雷雨、地震、疾病等现象,也用于解释那些人们无法理解的行为。采用何种鬼神来解释人的异常行为依赖于那些有症状的人们的具体表现。如果症状表现为宗教的或神秘的、重要的角色,则被认为是"好的"神灵附体;但通常的情况并非如此,则被认为是"坏的"鬼神附体。治疗鬼神附体的方法是"驱魔"(exorism),即通过一定的驱魔仪式或驱魔咒语,让邪恶的鬼神离开肉体(Carson, Butcher, Mineka,1996)。驱魔的方法有很多:例如让病人喝下混杂着污秽物的东西,对其加以殴打或折磨,让其忍饥挨饿,甚至加以火烧,等等。驱魔的仪式在现代人看来常常是非常残忍的,但其被认为是为了拯救人的灵魂和精神,相形之下,肉体就不那么重要了(彼得森,2002)。

4．巫术

提到巫术（witchcraft），就必然涉及中世纪的情况。在中世纪的欧洲，生病的人们是由教会管辖的，人们无论是在肉体或灵魂上出现问题，都可以在修道院得到照顾和帮助。例如在希腊，心理异常的人主要由牧师照料，他们同时充当着医生等角色。治疗一般是以支持、安慰的话语，草药与祈祷，以及宗教仪式相结合的方式进行（迈耶，萨门，1988）。

在中世纪初期，人们对于具有巫术的人并不是很在意，尽管那时人们就认为有些人，特别是女人具有能够与魔鬼沟通的能力。到了 14 世纪以后，情况出现了变化，其原因一是在神学理论方面越来越强调魔鬼与上帝的对立；二是由于一种被称为黑死病的鼠疫的流行，夺去了当时全欧洲近三分之一的人口的生命。为找出灾难的原因，教会和民众开始把魔鬼看作是肇祸的来源（彼得森，2002）。

由于人们不了解黑死病的致病原因和传播途径，完全没有治疗的方法，所以当时疾病传播得非常快，巴黎曾经有过一天死亡 800 人的记录。这种可怕的流行病给人们的心理带来了严重的副作用，人们陷于恐惧和无助之中，因而表现出许多偏激的行为。例如认为瘟疫是对人的灵魂的惩罚，因此一些自行组织起来的人们便开始自己惩罚自己，其方式是一群人四处游荡，每次按其严格的规则走若干天后，在教堂前相互鞭笞。这种自行鞭笞的运动曾遍及整个欧洲，卷入的人数竟可与十字军东征相比（迈耶，萨门，1988）。在这种恐怖的气氛之下，一些地方的人们甚至偏激地反对其他少数民族居民，而受到更为残酷的迫害的是那些被认为是女巫的人（陈仲庚，1985）。

因为人们认为女巫可以与魔鬼沟通，所以很快就把他们当成是与上帝对立的异端。于是，受害者遭到无情的拷打并被迫忏悔，还被处以极刑。最初的受害者多为妇女，后来一些行为异常的男性和儿童也被视为具有巫术的人而受尽折磨，并被烧死于火刑柱。因为那些离奇和异常的行为都被看作是撒旦淫威的表现，而救治的唯一办法就是惩罚（陈仲庚，1985）。

然而，在文艺复兴时代就有研究者仔细考察了中世纪所谓的巫术及女巫的情况，发现那些备受折磨的人实际上许多都是精神病人（许又新，刘协和，1981b）。这样的迫害一直到 17 世纪才停止。很难估计那一时期有多少人受到牵连、折磨，甚至被杀害（彼得森，2002）。曾有历史学家把 14～15 世纪称为"大众疯狂的时期"（迈耶，萨门，1988）。

5．神秘主义在当今的影响

虽然我们前面所述是历史的情况，但其中有一些观念在当今的一些地区和不少人那里仍然具有影响。例如，在许多较闭塞的地区，人们仍然相信某个出现怪异行为的人是因鬼神附体所致；时至今日，一些地区的人们还会请巫师或巫婆帮助治疗疑难杂症，特别是那些被认为丢了魂儿、被鬼附体的人（其中许多人是患了心理障碍的人）。同样，巫师们继续活跃在世界上一些不发达地区。此外，还有一些团体或个人对诸如轮回、心灵感应以及沟通频道（可以和遥远或是古老的灵魂谈话）等保持坚定的"信仰"；对被认为失去心灵平衡的人的矫正方法包括应用水晶治疗，坐在金字塔形物体的下方或向遥远的灵魂寻求帮助等(彼得森,2002)。

（二）躯体的解释

对于异常的心理现象给予神秘主义的解释是一种超自然的解释。在历史的发展过程中，人们也在进行着另外一种努力，即试图从自然主义的角度对异常现象进行解释。躯体的解释(somatic explanations)就属于这样的努力。

1. 古希腊和罗马人的解释

在这里我们首先必须要提到的是希波克拉底(前460—前377年左右)，一位伟大的希腊医生，被欧洲人尊为"医学之父"。他否认鬼神是心理障碍的原因，坚持认为这些障碍是由自然原因造成的，他说"……由于人脑的存在，我们可能发疯，胡言乱语，不论在深夜或黎明，都被忧郁和恐惧所笼罩"(许又新,刘协和,1981b)。希波克拉底还对异常现象做了划分：癫痫、躁狂症、忧郁症、精神炎、痴呆等。在他对异常心理现象的解释中，影响最大的是体液(humours)病理学说。他认为人有黄胆汁(yellow bile)、黑胆汁(black bile)、血液(blood)和黏液(phlegm)四种液体。当这四种液体不能保持平衡时，人就会生病。他还将人的气质按照四种体液分成四种类型：胆汁质、抑郁质、多血质和黏液质。希波克拉底不仅对异常现象进行了较系统的总结，而且其体液学说及气质分型对后人的影响有些至今尚存(许又新,刘协和,1981b)。

希腊著名哲学家柏拉图(前427—前347)也对异常心理现象有所涉及。他指出，包括人类在内的生命的所有形态，都是为生理需求所驱动的。他把心理现象看作是整个有机体的内部状态的反映。他提出，如果有人出现精神错乱，其亲属应对其进行很好的照顾；如果疏于照料，则应处以罚款(Carson, Butcher, Mineka, 1996)。

另一名富有影响的希腊人是盖伦(Claudius Galenus, 130—200)，他是一位优秀的医生，在罗马行医。他继承了希波克拉底的自然病理学的观点，尽管盖伦在异常心理现象的描述和临床治疗方面并无新的建树，但他通过对神经系统的解剖学研究辨别出感觉神经和运动神经，并通过切断脊髓的实验，定位出某些运动的机能。他还把心理障碍按照其成因区分为生理和精神的不同范畴，并把一些心理障碍的原因定位于人的大脑(波林,1981; Carson, Butcher, Mineka, 1996)。

2. 冒险式治疗

尽管中世纪流行的许多做法非常愚昧，但仍有一些人主张对心理异常者施以人道的待遇，并有零星的理性研究及发现。例如在1050年前后，就有一位医生反对将没有抽动的癫痫视为魔鬼附体，认为是因其血液太黏所致，因而主张放血是最好的治疗(许又新,刘协和,1981b)。这一观点继承了体液学说的理念。事实上，体液学说一直到19世纪仍然影响着医学治疗的观念。在18世纪到19世纪前后，医生们认为，一个人一旦身体不适，除非采用非常手段进行治疗，否则难免一死。为得到疗效，必须使体液恢复平衡，放血的方法是为了去除体内的"坏血"。因治疗疾病常常采用非常激烈或冒险的手段，所以其方式被称为冒险式治疗（又译英雄式治疗，heroic medicine）（彼得森，2002）。这一时期医学上对待异常心理现象的治疗也是同样，采用了包括放血、将病人浸泡在冷水里，或使其快速旋转等方法进行治疗（彼得森，2002）。

3. 脑的研究与神经病学的发现

18世纪之前尚缺乏对大脑是人的心灵的器官的认识。加尔（Franz J. Gall,1758—1828)在其对解剖学和人的头脑的研究基础上提出了颅相学（phrenology）的学说。按照他及其弟子的观点，人的头脑可以划分为37个区域，每个区域与一种心灵的器官相联系，如果某些器官发展便会使相应的头脑区域增大，而此人与之相关的"心能"便较发达。加尔将心能分为：①感情的心能，例如破坏性、多情性、仁爱等，多位于头的后部和两侧；②理智的心能，例如比较、个性、计算、时间知觉等，均与前额叶有关（波林，1981）。对于心理异常，加尔等人也予以了定位，例如那些我们现在称作幻觉、焦虑、遗忘的症状，被认为是视觉可见的大脑的某些区域的特异发展造成的，如过度发育或发育不足可能是其产生的根源（陈仲庚，1985）。虽然加尔的学说并不是真正的科学学说，但其对心理学和变态心理学却有着不可否认的贡献，这是因为颅相学的观点把脑定位为心灵的器官，并尝试对脑进行机能定位，这对推动心理科学的研究和发展非常有意义。正因为如此，人们的心理与神经系统之间的联系才得到了极大的关注。

在颅相学提出的前后，研究者对神经系统的研究与认识日益深化，而这一学说的提出促进了人们对神经系统的研究。19世纪的研究者相继发现了大脑的言语中枢、运动中枢和感觉中枢等（波林，1981）。这些科学的进展使医学的治疗开辟了一个新的领域，即神经病学（neurology）。一些以前被认为是魔鬼附体的人，开始被当作真正的病人来对待了。那时一些行为怪异的人被称为"神经病"，认为这些人的神经系统可能存在问题（彼得森，2002）。

4. 对麻痹性痴呆的研究

19世纪，贝尔(A. Bayle,1799—1858)和卡尔米(J. Calmiel,1798—1895)的研究发现精神病人的大脑常常存在着损伤。这些发现使人们把麻痹性痴呆（general paresis of insane）与性传染病——梅毒联系了起来。梅毒几乎都是通过性交活动传染的，感染后几周至几个月外阴部出现下疳，不久愈合，数周后出现烦躁等症状。这一阶段过去后，在18世纪时，人们以为疾病已经痊愈，但实际上梅毒病菌仍可在人体内长期存在，十数年之后少数病人的中枢神经系统受其损害，便可能出现麻痹性痴呆的心理异常的表现。由于缺少抗生素的治疗，当时成千上万的人罹患了这种疾病。19世纪后期，几位临床医生经多年追踪，发现性病与精神病有一定的关系（陈仲庚，1985）。克拉夫特-埃宾(Richard Krafft-Ebung,1840—1902)于1897年进行的实验发现，麻痹性痴呆这类异常表现是由于梅毒对病人的大脑造成了损害（彼得森，2002；陈仲庚，1985）。

5. 医学模式

医学模式(medical model)即所谓的生物学模式,在对异常现象进行研究的领域,可称为生物精神病学模式(biological psychiatry)。这种模式认为异常心理现象可以直接归因于生物学因素。

18世纪后半叶,欧洲出现了资产阶级的革命浪潮,在这一背景之下,法国、德国、俄罗斯及美国在19世纪的精神病学领域都出现了普遍而深刻的革新运动。特别是在法、德两国,出现了许多其后为人称道的精神病学家及重要的研究发现。

在法国,埃斯基罗尔(Jean-Étienne-Dominique Esquirol,1770—1840)首先将统计学方法运用于临床精神病学,并首先使用了"幻觉"一词。依据大批的临床资料,他分析出心理因素(例如失恋、经济困难)是引发精神疾病的重要因素。埃斯基罗尔的学生法利特(Jean Pierre Falret,1794—1870)推进了对躁狂抑郁性精神病的认识,第一次阐明这种疾病有情绪高涨和抑郁交替出现的情况。另一位著名的法国精神病学家莫雷尔(Benedict Augustin Morel,1809—1873)提出了"遗传-退化学说",认为精神疾病是一种退化现象,而退化是由遗传决定的。在此基础上,莫雷尔于1860年提出了"早发性痴呆"的概念,认为这是由遗传决定、发病于青年期、以痴呆为结局的疾病,这即是其后研究者所定义的青春型精神分裂症的早期概念。曾与莫雷尔共同工作过的勒诺丹(Louis-François-Émile Renaudin,1808—1865)把人格的概念引入精神病学中,认为心理活动的三个基本形式是知、情、意,三者形成一个整体,密切配合,而精神疾病就是这种特异活动被破坏造成的(许又新,刘协和,1981b)。

18～19世纪的德国出现了许多唯心主义的哲学家,例如康德、黑格尔等。在这种哲学的影响下,德国出现了一些唯心主义的哲学-精神病学家。格里辛格(Wilhelm Griesinger,1817—1868)带头反对唯心主义在精神病学领域中的影响,主张把精神疾病和躯体疾病同样看待,认为精神疾病就是脑的疾病,他的工作推动了对精神疾病的生物学因素的研究。卡尔鲍姆(Karl Ludwig Kahlbaum,1828—1899)的贡献则在于提出了紧张症的概念,这即是紧张型精神分裂症的早期概念。他还提出了环性气质的概念,并对精神疾病进行了分类的努力。卡尔鲍姆的学生兼同事黑克尔(Ewald Hecker,1843—1905)也在莫雷尔对"早发性痴呆"研究的基础上提出了青春期痴呆的概念并撰写了专著(许又新,刘协和,1981b)。

19世纪末至20世纪初,另一位伟大的德国精神病学家是克雷珀林(Emil Kraepelin,1855—1926),他师从当时著名的精神病学家,并曾在实验心理学的奠基人冯特的实验室中工作过。当时,精神病学的分类十分紊乱,资料缺乏系统的整理。克雷珀林在前人工作和临床实验的基础上,以自然科学的方法研究了精神疾病。他分析了上千例病例,包括病人的现病史、个人史、家族史,并对病人进行长期的住院观察和出院后的随访。在此基础上,建立了精神病学的系统,并从1883年开始出版精神病学的教科书。此后,他的精神病学教科书屡屡再版,不断改进和增加新的内容(许又新,刘协和,

1981b)。

克雷珀林的贡献之一是明确地区分了两种精神病:躁狂忧郁性精神病和早发性痴呆(许又新,刘协和,1981b),这与现代的躁狂抑郁症和精神分裂症的分类基本上是一致的。贡献之二是第一次明确地提出了关于精神疾病的科学分类方法,克雷珀林在对大量临床资料的分析中发现,"精神症状如此有规律地结合在一起,以致可以清楚地确定为一种特定的精神病"(张伯源,陈仲庚,1986)。因此,他提出真正的自然基本单位是具有同一病因、同一心理结构(基本症状)、同一病程、同一转归、同一病理解剖所见的分类原则。克雷珀林还把他在冯特实验室学到的实验心理学方法运用到对精神病学的研究之中,这也是他的一种首创。克雷珀林富有成效的工作大大促进了精神病学临床工作的发展,也因此被认为是变态心理学医学模式的创始人(张伯源,陈仲庚,1986)。

医学的模式试图从遗传、生理解剖和生化物质的角度去认识、解释、治疗心理障碍。而单纯以生物学的视角进行的研究一直以来均受到批评。医学模式发展到现代,我们已经可以看到在精神病学领域中出现了结合心理学的角度对异常现象进行诠释的努力。例如布洛伊勒(Eugen Bleuler,1857—1939)和迈耶(Adolf Meyer,1866—1950)的工作。

布洛伊勒进一步扩展了克雷珀林关于早发性痴呆的概念,并第一次提出了精神分裂症一词。他将精神分裂症区分为以遗传和体质因素所致的原发性和以心理因素所致的继发性两类。他还是国际精神分析运动的领导人,并以精神分析的观点解释了精神分裂症的一些症状(许又新,刘协和,1981b)。

迈耶是心理生物学(psychobiology)的创始人。心理生物学认为个体对环境的反应是一种整体性的适应反应,而精神疾病即是个体对困难而复杂的环境适应的失败。迈耶提出精神病学与一般医学的研究对象是不同的,医学研究的是个体的生物学反应,而精神病学研究的是心理生物学的反应,二者的性质有着本质性的不同。他对异常现象重新进行了分类,在治疗方面也提出了与其他学派不同的观点。例如应在全面搜集病史的基础上,找出与病人个性发展和整体反应相关的因素,与病人一起分析,使病人了解既往生活经历如何造成了其适应不良的,然后采取心理治疗的方式使病人学会适应现实的态度和方法(许又新,刘协和,1981b)。

(三) 心因性解释

布洛伊勒和迈耶虽然结合了心理学的内容对异常心理现象进行研究甚至治疗,但他们还是身处医学的阵营之中。对于心理障碍的心因性解释从古希腊时期就已经有零星的事例,在弗洛伊德创始精神分析之后才成为一个真正的研究领域。

1. 早期的观点与事例

古希腊文化就曾将梦境视为真实的事件,或神明的预示(彼得森,2002),这与精神分析学派对梦的理解有相似之处。

在由苏格拉底(前469—前399)的学生柏拉图记录下来的苏格拉底的对话录中可以发现,苏格拉底一般是先请对方提出关于一个事物的定义,然后层层追问,使对方自己陷入矛盾,这样讨论下去得到一个定义或结论(唐钺,1982)。这种讨论方法,在那个年代被看作是一种教学方法,一种归纳论证方法,但它却是一种可以帮助人改变观念的方法。现今的认知治疗中最重要的治疗技术之一"盘根追问法"(disputing)就是向苏格拉底的上述方法学习而来的。

亚里士多德(前384—前322)的"修辞"论述中有大段对如何运用一个字去说服或改变另一个人的心意的讨论。他所论述的这种方法也是当今的心理治疗中的一种方法。他还应用了"宣泄"(catharsis)一词,这也是后来为弗洛伊德所采用的方法(彼得森,2002)。

即使是在对心理异常者进行大肆迫害的中世纪,一位在瑞士出生的医生帕拉塞尔苏斯(Paracelsus,1490—1541)也曾坚决反对把异常者看作是魔鬼附体的看法。他认为心理异常的人只不过是需要治疗的病人,而且他相信通过交谈、说服和引导,这些人是有可能治好的(陈仲庚,1985),其观点非常类似于现代心理治疗的思路。

2. 催眠术

在古希腊的文字中就已经有关于为了医疗的目的而使用催眠(hypnosis)和暗示的记载。到了中世纪,一些术士号称他们可以运用一种神秘的力量治病。他们借助于巫术和宗教仪式使病人进入恍惚状态并进行暗示,治好了一些病人。麦斯麦(Franz A. Mesmer,1734—1815)奥地利人,早年在维也纳行医,从术士那里学会了这种技巧,在原先广为流传的"动物磁气"的解说中创立了动物磁感应理论,并将操作方法称为麦斯麦术(Mesmerism)。他认为宇宙间充满动物磁性,当一个人的磁气受损或阻滞时就会生病。他采用的麦斯麦术就是为了导正病人的磁气。他采用磁铁、与对方接触或吸引对方注意的方式使病人进入恍惚状态,然后让对方放松使之得到治疗。采用这种方法,他治好了一些病人。在名声大了以后,麦斯麦到巴黎行医,因而更加引人注目,后来法兰西科学院派人去调查他的情况,最后宣布所谓的"动物磁气"完全没有根据,将麦斯麦驱逐出巴黎(彼得森,2002;许又新,刘协和,1981b;张伯源,陈仲庚,1986)。麦斯麦的治疗观点与医学的观点是相似的,但其治疗方法却是现代催眠术的前身,而且他所治愈的病人多数是患有失明、失聪和瘫痪的女病人,即曾被称为癔症,现在称之为转换性及分离性障碍的病人,因此其治疗与心理治疗一脉相承。

19世纪70年代以后,法国的伯恩海姆(Hippolyte Bernheim,1837—1919)和沙尔科(Jean-Martin Charcot,1825—1893)都开始对催眠术进行研究并将其用于治疗。沙尔科认为催眠状态本身即是病态的表现,把催眠状态与癔症相提并论。而伯恩海姆认为催眠状态是由暗示引起的,也可见于正常人,不能把这种状态归于癔症;他还提出癔症是神经症之一,并对神经症提出了心因性致病的学说。在对待催眠的问题上,伯恩海姆和沙尔科所选择的研究对象不同,对催眠的本质得出了完全不同的结论,并形成了"南希派"(Nancy school)和"巴黎派"两个学派,展开了激烈的争论,从而引发了人们对催眠和暗示问题的普遍关注(许又新,刘协和,1981b;张伯源,陈仲庚,1986)。

3. 精神分析

弗洛伊德,奥地利人,在维也纳学医,毕业后进入医疗机构工作。他原打算一生致力于学术研究,后因恋爱准备结婚,转而从事收入较高的医生工作。行医过程中,他发现许多病人患有癔症,因此在1885年得到机会去巴黎时,曾向沙尔科等人学习过催眠术。弗洛伊德回到维也纳后与一位同事布罗伊尔(Josef Breuer,1842—1925)一起工作。布罗伊尔也曾采用催眠的方法对病人进行治疗,他的一位最著名的癔症病人即是安娜O。布罗伊尔采用催眠及宣泄的方法治愈了安娜O的许多癔症症状,例如当她说出幼时的管家竟然让一只狗喝她杯子里的水的偶然事件后,她无法吞咽食物的症状就消失了。由于布罗伊尔对这个案例投入了过多的时间,常常与患者一天见两次面,他的妻子对此不满,要求他结束对安娜O的治疗。对此,安娜O的反应是出现癔症性的怀孕,并声称孩子的父亲是布罗伊尔。布罗伊尔因而停止了对安娜O的治疗。安娜O在康复后成了一名成功的社会工作者(彼得森,2002;陈祉妍,2003;Nevid,Rathus,Greene,2000)。

布罗伊尔曾与弗洛伊德讨论这个案例,这对弗洛伊德产生了很大影响。他们两人还一起发表了相关的专业文章。但弗洛伊德渐渐发现催眠不是令人满意的治疗方法,他开始尝试自由联想的方法,即要求患者在治疗时说出自己想到的任何事情。后来,他把这套方法称为"精神分析"(陈祉妍,2003)。弗洛伊德认为,人所出现的心理异常的表现均来源于无意识中的内心冲突,这些冲突则与性欲有关,许多与早期的性经历有关。由于社会道德的要求,人们无法直接表达这种冲突,因此内心冲突需要采用心理防御机制进行修饰后以症状的形式表现出来。而精神分析的治疗方法就是要透过症状的表现看到其本质,具体技术包括自由联想法、梦的解析,对移情和阻抗的分析等。

弗洛伊德所创立的精神分析学说第一次真正对心理障碍病人的内心进行系统的探索。虽然他的学说常常被批评为缺乏科学依据,但多年来他的学说及许多概念已渗入到我们的日常生活之中,例如无意识、自我、本我和超我,以及防御机制等;而且他的学说还激发了许多后来者的思考,并创立了新精神分析学说和许多不同的心理治疗学说。

4. 行为治疗与认知治疗

行为治疗的历史渊源,可以追溯到俄罗斯的生理学家巴甫洛夫(1849—1936)对经典条件反射及其相关规律的发现。另外,1913年,美国心理学家约翰·华生(1878—1958)发表了一篇题为《行为主义者眼中的心理学》(Psychology as the Behaviorist Views It)的文章,称行为都是受环境事件的控制,对行为可以进行预测和控制,行为主义将使心理学成为"一门纯粹的自然科学"(郑宁,2003)。在华生的研究中,他和雷纳(Rosalie Rayner)曾使一个小男孩——小阿尔伯特(little Albert)建立了对小白鼠产生恐惧的经典的条件反应(彼得森,2002)。这一研究在现在看来存在研究伦理方面的问题,但其证实了异常的心理反应是有可能通过学习的经验而建立的。除了华生以外,桑代克(1874—1949)通过对鸡、猫、狗等动物进行学习的行为实验观察到,动物的学习是通过尝试错误而偶然获得成功的,并因此提出练习律和效果律。另一位美国心理学家斯金纳(1904—1990)提出了操作性条件反射原理,并指出强化可促进学习。20世纪50年代,斯金纳等开始将行为治疗中的操作条件学习原理应用到对医院病人的治疗上,并首次提出了"行为治疗"的术语。50年代末,南非心理学家(后移居美国)沃尔普(Joseph Wolpe)创立了"系统脱敏"等行为治疗技术与方法,并应用于临床,以治疗恐怖症患者(张雨新,1989)。至20世纪六七十年代以后,行为治疗的技术日益丰富,同时其理论与方法也开始逐步深入到临床和教育等领域之中。

行为治疗以其简洁有效著称,其不同的理论解释及技术方法均来自实验,因此比之心理分析更显科学严谨。但行为主义只强调外显行为,不重视个体的内心活动,招致了许多的批评。一些后来的研究者在这方面进行了改进。

在行为治疗广泛应用时,班杜拉(1925—2021)提出了社会学习理论。他指出个体可以仅仅通过模仿他人的行为而习得新的行为。在他的理论中已经开始注意个体在学习过程中态度的影响。

在20世纪60~70年代,贝克(Aaron Beck,1921—2021)根据对抑郁症病人的治疗创立了认知疗法。埃利斯(Albert Ellis,1913—2007)也在同一时期发展了理性情绪疗法。各种认知治疗的理论和方法均认为人的思维对其情感和行为具有决定作用,人的情绪困扰、行为问题或心理障碍均与人的认知和认知过程有关,强调以改变人的认知为主的方式来消除或减轻心理问题或障碍。认知治疗因其短程、有效而迅速在心理治疗领域产生了重要影响。

5. 其他心理治疗

产生于20世纪40年代的人本主义取向的治疗包括来访者中心疗法(后改称以人为中心疗法)等,这类治疗强调理解人的内心世界,强调个体当前的经验和体验,重视治疗关系的建立对个体内在成长的重要性。而异常心理现象被看作由不利的环境或错误的学习等因素影响了人的自然成长的倾向,使之无法发挥所具有的潜能。

20世纪50~60年代对于精神分裂症病人家庭的研究,推动了对出现各类心理异常的成员家庭的理解和不同治疗理论的发展。各种家庭治疗虽各自有自己的理论观点与技术方法,但均将整个家庭作为一个系统来看待,认为心理异常情况的出现实际的根源是家庭里的人际关系问题,即是家庭这个系统的问题的表现(徐静,1997)。其工作重点在于以系统论的观点理解家庭内发生的各种现象,认为调整个体的家庭或其他使之受到影响的系统,才有助于个体改变的产生。因此这类治疗与上述的治疗不同的地方是治疗并非是个体性的,而是涉及整个家庭。

时至今日,对异常心理现象的心因性解释越来越深入人心,各类解释的理论观点也愈加系统和完善。这类解释与躯体的或生物学的解释相辅相成,使人类对于异常心理现象的理解更加深入。

6. 对于异常心理的医治与管理

我们在前面已经提到了对于异常心理现象的许多治疗方法。例如,头盖骨钻洞术,巫师驱赶鬼神,拷打和火烧,放血等冒险式治疗,草药、抗生素等医学治疗,以及催眠、心理分析、行为治疗等。

如果从医学治疗的角度看,最早为精神病人建立医院始于公元8世纪的阿拉伯,那时阿拉伯人建立了横跨亚欧非三洲的大帝国,出现了灿烂的阿拉伯文化,对异常心理现象的研究也有较大发展(许又新,刘协和,1981b)。

从12世纪开始,在欧洲出现收容精神病人的机构。收容机构于1100年在法国的梅斯(Metz)开始兴起,以后欧洲和美洲的许多城市都开始出现这样的机构。由于受到中世纪心理异常者与魔鬼相勾结的观念影响,与创立者要给病人阳光、新鲜空气的初衷相违背,许多心理障碍者在收容机构中的待遇与牢狱相似,他们常常被用铁链锁在笼中,有些地方甚至将他们对外收费展览(陈仲庚,1985),即使是在医院也不例外。例如,1403年伦敦的一所医院——伯利恒圣玛丽医院(St. Mary of Bethlehem)第一次接收了有心理问题的病人。在其后的300多年里,在这所医院里的患有心理疾病的病人一直是被锁链束缚着、拷打折磨着,并对公众进行公开的收费展示(格里格,津巴多,2003)。

中世纪的欧洲也并非一片黑暗,除了有仁人志士呼吁要给心理异常者以病人式的待遇以外,比利时的一个小镇吉尔(Gheel)在15世纪时曾有一个时期被认为是神迹显灵的地方,许多心理异常者来这里寻求治疗,并住在当地居民家里。那里的教士和居民对待他们礼遇有加。许多心理障碍者就留在那里,和当地居民一起生活和劳动,友善和责任成为社区的主旨。这里最后形成了一个治疗体系,良好的传统一直保持至今(彼得森,2002)。

吉尔是中世纪闪烁着人性光芒的地方。但对于其他生活在监狱、收容机构、疯人院(madhouses,这是当时人们对于收留心理障碍者的地方的称谓)的心理障碍者而言,仍然在受着折磨。直到18世纪后期,这种情况在欧洲才开始有所改观。法国的一位医生皮内尔(Philippe Pinel)在1801年写道:"心理疾病远不是人们所认为的是对有罪的人的惩罚,而是一群有病的人,这是人性的痛苦,他们的悲惨状况值得所有人的关心。我们应该试着以最简单的方式去帮助他们恢复理智"(格里格,津巴多,2003)。

在皮内尔的影响下,心理障碍患者终于从铁链中解脱了出来。皮内尔还在医院培训医护人员,教授照顾病人的知识与原则,并制定了精神病医院的许多规定,如每天巡视、与病人谈话、详细记录等制度。

1796年,英格兰的图克(William Tuke,1732—1819)为心理异常者建立了一个不同于以往的收容机构的庇护场所。在那里病人受到尊重,并被教授如何进行自我控制(Nolen-Hoeksema,2001)。另一位医院改革的重要人物是美国的迪克斯(Dorothea Dix,1802—1887),她在1841—1881年间不遗余力地为争取心理障碍者得到更加人道的待遇而奔走和努力。当时经由她的努力,有30多所医疗机构在美国、加拿大和苏格兰建立起来(彼得森,2002;Nolen-Hoeksema,2001)。

19世纪末至20世纪初,为了保护病人,也为了治疗工作的开展,精神病院都建在远离城市的地方。由于生物学的治疗在20世纪以后才逐渐开始施行,这些医院里的工作受到人道主义治疗观点的影响。当时也有人因一些病人症状没有改善而质疑人道主义的治疗方针。

此外,争取对心理异常者的人道主义待遇的运动在美国发展得过于迅速,许多为精神病人进行医治的院所人满为患。而且在19世纪末至20世纪初大量移民涌入美国,这类院所充满了不同文化和低社会经济阶层的人们。这使得医护人员根本无法给予病人很好的照顾。也正是在20世纪初,一位青年人——比尔斯(Clifford Beers)由于亲身经历了这类医院的不良对待而发起了一场心理卫生运动,最终转变了社会对精神疾病的禁闭的态度,并提出了新的康复目标(Nolen-Hoeksema,2001)。

二、变态心理学在中国的历史

"杞人忧天""杯弓蛇影"等成语生动地记叙了我国古人中的心理异常的现象,至今还被人们不断使用着。其实,早在春秋战国时期,我国的《诗》《易》《礼》《左传》中就已经有了关于异常心理现象的记载(许又新,刘协和,1981a)。而我们对于异常心理现象的认识,也如同国外的情况一样,走过了漫长的道路。

1. 超自然的解释

如同早期的古埃及人、希伯来人和古希腊人那样,我们也有关于鬼神附体的说法。由于无法解释许多自然现象,人们用神鬼来解释电闪雷鸣、自然灾害或疾病,以及心理异常等现象。在民间,一旦有人出现异常行为,往往也被认为是鬼神附体。当然,有时附体被认为是神灵,例如在我国有病人自称是王母娘娘下凡。巫医和巫术常常被认为是针对这种鬼神附体的最好的治疗方法,其治疗与国外的情形相似,也是凭借一定的驱魔仪式或驱魔咒语,让鬼神离开人的肉体;还有让病人喝下念过咒语的药水、鞭笞病人等驱魔的办法。时至今日,在我国一些偏远地区,仍然沿袭着这类古老的治疗方式和对异常现象的解释。

2. 中医的解释与医学治疗

成书于公元前3世纪到公元3世纪左右的经典的医学典籍《内经》(分为《素问》和《灵枢》)更是集中了名医对异常现象的记载和论述。例如《素问》中提到了"狂""躁""谵妄""癫疾"等名称,不但描述了症状,还论述了病因,并以阴阳不平衡解释其发病机理。在治疗方面则提出禁食、服药和针灸治疗等方法(许又新,刘协和,1981a)。

公元7世纪,隋代的巢元方撰写了《诸病源候论》一书,其中论述的异常症状达四五十种,有些类似于现代医学中的精神分裂症、躁狂症和抑郁症等。唐代名医孙思邈(581—682)在其《千金方》中还记录了一个案例,一位精神失常半年多的和尚服用了他配的药物,在连睡了两昼夜后恢复了正常(许又新,刘协和,1981a)。

金元时期的名医张子和(1156—1228)在其论著《儒门事亲》中也记录了许多心理异常的案例。此外,明代和清代我国出现的名医甚多,著述丰富,对异常心理现象的论述也非常多。明代杰出的医药学家李时珍(1518—1593)在《本草纲目》中总结了16世纪前我国中医药物的知识,记载了治疗癫痫、狂惑、健忘、惊悸、烦躁、不眠等症状的药物达数百种之多,并介绍了一些方剂(许又新,刘协和,1981a)。

3. 中医中的心理治疗思想

早在春秋战国时期的《吕氏春秋·仲冬记》就曾记录了名医文挚采用激怒齐湣王的方法治愈了齐湣王疾病的事例(许又新,刘协和,1981a)。

《内经》以阴阳五行学说解释人的心理活动,认为阴阳平衡才能保持人的心理健康,例如"阴平阳秘,精神乃治"。此典籍还对人的心理活动进行了早期的分类,认为神、魄、魂、意、志等分属于不同的内脏系统,"心藏神,肺藏魄,肝藏魂,脾藏意,肾藏志""人有五脏化五气,以生喜、怒、悲、忧、恐,肝在志为怒,心在志为喜,脾在志为思,肺在志为忧,肾在志为恐"(杜学东,董成惠,1983)。此学说在后来得到进一步的发展,形成了中医情志相胜的治疗原理。其中,张子和将《内经》中以情胜情的观点进一步发挥,提出七情相治的观点;他在《儒门事亲》中还记录了多个精彩的案例——以情志相胜的方式治好了出现异常心理与行为的病人。

按照阴阳五行学,情志相胜的原理以脏象与五行配合,将人体归纳为5个体系:肝木、心火、脾土、肺金、肾水。它们是依次相生的关系,同时以金木土水火的顺序依次相胜(相克,即依次制约的关系)。这5个系统也包括了情志的因素,即悲属肺金、怒属肝木、思属脾土、恐属肾水、喜属心火。情志相胜的原理就是根据五行这种制约关系,以一种情志去矫正相应的另一种情志,以调节由某种情志所引起的疾病而达到治疗的目的(王米渠,1982)。具体而言,即恐胜喜,怒胜思,悲胜怒,喜胜悲,思胜恐。这种以心理的方式而非药物的方式对因心理原因造成的病症的治疗原理,因此被称为中医中的一种心理治疗的方法。

专栏 1-4

中国古代情志相胜的治疗案例

张子和(号戴人)的一个案例可以说明情志相胜的治疗原理:"息城司侯,闻父死于贼,乃大悲哭之,罢,便觉心痛,日增不已,月余成块,状若覆杯,大痛不住,药皆无功……乃求于戴人。戴人至,适巫者在其旁,乃学巫者,杂以狂言以谑病者,至是大笑,不忍回。面向壁,一二日,心下结块皆散。"

(引自杜学东,董成惠,1983)

我国当代精神病学专家许又新和刘协和(1981a)曾指出：从秦汉时期直到18世纪末，与同时代的国外精神病学研究相比较，我国的精神病学一直走在世界的前列。我们从前面的论述也可以看到这一点。无论是在对异常心理现象的描述、分类，或是对其进行心理方面的治疗，中医的先行者们都显示出了其聪明才智和高超的技巧。这些都是后来者需要学习、总结、发扬并赶超之处。

但是，我国的中医思想对于心理异常现象的论述，目前在理论上还缺少新的突破。国内的精神病学研究后来基本上是学习西方的精神病学而成。在科学飞速发展的今天，任何人、任何国家、任何学科不前进就意味着落后，这一点我们必须牢记。

第四节　变态心理学的研究方法

我们在报纸杂志和广播电视上经常看到或听到对有关异常心理现象原因或影响因素的解释。例如，抑郁与基因有关，网络成瘾行为与个体社交能力有关等。媒体对某一事件的报道，其起因有时仅仅是记者的推测，或者只报告某些科学家研究结果的个别结论，甚至个别报道有时是以断章取义的方式——对某些可能会引起读者兴趣的研究内容进行报道而忽略了其他相关的重要事实。

科学研究与媒体工作的重点和方式不同。一项研究的结论常常并非清楚而且确凿无误的，其结果常常会引起争论，需要进一步的研究重复进行验证。此外，对于异常心理现象的研究结论也需要慎重做出，因为心理学、物理学、社会学和生物学的因素都可能会对某一异常心理现象产生影响。

Nolen-Hoeksema(2001)指出，对异常心理现象的研究是极端困难的，对研究者而言面临四大挑战：

（1）对于异常心理现象无法准确进行测量，任何个体内部状态和体验仅能够依据个体的自我报告，无法进行客观的测量。而个体的自我报告又会受到有意和无意因素的影响而失真。即使异常现象允许进行客观的他人评估，这一评估仍有可能受到个体性别、文化等因素的影响。

（2）人们是在变化着的，而且这种变化常常是很快的。例如，今天还处于抑郁之中的人，可能明天就不抑郁了；这一周没有听到无中生有的声音的人，可能下一周就听到了。这对心理学研究而言是很有意义的现象，但这使得研究过程变得更为复杂。

（3）大多数的异常心理现象是由于多种因素引起的。研究时除非研究者在其研究设计中可以涵盖心理、生物、社会等所有可能的因素，否则就无法对某一现象的发生进行完全的解释。而任何研究者都会很清楚地意识到没有哪一个研究能够做到囊括所有相关因素这一点。

（4）当我们对感兴趣的异常心理现象进行研究时，常常无法对某种变量进行控制和操纵，因为这涉及对个体的心理影响，由于伦理的原因无法真正进行研究。

尽管面临诸多挑战,在过去的几十年中,变态心理学领域的研究依然成果卓著,其研究的方法也和心理学其他领域一样变得更为专精。

一、实验法

科学的研究包括下列几项内容:明确研究问题、提出研究假设、对研究假设进行验证、根据研究结果进行分析、对研究结果进行讨论并得出对假设的结论(许淑莲,1989)。

采用实验法进行的实验是在良好控制的条件下进行的研究。研究包括实验组、对照组,并通过控制其他无关变量,使得自变量的变化可以引起因变量的改变。请看专栏1-5 的例子。

专栏 1-5

一个使用实验法进行研究的例子

徐凯文(2003)在研究文献后注意到注意障碍是精神分裂症病人的核心症状之一。因此,他采用经精神科医生明确诊断的精神分裂症病人作为实验组被试,进行了返回抑制的研究。

返回抑制(inhibition of return,IOR)是指对原先注意过的物体或位置所做的反应表现出的滞后现象。返回抑制的生物学意义在于使生物体有效回避已经注意过的位置,更好地搜索最近的位置,即它可能反映了一个重要的进化机制:阻止注意返回到一个刚刚加工过的空间位置上,因此具有适应意义。

这一研究的假设为:①精神分裂症被试与正常被试返回抑制(正常被试在200~300毫秒出现返回抑制现象)效应不同;②不同的精神分裂症患者的返回抑制效应不同。

结果1:正常被试与病人被试比较

根据正常被试的实验结果,即正常被试左侧拐点是322毫秒,右侧是400毫秒。将划分易化和抑制效应的临界点定义为左侧300毫秒,右侧400毫秒。对照正常被试和精神分裂症被试的结果,得到表1-1。

按表1-1中的数据进行χ^2检验,两组被试差异显著($\chi^2=14.09, p<0.005$)。以此计算返回抑制效应测试精神分裂症患者的击中率为82%,虚报率为26%。

表1-1 正常被试与精神分裂症病人结果对照

	IOR正常	IOR异常
正常被试	11人	4人
精神分裂症病人	9人	41人

结果2:不同精神分裂症病人比较

为了考察妄想与返回抑制效应的关系,将被试区分为有妄想和无妄想两类,分析其返回抑制的特点,得到表 1-2。

按表 1-2 的数据进行 χ^2 检验,两组被试差异显著($\chi^2=21.86, p<0.005$)。对妄想的击中率为 95%,虚报率为 22%。两位出现 IOR 异常的无妄想的病人,其中一位有明显的听幻觉,另一位没有查及幻觉或妄想症状。因此修正后的虚报率是 11.1%。

表 1-2　有、无妄想的精神分裂症病人的 IOR 效应对照

	IOR 正常	IOR 异常
有妄想	2 人	39 人
无妄想	7 人	2 人

实验结果反映了精神分裂症病人存在注意抑制障碍,同时他们整体的认知功能也受到了损害。研究得到如下结论:①精神分裂症病人存在明显的返回抑制效应延迟或消失的现象;②返回抑制效应延迟或消失的现象与妄想显著相关。

1. 实验研究的要素

专栏 1-5 中的研究具有量化研究的所有元素:明确问题,提出假设,验证假设,分析结果,得出结论。研究也包括实验法的所有要素:实验组、对照组(精神分裂症病人与正常人;有妄想的精神分裂症病人与无妄想的精神分裂症病人);控制其他无关变量(以计算机编制的程序呈现刺激,使刺激呈现的方式、时间等条件得到很好控制;以精神科医生对病人的严格诊断及相关量表的评估对病人进行严格的分组;在统计过程中注意控制病人服药的影响);通过操纵自变量(是否为病人,是否为妄想病人)的变化引起因变量(返回抑制出现的时间)的改变。

2. 实验研究的注意事项

除了上述要素之外,在实验研究中还应注意对被试进行随机分配,例如随机将高社交焦虑被试分入认知治疗或运动处方研究小组中。如果由被试自己选择进入某小组,可能会出现某些偏差,如爱好运动者进入了运动处方小组或根本对运动处方小组不感兴趣。

在实验研究还应注意采用双盲处理方式进行,即直接参与研究的人员和测评人员对所面对的被试的特定情况不清楚(例如,是否为有妄想的精神分裂症病人),对被试所参与的特定处理情况也不了解(例如,被试参加的是给予某种新药物的小组或是安慰剂组)。因为当研究者想测试一种新的方法对精神分裂症病人是否有效时,可能其本身对新方法的热切期望和热心的投入,就会使不同的研究小组出现不同情况。

如果被试对某种方法寄予期望时,研究结果也可能受到影响。因此许多研究者在对实验组进行某种处理时,对控制组同时采用安慰剂方式进行处理,两组均给予同样的指导语;在进行心理干预研究时,也可以采用以两种不同干预方法对比的方式进行。

3. 实验研究的不同分类

有人曾将实验研究分为实验室研究和临床研究，而专栏 1-5 的研究既是实验室研究，也属于临床研究。实际上，二者常常相辅相成，它们结合得越紧密，对学科的发展就越有利（陈仲庚，1992）。

也有研究者将研究分为对病人特点的研究和对治疗效果的研究。专栏 1-5 的研究即是对病人注意功能特点的研究。对治疗效果的研究比较复杂，因为有些对各种条件进行严格控制的研究可归类于实验性的研究，而另一些对于研究条件缺乏控制的研究则不属于实验研究。

还有一些研究者将实验研究分为实验室研究和现场研究。专栏 1-5 的研究即属于实验室研究。而现场研究则可能在条件的控制方面逊色于实验室研究。例如对住院精神分裂症病人进行的研究，当其在病房里向他人大谈自己妄想的内容时，所有护士都不理睬他；但当他谈及不属于妄想的内容时（如当天的活动、足球赛事等），护士就和他一起聊天。此时记录病人每天谈及妄想内容次数的改变。现场研究可以得到某些实验室研究无法得到的鲜活的第一手资料，但需要研究者对特定问题的敏感和尽可能完善的实验设计。

研究者也会把实验研究分成多人次研究和个体研究。专栏 1-5 的研究即是多人次研究，即实验组包含多名被试，通过对他们的返回抑制现象的数据统计，将所得到的结果用于类推到其他精神分裂症病人的情况。而个体研究的情况则不同，通常采用单被试实验设计。

专栏 1-6

心理治疗效果的研究方法

治疗效果的研究，如果研究方法控制得很严格，也可以看作是实验研究。但研究者常常受到各种因素的限制而无法使其研究达到所希望的情境。然而也有时，的确是研究者没有很好地对研究条件进行控制。

《治疗工作指南》(*A Guide to Treatments that Work*) 中提出了研究治疗效果时的 6 种不同的研究方法（Nathan, Gorman, 2015）：

（1）Ⅰ型研究。研究涉及的是随机、前瞻性临床试验（randomized, prospective clinical trial, RCT）研究，具有如下特点：被试随机分配入组、双盲评定、有清楚的剔除和入组标准、采用先进的诊断方法、满足统计效力的样本量、采用了适宜的统计方法并对统计方法进行了清晰的描述。

（2）Ⅱ型研究。此类研究是涉及干预的临床试验，但缺乏某些Ⅰ型研究所具有的特点。例如无法进行双盲研究，被比较的两种干预的被试无法进行随机分组等。

（3）Ⅲ型研究。此类研究在方法学方面明显受限，为开放式的研究，其目的是获得探索性的资料。这类研究具有某种观察的主观倾向,所得到的结果只适用于说明某种方法是否值得进行进一步严格的实验研究。

(4) Ⅳ型研究。这类研究是指对第二手资料的分析性研究,特别是当其所涉及的数据分析技术是成熟的,例如采用荟萃分析所进行的研究。

(5) Ⅴ型研究。这类研究是指没有第二手数据分析的评论,有助于对某些文献的了解,但明显受制于作者自身观点。

(6) Ⅵ型研究。这类研究由各种各样的报告组成,涉及非主流的观点和内容,包括案例研究、论述文、议论文等。

4. 其他研究

在众多实验方法中,变态心理学研究还涉及动物实验制造的心理异常模型。一些特定的人类心理异常现象并不方便进行研究。进行动物实验,制备异常的动物模型,对于人类异常现象的产生、发展及治疗的认识都十分有益。

二、单被试实验设计

在严格意义上看,缺乏实验组和对照组,其所得结果往往不能被重复,因此其结论也无法被推广。但在变态心理学领域,有某种特殊障碍或症状者很少,无法进行组间实验研究。此时单被试实验设计则可达到既有实验设计的严谨性,又不受人数的影响,把临床治疗与测评结合起来进行研究的目的。这种研究可为特殊障碍或案例提供资料,也可为大规模的实验研究提供基础(许淑莲,1989)。

单被试实验设计的最常见的方法是 ABAB 设计。这种设计通常在开始的几天对被试进行观察,称为基线阶段(A),所得到的被试的某种行为结果称为基线数据,这是第一阶段;第二阶段对被试实施特定治疗(B),此时被试的行为如果发生改变,即被认为是治疗干预的结果;第三阶段撤销治疗(A),观察被试的行为改变,是否又回到第一阶段的水平;第四阶段恢复治疗干预(B),如果在第三阶段被试的行为回到基线水平,而第四阶段又发生改变时,则认为这一变化确实是由治疗干预引起的。

Davison 和 Neale(1998)援引 Tate 和 Baroff 在 1966 年所做的一个案例表明,这样的实验设计确实可证明干预的效果。这一案例报告了一个 9 岁的男孩,他有许多自伤行为(如以头撞墙、打自己的脸等),但也会对其他人表示友好(如他愿意和别人接触、用手搂着别人、坐在别人的膝盖上等)。研究者设计了一个 20 天的干预程序,每 5 天为一个阶段。最初的 5 天时间用于基线的测量,之后 5 天时间由两名研究人员陪伴着这名男孩,他们一人牵着男孩的一只手在校园中散步。每当男孩出现自伤行为时,他们立即松开与男孩牵着的手,直到男孩的自伤行为停止 3 秒钟之后再开始牵着他的手散步,在这期间仍对男孩的自伤行为基线进行记录。第三个 5 天的阶段,研究人员不再和男孩散步,只记录其自伤行为。第四个 5 天则又由研究人员与男孩一起散步,并记录其自伤行为的频率。其结果是在两个 A 的阶段记录的男孩自伤行为频率很高,而在两个 B 阶段,自伤行为有非常明显的下降。

单被试实验设计除了 ABAB 设计之外,还有多种基线设计、变化标准设计和同时治疗设计(许淑莲,1989)。单被试实验设计各有优点和不足,感兴趣的读者可进一步阅读相关文献。

三、流行病学方法

以流行病学方法(epidemiological method)进行的研究主要为了了解在不同人群中各种心理障碍发生的频率。其中一种方法是调查法,通常采用会谈或问卷方式进行调查。调查会注重某一人群中各种障碍发生的总的比例,以及在不同社会群体中的比例,例如民族、性别、社会阶层等。各种不同的统计内容涉及:①发病率(incidence),指一定时间内(如一年内)某种疾病或障碍在一定的人群中新病例出现的频率;②患病率(prevalence),指在某一特定时间某种疾病或障碍患病人数(包括新旧病例)占总人数的百分比(梁宝勇,2002)。

在流行病学调查中,取样问题非常突出。理想的情况是对某一感兴趣的人群都进行调查,而实际情况并不允许,因此必须注意取样的代表性。选取有代表性的样本的方法之一是采用随机抽样的方法,即在研究者所感兴趣的社区或人群中,每个人都有同等机会被抽取出来参与调查。

此外,在对异常心理现象进行研究时,双生子研究、领养研究(即在孩子出生之后立即放在领养父母家中,脱离有精神病阳性家族史的双亲,或双生子出生后由不同家庭养育),以及对有精神病阳性家族史的家庭的研究等也是变态心理学研究中常见的方法。

专栏 1-7

研究中的伦理学问题

心理学的研究是涉及人的研究,《中国心理学会临床与咨询心理学工作伦理守则(第二版)》指出:"心理师的研究工作若以人类作为研究对象,应尊重人的基本权益,遵守相关法律法规、伦理准则以及人类科学研究的标准。心理师应负责被试的安全,采取措施防范损害其权益,避免对其造成躯体、情感或社会性伤害。"2017 年,美国心理学会(American Psychological Association,APA)制定的伦理条例内容也涉及对研究的伦理要求,即心理学工作者应该尊重所有人的尊严和价值。

我国近年来在心理学的研究机构和各高校的心理学院、系所大多建立了伦理委员会,在研究项目开始之前对研究是否能够注意保护被试的权益、是否符合伦理进行审查,研究者在得到伦理委员会的批准后,方可开始进行相应的研究。

变态心理学的研究同样需要遵循心理学研究的伦理要求,特别是此类研究因常常涉及以罹患心理障碍者为被试进行实验或心理干预,更需要注意遵从专业伦理。除了在研究之前要获得伦理委员会审查批准之外,从事此方面的研究时如遇到研究对象为不具备完全民事行为能力者时,研究者需得到研究对象法定监护人的允许才能够进行研究。

四、案例研究

案例研究(case study)曾经是变态心理学研究中影响最大的研究方法。著名精神病学家克雷珀林就曾以科学的方法研究个案,明确区分和定义了早发性痴呆(即精神分裂症)和躁狂抑郁症,使人们对这两种疾病的认识向前迈进了一大步。

弗洛伊德精神分析的理论也是在他对大量案例详细了解的基础上进行建构的。弗洛伊德花了大量时间倾听病人描述自己的生活、记忆中的事件和梦境,由此他注意到这些内容的主题与其特殊的心理症状的联系。他依据治疗案例中的发现,提出了自己对异常心理现象的概念和理论。这一理论和其中许多重要的概念至今对理解心理异常现象仍发挥着巨大的影响力。

案例研究即是对个体进行的深入、细致的研究。内容可以包括大量的资料,如个体的家庭、成长的历史、早期的生活环境、重要生活事件、患病的历史及发展情况,个人报告、日记、作品,他人(家庭成员、朋友、邻居等)印象及描述,等等。其中最重要的信息来自个人的报告。

案例研究具有自己的优势:①内容丰富翔实,其资料所包含的内容是量化研究无法比拟的;②有机会记录下非常独特的个体的经验,对非常少见的案例可以进行详细的记载;③案例研究有助于个体提供自己对事物的看法,也有助于启发新的理论观点的产生(Nolen-Hoeksema,2001)。

案例研究也有不足:①由于案例研究往往来自个别的案例,其结果无法推广到更大的范围中去;②不同的案例研究得到的结果可能是有差异的,其结果无法重复;③案例研究更多的是借助访谈进行的,个案本身对其经历或体验的报告可能是有偏差的,例如可能会夸大某些事实,对另一些事件进行渲染,或有选择性地报告自己的故事;而另一方面,访谈人员也可能出现偏差,他们可能会倾向于提出与自己的理论观点一致的问题,而引导出个案的不同报告(Nevid,Rathus,Greene,2000;Nolen-Hoeksema,2001)。

专栏 1-8

质 性 研 究

质性研究主要是以个案访谈为主要形式,以言语等非数字型的资料为分析对象,对文本的深层次分析,然后借助计算机软件进行文本数据的定量化(编码)的研究过程(孟莉,侯志瑾,张岚,2005)。

质性研究与采用实验法为代表的量化研究有明显的不同,它们各有优势和不足。量的研究比较适合在宏观层面对事物进行大规模调查和预测,而质性研究比较适合在微观层面对个别事物进行细致、动态的描述和分析。量的研究证实的是有关社会现象的平均情况,因而要求抽样总体具有代表性;而质性研究擅长对特殊现象进行探讨,以求发现问题或提出新的看问题的视角。量的研究从研究者事先设定的假设出发,收集数据以对假设进行验证;而质性研究强调以当事人的角度了解他们的看法,注意他们的心理状态和意义建构。量的研究极力排除研究者本人对研究的影响,而质性研究重视研究者对研究过程和结果的影响,要求研究者对自己的行为不断反思(陈向明,2000)。

案例研究实质上属于质性研究。当然,以前在变态心理学中所报告的案例,并没有像现在的质性研究那样采用对文件进行编码分析和计算机分析的过程。此外,以往的案例研究也没有注重对研究者的因素的反思。但无论怎样看,它仍具有质性研究的基本要素:①在自然环境中进行;②研究者本人即是研究工具;③采用多种方法搜集资料;④研究者与被研究者是互动的关系等(陈向明,2000)。在新的时代,案例研究仍大有可为,关键的问题是研究者如何汲取现代研究方法的新的营养,以使对案例的研究工作更上一层楼。

五、其他研究方法

随着认知科学的发展,在对精神病人的研究中,脑部成像技术的应用日益广泛。这一技术分3类:第一类是形态测量分析,这种分析一般采用高分辨率磁共振成像(MRI)技术对大脑结构进行精确的测量;第二类是神经功能成像,它通过探测与大脑细胞活性有关的信号来建构脑部活动的图像,这类神经功能成像的测量也常采用MRI,或正电子发射断层成像(PET);第三类神经成像工作通常以PET为手段,利用放射性试剂来确定大脑中特定分子的位置并进行定量分析(Hyman,2003)。研究者希望这些研究技术和手段最终可以应用在对精神疾病的诊断方面,使诊断有更为准确的依据,并可用于疗效的追踪。

功能性磁共振成像(fMRI)技术可以发现人在从事某活动时大脑的哪个或哪些区域被激活,例如有研究者发现在给予被试12类简单的概念时,可以用fMRI测查出他正在想12类概念中的哪一个,而且准确率非常高(Ross,2003)。

DSM-5将原本放在心境障碍一类中的"双相及相关障碍"和"抑郁障碍"划分为两种类型的障碍,就是因为双相障碍和抑郁障碍无论是在遗传上,还是神经影像学标志物上都具有明显差异(肖茜,张道龙,2019b)。

在回顾和整理相关研究方法时,需要说明的是,进行变态心理学的研究比之进行正常人的研究,需要花费更多的时间和精力。许多研究受到研究者时间、精力、经费的限制而无法长期持续;另一些研究由于临床病人难以搜集,或病人的不配合而无法完美地达到研究目的。此外,由于异常心理现象是非常复杂的现象,有着复杂的机制和原因,不同的研究只能够从一个片段或一个狭窄的视角对某一现象进行研究。因此,我们必须在对前人所做工作及文献的认真研习的基础上,坚持不断地对异常心理现象进行研究,通过与全世界的科学家的共同努力而对异常心理现象进行不断的探索。

陈仲庚先生在其重要论著《实验临床心理学》(1992)一书中曾借用英国临床心理学家萨维奇(R. D. Savage)的一段话告诫我们:搞临床心理学研究若不查文献和书,就好像航海而不会利用航线;但研究若没有病人参加,研究者若不参与临床工作,就好像航海而根本没有出海一样。愿所有从事变态心理学工作的同行能够以陈先生的这段话共勉之。

小　结

变态心理学是将心理科学应用于对心理障碍,包括对其产生的原因及如何治疗进行研究的一个心理学的分支学科。心理障碍是许多不同种类的心理、情绪、行为失常的统称。对于心理异常的判断包括:以个体的经验为标准,以社会常模和社会适应为标准,病因与症状存在与否的标准和统计学标准。其中,专业人员使用以病因和症状为判别标准的医学诊断分类描述体系。

对异常心理了解和认识的过程,与变态心理学发展的历史过程相伴随。公元前和中世纪,人们对于异常的心理现象给予神秘主义的解释。由于对精神病人的错误认识而造成对于他们的非人道的对待方式。18世纪以后,人们开始考虑脑与神经系统与异常心理现象的联系,并开始给予精神病人以人道的待遇。之后出现了以生物学原因对于异常现象进行解释的医学模型。同期出现的催眠术,启发了弗洛伊德对于癔症等心理障碍的治疗并创立了精神分析学说。而行为治疗以实验的方式证实和发展了对于外显的异常行为矫正的技术方法。

我国早期人们对于异常现象也给予了鬼神附体等解释。从《内经》开始,中医典籍中就包含了对于异常心理现象的描述和治疗观点,其后发展出我国传统医学中以情志相胜治疗异常心理现象的原理。

目前对于异常心理现象的研究涉及实验法、单被试实验设计法、流行病学方法、案例研究方法,以及脑成像技术和神经生化研究方法等。由于异常心理现象的复杂性,变态心理学的研究方法仍需要在探索过程中谨慎使用、不断完善。

思　考　题

1. 变态心理学研究的内容有哪些?
2. 什么情况可称之为心理异常?
3. 如何看待、评价心理异常的不同标准?
4. 在变态心理学发展的历史中我们可以获得哪些启示?
5. 对异常心理现象的研究与对正常心理现象的研究有何相同点和不同之处?

推 荐 读 物

陈仲庚.(1985).变态心理学.北京:人民卫生出版社.

许又新,刘协和.(1981).中国精神病学发展史//湖南医学院.精神医学基础.长沙:湖南科学技术出版社:1-9.

巴洛,杜兰德.(2017).变态心理学:整合之道.7版.黄铮,高隽,张婧华,等,译.北京:中国轻工业出版社.

2

异常心理的理论模型和治疗

在本书第一章,我们介绍了什么是异常,也介绍了"异常"定义的历史变迁。本章,我们将介绍当代临床心理学家是如何解释异常心理的,以及这些不同解释如何影响了相应的治疗。对异常心理的不同理论视角被称为异常心理的解释模型。本章主要介绍了异常心理的六种解释模型:生物医学模型、心理动力学模型、认知行为模型、人本主义模型,以及来自亚洲的森田治疗理论和认识领悟治疗理论。我们强调,异常心理的病因是多元、复杂的,应该综合看待。此外,本章还将介绍一些认知神经科学的新发现。

第一节 生物医学模型

生物医学模型(biomedical model)对心理疾病的探索遵从医学对待躯体疾病的模式。首先,把常同时出现的不同症状(symptos)归类为综合征(syndrome),然后从不同的生理角度探索综合征的病因(etiology)。生物医学模型解释综合征时主要有以下三种视角:①神经解剖学(neuroanatomy);②生物化学(biochemistry);③遗传学。

一、神经解剖学

要想理解心理病理学,我们必须了解大多数心理活动的生物学基础——脑的解剖结构。神经解剖学视角试图从脑的生理结构异常入手,分析异常心理的成因。

1. 脑皮层结构

大脑表面是一层复杂迂曲的灰质,称为大脑皮层。大脑皮层上有许多沟回,其中一个主要的脑沟被称为纵裂(矢状缝),将大脑沿中线分成左右两个半球,由神经纤维构成的胼胝体联结两个半球。每个大脑半球又分成四个叶——额叶、颞叶、顶叶和枕叶(见图 2-1 和图 2-2)。研究者正不断探索着不同脑叶的功能和各脑叶之间的协同作用。

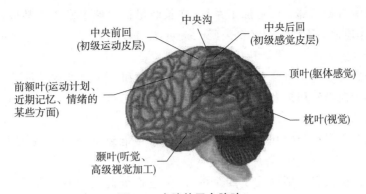

图 2-1 大脑的四个脑叶

（引自 Kalat,2003）

额叶行使着意志、高级认知等心理功能,例如强化学习、抽象思维和工作记忆(Alexander,2018),是人脑四个脑叶中体积最大的。额叶具有的行为监控能力十分重要,它使人们可以反省自身,观察他人对自己行为的感受,评估行为是否恰当,并做出相应的调控(Luu,Flaisch,Tucker,2000)。额叶也能够帮助我们抑制冲动的、情绪化的行为倾向(Aron,Robbins,Poldrack,2004),提醒我们何时开始或中止某项活动,从而发挥意志力克服惰性。最后,额叶还连接着感知觉加工中心和情感加工中心这两条通路,是整合情感和认知的关键部位(Fuster,1989)。由此可见,额叶是维持高级心理活动所必需的神经结构。

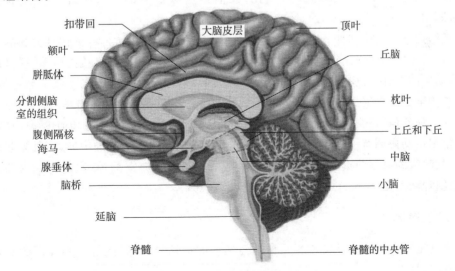

图 2-2 大脑主要结构剖面图

（引自 Kalat,2003）

颞叶控制听觉和部分视觉加工系统,在长时记忆存储中发挥着某些作用。如果颞叶受损,个体通常会表现出记忆丧失(Schacter,Gilbert,Wegner,2010;Smith,Kosslyn,2007)。

顶叶是感觉的内在整合中心,也承担调控运动和躯体感觉的功能。顶叶损伤通常会导致空间定向障碍和粗大运动行为能力(如行走等)丧失(Penfield,Rasmussen,1950;Blakemore,Frith,2005)。

枕叶则控制视觉分辨和视觉记忆,枕叶受损可能致盲(Schacter,Gilbert,Wegner,2010)。

虽然上文中我们分别描述了四个脑叶,但它们彼此之间有着紧密又复杂的联系。脑是按有组织的、多层的神经网络整体协调运作的(Stam,Van Straaten,2012),某一脑叶的功能都受到其他脑结构的影响,包括我们即将提到的皮层下结构。

2. 皮层下结构

前面所说的大脑皮层整合感觉信息、协调运动、促生认知和思维活动。除皮层外,大脑的皮层下结构也有着重要的功能,包括边缘系统、基底神经核和髓质等。其中,边缘系统(包括海马、杏仁核和下丘脑等)与动机、情绪和记忆过程有关(Nieuwenhuys,Voogd,Van Huijzen,2008)。研究表明,下丘脑控制动物和人的饥、渴及性欲望,调节体温,参与情感唤醒状态(Hall,2011)。边缘结构与下丘脑协同调控交配、战斗和体验快乐等行为(LeDoux,Hirst,1986)。杏仁核参与情感反应,包括正性反应(如热恋)和负性反应(如"战斗或逃跑")(Phelps,LeDoux,2005)。海马同时控制记忆与情感,这可以解释为什么与不带强烈情感的经历相比,人们会更清楚地记住情感冲击强烈的经历(Gluck,Mercado,Myers,2014)。

丘脑位于大脑中间部分,它接收周围神经系统的输入信息,再将其传到大脑的其他部位,包括额叶和边缘结构。研究者发现丘脑与杏仁核之间存在直接的联系,这可以解释"自动化的"情绪反应,如恐怖症(Aggleton,1992),即外界信息直接唤起了恐怖情绪,而不是传至大脑皮层进行高级信息加工后再与杏仁核联系来影响情绪反应。

在大脑其他结构中,基底神经核参与执行有计划的行为;小脑与身体姿态、身体平衡和精细运动协调有关;脑桥是连接小脑和大脑其他部位及脊髓的中转站;延髓起着调节心率、呼吸和血压的重要作用;网状激活系统控制睡眠与觉醒;脑室是大脑内部的腔隙,由脑脊液填充(Schacter,Gilbert,Wegner,2010)。

二、生物化学

生物化学视角试图寻找神经元和神经递质的活动异常,以此解释心理疾病及异常心理的成因。

1. 神经元与信息传递

神经元也称神经细胞,是神经系统最基本的结构和功能单位。神经元由胞体(cell

body)、树突(dendrite)和轴突(axon)构成。树突是从胞体发出的分支,多而短,像树枝一样,所以被称为树突。轴突是从胞体发出的较长的分支。从胞体发出的这两种分支,又被称为神经纤维(nerve fiber)。轴突外包裹着一层管状的髓磷脂膜,叫作髓鞘(myelin sheath)。

在神经系统中,与某神经元相邻的神经元数目从一个到上千个不等。这些神经元之间传递信息的典型方式是:前一神经元通过轴突,把神经冲动传到轴突末梢;轴突末梢处有化学物质,即神经递质,从突触前膜中释放出来(见图2-3);如果有足够多的神经递质到达突触后膜(下一神经元的树突或胞体膜的一部分),该神经元就会被"激活"(fire),从而引发和传递冲动。

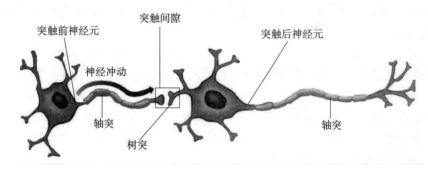

图2-3 神经元
(引自 Barlow, Durand, 2001)

神经元的激活是一种"全或无"(all-or-none)的反应:如果刺激不够强,神经元就不会被激活;如果刺激够强,引发了冲动,那么即使后续刺激增强或减弱,也不会影响已经引发了的神经冲动。所以,神经元要么不激活,一旦激活,其强度便是恒定的(Kalat, 2016)。不过,并非所有神经冲动都是激活神经元的。有些神经冲动可以抑制兴奋传递,这类冲动会使下一神经元更难被激活。一般而言,神经元既接收兴奋性冲动的刺激,也接收抑制性冲动的刺激,然后整合兴奋性和抑制性输入,最终决定激活还是不激活。

2. 神经递质

突触传递调控着神经系统的信息传递,而神经递质是突触传递的"信息载体"。因此,神经递质就成了变态心理学中生物化学研究的一个焦点。

神经递质是在轴突末梢形成的,存储在小的囊泡里。当冲动到达轴突末梢时,神经递质便被释放出来,充斥在突触间隙中,然后与突触后膜上的特殊蛋白结构——受体相结合。神经递质与受体的匹配就如同钥匙与锁的关系一般,匹配反应会使接收神经元产生电位变化——激活或不激活。之后,神经递质分解成氨基酸成分,通过重吸收过程回到轴突末梢进行再合成,或仍停留在突触处再循环(Bear, Conner, Paradiso, 2007)。

目前已知的对心理病理过程起重要作用的神经递质包括以下几种(Butcher,Mineka,Hooley,2004):

(1) 乙酰胆碱(acetylcholine,ACh)。它是最早被发现的神经递质,参与将神经冲动传到周身的肌肉的过程;在中枢神经系统,它与睡眠和阿尔茨海默病(Alzheimer disease)有关。

(2) 多巴胺(dopamine,DA)。这种物质参与运动行为,调控与奖赏有关的活动。某些被滥用的药物,如兴奋剂,就作用于多巴胺系统。DA系统的过度活动被认为与精神分裂症有关。

(3) 内啡肽(endorphin,End)。内啡肽是人体内具有阿片样活性的多肽类物质,主要分布于脑和垂体等处,可能作用于脑内阿片受体,可受到阿片类物质或相关药物的影响,如海洛因。

(4) γ-氨基丁酸(gamma-aminobutyric acid,GABA)。GABA几乎只在脑内起作用,阻止神经元激活。镇静剂就是通过增加GABA的活动来抑制焦虑的。

(5) 去甲肾上腺素(norepinephrine,NE)。在自主神经系统中,NE参与产生"战斗或逃跑"反应,如心跳加快、血压增高。在中枢神经系统,NE激活对危险的警觉。

(6) 5-羟色胺(5-hydroxytryptamine,5-HT)。5-HT有重要的抑制作用,其与NE之间的失衡可能与严重的抑郁有关。

如上文所说,神经递质的活动包括"递质合成-释放-与受体结合-分解为前体物质-再摄取-再合成"的循环过程(Bear,Conner,Paradiso,2007)。因此,某些药物可作用于神经递质活动的不同阶段,来治疗神经递质失衡引发的疾病。例如,为了提升某神经递质的活动,可以用药物提高该递质在突触间隙中的浓度,包括减缓重吸收过程等。若要抑制某神经递质的活动,可以用药物占据该递质的受体,阻止其与受体相结合。当然,这种干预手段要求精准、不易掌握。实际上,目前很多精神疾病药物的运作机理尚不明确,许多方面还需进一步研究。

三、遗传学

遗传学视角认为,某些临床综合征会受到遗传的影响。因此,在研究心理障碍的病因时,遗传学研究者们致力于回答两类问题:一是某特定心理障碍是否受到遗传的影响?二是如果受到遗传影响,能否确定该障碍对应的基因?

为了解答第一个问题,研究者使用的常见的研究方法包括家庭研究(family study)、双生子研究(twin study)和领养研究(adoption study)。例如,对精神分裂症的研究表明,直系亲属患有精神分裂症的个体,其精神分裂症的患病风险是正常群体的10倍(Gottesman,Shields,1982)。而且,同卵双生子共同患有精神分裂症的比例显著高于异卵双生子(Guze et al.,1983)。领养研究的结果发现,在家庭中,精神分裂症患者的血缘亲属患病可能性显著提高,但非血缘亲属没有表现出该特点(Gottesman,Shields,

1982)。值得注意的是,遗传不能完全决定个体是否患上某种心理障碍,个体经历的环境同样起了一定作用。即使父母都患有精神分裂症,他们的子女也可能终生不患此种疾病。因此,研究者也常用上述方法来确定遗传和环境对某类异常心理的相对影响程度。

至于第二个问题,研究者常用基因关联分析、基因拷贝数变异、细胞遗传学等方法来确定与特定障碍相关联的基因。目前研究者认为,大部分心理障碍是多基因遗传的。也就是说,有两种或更多种不同基因共同影响着某特定障碍的出现。例如,针对精神分裂症的基因研究发现,精神分裂症强有力的风险因子涉及多个基因位点变异(Kim et al.,2011)。而且,精神病性障碍(如精神分裂症和双相情感障碍)的部分风险基因是重叠的,环境与基因的交互作用决定了个体会发展出何种障碍(Uher,Zwicker,2017)。除此之外,表观遗传学(epigenetics,遗传学的一个分支,研究的是基因型和表现型之间的某种联系方式,这种联系方式会在不改变DNA序列的情况下改变某基因位点或染色体的最终表达)的研究也发现,环境和基因共同塑造了生物的表现型。例如,大鼠出生后,母鼠的照料质量能够改变一系列压力相关基因的表达,从而影响后代大鼠的焦虑行为倾向(McGowan et al.,2011)。

综上所述,遗传与环境共同影响了个体是否患某种心理障碍。几乎每类心理障碍都具有遗传性,其背后往往涉及多种基因变异。环境既可以影响基因的后天表达,也可以通过生活事件等经历触发心理障碍。因此,遗传只是给个体带来了"易感性"(即素质,diathesis),而非疾病本身。

四、对生物医学模型的评价

在心理病理学领域,生物医学视角的解释和研究是极具吸引力的。如果心理疾病是由生物医学因素引起的,我们就可以用生物医学的方法治疗它,且可能比心理治疗更快、更精准。过去几十年中,神经科学家深入研究了生理系统与心理障碍的关系,研发出许多有效的精神药物。研究者也运用先进的工具,例如CT(计算机断层扫描)、PET、MRI和fMRI,不断探索着心理障碍与脑内具体神经联结和运作异常之间的联系。

同时,我们也要批判性地看待生物医学模型。即使某种心理障碍与生化指标异常有关,也不能证明这些异常是心理障碍的成因——它们可能是心理障碍的结果,也可能存在第三个未知因素导致了心理障碍和生化指标异常。类似的道理,即便生物医学疗法能治疗某种心理障碍,我们同样不能以此推断其成因。这就好比阿司匹林可以缓解头痛,不代表头痛是因为缺乏阿司匹林。最后,并非所有生物医学治疗都是成功的,从中世纪的放血疗法到现代的某些神经外科手术(如脑叶白质切除术),变态心理学史上有大量实例说明,那些曾被广泛接受的治疗方式最终被证明是无效甚至是危险的。只有牢记这些事实,生物医学研究才能更谨慎地审视生物医学模型可能存在的局限和风险。

另外，心理疾病的生物医学研究也可能引发伦理问题。如果某种严重心理疾病与基因有关，那么，如果技术允许的话，人们是否可以试图"修复"有缺陷的基因？又是否该阻止患有这类疾病的人生育？

专栏 2-1
认知神经科学对心理病理机制的研究

随着认知心理学和神经科学的飞速发展，心理学家开始结合这两种研究方式，探索各类心理功能对应的神经机制，把心理与生理联系起来。认知神经科学从信息加工的观点出发，强调心智活动是通过一系列相互关联的脑区网络实现的（Mesulam，1998）。于是，心理障碍被解释为众多脑区在交流协作时发生了紊乱。下面我们将以前额叶皮层为例，展示认知神经科学视角下的心理病理机制。

前额叶皮层约占人类额叶体积的一半，位于大脑最前端，与众多皮层及皮层下结构相联系（Cavada，Goldman-Rakic，1989；Selemon，Goldman-Rakic，1988），是物种进化过程中最晚发展出来，用于整合低级信息、维持高级认知的脑区。前额叶使大脑成为一个单元，整合且协调地运作。例如，工作记忆和认知抑制与背外侧前额叶的活动有关，而在高唤起的情绪状态下，要想运用这些能力来追求目标，就需要腹内侧和背外侧前额叶协调活动（Luciana，2006）。

前额叶努力处理着给个体带来挑战的信息加工过程，也就是说，它帮助个体应对需要大量认知控制的、多任务的情境要求。因此，如果前额叶功能出现问题，个体便可能出现某些心理障碍。其中研究较多的包括精神分裂症和物质滥用。

有研究认为，精神分裂症是一种神经发展性疾病，患者在成年前就已存在神经上的损害。这些损害会与个体在发展过程中遭遇的环境事件相互作用（Lewis，Levitt，2002），当个体逐渐成熟，前额叶要最大程度地整合认知和情感时，先前已受损的前额叶就可能遭遇发展异常，从而表现出精神分裂症的症状。关于先前存在的神经损害，一些研究者发现，在诊断前，精神分裂症患者就已表现出智力、运动和行为上的紊乱（Lewis，Levitt，2002；Marenco，Weinberger，2000）。另外，解剖学研究发现，精神分裂症患者的前额叶存在神经迁移上的错误，从而影响了白质的正常发展（Akbarian et al.，1993）。不过，上述这些只是初步的证据，要想深入理解前额叶与精神分裂症之间的关系，研究者还需要对前额叶的发展与成熟过程进行大量研究。

奖赏功能环路（杏仁核、伏隔核、纹状体和腹内侧前额叶等）控制着个体的正强化机制和愉悦感。物质滥用患者使用的成瘾物会刺激该环路释放多巴胺（Luciana，2006），让患者在正强化的控制下使用成瘾物质（Depue，Collins，1999）。在这种情况下，要想终止物质滥用行为，前额叶必须付出极大的努力。因此，如果前额叶抑制功能存在缺陷，个体会对物质滥用有更强的易感性（Luciana，2006）。与此类似，青春期个体的前额叶发展尚不成熟,又有风险寻求倾向,这使他们更容易出现物质滥用行为(Schneider et al.,2012)。另一方面,多次接触成瘾物质后,个体的多巴胺 D2 受体数量和多巴胺释放量可能会迅速减少,这使他们对日常生活中正强化的敏感度降低,只关注成瘾物带来的快感(Volkow et al.,2009)。以上种种说明了物质成瘾和滥用为何如此难以治愈。

第二节　心理动力学模型

心理动力学中的"动力"一词源于物理学,描述了一种多重力量动态相互作用的情况。该学派包括了许多不同理论,它们分别强调着心理动力的不同方面,但几乎所有人都同意以下两项基本原则(Brenner,1973)。

(1) 心理决定论:人的所有心理现象都有原因和意义。一个人的心理和行为,即使看似偶然发生,依然与先前发生的事物有着因果联系,人的心理生活是连续的。

(2) 存在无意识心理:人的大多数心理活动都是无意识的,意识只是心理活动中的一个特殊的部分。也就是说,人们的有意识的心理背后,存在着大量的无意识运作过程。

因此,心理动力学认为,要解释心理与行为中的异常、偶发和中断,就必须研究无意识过程,因为这些心理现象背后的联系就在无意识中。

心理动力学派的奠基者是弗洛伊德,他的理论主要对应着人们熟知的经典精神分析(classical psychoanalysis)。但是,当代心理动力学的发展已经远远超出了经典精神分析的范畴。正如 Gabbard(1994)所言,如果让弗洛伊德阅读当代精神分析著作,他恐怕不见得能认出这是精神分析的作品。与弗洛伊德同时代的以及之后的许多心理学家们,都对精神分析的理论提出过修正。如今,心理动力学包含了很多模型,它们彼此竞争,又从多个方面共同完善着精神分析对人类心理的解释(Auchincloss,2015)。

一、经典精神分析

弗洛伊德创建了精神分析学派,它强调无意识过程在正常和异常心理中的决定作用。精神分析的技术大多基于弗洛伊德的人格理论,本节将概括介绍经典精神分析的理论内容。

1. 意识层次模型

弗洛伊德最初研究的是催眠和癔症。在这些研究中,他逐渐发现了无意识对心理的巨大影响。他的早期著作把意识分为三个层次:意识(consciousness)、前意识(pre-consciousness)和无意识(unconsciousness)(Freud,1900)。现在,几乎所有精神分析流派都受到了意识层次模型(topographic model of the mind)的巨大影响(Auchincloss,

2015)。

意识包含了人们可直接感知到的各类心理活动。弗洛伊德认为,心理活动的意识部分好比冰山露在海面上的小小山尖,无意识才是水面之下无法直接看到的大部分冰山。无意识包含了不能被唤入意识层面的心理内容和心理活动,例如被禁止的需求、被压抑的其他经验等。它们通常来源于个体过去(尤其是童年时期)的经历和幻想,会带来明显的焦虑和痛苦,因此被排除在意识之外。前意识位于意识和无意识之间,指的是当前虽然不在意识范围之内,却可以很容易被提取出来的信息和冲动。同时,前意识中还有一位"监察者",它不断审查着要突破防线进入意识的各种心理元素,主动压抑着那些个体无法接纳的内容(Freud,1900)。

无意识中的内容虽然被压抑了,但它们仍不断寻求着表达。尤其是当个体的监控能力暂时降低时,它们便会以某种伪装的形式出现,例如症状、幻想、失误和梦(Freud,1916-1917)。

2. 人格结构模型

虽然意识层次模型以精简的方式解释了弗洛伊德的早期发现,但是该模型存在着内部逻辑矛盾和解释力的不足。例如,弗洛伊德提出无意识过程具有原始、无逻辑、无语言的特点,但无意识的内容往往又是加工过的、有结构的幻想和记忆。而且,仅用幻想、记忆的压抑和表达来解释心理运作,也显得不太充分。于是,为了与意识层次模型结合,更好地理解人类心理,弗洛伊德在较晚期的著作中提出了人格结构模型,认为人的行为取决于人格中三种亚结构之间的交互作用,即本我、自我和超我(Freud,1923)。

本我(id)由一切与生俱来的本能冲动组成。整体来看,本我包含了两种对立的驱力。一是生本能,即与性(sexuality)有关的建设性驱力。弗洛伊德称之为力比多(libido),是生存和建设的基本能量。需要注意的是,精神分析术语中的"性"不是狭义上的性欲或性行为,而是包括了与生命延续和发展有关的广阔内容。二是死本能,即破坏性的驱力,如攻击、破坏,甚至死亡(Freud,1920)。本我是无理性、无逻辑的,只关注本能需求的即刻释放和满足,不考虑道德和现实。因此,本我遵循的是享乐原则(Freud,1923)。

弗洛伊德认为,出生后的前几个月,婴儿完全受本我支配。几个月后,人格的第二个亚结构——自我(ego)发展出来。自我协调着本我的欲望和外部世界的现实。自我的基本目标是:以保证个体健康和生存的方式,来满足本我的需求。这促使个体运用推理和其他智力资源来应对外部世界。因此,自我奉行的是现实原则(Freud,1923)。

当孩子长大,逐渐学到了父母和社会认可的道德规范,以及他们给自己的期盼和理想时,人格的第三个亚结构——超我(superego)便逐步从自我中显露出来。超我包含两个成分,一个是社会禁忌和道德的内化,即人们所说的"良知"(conscience);另一个是内化了的父母的期盼,成为"自我理想"(ego ideal)。超我形成后,个体便拥有了内部评价系统。它通过自我来压制那些不被容许的欲望,引导个体遵循良知,向"自我理想"发展。此时,自我开始协调三方面的压力。自我要在超我的指导下,按照客观现实条件,控制、引导本我的需求获得满足(Freud,1923)。

弗洛伊德认为,本我、自我和超我的交互作用构成了一种动力机制,决定了个体的行为。由于这三种亚结构各有不同的目标,因此常常产生矛盾。如果这些矛盾无法用适应性的方式解决,便可能导致心理障碍。

3. 焦虑和防御机制

焦虑(anxiety)泛指恐惧和担忧的感受,是精神分析理论中的重要成分。它被看作是一种"信号情绪",预示着危险的来临。弗洛伊德按照焦虑预示的危险来源,把焦虑分为三种类型:①现实焦虑(realistic anxiety),即外部世界的真实危险所带来的焦虑;②神经症性焦虑(neurotic anxiety),当本我冲动即将突破自我控制做出行动时,自我预感到本我失控的危险,从而产生焦虑;③道德焦虑(moral anxiety),个体的行为或意图与其超我标准相矛盾,自我面对超我惩戒的危险而唤起了内疚感(Freud,1926)。

弗洛伊德指出:"自我用各种程序来完成它的任务——避免危险、焦虑和痛苦。我们把这些程序称为'防御机制(defense mechanism)'"。防御机制的概念由弗洛伊德提出,后由他的女儿安娜·弗洛伊德(Anna Freud)加以完善。经典精神分析认为,人们面对的冲突一方面来自内心愿望与外部现实之间;另一方面存在于各人格亚结构之间,例如本我与自我的冲突,本我与超我的冲突。为了应对冲突带来的焦虑,自我发展出了防御机制(Freud,1937)。防御机制是为了解决冲突所做出的无意识策略,既可能是适应性的,也可能是非适应性的。表 2-1 列出了一些较常见的防御机制。

表 2-1　常见的心理防御机制

防御机制	定义	例子
退行 (regression)	心理发展从较成熟阶段退回到更早期的发展阶段,以阻止焦虑,满足目前的需要。	目睹恐怖事件的青少年重新抱起儿时的玩具,吸吮手指。
否认现实 (denial of reality)	拒绝感知和接受现实。	孩子因火灾死亡后,母亲拒绝接受这一事实,仍然每天到学校去接孩子。
移置 (displacement)	用另外的目标作为替代品,从而安全地释放或满足冲动。	一名职员对老板非常愤怒,他不能直接发泄,就回家冲孩子大吼。
合理化 (rationalization)	找出可接受的借口,为无法接受的行为开脱。	经理向上欺瞒公司药品存在的问题,并认为自己的行为是在保护公司。
投射 (projection)	把自己内心不被允许的冲动、态度和行为推到别人或周围事物上。	丈夫深受公司女同事的吸引,却转而怀疑妻子可能有外遇。

(续表)

防御机制	定义	例子
认同 (identification)	个体让自己变得与他人一样,改变程度不等,可以是单个行为或态度,也可以是生活的方方面面。	被虐待的孩子去欺负他人,让自己变成欺凌者,从而感到强大,抵御脆弱感。
反向形成 (reaction formation)	为了控制或防御某些不被允许的冲动,个体有意识地做出与该冲动相反的行为。	一个人不能接受自己的吝啬,就让自己表现得极为慷慨、大方。
升华 (sublimation)	改变原来的冲动或欲望,以社会允许的方式表达出来。	爱打架的青少年长大后成了拳击手。
压抑 (repression)	把无法接纳的心理内容、冲动或愿望等推到无意识中。	某位女性觉得自己梳妆打扮会伤害年老色衰的母亲,于是就让自己感觉不到想要变美的愿望。

4. 性心理发展阶段和固着

弗洛伊德认为,人格发展要依次经历几个不同的阶段,即性心理发展阶段(psychosexual stages):口唇期(oral stage)、肛门期(anal stage)、性器期(phallic stage)、潜伏期(latency stage)和生殖期(genital stage)。在每个阶段,力比多主要通过躯体的某个部位获得满足,这个部位被称为性感区(erogenous zones)。在任一阶段,儿童若获得过多或过少的满足,都会影响其顺利进入下一阶段。过多或过少的满足可能导致固着(fixation),即个体的一部分心理能量留滞在该阶段,使其以后的行为带有该阶段冲突的特征(Freud,1905)。

(1) 口唇期:0~1岁,口唇是主要性感区,吸吮是婴儿最大的满足来源。
(2) 肛门期:1~3岁,肛门提供了主要的快乐刺激来源。
(3) 性器期:3~6岁,对阴茎/阴蒂的自我刺激是主要的快乐来源。
(4) 潜伏期:6~12岁,性动机被明显压抑,儿童主要以学习知识和发展技能为主。
(5) 生殖期:青春期后,与异性之间的关系成为快感最深层次的来源。

性心理发展的每个阶段都存在冲突。弗洛伊德认为这些冲突必须得到解决,其中最重要的矛盾——俄狄浦斯情结发生在性器期,即儿童觉察到父母之间的爱恋关系,自我刺激性器产生强烈快感,种种有关的幻想被激发。男孩渴望与母亲亲近,把父亲视为令人憎恨的竞争对手;同时害怕父亲,尤其害怕父亲会阉割他的阴茎。这种阉割焦虑迫使男孩压抑自己对母亲的欲望和对父亲的敌意。如果发展顺利,男孩将认同父亲,与母亲建立无害的依恋关系,期望自己长成合格的男性,并最终找到适宜的伴侣(Auchincloss,2015)。

二、新弗洛伊德学派

随着精神分析在西方的广泛传播,许多学者在弗洛伊德的基础上,更加关注社会关系和文化的影响,以及成年之后的人格发展。他们大范围地修正了经典精神分析的观点,常被统称为新弗洛伊德学派。虽然这些理论是否属于当代精神分析的范畴仍存在争议,但它们确实极大地影响了心理治疗界。下面,我们将分别介绍荣格、萨利文和霍妮的观点。

1. 荣格

荣格(Carl Jung)曾与弗洛伊德共事,也曾被弗洛伊德视为其最得意的弟子,二人却最终分道扬镳。荣格很早就认为弗洛伊德的理论过于消极、局限。他们最初的分歧在于力比多的概念。弗洛伊德认为力比多本质上源于躯体快感,以性本能为代表,但荣格把力比多视为更广泛的心理能量,包括性本能(Jung,1961)。他们对无意识的看法也十分不同。弗洛伊德认为无意识中包含的是个体压抑了的心理元素,而荣格认为无意识不仅包含个体无意识,即生物冲动、童年记忆(它们构成了情结),还包括集体无意识(collective unconscious)。集体无意识由"原型"构成,表达为各种象征符号,组织着个体无意识中的内容,是人类普遍经验的表达,也是神话和艺术的源泉(Jung,1970)。人格的动力运作源于无意识中原型的运作,以及心理能量在原型间的流动(Jung,1969)。弗洛伊德把无意识视为退行的力量,会把个体带回到婴儿期受本我驱使的行为中,但在荣格看来,无意识充满了各种建设性和创造性。

因此,荣格的疗法与弗洛伊德也必然不同。在弗洛伊德派治疗中,基本的目标是调控——自我对本我进行合理调控,使其指向建设性的结果。荣格的治疗目标是运用"自性"(Self)原型的统整性,来整合相反的两种倾向(例如,男性化和女性化、外倾和内倾)。这样,患者的心理就变得更加和谐,也更具创造性(Jung,1968)。

2. 萨利文

萨利文(Harry Stack Sullivan)是一位精神病学家,他重视人际关系在心理病理中的作用。若成长过程中,父母具有排斥性,子女就会对自己产生严重的焦虑。长大后,他们会在所有的亲密关系中体验到对自身的威胁。萨利文认为,指向健康的重要一步是在青春期早期与同性之间建立起亲密的关系。但是,对于家庭关系有问题的人来说,他人是巨大的威胁。为了应对人际中对自身的威胁,这些人会使用僵化的自我保护模式(例如神经症),或者从与他人的关系世界中完全退缩出来(例如精神病)。无论心理障碍是否严重,都是受焦虑驱动的、逃避人际关系的行为(Sullivan,1953)。

萨利文对治疗严重精神障碍做出了重大贡献,其研究和治疗的领域曾被弗洛伊德及其早期追随者们视为是精神分析无法涉足的。萨利文也是首位报告长期精神分析能明显改善精神病性症状的分析师(Thompson,1952)。他发展出的疗法充满热情和支持性,为之后的治疗师提供了一种新的范式,其目的是在分析师的帮助下,把精神病人放在一个良好的"环境"中。

3. 霍妮

霍妮(Karen Horney)是另一位关注社会关系的新弗洛伊德学派心理学家。霍妮认为,心理障碍是由基本焦虑(basic anxiety)造成的。基本焦虑指个体把世界整体看作非人性的、冰冷的,并为此感到无助和恐惧。这是由于父母与孩子之间没有建立良好的依恋关系。霍妮认为基本焦虑会导致三种"神经症倾向"中的一种:①离开(moving away),即害羞、退缩行为;②移近(moving toward),即依赖、需求行为;③反抗(moving against),即敌对、攻击行为。这三种神经症倾向几乎涵盖了心理病理的所有形式(Horney,1937)。

同弗洛伊德一样,霍妮注意到了两性之间明显的心理差异和权力不对等——男性寻求对女性的支配,女性寻求对男性的顺从和谦卑(Horney,1967)。弗洛伊德把这归结为女性的阴茎嫉妒,而霍妮对此的解释是男性在社会中有更高的地位和更多的机会,并进一步提出男性也存在子宫嫉妒。由此可见,霍妮还是一位著名的女性主义者。

三、当代心理动力学

当代心理动力学通常指的是在不同方面继承、发展了经典精神分析的三大流派,即自我心理学、客体关系理论和自体心理学。

(1) 自我心理学(ego psychology)。弗洛伊德重视本我,自我心理学虽继承了弗洛伊德的人格结构模型,却更加重视"自我"这个亚结构,强调个体调节冲突和对外适应的能力。其治疗目标是提升防御机制的适应性,促进一般心理功能的发展,例如目标、创造性和自我指导等。比较重要的自我心理学理论家包括安娜·弗洛伊德、哈特曼(Heinz Hartmann)、斯皮茨(Rene Spitz)和雅克布森(Edith Jacobson)。

(2) 客体关系理论(object-relations theory)。从孩子与照料者之间的关系出发,客体关系理论深入分析了经典精神分析中的口唇期,以及后续的人格发展。这一理论认为,本能是在关系中获得满足的。在个体发展早期,孩子与照料者之间由本能连接的互动模式,会被逐渐内化为心中的客体关系模版。在以后的生活中,个体会把内心中的客体关系模版投射到外部世界,以此与现实中的人物建立关系。因此,早期客体关系模版的紊乱造成了之后的心理障碍。其治疗目标是帮助患者修复早年紊乱的关系模式。客体关系学派比较重要的理论家有克莱因(Melanie Klein)、费尔贝恩(W. R. D. Fairbairn)、温尼科特(D. W. Winnicott)和科恩伯格(Otto F. Kernberg)。

(3) 自体心理学(self psychology)。自体这个概念在自体心理学中指的是人格的核心。健康自体的标志是完整和协调,使个体从身心上觉得自己具有同一性,带来生机、创造、自尊和力量等感受。自体心理学认为,人生来便有一系列的自尊需求。这些需求最初是不切实际的、夸大的。如果照料者能够共情、接纳并引导孩子的需求和感受,孩子的自体就能健康发展,否则便会造成自体障碍,表现出一系列心理疾病。自体心理学的主要理论家是科胡特(Heinz Kohut)。

此外,法国著名精神分析理论家雅克·拉康(Jaeques Lacan)提出的理论虽然与主流精神分析相差甚远,但其思想在欧洲(尤其是法国)影响颇深,并且对哲学、文学批评、女性主义三大领域产生了重要的影响(Mitchell,Black,1995)。

四、对心理动力学的评价

弗洛伊德首次采用了心理学原理,而非纯粹的生物学或超自然原理,系统地解释异常心理,是用心理学方法研究心理病理学的真正奠基者。其后,历经百余年的发展,可以说心理动力学派已成为目前内容最广博、最深刻的心理病理学理论,并且依然在不断完善着。

不过,心理动力学也存在着许多局限和弱点,在其发展初期表现得最为明显。霍妮率先批评了弗洛伊德的女性发展观。她认为,经典精神分析对女性的解释存在问题:首先,过分强调性驱力和生理结构,排除了环境和文化对人格发展的影响;其次,将男性视为整个人类的原型;最后,错误地认为基于小样本就可以得出普遍适用的心理学原理(Horney,1967)。至今,心理动力学仍受到女性主义者的攻击。

心理动力学的另一个主要问题是难以证伪,其理论假设很难用现有的科学手段进行验证,其描述的心理过程也是抽象、难以测量的。因此,基本没有针对心理动力学各理论假设的对照性研究。

另外,心理动力学大多带有悲观主义的基调。多数心理动力学理论认为,人们最佳的选择是在冲突之中进行调解,尽可能多地满足本能,把惩罚和罪恶感出现的可能性降到最低。这种观点体现了人类行为的悲观决定论,降低了自我在进行决策时所具有的合理性和自主性。在集体层面上,它把暴力、战争和有关现象解释为是人类本性中攻击和破坏驱力所带来的不可避免的产物。而且,弗洛伊德认为人格在儿童期就已基本定型,之后几乎没什么机会做出重大改变,即使接受心理治疗也很难。但是,许多批评者认为,人格是随环境和人际关系的变化而不断成长变化的,心理治疗确实为那些想要改变人格的患者提供了希望。

即使存在上述问题,心理动力学在20世纪的心理学和精神病学界还是发挥了重要的作用,当代心理动力学派也依然在心理治疗领域具有一定的影响力。而且,许多人已经接受了心理动力学的基本假说——无意识过程在某种程度上引导着我们的行为。

第三节 认知行为模型

一、行为主义模型

20世纪早期,精神分析理论是心理病理学界的主流。随后,行为主义作为新崛起的学派,开始挑战精神分析的统治地位,并在20世纪六七十年代取代了精神分析成为主流。

行为主义学派认为,心理学必须研究客观行为,精神分析用自由联想和释梦等方法研究主观经验,这种观察结果不能被其他研究者重复验证,无法提供可接受的科学资料。在行为主义看来,仅研究可直接观察到的行为、刺激和强化等,就足以了解人类的正常和异常心理。因此,他们坚持用实验方法研究行为习得,而不是通过内省法研究经验、情绪或思维。

行为主义认为,正常或异常心理是通过两种基本过程习得的,分别是经典条件反射(classical conditioning)和操作性条件反射(operant conditioning)。

1. 经典条件反射

20世纪初,巴甫洛夫提出了经典条件反射的概念。巴甫洛夫的实验是给狗喂食之前先响铃。铃声与食物重复配对一段时间后,狗只要听到铃声就会分泌唾液。这里的食物是无条件刺激(unconditioned stimulus,US),因为食物可以自然引发唾液分泌,唾液的分泌便是无条件反应(unconditioned response,UR)。铃声本来是中性刺激,其出现不会引起狗分泌唾液。但是,铃声与食物多次配对出现后,铃声的出现就会使狗分泌唾液。因此,铃声成了条件刺激(conditioned stimulus,CS)。在条件刺激下狗出现的唾液分泌反应,就被称为条件反应(conditioned response,CR)(Pavlov,1927)。

经典条件反射的含义是:之前的CS与US多次配对出现,获得了引发CR的能力。早期研究者认为,经典条件反射是盲目的、简单的联结,但进一步的证据否定了这种看法。实际上,在经典条件反射中,生物体习得的是一种信息——条件刺激能够可靠地预示无条件刺激的发生。例如,狗学会了铃声能稳定预测食物的出现,于是对铃声产生了分泌唾液的反应。因此,只有当条件刺激能提供这类信息时,才会引发条件反应(Bouton,2016)。换句话说,条件刺激必须先于无条件刺激出现,而且两者的时间间隔要比较短。如果无条件刺激先于条件刺激出现,条件反射就不会产生。

条件刺激与无条件刺激多次配对出现后,条件刺激单独出现便会引发条件反应,这种过程叫习得(acquisition)。经典条件反射习得之后,不会被简单忘却。然而,如果CS重复出现,却没有US伴随,条件反射就会逐渐消退(extinction),但消退不等于消失,一段时间后,如果再次呈现CS,CR可能会重新出现,这种现象被称为自发恢复(spontaneous recovery)。

在变态心理学中,经典条件反射可以解释很多异常情感反应。1920年,华生和雷纳曾做过一系列非常有名的实验(Watson,Rayner,1921)。实验对象是一位快9个月大的婴儿,名叫小阿尔伯特。刚开始时,华生和雷纳给小阿尔伯特一堆玩具,包括小白鼠、兔子、毛皮大衣等。小阿尔伯特没有对这些玩具表现出恐惧。然后,华生和雷纳测试了小阿尔伯特对非条件刺激的反应——他们在小阿尔伯特脑后敲击铁棒造成巨响,小阿尔伯特对巨响表现出了正常的恐惧反应。他变得不安,身子向前扭动,开始哭泣。接着华生和雷纳选择小白鼠作为条件刺激。每当小阿尔伯特伸手要抓小白鼠时,他们就敲击铁棒。这样配对几次后,小阿尔伯特便出现了对小白鼠的恐惧反应。研究者们还发现,小阿尔伯特不仅习得了对小白鼠的恐惧,而且对其他带毛的物品也表现出了恐惧反应。这种现象叫刺激泛化(stimulus generalization),也就是说,经典条件反射习得后,与条件刺激类似的刺激也可能引发条件反应。

华生的这项实验在伦理上一直备受批评。尤为严重的是,他没有对小阿尔伯特形成的恐惧条件反射进行消退干预,因为实验进行 4 个月时,小阿尔伯特就被母亲从医院带走了(Harris,1979)。不过,这项实验也引发了大量的后续研究。行为主义学家研究认为,经典条件反射可以解释恐怖症的成因。当一个原本中性的刺激与一个引发强烈情绪反应的无条件刺激配对出现之后,中性刺激就可以引发强烈情绪反应。这能够解释为什么恐怖症患者对特定物体或情境的恐惧远远超出了其本身的危险程度。

2. 操作性条件反射

在经典条件反射中,动物或人习得的是刺激与反应之间的联系,而在操作性条件反射中,动物或人学习的是对反应结果的预期(response-outcome expectancy)。

桑代克(Edward Lee Thorndike)在研究动物智力时提出了效果率(law of effect)来解释自己的研究发现。他设计了装有不同机关的笼子,把饥饿的猫关在笼子里,笼子外放着食物。为了得到食物,猫必须找到笼子的机关来打开笼门。这个机关可能是个按钮,也可能是个拉绳等。桑代克观察了猫如何学习打开笼子。他发现,猫是通过尝试错误(trial and error)来学习的,而最终决定猫采用哪些行为的是效果率——也就是说,在特定的刺激环境中,如果某种反应带来了积极效果,那么猫做出这种反应的频率会增多,如果带来了消极效果,那么反应频率就会减少(Thorndike,1998)。

斯金纳(Burrhus Frederic Skinner)在桑代克的基础上完善了效果率,提出了操作条件反射的定义。它有三个重要因素——强化物、操作和区辨刺激。强化物(reinforcer)指的是机体对特定刺激做出反应后出现的事件,而且这个事件可以提高该反应出现的概率或强度。操作(operant)被定义为任何特定的反应,该反应的出现概率受到强化物的影响。在特定刺激的背景下,机体会预期自己之后做出的反应,以及反应后的结果,这个特定的刺激就是区辨刺激(discriminative stimulus)(Skinner,1938;Jenkins,1979)。以桑代克的实验为例:实验笼子是区辨刺激,猫首先要观察到自己处在笼子里,才会预期自己要拉机关获得食物。猫获得的食物是强化物。食物出现与否会影响猫为获取食物所做出的特定行为的概率。强化物分为正强化物和负强化物。正强化物(positive reinforcer)的出现会提高之前做出的特定反应的出现概率。换句话说,正强化物是对某种反应的奖励。负强化物(negative reinforcer)的消失也会提高之前出现特定反应的概率(Skinner,1953)。换句话说,如果对特定刺激做出某种反应后,不愉快的结果(即负强化物)消失了,那么人们会更倾向于做出这种反应。需要注意的是,负强化物和另一个重要概念——惩罚——是不一样的,虽然两者都会令人不愉快,但无论是正强化物还是负强化物,都会提高特定反应出现的概率,而惩罚则是用负面的结果降低特定反应出现的概率。

与经典条件反射一样,在操作条件反射中同样存在着习得和消退过程(Vargas, 2013)。例如,一只饥饿的猫被关在笼子里。如果它按下笼内的一个杠杆,食物就会从一个通道滑入笼内。按下杠杆就是实验者期望的操作行为,而食物就是正强化物。压杠反应的习得是个渐进的过程,猫大概需要十次实验才能以比较高的、稳定的频率压杠获得食物。操作条件反射习得后,如果猫按压杠杆,却不再获得食物,那么压杠反应的频次会逐渐降低至零。

随着经验的累积,操作性学习变得愈发重要。人们以此区分什么行为会获得奖赏,什么行为不会获得奖赏。人们也用这种习得的行为应对外部世界的不同刺激。不幸的是,我们学到的行为并不总是有用的。有些行为的结果短期看是有吸引力、有价值的,如吸烟、喝酒可以缓解压力,但长期却会对我们造成伤害。同样,我们也可能会学到一些应对方式,如过度依赖、恐吓或者其他不负责任的行为。它们短期看来是有效的,但长期结果却是消极的、不适应的(Rosenhan, Seligman, 1995)。由此可见,操作条件反射的机制也可以解释日常生活中很多的正常或异常心理。

3. 回避学习

很多时候,人们既要习得刺激与反应之间的关系(经典条件反射),又要习得"如何做才能得到自己想要的东西"(操作条件反射),而回避学习(avoidance learning)同时包含了这两种基本的学习过程(Pierce, Carl, 2003)。研究回避学习的一个经典实验情境通常是:把大鼠放在穿梭箱的一边,然后响铃,十秒钟后给这边箱底通上电流。如果响铃后十秒内,大鼠能够逃到箱子的另一边,就不会遭受足底电击。为了学会逃避电击,大鼠必须习得两种关系:①铃声预示着电击,大鼠需要习得对铃声的恐惧。这属于经典条件反射的机制——电击是无条件刺激,电击带来的恐惧是无条件反应,铃声是条件刺激,对铃声的恐惧是条件反应。②习得了对铃声的恐惧后,大鼠还要习得如何才能避免恐惧和痛苦。这属于操作条件反射的机制——区辨刺激是铃声,操作行为是跑到箱子的另一边,电击及其带来的恐惧是负强化物。这个负强化物大大提高了大鼠在区辨刺激下做出操作行为的可能性(Rosenhan, Seligman, 1995)。

回避学习有助于我们理解人类的许多异常心理。既往经历可能通过经典条件反射,让个体自动化地对中性事物产生恐惧。然后,个体又通过操作条件反射,逐渐学会做出某些回避行为来消除自己的恐惧(Pierce, Carl, 2003)。例如,一个孩子曾差点儿在游泳池淹死,由于经典条件反射的作用,他发展出了对水的恐惧。在随后的经验中,借助操作条件反射,他习得了对水的回避行为——避免接触任何有大量水的地方。通过逃离这些地方,他就消除了水带来的恐惧感(负强化物)。但是,回避行为也在阻止经典条件反射的消退,以及新的操作行为的习得——他无法体验到接触水却没有危险的经历,而这些经历会促进经典条件反射的消退。他也无法体验到玩水带来的乐趣,这种乐趣会强化他对水池的趋近行为。于是,他异常的回避行为就会持续下去。

4. 行为主义治疗

行为主义认为,心理障碍的症状不是由内心冲突,或脑结构差异,或神经递质活动的问题造成的,而是个体习得了非适应性的行为,或者没有习得适应性的行为。因此,行为主义治疗的目标是:利用学习的基本原理,增加适应性行为,减少非适应性行为。依据经典条件反射和操作条件反射的原理,行为主义提出了多种疗法(O'Leary,Wilson,1975)。

暴露疗法(exposure therapy)是基于经典条件反射原理的一种行为疗法,通常应用于恐怖症等焦虑障碍的治疗中。患者要在自己恐惧的情境中暴露足够长的时间,直至其恐惧有明显下降(Miltenberger,2008)。这可以实地进行,也可以在想象中操作。例如,有位特殊恐怖症患者,害怕老鼠。如果运用暴露治疗,在很长一段时间内让患者与老鼠共处,这时老鼠没有和创伤性事件联合出现,那么他习得的老鼠与恐惧之间的关系就会逐渐消退(De Silva,Rachman,1981)。

在心理治疗中应用操作条件反射原理时,治疗师通常会先做行为功能分析,包括:①患者的问题行为是什么?②他做出问题行为时的区辨刺激是什么?③维持问题行为的强化物又是什么?治疗师还要确定患者需学会的适应行为(Williams,2002)。

常见的操作条件反射治疗技术包括行为消退和行为塑造(shaping)。行为消退指的是:撤销问题行为之后的强化物,让该行为自然消退(Kramer,Douglas,Vicky,2009)。例如,一位精神分裂症住院女患者每天频繁拜访护士办公室,护士们不堪其扰。治疗师分析,护士的注意是患者问题行为的强化物。因此,治疗师让护士在患者拜访时完全忽略她,以去除问题行为的正强化物,这样持续一段时间后,患者对护士的拜访从平均每天16次减少到了2次(Rosenhan,Seligman,1995)。行为塑造也称连续逼近(successive approximations),它指的是:每当患者的行为更接近目标行为时,就予以强化,最终使患者逐步习得该行为(Kramer,Douglas,Vicky,2009)。表2-2列出了经典条件反射与操作条件反射的疗法比较。

表 2-2 经典条件反射与操作条件反射的疗法比较

类型	问题举例	可能的解释	治疗	结果
经典条件反射	恐惧(CR) 封闭空间(CS)	封闭空间(CS)与虐待(US)和恐惧(UR)相联系	通过暴露疗法或者系统脱敏,让患者在封闭空间(CS)停留,但此时未伴随虐待(US)和恐惧(UR)	封闭空间(CS)不再带来恐惧反应(CR)
操作条件反射	缺乏社交技能	缺少足够奖励使个体形成操作行为(社交技能)	通过选择性的积极强化(例如,和他人交往之后可以吃一个冰激凌,来培养期望的操作行为(社交技能)	习得操作行为(社交技能)

资料来源:Rosenhan,Seligman,1995。

5. 对行为主义的评价

20世纪中叶,条件反射原理已得到了很好的运用。行为主义者甚至用学习理论重新解释了精神分析的观点。例如,本我遵循的"享乐原则"只是"强化原则"的一部分;焦虑仅仅是条件化的恐惧反应;压抑只是一种"停止思考"的行为,因为能减少焦虑而获得了强化。

行为主义用较少的概念和原理,试图解释几乎所有行为的习得、修正和消除等。这体现了其简明又适用广泛的优势。它把失调行为定义为特定的、可观察的、不受欢迎的反应,认为其成因是:①没有学到适应性的行为或能力;②习得了无效的或失调的反应。因此,行为主义治疗的着眼点在于改变特定的行为和情感反应,也即消退不受欢迎的行为,习得被期许的行为。

行为学派在心理治疗中有着重要地位,这得益于它的精确客观、丰富的实证研究,以及在改变某些行为时有目共睹的疗效。行为治疗师特别强调改变目标行为,以及客观评估疗效,如某种非适应性行为频率的明显下降。行为学派也因此被批评只关注症状,忽视了问题的价值、意义,以及人的自我指导能力,而这些对于寻求帮助的人可能是非常重要的。虽然存在上述缺陷,行为学派依然极大地影响着现代人对于人性、行为和心理病理等方面的理解。

二、认知模型

20世纪50年代起,心理学家发现仅研究客观行为不足以理解人类的心理。于是,他们转而关注个体内部的认知过程,以及这些过程对行为的影响。认知心理学主要研究基本的信息加工机制,例如注意、记忆、思维、计划和决策等。在心理病理学的认知模型中,不同理论家分别强调着认知过程的不同方面。下面,我们将介绍几个比较重要的概念:期望、归因、认知歪曲和图式。

1. 期望

班杜拉强调期望对行为的影响。期望(expectation)是一种认知,是关于未来会发生什么的预期。之前我们了解到,行为主义强调环境和直接经验对行为的影响,但班杜拉发现,人类有时无须直接经验,只要看到他人的行为和结果就能习得某些行为,这便是替代学习(Bandura,1977)。为了解释替代学习,班杜拉引入了"期望"这种认知能力。他认为,在观察学习中,个体学到的是对行为会带来的结果的预期,也就是结果期望(outcome expectation)。例如,青少年看到电视里抽烟的人被夸赞很"酷",他们可能会预期自己抽烟后能得到同样的"赞扬",从而学会抽烟。班杜拉也提出了效能期望(efficacy expectation),它指的是个体对自己能成功完成某行为的可能性的预期。结果期望和效能期望是两个概念。例如,一个对狗有特殊恐怖的人,他可能知道摸一条小狗不会带来什么不好的结果(结果预期),却觉得自己根本不能做到接近狗或抚摸狗的动作(效能预期)。班杜拉认为,在治疗恐怖症时,系统脱敏或模仿学习(imitation learning)的良好效果要归功于个体自我效能期望的改变,治疗成功的机制在于提升患者的自我效能感(Bandura,1986)。

2. 归因

归因(attribution)是对已发生的事件进行原因解释的过程,例如思考某次英语考试失败的原因是什么(Myers,2010)。如果认为外部因素导致了事件的发生,就叫外归因(external attribution),例如"老师出的题太难"。如果认为内部因素造成了事件的发生,就叫内归因(internal attribution),例如"我自己没有发挥好"(Heider,1958)。归因的另一个维度是稳定(stable)和不稳定(unstable)。稳定的归因认为事件发生的原因是持续存在的,例如"考试时我总是非常紧张(稳定内归因)而发挥不好";不稳定的归因认为事件发生的原因只是有时出现,例如"考试那天我生病了(不稳定内归因)才发挥不好"。

具体而言,对失败事件的归因还可以从整体性(global)或特定性(specific)来分析(Myers,2010)。整体归因认为失败在很多任务上都会发生,特定归因则认为失败只发生在某种任务上。例如,这次英语考试失败的原因是自己智商不高,这是一种整体归因,因为智商不高代表个体在很多任务上都可能失败。如果认为这次英语考试失败是单词没有掌握好,这便是一种特定归因,因为单词没掌握好不会影响个体其他科目的成绩。

归因理论者研究了特定归因风格与某些心理障碍之间的关系。归因风格指个体倾向于对好或坏的事件做出特定的归因(Rosenhan,Seligman,1995)。例如,抑郁患者倾向于对坏结果进行内在的、稳定的、整体的归因。他们可能会这样解释某次考试的失败,"考砸了是因为我很笨",并且预期"我是个失败者,永远不会成功"。如果归因风格过于固定、不适应,就有可能造成心理和行为问题。不良的归因风格也可能让我们把自己或他人看成是不变的,或者无法改变的,从而缺少人际灵活性。因此,在认知治疗中,改变认知很重要的一个方面是让来访者看到:同一事件可能存在多种不同的解释(Beck,1995)。

3. 认知歪曲

我们总在思考、评价环境中的刺激和自身的行为。认知疗法认为,个体对某种刺激或事件的想法决定了其情绪感受和行为。针对具体刺激的、无意识的自动化想法叫自动思维(automatic thought)(Beck,Beck,2011)。例如,上台演讲前,小王的想法是:"如果我不能表现得十全十美,我就是个失败者。""别人肯定能看出我的紧张,这次演讲我绝对会搞砸。"如果不经反思,小王可能不会觉察到自己的这些认知歪曲(cognitive distortion),但它们却引发了其负面情绪,例如对演讲的焦虑和恐惧,也造成了他的非适应性行为,如演讲时不敢看听众、说话声音很小等。因此,经典的认知疗法会让患者反思歪曲的自动思维,试图发现其中不合逻辑的、非理性的成分,纠正它们对情绪感受和行为的不良影响。

目前,认知治疗师把思维过程中常见的认知歪曲分为两类:一类是"不合逻辑"的

"冷认知",背后涉及推论上的偏差;另一类是"非理性"的"热认知",背后涉及不恰当的评价和判断。有研究者认为,如果没有"非理性"歪曲的参与,"不合逻辑"的歪曲只会造成问题行为,而不会导致非适应性的情绪。不过,在实际生活中,这两类歪曲的认知常常混合出现(Beck,Davis,Freeman,2015)。

"不合逻辑"的认知歪曲以贝克(Aron T. Beck)归纳的类型为代表(Beck,Emery,Greenberg,1985;Beck,1995),它们包括:

(1) 武断推论(arbitrary inference),即在证据不足或不够客观的情况下,仅凭主观感觉就草率得出结论。例如,看到一个熟人匆匆走过而没有和自己打招呼,就认为一定是自己得罪了他,对方肯定是生气了,才不理自己。

(2) 过度概括(overgeneralization),即根据个别事件就对自己或别人做出关于能力、智力和价值等整体素质的普遍推论,而不考虑其他可能性。也就是说,仅根据某个具体事件就得出一般性的结论。例如,有学生一次考试失败就坚信自己能力低下。

(3) 选择性概括(selective abstraction),即仅依据个别细节就对整个事件做出结论,而忽略其他信息。这是一种以偏概全的认知歪曲。例如,某位演讲者发现有一个听众在打瞌睡,就认为大家对自己的演讲不感兴趣,自己表现得太糟糕。

(4) "全或无"思维(all-or-none thinking),即以绝对化的思考方式来分析事物。个体往往把生活看作非黑即白,认为不存在中间状态。例如,某学生认为,只有自己样样考第一,才是成功者,否则就是失败者。

(5) 夸大或缩小(magnification or minimization),即过分夸大事物或自身的某个方面,缩小反面的证据。例如,某人在朋友面前偶尔一次说话不合宜,就觉得自己没有社交能力,而表现很好的时候,又觉得纯属偶然、微不足道。

(6) 个人化(personalization),即把外界不幸的原因归咎于自己,即使没有相应的证据。例如,患者没完成家庭作业,治疗师就对自己说:"这件事是我的错,让她好起来是我的责任。"

"非理性"的认知歪曲则主要对应着埃利斯(Albert Ellis)的总结(Beck,Davis,Freeman,2015),例如:

(1) 要求(demandingness),即从自己的意愿出发,认为某事必定会发生或不会发生,常表现为"必须""应该"的说辞。例如,"我必须把一切做好""别人应该按我说的做"。

(2) 灾难化(catastrophizing),即给某负性事件赋予灾难般的评价。例如,"我完了"。

(3) 对个体价值的笼统评价(global evaluation of human worth),即认为个别的行为或想法就代表这个人毫无价值。例如,"我刚刚撒了谎,我真是坏透了"。

4. 图式

认知模型的另一个重要概念是图式(schemas)。图式是一种认知结构,包含了个体最基本的信念和假设。它形成自个体的早期经验,影响着个体的思维、价值观和态度,组织着当前的信息加工过程(如扫描、编码和刺激评价)。它能帮助人们以一种有意义的方式理解经验(Kleider et al.,2008)。每个人都有其独特的图式集合,其中包括适应性的,也包括非适应性的。如果非适应性的图式处于激活状态,个体的信息加工过程就会选择性偏好能够佐证该图式的证据,歪曲、忽视那些相反的证据,来抑制适应性图式的激活,从而造成心理和行为上的偏差(Young,Klosko,Weishaar,2003)。

不同类型的心理疾病背后可能有着不同的失调图式集合。例如,抑郁发作时,患者身上可能活跃着与"隔离和拒绝"和"表现受损"有关的图式。这种消极图式被某些诱因激活(可能是负性生活事件,如失去工作),使患者在预期、解释和回忆经验时表现出系统的消极偏差。抑郁发作患者会因此更关注事物的消极方面,更容易回忆起消极的往事,也更倾向于认为未来发生的事情多半让人不愉快。因此,在认知治疗中,评估、修正非适应性的图式很重要。而且,因为图式形成自较早的个人经验,所以其改变需要较长的时间(Barlow,2014)。

5. 对认知模型的评价

认知模型调整了行为学派过分强调外部行为的倾向,更加关注人的内部心理,尤其是信息加工过程,也即认知过程。这从认知方面推进了对异常心理与行为的理解。有些批评者认为,认知治疗过于强调人的思维和想法,忽视了动机系统(如情绪和需要)在心理疾病中起到的作用,甚至把认知当成情绪和行为的决定性因素。不过,这些弊端在早期的认知治疗中比较明显。如今的认知治疗更倾向于认为认知、情绪和行为是互相影响、彼此联系的;治疗的目标在于从纠正认知入手,打破三者之间不良的关联方式(Persons,Davidson,Tompkins,2001)。

除此之外,在心理治疗领域,精神分析与行为主义两大流派之间长期存在着对峙和攻讦。作为一种系统的心理治疗理论与技术,认知模型的产生给这种困境带来了转机,起到了沟通和融合的作用。

三、认知行为治疗

行为主义模型认为,人们的行为,无论是适应性的还是异常的,都是从过去经验中习得的联结。因此,行为治疗的理念是运用学习理论增加适应性行为和减少异常心理。治疗便是重新学习的过程。认知模型认为,认知过程决定了人们所感受到的情绪和表现出来的行为。在解释心理疾病和异常心理时,认知模型关注有问题的认知过程,包括期望、归因、记忆、信念等怎样被扭曲,从而导致了异常的情感和行为。相应地,认知治疗认为异常心理是内部心理过程(认知歪曲)的体现,因此治疗异常心理首先要明确认知歪曲,再对其进行矫正。

虽然行为模型和认知模型有各自强调的重点和理论依据,但它们之间不是彼此对抗的关系。在发展理论和实际治疗时,很多临床心理学家都结合了认知和行为的元素,虽然他们在行为和认知上的侧重点可能有所不同(Beck,1995)。这种结合行为和认知的治疗理论和实践,被统称为认知行为治疗(cognitive-behavioral therapy)。近期的认知行为理论把认知模型研究的内容看作是相对有意识的信息加工,把行为模型研究的条件反射看作是无意识的信息加工——完全自动化运作,往往与核心情绪(如恐惧等)相关。这种综合模型能够解释心理障碍中为何既存在有意识加工过程的缺陷,又存在无意识的不良自动反应,也为认知行为治疗的实践提供了更为综合的概念化框架(Beck,Davis,Freeman,2015)。

除此之外,心理治疗第三浪潮中"觉察、接纳"的思想也影响了认知行为治疗的理论和实践。这尤其体现在对待认知歪曲的态度上。临床心理学家开始改变原先的治疗重点——纠正歪曲的信息加工过程,转而强调觉察思维的内容和过程,同时不做评价,仅仅解除想法、情绪与行为之间的固有联结,然后把关注点放在自己该做的事情上,去履行日常的功能(Hayes,2005);在此基础上,也有一些认知行为疗法更关注情绪,采用正念等技术来觉察、接纳情绪,促进认知行为治疗从认知、情绪和行为三个方面更加全面地进行干预。

第四节 人本主义模型

人本主义学派反对从缺陷和负面的立场来研究人类心理。他们致力于把人从残疾的假设和态度中解放出来,使人们更好地生活。人本主义认为精神分析是"残疾心理学",其理论来源是有心理障碍的患者;认为行为学派是"动物心理学",其理论建立在动物实验的基础上。人本主义研究的对象是正常人,强调成长和自我实现,而不是治愈疾病或缓解障碍(Clay,2002)。

人本主义认为,人性基本上是"善"的。该流派强调当前的意识过程,较少关注无意识过程和过去的经历;重点关注人类固有的自我指导能力(Aanstoos,Greening,2000)。

人本主义承认传统研究所关注的心理过程的重要性,但他们也认为,那些用于研究因果关系的实证研究大多过于简单,无法揭示人类行为的复杂性(Polkinghorne,1993)。而且,人本主义强调个体的未来而不是过去。他们也十分关注那些很少获得科学支持的方面——爱、希望、创造性、价值、意义、个人成长和自我实现。因此,他们的一些基本观点不太容易进行实证研究。不过,人本主义的某些看法和原则依然得到了广泛的认同。下面我们将介绍人本主义理论的两个重要方面:实现倾向、有机体和自我。

一、人本主义理论的两个重要方面

1. 实现倾向

实现倾向指的是:个体倾向于实现、满足和完善自己天生具有的能力和潜质。著名的人本主义心理学家罗杰斯(Carl R. Rogers)从多种角度讨论了实现倾向(Bozarth,Brodley,1991),其中包括:

(1)一切有机体身上都存在实现倾向,每位个体的实现倾向有其独特的表现。

(2) 实现倾向贯穿、覆盖了个体的方方面面。
(3) 只要个体活着,实现倾向就在不断起作用,这种动力是一直持续存在的。
(4) 实现倾向始终朝着建设性的方向,试图增强并维持有机体的整体性。
(5) 实现倾向会不断增强。
(6) 实现倾向也意味着追求自主性。个体会努力寻求自我调控,远离被控制的状态。
(7) 实现倾向很容易受环境影响。不良环境会阻碍实现倾向的表达,甚至歪曲个体本来的样子,但个体总是尽可能保持建设性。

2. 有机体和自我

在罗杰斯的理论中,有机体(organism)是我们体验整体感觉(包括内在的和外在的)的基础,它作为一个整体做出反应,致力于自我实现。在解释人格运作时,罗杰斯采取了现象场(phenomenal field)的视角。现象场指人的经验世界或内心世界,包括了个体当前或者能够感觉、体验到的所有现象。个体就是对自己的现象场进行行为反应的(Rogers,1961)。

罗杰斯认为,当儿童开始了解他们自己时,他们会自然发展出对"积极关注"的需求。积极关注指爱和赞赏。它们来自儿童生活中的重要人物,尤其是父母。积极关注总是不可避免地与许多条件纠缠在一起。这意味着只有满足某些条件,自己才是被爱、被欣赏的。例如为了得到赞许,孩子必须言行符合社会规定的性别角色等。这些外部施加的判断构成了有条件的价值评价,规定了孩子的哪种自我体验是好的或坏的(Rogers,1951)。

在这样的成长过程中,自我(self)这个亚系统会从整体的人中分化出来。它表述为个体的自我概念(self-concept),如什么是我、什么不是,怎样的我是好的、怎样不是。个体的感知和行为总是致力于与自我概念保持一致。因此,如果成长环境良好,也即外部施加的价值条件较少而且合理,个体便可以接受有机体的各种真实体验,自我概念也能很好地引导个体自我实现,个体的行为方式便是合理的、具有建设性的。但是,如果成长环境不良,也即价值条件带来了严重的束缚,剔除了有机体的大部分真实体验,自我概念便会与有机体之间产生偏离,阻碍个体的自我实现。当外部的条件性评价对一个人的行为越来越具有控制时,个体的行为与有机体的真实体验之间就会产生裂痕。这给个体带来了危险感,促使个体进一步做出防御,如提高警觉、准备行动、启动自我防御机制等,以此否认自我与现实之间的矛盾,造成心理和行为问题(Rogers,1959)。

总之,人们所能达到的自我实现程度取决于自我与有机体真实体验之间的一致性。如果自我概念是有弹性的、现实的,足以使人们了解和评价有机体的所有体验,那么人们就能更好地追求自身的价值。自我的这种天性是自我实现的关键因素。

因此,人本主义心理学家非常强调有机体本身的价值,关注人们如何指导自身行为来达成自我实现。人本主义的观点认为,有意义和幸福生活的关键是每个人都根据自身有机体的经验和评价来发展自己的价值观,而不是盲目地接受其他人的评价。否则,我们就会否认自身真实的体验,失去与真实感受之间的联系。为了做出恰当的评价和选择,我们需要对自己的认同有清晰的认识——发现我们是谁,我们想成为何种人,以及为什么。只有这样才能使我们达到自我实现,充分发挥自己的潜能(Rogers,1961)。

基于上述观点,罗杰斯(Rogers,1951)提出了以来访者为中心的疗法(client-centered therapy)。治疗师的工作是为来访者创造温暖的、被接纳的环境,反映来访者所表达的感情,感受来访者所感受的世界,为来访者提供无条件的积极关注——无条件地给予尊重和赞赏。在这种接纳性的环境中,来访者逐渐开始面对与自我概念不一致的情感和体验。这种过程会带来自我的扩展,使来访者最终能够面对有机体的完整体验。此时,自我与有机体恢复一致,来访者会自由地成为一个有机的整体。如此才能达到自我实现。

二、对人本主义学派的评价

人本主义学派强调,我们作为人类具有对自己完全负责的能力。该学派给我们提供了一个全新的视角来理解异常心理。也就是说,异常心理的形成原因是个体无法发挥有机体本身具有的潜能,指向健康和个人成长的自然倾向受到了阻碍或歪曲。这些阻碍或歪曲基本上是由以下几种情况造成的:①过度应用自我防御机制,以致个体逐渐失去了与现实的联系;②不利的社会环境和错误的学习;③过度的应激。

人本主义也极大影响了心理治疗的基本态度和目标。罗杰斯提出的尊重、共情、无条件积极关注等态度已经成了几乎所有治疗流派的共识。按照人本主义思想进行的治疗,不是简单地把来访者的适应不良改变为适应良好,而是提供适宜的成长环境,使其朝着自我实现和对社会具有建设性的方向发展。

有批评者认为,人本主义的许多概念过于模糊,缺乏科学性。一些心理学家提出,人本主义的目标是夸大其词、期望过高的;但另一些人相信,如何创造情境来激发个体潜能,确实是当今心理学必须面对的具有挑战性的长期任务。

第五节 来自亚洲的理论和观点

一、森田疗法

20世纪20年代初,森田正马在日本创立森田疗法,随后经过多位理论家的发展,成了在日本、中国及其他一些亚洲地区较有影响力的一种治疗理论。森田疗法及其理论并不针对所有心理障碍。它主要解释了所谓"神经质症"的产生和发展,提出了针对神经质症的治疗方案。神经质症的主要表现是:患者具有某种非器质性原因造成的症状。这种症状对其正常生活、工作或学习造成了阻碍。患者对症状有内省能力,一直努力克服症状,有强烈的求治动机(钱铭怡,1994)。

森田正马把神经质症划分为普通神经质、强迫观念症和发作性神经质三种类型,其症状包括(大原浩一,大原健士郎,1995):

(1) 普通神经质,即所谓神经衰弱,包括失眠症、头痛、头重、头脑不清、感觉异常、易兴奋、易疲劳、脑力减退、乏力感、胃肠神经症、劣等感、不必要的忧虑、性功能障碍、眩晕、书写痉挛、耳鸣、震颤、记忆力减退、注意力不集中。

(2) 强迫观念症(包括恐怖症),社交恐怖(包括赤面恐怖、对视恐怖、自己表情恐怖等)、不洁恐怖、疾病恐怖、不完善恐怖、学校恐怖、高处恐怖、杂念恐怖等。

(3) 发作性神经质,包括心悸发作、焦虑发作、呼吸困难等。

森田疗法认为神经质症的成因是个体原本存在疑病素质。在偶然事件的诱因下,疑病素质通过精神交互作用形成了神经质症状,而神经质症造成痛苦的根本原因是患者想以主观愿望控制客观现实,引起了精神拮抗作用的加强。

1. 疑病素质与适应不安

森田正马认为神经质症的出现是以疑病素质为基础的。所谓疑病素质,是一种精神上的倾向性。精神倾向性有内向和外向之分。外向型精神活动的目标常受外界对象的支配,追逐现实;内向型精神活动的目标则常常指向自身,非常关注和敏感于自己身体或精神方面的状况或异常。当然,人人都会关心自己的身体状况。按照森田正马的理论,这是人类生存欲的表现。生存欲是人类的本性,正常的生存欲有积极的意义,但是如果生存欲过强,个体对死亡的恐惧也会随之增强。于是,个体对自身或事物就会有超乎寻常的要求,会因为惧怕达不到自身的欲望而产生强烈的死亡恐惧。对死亡的恐惧常与惧怕失败、害怕疾病、恐惧不安等心理活动相联系。在过高的生存欲望,以及与其相应的过强的死亡恐惧之下,如果出现某种诱发的契机,例如一下子意识到心脏的跳动,就可能把原来属于正常范围的生理现象误以为是病态的(觉得心脏有问题)。同样在过强的生存欲望和死亡恐惧的影响下,为了努力消除这种"病态",个体对外界的关注开始下降,精神活动逐渐完全向内,陷入精神的内部冲突之中,从而产生了神经质症状。因此可以说,过高的生存欲望同时会伴有过强的对死亡的恐惧,这导致精神活动的过度内向性,形成疑病素质——神经质症产生的基础(钱铭怡,1994)。

森田正马的学生高良武久在论及神经质症状产生时,没有采用"疑病素质"的说法,而是认为适应不安与神经质症的产生密切相关。较内向的人容易出现适应不安。高良武久认为,适应不安所伴随的不安、担心、痛苦等心理虽让人不快,却是人类生存不可缺少的保护机制。例如,如果没有疼痛感,人们就可能对伤害失去警戒。如果人们不允许适应不安的存在,试图否认这种正常的心理现象,就必然造成精神内部冲突,最终形成神经质症状(大原浩一,大原健士郎,1995)。

2. 精神交互作用

所谓精神交互作用,就是"因某种感觉,偶尔引起对它的注意集中和指向,那么这种感觉就会变得敏锐起来,这一敏锐的感觉反过来吸引更多的注意,这样一来,感觉与注意彼此促进、交互作用,致使该感觉愈发强大起来"(大原浩一,大原健士郎,1995)。精神交互作用解释了神经质症状发展的过程。例如,具有疑病素质或倾向于否认适应不安的个体在某种诱因下可能会把偶尔出现的心跳加速当作异常的感觉而加以特别的关注,引起了对这种感觉的恐惧和预期不安。因为对这种感觉更加敏锐,就引发了更多的恐惧和不安的感觉。感觉与注意彼此促进,精神活动逐渐变得完全指向内心,个体长期被封闭在精神的内部冲突之中无法摆脱,形成症状(钱铭怡,1994)。

3. 精神拮抗与思想矛盾

如果说神经质症的发病与疑病素质有关,而症状的发展与精神交互作用有关的话,那么神经质症状给患者带来苦恼的根源则与思想矛盾造成的精神拮抗作用的增强有关。

精神拮抗作用具体表现为:当一种心理出现时,常有另一种与之相反的心理出现。例如,恐惧时我们常常出现不要怕的心理,受表扬时反而涌现内疚的感情。精神领域中的这种拮抗作用,如同肌肉的拮抗作用一样,都不是个体能够一一加以随意支配的。

精神拮抗作用过强或者缺乏这种拮抗作用,人都会出现问题。神经症患者的各种苦恼,也是由于欲望和意志之间的拮抗作用增强引起的。例如,想要获得成功的这种生的欲望越强烈,对可能失败的死的恐惧就越强烈;为了否认失败的可能而想尽种种办法,反而使引起拮抗的作用力和反作用力都相应增加,再加上思想矛盾的影响,个体就会感到越来越苦恼。

按照森田正马的观点,产生精神冲突、苦恼的根源在于思想矛盾。不了解思想与事实之间的差异,依据个人主观想象来构筑事实或企图安排事实,希望客观事物按照自身的主观愿望产生某种变化,就会出现思想矛盾。对于恐怖、不安、苦恼这些人人都有的令人不适的情绪,神经质症患者总是想用"理应如此""必须这样"的思想愿望试图避免和消除这些情感。这是不可能办到的。因而患者产生了思想矛盾,造成了神经质症状(钱铭怡,1994)。

4. 森田治疗原则

森田正马根据其对神经质的认识,提出了针对性的治疗原则,目的是消除思想矛盾,打破精神交互作用。森田治疗原则可以被概括为"顺应自然"和"为所当为"这两点。

所谓顺应自然,指的是不要以自己的主观想法去套客观事物,要认清任何客观事物都有其自身的活动规律,包括每个人的感觉、情感、精神活动和神经质症状。它们的形成和改变都有一定的规则,不以人的主观意志而转移。"按照自然规律,服从之,忍受之,就是顺应自然"(大原浩一,大原健士郎,1995)。例如,恐惧和不安是常见的心理现象,非要把它视为异物而与之艰苦抗争,坚持认为自己不该有不安等现象,就是违反了客观规律。反之,如果顺应自然,不把不安当成怪异,就可以破除思想矛盾。不去拼命排除这些令人恐惧的念头,放弃抗拒对立的观念,就能破除精神交互作用。顺应自然还包括认识到症状的形成和改变是一个过程,即使对症状采取接受的态度,症状也不可能在一朝一夕就产生立竿见影的改变。

不过,"顺应自然的态度并不是说对自己的症状和不良情绪听之任之,而是要靠自己本来固有的上进心,努力去做应该做的事情"(大原浩一,大原健士郎,1995)。为所当为可以说是对顺应自然的治疗原则的充实和补充。森田疗法认为,要想改变神经质症状,一方面要对症状采取顺应自然的态度,另一方面要随着本来有的生的欲望去做该做的事。症状的消失通常需要一个过程。在症状仍然存在的情况下,即使痛苦也要接受。把注意力和能量投向自己生活中有确定意义的、能够见效的事情上。这样把注意力集中在行动上,任凭症状起伏,有助于打破精神交互作用,逐步建立起从症状中解脱的信心。

如果按照生的欲望所表现出的上进心去做自己认为该做的事情,就可以把精神能量逐步引向外部世界,使注意不再固着在症状上,从而减轻症状。而且,虽然带着症状去行动仍有痛苦,但尽管痛苦也要坚持,就能够逐步打破过去那种精神束缚行动的模式。

二、认识领悟疗法

钟友彬先生在我国率先实践精神分析,逐步发展出了认识领悟疗法。20世纪60年代初,钟友彬和王景祥医师合作,尝试用心理动力学的原则对强迫症、恐怖症病人进行试验性治疗。1981年,他在北京的首钢医院开设了心理门诊。1988年,他出版了《中国心理分析:认识领悟心理疗法》一书,这本书的问世标志着他对心理分析的应用和发展进入了一个较为成熟的阶段(钱铭怡,1994)。

认识领悟疗法源于精神分析,通过解释使病人得到领悟,从而使症状减轻或消失。它一方面保留、继承了精神分析疗法的一些治疗原理,另一方面又结合了中国人的生活经验和社会经济状况,与精神分析疗法有所不同。

1. 认识领悟疗法与精神分析的异同

关于认识领悟疗法和精神分析的异同,钟友彬先生曾做过下列分析(钟友彬,1988),这些分析也有助于我们了解认识领悟疗法的基本理论和治疗原则:

(1) 承认人有无意识的心理活动,承认人的一些活动可以在意识以外进行。人们自己不能理解这些活动的原因,尤其是病态的行为。

(2) 承认人格结构论,承认人们不自觉地使用心理防御机制来解决或者减轻自己的心理冲突和烦恼,包括病态的恐惧。

(3) 承认神经症病人患病后有两级获益,尤其是外部获益,给治疗这类疾病造成困难。

(4) 承认幼年期的生活经历,尤其是创伤性体验,对人个性形成的影响,并可成为成年后心理疾病的根源。但是不同意俄狄浦斯情结是人的普遍特征,也不同意把各种心理疾病的根源都归之于幼年性心理的症结。

（5）同意精神分析的观点，认为各种神经症病人的焦虑都有其幼年期的焦虑的前例，这是成年焦虑的根源。认为强迫症和恐怖症的症状是过去或幼年期的恐惧在成年人心理上的再现。

（6）弗洛伊德认为性心理障碍是幼儿性欲的直接表现，是成人的一种非常态的性满足。认识领悟疗法认为这有一定的道理，性心理障碍是成年人用幼年的性取乐方式来解决成年人的性欲或解除成年人的苦闷的表现。这是其本人意识不到的。

（7）使用病人易理解的、符合其生活经验的解释，使病人理解、认识并相信其症状和病态行为的幼稚、荒谬、不合成人逻辑的特点，让病人达到真正的领悟，从而使症状消失。

此外，认识领悟疗法与精神分析和其他心理动力学疗法在临床实践上的主要区别在于：无论病人的临床表现如何、病程长短，一般治疗 5~12 次左右就可以使病情明显好转，甚至症状完全消失。其治疗的关键在于分析症状的幼稚性。病人如果能真正理解并接受治疗者的解释，就可使病情减轻（钱铭怡，1994）。

2. 主要适应证与治疗要点

认识领悟疗法的主要适应证为强迫症、恐怖症和某些类型的性心理障碍，如露阴症、摩擦症和恋物症等。就治疗效果来看，露阴症等性心理障碍应该是认识领悟疗法的最佳适应证，其次是恐怖症和强迫症。随着这种治疗方法在国内的推广应用，一些治疗者也在尝试用其治疗神经性呕吐和顽固性疼痛，取得了良好的效果。

认识领悟疗法的治疗过程和步骤主要有（钟友彬，1988）：

（1）采取治疗者和病人直接会面交谈的方式，每次会面的时间一般为 60 分钟，最多不超过 90 分钟。两次会见时间间隔不固定。如果病人有文字书写表达能力，每次会见后，可以要求病人尽可能写出对治疗者解释的意见，以及结合对自己病情的体会，提出问题。

（2）初次会见时，让病人和家属报告症状、既往病史和治疗情况。与此同时，进行精神检查和必要的躯体检查，确定是否是认识领悟疗法的适应证。如果是适应证，首先帮助病人树立战胜疾病的信心，同时让病人意识到在心理治疗中疗效好坏和病人的主观努力有很大的关系。

（3）初次见面时，如果时间允许，可以直接告诉病人他的病态情绪和行为与幼年时的经历有着密切的关系。现在虽然病人已经是青年甚至成年人了，在生理年龄和智力年龄方面比儿童期成熟了很多，但其心理年龄仍处于比较幼稚的阶段，还在用儿童的思维方式和行为方式来面对成年人的问题。

（4）在以后的会见中，可以询问病人的生活史和容易记起的有关经历，一般不要求勉强回忆"不记事年龄"时期的经历。对于病人的梦可以偶尔涉及。用较多的时间和病人讨论症状的性质，启发他们认识到症状的幼稚可笑，帮助他们从成人的角度重新看待自己的问题。

如果病人能够坚持治疗,就可能使病情达到治愈水平。在结束治疗时,可以让病人写出总结性体会,以巩固治疗效果。

钟友彬先生强调:"师傅领进门,修行在个人。"病人在每次治疗后写出自己的体会,并暗中调查其他成年人对自己恐惧的事物、自己认为有意义的事物的看法,对于病人破除他们某些不正确的观念是非常有效的。还可以让病人与儿童交谈,观察儿童的思维和行为方式,与自己的病态心理和行为进行比较,反省自己的病是否也有类似儿童的性质,从中得到启发。要求病人"下决心不做儿童心理的奴隶"。帮助病人逐渐走出自己的病态心理和行为方式的牢笼,以更加成熟和全面的角度看待问题,逐渐放弃其病态的生活方式,从而达到治疗目的(钱铭怡,1994)。

三、对于来自亚洲的理论和观点的评价

森田疗法和认识领悟疗法与西方的理论方法不尽相同,它们不强调与症状斗争,而是要顺应自然。森田疗法本身就提出了"顺应自然,为所当为"的口号,认识领悟疗法也有类似的含义——要求病人放弃儿童式方式,按照成人方式处理成人期遇到的问题。这种治疗方式与东方的哲学思想不谋而合,为心理治疗理论提供了新的视角。它们的干预思路也与近年来西方兴起的、结合了东方思想的正念等疗法有异曲同工之处。不过,这两种理论和对应的疗法都仅限于某些障碍的解释和治疗,如森田疗法对应的"神经质症",认知领悟疗法的主要适应证也局限在强迫症、恐怖症,以及某些类型的性心理障碍上,如露阴症、摩擦症和恋物症等。它们都没有建立起对人类普遍行为的理论解释。

小 结

本章介绍了理解异常心理和行为的重要理论模型,包括生物医学、心理动力学、认知行为、人本主义,以及来自亚洲的两个理论模型——森田疗法和认识领悟疗法。

就像发热可以由许多原因引起一样,某种特定的心理异常现象的产生也可以由许多原因引起。心理病理学研究者发现,不同途径可能导致相同的异常表现。因此,我们不能仅考虑现象本身,而是必须考虑到所有的致病途径。

按照"素质-应激"和"生物-心理-社会"的观点,不同途径的诱发因素与个体当时所处的发展阶段,还有各种心理、生物和社会因素交互作用,共同决定了心理障碍产生与否,以及心理障碍的严重程度。即使是生理原因造成的损伤,个体的应对方式也会对其整体功能产生非常大的影响。例如,神经系统受损的人会有不同程度的障碍,但如果有良好的包括家庭和朋友在内的社会支持系统,以及高度适应性的人格特征(如有自信心、有能力面对挑战等),那么这样的人尽管有已知的生物学方面的创伤,也只会经历轻微的行为和认知方面的困难。生物、心理和社会因素不是单一的一个因素在起作用,因此在理解心理障碍时,我们需要有整体的、联系的观点。

本章主要探讨了心理障碍产生的机制,但我们不应该把视角局限在患有心理障碍的人群上。如

今的研究者不仅探讨是什么促使人们患上某种特定障碍,还在试图了解是什么保护了一些人,使他们在同样的困境中免受心理障碍的困扰。如果我们能更好地理解为什么某些人在相似的环境中没有发生和其他人同样的问题,我们就能进一步理解某些特定的心理障碍,为患有这些心理障碍的人提供更有效的帮助,预防心理障碍的发生。

思 考 题

1. 如何从生物医学的角度理解异常心理的产生?
2. 怎样理解经典精神分析理论中的防御机制?
3. 弗洛伊德之后,精神分析理论有了怎样的发展?
4. 请比较经典条件反射与操作条件反射的理论和治疗特点。
5. 根据贝克的理论,认知歪曲有哪些?如何解释认知歪曲在心理病理学中的作用?
6. 罗杰斯的基本观点是什么?
7. 什么是神经质症?森田疗法如何解释神经质症的形成和维持?
8. 认识领悟疗法的适应证有哪些?如何用认识领悟理论解释障碍的形成?

推 荐 读 物

奥金克洛斯. 2019. 精神分析心理模型. 北京:人民邮电出版社.

Bandura, A. (1986). Social foundations of thought and action: a social cognitive theory. Englewood Cliffs, NJ: Prentice-Hall.

Beck, A. T., Emery, G., & Greenberg, R. (1985). Anxiety disorders and phobias: a cognitive perspective. New York: Basic Books.

Ledoux, J. E., & Hirst, W. (1986). Mind and behavior: dialogues in cognitive neuroscience. Cambridge: Cambridge University Press.

Mitchell, S. A., & Black, M. J. (1995). Freud and beyond: a history of modern psychoanalytic thought. New York: Basic Books.

3 临床心理评估与分类诊断

【案例3-1】
　　一位来访者来到心理门诊,诉说自己内心紧张不安、十分痛苦。家人说其近来有许多变化,如无故不上班、疑心很重、不与人交往,想知道其是否患有心理障碍。

　　在实际的临床工作中,面对来访者的问题或表现,专业人员首先应对来访者进行临床心理评估和诊断,了解、判断来访者究竟有什么问题,按照诊断分类标准考虑其是否罹患某种精神疾病,并考虑相应的治疗计划。

第一节　临床心理评估

　　评估是指收集来访者的信息资料,做出评价判断的过程。临床心理评估是指通过观察、访谈和测验等手段对来访者的心理、生理和社会因素进行全面、系统和深入的分析描述的方法和过程。临床心理评估可以描述和判断来访者的心理状态是否异常,分析评价异常的性质与程度,辅助诊断。
　　临床心理评估的方法包括观察法、访谈法和测验法三类。

一、观察法

　　观察是临床心理评估的重要方法之一,观察式的评估通常聚焦在此时此刻。观察可以在自然条件下进行,即在日常生活环境下观察、了解来访者的行为表现。观察也可以在标准情境下进行,标准情境指某些特定环境条件,如在医院的门诊或住院部,根据一定程序和内容进行的观察;或人为设置某些特定的情境,如让来访者做某些事时观察其反应或行为。
　　观察可以是直接观察,如直接观察来访者有无衣着不整、表情冷漠、言语行为反常等;也可以是间接观察,通过与来访者关系密切的亲属(如父母)、朋友、同事、同学、领导等知情人的观察,得知其出现的问题,如性格行为变化、不愿说话、不理人、骂人、伤人或毁物行为。

为了对个体的行为和外在表现进行系统观察,临床工作者经常使用精神状态检查(mental statues exam)来对个体进行观察,确认个体是否患有某种心理疾病(Nelson,Barlow,1981)。精神状态检查通常分为以下几个方面:

(1) 外表和行为。如衣着是否整洁,与身份是否相称?是否避免目光接触?

(2) 思维过程。如言语是否流畅?有无言语过多或过少?想法之间是否有关联?有没有歪曲现实的观点?

(3) 情绪和情感状态。如是否有情绪不稳、激动、焦急、忧愁、欣快、发怒、淡漠等?是否有心境长期低落或者高涨的情况?

(4) 智力水平。智力发育水平如何?有无智力障碍?

(5) 感知意识。对周围情况的觉察能力如何?对人、地点和时间的定向能力如何?

二、访谈法

大多数专业人员会通过访谈来搜集必要的来访者信息。根据访谈形式,可将访谈法分为非结构式访谈、结构式访谈和半结构式访谈。

非结构式访谈问题不固定,因人而异,不同的评估者提问重点不同,有人关注现在的症状,有人关注与症状有关的因素,有人关注患者的感受。非结构式访谈具有方便、灵活、深入的特点,但也有评定内容和结果不一致、缺乏可比性等缺点。

结构式访谈有统一的形式并由一致的问题组成,可以量化评估结果,具有标准化、结果数量化和可比性强等特点,但也有不灵活、费时等缺点。

半结构式访谈是非结构式访谈和结构式访谈的结合,既有一定的灵活性,也有标准化和可比性的特点。半结构式访谈通过灵活使用精心准备的问题,以稳定、一致的访谈方式获得有用的信息,能够帮助临床工作者询问某些特定障碍中的关键因素(Summerfeldt et al.,2011)。

在访谈过程中,专业人员需要了解和收集的信息资料包括:

(1) 症状、病史和相关因素。首先要了解来访者当前的主要症状(问题)及其影响程度,表 3-1 列出了需要了解和提出的问题。

表 3-1 了解来访者当前症状时的提问

需要了解的主要问题	需要询问的问题
当前的症状(问题)	有什么痛苦或不适的感觉? 症状(问题)什么时候开始的? 症状是逐渐出现的还是突然发生的? 症状出现的时候(同时)发生了什么? 症状对生活和工作有何影响? 以前发生过吗? 采取过哪些方法和措施?

资料来源:Nolen-Hoeksema,2001。

(2) 生理健康和神经系统状况。了解、判断来访者当前的心理障碍(问题或症状)是否因生理健康或神经系统问题所致,或是否与生理健康或神经系统问题相关。对来访者的生理健康和神经系统状况的了解和判断是非常重要的,包括且不限于来访者生理和神经系统的疾病既往史和服药史,这会影响随后的诊断分类和治疗措施。表 3-2 列出了需要了解和提出的问题。

表 3-2　了解来访者生理健康和神经系统状况时的提问

需要了解的主要问题	需要询问的问题
生理健康和神经系统功能状况	有没有身体疾病,如内分泌疾病? 有没有神经系统方面的问题,如有无脑部肿瘤等? 有无酗酒? 有没有服用药物,特别是镇静药或某些特殊药品?

资料来源:Nolen-Hoeksema,2001。

(3) 心理社会因素。心理障碍的发生、变化和转归与心理因素及社会文化背景关系密切,包括生活事件、人格和应对方式、社会支持、自我意识和概念、生长环境和文化背景等。

生活事件指日常生活中可能发生的各种意外变化,如失业、离婚或者亲人亡故等。生活事件对于理解心理障碍和确立诊断有十分重要的意义。例如某儿童如果在没有生活事件影响时出现长期的情绪低落,那么更倾向于考虑原发性抑郁,但如果这种情绪低落出现在其父母离婚后,此时要考虑适应障碍伴发抑郁障碍的可能性。

人格可以看作是个体特有的、习惯化的行为特征;应对方式与人格密切相关,指面对困难、挫折时采取的态度和行为反应。人格和应对方式影响和调节生活事件对个体的影响作用,对心理障碍是否发生和变化起着重要作用。例如同样是考试不及格,具有不同人格和不同应对方式的个体的反应完全不同。外向、乐观、情绪稳定并具有积极应对方式的人会正确面对,视失败为成功之母,更加努力,尽量看到事物好的一面,积极想办法解决问题;而内向、悲观、情绪不稳定和消极应对的人容易悲观失望,认为自己是失败者,看不到希望,放弃努力,进而产生抑郁情绪。

社会支持指人们在社会环境和群体中能发现和利用的支持与帮助。例如遇到挫折困难时,家人、朋友和同事的理解和关心,支持与帮助。在访谈时,专业人员通常需要了解来访者的朋友和家人支持情况,以及来访者对这些关系的评价。周围人的社会支持会影响生活事件的作用,减少出现问题的可能性,有助于个体的治疗进程。

来访者自幼的成长环境、所受的教育和文化背景与其是否发生心理障碍、障碍类别和严重程度密切相关。例如,人格障碍的发生与个体的生长环境、父母教育密切相关。在访谈时,专业人员需要了解来访者的家庭经济状况,家庭成员关系,父母有无离异,来访者成长的社会环境和文化习俗等。

自我意识和自我概念指个体对自己的认识和判断。来访者对自己的问题或障碍有无自知力、自我评价是否恰当等,对诊断和治疗有着重要的意义。例如,某患者学习成绩不断下降,认为自己没有什么问题,出现的症状或异常感受都是被别人释放的电磁波干扰所致,自己是受害者,对自己的异常情况没有自知力。经了解,此患者有幻觉和被害妄想的症状,考虑精神分裂症的诊断可能。

表 3-3 了解来访者的心理社会因素时的提问

需要了解的主要问题	需要询问的问题
工作情况和生活事件	近来生活中发生了些什么事?
人格和应对方式	你对生活中发生的这些事怎样看和如何反应?
自我意识和自我概念	你认为自己是什么样的人?
社会支持	你的朋友多吗?家人对你怎么样?
文化背景和生长环境	从事什么职业?文化背景如何?在什么环境下成长?

资料来源:Nolen-Hoeksema,2001。

在访谈过程中考虑来访者可能罹患某一精神障碍时,专业人员通常会采用结构式访谈考查来访者是否达到某一精神障碍的诊断标准。需要指出的是,当通过访谈基本确认来访者达到某一障碍的诊断标准时,依据《中华人民共和国精神卫生法》,心理学专业人员需将来访者转介到精神专科医院,由精神科医生对来访者进行精神障碍的诊断。

专栏 3-1

结构式访谈:基于 DSM-5,用于评估强迫症的简单问题

1. 初始询问

目前你是否因为某些想法、画面或者冲动而感到困扰?这些想法、画面和冲动会不断地出现,尽管它们似乎不合时宜、完全没有意义,但你却无法制止它们出现在你的脑海中?

如果是的话,请具体说说。

目前你是否感到自己不得不去重复某些行为或是在你的头脑中一再重复某些事务,从而试图感觉更舒服一些?

如果是的话,请具体说说。

2. 强迫思维

对每一种强迫思维,分别从持续-痛苦程度和抗拒程度上进行评分。

(1)持续-痛苦程度:你感受到强迫思维的频率是?你感受到的痛苦程度是?

0	1	2	3	4	5	6	7	8
从不/		很少/		偶尔/		经常/		一直/
没有痛苦		轻微痛苦		中等痛苦		明显痛苦		极度痛苦

(2) 抗拒程度:你尝试用压抑、忽视等方法将这个想法从脑海中除去的频率是?

0	1	2	3	4	5	6	7	8
从不		很少		偶尔		经常		一直

强迫思维	持续-痛苦程度	抗拒程度	备注
(1) 怀疑(例如门是否上锁)。	____	____	
(2) 污染(例如摸了门把手就会感染细菌)。	____	____	
(3) 荒谬的冲动(例如公共场合无理由的喊叫)。	____	____	
(4) 攻击冲动(例如要伤害自己)。	____	____	
(5) 不想要其出现的有关性的想法(例如感到恶心的淫秽想法)。	____	____	
(6) 不想要其出现的宗教想法(例如亵渎神灵的想法)。	____	____	
(7) 制造意外事故来伤害他人(例如不自觉的开车撞人)。	____	____	
(8) 恐怖的画面(例如残缺的人体)。	____	____	
(9) 荒谬的想法或者画面。	____	____	
(10) 其他。	____	____	

3. 强迫行为

你(现在/过去)强迫自己表现出这类行为的频率是?

0	1	2	3	4	5	6	7	8
从不		很少		偶尔		经常		一直

强迫行为	频率	备注
(1) 检查行为(例如,检查门锁是否关紧、电器是否关闭)。	____	
(2) 洗涤行为(例如,洗澡或者擦地板)。	____	
(3) 计数行为(例如,收集物品到特定数量,重复数数)。	____	
(4) 在心中重复(例如句子、祈祷文等)。	____	
(5) 坚持遵守某种规则或行为序列(例如,必须按照一定的顺序做事,仪式性行为)。	____	
(6) 其他。	____	

(引自巴洛,杜兰德,2017)

三、测验法

心理测验指在标准情境下,对个体心理特征及其发展水平进行客观分析和定量描述的一类方法。目前流行的心理测验量表很多,人们对于心理测验的兴趣也在逐年增加。常用的心理测验可以按功能分为以下几类:

- 能力测验,如智力测验、适应行为发展量表、心理发展量表和特殊能力测验等。
- 人格测验,如艾森克人格问卷、明尼苏达多相人格测验、罗夏墨迹测验等。
- 临床评定量表,如90项症状自评量表(SCL-90)、儿童行为问卷等。
- 神经心理测验,如MATRICS共识认知成套测验。

一个有效的、良好的心理测验通常应具备以下基本条件(姜乾金,2002):

(1) 标准化。所谓标准化测验,就是测验目的明确,设计科学,对测验量表的每个项目进行严格的科学程序筛选和编制,有统一的实施程序、评分方法、解释原则。

(2) 常模。常模是用来解释测验结果的依据,心理测验的常模是通过有代表性的样本建立起来的,通常有年龄常模、百分等级常模、标准分数常模等。它有多种形式,如平均分,标准分(standard score)包括 z 分、离差智商、t 分、标准20、标准10等,百分位(pentile rank,PR),划界分(cutoff score),以及比率(或商数)等。

(3) 信度。信度指测验分数的可靠性和稳定性。主要有分半信度、α 系数、正副本相关、重测信度、评分者之间一致性检验等方法。结果用信度系数(reliability coefficient)表示,系数越大,则信度越大。

(4) 效度。效度指测验测得的结果能否代表它所要测量的心理行为特征,在心理测验中常用估计效度方法有内容效度、结构效度、效标关联效度等。

在使用心理测验时应注意,测验实施人员必须取得测验的使用资格(中国心理学会,2015a)。在使用过程中,注意严格按照测验标准化的要求进行施测、计分和解释。而且即使是严格按照心理测量学的要求制定的心理测验,在解释测量结果时也应该充分考虑测量结果可能的偏差和测量的局限性(中国心理学会,2015b),不可将测量所得结果直接看作是心理障碍的诊断。

此外,需要注意的是,尽管测验实施人员具有专业培训的背景和相关经验,尽管成型的心理测验具有良好的信度和效度,但临床评估工作仍可能遇到由环境、语言、文化、被测量者个人特征等因素带来的困难(中国心理学会,2015b)。例如,儿童受认知能力和言语表达能力的限制,他们无法分清和报告自己的情绪、思想和感受,这使得专业人员不得不依靠其父母或老师的报告,但他们的观察常常又是不够客观和准确的(Nolen-Hoeksema,2004)。文化差异也可能对临床评估造成困难。不同的言语表达方式可能造成交流和理解的问题,不同文化对于人的行为的期待可能造成对于异常的理解的差异(Oltmanns,Emery,2004)。例如,东方人常常不善于明确表达情绪,更多地主诉其躯体难受的感觉。由于文化差异,一些由西方学者编制的心理测验,在我国使用时如果没有通过测量一致性的检验,量表得分的差异就不能直接进行对比。这也是专业人员应该注意的问题。

第二节 常用心理测验

一、智力测验

智力测验主要用于评估人们的一般智力水平和诊断智能损伤或衰退的程度。各种智力测验的量表都是由一定数量的测量项目或作业组成的,这些项目或作业必须经过精心挑选和加工,并通过标准化的程序建立常模。接受测验者的成绩按完成项目或作业数量评分计算,然后把这种以分数计算的成绩与常模相比较,便可以对接受测验者的智力水平做出评估。

1. 斯坦福-比奈智力量表

世界上第一个智力量表是1905年由法国心理学家比奈(Alfred Binet)及其合作者西蒙(Théodore Simon)编制的比奈-西蒙量表(Binet-Simon scale)。1916年,斯坦福大学的特曼(Lewis M. Terman),对比奈-西蒙量表进行了翻译和修订,修订后的新量表被称为斯坦福-比奈量表(Stanford-Binet scale),是现在常用的智力量表之一。特曼对智力测验最重要的贡献是,他在斯坦福-比奈量表中提出并使用了"智力商数"(intelligence quotient)的概念,简称为智商(IQ),智商的概念不仅可以说明一个人本身的智力水平,而且能够与同年龄的人相比,表明其在同龄人群中智力处于何种程度(龚耀先,2003)。

特曼提出的智商概念,现在已被心理测验学界所接受。但是,它也存在很大的局限性。因为其引入的心理年龄这一概念,把智力看成是与生理年龄发展相匹配的。斯坦福-比奈量表几经修改,于1960年对智商的概念做了重大改变,以离差智商代替了心理年龄除以实足年龄的比率智商;这一修订本被称为LM型。

比奈-西蒙量表是1922年开始传入我国的。1924年,陆志韦将其修订成"中国比奈智力测验",适用于江浙一带的儿童。1936年,陆志韦与吴天敏合作进行第二次修订,把适用的范围由南方扩大到北方。1982年,吴天敏再次对"第二次修正中国比奈-西蒙测验"进行修订,称为"中国比奈测验"(龚耀先,2003)。

"中国比奈测验"包括51项(郑日昌,1999),内容涉及辨别图形、数字能力心算、说反义词、判断情景、造语句、解释成语、走迷津等。实施方法是,按接受测验的儿童的年龄从指导书的附表中查到开始的试题,依此逐项进行测验,直到连续5题不能通过为止,每通过一题,即记1分。然后将答对题的分数之和加上补加分,便得到一个测验结果的总分。最后,依据测验总分和儿童的实足年龄,在指导书的智商表中查出其相应的智商值。

2. 韦氏智力量表

韦氏智力量表是指由心理学家韦克斯勒(David Wechsler)所编制的一组智力测验

量表,包括成人智力量表(Wechsler Adult Intelligence Scale,WAIS)、学龄儿童智力量表(Wechsler Intelligence Scale for Children,WISC)、学龄前儿童智力量表(Wechsler Preschool and Primary Scale of Intelligence,WPPSI)。

韦克斯勒对智力的定义是:智力是个体有目的的行为,是进行有理智的思考及有效地应对环境的整体的或综合的能力(龚耀先,1983)。韦克斯勒根据这一对智力的解释,形成了对智力量表的新构思。以韦氏成人智力量表为例,全测验包含14个分测验,其中10个核心测验通过合成分数组成4个指数,最终显示为:总智商=言语理解指数+知觉推理指数+工作记忆指数+加工速度指数(张厚粲,2009)。

韦氏智力量表的一个重要特点是采用离差智商反映智力水平。所谓离差智商,就是以同龄人群测验成绩均数为参照点、以标准差为单位来表示被试的智力水平。每个年龄组的平均水平确定为100,标准差单位定为15。如果一个人测得的智商成绩比同年龄组的平均成绩高一个标准差,那么他的智商就是115;相反,如果低一个标准差,那么他的智商就是85。

自1979年开始,龚耀先教授等人先后对韦氏智力量表进行了修订,分别有:中国修订韦氏成人智力量表(龚耀先,1981),韦氏儿童智力量表-中国修订本(林传鼎,张厚粲,1986),中国韦氏幼儿智力量表(龚耀先,1986)等。截至目前,韦氏成人智力量表(崔界峰 等,2012)和韦氏儿童智力量表(张厚粲,2009)已经修订至第四版,并被广泛应用。

二、人格测验

现有的人格测验工具种类繁多,分类方法也各不相同,通常可将其分为问卷类和投射测验类。

问卷类人格测验主要指自陈式人格问卷或人格调查表,由涉及个人特质、思想、情感、行为的条目组成,要求被测验者根据问卷所提出的问题选定适合自己情况的答案。属于此类的测验很多,主要有艾森克人格问卷(Eysenck Personality Questionnaire,EPQ)、16项人格因素问卷(Sixteen Personality Factor Questionnaire,16PF)、明尼苏达多相人格测验(Minnesota Multiphasic Personality Inventory,MMPI)等。此类测验具有如下特征:①结构明确,被试需要做的是在几个有限的选择中做出回答;②非蒙蔽性,主试、被试双方都同样了解测验的目的;③经济、记分简便、易作解释。此类测验广泛应用于人格研究、精神疾病诊断、咨询、教育、职业选择等领域。

投射测验或称投射技术(projective techniques)假设个体不是被动地接受外界的刺激,而是主动地、有选择地给外界的刺激赋予某种意义,然后表现出适当的反应,人们可从这些反应中推论其人格。罗夏墨迹测验(Rorschach Inkblots Test)、主题统觉测验(Thematic Apperception Test,TAT)等,都是常用的投射测验。投射测验具有以下特征:①呈现给被试的是一个模糊而相对无结构的刺激情境,这使被试有机会表达自己内心的需求和许多特殊的知觉,以及对该情境所做的许多解释,许多潜意识的东西在问卷类人格测验中常常不能显露出来；②在呈现测验时被试不知测验的目的，因此不易伪装；③被试可以各种方式自由回答，不同于问卷类人格测验的强迫性回答；④此类测验注重人格的整体分析，而一般的人格测验往往只能测量某些人格特征。

1. 明尼苏达多相人格测验

明尼苏达多相人格测验是美国明尼苏达大学心理学教授 S. R. Hathaway 和精神科医生 J. C. McKinley 于 20 世纪 40 年代编制的，是采用经验标准法编制自陈量表的典范。当今，MMPI 已成为应用最广泛的客观性人格评估工具，使用它的国家达 65 个；有关 MMPI 的论文及书籍万余篇（册），由 MMPI 引申而来的问卷版本达 115 种之多，是人们最熟悉和研究最透彻的人格测验（纪术茂，戴郑生，2004）。

MMPI 最初编制而成时，其主要功能和目的是测查个体的人格特点，判别精神病患者和正常者，用于病理心理方面的研究，帮助医生在短时间内对各类精神疾病进行全面客观的筛查和分类，同时用于对躯体疾病患者的心理因素的评估。现在，MMPI 已广泛应用于人格鉴定、心理咨询、心理疾病的诊断和治疗，以及与人类学、心理学和医学相关的研究工作。

20 世纪 80 年代初，中国科学院心理研究所宋维真将 MMPI 引入我国，组织全国有关单位进行了适合我国国情的 MMPI 的标准化修订工作，1984 年初步确定了中国标准。研究结果表明，除了少数项目以外，MMPI 同样适合中国的临床诊断和人格检查。经过多年的临床验证，于 1988 年通过正式鉴定而公布发行（陈仲庚，1992），并在医学界和心理学界得到了广泛的应用；1999 年起，张建新等人开始对 MMPI-2 进行中文版的修订工作。

原版 MMPI 共 566 题，其中 1～399 题是与临床量表有关的题目，400～566 题与另外一些研究量表有关。题目内容范围很广，包括身体各方面的情况、心身症状、性问题，还有各种神经症和精神病的行为表现，如强迫观念和强迫行为、焦虑、幻觉、妄想等。仅为精神病临床辅助诊断使用时，一般采用前 399 题。

MMPI-2 保留了原 MMPI 的 550 个条目，并对其中的 85 个条目做了改写，还增加了一些新的条目，共 567 题。MMPI-2 采用了一致性 t 分数计算法，我国的常模与 MMPI 相同。临床研究发现，在我国，两个版本的 MMPI 具有高度的一致性，MMPI 和 MMPI-2 的临床和研究结果是可以相互借鉴的（史占彪，1999）。目前在我国，MMPI 的使用率仍然高于 MMPI-2。

MMPI 常用的有 14 个量表，即 4 个效度量表和 10 个临床量表。由于 MMPI 的编制是以传统的精神病学诊断为依据的，因此量表名称采用了精神病学的概念，但其实际意义远远超出了这个范围。

> **专栏 3-2**
>
> **MMPI 的 4 个效度量表和 10 个临床量表**
>
> 1. 4 个效度量表
>
> (1) 疑问(Q)。反映被试不能回答的题目数,一般限制在 10 题以内。如多于 10 题,要求被试重新审查答案并作答。高分反映被试有回避问题、不合作和过分防御的倾向,提示测验结果不可靠。
>
> (2) 掩饰(L)。由反映个人品行的题目组成,如"我对我遇到的人都微笑"。测量过多宣扬自己优点的倾向,高分反映被试存在有意表现的倾向。
>
> (3) 效度(F)。由正常人群少有的问题组成,如"有一个反对我的国际阴谋(是)"。高分反映被试有任意回答、诈病或严重偏执的倾向。
>
> (4) 校正分(K)。反映被试过分防御或不现实的倾向,有些临床量表(Hs,Pd,Pt,Sc,Ma)需要 K 来校正,以减少假阳性和假阴性。
>
> 2. 10 个临床量表
>
> (1) 疑病量表(Hypochondriasis,Hs)。由与躯体健康有关的题目组成,如"我每周胸痛好几次(是)",测量被试的疑病倾向或对健康和身体的关心程度。高分表示被试有许多身体上的不适、不愉快、自我中心、敌意、需求、寻求注意等。
>
> (2) 抑郁量表(Depression,D)。测量情绪低落、焦虑的问题,如"我通常感到生活有趣和有价值(否)"。高分表示被试情绪抑郁、缺乏自信等。
>
> (3) 癔病量表(Hysteria,Hy)。反映对心身症状的关注和敏感、自我中心等特点,如"我的心脏跳得很厉害,我常常能感觉到(是)"。高分提示被试倾向于用否认和压抑的方式来处理困难和冲突。
>
> (4) 病态人格量表(Psychopathic Deviate,Pd)。测量社会行为,如"我的行为和兴趣常常被别人批评(是)"。反映被试冲动、社会适应差,无视法规和权威,敌意和攻击性等倾向。
>
> (5) 男性-女性倾向量表(Masculinity Femininity,Mf)。测量男性或女性气质差异及同性恋倾向,如"我喜欢摆弄(是)"。高分男性表现为敏感、爱美、被动等;低分男性表现为好攻击、粗鲁、爱冒险、粗心大意及兴趣狭窄等。高分女性表现为粗鲁、好攻击、自信、缺乏情感、不敏感等;低分女性多表现为被动、屈服、诉苦、吹毛求疵、理想主义、敏感等。
>
> (6) 妄想量表(Paranoia,Pa)。测量异常思维特征,如怀疑甚至妄想,"有坏人试图影响我的思想"。高分常与多疑、孤独、敌意、愤怒、指责有关。
>
> (7) 精神衰弱量表(Psychasthenia,Pt)。测量强迫、恐怖等神经症特点,如"我保留几乎所有我买的东西,即使我不再用它(是)"。高分反映被试有紧张、焦虑、强迫思想和恐怖等倾向。

(8) 精神分裂症量表(Schizophrenia, Sc)。测量怪异思维和行为等精神分裂症的特点,如"我周围的事物似乎不真实(是)"。高分反映被试有退缩、情感不稳、思维怪异、幻觉和妄想等倾向。

(9) 轻躁狂量表(Hypomania, Ma)。反映过分兴奋、夸大等轻躁狂的特点,高分反映被试外向、夸张、易激惹、精力过分充沛、乐观、无拘束等特点。

(10) 社会内向量表(Social Introversion, Si)。测量社会化倾向,高分反映被试内向、羞怯、退缩、不善交际、屈服、过分自我控制等特点。

(引自纪术茂,戴郑生,2004)

除上述主要量表之外,MMPI 还有一些附加量表,如 Dy(依赖性)、Do(支配性)、Es(自我力量)、Dr(偏见)等。

MMPI 可有多种实施形式,如卡片、问卷、计算机填写式等,既可个别施测,也可团体施测,一般采用个别问卷式的测试方式。不论采用何种形式,均要求被试根据自己的实际情况在各项目下选答"是"或"否"。

测验结束后,根据被测验者的回答情况进行统计分析,并做出剖析图,作为解释的依据。MMPI 的结果分析采用标准分制,通过标准分的线性转换公式来进行计算。即:

$$t = 50 + 10(X - M)/SD$$

公式中 X 表示某一被测验者在某一量表上所获得的原始分,M 表示被测验者所在样本团体在此量表上的原始分均数,SD 表示该样本团体在此量表上的原始分标准差;50 是被确定的 M 的标准分数值,10 是被确定的 SD 的标准分数值。根据这一公式计算出标准分数,便可以了解某一被测验者在某一量表上所表现出的偏离情况。

在实际应用过程中,MMPI 已逐步形成一种"编码分析法"作为人格评估的解释模式(纪术茂,戴郑生,2004)。在临床实践中,使用最多的是两点编码法。这种方法是把 10 个临床量表按 1 至 0 的顺序进行编码,根据两个具有高峰点的临床量表构成的特殊剖析图来分析、评估被试人格方面的主要问题。如 Hs 和 D 两个临床量表 t 分都是 65 分,在剖析图上是高峰点,并高于中国常模均数一个标准差以上,就形成 12/21 型的剖析图式。具有这种剖析图模式的人,多见于神经症病人,主要表现为疑病、焦虑、抑郁,担心自己的身体健康不佳,喜欢找医生,但又不相信医生。而在精神分裂症病人中常见到的剖析图则是 68/86 型为多,即 Pa 和 Sc 两个量表的标准分数超过 60 形成的高峰点。它反映了精神分裂症病人常有的多疑、不信任、退缩、情感淡漠、思维紊乱、妄想、脱离现实等症状。两点编码法在临床诊断中具有较高的参考价值,除了两点编码法外,还有三点编码法、四点编码法,当然那些是更为复杂的分析方法。

2. 艾森克人格问卷

艾森克人格问卷由英国心理学家艾森克夫妇根据以往所编制的几个人格调查表发

展而来。与 MMPI 一样，EPQ 采用自我报告的形式，成人版 EPQ 适用于 16 岁以上的成年人。我国心理学家陈仲庚教授、龚耀先教授等人分别对 EPQ 做了修订。他们认为，此量表项目较少，手续简便，内容也较适合我国国情。在我国南方和北方的测试中，结果都表明此量表具有一定的信度和效度。EPQ 包括以下 4 个彼此相互独立的量表（陈仲庚，张雨新，1986）：

(1) E 量表，反映性格的内外倾向，高分表示外向，低分表示内向。

(2) N 量表，反映情绪的稳定性，又称神经质量表。高分者表现为焦虑、紧张、易怒、常常抑郁，对各种刺激的反应都非常强烈。情绪稳定者的 N 量表分数很低。

(3) P 量表，又称精神病性量表。高分者表现为孤独、不关心别人；常有麻烦，可能缺乏同情心，感觉迟钝；对他人抱有敌意，具有攻击性；喜欢一些古怪的事情，有冒险行为。

(4) L 量表，测量被试的掩饰程度。

一般根据各维度 t 分的高低来评定被试的人格倾向或特征。若以 E 量表得分为横轴，N 量表得分为纵轴，便构成四个象限，即可把人格划分为四种主要的类型：外向情绪稳定、外向情绪不稳、内向情绪稳定、内向情绪不稳定。在实际生活中，多数人处在两个极端之间，倾向内向或外向，或倾向情绪稳定或不稳定。钱铭怡等人在 1997 年进一步对 EPQ 的简版（EPQ-R Short version，EPR-RS）进行了修订，形成了"艾森克人格问卷简式量表中国版"（EPQ-RSC），并在更大和更有代表性的样本中制定了中国常模。相比于 EPQ，EPQ-RSC 施测简便，解释清楚且易于使用。

3. 中国人个性测量表

中国科学院心理研究所和香港中文大学从 1990 年开始协作编制了中国人个性测量表（Chinese personality assessment inventory，CPAI）。CPAI 的内容包括正常个性和病态个性两个部分（宋维真 等，1993）。其中，正常个性测量表主要通过分析"性格评估调查表"，寻找两方研究人员共同认可的符合中国人的特征，确定量表条目，然后进行分析和标准化工作。而病态个性测量表则由专家根据十余年使用 DSM、ICD 和 CCMD 诊断分类标准和体系，以及使用 MMPI 的经验确立维度，进行项目分析和标准化工作。

CPAI 共计 510 个条目，包括：22 个正常个性测量表，比较有代表性的有量表 6 面子（face）、量表 7 人情（Ren Qing orientation）和量表 14 节俭-奢侈（thrift-extravagance）；12 个病态个性测量表，比较有代表性的有量表 31 需要关注（need for attention）和量表 33 病态依赖（pathological dependence）等；2 个效度量表。根据因素分析的结果，正常个性测量表可以分为可靠性、传统性格、领导性和独立性四大因素，病态个性测量表可以分为情绪问题和行为问题两大因素（宋维真 等，1993）。

CPAI 在 2004 年推出第二版，结合了我国文化以更好地反映中国人的心理现实。张妙清等人（2004）采用 CPAI-2 对内地和香港特区进行测试，不同地区间的个性差异主要与个体的发展水平和社会化因素有关，例如性别和年龄，而不是与地域或者经济发展水平有关。

4. 罗夏墨迹测验

罗夏墨迹测验是由瑞士精神病学家罗夏（Hermann Rorschach）设计并编制的一套投射测验。多数心理学家认为，其适用于成人和儿童，对于评估和了解受测者人格的结构和动力系统有一定的实用价值。尽管存在一些争议，美国大多数博士培养项目还是会提供对罗夏墨迹测验的培训。

罗夏墨迹测验由 10 张墨迹图组成，包括 5 张各不相同的灰色阴晕伪墨迹图片和 5 张全部或部分彩色的墨迹图片。

罗夏墨迹测验的标准化流程是，将 10 张墨迹图片按规定的顺序逐一呈现给被试，让被试看图片并说出他在墨迹图上看到的"事物"，测验者根据被试所说的事物，按其内容和特征进行记录，作为对测验结果进行分析的依据。

罗夏墨迹测验的使用者需要具有广泛的人格理论、心理病理知识和经验。对任一反应的解释都要综合该反应的各种性质进行分析，即每幅图的第一回答时间、回答所指部位、所用的决定因素、知觉的性质、内容等。尽管人们努力对罗夏墨迹测验的进行标准化，但仍有很多系统性研究质疑它能否作为一种针对人格特征的有效评估手段。

【案例 3-2】

某被试看卡片 2 后的回答是："有 2 只熊，熊掌贴着熊掌，好像在玩拍巴掌，也可能是在打架，红色是打架流的血。"

记录：

① 反应部位：D 明显的局部反应。

② 决定因素：F（较相似），M（动物在动），C（红色表示血）。

③ 内容：A（动物）。

④ 反应普遍性：P（看到熊是常见的回答）。

解释：被试以动物为第一反应，这是常见的，比较现实，开始回答是游戏或幼稚的行为，然后是打架、流血的敌对行为，这提示他有可能难以控制自己对环境的反应，试图用幼稚的表面现象掩饰内在的敌意和破坏情绪（见陈仲庚，张雨新，1986）。

实际的解释过程远比案例 3-2 复杂，需密切结合临床资料进行综合分析。

5. 主题统觉测验

主题统觉测验由哈佛大学心理学家 Henry A. Murray 设计并编制。1938 年，Murray 及其同事用它来研究人格问题，随后将其推广到精神疾病的临床诊断及儿童的心理发展研究领域。张同延等人在 1993 年对经典的 TAT 进行了修订，他们认为非结构性的 TAT 缺乏客观指标，将原有的无结构投射法修改为联想投射法，并制定了中国常模。这一修订引起了一些批评，因为这种提高信效度的方式违背了 TAT 的前提，限制了自发性的反应（徐蕊，苗丹民，曹彦军，2007）。

TAT 由 19 张图片和一张空白卡片组成,图片均为含义隐晦的情景,可按年龄、性别把图片组合为四套测验:男用、女用、男孩用和女孩用。每套测验 20 张,分为两个系列,各 10 张。

TAT 的施测方法是,测验者逐一向被试呈现图片,让被试按照要求对每一张图片做出回答,根据图片内容讲一个故事,描述发生了什么,图片中人物的特点、情感和思想并给出故事结局。每套测验的两个系列分两次进行。测验后,测验者与被试会谈,了解其编讲的故事的根据、来源,以供分析时参考。

被试把图片编成故事,一般具有某种主题的想象,反映其内心存在的某种观念、想法,表现了被试的心情、情感、某种矛盾的冲突。所以,TAT 的作用主要是由此了解被试的人格倾向,因为这与其生活经历和经验有很大的关系,在临床上使用具有一定的意义。

在临床上,通常用 TAT 来发现一些存在病理性特征或者精神障碍的病人。例如,情绪不稳的被试常常对刺激图有过分的情绪反应,如批评、哭泣、过于重视故事的情感等;有强迫观念的被试倾向于给予过于详细的描述和刻板的回答;偏执的被试描述的主题常常是猜疑、间谍行为、偷偷摸摸和从背后袭击等;抑郁病人讲述的内容可能主要集中在过去,对现在强调很少,对将来根本没有兴趣,故事内容受限、反应慢,故事中可能包括自杀念头、拒绝等主题;癔症病人情绪易变,故事内容陈旧,强调规范道德等;精神分裂症病人描述的故事有结构无组织,有着特殊的言语表达、缺乏连贯主题等特点。

三、神经心理测验

神经心理测验主要通过对心理行为的测量来评估大脑功能及其受损的性质和程度。神经心理测验大多采用操作行为或空间知觉方面的项目,以定量分析的方法测量人的智力、感觉-运动技能、记忆能力、语言和思维能力、反应速度等,评估脑疾病病人的知觉运动能力、语言能力、智力状况等,为临床诊断、鉴别及评估治疗效果提供有效的证据。

神经心理测验的应用范围越来越广泛。在神经心理学领域,神经心理测验常作为实验范式,如 Go-Nogo 任务或者 Stroop 任务,结合脑成像技术来探讨认知、情绪和行为的脑机制(罗跃嘉,2006)。在精神病学领域,神经心理测验常用来评估精神分裂症、孤独症等精神疾病的神经认知损害情况。

以下是一些常用的神经心理测验方法。

1. 霍尔斯特德-瑞坦神经心理成套测验

霍尔斯特德-瑞坦神经心理成套测验(Halstead-Reitan neuropsychological battery,HRNB)由 Ward C. Halstead 在军队医院中通过观察第二次世界大战的大量脑部疾病和脑损伤病人,总结和编制的一套神经心理测验,后由 Ralph M. Reitan 加以发展。HRNB 可用于测查多方面的心理功能或能力状况,包括感知觉、运动、注意力、记忆力、抽象思维能力和言语功能等,有成人、儿童和幼儿三种形式。在我国,已有龚耀先(1986)等人修订的成人神经心理成套测验,由下列十个分测验组成:①范畴测验,测查被试分析、概括和推理等能力;②触摸操作测验,测查被试触觉、运动觉、记忆和手的协调与灵活性能力;③节律测验,测查注意力、瞬间记忆力和节律辨别能力;④手指敲击测验,反映大脑左右半球精细运动控制功能状况;⑤Halstead-Wepman失语甄别测验,测查言语接受和表达功能,以及有无失语;⑥语声知觉测验,测查被试的注意力和语音知觉能力;⑦侧性优势检查,判断被试的言语优势半球;⑧握力测验,测查运动功能;⑨连线测验,测查空间知觉、眼手协调、思维灵活性等能力;⑩感知觉障碍检查,测查有无周边视野缺损、听觉障碍、触觉和知觉障碍。

成人神经心理成套测验采用了划界分(即区分正常与异常的分数线)来判断各单项测验结果正常与否,并根据划入异常的测验数计算出损伤指数,再根据损伤指数判断被试有无脑损伤。损伤指数为划入异常的测验数与测验总数之比。HRNB有助于诊断脑损伤和了解不同部位脑功能的状况,并且能够达到平均80%的正确预测概率(Spreen,Benton,1965)。

在临床上,常将HRNB与韦氏智力量表、明尼苏达多相人格测验、韦氏记忆量表结合应用,令评估更全面、更准确。

2. 卢里亚-内布拉斯加神经心理成套测验

卢里亚-内布拉斯加神经心理成套测验(Luria-Nebraska neuropsychological battery,LNNB)由Charles J. Golden及其同事根据神经心理学家A. R. Luria的神经心理测查方法编制而成,通过测查感知、运动技能、言语能力和认知等能力综合反映大脑功能状况,为临床判断有无脑损伤和损伤的定位提供帮助。此测验分为成人版(LNNB)和儿童版(LNNB-CR),我国已有修订版本(徐云,龚耀先,1987)。

成人版测验共有269个项目,组成11个分测验:①运动测验,测查运动速度、运动控制和运动协调等能力;②节律测验,测查近似声音、节律和音调的听辨能力;③触觉测验,测查触觉、肌肉和关节感觉及实体觉;④视觉测验,测查视觉辨认、空间定向和空间关系等能力;⑤感知言语测验,测查音素辨别和言语理解等能力;⑥表达性言语测验,测查发音、语句表述和命名等能力;⑦书写测验,测查临摹和口授下写词及短句的能力;⑧阅读测验,测查词的分解与组合,诵读字母、词、短句和短文等能力;⑨算术测验,测查数字辨认、数字大小比较、计数和计算等能力;⑩记忆测验,测查短时的言语和非言语记忆,有或无干扰时的记忆能力;⑪智力测验,测查词汇、理解、概念形成、物体分类和推理等能力。

在上面11个分测验的基础上还派生出3个附加量表,即左半球定侧量表、右半球定侧量表和病理特征量表。

此测验的项目用0、1、2三级评分,然后组成各分测验量表分,量表分进一步转换为t分数,有利于分测验成绩高低和分测验之间差异的定量比较。临床研究表明,此测验用于判别正常对照组和脑损伤患者时,正常对照组正确率为76%~96%,患者组为58%~95%(徐云,龚耀先,1987)。

HRNB和LNNB作为经典的成套测验广泛应用在临床和科研中。随着认知神经科学的发展,研究者发展了大量单个神经心理测验和神经心理成套测验,前者如威斯康星卡片分类测验,后者如MATRICS共识认知成套测验。

3. 威斯康星卡片分类测验

威斯康星卡片分类测验(Wisconsin card sorting test,WCST)由 E. A. Berg 于1948年编制,用于检测正常人的抽象思维能力,后经神经心理学家 R. K. Heaton 等修订、发展,已成为评估心理灵活性和检测大脑功能障碍的常用临床神经心理评估工具。被试在测验过程中,需按照要求依据颜色、形状、数量三个不同维度对卡片进行分类。而选择的维度在测验中是经常变化的,这要求被试形成正确的假设,并且有能力根据主试提供的反馈信息调整假设。因此,该测验测量了概念性思维和心理灵活性(Heaton,Staff,1993)。目前,WCST有计算机版本,且临床研究表明两个版本得到的测试结果相同(Heaton,Staff,1993)。

分类卡片由4张刺激卡片和128张分类卡片组成,卡片上绘有1~4个不同数量,并由红、绿、蓝、黄不同颜色和方形、圆形、五角星形、三角形不同形状的图案。测验要求被试依次把卡片摆放在刺激卡片下面,主试每次都告诉被试放对了还是放错了,但指导语中不给任何有关分类原则的提示。分类顺序为颜色、形状、数量。当被试连续10次分类正确,则转换到下一个形式分类,依此类推。完成三种形式分类后,再重复一遍。共完成6次正确分类,或不能正确完成6次分类者全部用完128张卡片为止,即结束测试。结果评分标准为:①总正确数;②总错误数;③持续反应数;④非持续错误数;⑤持续错误数;⑥完成分类次数;⑦概括力水平。测验要求被试根据接收到的反馈信息模式,推导出或转换分类原则,测量了抽象分类、概念性思维及转换心理定势的能力。

WCST测试成绩差被认为与前额叶损害有关,是一个比较好的反映概念形成和抽象思维能力的测验。也有报告称WCST成绩不好反映了全面认知功能减退;Heaton认为除非有其他证据,否则WCST成绩差无法分辨是额叶功能损害还是弥漫性大脑功能损害的结果。还有研究认为WCST成绩不好可能与额叶和基底神经节的连接通路损害有关(Franke et al.,1992)。

4. MATRICS共识认知成套测验

MATRICS共识认知成套测验(MATRICS consensus cognitive battery,MCCB)是由美国国家精神卫生研究所开发的一套通用于临床实验的测验,其中MATRICS指改善精神分裂症认知的评估和治疗研究(the measurement and treatment research to improve cognition in schizophrenia)。该测验由68位专家通过调查决定,后由Kern等学者在美国根据2000年人口统计局的数据建立了MCCB的常模数据库。2012年,于欣等人完成了中国常模的建立工作;选用在临床上重测信度高、练习效应少的十个分测验,代表七个认知领域,见表 3-4。

表 3-4　MATRICS 共识认知成套测验的十个分测验及其对应的认知领域

测验	认知领域
连线测验 A*	信息处理速度
简明精神分裂症认知评估,符号编码分测验	信息处理速度
霍普金斯词语学习测验(修订版),即刻回忆	词语学习
韦氏记忆量表(第三版),空间广度分测验	工作记忆(非词语)
字母、数字广度测验	工作记忆(词语)
神经心理评估成套测验,迷宫分测验	推理和问题解决
简明视觉空间记忆测验(修订版)	视觉学习
范畴流畅测验,动物命名	信息处理速度
Mayer-Salovey-Caruso 情绪智商测验,情绪管理部分	社会认知
持续操作检验(相同配对版)	注意/警觉性

资料来源:于欣,2012。

随后研究者进一步将 MCCB 用于检查其他疾病患者的认知功能水平,如抑郁障碍、轻度认知功能障碍、阿尔茨海默病、注意缺陷多动障碍等,发现 MCCB 可以全面或部分反映这些患者的认知功能状况(Burdick et al.,2011),这代表 MCCB 在系统、全面评估患者认知功能状况方面有较强的实用性。

四、临床评定量表

临床评定量表多是以实用为目的,理论背景不一定严格,多是在一些问卷的基础上进行结构化、数量化发展起来的。临床评定量表强调实用性,另一个突出特点就是简便易操作,如在对病人的检查中常用作筛查工具(而不作诊断用),评价也多采用原始分直接评定。

此外,临床评定量表不像心理测验那样控制严格,有些可公开发表,许多临床评定量表非专业工作者稍加训练就可掌握。具有上述特征的临床评定量表既有他评的,也有自评的。医学心理学中常用的临床评定量表大体上分为适应行为量表和精神症状量表两类。

1. 适应行为量表

适应行为是指个体维持生存的能力以及对周围环境和社会所提出要求的满足程度。适应行为与智力具有较大的相关,可以说是智力在实际活动中的具体体现。关于适应行为的评定,H. C. Gunzburg 提出了四个指标:①自理能力,如饮食、穿戴及大小

---

* 连线测验分为 A、B 两个测验,A 分测验主要测试"视空间能力"和"书写运动速度",MATRICS 共识认知成套测验只使用了 A 测验。

便等生活自理能力;②沟通能力,指自我表达和了解他人的能力;③社会化能力,与人交往的社会技能;④职业技能,手工、体力和其他工作技能。

对于婴幼儿、老年人、智力障碍者和重症病人,进行适应行为评定有时具有特殊的重要意义,可用于智力发育障碍诊断、分类、训练和指导等。为此,美国智能缺陷协会编制了适应行为量表(adaptive behavior scale, ABS)。

姚树桥和龚耀先在 ABS 的基础上编制了适合我国使用的儿童适应行为评定量表(姚树桥,1993)。儿童适应行为评定量表共评定 59 个项目、近 200 种行为,分为 8 个分量表:①感觉运动(共有 6 个项目),主要评定视、听、坐、站、走、跑、身体平衡等技能;②生活自理(共有 10 个项目),评定饮食、大小便、穿戴、洗漱等技能;③语言发展(共有 9 个项目),包括掌握词的数量与复杂性、数的概念、书写与阅读,以及社会沟通言语等技能;④个人取向(共有 9 个项目),包括注意力、主动性、行为控制能力、日常爱好及个人习惯等反映个人动力方面的内容;⑤社会责任(共有 9 个项目),主要包括了与遵守社会规范及社会交往有关的行为技能;⑥时空定向(共有 4 个项目),测验时间概念、空间定向及利用交通工具方面的技能;⑦劳动技能(共有 7 个项目),包括日常家务劳动和职业劳动技能;⑧经济活动(共有 4 个项目),包括钱的概念、购物技能及计划用钱的能力。测验结果采用分量表百分位常模和适应能力商数等表示。

此外,还有用于儿童的品行评定以及对住院病人的状况进行评定(护士用)等不同方面的适应行为量表。

2. 精神症状评定量表

精神症状评定量表多应用于精神科,这是因为采用量表化的评定具有客观性、数量化和全面等优点。目前这类量表越来越多地应用于门诊心理咨询和治疗、心身疾病的调查以及科研等领域,可分为自评和他评两类。

(1) 90 项症状自评量表(symptom checklist 90, SCL-90)。该量表由 Leonard R. Derogatis 等编制,标准版本因有 90 题而得名。测查个体最近一个星期中存在的问题,包括 9 个方面的内容:躯体化、强迫症状、人际关系敏感、抑郁、焦虑、敌意、恐怖、偏执和精神质。每一症状由轻至重分为五个等级,最后评定总平均水平、各方面的水平以及表现突出的方面,以此了解问题范围和严重程度等。SCL-90 可前后几次测查以观察病情发展或评估治疗效果。

(2) 抑郁自评量表(self-rating depression scale, SDS)和焦虑自评量表(self-rating anxiety scale, SAS)。SDS 和 SAS 由 William W. K. Zung 分别于 1965 年和 1971 年编制,各包含 20 个项目,分四级评分,特点是使用简便,能直观地反映病人抑郁或焦虑的主观感受,使用者也不需经特殊训练。目前多用于门诊病人的初筛、情绪状态评定,以及调查、科研工作等。

此外,还有简明精神病评定量表(brief psychiatric rating scale, BPRS)、汉密尔顿抑郁量表(Hamilton depression scale, HAMD)和汉密尔顿焦虑量表(Hamilton anxiety scale,HAMA)等也在临床中广为应用。

专栏 3-3
精神病筛选表

一、精神病筛选表的内容

1. 既往或最近(指调查时近一个月内,以下同)有没有下列异常行为表现？
(1) 逐渐孤僻少语,不与周围人接触。
(2) 无目的的出走,出现别人不能理解的行为或不知羞耻的行为。
(3) 不明原因的自伤、伤人或毁物。
(4) 动作变得显著缓慢,甚至卧床不语不动(不是躯体疾病所致)。
(5) 日常活动比平时明显增多,终日忙碌不停,爱管闲事或乱花钱,或过分喜欢与异性交往。

2. 既往或最近有没有下列情感不正常的表现？
(1) 常常无缘无故大发脾气,且与现在不相协调。
(2) 情感反常,哭笑与现实不一致,常出怪相做鬼脸,或独自发笑。
(3) 异常愉快、兴奋、话多,自称脑子特别灵活。
(4) 无事实可解释的情绪低落,悲观厌世,忧郁哭泣或焦虑不安。
(5) 情感冷淡,话少,对什么事情都无所谓,对家人变得无感情、不关心。

3. 既往或最近有无思想紊乱的现象？
(1) 胡言乱语、自言自语或说些别人听不懂的话。
(2) 认为自己的思想不受自己控制。
(3) 敏感多疑,无根据地认为别人言行针对他,迫害他,有仪器控制他。
(4) 不现实地夸耀自己才智超人,有特殊权势。
(5) 无根据地认为自己被异性追求,或感到爱人变心、行为不轨。

4. 既往或最近有无感觉到实际上不存在的事情？
(1) 听到声音和自己谈话或议论自己(别人听不到)。
(2) 看到、闻到或尝到实际上不存的形象、气味或味道。

5. 既往或最近有没有因脑部病变逐渐变得工作生活能力下降,或呆傻？
(1) 记忆力明显减退,当天的事记不住,亲属的姓名说不对,常常忘了自己东西放的地方,出门后找不到路回家。
(2) 工作能力明显下降,原来的工作(或家务)常出差错,或明显地不会做了。
(3) 生活不会自己照顾,衣着不整,不知秽洁,饮食不知饥饱,二便需别人照顾。
(4) 情感脆弱,哭笑不能自控,或表情呆傻迟钝。
(5) 偏瘫或失语后,精神不正常,有上述四项中的任何一项者。

6. 经常在癫痫发作后出现精神不正常,如:

(1) 一段时间内神志不清,表情呆愣,不认识亲人,说糊涂话,兴奋不安,行为没有目的,不能准确回答问题(指癫痫引起意识障碍)。

(2) 性格粗暴、任性、凶狠、呆傻(癫痫性人格障碍和智能障碍)。

7. 既往或最近有无因发高烧或躯体疾病表现精神不正常,如:一段时间内神志不清,表现呆愣,不认识亲人,说糊涂话,兴奋不安,行为没有目的,不能准确回答问题。

8. 经常吃大量安眠药或其他药品(不包括因病需要长期服用的药)成了瘾,不能停,或大量饮酒成了习惯。

9. 18岁以上的人,有无自幼即脾气特别古怪的?表现为:

(1) 一贯与家人、邻居或社会难以融洽相处,常常发生冲突,甚至影响到社会治安或做出违法行为。

(2) 穿戴异性服装,打扮为异性或其他性行为异常,为社会风俗习惯所不容。

10. 有无脑子笨、智力发育障碍等表现?

二、精神病筛选表使用说明

1. 筛选表的内容说明

(1) 问题1~4用于筛查精神分裂症、心境障碍和神经症等疾病;

(2) 问题5筛查器质性精神障碍;

(3) 问题6筛查癫痫性精神障碍;

(4) 问题7筛查躯体疾病伴发的精神障碍;

(5) 问题8筛查药物依赖和酒精依赖;

(6) 问题9筛查人格障碍和性心理障碍;

(7) 问题10筛查精神发育迟滞。

2. 筛选表评分标准和分数的意义

(1) 先对每个大问题进行综合评分(0至2评分)。没有任何问题时评0分,有问题但无具体事例时评1分,有问题并有具体事例时评2分。

(2) 求总分,将所有大问题的评分相加。总分大于2时提示筛查阳性,建议精神专科会诊或进一步诊治。

(引自张维熙,1985)

如前所述,临床心理评估是指通过观察、访谈和测验等方法对来访者的心理或行为进行全面、系统和深入分析描述的方法和过程。在这一过程中,通常会对于来访者的生理状况、心理状况和社会生活情境进行评估。但是,因为人及其问题的信息非常丰富而复杂,因此专业人员仅能够选择一部分信息进行评估。例如通过观察发现问题,通过某些测验发现异常分数并缩小关注范围,通过访谈按照精神检查提纲分析问题出在何处,等等。这可为进一步的诊断及干预提供有利的主客观资料。

随着认知神经科学的发展,近年来临床工作者开始使用脑成像技术进行临床心理评估。神经成像(neuroimaging)的检查主要分为两种类型:第一种是扫描大脑结构,检查大脑的不同部位的尺寸,确定大脑是否有器质性损伤,如计算机断层扫描(computed tomography,CT);第二种是绘制脑内的血流变化,或者检测其他物质的代谢活动,来探讨大脑的实际功能变化,如功能性磁共振成像(functional magnetic resonance imaging,fMRI)。

在扫描大脑结构方面,最早研究者使用CT(利用X线对大脑的不同部位进行扫描,随后由计算机重构多角度的画面,最后获得不同切面的脑成像。CT能够有效获取大脑结构,对于鉴别肿瘤、脑损伤和器质性病变有较好的功能,但因为需要多次X线照射,对脑内细胞本身具有损害(Adinoff,Stein,2011)。随着研究技术的进步,磁共振成像(magnetic resonance imaging,MRI)提供了新的检查方式。磁共振的方式可以逐层检查大脑的情况,精准地确定大脑是否存在脑损伤。虽然磁共振比CT的精准度更高,但磁共振也有缺点,如价格昂贵、对体内有金属的患者或者幽闭恐怖患者不适用等。

在扫描大脑功能方面,常用的技术有正电子发射体层成像(positron emission tomography,PET)和fMRI。PET通过向患者体内注射某种放射性同位素,鉴别同位素的位置,有效探测大脑工作的区域。临床工作者可以使用PET对磁共振和CT检查进行补充,从而精准展现大脑活跃区域的位置,对比不同障碍的新陈代谢模式,以进一步评估患者的大脑功能情况。同时,PET因其设备造价昂贵、使用时患者需要保持静止等缺点,只有大型医院才有实施的条件。fMRI通过检测血氧水平(blood-oxygen-level-dependent,BOLD),精准记录大脑每秒钟的实际影像,获得大脑实际活动的水平。fMRI已经在很大程度上取代了PET,因为fMRI具有更好的时间分辨率,能够记录大脑瞬时的变化和大脑即刻反应时的脑内血氧变化。

第三节 心理障碍的分类与诊断

分类与诊断对于认识和治疗心理障碍十分重要。心理障碍患者表现出的异常行为或症状通常没有特异性,如抑郁症状可以在多种心理障碍中出现,可以是精神分裂症的症状之一,也可以是抑郁障碍或双相情感障碍的症状之一。有相同的症状,并不等于确诊了相同的心理障碍;病因不同,治疗方法也不相同,因此就有了对心理障碍分类和诊断的需要。心理障碍的分类和诊断标准是由精神病学专业组织按照生物医学的框架制定的分类和诊断体系。在这类体系中,更多地反映了精神病学的概念和思想,例如更多地应用精神障碍等词汇。心理学专业工作者在教学、科研和临床工作中也使用这些分类和诊断标准,以便定义心理问题或障碍,参考相关诊断进行心理干预,并可以采用共同的语言进行学术研究和交流。临床工作者可以通过鉴别心理障碍的分类,基于丰富的临床研究对来访者的问题进行理解,并且推论未来该障碍在某种条件下的可能进程。

一、分类学

生物医学中对疾病的分类学研究,其目的是把种类繁多的不同疾病按各自的特点和从属关系,划分为病类、病种和病型,并归成系统,为诊断和鉴别诊断,以及治疗和临床研究提供参照依据。

病因病理学分类与诊断是根据疾病的病因和病理改变建立诊断,有利于病因治疗。在症状出现后,诊断不变;同一病因可有不同症状,如酒精所致精神障碍。症状学分类与诊断是根据共同症状或综合征建立诊断,有利于对症治疗。症状或综合征改变时,临床诊断也会相应改变;同一症状或综合征可有不同病因。

由于精神障碍多数病因与发病机制不明,缺乏实验室诊断手段,因此对于精神障碍的分类,一般遵循病因病理学分类和症状学分类兼顾的原则进行。国际上常用的精神障碍分类与诊断标准均是按照这一原则处理(郝伟,2001),如世界卫生组织(WHO)组织编写的疾病和有关健康问题的国际统计分类(International Classification of Diseases and Related Health Problems,ICD),以及美国精神医学学会编写的精神障碍诊断与统计手册(Diagnostic and Statistical Manual of Mental Disorders,DSM)。前者已修订至第十一版(2022年),后者已修订至第五版(2013年)。2022年,美国精神医学学会与WHO等组织合作出版了DSM-5-TR。DSM-5-TR是在DSM-5的基础上进行修订的,目的是使DSM系统能够与新出版的ICD-11兼容。在我国,中华医学会精神科分会曾参考以上两种分类和诊断标准,结合我国的实际情况,制订了中国精神障碍分类与诊断标准,至2001年出版了第三版(CCMD-3),此后未再考虑继续出新的版本。2016年10月13日,国家标准化管理委员会批准发布了以ICD-10为框架的国家标准《GB/T 14396-2016疾病分类与代码》,此标准为2017年2月1日起开始实施的推荐性国家标准;2020年,国家卫健委医政司管理局发布了《精神障碍诊疗规范(2020年版)》,用以规范我国精神障碍的诊疗工作。

专栏 3-4

与心理障碍相关的概念

心理障碍的分类体系是建立在临床描述的基础之上的。对于临床描述,我们在第一章已经有所涉及,例如发病率和患病率,另外还有一些重要概念需要我们了解:

(1)病程(course),指某种疾病发病后倾向于持续的时间。例如精神分裂症倾向于慢性病程,即指其会在很长一段时间出现,甚至持续终身。

(2)预后(prognosis),指预期某种心理障碍会向什么方向发展,如变好或变坏,并预计这一过程的大致时间。

（3）病原学，指引起或促成心理和医学问题的形成的那些因素，即寻找致病的原因。

此外，相关的词汇还包括疾病或障碍是否突然发展（急性发作）或逐步发展（慢性发展）等概念。

1. 精神障碍诊断与统计手册

精神障碍诊断与统计手册（DSM）第一版（DSM-Ⅰ）于1952年发布，截至2013年已经修订至第五版（DSM-5）。DSM-5引入了大量基因和神经影像学方面的研究结果，来自39个国家和地区的1500余名精神病学、心理学、社会工作等相关领域的专家们做出了重要贡献（李功迎，宋思佳，曹龙飞，2014）。DSM系统的分类虽然主要通行于美国，但因其有详细的诊断标准，所以具有巨大的国际影响；ICD-11也参照它对每种病症增加了诊断标准。

DSM-5将所有精神障碍分为22大类，现将各大类列举如下：

- 神经发育障碍；
- 精神分裂症谱系及其他精神病性障碍；
- 双相及相关障碍；
- 抑郁障碍；
- 焦虑障碍；
- 强迫及相关障碍；
- 创伤及应激相关障碍；
- 分离障碍；
- 躯体症状及相关障碍；
- 喂食及进食障碍；
- 排泄障碍；
- 睡眠-觉醒障碍；
- 性功能失调；
- 性别烦躁；
- 破坏性、冲动控制及品行障碍；
- 物质相关及成瘾障碍；
- 神经认知障碍；
- 人格障碍；
- 性欲倒错障碍；
- 其他精神障碍；
- 药物所致的运动障碍及其他不良反应；
- 可能成为临床关注焦点的其他状况。

2. 疾病和有关健康问题的国际统计分类

疾病和有关健康问题的国际统计分类(ICD)包括医学中各科疾病的诊断标准。1948年,WHO在巴黎举行第6届国际疾病和死亡原因分类会议,发布了《国际疾病分类(第6版)》(ICD-6),其中首次包括了精神障碍的分类,ICD-6正式发表于1952年。2022年1月起正式实施的ICD-11中的第六章为精神、行为与神经发育障碍。值得一提的是,我国的研究者参与了本次ICD-11的整个修订、研究和发布过程。ICD-11对精神障碍的主要分类如下(世界卫生组织,2023):

- L1-6A0,神经发育障碍;
- L1-6A2,精神分裂症或其他原发性精神病性障碍;
- L1-6A4,紧张症;
- L1-6A6,双相及相关障碍;
- L1-6A7,抑郁障碍;
- L1-6B0,焦虑及恐惧相关障碍;
- L1-6B2,强迫及相关障碍;
- L1-6B4,应激相关障碍;
- L1-6B6,分离性障碍;
- L1-6B8,喂养及进食障碍;
- L1-6C0,排泄障碍;
- L1-6C2,躯体痛苦和躯体体验障碍;
- L1-6C4,物质使用和成瘾行为所致障碍;
- L1-6C7,冲动控制障碍;
- L1-6C9,破坏性行为或去社会障碍;
- L1-6D1,人格障碍及相关人格特质;
- L1-6D3,性欲倒错障碍;
- L1-6D5,做作障碍;
- L1-6D7,神经认知障碍;
- L1-6E4,影响归类他处的障碍或疾病的心理行为因素;
- L1-6E6,与归类他处的障碍或疾病相关的继发性精神行为综合征。

3. 我国精神障碍分类与诊断相关标准及规范

中国精神障碍分类与诊断标准(CCMD)是我国制定的精神病学的诊断分类标准。这一工作始于1958年,第一次制定分类方案,即"精神疾病分类(试行草案)"。并于1978年中华医学会第二届全国神经精神科学术会议拟定,1981年公布了"中华医学会精神病分类",1989年公布了CCMD-2。1994年在广泛征求意见的基础上公布了CCMD-2的修订版(CCMD-2-R),并于1995年正式出版。1995年,中国精神障碍分类与诊断标准第3版工作组成立,并于2001年正式出版了《中国精神疾病分类方案与诊断标准(第3版)》(CCMD-3)。该版本中多数疾病的命名、分类方法、描述、诊断标准都尽量与ICD-10保持一致。CCMD-3之后,未来不再考虑出版新的版本。2011年,由国家卫生计生委统计信息中心联合北京协和医院世界卫生组织疾病分类合作中心共同编制了《疾病分类与代码(试行)》,在ICD-10框架下对疾病进行分类,经过广泛征求相关单位和部门意见后,由国家卫生计生委上报国家标准化管理委员会审核批准。2016年国家标准化管理委员会发布了以ICD-10为框架的国家标准《GB/T 14396-2016疾病分类与代码》。《疾病分类与代码》在国内被广泛应用于医疗健康行业的医疗管理、公共卫生、临床医疗与医学科研等工作。此后,我国也有结合DSM-5和ICD-11的精神障碍诊疗理念变化而编写的新版的《精神障碍诊疗规范(2020年版)》,此版精神障碍诊疗规范,内容涉及16大类、100余种临床常见精神障碍。依照《中华人民共和国标准化法》,《疾病分类与代码》作为国家标准,国内医疗健康及相应行业都在遵循这一标准。

DSM与ICD分类系统在某些方面有所不同,但总体而言,两个分类系统的相似点多于不同点,掌握这两种诊断系统对于专业人员和读者都非常重要。本书将以DSM系统分类为主,以ICD系统为辅的方式对各类障碍进行分类描述。

二、诊断学

1. 精神障碍的诊断标准

有了统一的分类并不等于专业人员彼此间诊断一致。由于大部分精神障碍无确切的客观指标作为诊断依据,所以诊断一致性不高一直是限制功能性精神病研究的重要因素。1978年,美国精神病学家R. Spitzer在前人工作的基础上,研究制定了精神障碍研究用诊断标准(Research Diagnostic Criteria,RDC),使各精神障碍有了诊断标准,极大地提高了诊断的一致性(郝伟,2001)。

诊断标准是将不同疾病的症状表现按照不同的组合形式,以条理化形式列出的一种标准化的条目。诊断标准包括内涵标准和排除标准两个主要部分。内涵标准又包括症状学指标、病情严重程度指标、功能损害指标、病期指标、特定亚型指征、病因学指标等。症状学指标是最基本的,又有必备症状和伴随症状之分。在进行临床判断时,临床工作者应该综合考虑诊断标准。只有符合全部诊断标准时,才能使用严重程度和病程的标注来描述个体的临床表现,而如果个体不符合全部的诊断标准,那么临床工作者应该考虑是否符合其他疾病的诊断标准,或者符合未特定疾病的诊断标准(美国精神医学学会,2015)。

在不同版本的精神障碍分类与诊断标准中,都列出了各类精神障碍的诊断标准,用于临床诊断。各分类诊断体系均有各自对于某障碍的具体标准,须严格对照实施。例如使用DSM系统进行诊断时,某个特定的病人必须满足在该类诊断标准中列出的症状(按诊断标准列出的要满足具体症状几项以上),同时满足严重程度标准、病程标准和排除标准,才可确诊。

按照 DSM-5 中精神分裂症的诊断标准,某个特定的病人必须满足具有两项或以上在其诊断标准中列出的症状(如妄想、幻觉、言语紊乱),同时满足严重程度标准(如工作、人际关系或自我照顾,明显低于障碍发生前具有的水平)、病程标准(症状至少持续 6 个月)和排除标准(排除抑郁和躁狂发作,滥用毒品等),才可诊断为精神分裂症。此外,自闭症儿童也会存在一些妄想类的症状,如果没有出现显著的妄想或者幻觉,则不能做出精神分裂症的额外诊断(肖茜,2019a)。对于各类精神障碍的诊断标准详见本书对不同类别障碍介绍的部分。

2. 诊断原则

(1)等级诊断原则。按照等级诊断原则,在对病人或来访者进行诊断时,必须考虑按照下列步骤进行工作:

- 当一个病人或来访者来就诊时,首先要分析其心理活动是否异常,即是否可以用正常范围的变异来解释。
- 在确定是异常后,再通过症状分析和躯体检查等分析是否为器质性问题,只有排除了器质性问题,才考虑"功能"性精神障碍。
- 在诊断"功能"性精神障碍的过程中,要分析其主导症状是什么,是精神病性障碍(如有幻觉、妄想、现实检验能力丧失等)还是非精神病性障碍,如焦虑障碍、人格障碍等(精神病性障碍与非精神病性障碍的区分要点参见表 3-5)。
- 同时还要考虑心理应激因素与疾病的关系。然后再按最可能出现这一症状的疾病逐一鉴别,得出诊断。在诊断某一疾病时,一般应有肯定诊断和排除其他诊断这两方面的依据。

表 3-5　精神病性障碍与非精神病性障碍的区分要点

精神病性障碍	非精神病性障碍
精神病性障碍是指检验自我和检验现实能力的丧失,把主观体验和外界客观现实混为一谈,具有幻觉、妄想等精神病性症状。	非精神病性障碍指患者并没有丧失检验自我和检验现实的能力,没有幻觉、妄想等精神病性症状。
精神病性障碍患者常否认自己有病,自知力缺乏,不愿主动求医。	非精神病性障碍患者对疾病有自知力,主动求医,希望得到帮助。
精神病性障碍常伴有行为紊乱或冲动毁物行为,不能为社会所接受,患者的工作、学习能力严重受损。	非精神病性障碍患者虽可有行为障碍,其工作、学习能力也会受损,但不如精神病性障碍患者严重。

(2)多轴诊断原则及非轴性诊断原则。美国精神医学学会于 1980 年正式将多轴诊断原则应用于 DSM-Ⅲ,共列出了 5 个轴,DSM-Ⅳ对 5 个轴做了适当的改进,而 DSM-5 又回到了非轴性诊断系统。新旧诊断标准的更替需要一定时间,目前 DSM-Ⅳ的多轴诊断系统和 DSM-5 的非轴性诊断系统都在使用,所以在此均进行介绍。

DSM-Ⅳ采用的是多轴诊断系统,其中包括:
- 轴Ⅰ:临床障碍;
- 轴Ⅱ:人格障碍和精神发育迟缓;
- 轴Ⅲ:一般医学情况(包括精神疾病以外的各科疾病);
- 轴Ⅳ:心理社会问题及环境问题;
- 轴Ⅴ:功能的全面评定。

在使用DSM-Ⅳ的时候,通过对轴Ⅰ到轴Ⅴ的整体评估,可以形成对相应病症的完整评定和诊断。而DSM-5系统对多轴诊断进行了大的调整(APA,2013),过去的轴Ⅰ、轴Ⅱ和轴Ⅲ结合为诊断方面;而轴Ⅳ的社会文化因素和轴Ⅴ的功能评定作为影响因素进行单独标注。因此在使用DSM-5进行诊断时,会先根据诊断标准进行临床诊断,标注影响诊断的心理社会因素和背景因素,同时使用世界卫生组织的残疾评定量表(Disability Assessment Schedule,DAS)对患者进行残疾水平的评估。

在DSM-5的修订过程中,合并前3个轴的主要依据是轴Ⅰ、轴Ⅱ和轴Ⅲ在概念上没有本质性的不同,也没有证据表明这3个轴百分之百地相互独立(APA,2013)。也就是说,我们不能认为心理障碍与一般医学情况或者生理过程是无关的,临床工作中依旧应该列出和把控对精神障碍来说重要的其他医学原因。除此之外,尽管轴Ⅳ提供了有用的信息,但并没有被广泛使用(APA,2013);而轴Ⅴ的功能全面评定缺乏清晰度,因此DSM-5修订组建议停止使用多轴诊断,并且建议使用DAS对患者进行残疾水平的评估(APA,2013)。

轴性或非轴性诊断原则与等级诊断原则相比各有其优势。DSM系统的诊断原则将异常现象放在一个较全面的框架中进行考虑,其思路不仅限于异常现象的辨别,同时考虑了人的整体状态及其与生活情境的关系等方面的情况(虽然社会文化因素和个体功能评定仅作为影响因素进行单独标注,但仍须对这两个因素进行考量),且DSM-5引入了跨诊断治疗,可以在治疗既有障碍的同时始终监控某些症状的发生发展。等级诊断原则清晰地明确了分等级情况确定诊断,较多和较细致地考虑了异常现象的区分和辨别中应注意的问题。在临床工作中,可结合运用两种诊断原则,使两者的长处能够在临床实践中更好地发挥作用。

3. 诊断过程

诊断过程是指结合横向的交谈观察与纵向的病史回顾,全面掌握来访者的精神状态及其动态变化,详细了解其生活方式、发病前的相关社会心理因素,综合分析生物学因素(如遗传、躯体疾病、药物等)在起病中的作用,将其归纳到精神障碍分类诊断标准中的一个恰当的诊断类别之中。其中,横向诊断是指对来访者心理活动的观察和对来访者精神状况的检查。这一诊断过程注重当下,重在发现起主导作用的心理活动和精神状态,以进行诊断,如抑郁症病人的情绪低落等。纵向诊断是指结合来访者的精神状况、人格特点、个人史、家族史等,以及起病形式、症状和病程特点进行诊断。

具体工作可遵循以下诊断步骤：

(1) 收集资料。①收集临床病史，区别可靠与存疑的事实。②进行体格检查，包括躯体和神经系统检查。③进行诊断性访谈以评估主要精神症状。④进行必要的心理测量检查和实验室检查，内容可包括心理测验、常规检查、脑电图、CT、磁共振、脑脊液检查等。⑤病程观察，考察疾病的演变情况。

(2) 分析资料。①如实评价所收集的上述资料。②根据资料的价值，排列所获重要发现的顺序。③选择至少 1 个，最好 2~3 个重要症状与体征。④列出主要症状、体征存在于哪几种疾病，从器质性精神疾病、重性精神疾病到轻性精神障碍的等级逐一考虑。⑤在几种疾病中选择可能性最大的一种。⑥以最大可能性的一种疾病建立诊断，回顾全部诊断依据、正面指征与反面指征，最好能用一种疾病的诊断解释全部事实，否则考虑与其他疾病并存。⑦说明鉴别诊断与排除其他诊断的过程。

上述过程侧重于按照等级原则进行诊断。即先排除脑器质性问题，再考虑功能性精神障碍；进一步需要考虑是精神病性（有幻觉、妄想、现实检验能力丧失等）的障碍，还是非精神病性的障碍等。如果要使用 DSM 的诊断系统，则既需要考虑病人的躯体状况，即是否存在某种或某些疾病，这些疾病对于异常心理与行为可能造成的影响；还需要考虑病人在社会、心理及环境方面存在哪些值得关注的问题，最后对其整体的功能进行评价。

综上可见，分类和诊断使定义心理异常成为可能，而 DSM、ICD 等诊断体系为定义心理或行为异常提供了有益的框架，使众说纷纭的异常标准有了相对健全的衡量体系，得到了不同领域专业人员的接受和认可。但由于这一框架是人为制定的，同样存在着不足和缺陷。过去的几十年里，各个分类系统均经过了多次修订，删除了一些障碍的诊断分类，又增加了一些诊断分类。例如，两个系统均将同性恋从性心理障碍的分类中去掉，而 DSM-5 则将心境障碍拆分为抑郁障碍和双相及相关障碍。随着专业领域对不同障碍的认识的不断深化，类似的改进仍会不断出现。上述的分类系统在改进的过程中还注意了在诊断标准中减少主观成分，而代之以可以观察到的行为模式的操作性定义(Nolen-Hoeksema，2001)。

尽管如此，许多病人的症状仍然难以按照这些系统进行确认。例如有的障碍需要检测出 4 条症状才可以达到诊断的标准，但病人只符合诊断体系中的 3 条症状。对此，DSM 系统提出了"非典型性精神障碍"(psychotic disorder not otherwise specified, NOS)的诊断进行应对。还有一些病人，自己感到非常痛苦，但其症状很难对应于分类体系中的任何一种障碍；也有时，分类系统要求在诊断一种障碍时先要排除另一种障碍的可能性，但在临床实践中，有时两种情况同时存在，如焦虑与抑郁。

另一类对上述诊断系统的批评意见指出，对障碍的诊断仅仅是给某个人贴上了一个标签，而这个标签所能表明的只是一个人的某些行为模式和社会功能的变异情况，无法说明一个人本身的情况和个体的病理学状况及相关因素。当一个人被贴上某种标签时,对专业人员而言,可能会影响其进一步对个体的客观观察和对其个人的了解;对个体本身,可能会影响其按照所贴标签的角色行事(Nolen-Hoeksema,2001)。此外,即使诊断非常清楚,有助于对个体进行有效的治疗和干预,诊断仍有可能使被贴上某种标签者受到周围人的歧视(Nevid,Rathus,Greene,2000),有研究表明我国在集体主义文化影响下,精神疾病的污名化比西方国家更为严重(潘玲,刘桂萍,2013)。

另外,诊断标准的信度也存在差异。在目前的诊断标准中,人格障碍诊断的信度最低,我们仍然很难只用一次访谈就确定某种人格障碍是否存在(Barlow,Durand,Hofmann,2016)。人格障碍的诊断缺乏信度这一事实,也提示我们需要更可靠的标准。

因此,在运用心理障碍的分类诊断系统时,专业人员必须了解这些体系的局限性,而且在定义某种障碍时必须十分谨慎。值得注意的是,我们在对某个人的障碍进行探讨时,不仅要对其障碍进行定义,还要关注我们所面对的人,关注那些引发障碍的影响因素。

小 结

临床心理评估是指通过观察、访谈和测验等手段对病人或来访者的心理或行为进行深入分析与描述的方法和过程。通过临床心理评估,专业人员可以描述和判断病人或来访者的心理状态是否异常,并进行辅助诊断。临床心理评估的方法包括观察法、访谈和测验法。

观察法可分为自然条件下的观察和标准情境下的观察。

访谈根据形式可分为非结构式访谈、结构式访谈和半结构式访谈。在临床心理评估中最重要的访谈为诊断性访谈。

心理测验指在标准情境下,对个人行为样本进行客观分析和定量描述的一类方法。目前流行的心理测验量表很多。常用心理测验可以按功能分为能力测验、人格测验、评定量表、神经心理测验等。

精神障碍的分类和诊断标准是由精神医学专业组织按照生物医学的框架制定的分类和诊断体系。心理学专业工作者在其教学、科研和临床工作中也使用这些分类和诊断标准,以便能够定义心理问题或障碍,参考相关诊断进行心理干预,并可以使用共同语言与同行进行学术研究和交流。

分类学研究的目的是把种类繁多的不同疾病按各自的特点和从属关系,划分为病类、病种和病型,并归成系统,为诊断和鉴别诊断及治疗和临床研究提供参照依据。由于精神障碍多数病因与发病机制不明,因此对于精神障碍的分类,一般遵循病因病理学分类和症状学分类兼顾的原则进行。国际上常用的精神障碍分类与诊断体系包括ICD和DSM,本章介绍了DSM-5和ICD-11的基本分类情况。

诊断标准是将不同疾病的症状表现按照不同的组合形式,以条理化形式列出的一种标准化的条目。实施诊断标准时包括两类诊断原则,即等级诊断原则和多轴、非轴性诊断原则。在临床工作中,可结合运用相应的诊断原则,使其优势能够在实践中更好地得以发挥。

分类和诊断使定义心理异常成为可能,而DSM、ICD等诊断体系为定义心理或行为异常提供了有益的框架。但在运用精神障碍的分类诊断系统时,也须了解这些体系的局限性。

思 考 题

1. 临床心理评估包括哪些方面,这些方面在评估过程中各有什么作用?

2. 评定量表与心理测验相比有哪些不同之处?
3. 在实施心理测验的过程中应注意哪些问题?
4. 常用的精神障碍的诊断体系有哪些?这些诊断体系是依据什么原则制定的?
5. 精神障碍的分类和诊断体系存在哪些优点和不足?

推 荐 读 物

龚耀先.(2003).心理评估.北京:高等教育出版社:68-79.

罗跃嘉,古若雷,陈华,等.(2008).社会认知神经科学研究的最新进展.心理科学进展,16(3):430-434.

世界卫生组织.(2023).ICD-11精神、行为与神经发育障碍临床描述与诊断指南.王振,黄晶,主译.北京:人民卫生出版社.

国家卫生健康委.(2020).精神障碍诊疗规范.(2020-12-07)[2023-06-24].http://www.nhc.gov.cn/yzygj/s7653p/202012/a1c4397dbf504e1393b3d2f6c263d782.shtml.

美国精神医学学会.(2024).精神障碍诊断与统计手册:第五版:修订版(DSM-5-TR).张道龙,等,译.北京:北京大学出版社.

Nolen-hoeksema,S.(2004).Abnormal psychology.New York:McGraw-Hill.

4

精神分裂症

第一节 概 述

在日常生活中,我们有时会遇到这样的一些人:他们行为怪异,表情或呆滞或古怪,衣衫褴褛,哭笑无常。遇到他们时,人们常有一种恐惧与鄙视的心理,常把这样的人称为精神错乱、疯子或神经病。晋代的《肘后备急方》中有"女人与邪物交通,独言独笑,悲思恍惚"的记载。古时人们无法理解这些现象,只能根据其疯狂的表象用魔鬼附身来解释。随着科学的进步,人们渐渐认识到这是一类精神障碍,被称为精神分裂症。

提到精神分裂症,人们常将之与人格的分裂混为一谈,这也是对精神分裂症最常见的误解。精神分裂症的英文是"schizophrenia",由希腊语"schizein"(意为分裂)和"phren"(意为精神)组成。"精神"主要指代人的思维活动;"分裂"是指人的主观感觉、思维、意志、情感、行为等心理机能与客观现实之间的分离与不一致,而非指任何器质性的分裂样病变或是人格的分裂。此类患者在其疾病急性发作期通常会失去基本的社会功能,并且因为他们的行为不能为周围人理解,而且往往由于其言行对别人造成了困扰,通常不得不住院治疗甚至是长期住院。精神分裂症是所有精神疾病中最严重的一类。

一、概念的形成

精神分裂症这一概念的提出距今已有百年历史,这主要应归功于三位精神病学家:克雷珀林(Emil Kraepelin,1856—1926)、布洛伊勒(Eugen Bleuler,1857—1939)和施奈德(Kurt Schneider,1887—1967)。

19世纪前叶,欧洲的精神病学家从临床现象学出发对精神病进行了描述,其中包括莫雷尔(Benedic A. Morel)于1860年描述的早发性痴呆(démence précoce),马格南(Valentin J. Magnan,1835—1916)所描述的慢性妄想症,卡尔鲍姆(Karl L. Kahlbaum)1863年描述的紧张症(catatonia)及其学生赫克(Eusol Hecker)1871年所描述的青春痴呆(hebephrenic)(夏镇芬,1999)。在前人工作的基础上,克雷珀林于1898年提出,上述所有疾病应归为一类,即早发性痴呆(dementia praecox)。早发性痴呆的核心在于早期发病、慢性进行性病程和"痴呆"的结局。这里的"痴呆"不同于老年痴呆或精神发育迟滞的痴呆,而是特指心理机能的衰退。克雷珀林认为幻觉、妄想、注意障碍、刻板行为、情感不协调都是早发性痴呆的重要症状,这些症状和慢性进行性病程是诊断早发性痴呆的主要依据,其中后者尤为重要(Alloy,Acocella,Bootzin,1996)。此外,克雷珀林认为心理因素只起到临时性的作用,因而完全忽视个体的生活史和个性的影响,而把关注的重点放在了通过显微镜和试管来客观地研究疾病上。

专栏 4-1

克 雷 珀 林

要讨论变态心理学和现代精神医学,有一个人物的贡献是无法忽视的,实际上直到今天,我们都必须承认他是对变态心理学和现代精神医学影响最大的人物之一,这就是克雷珀林。克雷珀林 1876 年毕业于维尔茨堡大学医学院,师承于弗莱克西希(Paul Flechsig,1847—1929)学习脑神经解剖学,后在现代心理学奠基人冯特的实验室工作。1883 年出版了著名的《精神病学纲要》,开始致力于建立精神病学的分类系统。1885 年后,先后在多尔帕特大学和海德堡大学执教,1903 年起任慕尼黑大学临床精神医学教授,1922 年任慕尼黑精神病学研究所所长。

在克雷珀林提出其观点之前,精神疾病分类混乱,精神科医生之间的诊断纷繁复杂,各执一词,难以交流。克雷珀林依据长期大量的临床观察、案例研究,运用病理学和临床实验心理学的方法,首次对精神疾病进行了分类。他以疾病的自然过程——起病、病程、结局及其临床表现——作为分类的基础,将精神疾病分为内源性和外源性两类;区分了早发性痴呆(即精神分裂症)和躁狂抑郁性精神病等内源性精神病,以及脑器质性精神病的诊断名称。他指出,早发性痴呆分为三种类型:紧张型、青春型和偏执型。

克雷珀林的主要著作有《精神病学纲要》《精神病学临床引论》《工作曲线》《论脑力劳动》《临床精神病学讲义》等。

值得注意的是,克雷珀林之所以能够做出如此具有开创性的贡献,是与其丰富的临床经验与实践分不开的。克雷珀林的发现依赖于其长期整理、分析的大量临床案例,其事迹也提醒着每位临床心理学研究者:无论科学技术、研究手段如何进步,都不能忽视临床实践中的经验与质性研究方法的应用。

对开创者的工作,人们总是会有这样或那样的疑问,布洛伊勒至少在三个方面不同意克雷珀林的观点(Alloy,Acocella,Bootzin,1996)。首先,许多病人不一定是早期发病,其病程可能是急性或亚急性,结局也不一定是痴呆。克雷珀林本人也承认,大约 17% 的病人可以完全康复或症状明显缓解。其次,克雷珀林仅仅定义和描述了早发性痴呆的症状,而没有分析这些症状之间的内在联系和本质。最后,布洛伊勒受同时代的精神分析大师弗洛伊德对神经症研究的影响,认为无论是通过怎样可能的潜在过程或机制,许多症状都可以说是有其心理的原因的。

因此,布洛伊勒在1908年提出了精神分裂症(schizophrenia)这一概念。布洛伊勒用精神分裂作为联系各种各样的精神症状的核心。这里的分裂被比喻为"联系线索的中断"。布洛伊勒认为,不仅是言语,思维也是通过联系线索组织在一起的。只有在这些联系线索完整无缺时,有明确的目标指向,有效的思维和交流才是可能的。而正是由于精神分裂症病人的联系线索被破坏了,才出现了各种症状(Alloy,Acocella,Bootzin,1996)。

布洛伊勒进而提出了精神分裂症的4A症状理论(Walker et al.,2004):联想障碍(disturbance of association)、情感淡漠(apathy)、自闭(autism)和矛盾(ambivalence)观念。他认为这4个基础症状存在于所有的精神分裂症患者身上和精神分裂症的各个阶段中,因此可以作为精神分裂症的诊断依据。

但是,从临床诊断的角度来看,布洛伊勒的精神分裂症概念过于广泛而模糊了,因此施奈德提出了更为精细且容易达成一致的诊断系统,即一级症状(first rank symptoms),包括:①思维化声,②争论性幻听,③评论性幻听,④思维被夺,⑤躯体被动体验,⑥思维被插入感,⑦思维扩大或被广播,⑧情感被动体验,⑨冲动被动体验,⑩妄想知觉,⑪思维阻塞。其中,①~③症状为幻听,④可视为一种神秘体验,⑤~⑪则可统称为异己体验,这是一种原发性的病理体验。如果一级症状存在,又没有发现器质性的原因,则精神分裂症的诊断可以成立。除此之外,与精神分裂症相关的症状被称为二级症状,因为它们在其他精神障碍中也可以看到。但施奈德也承认没有一级症状也能诊断精神分裂症(Alloy,Acocella,Bootzin,1996)。不过,至少1/4的双相情感障碍病人也有上述一级症状,此外,是否存在一级症状与预后无关(Alloy,Acocella,Bootzin,1996)。

从上面的描述中我们可以发现,克雷珀林的早发性痴呆的概念比较严格而清楚,他认为研究者应研究大脑结构与精神分裂症症状的关系。而布洛伊勒的概念范围较广、也较模糊。施奈德则希望更好地描述症状,并提供可靠的分类系统。

由于摆脱了克雷珀林对发病时间、病程、结局的严格限制,在DSM-Ⅲ发布之前的美国,包括急性精神病、分裂情感性精神病,以及任何存在幻觉、妄想的病人,甚至人格障碍的病人,都被诊断为精神分裂症。自DSM-Ⅳ开始,美国的专业人员对以前显然扩大化的精神分裂症的诊断进行了反思,又开始倾向于沿用克雷珀林的概念。

而自20世纪80年代以来,研究者开始将关注的重点投向区分阳性症状和阴性症状(Harvey,Walker,1987)。阳性症状主要是指一些异常的观念、感觉体验和行为,主要包括幻觉、妄想和怪异的行为。与之相反,阴性症状主要包括一些衰退的行为,如情感平淡、情感淡漠、情感缺失、注意缺陷、言语贫乏、动机缺乏等(蔡焯基,汤宜朗,2000)。

不难看出,自精神分裂症概念产生至今,人们对它的认识经历了种种反复。其根本原因是人们对它的研究主要建立在临床现象学的基础上,通过可以观察到的临床症状并结合其起因或诱因、病程、结局来研究其内在的一致性,试图以此来抓住其本质。虽然这种努力确实取得了很大的成绩,但离真正理解并攻克精神分裂症还有很长的路要走。精神分裂症的定义仍然有含糊其词之处,沈渔邨(2002)在主编的《精神病学》中将其定义为:精神分裂症是一组病因未明的常见精神疾病,多起病于青壮年,常有感知、思维、情感、行为等方面的障碍和精神活动的不协调,病程多迁延。

二、流行病学研究

精神分裂症是一种发病率、患病率、致残率都很高的疾病。2017年全球疾病、伤害和风险因素负担研究的调查结果显示,全球有接近2000万人罹患精神分裂症(James et al., 2018)。DSM-5报告的精神分裂症终生患病率为0.3%～0.7%。在美国,精神分裂症的致残率为50%,占全部残疾人的10%(Rupp,1993;见Davison,Neale,1998)。

我国学者分别于1982年和1993年在北京、黑龙江、湖南、吉林、辽宁、南京和上海等地,用相同的方法进行了两次精神疾病的流行病学调查,结果发现精神分裂症的时点患病率在1993年为5.31‰,终生患病率为6.55‰,均高于1982年的数字,在各种精神疾病中居第一位(张维熙 等,1998)。费立鹏等人(Phillips et al., 2009)对浙江、山东、青海和甘肃四省的精神疾病流调结果显示,精神分裂症的终生患病率为0.78%。而2019年发布的中国精神卫生调查结果显示,我国精神分裂症的终生患病率约为0.6%(Huang et al., 2019)。

精神分裂症大多起病于青壮年,90%的精神分裂症起病于15～55岁,大多数病人在20～25岁第一次被诊断患有该病。这一时期,个体正处于从依赖父母到渐渐独立,并开始与异性发展亲密关系,寻找工作,开启自己的职业生涯的时期(DeLisi,1992)。因此,该疾病会对患者的社会适应和职业生涯造成严重、持久而深远的负性影响。男性和女性在患病率上大致相等,但在首发年龄上存在性别差异。例如,Riecher-Rossler和Hafner(2000)的研究发现,男性的平均发病年龄比女性早四年。而发病的高峰年龄段,男性为10～25岁,女性为25～35岁(郝伟,陆林,2018)。

综上所述,精神分裂症的患病率具有跨时间、跨文化,以及跨性别的稳定性。

第二节 精神分裂症的临床症状和诊断

【案例 4-1】

我仿佛是做了一场梦,这梦真长,长得快到一年了。做梦时我并没有一点害怕,而现在梦醒了,却有不少害怕的想法冒出来。

记得一年前,我感到越来越控制不住自己的思想,看到一切似乎都虚无缥缈,简直已进入了虚幻环境。我怀疑这世界是否存在,不能解释为什么世上一切既存在又消亡的矛盾。给我印象最深的是有一天,我的妈妈叫我起床,我突然觉得这个人虽说是我妈妈,却又不是我妈。虽然她长得与我妈一模一样,也穿着她平时穿的衣服,但她却是一个不知来自何处的坏人冒名顶替的,当然对我不会怀有好意,要我起床,要我吃饭,这些都是她企图谋害我、折磨我的手段。果然,我吃了她给我的早餐,越吃头越胀痛,这不是食物中毒的证明吗?我不仅感到全身不舒服,而且感到这些毒药使我脑子变得透明,这个冒充我妈妈的人就能看清我全部的思想,控制我一切行动。不但她如此,她背后还有无数坏人呢。她们怎么能这样呢?我的思想、感情、意志都没有了,却掌握在这伙人手里,但是我不怕,我却感到可笑——花这么大力气来对付我一个小姑娘,真可笑!

(引自《精神康复报》,1999年第29期,《我做了一场梦》)

案例4-1中病人的叙述给我们提供了一个典型的精神分裂症患者症状和主观体验的例子。从以上叙述中可以看到,病人的感知、思维出现了异常,使其对现实环境做出了错误的判断,因而丧失了正常生活的能力。

精神分裂症的临床症状一直是研究关注的重点之一,也是诊断精神分裂症的主要依据。限于篇幅,本节将仅对精神分裂症中最主要也是最常见的临床症状进行讨论与分析。

一、精神分裂症的主要症状特征

(一) 思维障碍

对病理性思维一般从五个方面进行考察:①思维内容,看它是否与客观现实一致;②思维体验,指思维在出现、停止、消失时的体验;③反思,指病人对自己行为的评价;④思维进程,指思维进行的快慢,观念的丰富程度;⑤思维形式,指思维内在的逻辑结构连贯的完整性(许又新,1998)。对于精神分裂症来说,常见的思维障碍主要表现在思维形式、思维内容和思维体验上。

1. 思维形式障碍

思维形式障碍(thought form disorder)又称言语紊乱(disorganized speech),是指患者思维与语言的组织出现了问题,以至于使人难以理解。由于思维形式障碍很难客观地测量,在DSM-5中用可以观察测量的言语紊乱来描述它。思维形式障碍的表现形式很多,较常见的有思维散漫(思维出轨)、思维破裂、语词新作、象征性思维等。

(1) 思维散漫。指联想范围过于松散,缺乏固定的指向,思维内容虽有些关联,但缺乏必然的逻辑联系,显得整篇谈话结构不紧密,内容很散漫。

(2) 思维破裂。指联想破裂,思维内容缺乏内在联系,每句话的语法结构虽然正确,意义也可以理解,但整段谈话中句与句之间无任何联系,往往是一些语句的堆砌,缺乏中心思想。例如,问病人:"你叫什么名字?"病人回答说:"今天天气很好,新闻说拉登被抓了,太阳系有九大行星,早上吃的油条太老了……"

(3) 语词新作。指患者将同源的现象、近似的词汇归在一起,对其中的一些词赋予新的含义。如将"日"和"夕"字罗列在一起,形成"歹",指一昼夜。

(4) 象征性思维。指病人把一些很普通的概念、词句、动作或物品赋予某种特殊的意义,把抽象概念具体形象化。例如,一位女性精神分裂症患者入院时穿着红毛衣,不肯换衣服;睡觉时拆除暖气片的木架,抱着暖气片睡。病人的解释是:红色代表共产党,暖气片是工人阶级,拆掉木架是知识分子不应该摆架子,抱着暖气片睡是知识分子和工人阶级应该团结起来。

(5) 言语贫乏。语量显著减少,当言语内容贫乏时,即使说话很流利,但所表达要领的数量本质上明显减少(沈渔邨,2002)。

思维形式障碍曾被认为是精神分裂症的核心症状,布洛伊勒认为思维联想松弛是精神分裂症的原发症状,其他所有症状都是继发的。米尔(Paul E. Meehl)认为这是一种认知迁移(cognitive slippage)(Alloy,Acocella,Bootzin,1996)。

思维形式障碍在其他精神障碍(如躁狂症和器质性精神障碍)患者身上也能观察得到。但精神分裂症患者的思维障碍的特点是具有交替性(cross)(许又新,1998),也就是说精神分裂症患者健康与异常的思维特性是并存的。

2. 思维内容障碍

思维内容障碍主要为妄想(delusion)。一般而言,似乎很难给妄想下一个十分贴切的定义。许多研究者一致认为妄想有三个缺一不可的特征(许又新,1998):妄想是一种坚信,它不接受事实和理性的纠正,可以说是不可动摇和不可纠正的;妄想是自我卷入的;妄想是个人独特的。临床上常见的妄想类型包括:

(1) 被害妄想。病人觉得周围发生的事不仅与他有关,而且是矛头指向他的,认为别人在侮辱、贬低、伤害,甚至毁灭他。在环境中无害的事件可被感觉为威胁和跟踪迫害的迹象。例如某位患者认为家人在自己饭菜里下了无色无味的毒,要害死自己。

(2) 牵连观念。又称关系妄想,指病人认为在他周围出现和经历的事情只是为了他的缘故,不断思考这对他意味着什么。病人将周围与他无关的事情也都当成是与他有关的。

(3) 嫉妒妄想。指患者毫无任何依据地认为自己的配偶不忠。

(4) 物理影响妄想。指患者认为自己的精神活动受外力干扰、控制、支配、操纵,或认为外力作用于自己的身体,产生种种不舒服的感觉。例如有患者感到某个人在运用高科技的电脑来控制自己的思维,自己的一举一动,包括在想什么,那个人都能知道。

(5) 非血统妄想。指患者无故认为自己不是父母亲生的。

妄想可以分为原发性妄想和继发性妄想两类;原发性妄想是在精神状况相对正常的情况下突然产生的,而且很快就产生妄想性确信;继发性妄想则是在已有的精神障碍的背景上发展起来的一种妄想。

妄想是在精神分裂症患者最常见的症状之一,至少 3/4 的精神分裂症患者存在妄想的症状,在精神分裂症的国际试点研究(IPSS)中,97%的病人缺乏自知力(沃纳,吉罗拉莫,1997),即病人完全不认为自己的思维、感知、行为等有任何异常,哪怕是在他们面对确切无疑的证据证明他们的妄想荒谬时,也不会放弃,并且拒绝治疗。罗克奇(Milton Rokeach)曾做过这样一个研究,他把三个声称自己是耶稣的精神分裂症病人放在了同一个病房一起生活,两年后发现他们对事实上的矛盾都视而不见,也没有任何争论,仍然认为自己才是耶稣(Alloy,Acocella,Bootzin,1996)。所以我们常说妄想是不可能被说服的,能被说服的就不是妄想。

并不是只有精神分裂症患者才会有妄想,器质性精神障碍和双相障碍的患者也可以有妄想,但相较而言,精神分裂症患者的妄想内容更为荒谬。

3. 思维体验障碍

思维体验障碍主要为异己体验。主要包括:

(1) 思维被插入感(thought insertion)。认为自己大脑中的某些想法不属于自己,是被别人放入的。

(2) 思维扩大或被广播(thought withdrawal)。感到自己的思维即使不讲出来别人也能够知道,并且被广播出来似乎人人都知道。

(3) 妄想知觉(delusional perception)。在知觉的同时突然产生妄想。知觉本身没有什么变化,只是在知觉的同时出现妄想反应,其内容与情绪背景密切联系。如某病人看报后认为别人已经知道他在看什么内容,在想些什么了,而不看报即无此事,因此病人生气而不看报(陈弘道,1984)。

(4) 思维云集(pressure of thought)。思想不受病人意愿的支配,强制性的大量涌现在脑内。

在正常情况下,我们的思想、情感、内心冲动和决定,都被体验为"我自己的",是我的意志所发动的。在某些特殊情况下,如极度困乏或快要入睡时,心中的表象和观念的出现和更换可伴有不随意的体验。此时,健康人可以做到听其自然,不加以抵抗和干预,精神是放松的。

精神分裂症病人的异己体验包含不随意体验,但不仅仅是一种不随意体验,病人体验到有某种无形的力量在发动或中止自己的思考,却不是出于自己的意志。病人把自己的意志异化了,自己的意志被体验为完全与意志无关,是意志以外的某种无形的力量在发动和终止那些异己的体验。异己体验具有不可理解性,这提示我们应将其考虑为是某种生物学疾病过程的产物。

(二) 知觉障碍

最具戏剧性的知觉障碍是幻觉(hallucination),在患者周围的环境中并无任何刺激,但患者却能产生感觉。幻觉包括听幻觉、视幻觉、嗅幻觉、前庭性幻觉、内脏性幻觉、味幻觉、性幻觉和触幻觉等,在 IPSS 的研究中,74%的精神分裂症患者有幻觉。

听幻觉是最常见的幻觉。在精神分裂症患者中,70%有听幻觉(Cleghorn et al.,

1992)。幻觉同样可以出现在其他精神障碍(如脑器质性疾病、意识障碍、各种情绪状态)中,并且药物(如可卡因)可以诱导出幻觉。听幻觉主要有以下几类:

(1) 评论性幻听。听到别人在议论自己,议论的内容以负性的批评、讽刺、责骂、诬陷常见。

(2) 命令性幻听。听到有声音命令自己去做某事,如打人、拒绝进食、自伤或自杀。

(3) 争论性幻听。听幻觉的内容与患者本人无关;患者听到的是另外两个人的争论,有时舌战的内容可以以患者为中心,其中一人揭露患者的错误,另一人为这位患者辩护,但均以"他"来称呼患者。

(4) 思维鸣响。在病人感觉到思维活动的同时,其脑内出现与思维活动一样的言语,伴随思维活动而出现(陈弘道,1984;沈渔邨,2002)。

幻觉是突然产生的,有的患者称声音来自自己的脑中,有的患者搞不清它是真实的还是想象的,更多的患者坚信这是真实的。

(三) 情感平淡

情感平淡(affective flattening)和言语贫乏一样被认为是精神分裂症的典型的阴性症状,指病人缺乏活动的兴趣和能量,在讨论感人的事件时缺乏情感反应。在这种情况下,他们的工作学习能力严重受损,往往整天坐着什么事都不干。

情感平淡的精神分裂症病人虽然并不缺乏与人交流的能力(他们的智力是良好的),但却缺乏与人交流的动机,当他人试图与之交流时会有一种独特的受挫感,因此有人认为精神分裂症病人是不可接触的。事实上精神分裂症病人的情感并没有消失,如果坚持与之接触,在一段时间后会发现,在其冷漠的外表后是存在活力的,甚至具有敏感的情绪活动(但他的表达是受阻的)。按照心理动力学的观点,精神分裂症病人将自己过分敏感的特性隐藏在淡漠的面具之后,是为了避免情感负担过重,尤其是在人与人之间的交往方面。

有研究证明,精神分裂症病人虽然情感的外在表现的确不明显,但他们的内在感情同正常人没有差别。Kring 和 Neale 在 1996 年的一项研究中,让精神分裂症病人和正常人一起观看一些电影片段,同时记录下他们的面部表情。在每个电影片段后,他们都被要求报告这段影片引起自己怎样的情感,结果发现精神分裂症的面部表情的确要比正常人少得多,但他们报告的情感的数量和正常人一样多(见 Davison,Neale,1998)。

(四) 紧张症

紧张症(catatonia)包括运动、姿势和行为等症状,其共同特征是病人自身的不自主性,如木僵、自动症、作态等。

(1) 木僵(stupor)。指患者的动作和言语活动明显减少或抑制。表现为患者不语、不动、不饮、不食,肌张力增高,面部表情固定,对刺激缺乏反应,常常会保持同一种姿势。

(2) 蜡样屈曲(waxy flexibility)。指在木僵的基础上,患者的肢体能够长时间维持一个姿势不动,形似蜡塑一般,如"空气枕头"。

(3) 违拗症(negativism)。指患者对所有外来吩咐或要求的一种不自主的抗拒,并非有意的不合作。

(4) 紧张性自动症。患者的某种运动、动作都不是按照自己本人的意志,而是根据某种外界的作用或影响表现为行动的。如感到本人是在某种外界的指令下做出闭眼、伸舌、举手动作和说话,完全丧失了自我控制能力。

(5) 作态与特殊姿态。病人做出一些幼稚而又愚蠢的姿态、表情、步态和动作,这些表现并不离奇,病人是在故意地装相动作。

(6) 刻板症。病人无意识地、重复地、刻板地做一些简单的动作。这些动作不具任何目的性,也无现实意义。如有节奏地将头转向一方等。

(7) 多动或兴奋。病人突然出现运动性兴奋。行为冲动,不可理解,言语内容单调刻板。如突然起床砸物、伤人,无目的的在室内徘徊,不停地原地踏步等(陈弘道,1984;沈渔邨,2002;郝伟,陆林,2018)。

紧张症是一种特殊的意识障碍,常伴有各种躯体异常表现,如肢端冰凉、低血压等。需要指出的是,木僵的病人虽然几乎不能活动,也不能讲话,但他们的意识是清晰的,感觉甚至很敏锐。病人可以非常敏感地察觉周围所发生的事件,但自己却无法投入其中,并且这些病人大多还有其他的精神分裂症症状(如妄想、听幻觉),所以他们是非常痛苦的。

根据心理动力学的观点,紧张症症状是自我受到了最严重的精神威胁又无力防御时的表现。刻板动作是为了证实自己仍有一定的行为能力。

(五) 自知力

自知力(insight)也称内省力,是指病人对其本身精神状态的认识能力,即能否觉察或辨识自己有病和精神状态是否正常,能够正确分析和判断,并指出自己既往和现在的表现和体验中哪些是病态的(沈渔邨,2002)。

精神病患者一般都有不同程度的自知力缺陷。自知力的完整程度及其变化是精神病病情恶化、好转或痊愈的重要指标之一。

二、精神分裂症的诊断

1. 精神分裂症的诊断标准

这里我们主要介绍 DSM-5 对精神分裂症的诊断标准。相比于 DSM-Ⅳ 的诊断标准,DSM-5 在精神分裂症的诊断标准上主要做了 3 点改变。首先是诊断标准的改动。在 DSM-5 关于精神分裂症的诊断标准中,标准 A 增加了至少存在一项阳性症状的要求,并取消了对怪异妄想和评论性幻听的特别关注;而标准 F 则纳入了儿童期发生交流障碍的个体。其次,DSM-5 对妄想的定义做了调整。在 DSM-Ⅳ 中,妄想被认为是一种

"错误的信念",而在 DSM-5 中则被修改为"在矛盾性证据面前很难改变的固定信念"。最后,DSM-5 删去了 DSM-Ⅳ 中精神分裂症的各种亚型。

从上述改动中可以看出,DSM-5 更加注重诊断标准的临床实用性与简洁性。例如,标准 A 的改动在确保诊断的可靠性的同时,删去了对于妄想是否真实以及症状是否怪异的判断。这是因为在临床实践中,临床工作者往往很难判断患者的信念本身是否是真实的,对于怪异症状的界定标准也很难达成一致,而这些判断本身对于正确的诊断没有太大的帮助。因此,删去上述内容不仅可以提高诊断标准的有效性,还可以简化诊断标准,提高实用性。在 DSM-Ⅳ 中,精神分裂症被分为五类亚型,分别是:以多疑敏感和系统的妄想幻觉等为典型症状的偏执型精神分裂症;以紧张性木僵、违拗行为等为典型症状的紧张型精神分裂症;以思维内容荒谬、思维破裂,情感不协调,表情做作,行为幼稚、愚蠢为典型症状,且常有兴奋冲动行为和本能(主要是食欲和性欲)意向亢进的瓦解型(也称青春型)精神分裂症;过去曾至少发病一次,目前仍存在个别症状,但症状近一年无明显好转或恶化的残留型精神分裂症;以及,有些病人的症状不符合以上任何一种类型或是同时存在多种类型的部分症状,又有明显的阳性症状,被称为未分化型精神分裂症。尽管 DSM-Ⅳ 对精神分裂症的亚型进行了详细的分类,但这些分类仅仅是基于外显症状,稳定性差、效度低,且各亚型在治疗和预后上没有任何特异性。可以说,亚型的诊断几乎没有任何临床价值。因此,DSM-5 删去了精神分裂症亚型的诊断,转而使用维度评估的方法,界定了几种精神病理维度:阳性症状(幻觉和妄想)、思维言语的紊乱、明显的紊乱行为、阴性症状,每个维度均采用 DSM-5 新增的严重性评估量表进行评估(郭亚飞 等,2015)。

DSM-5 对精神分裂症的诊断标准

A. 出现两项(或更多项)下列症状,每一项症状均在 1 个月中存在很长时间(如果经过有效治疗,则时间可以更短)。其中,至少有一项必须是(1)(2)或(3): (1) 妄想。 (2) 幻觉。 (3) 言语紊乱(如经常离题或思维松弛)。 (4) 明显紊乱的或紧张症的行为。 (5) 阴性症状(如情绪表达减少或意志减退)。
B. 自障碍发生以来的大部分时间内,个体一个或更多的重要领域的功能水平明显低于障碍发生前的水平,如在工作、人际关系或自我照顾方面(儿童期或青少年期起病的患者,未能达到人际关系、学业或职业功能预期的发展水平)。
C. 这种障碍的表现至少持续 6 个月。在这 6 个月中必须至少有 1 个月(如果经过有效治疗,则时间可以更短)符合诊断标准 A 的症状(即活动期症状),并且可能包括前驱症状或残留症状的时间。在前驱期或残留期,障碍的表现可能仅为阴性症状,或诊断标准 A 中列出的两个或更多的症状

以轻微形式出现(如奇怪的信念、不寻常的知觉体验)。
D. 已排除分裂情感性障碍和抑郁或双相障碍伴精神病性特征,因为:(1)活动期症状中没有同时出现重性抑郁或躁狂发作;(2)如果在症状活动期出现了心境发作,它们只出现在障碍活动期和残留期的小部分时间内。
E. 这种障碍不能归因于某种物质(如滥用的毒品、药物)的生理效应或其他躯体疾病。
F. 若有自闭症(孤独症)谱系障碍或儿童期发生的交流障碍的病史,在做出精神分裂症的额外诊断时,要求除了精神分裂症的其他症状外,至少还应在1个月(如果经过有效治疗,则时间可以更短)内存在明显的妄想或幻觉。

ICD-11与DSM-5在对精神分裂症的症状的认识上基本一致,也同样强调病程的重要性,重视考虑精神分裂症病人社会功能的损害,以及与其他精神障碍的鉴别。此外,和DSM-5一样,ICD-11取消了对精神分裂症亚型的区分。而ICD-11和DSM-5在精神分裂症的诊断上的区别主要体现在对病程和阳性症状的强调上。对于病程,DSM-5要求至少6个月,应包括至少1个月符合标准A(即急性期症状)的症状(如经有效成功的治疗,限期可较短);而ICD-11的病程要求则较低,总病程持续超过1个月即可予以诊断。此外,DSM-5中明确要求必须存在至少1项阳性症状才可以诊断精神分裂症,而ICD-11中则没有强调这一点(肖茜,张道龙,2019a)。我国的《精神障碍诊疗规范(2020年版)》遵循ICD-10的标准:患者应具有2项以上特征性精神病性症状,症状必须持续至少1个月,且不能归因于其他疾病、物质滥用或药物作用的结果。

2. 精神分裂症的量表评定

对精神分裂症的诊断、评估和研究可以通过供医生使用的精神科量表来进行。最常用的精神分裂症评定量表主要是简明精神病量表(BPRS)和阳性阴性症状量表(PANSS)。简明精神病量表和阳性阴性症状量表都主要用于近一周的精神症状的评定,前者18题,后者33题。PANSS的33题中有7项评定阳性症状,7项评定阴性症状,16项评定一般精神病理,还有3项评定攻击危险性。此量表具有较好的结构效度、纵向信度,以及详细的精神检查和症状严重度评定的操作标准。这些量表可以用于评估病人症状的严重程度、治疗前后病人症状的变化,以及所用药物的疗效。但需要强调的是,虽然精神科评定量表对精神分裂症的临床诊断具有良好的辅助作用,但确诊还是需要临床医生根据统一的诊断标准(如ICD-11、DSM-5),在进行了详细的精神检查和临床观察,根据其症状、病程和社会功能的特点,排除了其他精神疾病的可能性后才能做出。

3. 其他精神病性障碍

在DSM-5中,除了精神分裂症以外,还有一些有精神分裂症症状,但不符合精神分裂症诊断标准的精神障碍,在临床中应与精神分裂症相鉴别,简述如下:

(1)妄想障碍。主要指持续至少1个月的妄想,但没有其他精神病性症状,不符合精神分裂症的症状标准的一类精神障碍。

(2) 短暂精神病性障碍。指有 1 项以上的阳性症状,病程超过 1 天但少于 1 个月,最后能完全恢复到发病前功能水平的一类精神障碍。

(3) 精神分裂症样障碍。指除了在病程上不足 6 个月外,符合精神分裂症其他诊断标准的一类精神障碍。

(4) 分裂情感性障碍。主要是指已符合精神分裂症的症状标准,但其间又存在情感症状(重性抑郁或躁狂)的一类精神障碍。

此外还有一些躯体疾病和物质也可引起精神病性障碍。需要指出的是,有时候专业的精神科医生也很难明确地界定精神分裂症。例如,很多时候精神分裂症和抑郁、双相障碍之间的区分也很模糊。有一些符合精神分裂症诊断的病人同时存在明显的抑郁/躁狂症状。而某些符合抑郁或双相障碍的病人在病程中也出现了明确的精神病性症状(如幻觉、妄想)。因此,在 DSM-5、ICD-11 中都提出了分裂情感性障碍(schizoaffective disorder)的诊断。

三、精神分裂症的病程和预后

大多数精神分裂症病人初次发病年龄在青春期至 30 岁之间。发病初期,常常先出现不寻常的行为方式和态度,这些变化往往不被重视,在追溯其病史时才被发现。这种早期症状可以持续数年之久,学习成绩的明显下降通常发生在 13~16 岁。一些病人表现为敏感、害羞、胆怯,缺乏积极的情绪反应,社会适应能力较差(Done et al.,1994);另一些则表现为注意力不集中,过分的活跃,对抗性增强,固执、不服从师长。这段时间被称为前驱期。

在一段时间的潜伏期后,在一定的诱因作用下,病人会出现明显的精神症状,即初次发病。以目前的治疗水平,大多数初发病人(约 75%)可以获得临床痊愈。精神分裂症在初发后可有不同的病程变化,但并无肯定的规律可循,20%~30% 的病人可能终生不再发病;1/3 的病人在一定诱因下会复发;另一些病人可反复发作,其间歇期长短不一,发病的起始和终止并无明显的界限。其中一些(约 1/4)病人在反复发作后会出现人格改变。每一次复发都会使人格的崩溃和毁坏加重(季建林,2003)。

根据一些研究者的资料(Ciompi,Müller,1976),精神分裂症病人的病程可以归纳为 4 种情况:

(1) 慢性起病,最终能痊愈或带有轻度症状,约占 35%。
(2) 慢性起病,无明显缓解,最终仍有中重度症状,约占 20%。
(3) 急性起病,波动发作性病程,最终能痊愈或带有轻度症状,约占 15%。
(4) 急性起病,单一病程,无明显缓解,最终仍有中重度症状,约占 30%。

影响精神分裂症预后的因素很多,综合国内外的多项研究,特别是国际精神分裂症试点研究(IPSS)的结果,可以归纳为表 4-1。

表 4-1　影响精神分裂症患者预后的因素

因素	预后良好	预后不良
发病形式	急性起病	渐隐起病
发病持续时间	短	长
既往精神病史	无	有
症状特点	阳性症状为主	阴性症状为主
类型	偏执型、未分型	青春型、单纯型
婚姻状况	已婚	独身、分居、离婚
发病年龄	晚	早
发病至接受治疗时间	短（一年之内）	长（一年以上）
病前性格	无异常	异常
工作情况	良好	差
诱因	有	无
社会交往	好	差
家庭支持	好	差
性别	女	男
维持治疗	能坚持	不能坚持

注：本表原始内容（蔡焯基，汤宜朗，2000；沈渔邨，2002）参照 DSM-Ⅳ 的诊断标准，故包含对精神分裂症亚型的划分，该部分内容在本表中被保留。

第三节　精神分裂症的病因

如前所述，精神分裂症是一种严重致残的精神疾病，人们一直在努力寻找其病因和治疗方法。对精神分裂症的认识，大致经历了下面几个阶段。

第一阶段为 19 世纪末至 20 世纪初，精神分裂症被认为是非器质性疾病，主要治疗方法有注射肾上腺素、发热疗法、水疗法、输精管切除等，基本上没有什么疗效。

第二阶段为 20 世纪初至 20 世纪 50 年代，这一阶段研究者在临床遗传学调查方面做了许多工作，心因论很受重视。30 年代出现了电抽搐、药物抽搐疗法、精神外科手术疗法和胰岛素昏迷疗法，有一定的疗效。

第三阶段为 20 世纪 50 年代至 20 世纪 70 年代，氯丙嗪合成并取得确切的疗效，人们开始认为精神分裂症是一种代谢障碍（主要是氨基酸代谢障碍），诊断量表及数据的统计处理被广泛使用，心理现象开始走向量化。通过对特效抗精神病药氯丙嗪和利血平的应用，精神分裂症的治疗有了质的飞跃。

第四阶段为20世纪70年代至今,分子生物学和影像诊断技术飞速发展,给精神分裂症的研究带来了新的巨大的推动力。目前人们关注的重点是精神分裂症的基因与脑器质性改变上。而新型抗精神病药物的不断诞生和广泛应用使得精神分裂症的结局大为改观。

20世纪90年代以来,大多数精神分裂症的研究者都认为精神分裂症是一种多因素影响的疾病,人们主要从遗传、免疫、实验临床心理、脑影像、神经生化、社会心理因素等方面进行研究。

一、遗传因素

对于精神分裂症的遗传因素,不少研究支持精神分裂症是多因素遗传的,即这种遗传是由许多基因的积累作用造成的。没有显性基因或隐性基因那种明显的遗传规律,但有一个阈值,超过这个阈值,就出现异常。精神分裂症的发生是遗传的易感性和环境因素共同作用的结果。这种多基因的遗传没有特异性的基因,即在一般人中也存在这种不正常的基因。

1. 双生子的研究

研究的对象包括同卵双生子和异卵双生子。这类研究的出发点是双生子在遗传上具有最大的相似性,特别是同卵双生子,在遗传上是完全一致的。研究结果表明,同卵双生子的同病率为48%,异卵双生子为17%(Alloy,Acocella,Bootzin,1996)。这说明精神分裂症与遗传有关,但环境的因素未能被排除。Fischer提出这样的假设:如果这些数据的确反映了遗传的作用,那么双生子中未发生精神分裂症一方的子女患精神分裂症的概率应很高。这些未患精神分裂症的双生子有着精神分裂症的基因型,而非表现型,即这种患病的危险性仍可能带给他们的子女。研究的确发现这些未发生精神分裂症一方的子女中,精神分裂症和精神分裂样精神病的发病率为9.4%,在发生精神分裂症一方的子女中发病率为12.3%(Alloy,Acocella,Bootzin,1996),这两个数字均远高于一般人群。

2. 家庭研究

家庭研究表明,病人家属患有精神分裂症的概率远高于一般人群。一般人群中精神分裂症的患病率只有1%,而精神分裂症的家属的患病率要高得多,并且与病人的血缘关系越近患病概率越高,其子女为13%,孙子女为6%,父母为6%,舅、姨为2%(Sarason,Sarason,1999)。家庭研究的结果支持了精神分裂症的易感性是通过遗传来传递的观点。但这样的研究仍不能排除环境的影响,因为患者与其家属不仅基因相近,其生活环境与经历也是相近的。

3. 收养子研究

收养子研究能够更好地区分精神分裂症父母的遗传因素与社会因素在子代罹患精神分裂症上的作用。研究发现,精神分裂症患者的养父母的患病率不高;正常人的子女由精神分裂症患者抚养,其患病率并未增高(徐韬园,1999)。例如,一项对47位被交给养父母抚养的精神分裂症母亲的子女与50位在同样环境中抚养的非精神分裂症患者的子女的对照研究显示,来自精神分裂症母亲的收养子,其患病率(精神分裂症、情感障碍或精神病、神经症等)高于健康母亲的收养子(Alloy,Acocella,Bootzin,1996)。另一项研究调查了一群从小被领养的孩子,对他们的养父母进行了精神病的检查,根据其健康状况分为健康家庭、中度障碍家庭和重度障碍家庭。选出儿童生母患精神分裂症为研究组,在余下的孩子中选出相匹配的为对照组。结果发现,在所有健康家庭中长大的儿童,都未出现精神分裂症,在中度和重度障碍家庭中长大的儿童,73位研究组被试中有9位患精神分裂症,对照组94位中有2位患精神分裂症(Alloy,Acocella,Bootzin,1996)。

这些结果表明,精神分裂症在一定程度上受到遗传因素的影响,但遗传因素的影响程度则受到领养家庭健康状况的调节。尽管上述结果支持精神分裂症是一种由遗传决定的疾病,但遗传可能只是提高了精神分裂症的易感性,而应激使得这种易感性得以在行为上表达。

4. 染色体与基因研究

对精神分裂症的基因研究有着许多困难,因为研究者很难确切地知道易感性是怎样传递的。对精神分裂症行为基因研究的发现使人们得出了这样的一个结论:精神分裂症是一种多基因而非单基因疾病(Gottesman,1991)。

人们试图通过对精神分裂症家系的研究找到其基因的染色体定位。而到目前为止,研究者发现多个染色体与精神分裂症易感性有关(Kirov,Owen,2009),关联最强的基因分别是第8号染色体上的NRG1(neuregulin 1)、第6号染色体上的DTNBP1(dystrobrevin-binding protein 1)和第22号染色体上的COMT(atecholamine O-methyltransferase)。其中,NRG1与神经递质谷氨酸的N-甲基-D-天[门]冬氨酸(NMDA)受体有关,且有利于髓鞘化过程;DTNBP1影响整个大脑的多巴胺和谷氨酸神经递质系统;COMT则与执行功能有关(Campellone,Sanchez,Kring,2016)。

分子遗传学的研究也推进了对精神分裂症病因和诊断的认识。早年的行为遗传学研究认为精神分裂症和其他精神疾病(如抑郁障碍、双相障碍、精神病性抑郁)有着可区分的遗传倾向。但相关的研究证据表明并非如此。在运用了定量遗传技术对双生子样本进行研究后研究者发现,与精神分裂症有关的基因和分裂情感性障碍、躁狂症之间的基因有着显著的重叠现象(Cardno et al.,2002)。

二、神经生化研究

1950年氯丙嗪的发明,使得人们看到了征服精神分裂症的曙光。也促使研究人员从神经生化方面寻找精神分裂症的病因。虽然存在许多问题和困难,但抗精神病药的确切疗效和进展始终鼓舞着人们对神经递质的研究,其中最早被提出且最著名的是多巴胺假说。

1. 多巴胺假说

多巴胺是脑内的一种单胺类神经递质,其在大脑中的过度活跃被认为会引起精神分裂症。该假说得到了一些间接证据的支持。例如,阻断大脑对多巴胺利用的多巴胺拮抗剂被发现能够治疗精神分裂症的某些症状,同时又有着类似帕金森病的副作用。而帕金森病目前认为是由多巴胺水平较低引起的。相反,提高大脑多巴胺功能水平的药物会加重精神分裂症的阳性症状(巴洛,杜兰德,2017)。此外,尸体解剖和MRI的研究都发现精神分裂症病人大脑内多巴胺D2受体较正常人明显升高(Kestler,Walker,Vega,2001)。还有研究发现,精神分裂症病人大脑中的多巴胺的合成和释放可能都增加了(Lindström et al.,1999)。

经过几十年的深入研究,人们发现多巴胺假说并不能完全解释精神分裂症(巴洛,杜兰德,2017)。最初的精神分裂症多巴胺假说已被证实过于简单(Howes,Kapur,2009),因此有研究者提出了修正的多巴胺假说。该理论认为,不同的多巴胺受体和脑中的多巴胺水平能够解释精神分裂症的症状。具体而言,多巴胺在中脑边缘系统通路的过度活动被认为与精神分裂症的阳性症状有关;而多巴胺在大脑前额叶区域的活动不足则可能与精神分裂症的阴性症状有关(巴洛,杜兰德,2017;Harrison,2012;Howes,Kapur,2009)。

2. 其他神经递质

除多巴胺之外,还有一些神经递质也可能对精神分裂症存在重要影响。例如,谷氨酸作为一种重要的神经递质,在精神分裂症患者大脑中的水平存在异常(Tiihonen,Wahlbeck,2006)。谷氨酸受体之一的NMDA受体也被发现与精神分裂症症状有关(Harrison,2012)。有研究发现(Goff,Coyle,2001),NMDA拮抗剂能够加重精神分裂症患者症状,甚至让非精神分裂症患者表现出精神病性行为。该结果表明,谷氨酸缺乏或NMDA受体位点被阻断可能影响精神分裂症症状。此外,5-羟色胺也被发现能够调节中脑边缘系统中多巴胺能神经元的作用(Howes,Kapur,2009)。

目前,关于各种神经递质的研究仅能解释精神分裂症的部分症状,无法完全解释精神分裂症的病因。对于神经生化物质的研究存在着许多困难。其中最大的困难是在精神分裂症病人身上发现的异常生化改变,很可能是由于第三种变量而不是疾病本身引起的。事实上,服用抗精神病药、吸烟、喝咖啡等都会引起体内生化水平的变化。

三、大脑及脑影像学研究

近年来,使用CT、MRI、PET等对人体的研究和诊断取得了重要的突破。使用脑CT和MRI的研究发现,30%～40%的精神分裂症病人有脑室扩大或其他脑结构异常的情况。

神经影像学研究结果显示,精神分裂症患者尤其是男性患者存在脑室扩大的现象,提示脑组织的破坏和萎缩(Harrsion,2012)。某些精神分裂症病人的脑萎缩可能是早期脑损伤的标志,脑损伤增加了个体对精神分裂症的易感性。在一项对精神分裂症病人和其健康的同卵兄弟/姐妹及正常人的对照研究中,研究者使用MRI发现,精神分裂症病人和其健康的同卵兄弟/姐妹相比第三脑室容积无差异,但他们均大于正常对照组(巴洛,杜兰德,2017)。但也有研究发现与其健康的双生子兄妹相比,精神分裂症患者的脑室体积更大(McNeil,Cantor-Graae,2000;Kring et al.,2016)。不过,精神分裂症患者的脑室扩大程度通常并不大,许多精神分裂症病人的脑室与正常人并没有不同,而且这种脑室的扩大在其他精神疾病(如躁郁症)中也能发现。也有人提出精神分裂症病人的这种脑结构改变至少有部分是由于长期服用抗精神病药引起的(Kring et al.,2016)。

精神分裂症患者大脑结构的异常还体现在其大脑皮层灰质总量的减少上,特别是颞叶和前额叶。MRI研究表明,精神分裂症患者的前额叶皮层灰质减少;fMRI研究也表明精神分裂症患者的额叶激活存在异常,且额叶区域功能异常与阴性症状的严重程度有关(Kring et al.,2016)。

另一个在精神分裂症患者与健康人群之间存在结构差异的脑区是海马。研究发现,海马体积的异常不仅发生在精神分裂症患者中,也存在于其一级亲属中(诺伦-霍克西玛,2017)。Steen等人(2006)的一项MRI研究发现,精神分裂症患者在其首次发作时的海马体积就显著小于健康人群。Boos等人(2007)的元分析研究发现,精神分裂症患者的一级亲属中也存在海马体积减小的情况。这些结果提示,海马体积异常可能与精神分裂症易感性有关。

目前,精神分裂症的脑影像研究已经由传统的对特定脑区的异常的研究逐渐转变为对大脑不同区域之间的通路和网络连接异常的研究。例如,刘翌雯等人通过构造个体化的灰质共变网络,揭示了精神分裂症病人个体化灰质共变网络中存在异质性,且这种异质性与患者的幻听症状严重程度呈正相关;基于患者在双侧海马与双侧豆状核/苍白球的结构共变差异,可进一步将患者稳定地分为2个与焦虑和抑郁症状有关的亚型;该研究为精神分裂症的精准诊断提供了新的视角,并可能推动相关方法成为未来精神医学领域临床诊断的有效工具(Liu et al.,2021)。

四、认知功能研究

认知功能障碍是精神分裂症临床核心表现之一,严重影响患者的学习和生活能力。目前,研究者已经发现并达成共识,即就整体而言,精神分裂症病人在所有的认知功能领域存在明显的缺损(Walker et al.,2004)。使用智力测验和神经心理测验的精神分裂症认知功能缺损研究均发现,精神分裂症患者在完成认知任务的过程中存在着明显而广泛的缺损(Green et al.,2000)。例如,McCleery等人(2016)使用精神分裂症认知功能成套测验共识版(MATRICS consensus cognitive battery,MCCB),对前驱期和缓解期精神分裂症患者的信息加工速度、注意/警觉性、工作记忆、词语学习/记忆、视觉学习/记忆、推理和问题解决,以及社会认知进行评定。结果显示,精神分裂症患者在上述7个维度的认知功能表现上均存在显著缺损,信息加工速度和工作记忆的缺损最严重。Wu 等人(2014)使用蒙特利尔认知评估量表(Montreal cognitive assessment,MoCA)对精神分裂症患者的视觉空间加工能力、执行功能、短时记忆、注意力和工作记忆、语言能力,以及时间及空间定向能力进行评估,结果显示精神分裂症患者在上述各项认知功能上均存在缺损,其中注意力和工作记忆,以及短时记忆的缺损最严重;患者的认知功能缺损程度随其精神分裂症症状,特别是阴性症状的加重而加重。研究已经证实,初发的、未经药物治疗的精神分裂症患者同样存在着广泛的认知功能缺陷,说明这些认知功能缺陷并不是由药物副作用引起的(Nuechterlein et al.,2014)。

虽然精神分裂症病人认知功能方面的研究已经取得了很大进展,但是这些进展仍不那么令人满意。这是因为:①就整体而言,几乎在所有的认知功能方面精神分裂症患者都存在缺陷,这似乎是一种广泛性的缺陷。这也意味着,我们还没找到特征性的,存在于所有或者大多数精神分裂症患者中的缺陷。②就个体而言,某些患者在某些认知功能方面的成绩甚至比健康人好,而某些患者则比健康人明显得差。

专栏 4-2

精神分裂症的内表型研究

内表型是指一种可以测量,但在没有工具辅助的情况下肉眼无法观测到的特征,通常具有互相独立且特定的遗传基础。内表型作为连接基因型与疾病或障碍症状表现之间的桥梁,通常需要满足以下特征:①必须与该疾病或障碍有关联;②必须具有可遗传性;③与疾病状态无关联,不会随着疾病状态的改变而改变;④在家系中,与疾病是共同分离的;⑤患者比未患病的家属在内表型指标上的发病率更高;⑥必须依据可靠、有效的测试才能测量出来。

根据黄佳和陈楚侨(2018)对精神分裂症内表型研究的综述,目前已经得到关注的可能的精神分裂症认知内表型涵盖了感知觉、注意、记忆、执行功能等方面。其中,对于感觉门控功能(如 P50 抑制、惊吓反应的弱刺激抑制)、视觉运动功能(如眼追踪或平稳运动、反向眼跳)、注意功能、言语及空间记忆、前瞻记忆、工作记忆、前脉冲抑制,以及 P300 事件诱发电位的研究都得到了较多的关注。精神分裂症患者在社会认知功能和神经系统软体征上的缺损也被发现可能是精神分裂症的内表型。

此外,脑结构与功能连接方面的异常也可以作为精神分裂症的内表型。脑结构方面的精神分裂症内表型包括:体素异常、基底神经节(尾状核、壳核和苍白球)的形态异常、眶额皮层区域灰质降低,以及大脑额、颞、顶叶多脑区的白质纤维连接降低。精神分裂症患者海马-前额叶功能连接异常,以及默认模式网络(default-mode network,DMN)

与小脑之间的功能连接增强,也有可能是精神分裂症内表型。

对精神分裂症内表型的研究不仅有助于理解特定基因与症状之间的联系,进而解释精神分裂症的病因与发病机制,而且对精神分裂症的早期识别、诊断与亚型分类,以及治疗有着重要的意义。

五、社会心理因素

虽然许多研究者坚持认为精神分裂症是一种内源性的疾病,它的发生是由于目前尚不知的器质性病变引发,但流行病学、个人史、心理动力学,以及对精神分裂症病程的研究结果表明,精神分裂症的发病、病程和预后受到了社会心理因素的影响。

1. 早期的心理创伤、心理诱因和生活事件

各种形式的儿童期虐待引起的儿童的退缩性行为被认为与精神分裂症的发生有关。同正常人相比,精神分裂症病人患病前负担过重的生活境遇更为常见。有研究表明,精神分裂症病人在发病前的3周内,各种严重程度的应激事件发生率显著高于一般人群。60%~65%的急性发作病人报告发病前的2~3周内发生过应激性生活事件。由于精神分裂症病人往往存在人际关系方面的问题,在他们遇到严重的生活事件时,所受到的压力更大。他们既害怕与人过于接近,同时又很需要他人的关心与爱,这是具有特征性的精神分裂症病人的矛盾冲突。生活在其家庭成员表达了更多的负性态度或情感的家庭中的精神分裂症病人的复发率更高(Butzlaff,Hooley,1998)。因此,针对减少应激的治疗方法有益于病人的康复和病情的稳定(Norman et al.,2002)。目前认为,应激性生活事件是精神分裂症发病的一个因素,但它既非必要条件,也非充分条件。

2. 心理学对精神分裂症病因的研究

(1) 心理动力学的观点。对于精神分裂症的病因,心理动力学早已有自己的解释和治疗方法。在氯丙嗪诞生之前,这一治疗方法曾是精神分裂症的主要治疗方法,直到现在仍不失为一种有益的思想。心理动力学认为,在神经症病人中,自我受到防御机制的保护,而在精神分裂症病人中自我则被挫败。弗洛伊德认为在对自我的把握不足时,高度发展的自我就无法守住其全部界限,潜意识就会在自我失控之处入侵。倒退至早期的(幼年的)自我状态之后,他的进一步变化如受到限制,这种状态则保持下去。并由此引出了精神分裂症的三个最重要特征:①非现实性侵袭,即表现出受压抑的潜意识内容的泛滥,或表现为与潜意识相关的妄想体验。②这种侵袭可使自我逃脱,退行至早期(幼年)发育阶段。表现为说话口齿不清、不讲卫生等。③对自我界限的把握不足可进一步导致现实性与非现实性的混淆,由此引起概念、抽象及整合性思维障碍(Tölle,1997)。

新精神分析学派不完全同意弗洛伊德的关于精神分裂症退化的观点,而是强调人与人之间的相互关系及焦虑的作用。他们认为精神分裂症是起源于焦虑并以混乱的方式对待他人的一种病态的状态。所谓的精神分裂症,似乎是为了逃避正常的生活,逃避焦虑,对付恐惧而发展起来的一种行为方式(Tölle,1997)。对精神分裂症病人的防御机制的研究表明,精神分裂症病人较正常人更多地应用不成熟的防御机制(路敦跃,张丽杰,1992)。

(2) 家庭治疗的观点。家庭治疗可以说就是起源于对精神分裂症病人家庭的研究和治疗。对精神分裂症病人的生活史和家庭史的研究发现,许多病人在童年期起就有不良遭遇:缺少家庭照料、父母患有精神或神经机能方面的疾病、父母酗酒、父母离婚、家庭关系破裂等,更为重要的因素是父母关系异常、孩子得不到爱、父母教育上的不一致、兄弟姐妹之间的较强的竞争对抗。

1956年,贝特森(Gregory Bateson)及其同事提出了双重束缚的概念,认为病人是疯狂家庭环境的延伸。想象一个人处于重要的人际关系中,他无法逃离这一环境,必须做出必要的反应。当他获得两个在不同水平上自相矛盾的信息,而又很难发现并评价矛盾时,这个人就处于双重束缚状态(Bateson et al.,1956)。Wynne和Singer的研究发现,病人家庭中存在着交谈与思维方式混乱的情况。这种不确定、不协调的成长环境,可能会引起精神分裂症的发作。

精神分裂症患者的情感表达(expressed emotion,EE)也被认为对疾病的复发和预后有重要的作用。这类研究在母语为英语的国家进行的较多,我国也曾在1998年做过这方面的研究,结果表明精神分裂症患者家属的高情感表达者占28.2%,类似于同一研究中印度的比例(23%),显著低于英国的比例(54%);敌视的比例为15.5%,也较低(冉茂盛 等,1998)。

(3) 认知的观点。Beck和Rector(2005)整合了精神分裂症的症状学与神经生物学、环境、认知和行为等诱发因素,并在此基础上提出了精神分裂症的认知模型。该模型认为,大脑整体功能损害和特异性的认知缺损增加了精神分裂症患者对负性生活经验的易感性,进而导致了功能不良的信念和行为。精神分裂症的很多特征性症状都可以通过认知模型加以理解。例如,瓦解症状不仅是特定神经认知缺损的结果,也与病人缺少可用于维持注意、抑制不恰当观念、遵守沟通规则等的认知资源有关。妄想被认为是精神分裂症患者对陌生感知体验的歪曲的解释。幻觉的产生则与患者对知觉刺激的过度敏感和对其做出外部归因的倾向有关。而神经认知缺损、人格和生活事件让精神分裂症患者形成了一系列关于社交表现的负性信念,对愉快体验和成功的低期待信念,以及节约稀缺的心理资源的策略,而这些信念与行为策略又进一步导致了患者的阴性症状。

这种对于精神分裂症的认知概念化与理解,使得针对精神分裂症不同症状的认知治疗策略得以发展和形成。精神分裂症的认知治疗帮助患者识别和应对与症状形成和恶化有关的应激源,并教授患者以更具适应性的方式应对其幻觉体验和妄想信念。此外,认知治疗还通过改变患者对于日常活动和人际交往的负性信念来治疗其阴性症状。这些有针对性的治疗策略在减轻症状方面起到了显著的疗效(Beck,Rector,2005)。

六、心理病理学研究

1. 思维形式障碍

许多临床心理学家认为思维形式障碍是由联系的松弛(loosening of association)造成的。在和一个人交流时,人们会产生许多种联结他们自己固有观念和所要谈的观念的心理联系。但在说出话来之前,人们会编辑整理这些联系,选择最切题的一种而抛弃其他的联系。而精神分裂症病人的这种选择过程被破坏了,因此他们说话时无法切题(Alloy,Acocella,Bootzin,1996)。但这并不是说精神分裂症病人不能对一个问题给出直接的答案。对于一个刺激,精神分裂症病人能够做出一个简单直接的反应,但对于更精细的高层次上的联系,他们往往会陷入困惑与混乱。这种现象为一项实验所证明。在他们的实验中,对一组正常人和一组精神分裂症病人两组被试出示两种颜色的卡片,这两张卡片同时也呈现给听众,然后要求被试向听众描述其中的一种卡片,使听众能根据他们的描述选择出被描述的那张。实验结果发现,当这两张卡片的颜色差异很大时,精神分裂症病人能和正常人做得一样好;而当这两张卡片的颜色差异很细微时,精神分裂症病人的思维就开始脱轨了,无法传递有效的信息。为什么会这样?一些研究者认为当精神分裂症病人产生了一个联系后,他们不能像正常人一样放弃它以寻找更适宜的联系,而是附着在第一个联系上。这样本来应有的一连串"联系链锁"的余下部分就从第一个联系处脱节了(Alloy,Acocella,Bootzin,1996)。

2. 妄想

妄想究竟是怎样产生的,研究者从不同的角度提出了许多假设。德国的精神病学家认为,事实上妄想的内容也是源于现实的,绝大部分也会出现在健康人的体验中。新兵第一次穿着军装上街,会感到街上的人都在看他,青春期的少男少女会将异性的一些无关紧要的讲话和表情看作爱的暗示。但对此类情况,健康人在任何时候都可转变自己的想法,可以转变参照体系或判别标准,会问自己"为什么别人都要看我,这是不可能的"。当一个人失去了这种超越、转换的能力时,妄想就开始了,他自己变成了中心人物。而妄想的本质特征不是它的不可理解性,而是病人不质疑妄想的内容,对他人的异议也不去检验核实(Tölle,1997)。

马厄(Brendan A. Maher)认为并不是妄想者的思维过程出了问题,而是其感知过程出现了异常。荒谬的妄想只是为了用来解释异常的感觉的。马厄认为对于精神分裂症患者来说,由于妄想能更好地解释其体验,所以他们不愿放弃妄想而接受事实(Alloy,Acocella,Bootzin,1996)。有人对马厄的理论提出了不同的看法,认为当精神分裂症患者试图解释其古怪的体验时,他们的解释方式也有偏差(Alloy,Acocella,Bootzin,1996)。在他们的实验中,给予妄想患者大量的信息,要求他们做出推论。结果发现,与正常人和无妄想的精神分裂症患者相比,妄想患者只用了很少的信息就做出了推论。也就是说,妄想患者存在认知障碍,在解释其古怪体验时,他们倾向于用最简单的方式——直接跳至结论。

精神分析学派认为,妄想的形成是一种投射的过程,这里的投射是指将个人的不协调、彼此矛盾的体验完全转向外界,因此导致了与现实联系的障碍。根据现象学的观点,现实被划分为客观现实和主观现实,矛盾向客观现实、向外界的表现是一种妄想性重新解释的形式。有妄想的病人使自己处于事件的中心,同时将自己束缚、孤立起来。妄想首先是一种主观的、与他人联系的错误,是参照系的僵化状态,是一种固执己见、不求突破的状态(Tölle,1997)。

3. 幻听

研究者认为幻听的产生是由于患者不能区分真实的感觉和想象。这一观点得到了Bentall(1991)的实验的支持。在实验中给具有听幻觉的患者呈现两类刺激:一类是提供线索,要求患者做出反应的,如用"H"打头的词命名一个地点;另一类是提供线索和反应的,如什么是脚穿的东西?鞋。一周后,将所有的反应重新呈现给被试,要求被试说出哪些反应是他们自己做出的,哪些是实验者提供给他们的。结果发现,与正常人和无听幻觉的精神分裂症患者相比,有听幻觉的患者很难区分自己的想法和来自外界的信息。

也有研究者研究了听幻觉患者对自己的听幻觉的反应,米勒(Laura J. Miller)在1993年就50名听幻觉患者对自己的幻听的态度进行了调查,结果是令人惊奇的。超过半数的患者认为他们从听幻觉中获得了益处,很多患者认为能控制自己的幻听。也有病人说他是如此的孤单,幻觉给他带来了伙伴。甚至还有病人认为幻觉有保护的作用,有病人说"我在幻觉中杀了我的父亲,这样就不必在现实中这样做了"。幻觉支持了患者的自尊,甚至有助于其工作。其中10名患者称只要能控制幻听,他们就希望幻听继续存在。当然更多的患者认为听幻觉影响了他们的生活(Miller,O'Conno,DiPasquale,1993)。

听幻觉究竟是患者听到的还是想象出来的?PET的研究发现,在精神分裂症患者出现幻听时可以看到就像正常人在听到自己讲话的声音时大脑的语言区出现的活动方式。这一结果提示,听幻觉患者听到的是自己的声音(Alloy,Acocella,Bootzin,1996)。

七、产前和产后的因素

有研究表明,产科并发症(obstetrical complications,OCs)对胎儿的大脑发育有着不利的影响。与健康人相比,精神分裂症病人有产科并发症的病史的可能性更大(Dalman et al.,1999;McNeil,Cantor-Graae,2000;Walker et al.,2004)。美国国家围产期协作项目(National Collaborative Perinatal Project)对9000名以上的儿童从出生到成年进行跟踪调查,结果发现精神分裂症的发生与组织缺氧相关的产科并发症呈线性相关(Cannon,1998;Cannon et al.,2000)。

另一个增加精神分裂症患病风险的产前因素是母亲的感染。研究者发现,在母亲怀孕期间经历了流感(Barr Mednick,Munk-Jorgensen,1990)或风疹(Brown et al.,2001)感染的孩子发生精神分裂症的危险性提高了。此外,产前弓形虫抗体升高、生殖器感染和其他感染也与子女患精神分裂症的风险增加有关(Brown,2011)。

由于精神分裂症是一种危害性极大,发病率很高的精神疾病,一直是精神病学家和心理学家研究的重点。Walker 等人(2004)通过综合多方面因素提出了精神分裂症病因学的素质-应激模型来描述与精神分裂症发病相关的各种因素之间是如何共同发挥作用的(见图 4-1)。

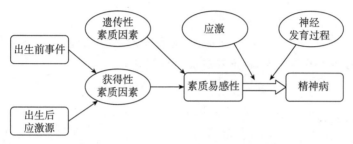

图 4-1　精神分裂症病因学的素质-应激模型

(Walker et al.,2004)

必须承认,各种不同角度的研究存在或面临着许多问题与挑战。比如用同一种方法对精神分裂症进行研究,但却会得到不一致的结果。这可能是因为取样时没有做到随机抽取样本,也可能是由于病人的诊断尚有疑问。要避免这种情况,需要研究者与临床医生的密切配合。但有的研究即便做到了以上的要求,仍得不出肯定的结果,这可能是由于我们今天所说的精神分裂症,从其本质上来说可能是由几种性质不同的疾病构成,而我们目前对它的认识和分类方法没有反映这种质的差异。对于这种可能性,研究者在研究中应予以关注。

第四节　精神分裂症的治疗

精神分裂症的治疗基于对其病因的不同角度的认识,目前有多种治疗手段。大多数临床治疗师认为治疗的前提是详细的精神病理学检查,并且很多时候这种检查不必急于马上做出结论,而应密切关注病人,包括观察其健康的一面。通过全面的躯体检查,首先排除器质性精神障碍的可能。在此基础上选择适当的治疗手段。通常,综合治疗、全面治疗的疗效最佳。一般来讲,在疾病的急性发作期应以生物学治疗为主,着重控制病人的精神病性症状;在精神病性症状逐步得到控制后进行心理治疗,主要目标是恢复病人的自知力、促进其社会功能的恢复。

> **专栏 4-3**
>
> 同精神病人交往的心理治疗性态度
>
> (1) 谈话内容必须明确,交流方式应直率。
> (2) 进行医学治疗的主治医生不可经常更换。
> (3) 要试图将精神分裂症的症状理解为病人克服其病态的尝试,同时强化其健康的自我成分,然后对过去的诱发因素进行处理。
> (4) 应尽可能地对病人讲清治疗的目的。
> (5) 应把与病人建立互相信任的治疗关系作为治疗的出发点。
> (6) 同病人交往时不应带有任何偏见,对病人所说的、所表达的所有内容都应认真地对待,首先把病人看作是人,而不是症状的携带者。

一、生物学治疗

1. 药物治疗

20 世纪 50 年代氯丙嗪的发明,使精神分裂症的治疗出现了划时代的飞跃,氯丙嗪能缓解大约 70% 的急性期精神分裂症病人的阳性症状。氯丙嗪的主要药理作用是通过阻抗多巴胺受体,特别是多巴胺 D2 受体来治疗精神病性症状。但由于它同时会阻抗去甲肾上腺素受体等其他受体,故又会引起许多副作用,如锥体外系综合征(extrapyramidal syndromes,包括静坐不能、类帕金森病、急性肌张力异常、迟发性运动障碍)、过度镇静与嗜睡、恶性症状群、体位性低血压等,使部分病人表现出行为呆滞。精神分裂症病人的精神病性症状虽然被控制住了,但其社会功能受到了严重损害,这显然不是人们希望看到的。此外,氯丙嗪等经典的抗精神病药对精神分裂症的阴性症状疗效不明显。因此,人们致力于开发副作用小,同时对阴性症状也有效的新型抗精神病药。自 20 世纪 90 年代开始,新型抗精神病药面世并取得了很大的进展,其中的代表药物是氯氮平、维思通、再普乐。

对于精神分裂症的药物治疗,还应特别注意维持治疗的问题。目前没有一种抗精神病药能只通过一个疗程的治疗就完全治愈精神分裂症,为了防止复发,初发病人通常需要维持服药 2~3 年,有些病人甚至需要终身服药。

精神分裂症药物治疗的一个新的潜在发展方向是针对遗传基因进行治疗(tailor medication)。基因治疗的目标是基于病人的基因图谱来提出个体化的治疗方案。

2. 电休克疗法

随着抗精神病药物的不断发展,电休克疗法(ECT)已不常用。但对于一些难治性的病人，ECT 仍不失为一种有效的治疗方法。它常被用于对紧张症状、情感症状的治疗。使用全身麻醉和肌松剂的无抽搐性电休克疗法正渐渐替代 ECT，以提高其安全性，减少由于肌肉的强烈抽搐引起的骨折。

3. 精神外科治疗

早在 19 世纪末，精神外科手术就被尝试应用于躁狂抑郁症患者，到了 20 世纪 30 年代，神经外科医生莫尼斯（António Egas Moniz）首创了额叶白质切除术治疗精神分裂症，并因此获得了 1949 年的诺贝尔生理学或医学奖。但此手术后遗症较多，常导致患者智能减退、人格改变，出现继发性癫痫等，所以在盛极一时后，很快被淘汰了。

20 世纪 50 年代后，神经外科医生又发展出一种新的方法：立体定向手术。即通过各种脑影像学手段，在颅外确立手术靶位的三维立体定位，然后在颅骨钻孔，插入电极，用电凝、电频、超声、冷冻等方法毁损相关组织，破坏大脑局部结构，以求控制冲动、暴力等极度危险的异常行为。与额叶白质切除术相比，它疗效高，脑组织损害小，并发症少，术后癫痫发生率低，手术死亡率几乎为零。

由于精神外科治疗是一种通过破坏脑组织来改变行为的方法，而脑细胞缺乏再生能力，一旦破坏就无法复原，因此这种方法一直受到人们的质疑和反对，对它的应用与研究日益稀少。目前，一般认为，这一方法是最后的治疗手段。由于人类的脑功能是十分复杂的，特别是高级的心理功能是不可能定位于大脑的一个孤立的部位或神经细胞群。因此，在理论上通过目前的精神外科治疗手段是很难达到改变某一特定的心理功能的目标的。

4. 非侵入性脑刺激技术

非侵入性脑刺激技术是一种新型神经调节技术。该技术可通过电磁刺激改变大脑皮层兴奋性，被广泛应用于改变认知功能和神经可塑性，近年来也逐渐用于治疗包括精神分裂症在内的多种精神障碍。经颅磁刺激（transcranial magnetic stimulation，TMS）和经颅直流电刺激（transcranial direct current stimulation，tDCS）是目前研究最多的两类非侵入性脑刺激技术。

研究显示，TMS 对于精神分裂症的幻听症状（见 Li et al.，2020；Nieuwdorp et al.，2015），以及阳性症状（见 Dougall et al.，2015；Marzouk et al.，2019）和阴性症状（Dlabac-de Lange，Knegtering，Aleman，2010）均有一定的疗效，但结果的可靠性受到研究数量及研究设计质量的局限。此外，Slotema 等人（2012）的元分析研究显示，TMS 能够在一定程度上改善幻听，但其效果的持续时间很难超过 1 个月。

Nieuwdorp 等人（2015）的元分析结果显示，tDCS 对治疗精神分裂症的幻听症状有一定的效果，但报告其效果的只有一些个案研究和小样本研究。Kim 等人（2018）再次对 tDCS 治疗精神分裂症幻听、阳性症状（包括幻听）和阴性症状的效果进行元分析，结果发现，整体而言 tDCS 对上述三类症状的疗效均不显著；根据刺激的频率分组分析的结果发现，每天 2 次 tDCS 能够显著减轻幻听症状的严重程度，而每日大于 10 次 tDCS

能够降低患者的幻听和阴性症状严重程度。但两项元分析的结果的可靠性同样受到研究数量、样本量,以及研究设计质量的局限。对于 TMS 和 tDCS 治疗精神分裂症症状疗效的结论还需要未来更多高质量、大样本研究来确定。

二、心理治疗与康复治疗

1. 心理动力学治疗

精神分裂症的精神分析治疗主要涉及的不是病人的过去经历,而是目前的问题。治疗目的主要是处理、解决问题。和焦虑障碍的治疗相比,精神分裂症的治疗一般更为积极、主动,但不可一味纠缠于病人恐惧、焦虑的内容。对有些病人可允许他们的退化或退行性行为,对另一些病人则要注重环境的适应。治疗中积极地处理问题比交谈对话的形式更能把握移情现象,如对精神退化的病人在日常小事方面给予帮助。在治疗中比解释更重要的是鼓励病人的自我向较为理想的目标迈进。

精神分裂症的心理动力学的治疗方法很多,主要的原理是使病人的早年未获满足的要求、欲望(如父母的爱和关心)在治疗关系中得到满足。

2. 认知行为治疗

精神分裂症病人的认知行为治疗应注重建立、培养病人有利的、适应性的行为方式,尽可能避免再次出现冲突的情形。通过解决问题的训练(以认知方向为主),认清病人(也包括家属的)不利的反应和行为方式,并给予治疗性矫正,目的是尽可能避免产生新的冲突或问题,减少病情复发的概率。

操作性条件反应形式的行为治疗对长期住院的病人疗效显著。治疗主要是对每个病人的行为进行认真的观察和记录,然后制订详细的对病态行为有针对性的治疗方案或计划目标,要求病人有规律地执行。一旦出现正常的行为要立即给予奖励(正强化)。

对精神分裂症病人的认知行为治疗(CBT)主要是基于贝克的认知治疗的原则与概念化(Beck, Rector, 2005)。CBT 帮助病人直接处理他们的症状。治疗师和病人一起工作,识别一些特殊的精神症状(如幻觉、妄想),然后有针对性的进行工作(Dickerson, 2000)。已经有一些实验研究表明认知行为治疗能够有效减少那些对药物不敏感的精神分裂症病人的幻觉、妄想症状,而对急性发作的精神分裂症,CBT 也是一种有益的补充(Bustillo et al., 2001)。Sarin 等人(2011)选取了 22 项样本大于 10 人的考察精神分裂症的认知行为治疗疗效的随机对照试验研究(被试总计 2469 人)进行元分析,结果显示:相比于其他心理治疗,CBT 在治疗结束后并没有马上表现出更好的治疗效果,但在随访中发现其对病人的阳性症状、阴性症状和一般症状均表现出更好的疗效,提示 CBT 治疗精神分裂症的效果具有延迟性。

对于慢性病人尤其要注意心理功能的明显缺陷,特别是长期住院的病人,许多人社会功能产生退化,治疗可以分为 5 个方面:

(1) 认知训练。目的是提高病人的注意能力与技巧,如注意的选择、转移等,同时提高病人的抽象能力,如概念的形成、词的定义等。

(2) 对社会的理解。目的是提高病人分析社会、生活中各种信息的能力。主要的治疗方法包括使用一系列图片来展示现实生活中的各种信息,然后要求病人对图片中包含的信息进行描述、归纳、解释、分析,最后与病人讨论其对社会信息的理解和分析是否正确,如何采取措施来应对与病人有关的各种信息等。

(3) 交谈。目的是提高患者的交流技巧,训练病人对问题的注意力和领悟力。应用联想语言过程来诱导、启发病人对他人提出的问题如何做出适当的回答。

(4) 社交技能。目的是训练和提高病人的生活技能和工作技能,树立正确的、适应社会的行为规范,重建病人的自我保护及应对困难处境的能力。包括生活技能的培训、工作技能的培训、社会技能的培训。

(5) 人际问题的解决。目的主要是提高病人解决人际矛盾的能力。

3. 家庭干预

病人所处的环境对病程、结局有很大的影响,其中家庭的作用尤其明显。家庭干预的目的是提高病人对治疗的依从性和减少应激的影响。主要的方法有:

(1) 心理教育。介绍精神分裂症的一般常识,了解该病的易复发性,理解为控制症状而进行治疗的必要性,以及病程中应激的作用。我国于1993年进行了一次关于精神病的家庭心理教育的研究,并提出了精神分裂症家庭教育讲座方案(见专栏4-4),其后在北京、上海、苏州等地都有计划地定期组织精神分裂症家庭教育讲座活动,取得了很好的效果。

(2) 应激处理。帮助病人增进交流,澄清要求、需要,提供明确的正性或负性反馈,处理日常问题,处理不同但突出的应激,提供解决问题的一般技巧。

(3) 危机干预。病人对治疗的依从性差,甚至拒绝服药是导致精神分裂症复发的最常见原因之一,此时应及时处理易导致复发的危机。因此,帮助病人及家庭处理威胁治疗依从性的问题也是家庭干预的重要内容。

专栏 4-4

精神分裂症家庭教育讲座方案

1993年,在世界卫生组织的支持下,上海、杭州、沈阳、济南和苏州等城市联合进行了为期一年的对精神分裂症家属的集体教育研究,并制订了我国第一个集体式的家庭教育方案。此方案主要包括10次讲座和3次会谈:

课次	内容	时间安排
(1)	精神病和精神分裂症	第一周
(2)	精神症状及其对策	第二周
(3)	精神药物治疗常识	第三周

(4)	精神分裂症的复发和防治	第四周
(5)	家庭和精神健康	第2月
(6)	精神病人的婚恋和生育	第3月
(7)	精神病的家庭监护	第4月
(8)	精神病的社会康复	第5月
(9)	长效抗精神病药	第7月
(10)	总复习	第9月

在接受例行的社区服务的基础上，2076例精神分裂症的家属接受了为期一年的家庭教育，和不接受家庭教育的1016例对照组比较，试验组病人的复发率下降了49%，住院率减少37.2%，以精神病性能力受损评定表（psychiatric disability assessment schedule）评定的社会功能缺损程度减轻32.9%。对于病人家属来说，他们对疾病知识的了解程度较入组前增加了44.4%。以家庭负担会谈量表评定的家庭负担减轻了42%。研究还发现，家庭教育干预对患者家属的心理健康有较好的作用（张明园 等，1993a，1993b）。

两年之后，张明园和张晔（1995）还对在上海地区接受家庭教育干预的患者进行了随访，结果表明，试验组患者年复发率由15.7%下降到8.1%，较对照组下降明显。

4. 康复与社区治疗

精神分裂症的康复治疗分为基于医院的康复治疗（hospital-based rehabilitation，HBR）和基于社区防治的康复治疗（community-based rehabilitation，CBR）。

(1) 基于医院的康复治疗。由于精神分裂症病人多接受封闭式管理模式的住院治疗，在住院期间缺乏与社会接触的机会，在这种情况下尤其是一些长期住院的病人，会产生衰退的倾向（例如，情感淡漠，兴趣丧失，丧失个人人格特点和习惯，修饰及一般生活标准的退化等），人们把这种情况称为住院综合征（institutional syndrome）。

避免住院综合征的措施主要有：①调整环境条件，倡导开放式病房管理模式，改善病房的生活治疗环境；②进行医院内的康复训练和治疗，包括进行生活行为、学习行为和工作行为的训练，以及进行音乐治疗、绘画、书法治疗和烹饪治疗等；③使用适当的新型抗精神病药，目前认为氯氮平、奥氮平、维思通等新型抗精神病药对患者的认知能力损害较小，可能促进精神康复。

(2) 基于社区防治的康复治疗。社区康复的主要目标是为社区的精神病患者提供过渡性的生活空间及相应的精神卫生与康复服务，尽可能地安排他们接受适应社会生活的各项训练，从而促进其社会功能的康复，早日重返社会。在我国，通过在基层社区创办工疗站的形式，形成了市-区（县）-街道和乡（镇）三级精神病防治工作模式，被称为上海模式。这一模式对于精神病人的康复有积极作用。具体情况可参见有关精神康复的书籍。

总体而言,目前人们倾向于认为精神分裂症的发生是由应激和心理因素引发了病人的生物易感性所导致的。因此对精神分裂症的治疗应该是一个全面、综合、长期的过程,应将生物和心理因素同样作为治疗的重点,这就需要医患之间、医生和家属之间、医生和心理治疗师之间的密切合作,需要特别强调保持良好的治疗关系的重要性,以达到最理想的治疗效果。目前认为精神分裂症治疗的一般趋势是:

第一,病人及其家属应被告知关于精神分裂症的科学的真实的知识,即精神分裂症是一种能被控制的、可能是终身致残的疾病。和其他慢性病一样,对于控制疾病,使病人正常生活,服用药物是必须的。

第二,药物治疗只是整个治疗的一部分,家庭治疗的目的是在病人出院回到家里以后能减少其在家庭中的应激体验,减少家庭内的敌对、过分卷入和批评。

第三,向病人教授社会技能十分重要,这样病人在出院以后就能正常的生活。

第四,研究表明,病耻感普遍存在于重性精神障碍患者的家庭,社会地位较高者尤为显著(陈熠,2000)。因此,应鼓励受到精神分裂症影响的家庭参加支持性团体以减少家庭成员的被孤立感和羞耻感。

小　　结

精神分裂症是一类严重的精神疾病,通常在青少年期或成人早期发病,主要症状涉及知(思维、认知)、情(情绪、情感)、意(意志)、行(行为)等心理过程的各个方面,这些症状可以被划分为阳性症状和阴性症状两类。

不同的精神分裂症患者的预后和转归可能很不一样,一些病人一次发病后可能获得痊愈,终生不再发病;更多的病人则可能反复发作。

形成和影响精神分裂症的原因很多,研究者从遗传(家庭研究、双生子研究、染色体和基因研究)、神经生化、大脑影像及解剖、社会心理、病理心理、认知功能和产前产后等各种角度进行了大量的研究,每一个领域都有各自独特而有价值的发现。目前应激易患模型为许多研究者所接受。

药物治疗是目前治疗精神分裂症的主要手段,抗精神病药的作用机制是影响脑内神经递质的受体,适当地阻断信息通路。心理治疗和康复治疗可以有效地帮助精神分裂症病人处理现实问题,提高社交技能,应对应激事件,培养对病人有利的、适应性的行为方式。

思　考　题

1. 回想一下,你是否遇到过的"疯子"或者"怪人",在学习本章内容后,你认为他们是精神分裂症患者吗? 如果是,哪些症状符合精神分裂症的诊断标准? 如果不是,你排除这一诊断的依据是什么?
2. 说明幻觉与妄想的区别。
3. 你认为生物因素和社会心理因素哪个对精神分裂症的发病有着更重要的影响?
4. 心理治疗能否有效地帮助精神分裂症患者? 具体可从哪些方面进行帮助?

推 荐 阅 读

萨克斯. (2013). 我穿越疯狂的旅程:一个精神分裂症患者的故事. 李慧君,王建平,译. 北京:中国轻工业出版社.

科尔克. (2021). 隐谷路:一个精神分裂症家族的绝望与希望. 黄琪,译. 北京:中信出版集团.

冈田尊司. (2023). 精神分裂症:你尚未知晓的事实. 昝同,译. 重庆:重庆大学出版社.

5

抑郁障碍、双相障碍与自杀

抑郁障碍和双相障碍都是以情绪不稳定为主要特征的心理障碍。绝大多数人都会经历情绪起伏，这是对日常生活事件的正常反应。而抑郁障碍和双相障碍的患者并非如此，他们的情绪很极端，且持续很长时间，影响其与外界的互动和正常的社会功能。抑郁障碍的主要症状表现是抑郁发作。抑郁发作是一种消沉的、难过的状态，在这一状态下的个体认为生活暗淡无光、索然无味，充满各种不堪承受的困难，感到自己既无望又无助。双相障碍则不仅涉及抑郁状态，还涉及躁狂状态。躁狂状态是一种令人喘不过气的欣快和躁动，在这种状态下，个体异常兴奋、精力充沛，感到自己无所不能。

抑郁障碍和双相障碍自从医学史的开端时期就被认识和研究了。公元前2600年，古埃及文献中就出现了抑郁症这一术语。在公元前4世纪，希波克拉底描述了抑郁和躁狂的表现。1896年，克雷珀林明确把躁狂和抑郁划为一个疾病分类单元，并命名为躁狂抑郁性精神病(Alloy, Acocella, Bootzin, 1996)。

本章所讨论的抑郁障碍和双相障碍在历史上曾被称为情感障碍(affective disorder)，既往被归为一类，列在情感障碍或心境障碍的疾病类别中，与这两种障碍患者处于抑郁或躁狂状态时的情感反应非常突出有关。

从DSM-Ⅲ-R和ICD-10开始，这两类障碍被命名为心境障碍(mood disorder)，我国的精神疾病分类诊断系统(CCMD)曾沿用情感性精神障碍这一名称，至CCMD-3改称心境障碍，目前我国的相应诊断参考的是ICD-10及ICD-11的诊断标准。

心境状态(mood)是一种在长时间里持续存在的情绪状态，具有弥散和广延的特点。它似乎是一种内心世界的背景，所有心理事件都受这一情绪背景的影响(孟昭兰，1994)。由于心境代表了较持久的和稳定的情绪，因此DSM-Ⅲ-R和ICD-10用心境障碍来描述病程可长达数年的抑郁发作和反复的躁狂发作现象。

DSM-5不再使用心境障碍一词，而是将抑郁障碍与双相及相关障碍分列两章进行论述。我国的《精神障碍诊疗规范(2020年版)》也将抑郁障碍与双相及相关障碍分列两章。但ICD-11仍然将抑郁障碍与双相及相关障碍归在心境障碍这一大类中，作为其下两个不同的诊断系列。

DSM-5将抑郁障碍和双相及相关障碍分列章的原因是，近年来研究者发现了两者在遗传、神经影像学等方面存在许多差异(肖茜,张道龙,2019b),因此本章将遵循DSM-5和《精神障碍诊疗规范(2020年版)》的分类方法,将抑郁障碍和双相及相关障碍分为两节进行讨论。

心境发作是抑郁障碍和双相障碍的主要症状表现和诊断要素。抑郁障碍和双相障碍都是根据特定类型的心境发作及其随时间变化的模式来定义的。心境发作的主要类型有抑郁发作、躁狂发作、混合发作和轻躁狂发作。但心境发作并非独立可诊断的实体,因此在ICD和DSM诊断体系中,没有对应的诊断代码。在DSM诊断体系中,抑郁障碍仅涉及抑郁发作,而双相及相关障碍则涉及全部四类心境发作。因此,在双相及相关障碍的诊断中,通常会涉及这样一个问题,即患者来诊时,可能因正处于抑郁发作的阶段而被误诊为抑郁障碍,需要医生谨慎地进行鉴别。

两类障碍所带来的疾病负担,一直是精神医学、心理学和公共卫生领域的研究热点,不同研究所得出的结论不尽相同。根据2022年《柳叶刀》发表的研究结果,1990年至2019年,抑郁障碍和双相障碍所带来的疾病负担大幅增加;以伤残调整寿命年作为指标,抑郁障碍所带来的疾病负担是各类精神障碍中最大的(Ferrari et al.,2022)。我国每年有4.06%的成年人患抑郁障碍或双相障碍,终身患病率达7.4%(Huang et al.,2019)。

本章我们将重点介绍抑郁障碍中的抑郁症(major depressive disorder, MDD)* 和双相及相关障碍,主要依据DSM-5进行讨论,并分别使用抑郁障碍与双相障碍的名称。但在一些引用的研究报告中,若原作者使用的诊断名称是情感障碍或心境障碍,则予以保留。

第一节 抑 郁 障 碍

研究显示,在全球范围内,自1915年以来,抑郁症的患病风险持续且稳定地上升(Gonzalez et al.,2010;Horwath et al.,1992)。在美国,每年有大约8%的成人患严重的单相抑郁症(Gonzalez et al.,2010)。内科医生报告在其门诊病人中,12%~48%的病人有抑郁的问题。根据2019年中国精神卫生调查(CMHS)数据,我国抑郁障碍的终生患病率为6.8%。

在DSM-5中,抑郁障碍包括破坏性心境失调障碍、抑郁症、持续性抑郁障碍(心境恶劣)、经前期烦躁障碍、物质/药物所致的抑郁障碍、由于其他躯体疾病所致的抑郁障碍、其他特定的抑郁障碍、未特定的抑郁障碍。

---

* major depressive disorder按字面应译为重性抑郁障碍,DSM-5也使用了重性抑郁障碍的译法。但此名称容易与疾病严重程度的轻、中、重度混淆,引起误解。实际上在此诊断名称下,包含了轻、中、重度抑郁障碍,因此我们在此译为抑郁症,或单相抑郁症。同理,将major depressive episode译为抑郁发作。

在ICD-11中,心境障碍下的抑郁障碍包括单次发作抑郁障碍、复发性抑郁障碍、恶劣心境障碍、混合性抑郁和焦虑障碍、经前期烦躁障碍、其他特定抑郁障碍、未特定的抑郁障碍。其中,单次发作抑郁障碍和复发性抑郁障碍对应DSM-5的抑郁症。

尽管有不同的亚型,抑郁障碍的核心特征却是统一的,即抑郁情绪(如悲伤、易怒、空虚)或失去愉悦感,并伴随认知、行为或自主神经系统的症状。抑郁障碍中最常见的是抑郁症,抑郁发作是抑郁症的典型状态。

一、抑郁发作

1. 正常的抑郁和其他负性情绪反应

情绪本身并没有正常或异常之分,我们可以说抑郁、焦虑、恐惧等情绪是负性的,喜悦等情绪是正性的,但不能就此认为负性情绪就是异常的。事实上,抑郁和其他负性情绪一样,是一个从正常到异常的连续体,正常和异常之间并没有绝对的界限,大体上当抑郁达到了某一特定的严重程度,严重影响了个体正常的生活和社会功能时,才算作异常,并且需要治疗。

DSM-5区分了悲痛反应和抑郁发作。悲痛反应的主要表现是空虚和丧失(如丧失亲人)的感受,而抑郁发作则侧重于持续的抑郁心境和无力预见幸福或快乐。悲痛反应可能会随着时间的流逝而减弱,呈波浪式的起伏,与思念逝者和回忆起逝者有关,且处于悲痛反应的个体通常可保持其自尊。而抑郁发作的抑郁情绪则更为持久和泛化,与特定的想法或担忧无关联,且常常伴有无价值感、自我憎恨或自我贬低,甚至因无力应对抑郁的痛苦而想要结束自己的生命。DSM-5特别注明,虽然丧亲、破产、病痛等负性生活事件确实可以解释一部分抑郁症状,但仍然需要考虑抑郁发作的可能。

而在ICD-11中,如果个体在经历重大丧亲事件后的6个月内或与其宗教和文化背景相符的更长时间内,表现出正常的哀伤情绪,包括某种程度的抑郁症状,则不应考虑抑郁发作的诊断。只有丧亲后抑郁症状持续存在1个月或更长时间(即体验不到正性情感或愉快感),出现极度自我价值感低下和与逝者无关的内疚感等严重抑郁症状、精神病性症状、自杀意念或精神运动性阻滞,才考虑抑郁发作。此外,ICD-11提示,既往抑郁障碍或双相障碍病史对于鉴别正常哀伤反应和抑郁发作至关重要。

2. 抑郁发作的表现

抑郁发作具有各种不同的表现,其常见症状表现如下:

(1)抑郁心境。几乎所有的抑郁发作的病人都报告有某种程度上的不快,从轻度的抑郁到极度的无助感。这种抑郁感被人们描述为完全的绝望、孤独感或只是厌倦。轻度的抑郁者时常哭泣,更严重的会说他们想哭却哭不出来。严重的抑郁者通常认为他们的情况已不可逆转,他们也无法自救,别人也不能帮助他们。

(2)快感缺失。除了心境抑郁外,最常见的抑郁发作症状是丧失兴趣,在人的日常生活中缺乏乐趣,即快感缺乏。无论这个人以前喜欢干什么:做家务、打牌、旅游、打球、看电影,打游戏,抑郁发作时会感觉什么都没有意思了。食物不再可口,性生活不再有乐趣,也不再想和朋友聊天。严重的抑郁发作的患者会处于一种完全的麻痹状态——不能起床,他们对床爱恨交加,因为不起床睡着了可以减轻痛苦,但一直不能起床工作或者做事情会令他们对自己更加失望和感到无价值。

(3) 食欲紊乱。许多抑郁发作的患者的食欲很差,体重减轻;而另一些则食欲增加,体重增加。无论体重怎样变化,增加还是减少,这种变化会在多次抑郁发作时再次出现。

(4) 睡眠紊乱。失眠也是抑郁症的一个显著的特征。早醒后不再能重新入睡是最常见的;也有人表现为入睡困难或整个夜晚中不断醒来。但和食欲问题一样,睡眠紊乱有时是过多而非缺乏,这种情况下,病人可以每天睡 15 个小时以上。

(5) 精神运动性迟缓或激越。在迟缓性抑郁中,病人看起来非常的疲乏,姿势经常是停滞的,运动缓慢而审慎,说话声音低沉、犹豫不决,在回答提问前有长时间的停顿。激越性抑郁则以完全相反的方式表现出来:这类病人不断地活动,不停地书写,走来走去,不断呻吟,焦虑不安。

(6) 精力减退。抑郁发作的患者的动机减退通常伴有明显的精力水平的降低。尽管什么事都没有干,他们还是感到整天十分疲倦。

(7) 无价值感和内疚。抑郁发作的患者常把自己看得一无是处:智力、外貌、人缘、能力等一无可取之处。这种无价值感常伴有深刻的内疚感,他们看起来似乎在拼命寻找自己做错事的证据。即使他们的孩子学习有问题或车胎没气了,也都是自己的错。

(8) 思维困难。在抑郁状态下,心理过程和生理过程一样通常会减慢。抑郁发作的患者总是犹豫不决,他们常报告说思考困难,不能集中注意力,记忆力减退。越是困难的、需要全神贯注的心理操作,他们越难完成。

(9) 欲死亡或自杀的想法。抑郁发作的患者总是反复想到自杀。他们总是说如果自己死了就解脱了,并且这样对大家都好。事实上,的确有一些抑郁症病人就是这样做的,他们最终选择了自杀。

(10) 其他抑郁发作的症状表现。抑郁发作还可能伴有妄想和幻觉等精神病性症状,其内容是与心境相协调的,且总在抑郁存在一段时期后才出现,并先于抑郁心情显著好转前消失。文化对抑郁症状的表现也有着影响,在我国,疼痛、疲劳和神经衰弱的主诉较常见。

3. 抑郁发作的诊断

ICD-11 对抑郁发作的诊断,无论是诊断条目的描述,还是对持续时长,都与 DSM-5 基本一致;不同之处在于,ICD-11 将症状分为 3 类(情感、认知-行为、自主神经症状),较 DSM-5 多了一条"对未来感到无望"。此外,ICD-11 在诊断标准中明确要求需排除丧亲事件的影响,而 DSM-5 则在页下注中说明了悲痛反应与抑郁发作的区别。二者的对比见表 5-1。

表 5-1　ICD-11 与 DSM-5 抑郁发作的诊断对比

ICD-11	DSM-5
在一天中的大多数时间存在至少 5 条以下特征性症状，持续至少 2 周，且其中至少 1 条症状源自情感症状群。对症状存在与否的判断应参考其对个体重要功能的影响程度。	A. 在同一个 2 周的时期内，出现与以往功能不同的明显改变，表现为下列 5 项以上的症状，其中至少 1 项是(1)心境抑郁或(2)丧失兴趣或愉悦感。 注：不包括明显由其他躯体疾病所致的症状。
情感症状群 (1) 抑郁心境，源自患者的自我报告(例如情绪低落、悲伤)或他人观察(例如流泪、外表颓废)。儿童、青少年时期的抑郁心境也可以表现为易激惹。	(1) 几乎每天大部分时间都存在抑郁心境，既可以是主观的报告(如感到悲伤、空虚、无望)，也可以是他人的观察(如表现为流泪)(注：儿童和青少年可能表现为心境易激惹)。
(2) 在活动中兴趣及愉悦感明显减退，尤其是那些患者平时很喜欢的活动。愉快感减退也包括性欲减退。	(2) 每天或几乎每天的大部分时间内，对于所有或几乎所有活动的兴趣或愉悦感都明显减少(既可以是主观陈述，也可以是他人观察所见)。
认知-行为症状群 (3) 面对任务时，集中和维持注意力的能力下降，或出现明显的决断困难。	(3) 几乎每天都存在思考能力减退、注意力不能集中或犹豫不决的情况(既可以是主观的陈述，也可以是他人的观察)。
(4) 自我价值感低或过分的、不适切的内疚感，后者可表现为妄想。如内疚感或自责仅仅来源于抑郁本身，则不考虑该症状。	(4) 几乎每天都感到自己毫无价值，或过分地、不适当地感到内疚(可以达到妄想程度)，而且并不仅仅是因为患病而自责或内疚。
(5) 对未来感到无望。	
(6) 反复想到死亡(不只是对死亡的恐惧)、反复自杀意念(有或没有特定计划)，或有自杀未遂的证据。	(5) 反复出现死亡的想法(而不仅仅是恐惧死亡)，反复出现没有特定计划的自杀想法、特定的自杀计划或自杀企图。
自主神经症状群 (7) 显著的睡眠紊乱(入睡延迟，夜间醒来的频率增加或早醒)或睡眠过多。	(6) 几乎每天都失眠或睡眠过多。
(8) 显著的食欲改变(减少或增加)或显著的体重改变(增加或下降)。	(7) 在未节食的情况下体重明显减轻或体重增加(如一个月内体重变化超过原体重的 5%)，或几乎每天食欲都减退或增加(注：儿童则可表现为未能达到体重增加的预期)。
(9) 精神运动性激越或迟滞(可被他人觉察到，而不仅仅是主观感觉坐立不安或迟缓)。	(8) 几乎每天都精神运动性激越或迟滞(他人能够观察到，而不仅仅是主观体验到的坐立不安或变得迟钝)。

(续表)

ICD-11	DSM-5
(10) 精力减退、疲乏或即使保持最低限度的活动也会出现明显的疲劳感。	(9) 几乎每天都疲劳或能量不足。
心境紊乱导致患者个人、家庭、社会、学习、职业或其他重要领域明显的功能损害。如果功能得以维持,则只能通过付出大量的额外努力。	B. 这些症状引起有临床意义的痛苦,或导致社交、职业或其他重要功能方面的损害。
这些症状不是其他医疗状况的表现(例如脑肿瘤),并非受中枢神经系统活性物质或药物的影响(例如苯二氮䓬类),包括戒断反应(例如兴奋剂戒断)。	C. 这些症状不能归因于某种物质的生理效应或其他躯体疾病。
这些症状不能更好地被丧亲事件解释。	注:对于重大丧失(如丧痛、破产、自然灾害的损失、严重躯体疾病或失能)的反应,可能包括诊断标准A所列出的症状,如强烈的悲伤、对于损失的反刍思维、失眠、食欲缺乏和体重减轻,这些症状可能类似于抑郁发作。尽管此类症状对于丧失来说是可以理解的或被认为是恰当的,但除了对于重大丧失的正常反应之外,也应该仔细考虑是否额外存在重性抑郁发作的可能。做出这一临床判断,无疑需要根据个人史和在丧失的背景下表达痛苦的文化常模综合进行衡量。
临床表现不符合混合发作的诊断要求。	—

根据抑郁发作具体情况(如严重程度、频次、起始时间等),以及其他需要考虑的情况(如是否伴有精神病性症状、躁狂发作等),个体会被诊断为不同类型的抑郁障碍或双相障碍。有时人们会发现一些明显像是抑郁症的案例其实是双相障碍中的抑郁发作(躁狂尚未发作)。如果人们在抑郁发作之后经历了躁狂发作,则诊断将会改为双相障碍。

在不同的年龄,抑郁发作的临床症状也有所不同。在婴儿期,抑郁发作最常见的表现是不进食。稍大的儿童则表现为冷漠和不活跃,或者表现为严重的分离性焦虑:孩子严重依赖父母,拒绝长时间离开父母以致不能上学,受死亡或对父母死亡的恐惧的困扰。在青少年中,最常见的症状是恼怒、违拗、不再抱怨自己受忽视和不被理解或不被欣赏,可能出现反社会和药物滥用的行为。也就是说,青少年中常见的问题在抑郁个体身上更加严重了。老年人的抑郁症状主要表现为快感和动机缺乏、无望感的表达,以及精神运动性迟缓或激越。

专栏 5-1

抑郁发作的程度

在对抑郁发作进行鉴别时,与 DSM-5 不同的是,ICD 的诊断系统会对抑郁发作的严重程度进行判别。ICD-11 对轻度、中度、重度抑郁发作的辨别描述没有给出可量化的条目。例如,ICD-11 对中度抑郁发作的描述是"存在数条明显的抑郁发作症状,或存在大量程度较轻的抑郁症状",但何为"数条",何为"程度较轻",每个诊断者的理解不一样。

ICD-10 为了区分这三种类型,曾将抑郁发作的症状分为核心症状和附加症状,相对直观、可量化。因此,我国《精神障碍诊疗规范(2020 年版)》沿用了 ICD-10 的标准。

表 5-2 ICD-10 诊断抑郁发作的核心症状和附加症状

核心症状	附加症状
A. 心境低落 B. 兴趣与愉悦感丧失 C. 易疲劳	① 集中注意和注意的能力降低; ② 自我评价和自信降低; ③ 自罪观念和无价值感; ④ 认为前途黯淡悲观; ⑤ 自伤或自杀的观念或行为; ⑥ 睡眠障碍; ⑦ 食欲减退或增加。

资料来源:World Health Organization,1992.

根据患者的核心症状和附加症状的数量,ICD-10 对抑郁症的诊断要求是整个发作至少持续两周,对疾病程度做出以下区分——

- 重度抑郁发作:全部 3 条核心症状+5 条附加症状。
- 中度抑郁发作:2 条核心症状+3 或 4 条附加症状。
- 轻度抑郁发作:2 条核心症状+2 条附加症状。

二、抑郁症

抑郁症是一类以抑郁发作为主要特征的疾病诊断。在 DSM-5 中指经历了一次或多次的抑郁发作,期间没有躁狂发作的障碍,因此也曾被称为单相障碍(unipolar disorder)。

【案例 5-1】

周某是一名 30 多岁的企业员工,他有一个聪明的女儿、贤惠的妻子,以及慈爱的父亲和母亲。三天前,周某突然离家出走,在外地投河自杀,被人救起后通知了家属将其送到医院。周某对医生说他是因为最近几个月来,单位要进行改革,工作压力增大,怕自己不能胜任,家里又有些琐碎的小事没处理好,逐渐出现夜不能寐,情绪特别低落,做什么事都没兴趣,也没有食欲,体重明显降低,每天早起后感到特别难受,觉得活着太痛苦了,所以就想一死了之,在家里已经服安眠药自杀过一次了,被家人及时发现抢救脱险。追溯病史时发现周某在十年前读大学时就曾出现过类似的症状,主要表现为长时间失眠,情绪低落,不愿与人交往,并因此休学一年,后未经治疗,逐渐恢复。

案例 5-1 达到了抑郁症的诊断标准。在一些病例中,遭遇某种心理创伤可能使一个人一夜间陷入抑郁状态,但更多的情况下抑郁症的发生是逐渐的,在经历了几个月甚至几年后才明显表现出抑郁的症状。通常这种状态在持续数月后会像一开始那样逐渐地结束。一个陷入抑郁状态的人,其大多数心理功能都经历了深刻的变化,不仅是心境,还包括动机、思维、生理和运动机能的改变。

DSM-5 对抑郁症的诊断标准

A. 在同一个 2 周时期内,出现与以往功能不同的明显改变,表现为下列 5 项以上,其中至少 1 项是(1)心境抑郁,或(2)丧失兴趣或愉悦感。
注:不包括明显是由一般躯体疾病所致的症状。
(1) 几乎每天大部分时间都心境抑郁,这或者是主观的体验(例如,感到悲伤或空虚),或者是他人的观察(例如,看来在流泪);注:儿童或青少年,可能是心境激惹;
(2) 几乎每天大部分时间,对于所有(或几乎所有)活动的兴趣都显著减低,既可以是主观体验,也可以是他人观察所见;
(3) 显著的体重减轻(未节食)或体重增加(一个月内体重变化超过原体重的 5%),或几乎每天食欲减退或增加;注:儿童则为未达到应增体重;
(4) 几乎每天失眠或嗜睡;
(5) 几乎每天精神运动性激越或迟缓(由他人观察到的情况,不仅是主观体验到坐立不安或变得迟钝);
(6) 几乎每天疲倦乏力或缺乏精力;
(7) 几乎每天感到生活没有价值,或过分的不合适的自责自罪(可以是妄想性的程度,不仅限于责备自己患了病);
(8) 几乎天天感到思考或集中思想的能力减退,或者犹豫不决(或为自我体验,或为他人观察);
(9) 反复想到死亡(不只是怕死),想到没有特殊计划的自杀意念,或者想到某种自杀企图或一种特定计划以期实行自杀。

B. 这些症状产生了临床上明显的痛苦烦恼,或导致社交、职业、或其他重要方面的功能缺损。
C. 这些症状并非由于某种物质或一般躯体情况所致之直接生理性效应。
注:诊断标准 A~C 构成了抑郁发作。
注:对于重大丧失(例如,哀伤、经济破产、自然灾害的损失、严重躯体疾病或伤残)的反应,可能包括诊断标准 A 所列出的症状,如强烈的悲伤、沉浸于丧失、失眠、食欲缺乏和体重减轻,这些症状可能类似抑郁发作。尽管此类症状对于丧失来说是可以理解的或反应恰当的,但除了对于重大丧失的正常反应之外,也应该仔细考虑抑郁发作的可能。这个决定必须要基于个人史和在丧失的背景下表达痛苦的文化常模来做出临床判断。

> D. 这种重性抑郁发作的出现不能用分裂情感障碍、精神分裂症、精神分裂症样障碍、妄想障碍或其他特定的或者未特定精神分裂症谱系及其他精神病性障碍来更好地解释。
> E. 从无躁狂发作或者轻躁狂发作。

抑郁症是一种容易复发的疾病,复发的情况多种多样。在 ICD-11 中,区分了单次发作的抑郁障碍(single episode depressive disorder)和复发性抑郁障碍(recurrent depressive disorder)。单次发作的抑郁障碍要求之前没有抑郁症发作史。而诊断复发性抑郁障碍需要患者满足至少有 2 次抑郁发作且间隔至少 2 个月的条件,并可以排除双相障碍。对抑郁症患者的随访研究表明,50% 的抑郁症患者只有一次发作,30% 的患者变为慢性抑郁,20% 的患者表现为反复发作(Alloy,Acocella,Bootzin,1996)。

三、抑郁障碍的其他特定类型

除了抑郁症,DSM-5 还列出了一些其他类型的抑郁障碍:持续性抑郁障碍(恶劣心境)、破坏性心境失调障碍、经前期烦躁障碍、物质/药物所致的抑郁障碍、由其他躯体疾病所致的抑郁障碍、其他特定的抑郁障碍、未特定的抑郁障碍。未特定的抑郁障碍指反复发作的短期抑郁、短暂性抑郁发作、症状不足的抑郁发作、于围产期发生和伴季节性模式的发作。

下面对持续性抑郁障碍(恶劣心境)和破坏性心境失调障碍进行简要介绍。

(一)破坏性心境失调障碍

由于儿童的抑郁发作通常伴有易激惹、行为失控等症状,既往的研究发现,存在这些症状的儿童在成长为青少年和成人的过程中,往往会发展成单相抑郁障碍或焦虑障碍,而不是双相障碍。为避免双相障碍在儿童(不超过 12 岁)中的过度诊断和治疗,DSM-5 在抑郁障碍中加入了一种新的抑郁障碍类型,即破坏性心境失调障碍(disruptive mood dysregulation disorder,DMDD)。

DSM-5 对破坏性心境失调障碍的诊断标准

> A. 严重的、反复发作的脾气爆发,表现在言语(如言语暴力)和/或行为(如对他人或财产的躯体性攻击)方面,其强度或持续时间与具体情况或所受的挑衅完全不成比例。
> B. 脾气爆发与个体的发育水平不一致。
> C. 脾气爆发平均每周发生 3 次及以上。
> D. 在几乎每天和一天中的大部分时间里,脾气爆发之间的心境是持续性的易激惹或愤怒,且可被他人(如父母、老师、同伴)观察到。
> E. 诊断标准 A~D 的症状已经持续存在 12 个月或更长时间。在这段时间里,个体从未连续 3 个月或更长时间没有诊断标准 A~D 的所有症状。
> F. 诊断标准 A 和 D 存在于下列三种场景的至少两种(即在家、在学校、与同伴在一起)中,且至少在其中一种场景中是严重的。

G. 6 岁前或 18 岁后不应首次作出诊断。
H. 根据病史或观察,诊断标准 A~E 的症状出现在 10 岁前。
I. 从来没有一个明显的超过 1 天的持续时期,在此期间,除了持续时间以外,符合躁狂或轻躁狂发作的全部症状标准。
   注:与发育阶段相符的心境高涨,如遇到或预测到一个非常积极的事件发生,不应被视为躁狂或轻躁狂的症状。
J. 这些行为不能只出现在重性抑郁障碍的发作期,且不能用其他精神障碍〔如自闭症(孤独症)谱系障碍、创伤后应激障碍、分离焦虑障碍、持续性抑郁障碍〕来更好地解释。
   注:此诊断不能与对立违抗障碍、间歇性暴怒障碍或双相障碍共存,但可与其他精神障碍并存,包括重性抑郁障碍、注意缺陷/多动障碍、品行障碍和物质使用障碍。如果个体的症状同时符合破坏性心境失调障碍和对立违抗障碍的诊断标准,则应只诊断为破坏性心境失调障碍。如果个体曾有过躁狂或轻躁狂发作,则不能诊断为破坏性心境失调障碍。
K. 这些症状不能归因于某种物质的生理效应,或其他躯体疾病或神经系统疾病。

(二) 持续性抑郁障碍(恶劣心境)

许多病人有慢性抑郁史,但他们的症状从未严重到符合抑郁症的程度。在这种情况下,如果他们的病程持续两年以上,则可以诊断为恶劣心境。所以,亦可称恶劣心境是一种轻度的抑郁。

这样的病人通常是忧郁的、内向的、审慎的,缺乏获取快乐的能力。此外,他们缺乏精力,自尊水平低,有自杀的想法,他们的饮食、睡眠和思维都存在紊乱的情况,与抑郁症很相似,只是其症状还不是那么严重或不够多。恶劣心境的发病率约是抑郁症的一半,DSM-Ⅳ中提到恶劣心境的时点患病率为 0.5%(APA,2013)。我国的流行病学调查发现,其 12 个月的患病率为 1.0%,终生患病率为 1.4%(Huang et al.,2019)。

DSM-5 对恶劣心境障碍的诊断标准

A. 至少在 2 年内的多数日子里,一天中的多数时间中出现抑郁心境,既可以是主观的体验,也可以是他人的观察。
注:儿童和青少年的心境可以表现为易激惹,且持续至少 1 年。
B. 处于抑郁状态时,存在下列 2 项(或更多)症状:
   (1) 食欲缺乏或暴饮暴食;
   (2) 失眠或嗜睡;
   (3) 缺乏精力或疲劳;
   (4) 自尊心低;
   (5) 注意力不集中或犹豫不决;
   (6) 感到无望。
C. 在 2 年的病程中(儿童或青少年为 1 年),个体没有诊断标准 A 和 B 所描述的症状的时间从未超过 2 个月。

D. 重性抑郁障碍的诊断可能连续存在 2 年。
E. 从未有过躁狂或轻躁狂发作,且从不符合环性心境障碍的诊断标准。
F. 这种障碍不能用一种持续性的分裂情感性障碍、精神分裂症、妄想障碍,其他特定的或未特定的精神分裂症谱系及其他精神病性障碍来更好地解释。
G. 这些症状不能归因于某种物质(如滥用的毒品、药物)的生理效应,或其他躯体疾病(如甲状腺功能减退)。
H. 这些症状引起有临床意义的痛苦,或导致社交、职业或其他重要功能方面的损害。

注:因为在持续性抑郁障碍(心境恶劣)的症状列表中,缺乏重性抑郁发作的诊断标准所含的 4 项症状,所以只有极少数个体持续存在抑郁症状超过 2 年却不符合持续性抑郁障碍的诊断标准。如果在当前发作病程中的某一个时刻,符合了重性抑郁发作的全部诊断标准,则应该给予重性抑郁障碍的诊断。否则,有理由诊断为其他特定的抑郁障碍或未特定的抑郁障碍。

过往研究认为,较之抑郁症,长期的恶劣心境往往会带来更严重的健康问题,患者更容易并发其他心理障碍和医疗问题,有更高的自杀风险(Schramm et al.,2020)。恶劣心境病程迁延且容易复发,有研究发现,恶劣心境患者 1 年内罹患抑郁症的风险是普通人群的 5.5 倍(Horwath et al.,1992)。因此,关注恶劣心境患者的生活质量和长期治疗效果也很重要。

专栏 5-2

经前期烦躁障碍

根据 DSM-5 的诊断标准,经前期烦躁障碍(premenstrual dysphoric disorder)患者在月经开始前一周会同时出现严重的情绪反应(包括情绪波动、易激惹、抑郁心境、焦虑等)和生理反应(包括注意力难以集中、精力不足、睡眠问题、进食问题、乳房疼痛等),症状会在月经开始后几天开始改善。经前烦躁作为一类诊断分类可以追溯到几十年前,临床医生发现,2%～5%的女性在经期之前会出现严重情绪反应和生理反应,甚至可能导致失能(Epperson et al.,2012)。

反对确立此诊断的意见认为,许多女性都会遇到这样的生理周期反应,将其诊断成一种疾病,可能会引发对月经的污名化。但目前的研究认为,大部分女性的经前不适症状对她们的正常功能影响不大,而经前期烦躁障碍患者除了身体上的各种症状,这段时间内剧烈的心境波动和焦虑会严重影响其社会功能,相应的治疗能缓解她们的痛苦。因此,DSM-5 认为,这种反应被归为心境障碍比归为生理障碍(如内分泌紊乱性疾病)更合适。但在诊断时需要注意,患者应在过去一年的绝大多数月经周期中都发生了这些症状,并且这些症状已经严重影响了患者的社会功能。

四、抑郁障碍的病因

抑郁障碍的病因目前尚无定论。研究者发现，许多因素都可能会影响抑郁障碍的发作。许多心理学和精神医学学者都会用整合的视角来看待抑郁障碍的病因，即综合考虑生物学因素、心理因素和社会因素的影响。

（一）生物学因素

1. 遗传因素

四类常用的遗传学影响因素研究范式（家族、双生子、寄养子和分子生物学的基因研究）都指出，单相抑郁症具有遗传倾向（Alloy, Acocella, Bootzin, 1996; Thapar, Mcguffin, 1996）。如在双生子研究中，同卵双生子中一人有抑郁症，另一人患抑郁症的概率是46%；而异卵双生子中一人患抑郁症，另一人患抑郁症的概率是20%（Thapar, Mcguffin, 1996）。在家族研究中，患者的发病年龄早、程度的严重性以及反复发作（重性抑郁发作）都与其亲属中的抑郁症患病比例高有关（Kendler et al., 2007）。

值得注意的是，目前大多数心理学和精神医学研究者认为，遗传的不是抑郁症本身，而是抑郁症的易感性，即个体所经历的生活事件和基因的生物易感性相互作用，从而导致了抑郁（Lesch, 2004; Peyrot et al., 2016; Zhao, Song, Ma, 2001）。有研究认为，抑郁的遗传易感性存在着性别差异，这可能是由于多组不同的基因各自构成了不同的遗传模式所致（Mcclellan, King, 2010）。

2. 生理因素

抑郁障碍患者在生理方面会发生从微观的生物化学物质，到更为宏观的HPA轴及大脑皮层的功能和结构的不同变化。

抑郁症主要的生物化学理论是神经递质失衡理论。多年以来，人们一直认为去甲肾上腺素或5-羟色胺的活性低会导致抑郁（Brockmann et al., 2011; Selvaraj et al., 2011），但研究者现在认为，神经递质和抑郁存在更为复杂的关系，如5-羟色胺和去甲肾上腺素之间，或者它们和其他大脑神经递质之间是有关联的，所以单相抑郁症并非是由单一神经递质的变化所导致的（Alloy, Acocella, Bootzin, 1996）。

另外一些生物学研究者认为，相对于在神经元之间传递信息的化学物质，单相抑郁症和神经元内部发生的缺陷关系更紧密。他们认为关键的神经递质或激素的异常，最终导致神经元中某些蛋白质或其他化学物的缺陷，尤其是促进神经元发育和存活的脑源性神经营养因子的缺陷（Alloy, Acocella, Bootzin, 1996），这些神经元内部的缺陷可能导致神经元健康程度受损，从而进一步导致了抑郁的发生。

近年来，有研究者开始关注下丘脑-垂体-肾上腺三者的互动构成的HPA轴导致的某些激素释放的变化。HPA轴高水平应激激素的释放会抑制海马中的神经发生过程，进而影响个体的抑郁水平（Glasper, Schoenfeld, Gould, 2012; Snyder et al., 2011）。与此相关的是,有研究认为较小的海马体积可能是抑郁发病的前兆,甚至有可能与发病具有因果关系(Chen,Hamilton,Gotlib,2010)。

一些研究对大脑皮层及功能进行探索。研究发现抑郁患者右侧大脑半球前部(尤其是前额叶)的活动比健康人要强,而左侧大脑半球的活动则较弱,并且是 α 波活动较弱(Pizzagalli et al.,2002)。患者即使被治愈后,这种差异也仍然存在(Tomarkenand,Keener,1998)。所以研究者推测这种脑功能模式可能在患者罹患抑郁之前就已经存在,代表着抑郁症的易感性。这些脑区相互关联,并且与个体脑活动的抑制功能增加有关,而这恰好是抑郁的特征之一。研究者希望通过对脑回路的深入研究进一步理解抑郁患者与常人之间区别的根源,以及究竟是像某些研究所提示的那样,是这些脑电活动的差异导致了抑郁,还是抑郁导致了脑电活动的差异。

对抑郁的生物学解释具有局限性。例如,大部分生化研究是通过在实验室动物身上诱发类似抑郁的症状来进行的,研究者没有办法确定这些症状是否确实反映了人类的情况。另外,通过测量人类大脑来研究抑郁的手段是非常有限的、间接的。因此,研究者无法百分之百地确定大脑中发生了哪些生物化学过程。

(二)社会心理因素

1. 人格特征

人格特征与抑郁症的易感性增加有关,已有研究证明,神经质特质与经历压力性生活事件,以及随后以抑郁症状对这些事件做出反应的概率有关(Klein,Kotov,Bufferd,2011)。人格障碍患者通常也会有抑郁症状的主诉,很大一部分抑郁症患者同时罹患人格障碍,与人格障碍的共病通常意味着抑郁症较差的预后(Ellison et al.,2016;Meaney,Hasking,Reupert,2016)。

人格特质本身具有多种遗传和环境根源,研究者对幼儿抚养过程进行了研究,大量证据支持这样的观点,即在生命早期的关键时期遭受虐待,会增加一个人抑郁发作的可能性(Li,D'Arcy,Meng,2016),成年后的复发率和持续率也更高(Nanni,Uher,Danese,2012)。

2. 应激与生活事件

抑郁发作看起来往往是由压力事件引起的。事实上,研究也的确发现抑郁患者在抑郁发作前一个月与正常人相比经历了更多的压力性生活事件(Gutman,Nemeroff,2011)。当然压力性生活事件也会导致其他心理障碍,但抑郁的人比其他人报告的此类事件更多。某些个人特征、兴趣、技能和社会支持变量可能是个体免受抑郁症影响的保护因素;安全依恋史、认知能力、自我调节能力和积极的社会支持等因素,已被确定有助于心理韧性(即在逆境中保持或恢复心理健康,或从困难和创伤中恢复的能力),并有助于使高危人群很好地适应或应对应激源(Rutter,2013;Southwick,Charney,2012)。心理韧性可能是特定的,个体可能对某种环境伤害有复原力,但对其他环境的伤害却没有弹性；还可能在一生中的一个时期表现出韧性，但在其他阶段不表现出韧性。在临床心理评估中，评估者应该了解患者个人及其环境过去应对逆境的情况，因为之前的成功经历可能与当前和未来的挑战相关（Rutter，2006；Ungar，Ghazinour，Richter，2013）。

3. 文化背景与社会环境

使用标准化诊断工具在世界多地进行的研究表明，许多症状具有跨文化的属性，但文化仍然会影响某些症状及表现。例如，非洲、亚洲等地的居民的躯体症状（如头痛和全身疼痛）的流行率较高；对于澳大利亚的男性，失去社会联系是抑郁症的核心特征，绝望和躯体抱怨不是那么明显（Herrman et al.，2022）。许多文化中有表达痛苦的文化习语，其中有很多被评估为与ICD或DSM中抑郁症的诊断条目相似，元分析发现，认同这些习语的人比其他人更容易达到ICD或DSM抑郁症的诊断标准（Kaiser et al.，2015）。

研究者认为，低收入一直与患抑郁症的风险呈正相关，但贫困和抑郁症之间的关系很复杂，可能是社会因果关系（即社会和经济逆境增加患抑郁症的风险）和社会选择（即抑郁症患者陷入贫困）机制造成的（Pater et al.，2014）。

另外值得注意的是，在低收入和中等收入国家中，抑郁症是自杀念头、计划和尝试的相对较弱的风险因素；在高收入国家，自杀和抑郁症之间存在密切的关系（Nock et al.，2008）。而一些研究表明，在资源丰富的环境中，食欲或体重变化等症状无法区分出抑郁症患者，在跨文化群体和跨经济社会地位群体中，孤独感的主观体验是青年抑郁症患者共有的表现（Gormez et al.，2017）。

4. 年龄与性别

在人生的每一个阶段，都可能会被诊断为抑郁症，甚至包括婴儿期。学龄前的抑郁可能会在青春期后期转为持续的病程，并产生多种负面效果。在ICD和DSM的诊断体系中，与成人相比，儿童和青少年抑郁症的唯一差异是"抑郁情绪可以表现为易怒"。此外，ICD-11提出，集中或保持注意力的能力下降在青春期可能会表现为学习成绩下降或无法完成作业，易怒和情绪不稳定也可能导致其人际关系恶化。与青少年一样，对老年人的抑郁症也往往认识不足，通常归因于正常的衰老、损伤或身体疾病。

女性患单相抑郁症的风险比男性高，有研究认为，女性患病概率至少是男性的两倍（Astbury，2010）。这种性别差异在12岁左右开始明显，并在16岁的青春期达到顶峰，多达26%的女性在一辈子中曾经经历过抑郁发作，而男性的终身患病率是12%（Salk，Hyde，Abramson，2017）。

5. 生活方式

生活方式一直被认为与抑郁症有关。低水平的体育活动（Schuch et al.，2018）、不健康的饮食模式（Li et al.，2017）会增加患抑郁症的风险。物质滥用，包括吸烟也被证明会增加抑郁症的易感性。生活方式与抑郁症的相关强度尚不能确定，研究者认为，在大多数情况下，双向因果关系的可能性很大（Herrman et al.，2022），即不良的生活方式提高了患抑郁症的可能性，同时抑郁症患者也更可能有不良的生活方式。

(三) 心理学的解释

1. 心理动力学的观点

弗洛伊德认为抑郁不是器质性损害的症状,而是个体自我对内心冲突的防御的表现。弗洛伊德提出抑郁是对丧失(外显的和象征性的)的反应。如果一个人面对丧失时的悲痛和愤怒没能发泄出来,而是仍处于无意识中,那么就会弱化其自我,而抑郁则是对自我的一种惩罚形式。如一个表面上看起来是因为失去丈夫而极度抑郁的女性,实际上是在为她对丈夫以往怀有的恶意而自我恼怒。抑郁和躁狂症状是一个人为想象中的罪恶而惩罚自己的手段(Freud,1922)。

这一理论为弗洛伊德的学生亚伯拉罕(Karl Abraham)所发展。他认为当一个人具有矛盾(正性的和负性的)的感情对象时,抑郁便产生了。面对失去所爱的对象,负性的感情转化为强烈的愤怒。与此同时,正性的情感引起内疚,个体会感到自己对刚失去的事物没有做出恰当的行为反应。由于这种内疚,内疚的人就把其愤怒内投而不是外泄了。这就造成了自罪和绝望,即我们所说的抑郁。在自杀的案例中,病人确实试图去杀死那个不合作的对象。愤怒的内投变成了对自己的谋杀(Abraham et al.,1927)。

现代的精神分析对经典的理论又有了新的发展和修正。现在有许多关于抑郁的精神分析理论,但这些理论也有一些共同的和核心的观点(Allen,Gilbert,Semedar,2004),这些观点包括:①认为抑郁常常源于早年的丧失;②个体早期的创伤被当前的事件所激活,如失业和离婚,这将患者带回到了婴儿期的创伤;③这种退行的一个重要的后果是无望感和无助感,这反映了一个婴儿在面临伤害时的无能为力,由于无法控制自己的世界,抑郁者便产生了退行;④许多理论家不再认为指向自身的愤怒是抑郁的核心,而是认为对对象的矛盾心理是抑郁者心境困扰的基础;⑤自尊的丧失是抑郁的主要特征;⑥客体关系学派的心理动力学理论家强调关系,他们认为抑郁是因为与他人的关系让患者感到没有安全感。

实际上,对于早年的丧失,只有不足百分之十经历了重大丧失的人最终形成了抑郁(Bonanno,2004)。另外,很多研究结果并不一致,虽然有些研究发现了童年丧失和之后抑郁的关系,但是也有一部分研究并没有发现这样的联系(Parker et al.,1992)。

2. 行为主义的观点

行为主义认为单相抑郁症是个体因生活中的一系列奖励和惩罚的明显改变所导致的(Martell,Addis,Jacobson,2001)。

(1) 消退。许多行为主义者将抑郁看作是消退的结果,认为抑郁是一种不完全或不充分的活动。消退的含义是指人的某种行为一旦不再被强化,这种行为就会逐渐减少甚至消失,如抑郁的个体不参与活动并出现退缩的状况。

例如,环境的改变会导致人不知道如何在新环境中获得强化,因此就产生了退缩行为。某些抑郁者也可能将死亡而非生存看作强化物,因为这会令别人感到后悔和内疚。

在这种情况下,抑郁将导致自杀(Alloy,Acocella,Bootzi,1996)。

有研究表明,如果抑郁者和正常人一样学会了降低不愉快事件发生的频率,增加愉快事件发生的频率的话,他们的心境也会改善。抑郁者正是缺乏获得强化和与他人交往的能力的人(Alloy,Acocella,Bootzi,1996)。

(2)强化。行为主义认为个体所获得的社会奖励取决于他们的个人能力和要求、社会经济地位及与他们相互影响的"依恋"的人数(Martell,Addis,Jacobson,2001)。当这些强化因素中的任何一个发生变化,如朋友去世、能力或财产地位的丧失,强化的频率和量都会减少。一旦这些强化减弱,依赖行为也随之减少,进而较低级的反应水平(例如情绪低落)则可以由社会奖励(如同情)所强化。因此,一方面是正常的情感的强化量不断减少,另一方面对异常的情绪症状的奖励量的增加,由此出现了异常情绪的恶性循环。有研究显示,对我国女大学生进行高低不同频率的强化时,低强化组表现的抑郁行为明显增多(见陈仲庚,1985)。

3. 认知理论的观点

认知理论认为患有单相抑郁症的人对事物的负性的知觉方式会导致抑郁。其中有两种最具有影响力的认知观点是:负性思维理论和习得无助理论。

(1)贝克的理论。认知模型表明,有抑郁症患病风险的人在信息处理中表现出偏见,倾向于选择悲观和自我批评的解释,这导致了所谓的抑郁认知风格(Disner et al.,2011)。

贝克在临床实践中发现病人在自我报告中常常歪曲事实,充满了自我否定和悲观消极的思想。由此,他提出抑郁者之所以抑郁,是因为他们的思维有消极的歪曲(图5-1)。

图5-1 贝克的抑郁理论中的三个层面的认知

依照贝克的理论,我们每个人都拥有因早期经历形成的图式(schemata),通过这些图式,我们规范着自己的生活。抑郁者在童年或青少年时,因为种种原因发展出消极的图式或信念——消极地看待周围世界的倾向。此后,一旦遇到和以往类似的情境,这些消极图式就会自动地发挥作用,严重地影响抑郁者的生活。

抑郁者因此形成许多认知歪曲,并发展出消极的抑郁三联征(negative triad):负性的自我观、世界观和未来观。

许多研究表明,经过改变负性认知的治疗后,抑郁者在认知偏差问卷上的得分出现了显著的下降(Simons, Garfield, Murphy, 1984)。不过,对贝克的理论的一个挑战是:究竟是抑郁导致消极的认知,还是消极的认知导致了抑郁。

(2) 无助感和无望感的三种理论。无助感和无望感的理论也对抑郁的产生及持续进行了解释。

① 习得性无助理论(learned helplessness)。该理论认为个体的消极状态和无法有所行动、无法控制自己的生命的感觉来自个体的不成功的控制尝试的经历和心理创伤。

习得性无助的研究始于对实验室里狗的行为的观察。研究者将狗置于一个完全无法逃脱的情景,然后给予电击。电击引起了狗的惊叫和挣扎,但它无法摆脱电击。以后即使将其放置在可以逃脱电击的环境中,纵有逃脱的机会狗也不去尝试了。塞利格曼(Martin Seligman)提出,动物在面对不可控制的痛苦情景时产生了"无助感"。这种严重的无助感使其失去了学习有效应对痛苦情景的能力和动机。习得性无助的实验研究的结果后来得到了很多学者对其他动物和人类被试研究和观察的支持,并用于解释抑郁的产生和维持(Miller, Seligman, Kurlander, 1975)。

② 归因和习得性无助理论。1978年,艾布拉姆森(L. Y. Abramson)、塞利格曼和蒂斯代尔(J. D. Teasdale)受归因理论的影响,修正了习得性无助理论。按照归因理论,经历了失败的情境,个体会将这种失败归结为某些原因。按照其归因的不同情况,可区分出个体不同的归因方式:失败是由于内在(自身)还是外在(环境)原因造成的;导致这类问题产生的原因是稳定的还是不稳定的;导致这类问题产生的原因是特殊的还是普遍性的。抑郁不仅仅在消极的、不可控的事件发生时才产生,而是取决于个体是否将它归因于自身的相对稳定的内部特征,并认为其不仅涉及生活的某个方面,而且涉及了生活的其他方面(Abramson, Seligman, Teasdale, 1978)。

例如,当一名学生在一场重要的英语考试中没有考好,抑郁者不会认为是外部环境干扰,或自己仅仅是英语不好,而是会认为是自己太笨了,不仅是这次考试没考好,而且以后也不行;不仅是英语不好,自己在其他方面都不行。即以"抑郁的归因方式"将坏的结果归因于自身的、普遍的、稳定的特质。当具有这种归因方式的人遇到不愉快的、痛苦的经历时,他们就变得抑郁,自尊就破灭了。

③ 无望感(hopelessness)理论。20世纪80年代以后,习得性无助理论又有了新的发展。一些形式的抑郁被认为不是由于无助感而是由于无望感造成的,即个体存在一种对自己所希望的结果不会发生或自己不希望的结果将要发生的预期,并因此不再做出任何行动以改变这种情境的心理反应(Robins, Block, 1989)。

无望感理论认为,负性的生活事件将会有严重的消极结果和倾向于对自己做出消极的推论(negative inference)的倾向性。其能够解释习得性无助不能说明的抑郁和焦虑障碍的共病问题。无望感理论认为个体对无助的预期会导致焦虑及抑郁的产生,当负性事件发生时,无望感就产生了(图5-2)。

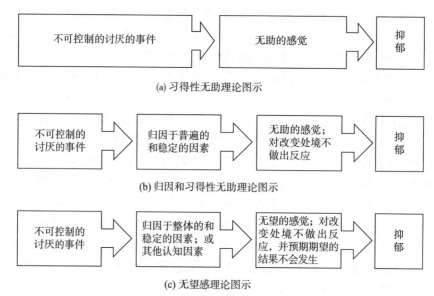

图 5-2　无助感和无望感的三种理论

4. 人本主义和存在主义观点

存在主义者认为,抑郁源于因未能完整和真实地生活而产生的一种非存在感。如果抑郁者说他们感到很内疚,人本主义和存在主义者会解释说,这是由于他们没能做出正确的选择、发挥自己的潜能,以及对自己的生命负责(Rogers,1989;Yalom,1980)。抑郁是对一种非真实存在的结果的反映,自杀是这种非真实感达到极致后的选择。这种不真实的来源可能是对孤独的恐惧,孤独感可能是抑郁的一个重要的组成部分。从存在主义的观点来看,孤独本身是不需要避免或治疗的,而是应被人们接受的。

五、抑郁障碍的治疗

(一)生物医学治疗

常见的抑郁障碍的生物医学治疗方案包括无抽搐电休克治疗、经颅磁刺激疗法、药物治疗等。

1. 无抽搐电休克治疗

无抽搐电休克治疗又称改良电休克治疗,病人会服用帮助入睡的药物,注射肌肉松弛剂来防止身体严重抽动和骨折,并吸入氧气来防止大脑损伤。无抽搐电休克治疗常用于一些难治性抑郁障碍的病人和症状特别严重、药物治疗无效或不能使用抗抑郁药者。研究发现,60%～80%接受电抽搐疗法的病人症状得到了缓解(Loo,2010)。但接受电抽搐治疗的病人有些会出现失忆,最常忘记的是在治疗前后刚发生的事(Merkl et al.,2011)。这种记忆丧失大部分可能会在几个月内恢复,但有些记忆缺失可能是永久的(Rayner et al.,2009;Squire,1977)。一项长期随访研究提示电抽搐治疗没有造成可测量的认知损害(Cohen et al.,2000)。

2. 经颅磁刺激疗法

经颅磁刺激疗法是试图刺激大脑,同时避免给抑郁症病人带来与电抽搐治疗一样的副作用或造成创伤的疗法。医生会在病人头上缠绕电磁感应线圈,线圈会向病人大脑前额叶皮层传送电流。因抑郁症病人前额叶皮层的某些区域是不够活跃的,经颅磁刺激疗法能增强这些区域的神经元活动。有研究认为该疗法有持久性的效果,可以减少抑郁症复发的概率(Janicak et al.,2010)。

许多研究表明,每天进行经颅磁刺激治疗,连续进行2～4周,抑郁症状能得到缓解(Fitzgerald et al.,2011;Rosenberg et al.,2011)。

3. 药物治疗

目前一般认为药物治疗是治疗严重抑郁症最好的选择,因为它能较快地控制症状。但最近几年,抗抑郁药在美国有被滥用的风险,每10个成年人中就有1人正在服用。

抗抑郁药的种类很多,常用的三环类抗抑郁药有多虑平、丙咪嗪、氯丙咪嗪、阿米替林等。四环类抗抑郁药主要有马普替林和米安舍林(脱尔烦)。

20世纪90年代以来,选择性5-羟色胺再摄取抑制剂(SSRI)类抗抑郁药渐渐成为抗抑郁药的主力军。这类药物主要有氟西汀(百忧解)、帕罗西汀(赛乐特)、氟伏草胺、舍曲林、西酞普兰。它们的共同特点是副作用较三环类抗抑郁药小,没有明显的镇静作用,一般一天只需服药一次,因此在临床上得到了广泛的运用。

目前应用于抑郁症的临床治疗的抗抑郁药还有5-羟色胺去甲肾上腺素再摄取抑制剂(SNRI)、去甲肾上腺素能及特异性5-羟色胺能抗抑郁药(NaSSA),前者的代表药物是文拉法新,后者的代表药物米氮平(瑞美隆)。

在运用抗抑郁药治疗时一个应该特别注意的问题是,抗抑郁药可能会诱发躁狂发作。研究表明,抗抑郁剂的总转躁率为7.8%,治疗双相障碍的转躁率高达28.6%,治疗抑郁症转躁率为5.3%(唐文新,2000)。

(二)心理治疗

1. 心理动力学治疗

脱胎于早期精神分析理论的现代心理动力学治疗是解释-支持的连续体,在对抑郁症患者的治疗实践中,兼顾了解释性干预和支持性干预。解释性干预的目标在于增强抑郁症患者对维持其问题的重复性冲突的洞察力,即通过心理动力学的解释,使无意识的愿望、冲动或防御机制变得有意识。支持性干预旨在加强抑郁症患者的"自我功能",即加强因急性压力而暂时无法获得或尚未充分发展的能力。因此,支持性干预关注患者的自我功能。支持性干预包括促进治疗联盟、设定目标或加强自我功能,如现实检验力或冲动控制能力。使用更具支持性的干预,还是更具解释性(增强洞察力)的干预,取决于治疗师对患者需求的评估(Ribeiro,Ribeiro,Von Doellinger,2018)。

与认知行为治疗相比,心理动力学治疗有一些独有的倾向,包括强调情感和情感表达,探索患者回避话题的倾向,识别反复出现的行为模式、感觉、经验和关系,探索治疗关系,以及探索愿望、梦和幻想,等等。传统的心理动力学治疗通常倾向于进行长程的干预,但也有研究证实,即使有次数限制的短程心理动力学治疗,也可以对抑郁症患者的状况有一定程度的改善(Driessen et al.,2015)。

以往的研究发现,在抑郁障碍治疗中,和药物治疗相比,心理动力学的疗效至少是同等的,而在预防复发方面,心理治疗在短期内效果相同,从长远来看更优越(Cuijpers et al.,2013,2014;Driessen et al.,2018)。

2. 行为治疗

行为主义治疗师治疗抑郁症常采用消退与强化结合的理念进行,即消除与抑郁相关的负性行为的频率,将情绪和个人生活中的奖赏相联系,增加患者正性行为获得的强化频率。在一个典型的行为疗法中,治疗师会这么做:给抑郁症患者安排令其愉悦的活动,适当强化他们的非抑郁行为,提高来访者的社交技能(Farmer,Chapman,2008)。

另一种重要的对抑郁的行为治疗方法是使用社会技能训练(social skill training)的技术来帮助患者,这些技术包括渐进式的达成目标训练、决策训练、自我强化训练、社交技能训练、放松训练、应对技能训练、时间管理训练和问题解决训练等。治疗师使用这些训练方法直接教给患者一些基本的人际交往的技能或其他应对技能。治疗时可以根据患者的不同问题,通过行为训练来达到降低不愉快的体验、增加快乐体验的目的。

3. 认知治疗

认知治疗是通过认知和行为技术来改变病人的歪曲认知和思维上的习惯性歪曲,以达到治疗的效果,是治疗抑郁症的主要方法之一(季建林,2015)。抑郁症病人常会歪曲自己对事件的解释,这样他们就可以继续保持对自身、环境和未来的负性观点。这些歪曲的认知是偏离人们正常的思维逻辑的。例如,当丈夫回家比平时晚时,患抑郁症的女性会得出这样的结论"他一定是婚外恋了",即使并没有其他证据支持这一结论,她仍然会这样想。这个例子就是所谓的武断推论。其他的认知歪曲包括全或无的想法、过度概括化、选择性概括和夸大等(Beck et al.,1979)。认知治疗采用行为实验、逻辑辩论、证据的检验、问题解决、角色扮演、认知重建等技术方法以改变来访者负性的思维方式。其中,认知重建是用积极的符合现实的认知替代那些消极的与现实不相符的想法,这是认知治疗最重要的方面(朱智佩 等,2015)。

一项对门诊抑郁病人的治疗结局的随访研究发现,认知治疗至少和三环类抗抑郁药同样有效(Beck et al,1979)。

近年来,认知行为治疗也有新的发展。例如,接纳和承诺疗法(ACT)的治疗师会引导抑郁症患者觉察并接受他们的负性认知,不把它们当成对行为和决定有重要指导的想法。当来访者越来越接受负面认知原本的样子,他们就能更好地与这些想法相处,引导他们自己的生活(陈玥,祝卓宏,2019)。正念认知疗法(MBCT)会引导患者聚焦当下、自我觉察、允许体验发生而不对抗,帮助患者认识到想法只是想法。已有一些研究发现,患者在参加8周的正念认知治疗后,抑郁患者在药物维持治疗期的残留症状有显著改善(任峰 等,2019;武雅学 等,2021)。

4. 人本主义治疗

人本和存在主义治疗师在治疗中尝试帮助抑郁和自杀的病人认识到他们的情感痛苦是一种真实的反应。病人还要学会并理解人不能通过过分地依赖他人的评价来获得满足感。学会真实地面对自己和生活,而真实地生活是要追求自己需要达成的目标。人本和存在主义治疗师通过引导病人发现自己个人生活目标来获得更好地生活的理由。在治疗过程中,治疗师努力地应用罗杰斯(Carl Rogers)提倡的心理治疗的原则,通过共情、理解去倾听抑郁病人的心声。

5. 团体心理治疗

如果说心理治疗与药物治疗的结合是治疗抑郁障碍的一个主要的趋势的话,那么对抑郁障碍患者进行团体心理治疗则是另一个治疗的主要趋势。与个别心理治疗相比,团体心理治疗的优点主要有两个。一是高效,一般的团体治疗能对8~12名患者同时进行治疗,因此治疗的效率较高;二是团体治疗可以激发和运用患者之间的互动,通过团体治疗者的引导和干预,可以促进这些互动向具有建设性的方向发展,不仅是同病相怜,而且是同病相助、同病相治,从而提高疗效和病人对治疗的信心及依从性。

认知行为团体治疗因为其操作性强的特点,常被用于对抑郁障碍患者的治疗。治疗通过心理教育帮助组员了解抑郁症的症状特点、发病率和复发率、治疗的过程和特点;通过集体讨论、小组互动、角色扮演、分组练习的方式,帮助组员识别自动思维,与负性自动思维辩论,寻找替代性的思维,小组成员相互帮助,相互督促在日常生活中运用上述方法以应对引起心境波动的负性自动思维,重建积极认知。近年的相关研究表明,针对抑郁的团体治疗有所增加,效果显著,其中认知取向的干预方案最多,且以短期团体干预为主(张英俊 等,2017)。

(三)家庭教育与药物维持治疗

与精神分裂症病人一样,对抑郁障碍患者及其家属进行家庭教育也是治疗的一个重要的组成部分。家庭教育首先应理解病人的人格和他们及其家属对不同障碍的先入之见,然后根据这些信息进行有针对性的家庭教育。通过家庭教育,一方面可以提高病人对疾病的认识,增强其战胜疾病的信心,提高对治疗的依从性;另一方面可帮助病人获得更多的来自家庭的支持和有效的帮助。

和许多其他的疾病一样,对抑郁障碍的治疗并非是一劳永逸的,即在急性期治疗有效,症状和体征都稳定甚至症状消失后并不意味着治疗的结束。因为药物治疗只是抑制了症状,并没有立即纠正病理和生理的异常,因此必须重视维持治疗。有研究者认为,单次抑郁发作者,当急性期治疗有效时,药物治疗至少应持续6个月。若既往抑郁发作2次以上、慢性抑郁、严重抑郁或一直存在复发/复燃*的社会心理因素者,则应长期维持药物治疗。而对50岁以上首次抑郁发作者、40岁以上抑郁发作两次以上或以往抑郁发作3次以上者,则需终生治疗(汪春运,2001)。

第二节 双相及相关障碍

双相障碍指临床上既有躁狂发作(或轻躁狂发作、混合发作)又有抑郁发作的一类心境障碍。病人躁狂和抑郁常常反复循环、交替出现,或以混合的方式存在,每次发作往往持续一段时间。双相障碍的诊断主要依据临床现象学,但其病程具有发作性、波动性等特征,因此易被误诊或漏诊,如被误诊为抑郁障碍、焦虑障碍、精神分裂症等。

抗抑郁药物有时会被用来治疗双相障碍,但其疗效有限,所以区分抑郁障碍和双相障碍具有重要的临床意义。许多双相障碍患者抑郁发作的时间比躁狂发作的时间多(Judd et al.,2002),尤其是病人在首次出现抑郁发作时,很难确定其是否患有双相障碍。

DSM-5将抑郁障碍和双相障碍分列两章的部分原因是,抑郁障碍和双相障碍在大脑的病理机制上有所不同。尽管双相障碍的病因及发病机制尚未明确,但仍有脑影像的研究发现,与单相抑郁症患者和对照组相比,双相障碍患者即使在抑郁发作期也可见其大脑右前岛叶与执行控制网络中下顶叶的功能连接有明显改变。右前岛叶-顶叶下叶连接的变化可显著区分双相障碍患者和抑郁障碍患者(Ellard et al.,2018)。

如前所述,心境发作在 DSM-5 和 ICD-11 两套诊断系统中均不是独立诊断的疾病单元,在 ICD-11 中没有诊断编码,而是作为抑郁障碍和双相障碍的组成部分存在(Ferrari et al.,2022)。

双相障碍的发病率总体低于抑郁障碍。我国每年约0.5%的人患双相障碍,终身患病率为0.6%(Huang et al.,2019),与全球0.5%的年龄标化患病率基本一致(Ferrari et al.,2022)。

研究表明,双相障碍患者与普通人群之间的死亡率差距较大且不断扩大,特别是在15~29岁的人群中(Kessing,Vradi,Andersen,2015)。心血管疾病是双相情感障碍患

---

* 复燃(relapse)是指症状部分缓解或完全缓解不足2个月又发作者。复发(recurrence)是指症状完全缓解2个月以上又发作者。

者过早死亡的最常见原因。此外,双相障碍患者死于自杀的频率高于所有其他精神障碍患者,双相情感障碍患者死于自杀的可能性大约是普通人群的20～30倍,事实上,30%～50%的双相障碍成年患者有自杀未遂史。自杀未遂和自杀死亡更有可能发生在抑郁发作或混合发作期,有证据表明,双相Ⅱ型障碍的自杀率高于双相Ⅰ型障碍(Dong et al.,2020)。

一、躁狂发作及诊断标准

【案例5-2】

×医生:

我的十四次进院,才碰到您这样的医师!我尊敬您!爱戴您!愿您的医术一年胜一年!!!

因为我们是精神病患者需要更多的谈心和理解……

这次你用药恰到好处才使我安心?!?!

但有些事令人难以承受!难道清爽病人就应该永远退让,今天中午我很不高兴。(不是要吃,是要挣回13年的伙食费,将心比心,和平共处医患携手共享天伦……)明天我妹可能冒病来看我,我俩是母亲的××××。老头子是迂夫子,闭门造车、杯弓蛇影、亡羊补牢、搬石头砸脚。一个与世无争的标准的书呆子……可惜,我俩是毛主席做的媒××年××月××日登记结婚今年逢××周年,一切是有缘无情……糊涂添丁……养不教父之过 我懒,嘴凶残……我是一个永远的麻醉不死的眼镜蛇,我的病不是能有医院解决的。是社会的病,新旧社会的弃儿……一个永远不会听话的宠儿!娇女,贤妻良母。我日夜思念香港×医师。忘记过去意味着背叛。诚实是祸根,只有氯氮平伴我终生。向前看,向前看!"钱"何以这样有魅力我有804元买两条老牛三双四条头。阎王好见小鬼难当,当今社会勾心斗角,互相妒忌。为谁服务为谁争啊!……话太多了,只有电休!

×××
××年×月××日

案例5-2是一个躁狂症病人在发病期写给医生的信,从这封信中,可以看到典型的躁狂发作患者的某些症状特点。典型的躁狂发作起病往往很突然,通常其病程较抑郁更短,一次躁狂发作可以持续数天到数月,它的终止经常也和发作一样突然。从这位患者的信中我们可以看到病人表现出来的思维奔逸、夸大、思维散漫,但这种散漫不同于精神分裂症的思维散漫,上下文有一定的联系,并且语言有一定的感染力。我们可以清楚地感受到患者长期为躁狂发作所折磨的痛苦情感。

(一)躁狂发作的主要症状表现和特征

1. 情感高涨、易激惹

情感高涨、易激惹是躁狂发作(manic episode)的典型症状,是诊断躁狂发作的本质特征。情感高涨的典型表现是，患者感觉极好，将世界看作十分美好的，对他们正在做和将要做的事都充满了热情。躁狂发作病人的这种情感的高涨在多数情况下与环境是协调的，因此对周围人甚至有一些感染力，例如病人会声情并茂地唱歌，令别人不由自主的和他一起哼唱。但这种夸大的情绪往往混杂着易激惹的成分，以他们高度的陶醉感的体验，躁狂发作者往往认为别人行为迟缓、笨拙又碍事。并且别人会由于妒忌他们能干而对他们充满敌意，特别是在有人要干涉他们的行为时。因此他们会因一点小事就发脾气，或和他人发生争执。但受到其高涨的情绪影响，其心情很快又会由阴转晴。

2. 自尊的膨胀，夸大妄想

躁狂发作病人总是把自己看作充满吸引力的、重要的、强有力的人物，能在他实际上没有什么才能的领域取得非凡的成就。他们可能开始自以为是地认为自己发明了新的技术，设计出了核武器，并画出所谓设计图纸，或打电话给国务院建议如何治理国家。这种自尊的膨胀可以发展到夸大妄想的程度。

3. 精力充沛，睡眠需要减少

高涨的心境通常伴随着对休息需要的减少，活动量的增加。躁狂发作患者的睡眠需要明显减少，他们整夜可能只需要睡两三个小时，但第二天精力仍比平常充沛得多，这种精力和工作能力提高的假象往往会导致不能及时引起他人对其患病的注意。

4. 言语增多，音联意连

躁狂发作者总是试图大声、快速、持续的讲话。他们的言语中充满了双关语，音联（将近似的音韵连在一起，例如案例 5-2 中病人的信里有"向前看！钱何以这样有魅力"的话）、意联（将近似的意思连在一起，例如案例 5-2 中病人的信里有"娇女，贤妻良母"），以及无关联的细节和患者自己感到好笑的笑话。

5. 思维奔逸

躁狂发作者语速飞快，因为他们总是不停地思考，所以只有这样讲话才能跟得上自己思考的速度。他们会说自己的舌头跟不上脑子。而他们的思路也总是飞快地从一个话题转向另一个话题，呈现随境转移的特点。

6. 注意力分散

躁狂发作者的注意力非常容易分散，当他们在做一件事和讨论一件事时，他们会注意到环境中的其他事物，并且很快地将注意力转向它们。

7. 行为鲁莽

躁狂发作病人的浮夸感常使得他们陷于易冲动的和不听劝告的行为中；乱花钱，莽撞地驾车，狂饮，轻率的性行为。他们根本不考虑别人不同的需要，不考虑后果地在酒店里乱叫，三更半夜给朋友打电话，或用尽全家的积蓄去买一枚钻戒。

(二) 躁狂发作的诊断标准

DSM-5 对躁狂发作的诊断标准

A. 在一段明显的时期内有异常且持续的心境高涨、膨胀或易激惹,以及异常且持续增多的活动或能量。此情况持续至少1周,而且几乎每一天的大部分时间都存在此情况(或如果有必要住院治疗,则持续时间可任意)。
B. 在心境紊乱、能量或活动增加的时期存在三项(或更多)以下症状(如果心境仅仅是易激惹,则至少存在四项),与通常的行为相比,表现出明显的改变并达到显著的程度。
 (1) 自尊心膨胀或夸大。
 (2) 睡眠的需求减少(如仅3小时睡眠就精神饱满)。
 (3) 比平时更健谈或有持续讲话的压力感。
 (4) 意念飘忽或主观感受到思维奔逸。
 (5) 有自我报告或被观察到的注意力不集中(即注意力太容易被不重要或无关的外界刺激所吸引)。
 (6) 目标导向活动增加(无论是在社交、工作、学校还是在性活动方面)或出现精神运动性激越(即无目的非目标导向的活动)。
 (7) 过度地参与那些很可能产生痛苦后果的高风险活动(如无节制的购物、轻率的性行为、愚蠢的商业投资)。
C. 这种心境紊乱严重到足以导致显著的社交或职业功能损害,或必须住院以防止伤害自己或他人,或存在精神病性特征。
D. 这种发作不能归因于某种物质(如滥用的毒品、药物)的生理效应或其他躯体疾病。
注:在抗抑郁治疗(如药物治疗、电休克治疗)期间出现完整的躁狂发作,但是持续存在的全部症状超过了治疗的生理效应,这是躁狂发作的充分证据,因此可诊断为双相 I 型障碍。

与 DSM-5 相比,ICD-11 对躁狂发作的诊断标准并无不同。但在病程上,ICD-11 额外指出,临床上一些患者可能会表现出足够严重的症状或功能障碍,需要立即干预(例如,使用稳定情绪的药物进行治疗),此时他们的症状可能不符合躁狂发作的持续时间的要求。因此,满足完整的症状要求但因治疗干预而持续不到1周的发作,仍应被视为躁狂发作。临床上,因为一些患者的冲动行为会带来严重后果(如花费过量的金钱导致个人或家庭财务陷入危机,或极为冲动、冒险的驾驶行为),如果患者的症状非常典型,即使发作时间没有持续1周,精神科医生仍会将其视为躁狂发作。

二、轻躁狂发作

轻躁狂发作(hypomanic episode)的主要表现为言语增多、精力充沛和活动增加,情感高涨和易激惹达到了异常的程度。病人的情绪不稳,如果其要求不能得到及时满足,就非常容易与家人、同事发生争吵。病人自我感觉良好,自高自大,过于自信;同时社交活动增加,睡眠需要减少,常乐意加班加点工作。与躁狂发作相比,轻躁狂发作 DSM-5 中 B 的诊断标准与躁狂发作相同,两者的主要区别是轻躁狂发作不会出现精神病性症状,并且患者的社会功能受损不明显,无需住院治疗(DSM-5 中 C、D、E)。轻躁狂发作的病程标准在 ICD-11 中为"数日",DSM-5 则明确为 4 天。

三、混合发作/伴混合特征

DSM-Ⅲ提出了混合发作(mixed episode),指同时符合抑郁和躁狂发作,并在数日内间隔混合或快速转换发作,一个短期的(在至少一周内)较轻的病人会同时符合躁狂发作和抑郁发作的诊断(如他们既有躁狂的夸大和活动过多,又有流泪和自杀行为)。

DSM-5 扩大了"混合"的范围,并提出了"伴混合特征"的概念。混合特征的标注适用于双相Ⅰ型或双相Ⅱ型障碍(分型情况见双相障碍的诊断)中的目前躁狂、轻躁狂或抑郁发作。

躁狂或轻躁狂发作伴混合特征,需要满足躁狂或轻躁狂发作的全部诊断标准,还需要在目前或最近一次躁狂或轻躁狂发作的大多数日子里,存在抑郁发作的至少 3 条症状。抑郁发作伴混合特征,需要满足抑郁发作的全部诊断标准,还需要在目前或最近一次抑郁发作的大多数日子里,存在躁狂或轻躁狂的至少 3 条症状。

ICD-11 保留了原来混合发作的概念,即至少 1 周内每天的大多数时间里,躁狂症状与抑郁症状均存在且均突出,或躁狂症状与抑郁症状两者快速转换。

四、双相障碍的诊断

单纯的躁狂发作十分少见,病人通常会在躁狂发作和抑郁发作之间转换。这种既有躁狂发作又可能有抑郁发作的心理疾病,就是双相障碍(bipolar disorder,BD)。双相障碍中的抑郁发作与抑郁障碍的抑郁发作,无论从症状表现还是诊断标准来看,均无不同。

双相障碍病人会先出现躁狂发作,下一次发作可以出现其他形式的发作。第一次躁狂发作后可能有一个正常的间歇期,然后是一次抑郁发作,其后又有一个间歇期,如此发展。也可能是一次发作后紧接着一次反相的发作(即抑郁发作),在这两次发作后才有一次间歇期。那些长期处于躁狂与抑郁发作交替出现或以混合形式出现,且正常间歇期很短或没有的情况被称为快速循环型(rapid-cycling type),这种类型的病人预后较差。

除了至少有一个躁狂发作期,双相障碍还在许多重要的方面和抑郁症不同。例如,在人口统计学方面有差异。与抑郁症不同的是,双相障碍在两性间没有明显差异。双相障碍在高社会经济阶层中更多见。同时,是否已婚与抑郁症发病率有关,但与双相障碍没有明显相关。此外,双相障碍患者在抑郁发作期较抑郁症患者更易出现弥漫性的迟缓状态,包括精神运动性迟缓、嗜睡。最后,两者的病程有所不同,双相障碍的病程较短但发作较频繁,超过 50% 的病人发作次数为 4 次或更多(Alloy et al.,1996)。

什么样的病人应该被诊断为双相障碍?双相障碍又有哪些类型?案例 5-3 是一个

典型的双相障碍的病例。

【案例 5-3】

"转换"是一名护士,上学时就曾出现无名的情绪低落、不说话,说自己浑身都是病,治不好了,活在世上一点儿意思都没有,多次以各种方式(服安眠药、开煤气、割手腕)自杀。后到医院经抗抑郁治疗有所缓解。一年后,没有明显诱因地突然出现兴奋,表现为行为轻率、爱发脾气,经常说自己很漂亮,有很多人看中她、追求她;自己能力很强,可以当领导;乱花钱买一些无用或昂贵的东西,夜间睡眠差,有时整夜不眠。经住院以抗躁狂治疗后有所缓解。出院后病情一直很稳定,并恋爱、结婚。但在她怀孕后又出现情绪低落,出现多次自杀行为,反复出现诉说别人对自己不好,婆婆虐待她、丈夫不关心她,不如死了算了。在她生产后又转而出现兴奋,讲话滔滔不绝,爱发脾气,经常与周围人因一些小事争吵,乱花钱买东西。

在目前的 DSM 诊断系统中,双相障碍主要分为两种类型。一些病人有一次躁狂发作,其后没有抑郁发作,但即使只出现两极中的躁狂一极,这种情况也应诊断为双相障碍,即双相Ⅰ型障碍。另一些病人没有躁狂发作,但有轻躁狂发作,又有抑郁发作,这种情况则应诊断为双相Ⅱ型障碍。即双相Ⅰ型障碍一定有躁狂发作,双相Ⅱ型障碍一定无躁狂发作(仅有轻躁狂发作)。抑郁症、双相Ⅰ型障碍、双相Ⅱ型障碍之间的差异可参见表 5-3。

表 5-3 DSM-5 中抑郁症、双相Ⅰ型障碍、双相Ⅱ型障碍心境发作的差异

	抑郁发作	躁狂发作	轻躁狂发作
抑郁障碍	有	无	无
双相Ⅰ型障碍	可有	有	可有
双相Ⅱ型障碍	有	无	有

此外,读者应注意的是,只有躁狂发作、没有抑郁发作的情况在 DSM 系统中也被诊断为双相障碍,尽管看起来这种情况只有"单相"。因为许多精神病学家认为不存在纯粹的躁狂发作,在躁狂发作之后总会出现抑郁发作。

根据 2019 年的流行病学研究,我国的双相障碍总体终生患病率为 0.5%,双相Ⅰ型障碍为 0.4%,双相Ⅱ型障碍不足 0.1%,未特定的双相障碍为 0.1%(Huang et al., 2019)。

在 DSM-5 中,双相Ⅰ型障碍和双相Ⅱ型障碍均可做基于目前或最近的发作类型、严重程度及是否存在精神病性症状及缓解状态、躁狂发作现患不伴精神病性症状、躁狂发作现患伴精神病性症状、轻躁狂发作现患、轻度抑郁发作现患、中度抑郁发作现患不伴精神病性症状等若干标注。ICD-11 同样有此类标注。

双相Ⅰ型障碍和双相Ⅱ型障碍的诊断要点,ICD-11 和 DSM-5 基本保持一致。只

是 ICD-11 给出了混合发作的定义,在双相障碍的诊断中与躁狂发作等价,而 DSM-5 则没有。

专栏 5-3

评定抑郁和躁狂的常用量表

对于抑郁症和抑郁状态的评定可以运用标准化的量表来进行,量表可以分为两类,即诊断性量表和非诊断性量表,根据评定方式可以分为自评量表和他评量表。

诊断性量表是用于临床诊断的结构式和半结构式的标准化精神检查工具,由精神科医生和心理学家根据诊断要点或标准设计的一系列条目组成,每一个条目代表一个症状或临床变量。这类量表都有一定的检查程序、提问方式及评分标准,并附有词汇解释,由医生或研究者严格按照规定进行询问和检查。评定者必须严格遵循词汇定义,对回答及观察的结果进行评分编码,确定症状是否存在并判定其严重程度。应该注意的是,诊断性量表专供研究使用,需要配合一定的诊断系统,不能直接用于临床诊断。常见的评定心境障碍的标准化诊断性精神检查工具有:

- 情感性精神障碍和精神分裂症检查提纲(SADS);
- 精神现状检查(PSE)和神经精神病学临床评定表(SCAN);
- 复合性国际诊断交谈检查表-核心本(CIDI-C)。

非诊断性量表不像诊断性量表那样严格和具有标准化的评定方法,此类量表大多是由被评定者自评,主要用于抑郁的筛查、抑郁严重程度的评价。常用的非诊断性量表有:

- 贝克抑郁问卷(BDI),目前最常用的抑郁评定量表,具有良好的信效度;
- 自评抑郁量表(SDS);
- 抑郁状态问卷(DSI);
- Carroll 抑郁量表(CRS);
- 流调中心用抑郁量表(CES-D);
- 老年抑郁量表(GDS);
- 汉密尔顿抑郁量表(HRSD)。

五、环性心境障碍

环性心境障碍的病人可以在数年内一直处于轻躁狂或抑郁状态中,症状和恶劣心境一样较轻微,以致其成了病人的一种生存的方式。在轻躁狂期,患者不知疲倦地工作直至进入正常期或抑郁期。有人认为在从事创造性工作的人中,环性心境障碍和双相障碍特别常见,这可能有助于他们做好工作。

DSM-5 对环性心境障碍的诊断标准

A. 至少 2 年(儿童和青少年至少 1 年)的时间内有多次轻躁狂症状,但不符合轻躁狂发作的诊断标准,且有多次抑郁症状,但不符合重性抑郁发作的诊断标准。
B. 在上述的 2 年(儿童和青少年为 1 年)的时间内,轻躁狂期和抑郁期至少占一半的时间,且个体无症状的时间每次从未超过 2 个月。
C. 从未符合重性抑郁、躁狂或轻躁狂发作的诊断标准。
D. 诊断标准 A 的症状不能用分裂情感性障碍、精神分裂症、精神分裂症样障碍、妄想障碍或其他特定的或未特定的精神分裂症谱系及其他精神病性障碍来更好地解释。
E. 这些症状不能归因于某种物质(例如,滥用的毒品、药物)的生理效应,或其他躯体疾病(例如,甲状腺功能亢进)。
F. 这些症状引起有临床意义的痛苦,或导致社交、职业或其他重要功能方面的损害。

专栏 5-4

关于抑郁症和双相障碍分类的几种重要观点

除了抑郁症和双相障碍的区分外,在临床治疗中人们发现还有一些类别,对于读者认识和研究心境障碍(抑郁症和双相障碍)的分类可能是有益的。

1. 精神病性和神经症性心境障碍*

精神病性和神经症性的主要区分在于现实的接触能力。神经症性心境障碍患者没有丧失以一种有效的方式与环境接触的能力,而精神病性心境障碍者会因为他们的思维过程受到了幻觉、妄想、错误的感觉和错误的信念的影响,失去了与现实接触的能力。精神病性心境障碍患者的幻觉、妄想,或严重的退缩,割断了他们与环境的联系。躁狂发作者也可能有精神病性的症状(即幻觉、妄想等精神分裂症症状),而神经症性心境障碍者没有精神病性的症状。尽管神经症性心境障碍也可能对人的生活造成严重的破坏,但这类患者仍旧知道他们周围究竟在发生什么,并在很大程度上还保持着自己的社会功能。

传统的观点认为精神病性和神经症性心境障碍是两类不同的疾病。克雷珀林在其分类系统中将所有失能的心境障碍都分在了躁狂抑郁性精神病中,他认为这些疾病与那些较轻的心境紊乱,即所谓的神经症性心境障碍是不同的。许多理论仍支持这一观点,也得到了许多研究证据的支持。精神病性心境障碍与神经症性心境障碍的不同不仅在于现实接触能力,还在于他们的精神运动性症状、生物学特性、家族史和对不同治疗的反应。一般来说,精神病性抑郁较神经症性抑郁更严重,其社会功能的受损更严

---

* DSM 系统已经取消了抑郁性神经症的诊断,但从临床症状、病程迁延的特点、对药物治疗的敏感性等方面来看,抑郁性神经症还是表现出了异质的特点,因此本章将其列入讨论。

重,发作间歇期更短(Alloy,Acocella,Bootzin,1996)。

2. 内源性和反应性心境障碍

许多连续假说的支持者认为抑郁是日常生活中忧伤的一种夸大的形式,因此所有的心境障碍都是心源性的。而持克雷珀林的传统观点的人们认为只有神经症性心境障碍才是心源性的,精神病性心境障碍是生物源性的(Alloy,Acocella,Bootzin,1996)。根据其观点,心境障碍应分为内源性(endogenous)和反应性(reactivity)心境障碍。与一次负性的生活事件相联系的抑郁被称为反应性的,没有联系的则是内源性的。根据克雷珀林的观点,神经症性心境障碍一般是反应性的,也就是心因性的,而精神病性心境障碍通常是内源性的及生物源性的。

但是这种区分并不是那么轻易就可以做出的,因为人们往往很难判断一次抑郁发作是否由一个特殊的事件引发。即使确有这样的事件,随着病情的发展,该因素所起的作用也会改变。常常在病人的第一次抑郁发作时,有明显的生活事件,但此后发作时并没有生活事件在起作用了。在世界卫生组织1985年的研究中,内源性和心因性抑郁两组病人最常见的15种阳性症状是非常相似的。而最有鉴别诊断意义的6项指标是:早醒、晨重、思维缓慢或迟滞、精神运动性迟滞、自杀观念、攻击和易激惹。前五项在内源性抑郁中较常见,攻击和易激惹在心因性抑郁中较常见。对有关研究获得的数据进行因素分析和多元方差分析后发现,内源性和心因性抑郁疾患的病人仅在因素分析得出的15个因素中的2个上明显不同:因子1(缺乏精力/迟钝)和因子3(异常人格)。心因性病人在缺乏精力/迟钝分数上得分较高,异常人格得分较低。由于存在上述困惑,内源性和反应性心境障碍不再用于区分是否存在生活事件,而是用来描述不同类型的症状了。那些具有快感缺乏,植物性的或生理性的症状的病人(如早醒、体重降低、精神运动性改变),以及那些亲人去世后描述自己的抑郁超过了他们应有的程度的病人被称为内源性的。那些主要是由于情绪和认知造成的障碍被称为是反应性的。

内源性的病人在睡眠方式上与反应性的有所不同,他们表现出了更多的生物学方面的异常,对躯体治疗(如电抽搐治疗、抗抑郁药)的反应更好。因此许多学者认为内源性的抑郁症更多的是生物源性的。但也有一些证据支持相反的观点。例如,如果内源性的抑郁具有更多的生物化学的基础,那么这样的病人应该比反应性抑郁的病人表现出更明显的抑郁家族史。

3. 焦虑和抑郁的共病

许多研究提示抑郁和焦虑障碍存在共病(comorbidity)。也就是说,一个被诊断为其中一种疾病的人往往也符合另一种疾病的诊断标准,有时同时符合两种诊断,是为发作期共病(introepisode comorbidity);有时是在一生中的不同时期,即终生共病(life-time comorbidity)。共病的概念最早是由范斯坦(A. R. Feinstein)于1970年提出,最初的定义为"同一患者患有所研究的索引疾病以外的其他任何已经存在或发生在索引疾病过程中的疾病"(Alloy,Acocella,Bootzin,1996)。被诊断为抑郁和焦虑这两种病的患者一般对抗抑郁药也有同样的反应,也具有同样的内分泌异常,以及抑郁和焦虑障碍的家族史。

焦虑和抑郁之间的关系,特别是焦虑症和抑郁症之间的共病问题,一直是变态心理学和精神医学领域最令人感兴趣也是争论最多的问题之一。

(1) 正常人中焦虑和抑郁情绪的共存:实际上,当我们将抑郁和焦虑作为一种情感或心境,而不只是临床症状来研究时,会发现这两者是高度相关的。

(2) 在综合性医院就诊的病人中焦虑和抑郁的共病:许多病人具有焦虑或抑郁症状,但较少的人符合相应的诊断标准。

(3) 焦虑症和抑郁症病人的共病:徐斌等人(1993)对42例焦虑症病人和38例抑郁性神经症病人的研究发现抑郁性神经症中出现焦虑症状者占76.23%,焦虑症中出现抑郁症状者占66.6%。Lenze等人(2000)发现35%的老年抑郁症患者既往至少共患过一次焦虑障碍,而23%有现症。

上述情况不断激发一个古老的争论:抑郁和焦虑是否确实是两种不同的疾病,还是同一种疾病的两种不同的表现?

六、双相障碍的病因

双相障碍的病因和发病机制尚不清楚,生物因素和心理因素都可能与双相障碍相关。综合过去的研究来看,个体早年的成长经历(如是否和父母分离、与父母的关系质量)、父母的患病情况和职业情况,与罹患双相障碍的关系较为紧密,而个体的性别、受教育水平、社会经济状况等因素,都可能与患病有关系,但机制尚不能确定(Bortolato et al.,2017)。

1. 生物学因素

与抑郁障碍相似,多种研究范式的结果证实了遗传因素对双相障碍的影响。经典的双生子研究范式发现,若将一个已经患有双相障碍的个体作为先证者,调查其孪生手足,则另一个同卵双生子患单相抑郁或双相障碍的概率为66.7%,而异卵双生子中,这个比例仅为18.9%(McGuffin et al.,2003)。分子遗传学者发现了一些基因对双相障碍的影响(De Jong et al.,2018;Purcell et al.,2009),并且这些基因可能导致几代人的遗传风险增加,发病年龄逐渐提早,严重程度在几代人中增加(De Jong et al.,2018)。但研究者仍然普遍认为,基因遗传的是双相障碍的易感性,应激生活事件与其发病,尤其是与抑郁发作的关系紧密(郝伟,陆林,2018),而躁狂发作则与较为积极的生活事件或指向名誉或经济目标(如申请学位、寻找新工作)的事件关系更紧密(Johnson et al.,2008)。

与单相抑郁不同,有双相谱系问题的患者的左脑额叶电活动增强而非减弱,并且这种脑电活动能够预测完全的双相Ⅰ型障碍的发病(Nusslock et al.,2012)。双相障碍患者可能会表现出渐进的神经生物学的变化,这取决于疾病持续时间和之前发作次数;现象学、神经结构、神经化学和生化数据都表明双相障碍的患者存在神经生物学的变化(Berk et al.,2017;Pinto et al.,2017)。已有神经成像证据表明,双相障碍患者在躁狂发作早期即开始使用锂盐,可能改变患者神经生物学方面的变化(Berk et al.,2017;McIntyre et al.,2020)。

2. 心理因素

由于抑郁较躁狂常见,并且许多理论家将躁狂看作是对抑郁的二级反应,所以在过去抑郁障碍和双相障碍均在心境障碍同一个类别下时,许多理论都将抑郁作为心境障碍的主要关注点。例如早期的心理学者曾提出,双相障碍的躁狂相被认为是对心理的虚弱状态的防御。也曾有研究者采用纸笔自尊测验发现,躁狂病人和正常人的得分均比抑郁症病人高;而在记忆测验中,躁狂病人的结果类似于抑郁症患者,两者都表现出低自尊。研究者因此认为躁狂病人的自尊水平低于正常人;一般来说,躁狂病人的表现成功地防御了自己的不成功感(Alloy,Acocella,Bootzin,1996)。

研究者还发现了个体早期心理创伤对双相障碍风险和过程的影响。一项研究发现,100 名双相障碍患者中有 50 人报告了不良儿童期经历,且患有双相障碍的成年人的儿童期虐待史与发病时年龄较小有关(Garno et al.,2005);多项研究也证实了性虐待与双相障碍的发病相关(Maniglio,2013)。与没有相关情况的患者相比,儿童期遭受虐待会有更严重的抑郁症状、更高的自杀率、更复杂的疾病表现(如快速循环和自杀)、并发症的发病率更高(如焦虑、肥胖、物质滥用),治疗的预后也更差(McIntyre et al.,2020)。

七、双相障碍的治疗

双相障碍是自杀风险相当高的心理障碍。对双相障碍的治疗,一般首先强调的是对急性症状的控制,因为严重的抑郁状态的患者有自杀或自残的危险。因此人们一般认为首先应该运用医学手段,包括药物治疗,适当的监护和必要时的住院治疗。甚至在紧急情况下应用电抽搐治疗,以及时控制住病情,帮助患者渡过危险期。在病情较稳定以后,即症状和体征缓解后,应积极恢复患者社会功能,并通过给予适当的心理治疗和教育,以及必要的药物维持治疗使患者复发、再发的危险降到最低的程度。

1. 药物治疗

(1)心境稳定剂。锂盐是一种成熟的抗躁狂剂,也能够减轻抑郁症状,是干预躁狂发作期病人的首选方案。碳酸锂被认为是情绪稳定剂的黄金标准,尤其在躁狂急性发作期的治疗时,锂盐具有的情绪稳定特性特别重要,因为许多双相障碍患者在确诊后急需对躁狂状态进行控制(McIntyre et al.,2020)。锂盐的抗自杀作用是另一个优势,其他的双相障碍药物没有观察到抗自杀作用(Chen et al.,2019)。

对锂的耐受性问题包括颤抖、多尿、认知障碍和体重增加。锂的安全性也是治疗需要注意的指标,用药时需要注意患者甲状腺机能减退、药物相互作用、长期肾脏毒性等情况,流行病学研究表明,锂盐药导致慢性肾脏疾病的风险提升可以忽略不计,这可能是因为近年来的肾脏监测和目前治疗中锂盐浓度的改善(McIntyre et al.,2020)。但锂对抑郁症状发作的治疗功效,不如锂的抗躁狂功效。

氯硝安定、卡马西平、丙戊酸钠(德巴金)等抗癫痫药也具有良好的抗躁狂作用。另外,一些抗精神病药也被用于治疗心境性精神障碍,一方面它们对躁狂的兴奋冲动有良好的控制作用,另一方面也用于控制双相障碍中发生的幻觉、妄想症状。

(2) 抗抑郁发作。对双相障碍抑郁发作的治疗方法有卢拉西酮、奎硫平和奥氮平-氟西汀的组合。关于如何对双相障碍安全合理地使用抗抑郁药,尚存在争议。抗抑郁药与焦虑症诱发和双相障碍患者的自杀有关。国际双相情感障碍学会的共识声明建议,对于患有稳定的偶发性双相障碍,并且没有快速循环、混合特征、未曾有过抗抑郁药引起不稳定的状况,则推荐使用抗抑郁药作为辅助剂(Pacchiarotti et al.,2013;Passos et al.,2019)。抗抑郁药可以与稳定情绪的药物(如锂、拉莫三嗪和第二代抗精神病药)共用。有证据表明,选择性5-羟色胺再摄取抑制剂(如氟西汀和舍曲林)、5-羟色胺和去甲肾上腺素再摄取抑制剂(如文拉法辛),以及去甲肾上腺素和多巴胺再摄取抑制剂和释放剂(如丁丙酮)也可以作为双相Ⅱ型障碍成年患者急性治疗和维持治疗的单一疗法(Altshuler et al.,2017)。

2. 电抽搐治疗

对于急性重症的躁狂发作、对锂盐治疗无效或不耐受的患者,可以使用电抽搐治疗或改良的电抽搐治疗,起效较为迅速。关于电抽搐治疗方法及其有效性、副作用,可参考前文抑郁障碍的治疗部分。

3. 心理治疗

药物治疗是双相障碍的一线治疗手段,但大多数双相障碍患者无法仅靠药物治疗,心理治疗仍有重要作用。根据1997年的研究,在加拿大的精神科中,心理治疗和抗抑郁药治疗相结合通常是治疗双相障碍中抑郁发作的首选;只有15%的病人会单独使用药物治疗双相障碍(Sharma et al.,1997)。

在接受药物治疗的患者中,1~2年的平均复发率为40%~60%,在发作后的一年里,只有约40%的患者能够完全坚持药物治疗方案(Miklowitz,2008)。心理治疗可以帮助双相障碍患者缓解急性情绪症状,促进恢复,延迟和减少心境障碍的发作或复发,减少社会功能损害等(Colom et al.,1998;Peters et al.,2014)。双相障碍病人在抑郁发作期接受有效的心理治疗可能会特别受益,这是因为由于存在转向躁狂或轻躁狂状态的风险,精神科医生有时不得不限制抗抑郁药物的使用(Ghaemi et al.,2003)。

(1) 心理动力学疗法。近年来,作为重要的传统治疗流派,心理动力学疗法也逐渐被应用于对双相障碍的治疗中。心理动力学疗法对双相障碍的治疗,与对抑郁障碍治疗的基本原理、思路类似。事实上,有许多心理动力学治疗师认为,躁狂发作与患者内在的抑郁有关,即躁狂是对抑郁的防御(Ventimiglia,2020)。尽管心理动力学对双相障碍治疗效果的研究不多(Leichsenring et al.,2015),但仍有研究证实了心理动力学治疗对双相障碍是有效的。在此方面,短程的心理动力学治疗思路被广泛应用,有疗效研究表明,短程心理动力学治疗对双相障碍的干预疗效显著(Caldiroli et al.,2020)。

(2) 认知行为疗法。认知行为疗法被应用于双相障碍患者(躁狂发作缓解期间)的辅助治疗,治疗双相障碍患者的抑郁发作也非常有效。有研究者分析了之前的疗效研究,认为认知行为疗法可以有效降低双相障碍的复发率,但这些影响也可能会随着时间的推移而减弱(Ye et al.,2016)。

针对双相障碍的认知行为治疗,原理和治疗思路与治疗抑郁障碍有许多相似之处。但之前的研究表明,长期抑郁症与持续存在的负面认知过程有关,而对于双相障碍躁狂发作期的病人,其认知歪曲还可能导致个体出现低估风险,夸大获得收益的可能性。但这些过度积极的情绪可能会在一定程度上提高认知行为治疗的有效性(Johnson,Jones,2009)。改变歪曲的认知可以减少心境发作,可以帮助患者实现认知重构、识别非适应性思维并将其替换为适应性思维、整合愉快的事件并激活患者的适宜行为等(Beynon et al.,2008)。

(3) 心理教育及相关干预方式。一些基于心理教育的干预方法也被证明对双相障碍有良好的干预效果,例如人际与社会节奏疗法、以家庭为中心的治疗和团体的心理教育(Ye et al.,2016)等。对病人进行心理教育背后的假设是,当他们了解双相障碍,制订复发预防计划,提高对治疗方案的依从性,坚持遵医嘱服用药物,并实施疾病管理策略(例如保持有规律的作息)时,病人会保持更长时间的心理健康的状态(Colom,Vieta,2004)。有时,治疗师也会认为,为患有双相障碍的家庭成员或夫妇提供相关心理教育,有助于识别和减轻家庭内部的压力,因此会在征得病人的同意的前提下,让家庭成员或其他人参与心理教育过程(Beynon et al.,2008)。具体措施包括帮助患者了解使病情恶化的行为和生物风险因素,防止复发,帮助病人识别情绪波动的警告信号,减少药物滥用。

人际与社会节奏疗法是一种针对双相障碍的循证疗法,认为患者结合药物治疗,解决人际关系问题,保持每天有规律的生活节律,就可以提高患者的生活质量、预防复发。所以应用该疗法的治疗师还会帮助病人掌握一些人际关系的技巧,帮助病人与他人建立更好的关系,这通常最适用于躁狂发作缓解期的双相障碍病人(Beynon et al.,2008)。近年国内研究发现,人际与社会节奏疗法能够切实有效地缓解双相障碍患者的情绪症状,提高睡眠质量,稳定其社会节奏和改善人际关系(盛秋萍 等,2022)。

第三节 自 杀

任何对抑郁障碍和双相障碍的研究都包括对自杀的讨论。在导致个体选择结束自己的生命的原因中,最常见的就是抑郁发作。患有抑郁障碍或双相障碍的病人的自杀的终生发生率达19%。在对成人自杀的调查中发现,约50%的自杀者在自杀前存在抑郁症状(Alloy,Acocella,Bootzin,1996)。

一、概述

1. 自杀的概况

自杀对个人、家庭和社会都具有破坏性的影响,在全球范围内一直是严重的公共卫生问题。有研究者认为,对自杀的流行病学研究很难得到精确的结果,这是因为许多自杀者总是试图使他们的自杀行为看起来像是一次事故。

根据世界卫生组织于2021年6月发布的《2019年全球自杀状况》中的数据,2019年全球年龄标准化自杀率为0.9‰,全年共有约70.3万人因自杀死亡,但全球的自杀率一直呈现下降趋势。从2000年至2019年,全球各年龄组的死亡率均有所下降,如果考虑了人口年龄结构变化,自杀率整体下降了47%。

在过去的十几年间,我国的自杀率和自杀结构同样发生了巨大的变化。总体而言,虽然自2006年以来,自杀率的下降速度较慢,但从2002年到2015年,我国的自杀率在大幅下降,各个亚群体的自杀率也在下降。1995年至1999年,我国每年每10万人中就有23人自杀,当时的高自杀率引起了广泛的关注(Phillips,Li,Zhang,2002),而到2012年至2015年,我国的年平均自杀率已经降为每10万人6.75人,在世界范围内处于最低的水平(Jiang et al.,2018)。

2. 自杀的风险因素

在探索自杀风险因素的流行病学研究中,有许多横断面研究或回顾性研究。其优势是易于展开,为总结规律提供了重要视角,但其劣势在于难以遵循随机原则,难免存在偏差。因此也有少量的前瞻性研究,对此问题进行探索。需要注意的是,高风险因素在评估个人的自杀风险时,虽然意味着因果关系,但实际上并不能说明二者的确存在因果关系。

20世纪90年代,我国农村的自杀率曾是城市自杀率的3倍,女性自杀率比男性高25%,特别是农村年轻女性的自杀率高得惊人(Phillips,Li,Zhang,2002)。李献云等人(2002)曾对主要服务于农村地区的四家综合医院诊治的326例病情较重的自杀未遂者进行调查后发现:62%的人自杀前两天有急性诱发生活事件(通常为人际矛盾,其中多数为夫妻矛盾),51%的人其家人或朋友有自杀行为,15%报告有自杀未遂既往史,38%自杀当时有精神疾病(主要为抑郁症),仅11%曾在精神或心理科就诊过。在这些自杀未遂者中,许多自杀行为属于冲动行为:46%的人报告在自杀前考虑自杀的时间不超过10分钟。

近年来,我国的城乡自杀率差距逐渐减小,且城市居民的自杀率下降幅度高于农村居民,女性自杀率的下降幅度高于男性,农村和城市的育龄妇女自杀率已低于同年龄同地区男性的自杀率。不论是全国范围的研究,还是地方区域性的研究,均证实了这样的变化趋势。但85岁及以上的农村老人和农村青年男性历年自杀率没有明显变化(刘肇瑞 等,2017)。

抑郁症是导致自杀的最常见因素之一,10%~15%的抑郁症病人会自杀,三分之二的病人有自杀的念头。根据世界卫生组织1985年的报告,59%的抑郁症患者有自杀观念。除了抑郁者外,还有这样的一些人更易自杀:物质滥用者和酗酒的人(尤其在其自愿或被迫戒断期)、老年人、分居和离婚者、独居者、移民。一项对250名情感障碍病人、170名精神分裂症病人和109名对照组的40年的随访研究表明,情感障碍病人有14%的自杀率,分裂症病人有4%的自杀率,对照组自杀率为0%(陈仲庚,1985)。

3. 自杀前的征兆

当一个人自杀身亡时,他的家人和朋友往往会感到很惊讶。类似像"他看上去精神很好"和"可是他有充分的理由活下去"的反应十分常见。但是,正如我们看到的那样,许多自杀者会在行动前明显地表达他们的意图。例如,他们会说"我不想继续生活了"或"我知道我是所有人的负担"。而那些没有明确说出他们的计划的人通常也会表现出一些征兆。有些人退缩到一种冥想的状态,另一些表现得好像在准备一次长途旅行一样,还有些人扔掉或分掉了他们最值钱的财产。有时这些征兆当时看起来并不直接,但事后回溯时人们发现其实其所表达的含义很清楚。例如,一个抑郁症病人在周末离开医院回家时说:"我要感谢你如此努力地帮助我。"在这种情况下,病人可能早已有了自杀的想法,并准备一步步地实施其计划。

许多自杀者对于是否要中止自己的生命是十分矛盾的,他们往往是在独自一人的时候,在严重的心理痛苦的状态下做出自杀的决定。而在这种情况下他们是无法客观地看待自己的问题或评估其他可能的途径的。因此有些人并不是真的想死,他们似乎是在无意识的状态下失去生命的,而他们的这种行为给其家人带来了无尽的痛苦和精神上的压力。

有些自杀者的自杀行为具有冲动性,但另一些则是在仔细考虑后实施的。病人往往会在一段平静时期后做出自杀的决定,特别是一个原本很激动的抑郁病人突然平静下来,这不是一个好兆头,但人们往往会把这种变化误认为是病情的好转以致放松了对病人的看护,这样病人就更容易实施他们的自杀计划。应该指出的是,准备自杀者会表现出好像他们已渐渐走出抑郁,因为他们已决定以死解脱,所以反而看起来轻松了。

二、理论解释

1. 经典的心理学流派的解释

不同的心理学流派对人类的自杀现象有着自己的解释。

弗洛伊德的死亡本能和生命本能相抗衡的假说认为,破坏性的倾向和建设性倾向都是自我指向的,但随着出生、成长和人生经验而逐渐外向。一旦这种外部投注被强行中断，或遇到巨大的困难而不能继续维持，破坏冲动和建设冲动都会转向自己。如果自我毁灭的冲动被中和，就会演变为各种形式的局部自我毁灭和慢性自我毁灭。如果自我毁灭冲动遥遥领先于建设冲动的中和作用，其结果就是立即发生戏剧性自我毁灭，即通常所说的自杀。

认知流派认为，认知的因素也许是预测自杀的最有用的因素，其中无望感是最常见的。许多自杀者认为自杀是摆脱痛苦的唯一方式，在他们的遗书中常常可以清楚地看到这一点。真正自杀者的痛苦是别人无法假造的。有时，一个真正的自杀者的遗书中也会包括许多中性的内容：指示、警告、离世后需要处理事务的清单，等等。但是并非所有的自杀者都经历了完全的绝望，根据 Farberow 和 Litman 的研究（见 Alloy, Acocella, Bootzin, 1996），只有 3%~5% 有自杀企图者真的决定一定要死。另有 30% 的人被研究者称为"生存还是死亡"者，这些人处于生与死的矛盾情感中。余下的大约三分之二的尝试自杀者并不是真的想死，但他们的确真的尝试去死了，他们用这种方式来告诉家人和朋友他们的痛苦。对于后两种人来说，他们的这种复杂的心理并不意味着他们不处于危险中，事实上，许多人这次没有下决心，但下一次就会有更大的决心。

行为主义认为自杀是习得的。操作性条件反射理论视自杀行为为操纵行为，是一种"呼呼帮助"的行为，即通过自杀行动来引起周围人的注意。部分自杀未遂者应用操纵机制，如试图阻止别人离去、中断关系，或企图在其他方面控制另一些人的行为。自杀行为可得到很多正性强化物，包括获得周围人的注意、关注或爱护的表达，使别人受累等。负性强化物包括使其摆脱应激性处境而住院，从而缓解压力，逃避现实的问题。

2. 自杀意念与自杀尝试——整合模型

自杀的动机往往是多重的，自杀可以是人的许多深层的需要的结果，例如有人是为了寻求帮助，有人是为了希望解除自己可怕的精神状态和抑郁，也有人是为了操控他人（陈仲庚，1985）。但许多有自杀想法的人并未真正实施过自杀。以往研究也发现根据其自杀前考虑时间的长短，可以将自杀未遂者分为冲动性（≤2 小时）与非冲动性（＞2 小时），对冲动性与非冲动性自杀未遂者的特征进行比较，发现冲动性自杀未遂者更年轻、居住在乡村的比例多、自杀前一个月内生命质量比较高、抑郁程度较轻、精神障碍的患病率和自杀意图强度较低、有较多的急性诱发生活事件（李献云 等，2003）。

因此，一些心理学者将自杀意念和自杀尝试区分开来。自杀意念是个体在思想上想结束自己的生命，但尚未付诸行动，而自杀尝试则真正实施了具有潜在自我伤害的行为。近年来，许多研究发现两者之间存在一些差异，自杀意念的发生率要远远高于自杀尝试。自杀行为的意念行为框架（ideation-to-action framework）将自杀意念的形成和从自杀意念到自杀尝试的转变视为不同的过程，区分了影响自杀意念和自杀尝试的因素。目前，意念行为框架下的理论包括了自杀人际理论（the interpersonal theory of suicide, ITS）、自杀行为动机-意志整合模型（integrated motivational-volitional model of suicidal behavior, IMV）等。

自杀人际理论强调了自杀意念和自杀尝试的区别,认为当个体存在归属受挫和累赘感知时,就会产生自杀意念,但是自杀意念本身并不会导致最终的自杀尝试。个体只有在具有自杀意念的同时获得自杀能力,才能实施自杀行为,死亡无畏是自杀能力的重要组成部分(尤静 等,2022)。实证研究也证实,自杀尝试者的死亡无畏水平显著高于自杀意念者(Smith,Cukrowicz,2010)。

自杀行为的动机-意志整合模型整合了当今许多自杀理论及实证研究的成果,将自杀意念与自杀尝试的影响因素区分开来(O'Connor,Kirtley,2018)。在此模型中,自杀行为的发展涉及前动机阶段、动机阶段和意志阶段。前动机阶段包括自杀的背景因素和触发事件;动机阶段为行为意图形成阶段,即形成自杀意图;而意志阶段为意图实施阶段,即自杀意图转变为自杀企图或自杀。前动机阶段是以素质-压力模型为基础,素质是先天的生物基因因素,压力主要包括环境因素及负性生活事件(如关系破裂)。动机阶段是自杀意念和意图的形成阶段,自杀意念的产生来自受困,而受困由挫败或羞耻的体验所引发。在挫败或羞耻发展为受困的过程中,威胁自我的变量起到调节作用,如社会问题解决、应对、记忆偏差及反刍。而因受困发展为自杀意念与意图的过程中,动机变量起到调节作用,如未满足的归属感、累赘感、未来想法、目标管理、主观标准、社会支持及态度。意志阶段是行为实施阶段,理论基础源于计划行为理论、痛苦呼救模型及自杀人际理论。在这一阶段,自杀意念转变为自杀企图或自杀,意志变量起调节作用,如自杀能力、冲动性、实施意图(计划)、工具可获得性及模仿,见图 5-3(杜睿,江光荣,2015)。

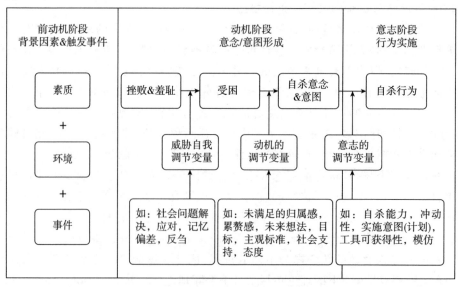

图 5-3　自杀行为的动机-意志整合模型

(引自 O'Connor,2011)

3. 社会学的解释

1897年，法国社会学家涂尔干(Émile Durkheim)将自杀看作是发生在社会中，在某种程度上也是在社会控制之下的一种行为，他认为自杀并不是一种简单的个人行为，而是对正在解体的社会的反应。由于社会的动乱造成了社会文化的不稳定状态，破坏了对个体来说非常重要的社会支持和交往系统。因而也就削弱了人们生存的能力、信心和意志，这时往往导致自杀率的明显增高。时至今日，人们同样认为社会经济因素会对自杀率产生影响。在大萧条时期的1932年，自杀率较往年增加了近一倍；而在20世纪70年代的经济衰退时期，自杀率也比以往上升了(Alloy, Acocella, Bootzin, 1996)。

自杀通常与社会生活变化及应激有关。人际关系冲突、被拒绝和分离是最常见的促使年轻人自杀的问题，而经济问题和疾病则分别是影响中年人和老年人自杀的最重要的因素。

传统社会、非工业化的、人与人是紧密联系的、有稳固的家庭和稳固的社会结构，以及长期保持的信仰和习惯的社会群体被认为自杀率较低。而在现代社会中，人们常常离开家庭，离开出生地，在社会经济阶梯中上上下下。因此年轻人失去了其祖辈时代所有的支持系统：家庭、信仰、传统和习惯。人们必须依靠自己，而这使人的无助感明显提高了，令抑郁和自杀的危险性提高。

三、自杀风险的筛查与评估

在危机情形下，个体既可能出现自杀、自伤行为，也会出现攻击伤人、杀人行为，且两者可能相互转换或者并存。因此，对自杀危险的早期评估和干预十分重要。目前，在我国大部分高校的心理危机干预工作中，通常将心理危机（自杀或伤害他人）按想法、计划和尝试三个等级进行区分，计划与尝试等级被视为中、高度危机风险，需要打破保密原则，启动危机干预工作。而仅有自杀或伤害他人的想法，经评估后，如被视为低风险，可以和来访者保持接触、继续观察（戴赟，2022）。

与凭借经验及开放性问题的危机评估相比，研究者开发的自杀相关的量表或问卷可以为临床干预和研究提供更为有效的自杀风险评估工具。例如，贝克抑郁自评量表、贝克绝望量表等通过对自杀风险因素的评估来探索个体自杀危险的可能性。另一类则是基于自杀行为本身编制的自杀风险筛查工具。

杨丽等人(2021)通过小组讨论、访谈和文献分析，并采用质性访谈整理出三个维度：自杀意念、前自杀尝试、自杀尝试。通过大样本测量及统计分析，编制了适合我国的具有良好的信效度的自杀行为筛查问卷，可以作为自杀风险的筛查工具。该问卷包括8个条目：

(1) 您想通过外力被动地结束自己的生命吗？
(2) 您想主动地结束自己的生命吗？
(3) 您计划过如何结束自己的生命吗？

(4) 为了结束生命,您做过一些准备吗?

(5) 您演练过(包括实际演练和心理演练)结束自己生命的过程吗?

(6) 您是否尝试过结束自己的生命,但在中途自我放弃?

(7) 您是否尝试过结束自己的生命,但在中途被外力阻止?

(8) 您是否完成过结束自己生命的行动,不管这种行动是否造成了实际的伤害?

该问卷采用利克特(Likert)8点计分,要求被试在0(从来没有过)、2(过去一年有过1次)、4(过去一个月有过1次)、6(过去一周有过1~2次)、8(过去一周几乎每天都有)中进行选择。该研究以简明国际神经精神访谈(MINI)诊断为金标准,发现以22分为高风险和低风险分界值时,敏感度和特异度最高,有最大的筛查价值。

在保障个体安全的前提下,专业人员首先须进行自杀风险筛查,筛查评估后,还要根据评估结果,明确其后的工作。例如,是否需要其他人员、专家和组织的支持,是否需要转诊,是否需要将处于危机中的个体送至医院进行24小时监护,以及有哪些资源可以帮助个体应对危机等。

专栏 5-5

自杀风险评估的另一种方法

对于发现有自杀倾向的个体,2014年徐凯文曾提出了一种自杀危险的评估方法。经此法评估得高分者自杀风险高。

1. 评估个体自杀的想法和自杀计划

当个体承认有自杀想法时,专业人员就应该以关心、共情、专业、冷静的态度去探查其自杀想法和计划,包括该想法持续的时间、频率和强度,以及其是否有具体的自杀计划。自杀计划的评估需要考虑——

(1) 具体性:个体自杀计划的细致程度。例如自杀的时间、地点、具体方式、工具是否易得等。自杀计划越具体,危险性就越高。

(2) 致命性:个体的自杀计划一旦实施,在多快的时间内会导致不可逆的死亡。这需要询问个体自杀的具体方法(如跳楼、服用过量毒药、采用刀片),致命性越强,自杀的危险性就越高。

(3) 可行性:个体要在什么时间实施自杀计划,以及为实施此自杀计划所做的准备程度和计划的可实施性。例如,个体计划用一种特定的药物自杀,要检查个体是否已经留存了足够量可以致命的药物,已有的药物是否会致死;如果是的话,个体自杀的危险性高。

(4) 个体的冲动性:在评估自杀危险性时,要了解个体过去是否曾出现过冲动控制问题。例如,个体容易跟他人出现言语冲突、有犯罪和暴力攻击行为、情绪容易失去控制的个体是自杀高危个体。

如果个体没有具体计划,得0分。有自杀计划但致死性不强,或者可行性不强,例如当着家人的面实施可以被控制的自杀等;此前有情绪失控的经历,但最后没有行动则可以得到1分。如果有自杀计划且自杀方式的致死性强,或有可执行性强的自杀行为或计划,或此前有情绪失控的冲动性经历,并造成自我伤害或者伤害他人的结果则得2分。如个体此项得分为2分,则自杀风险非常高,须进行危机干预。

2. 评估个体既往及其家人的自杀、自伤经历

最终自杀身亡的人中有相当一部分曾经有过自杀未遂史。专业人员需要询问个体有无自杀行为家族史,如果其亲友特别是父母有自杀经历会增加个体自杀的危险性。如果个体及其家人都没有自杀、自伤经历,得0分。如果既往有尝试自杀、自伤的经历,但在1年以前;或者自伤、自杀家人并非父母或者养育者,得1分。如果在1年之内有尝试自杀、自伤的经历;或者自伤、自杀家人是其父母或者养育者,得2分。

3. 评估个体目前所经历的现实压力、应对能力和自杀目的

了解个体目前是否存在现实压力,评估危机诱发事件对个体的不良影响,明确个体应对该危机的能力,以及可能出现的不良后果。如果现实压力对个体来说足以应对,得0分。如果目前的现实事件对个体构成较大压力,个体虽然认为压力很大,但还能应对,并接受最坏结果,得1分。如果目前的现实事件对个体构成较大压力,个体感觉已超过了其应对能力或感到无法面对、完全没有希望,则其处在高危状态,得2分。

4. 评估目前的支持资源

个体的支持资源是预防和阻止自杀最重要的保护性因素。专业人员需要从个体的内在资源、外在资源和精神资源三个方面去评估个体所具有的资源,并且需要评估资源的可利用性。如果来访者社会支持资源充分,有很多自己在意和牵挂的人,且遇到困难和压力时可以运用这些社会支持资源去应对,得0分。如果来访者社会支持资源不是很充分,虽然有很多自己在意和牵挂的人,但遇到困难和压力时难以利用这些社会支持资源去应对,得1分。如果来访者缺乏社会支持,人际关系差,遇到困难和压力时缺乏应对资源,得2分。

5. 个体是否符合一种或多种精神疾病诊断

抑郁症、双相障碍、精神分裂症、物质使用障碍或边缘型人格障碍等是自杀与自杀未遂者常见的精神障碍。如果个体不符合任何精神障碍的诊断标准,得0分。如果个体符合一种精神障碍诊断标准,但并非上述自杀高风险精神障碍,得1分。如果个体患有这些自杀危险性高的精神障碍,得2分。

表5-4 自杀、自伤危险性评估表

	低危	中危	高危
○自杀、自伤想法和计划	0	1	2
○个人有自杀未遂既往史及亲友有自杀、自伤经历	0	1	2
○目前存在的现实压力	0	1	2

（续表）

	低危	中危	高危
○目前可用的支持资源	2	1	0
○精神障碍诊断	0	1	2
总分			

四、自杀危机干预

大多数企图自杀者并没有完全下决心要死，基于这样的发现，也是由于存在这样的事实——自杀常常是对危机的反应，人们建立了自杀热线来帮助自杀者。自杀热线的工作人员，通常是志愿者，会努力倾听来话者的诉说，同时与他们讨论为什么不要自杀，以及告诉他们在什么地方去寻求专业的帮助。这样的危机干预热线是被普遍采用的干预和处理自杀行为的一种有效手段。保持交谈、建立信任是热线干预的基本原则。在热线咨询中，热线接线人员要与来话者建立起心理上的接触与沟通，评估自杀的危险性、可能性，确定问题、探索问题解决的可能途径，并得到对方暂时不实施自杀的承诺和保证，以便争取时间，使其危机及态度有所转机。在紧急情况下，热线接线人员需要有督导指导进行危机干预；必要时须报警，联系公安及急救人员对正在实施自杀者实施救助。

另一种预防自杀的方式是针对自杀的高危人群进行教育，包括学校的有关课程。在这种课程中，教师、家长和青少年组成讨论小组，一起来学习有关自杀的危险信号，以便发现那些处于危险中的人。

一般来讲，对自杀者的治疗需要采取一系列的措施。对自杀者危机干预的基本原则包括积极倾听（采用开放式提问、封闭式提问），表达自己的感受，良好的共情，以真诚的态度与自杀者交谈等。例如，心理动力学对自杀者的治疗与对抑郁的治疗是基于同样的原则。不同的是其重点在于给病人以情感支持。对于潜在的自杀者，治疗师要特别注意避免说或做任何可能会被看作拒绝病人的事。在对自杀行为的解释中，心理动力学将自杀解释为自杀是对治疗师和他人的爱的呼唤。

在危机情况下，首先要对紧急情况做出反应，缓和或消除与自杀直接有关的危机。心理咨询师、治疗师或医生要与自杀者本人交谈，使其不受阻碍地表达内心积郁的情绪、自杀的想法和冲动等。如果外界因素对自杀产生重要作用，还要进行必要的社会协调工作，对有关的因素尽可能予以影响。其次应对自杀者予以必要的心理治疗和药物治疗。除了住院和门诊治疗外，还可以成立自杀者监护小组，由那些关心自杀者的人，如父母亲、配偶、子女和亲友及专业人员组成。他们可以参与到自杀者的康复过程中，给其安慰、支持和保证等一般性心理治疗。同时与他一起探讨如何解决现实中的问题。

监护人员应对随时可能出现的再次自杀的迹象保持警惕。

我国的高校对于学生自杀危机干预工作十分重视,一项对国内122所高校心理咨询中心的调查发现,118所高校(96.72%)建立了学生心理危机干预工作领导小组或学生心理危机应急工作领导小组(柳静 等,2022)。许多高校制订了危机干预预案,一旦需要,可以及时启动校、学院(系所)及心理中心不同层级的人员合作进行团队干预,形成了有效的干预机制。

小 结

本章重点介绍了抑郁障碍和双相障碍。抑郁障碍是一类以抑郁发作为主要特征的疾病诊断。生物因素、心理因素、社会因素在抑郁障碍的形成过程中均起到重要作用。双相障碍则表现出抑郁、躁狂/轻躁狂两个极端的心境状态,生物因素在双相障碍的发生中扮演着重要的角色,但仍应考虑心理因素和社会因素的作用。

抑郁发作时,患者表现出一系列情感、认知、行为和生物(躯体)症状,如抑郁心境、快感缺失、饮食体重问题、睡眠紊乱问题、精力减退、无价值感和内疚、思维困难。

双相障碍的患者当躁狂发作时,通常表现为与抑郁发作完全相反的症状:情感高涨、易激惹、自尊膨胀、精力充沛、思维奔逸、注意力分散、行为鲁莽。

抑郁障碍和双相障碍的主要治疗方法包括药物治疗、电抽搐治疗和心理治疗。已有充分的证据表明,虽然药物治疗在对控制抑郁障碍和双相障碍的症状方面,有不可取代的作用,但心理治疗效果不逊色于药物治疗,尤其在防止两类心理障碍的复发方面有着独特的优势。

任何对抑郁障碍和双相障碍的研究都会涉及对自杀的讨论,经典的心理学流派都对自杀行为有自己的解释。一些研究者根据相关研究和理论,建立了新的理论模型,将自杀意念与自杀尝试的影响因素区分开来,以解释许多有自杀想法的人并未真正实施过自杀的现象。例如,自杀行为的动机-意志整合模型,整合了当今许多自杀理论及实证研究的成果,提出自杀行为的发展涉及三个阶段,即前动机阶段、动机阶段和意志阶段。

对自杀的危机干预强调首先要评估自杀的危险因素和风险程度,同时积极倾听、表达自己的感受,良好的共情,以真诚的态度与自杀者交谈;我国许多高校制订了自杀危机干预预案,在危机发生时采取团队工作模式是行之有效的危机干预工作机制。

思 考 题

1. 抑郁发作有哪些症状?有抑郁发作是否等同于有抑郁症?
2. 抑郁症与心境恶劣的相似点与不同点有哪些?
3. 如何看待抑郁症的心理学原因?
4. 如何区分双相Ⅰ型障碍和双相Ⅱ型障碍?
5. 影响自杀的因素有哪些?

推 荐 读 物

瓦塞尔曼.(2003).自杀:一种不必要的死亡.李鸣,等,译.北京:中国轻工业出版社.
巴洛.(2004).心理障碍临床手册.3版.刘兴华,徐凯文,等,译.北京:中国轻工业出版社.
贝克.(2014).抑郁症.2版.杨芳,等,译.北京:机械工业出版社.
杰米森.(2018).躁郁之心:我与躁郁症共处的30年.聂晶,译.杭州:浙江人民出版社.

6

焦虑障碍

第一节 概 述

一、焦虑的概念

每个人都体验过焦虑与恐惧。焦虑是一种内心紧张不安、预感到似乎将要发生某种不利情况而又难以应对的不愉快的情绪状态,它是对未知的、内在的、模糊危险的一种反应。恐惧与焦虑相近,不过恐惧往往是对已知的、明确的危险的一种即时反应,而焦虑发生在危险或不利情况来临之前。

焦虑和恐惧都能引起生理唤起,或者说交感神经系统的反应。焦虑一般会导致适度的生理反应,而恐惧会引起较强的生理反应,且有想要逃跑的冲动。

焦虑和恐惧虽然是一种痛苦的体验,但却具有重要的适应功能(Kring, Johnson, 2018)。一是信号功能,向个体发出危险信号,当这种信号出现在意识中时,人们就能采取有效措施对付危险,或者逃避,或者设法消除它。焦虑提醒人们警觉已经存在的内部或外部危险,在人们的生活中起着保护性的作用。二是令机体处于"战斗或逃跑"状态。焦虑发生时,生物体通过交感神经系统和肾上腺皮质系统,使机体新陈代谢加快,心率、血压和呼吸频率上升;肌肉绷紧,皮肤中的血管收缩,可以向主要肌肉群输送更多血液,随时准备快速反应。而不太重要的活动,如消化功能则减少了。三是参加学习和经验积累的过程。焦虑帮助人们提高预见危险的能力,帮助人们不断调整自己的行为,学习应对不良情绪的方法和策略。由此可见,焦虑并不都是有害的,适度的焦虑甚至是有益的。

由于焦虑是一种令人不快的情绪状态,因此,过高的焦虑总是迫使人们逃避,回避或逃离行为可以暂时缓解痛苦,但它们也通过负强化的过程强化了行为上的回避。回避使个体不能有效地解决产生焦虑的原因,阻碍了学习有效应对焦虑的新行为的过程。如其过度发展则可能会形成焦虑相关的障碍。正因如此,荣格意味深长地指出,"神经症总是合理痛苦的替代"(见许又新,1993)。这说明,生活中产生焦虑、恐惧本来是自然的事,这些体验和疼痛一样是令人痛苦的,但又是人类生存必需的,不应当试图否定、逃避它们。逃避不但解决不了问题,反而会使问题越来越严重。

二、焦虑的分类

弗洛伊德按照焦虑的不同来源,把焦虑分为三类(见许又新,1993):

(1) 现实性焦虑:产生于对外界危险的知觉,如人们害怕毒蛇、持有凶器的暴徒和失去控制的汽车等。

(2) 神经症性焦虑:人们感到焦虑的原因不是外界的危险事物,而是意识到自己的本能冲动有可能导致某种危险。神经症性焦虑有三种表现形式:一是"游离型"(free-floating type)焦虑,起源于内心的某些矛盾冲突,或者说个体总是害怕潜意识中的本我可能控制自我,使自我陷入无能为力的境地,以致即使在比较顺利的环境中,也总是杞人忧天地担心可怕的事情将要发生。二是强烈的非理性恐惧,临床上叫恐怖症。三是惊恐反应。

(3) 道德性焦虑:即自我对罪恶感和羞耻感的体验,是对超我的恐惧,产生的原因是自我意识到来自良心惩戒的危险。人们害怕因为自己的行为和思想不符合自我理想的标准而受到良心的惩罚。同神经症性焦虑一样,危险不存在于外部世界。

Spielberger(1966)将焦虑分为两类,一类为状态焦虑(state anxiety),另一类是特质性焦虑(trait anxiety)(见许又新,1993)。前者指焦虑是一种负性情绪状态,持续时间较短,焦虑程度较重,自主神经功能失调较显著。状态焦虑往往与个体关注的生活情景有关,例如手术、考试、求职、现实的或者可能的疾病等。后者则指从幼年时期开始逐渐形成的一种人格特性,这类人自幼显示出焦虑倾向,且持续终生。高特质焦虑的个体更容易觉察到当前的威胁。焦虑常在某种重要生活事件发生之前或有较高期望的情况下出现,此时又称其为期待性焦虑(expectation anxiety)。

三、焦虑障碍的历史和类型

1. 焦虑障碍的历史

1980 年修订的 DSM-Ⅲ首次提出了焦虑障碍(anxiety disorders)这一心理疾病的诊断类别。焦虑障碍源于神经症(neurosis),神经症一词最早来自 William Cullen 在 1769 年出版的《疾病分类系统》一书,原指神经系统的感觉异常(沈渔邨,2002)。它反映了长期以来人们的一种观念,神经症是"神经系统的非正常或疾病状态"。

19 世纪,随着显微镜、切片和染色等技术的发展,以及临床神经病学的进步,凡是发现有神经病理形态学改变的疾病都陆续从神经症中分离了出去。沙尔科关于歇斯底里的研究让人们看到了心理因素致病的作用(见王建平 等,2005)。19 世纪后期,弗洛伊德提出了神经症源于个体内部心理冲突的观点,认为神经症是个体试图对抗焦虑,保护自我的方式,把癔症、强迫症等归入神经症。至此,神经症被认为是没有神经病理形态学改变的一类神经功能性疾病。这一观念到 20 世纪 60 年代仍普遍地被接受,这也是

50~70年代我国一直把"neurosis"译为神经官能症的缘故。

美国的DSM-Ⅰ受迈耶心理生物学和弗洛伊德精神分析学派的影响,把神经症称为"精神神经症反应"。DSM-Ⅱ使用了神经症的名称,包括10种类型。而DSM-Ⅲ采用非理论描述性的诊断方法,神经症这个疾病类型由于被认为与"精神分析理论有千丝万缕的联系",以及焦虑并不是所有神经症的主要特征,而被摒弃,同时取消神经衰弱这一疾病类型,代之以焦虑障碍、躯体形式障碍、分离性障碍、做作性障碍四组。焦虑障碍包括:惊恐障碍、广泛性焦虑障碍、恐怖症、强迫障碍和创伤后应激障碍。DSM-Ⅳ主要采用症状学的分类方法,"器质性"与"功能性"不作为分类基准,而把所谓"器质性"的神经症性症状群分别列入不同的疾病类别之下,如把躯体疾病所致焦虑障碍、成瘾物质所致焦虑障碍也归入了焦虑障碍中。

DSM-5的变化主要有两点:一是DSM-Ⅳ被归在焦虑障碍中的强迫障碍被列入强迫及相关障碍,创伤后应激障碍、急性应激障碍共同归入创伤及应激障碍。二是重视并突出生命周期的理念。分离焦虑障碍和选择性缄默症,由原分类在"通常在婴幼儿、儿童或者青少年阶段首次诊断的障碍"改为归入焦虑障碍(APA,2013)。

我国对神经症的分类,在20世纪50年代划分为神经衰弱、癔症、精神衰弱和强迫神经症四种类型;60年代补充了恐怖性神经症、焦虑性神经症、疑病性神经症、抑郁性神经症等类型。1989年CCMD-2中的神经症包括:恐怖症、焦虑症、强迫症、抑郁性神经症、癔症、疑病症、神经衰弱、未特定的神经症等。而2001年的CCMD-3,对神经症的分类做了不少改动,"抑郁性神经症"归入情感性精神障碍,"癔症"被单列出来与神经症并列(归入癔症、应激相关障碍、神经症大类),增加了"躯体形式障碍"(疑病症归入此类)。《精神障碍诊疗规范(2020年版)》基本上与ICD-11的诊断类别与标准类似。

2. 焦虑障碍的流行病学情况

焦虑障碍是最常见的精神障碍之一,我国的患病率较高。一项涉及32 552名被试的大规模流行病学调查结果显示,焦虑障碍终生患病率约为7.6%,12个月的患病率大约为5%;男女比例相当,城市和农村之间没有明显差别;在不同年龄段人群中,50~64岁的患病率最高为6.5%,18~34岁为4.3%,35~49岁为4.8%,65岁以上为4.7%,但没有显著差异。在这项调查的各类精神障碍中焦虑障碍的比例最高,高于心境障碍、精神分裂症等(Huang et al.,2019)。另一项针对普通人群焦虑障碍患病率的元分析研究发现,我国人群中12个月患病率为4.5%(胡强 等,2013)。

全球流行病学调查元分析结果显示,焦虑障碍的终生患病率为7.3%,而时点患病率的数据不等,为0.9%~28.3%,12个月的患病率为2.4%~29.8%(Baxter et al.,2012)。

3. 焦虑障碍的诊断和类型

焦虑障碍是指过度的焦虑和恐惧,以及相关行为紊乱,导致患者个人、家庭、社会等方面的苦恼和(或)受损的一类心理障碍。临床上可涉及生理、行为和认知等症状表现,主要表现为如下症状(Nevid,Rathus,Greene,2018):①生理上可能包括心跳加快、呼吸短促、胃部不适、口干舌燥、四肢冰凉、多汗、手心出汗、紧张不安、颤抖、轻微头痛或眩晕,以及其他生理症状。②行为上可能包括回避、依恋或依赖,以及焦虑行为。③认知上可能包括担忧、恐惧、过分关注躯体感觉、害怕失去控制、反复思考某个令人困扰的想法、难以集中注意力等。

在 DSM-5 中,焦虑障碍包括分离焦虑障碍、选择性缄默症、特定恐怖症、社交焦虑障碍、惊恐障碍、广场恐怖症、广泛性焦虑障碍等主要类型。表 6-1 列出了各个类型的编码和名称,并与 ICD-11 进行比较。DSM-5 与 ICD-11 在焦虑障碍的疾病类型和定义上具有高度一致性,仅在对相关疾病的排列顺序和病程规定上存在细微差异:①DSM-5 中焦虑障碍的疾病是根据常见的起病年龄进行排序,将分离焦虑障碍和选择性缄默症这两种常见起病于儿童期的疾病先行排列,而将常见的起病于中年的广泛性焦虑障碍排列在后。而 ICD-11 则依据临床常见和代表性疾病的优先顺序进行排序,将最具代表性的广泛性焦虑障碍列为第一。②DSM-5 对于焦虑相关障碍病程的规定比较精确,如广泛性焦虑障碍的病程在 DSM-5 中要求为 6 个月以上。而 ICD-11 对广泛性焦虑障碍的病程要求持续"数月"以上。《精神障碍诊疗规范(2020 年版)》对焦虑障碍的分类与 ICD-11 类似。本章将重点介绍 ICD-11 列出的前五种焦虑障碍,即广泛性焦虑障碍、惊恐障碍、场所恐惧症、特定恐惧症、社交焦虑障碍。

表 6-1　DSM-5 和 ICD-11 焦虑障碍类型的比较

DSM-5	ICD-11
309.21 分离焦虑障碍	6B00 广泛性焦虑障碍
313.23 选择性缄默症	6B01 惊恐障碍
300.29 特定恐怖症	6B02 场所恐惧症
300.23 社交焦虑障碍(社交恐怖症)	6B03 特定恐惧症
300.01 惊恐障碍	6B04 社交焦虑障碍
惊恐发作的标注	6B05 分离焦虑障碍
300.22 场所恐怖症	6B06 选择性缄默症
300.02 广泛性焦虑障碍	6B0Y 其他特定焦虑及恐惧相关障碍
物质/药物所致的焦虑障碍	6B0Z 未特定的焦虑及恐惧相关障碍
293.84 由于其他躯体疾病所致的焦虑障碍	
300.09 其他特定的焦虑障碍	
300.00 未特定的焦虑障碍	

第二节 广泛性焦虑障碍

【案例 6-1】

患者,男,一名 32 岁的工程师。近来他常常感到心里发慌,无缘无故地紧张且害怕。他心里想的几乎都是担忧的事情,如担心失眠、害怕上班迟到、担心自己工作不佳会被老板开除、害怕处理不好与同事的关系等。他诉说每时每刻感到全身酸痛、肌肉紧张。这种状况让他异常苦恼,以至于难以入睡,无法正常工作,身体健康状况也不佳。

他的问题始于半年前,那时他被提拔为部门主管,他是一位好强、工作认真的人,数年来一直渴望升职,当他得到此机会时,在高兴的同时又有不安。他怕自己工作不出色在同事中没有威信,得不到上级的赏识,因此每天都拼命地工作。一段时间以后,他发现自己很疲劳,且无法集中注意力,经常发生不应出现的差错,这使他压力更大、精神更紧张。一些同事总是说他工作太紧张了,可他认为这不是问题,工作紧张应该是精力充沛的一种表现。而过去他也常以此方式获得成功。他曾试图听音乐让自己放松一些,但仍无法集中注意力,也难以消除越来越明显的烦恼。现在比以往更紧张,沮丧极了,不知道这种糟糕的状况何时才能结束。

案例 6-1 中的患者出现了广泛性焦虑障碍(generalized anxiety disorder,GAD)。GAD 以广泛且持续的焦虑和担忧为基本特征,伴有慢性的、对生活中各种事情不可控的担忧。

GAD 由 DSM-Ⅲ 首次界定,患者必须具备如下 4 种特征中的 3 种且持续 1 个月:①运动性紧张;②自主神经系统亢进;③忧虑性期望;④警觉和检查。这个诊断标准在 DSM-Ⅲ-R 做了较大修改,把过分或不现实的忧虑作为 GAD 的主要特征,症状持续的时间标准也从 1 个月延长到了 6 个月,DSM-Ⅳ 和 DSM-5 保留了这一修改。

GAD 是较常见的焦虑障碍之一,慢性病程,平均发病年龄为 30 岁,好发于中老年,女性常见。我国一项大规模流行病学调查结果显示,GAD 的终生患病率约为 0.26%,12 个月的患病率大约为 0.16%;女性高于男性,但差异不显著;在不同年龄段人群中,50～64 岁的患病率最高,为 0.34%(Huang et al.,2019)。元分析研究表明,我国 GAD 时点患病率约为 0.6%,中老年人群的患病率较高(胡强 等,2013)。GAD 在中老年人群中好发,可能与他们的身体器官各项功能衰退,且对此比较敏感和焦虑有关。在美国,统计数据显示 GAD 患病率较高,12 个月患病率约为 3.1%(Kessler et al.,2005b),终生患病率为 5.7%(Kessler et al.,2005a)。

DSM-5 对广泛性焦虑症的诊断标准

A. 在至少 6 个月的多数日子里,对于诸多事件或活动(如工作或学校表现)表现出过分的焦虑和担心(预期焦虑)。

> B. 个体难以控制这种担心。
> C. 这种焦虑和担心与下列六种症状中的三种或三种以上有关(在过去 6 个月中,至少一些症状在多数日子里存在):
> 注:儿童只需一种。
> (1) 坐立不安或感到激动或紧张。
> (2) 容易疲倦。
> (3) 注意力难以集中或头脑一片空白。
> (4) 易激惹。
> (5) 肌肉紧张。
> (6) 睡眠紊乱(难以入睡或保持睡眠状态,或休息不充分、睡眠质量不佳)。
> D. 这种焦虑、担心或躯体症状引起有临床意义的痛苦,或导致社交、职业或其他重要功能方面的损害。
> E. 这种障碍不能归因于某种物质(如滥用的毒品、药物)的生理效应或其他躯体疾病(如甲状腺功能亢进)。
> F. 这种障碍不能用其他精神障碍的症状(如惊恐障碍中对发生惊恐发作的焦虑和担心,社交焦虑障碍中对负性评价的焦虑和担心,强迫症中对污染或其他强迫思维的焦虑和担心,分离焦虑障碍中对与依恋对象分离的焦虑和担心,创伤后应激障碍中对创伤性事件提示物的焦虑和担心,神经性厌食中对体重增加的焦虑和担心,躯体症状障碍中对躯体不适的焦虑和担心,躯体变形障碍中对感知的外貌瑕疵的焦虑和担心,疾病焦虑障碍中对感到有严重疾病的焦虑和担心,精神分裂症或妄想障碍中对妄想信念的内容的焦虑和担心)来更好地解释。

一、临床表现与诊断

GAD 的核心症状是精神上的过度担心,表现为对未来可能发生的、难以预料的某种危险或不幸事件的经常性担心。有的患者不能明确担心的对象或内容,追问患者,他自己也想不通整天到底在害怕什么,总是有一种提心吊胆、惶恐不安的强烈体验,称为游离性焦虑(free-floating anxiety)。有的患者担心的也许是现实生活中发生的事情,但担心的程度与现实不相称。与恐怖症不同,GAD 患者对担心的内容并没有明显的回避行为,但会表现出轻微的回避性行为,如延迟做事、多次检查,且这种行为不能有效减轻他们的焦虑。

患者在焦虑的同时常伴有易激惹、注意集中困难、难以做决定,以及害怕犯错误。患者常诉记忆力减退,实际上是因注意力不能集中导致的识记困难。睡眠障碍也较多见,典型表现为入睡困难,睡眠浅而多梦也不少见。但早醒并非 GAD 的典型症状,如有发生,常提示焦虑是抑郁的继发症状。由于焦虑妨害了工作、学习效率和生活,反过来又加重了患者的焦虑,患者甚至害怕自己会完全失控。

此外,患者往往表情紧张,双眉紧锁,姿势僵硬而不自然,常诉说颈部或肩背部肌肉紧张,紧张性头痛也很常见。有的患者可出现肢体的震颤,甚至语音发颤。运动性不安可表现为搓手顿足、无目的的小动作增多、不能静坐等。

根据 DSM-5 的标准,诊断 GAD 的关键是对"担忧"的确定,即担忧是过分的、难以控制的,且至少持续 6 个月。与 DSM-Ⅲ 相比,DSM-5 删去了自主神经系统亢进的症状,理由是:GAD 最常出现的是易激惹、烦躁不安或情绪不稳定、易疲劳、难以入睡,以及难以集中注意力,而自主神经系统亢进的症状群(如心跳加快、胸闷、出汗)相对较少。

ICD-11 与 DSM-5 关于 GAD 的诊断标准差异不大,只是 DSM-5 对病程的要求为 6 个月以上;而 ICD-11 要求持续"数月"以上,对担忧伴随的症状没有明确具体数量,只是笼统地做了规定,即伴随自主神经症状或运动性不安。

临床上常需要与之鉴别的是抑郁症,因为抑郁症常有焦虑症状或激动不安。鉴别要点为:GAD 患者通常先有焦虑症状,患病较长时间才觉得生活不幸福;无昼重夜轻的情绪变化;常难以入睡和睡眠不稳,而早醒少见;患者并不像抑郁症那样对事物缺乏兴趣或对前途无望。其他需要鉴别的还有强迫症、惊恐障碍、创伤后应激障碍和疑病症等。

二、病因

1. 生物学因素

遗传研究显示,患者的一级亲属中大约 15% 患有 GAD,远大于普通人群的患病率(Comer,Comer,2018)。在一项对 1033 名女性双生子的研究中,同卵双生子的同病率明显高于异卵双生子,根据这一结果可认为 GAD 是一种中等程度的家族性障碍,估计遗传因素约为 30%(Kendler et al.,1992)。基因学的研究表明,GAD 个体可能存在某些基因的异常(Matthew et al.,2015;徐碧云,2012)。不过,可以确定的是,被遗传的只是焦虑倾向而不是 GAD 本身。

神经影像学方面,研究发现 GAD 患者的杏仁核、前额叶背内侧体积增大,杏仁核、前扣带回和前额叶背内侧活动增强,并与焦虑的严重程度正相关(孙达亮 等,2014)。

神经生物学研究认为,GAD 与大脑尤其是大脑边缘系统的 γ-氨基丁酸(GABA)不足或 GABA 受体不足有关,苯二氮䓬药物可通过激动 GABA 受体而起到抗焦虑的作用。另外,增加突触间隙的 5-羟色胺、去甲肾上腺素水平的药物也具有抗焦虑作用,说明 GAD 可能涉及 5-羟色胺系统和去甲肾上腺素系统。

2. 心理社会因素

(1) 心理动力学的观点认为,自我与本能冲动之间无意识的矛盾冲突是 GAD 的根源。本我中性或攻击的欲望,力求在自我中表现出来,而自我因为无意识地害怕被惩罚,不允许这些冲动表现出来,因此导致了一种漂浮不定的焦虑或无名焦虑。GAD 与恐怖症的不同在于,恐怖症患者成功地运用了防御机制,以某些外在对象替代了焦虑;GAD 患者没有形成合适的防御机制,无法成功地应对自己的焦虑,未能使之被某些外在的对象所替代,从而使得焦虑几乎持续存在。由于焦虑的根源是无意识的,因而患者意识不到焦虑的真正原因。精神分析理论特别强调童年期的心理体验被压抑在潜意识中,成年后一旦因特殊境遇或压力的激发,便成为意识层面的焦虑(Carson,Butcher,Mineka,1996)。

近年来,越来越多的精神分析学者关注早期亲密关系对自我概念的发展,他们认为不良的教育方式导致脆弱的、冲突的自我映像*,从而造成 GAD。较少温暖和关怀,而且父母过于严厉或被过多批评的孩子,可能发展为自我是脆弱的和他人是敌意的映像。这样的孩子在成年后,会竭力克服或掩盖自己的弱点,但是压力经常压垮了他们的应对能力,从而不断遭受焦虑的袭击(见 Nolen-Hoeksema,2004)。

(2) 人本主义和存在主义的观点。人本主义认为,GAD 患者小时候没有得到父母无条件的积极关注,使他们学会抛弃自己的真实情感和愿望,而只是接受父母赞许的那一部分自我,形成了价值条件化(conditions of worth)。成年后,继续价值条件化的过程,使个体只是把那些最有可能被其重要他人赞许、爱和支持的内容纳入自我概念。但当外在的信息与自我概念不一致时,焦虑就会产生。为了对付焦虑,个体使用扭曲或否定等防御机制阻止这个信息进入意识层面。扭曲和否定可以在短期内有效地降低焦虑,但每一次使用防御机制都会使个体离真实生活越来越远。当自我概念与现实差距非常大的时候,防御机制不能发挥作用,其结果便是极端的焦虑(Burger,2010)。

(3) 认知行为理论的观点。行为理论认为,GAD 的形成与恐怖症类似,也是条件反射的结果,只是条件刺激的范围更加广泛而已。然而,纯粹的行为观点难以全面解释 GAD 的演化过程。目前人们认为,GAD 的本质是对可能发生各种不测事件的一种担忧,而不是行为主义观点所认为的对已存在的内外刺激的忧虑。

认知理论认为,三种认知——对未来持续的消极信念、对威胁信号的关注、控制感缺乏——与包括 GAD 在内的各种焦虑障碍有关(Kring,Johnson,2018)。

首先,公认的一个观点是,GAD 患者有很多适应不良的消极信念,如"做最坏的打算总是最好的办法""如果某事有危险,人们应该非常关注它,关注它发生的可能性"。这些信念使得他们易于以不受控制的自动式思维对情境做出过度反应,进而引发焦虑。他们之所以产生对"危险"的消极评价,有其深层的原因,主要在于早年经验形成的功能失调性假设或图式。

其次,GAD 患者普遍对威胁信号高度敏感,尤其是与个人有关的威胁,也就是说对威胁信号存在选择性注意,这种现象被称为"焦虑敏感性"(anxiety sensitivity)。焦虑敏感性似乎是自动化或无意识的,并且发生得十分迅速。对威胁信号特别警惕的原因可能是个体遗传了易焦虑的特性,以及个人生活早期经历过无法应对的应激。研究认为,那些曾经经历过不可控制、毫无预警的应激或创伤,特别是持续的人际创伤的人,容易

---

* "映像"对应的英文为 image,"自我映像"的英文为 image of the self;"自我映像"在客体关系相关书籍中往往被翻译为"自体映像"。

产生慢性焦虑(Newman et al.,2013)。

最后,控制感缺乏。认为自己对周围环境缺乏掌控者易患各种焦虑障碍。儿童期的创伤性事件,经常受到惩罚或控制性的教育方式,或虐待,可能会促进个体认为生活是不可控的。经历某些重大变故,也容易让人觉得生活失去控制感。

近年来,对 GAD 又有了一些认知行为的解释。主要有以下三个方面:

第一,Adrian Wells 提出的元认知理论,GAD 个体隐含着对担忧的积极和消极信念。好处是,担忧可以预防灾难性事件的发生,或使人们对未来的某些消极事件做好应对的准备,而把担忧看成是评估和应对生活中的威胁的一种有用的方式。同时,害怕担忧的消极后果,认为反复的担心实际上是有害的(精神和身体上的)和无法控制的。因此,他们进一步担心自己似乎总是在担心(称之为元担心,meta-worries),如"我的担心是不正常的""我担心得要发疯了""因为担心,我的生活一塌糊涂"等,从而导致对担忧的担忧,进而陷入广泛性焦虑中(Comer,Comer,2018)。

第二,难以容忍不确定性。GAD 患者无法容忍发生消极事件的不确定的可能性,即使发生的可能性很小。由于生活中充满了不确定的事件,这些人总是担心这样的事件即将发生,从而竭力寻找"正确"的方法,以保证对事件的确定性。然而,由于他们永远不能真正确定自己的方法是正确的,总是要去努力应对难以忍受的不确定性,引发了新一轮令人担忧的问题和新的努力来寻找正确的解决方案。许多研究证实,GAD 患者比正常焦虑程度的人不能容忍不确定性的程度更高(Dugas,Laugesen,Bukowski,2012;Koerner,Mejia,Kusec et al.,2017)。

第三,Borkovec(1994)的认知回避模型,这一模型认为 GAD 患者面对应激性事件时,其认知加工过程中有很多担忧的想法,以至于无法进行完整的加工,也无法形成关于潜在威胁的图像,而图像可能会引发更本质的负性情感和自主神经活动,借此回避了很多与负性情感和意象有关的不快和痛苦。尽管回避使得个体暂时减少了痛苦,但却阻碍了个体直接面对令其恐惧或威胁的情境,导致个体无法有效地解决现实生活中的问题。

三、治疗

1. 药物治疗

常用的药物是苯二氮䓬药物和具有抗焦虑作用的抗抑郁药。因苯二氮䓬药物的耐药性和成瘾性,建议在症状严重或有短暂的危机(应激性事件)时使用。对症状比较严重的患者若采取心理治疗的方法,早期也可以同时使用苯二氮䓬药物,以减轻其症状,增强心理治疗的依从性。抗抑郁药的种类繁多,主要是 5-羟色胺再摄取抑制剂(SSRI,如帕罗西汀)、5-羟色胺去甲肾上腺素再摄取抑制剂(SNRI,如文拉法辛、度洛西汀)和三环类抗抑郁药(如丙米嗪、阿米替林)。抗抑郁药起效慢、无成瘾性,而苯二氮䓬药物起效快,但长期使用有成瘾性,临床上早期常将苯二氮䓬药物与抗抑郁药联合使用,维持

2～4周,然后逐渐停用苯二氮䓬药物。

近年来,一种新型非苯二氮䓬药物的抗焦虑剂——丁螺环酮、坦度螺酮受到关注。此药可用于治疗GAD,虽然起效较慢,但其优点是不具有镇静作用,也不存在滥用和依赖的可能。

2. 心理治疗

精神分析理论认为GAD的产生是由于被压抑的心理矛盾冲突,因此精神分析的治疗主要是帮助患者认识到这种冲突的真正根源,减少对本我冲动的恐惧。其治疗采用精神分析的常用技术:自由联想,以及对移情、阻抗和梦的解释。建立在客体关系理论上的治疗,主要集中于患者在童年时与母亲的早期关系,帮助他们认识和解决儿时的关系问题。许多研究表明精神分析对GAD的治疗是有效的(曾强 等,2013)。

以人为中心的疗法在GAD的治疗中重视创造一种有利于患者成长的人际关系,无条件的积极关注、真诚和共情是建立治疗关系的最基本的条件。在真诚的接纳和关心的良好气氛中,患者拥有一种心理上的信任感和安全感,使其能够无拘无束地表达自我和探索自我,从而认识自己真正的需要、思想和情感。当他们最终达到对自我的理解和接受,达到自我概念与经验的和谐时,焦虑或其他症状自然得以消除。

行为疗法中有多种技术,例如放松训练、暴露疗法、生物反馈疗法等,可用于治疗GAD。若患者有相对明确的焦虑情境,可采用暴露疗法;若难以明确焦虑的对象和情境,则可采用放松训练的方法,帮助患者在出现焦虑时,通过放松降低躯体和心理上的不适,阻止焦虑反应的恶性循环。

认知疗法也常被采用,其治疗要点是改变患者对外界刺激的"危险"评价。目前,人们倾向于把认知疗法和行为疗法结合起来使用,这既可提高疗效,又可缩短疗程。在此我们推荐巴洛(David H. Barlow)等提出的认知行为整合疗法,即跨诊断治疗的统一方案,这一方法包括四个部分(Craske,Barlow,2006):①针对焦虑的生理症状(如肌肉紧张)采取渐进性肌肉放松法;②认知重建;③担忧暴露;④针对现实问题采用目标设定、时间管理和问题解决的方法。

认知重建主要是去挑战与过度担忧相关的认知歪曲,如"可能性夸大"和"灾难化思维"。可能性夸大是个体高估负性事件的发生概率(实际上不太可能发生),例如一个工作表现不错的个体仍担忧失业且十分焦虑。灾难化思维是指把已经发生的或者即将发生的事件看作是如此的糟糕和难以忍受或不可控制,以至于不能承受它。

担忧暴露包括意象暴露和现实暴露。意象暴露是指用一种可控制的方式唤起患者最担忧的意象,如听相关的录音、阅读报纸或杂志上引发患者担忧的故事。现实暴露包括令患者暴露于回避的情境,及对"安全行为"的反应预防。GAD的担忧都伴随一些纠正性的、预防性的或者仪式性的行为(即安全行为),如"担心孩子上学迟到,总要检查闹钟有没有上好",而担忧行为通常能带来焦虑的暂时减轻,对患者起着负强化的作用。与对强迫症的治疗一样,阻止与担忧相关的安全行为也是对GAD治疗的一个有效的干

GAD 患者的问题除了包括应付日常的琐碎事情之外，还有被各种各样的任务压得无法承受，这是 GAD 本身的性质所致。患者倾向于夸大日常小事，夸大这些事件的影响。因此，时间管理和任务设定的技巧可以帮助患者把注意力集中于努力完成当前的任务，而不是担忧未来没有完成的任务上。时间管理策略主要有三个部分：把任务派给他人、自信心训练（如学会说"不"），以及合理安排时间并遵守日程安排。

问题解决法能帮助患者组织和集中思维，想出解决问题或困难的方法，从而避免焦虑(Kennerley，2000)。GAD 患者通常面临两种类型的困难：用一种泛泛的、模糊的、灾难化的方式看待问题；并且不能找到有效的解决方式。对于第一种情况，教患者如何把问题明确化，如何把问题分解为多个可以掌控的小问题。对于第二种情况，协助患者找到尽可能多的解决办法，而不管方法合理与否。然后，评估每一个解决方法的利弊，确定最可行的那种方法，并付诸行动。

接纳和承诺疗法也对 GAD 有效。这种方法让患者去觉察头脑中的各种想法，观察他们正在发生的情形，并接受这些想法仅仅是头脑中的产物，而不试图去排斥或消除它们。不少研究证实了其疗效（朱家丽，赵锦华，2021）。

第三节 惊恐障碍

【案例 6-2】

张先生，35 岁，从事销售工作，5 年前的一天下午，领导突然通知他去办公室谈事，他快速从一楼去了四楼的办公室，谈话时突然感觉心慌、胸闷、头晕、出汗，觉得透不过气来，有一种快要憋死的感觉，心里非常恐慌。领导看到他这个样子，就结束谈话让其回自己办公室好好休息，大约休息 15 分钟就好了。过了 2 个月类似的情况再次发生，张先生去了医院急诊，做了检查没有什么问题。后来又有多次在没有征兆的情况下出现恐慌，并开始担心类似的情况何时会降临，经常处于一种不安的状态。尤其是开车过隧道或上高速时，害怕发生这种情形，因此一个人开车时会避免过隧道或上高速。酒后张先生感觉能放松一些，就形成了每天喝酒的不良嗜好。

案例 6-2 的张先生得了惊恐障碍(panic disorder, PD)，这种障碍以反复出现的惊恐发作为原发的和主要的临床特征，并伴有持续地担心再次发作或发生严重后果的一种焦虑障碍。惊恐发作(panic attack)是突然、短暂而极度恐惧的一种状态，并通常伴有一些躯体症状和灾难临头的想法，如心跳加快、眩晕、出汗、失去控制感等。不少人都曾经历偶尔的惊恐发作，尤其面临强烈的应激时容易发生。正常人会对其进行合理的解释，而不像张先生那样担忧。

达科斯塔(J. M. Da Costa)在 1871 年最先提到该障碍，称之为功能性心脏病

(functional cardiac disorder),后称之为"达科斯塔综合征"。第一次世界大战后,以怀特(Paul Dudley White)为代表的学者,认为此病的病因在于情绪,尤其是恐惧情绪,且与人的个性有关,是一种精神性神经症,冠之以"神经性循环衰弱"(neurocirculatory asthenia)(丛征途,2009)。在DSM-Ⅳ中,惊恐障碍和场所恐怖症被整合为一个障碍,分为伴有和不伴有场所恐怖的惊恐障碍;而在DSM-5中,惊恐障碍与场所恐怖症没有关联,有着各自的诊断标准。

据估计,我国惊恐障碍的终生患病率约为0.5%,12个月患病率约为0.3%(Huang et al.,2019)。在美国,此障碍终生患病率约为4.7%,其中2/3是女性(Kessler et al.,2005a),12个月患病率约为2.7%(Kessler et al.,2005b)。在全球范围内,惊恐障碍的12个月患病率为2%~3%,亚洲、非洲、拉丁美洲等地的患病率低一些,为0.1%~0.8%。惊恐障碍常起病于青春期,成年期达到顶峰,老年期有所下降,平均发病年龄为20~24岁(APA,2013)。

一、临床表现与诊断

惊恐障碍的核心症状是惊恐发作。不同个体或同一个体在不同时期惊恐发作的频率有很大区别,有的一天几次,有的几周或几个月才一次。惊恐发作的发生,有的与某些特定的情境或事件有关,如在空旷的场所、驾驶车辆时、体力劳累、性活动或者中度情感创伤后发生;有的可自发产生,没有明显诱因,如放松的状态或睡眠中也可发生。临床诊断时有必要弄清患者与惊恐发作有关的习惯或特殊情境。

惊恐发作常突然产生,10分钟内症状达到高峰。最主要的精神症状是极度的恐惧、濒死感、末日感,且患者不知道恐惧的来由,同时伴有许多急性发作的躯体症状,如心跳过速、呼吸困难、胸闷、多汗、颤抖、头晕、恶心等。由于发作时过度换气,有可能引起呼吸性碱中毒,从而出现其他与之相关的症状,如四肢麻木和感觉异常。部分患者可有人格或现实解体。发作通常持续20~30分钟,极少有超过1小时者。发作期间患者的意识始终清晰。

发作时患者还会出现多种令其苦恼的想法,如"我快要发疯了""我要晕倒了""我要犯心脏病了""我快要死了"。患者往往试图离开自己所处的环境以寻求帮助,医院的急诊室里常可见到此类患者;另一些人则会为失去自控能力感到害羞或难堪,默默地忍受而不愿把问题展示给他人或寻求专业人员的帮助。发作后,患者感到全身虚弱,筋疲力尽,同时会认为身体出了问题,如"心绞痛发作""大脑出了问题"。

发作后的间隙期,患者往往因害怕下一次发作而有期待性焦虑。有的患者会表现出一些回避行为,如避免剧烈锻炼、开车避免过隧道;或做出安全行为,如外出时要他人陪伴、随身携带"特效药"。

DSM-5要求至少有13项症状中的4项才能诊断为惊恐发作。而要满足惊恐障碍的标准,患者必须至少有一次惊恐发作,且害怕再次出现惊恐发作或担心其他后果,或与发作相关的行为显著变化,并至少持续一个月的时间。

惊恐障碍常与场所恐怖症、社交焦虑障碍、广泛性焦虑障碍同时存在,如继发于这些障碍出现惊恐发作,此时不诊断惊恐障碍。惊恐障碍也常继发于抑郁障碍,如果同时符合抑郁障碍的诊断,不应把惊恐障碍作为主要诊断。

由于惊恐发作时表现出突然的心悸、胸痛、呼吸困难、濒死感等躯体症状,患者常常就诊于医院的急诊科,其躯体症状通常是唯一的主诉,加上临床医生缺乏对惊恐障碍的认识,因此常被误诊,或反复做躯体检查和化验。通常应予以鉴别的躯体疾病有心血管疾病、癫痫、甲状腺功能亢进等。

DSM-5 对惊恐障碍的诊断标准

A. 反复出现不可预期的惊恐发作。一次惊恐发作是突然发生的强烈害怕或不适感,并在几分钟内达到高峰,发作期间出现下列 4 项及以上症状(注:这种突然发生的惊恐可以出现在平静状态或焦虑状态):
(1) 心悸、心慌或心率加速;(2)出汗;(3)震颤或发抖;(4)气短或窒息感;(5)哽噎感;(6)胸痛或胸部不适;(7)恶心或腹部不适;(8)感到头昏、脚步不稳、头重脚轻或昏厥;(9)发冷或发热感;(10)感觉异常(麻木或针刺感);(11)现实解体(感觉不真实)或人格解体(感觉脱离了自己);(12)害怕失去控制或"发疯";(13)濒死感。
注:可能观察到与特定的文化相关的症状(如耳鸣、颈部酸痛、头疼、无法控制的尖叫或哭喊),此类症状不可作为诊断所需的 4 个症状之一。

B. 至少在 1 次发作之后,出现下列症状中的 1~2 种,且持续 1 个月(或更长)时间:
(1) 持续的担忧或担心再次的惊恐发作或其结果(如失去控制、心肌梗死、"发疯")。
(2) 在与惊恐发作相关的行为方面出现显著的不良改变(如,出现回避惊恐发作情境的行为,如回避锻炼或回避不熟悉的情境)。

C. 这种障碍不能归因于某种物质(如滥用毒品、药物)的生理效应,或其他躯体疾病(如甲状腺功能亢进、心肺疾病)。

D. 这种障碍不能用其他精神障碍来更好的解释(例如,像社交焦虑障碍中,惊恐发作不仅仅出现于对害怕的社交情况的反应;像特定恐怖症中,惊恐发作不仅仅出现于对有限的恐惧对象或情况的反应;像强迫症中,惊恐发作不仅仅出现于对强迫思维的反应;像创伤后应激障碍中,惊恐发作不仅仅出现于对创伤事件的提示物的反应;或像分离焦虑障碍中,惊恐发作不仅仅出现于对依恋对象分离的反应)。

二、病因

1. 生物学因素

(1) 遗传因素。患者的一级亲属中患惊恐障碍的比例约为 10%,而非惊恐障碍的一级亲属发病率约为 2%(Hettema,Neale,Kendler,2001),同卵双生子共病率的可能性高达 43%~48%(Wittchen et al.,2010)。调查发现,我国惊恐发作患者中的 23.33% 有家族史(张亚林,2002)。这些研究提示惊恐障碍的生物学易感性至少部分与遗传有关。

（2）神经递质学说。脑干蓝斑（locus ceruleus）是去甲肾上腺素的中枢，对其电刺激可导致动物的惊恐发作，有学者认为去甲肾上腺素活性的异常可能与惊恐发作有关（Redmond，1985）。黄兴兵等人（2005）研究表明，惊恐障碍患者血清中去甲肾上腺素的水平明显高于正常人，而经过治疗后，其浓度逐渐恢复到正常水平。此外，其他神经递质，如5-羟色胺、γ-氨基丁酸、多巴胺等，也被认为与惊恐障碍有关。

（3）CO_2超敏学说。给惊恐障碍患者吸入5%的CO_2混合气体易诱发惊恐发作；静脉输入乳酸钠也有同样的效果，因CO_2为其代谢产物。类似地，患者过度换气或在一个纸袋里呼吸也可导致惊恐发作（安婷 等，2015）。这一现象的机制目前尚不明确，可能的解释是：惊恐障碍患者的脑干化学感受器对CO_2过度敏感，CO_2浓度微小的升高就可使其呼吸加快，并刺激脑干蓝斑核去甲肾上腺素能神经元冲动释放增加，激活自主神经系统，从而诱发惊恐发作。

（4）神经影像学。研究认为，惊恐障碍患者的杏仁核、岛叶、海马、脑干等恐惧网络结构、功能及其脑区间功能网络联系均存在异常。其中，杏仁核作为恐惧环路的中心与惊恐障碍的发病密切相关。并且，惊恐障碍患者的前额叶、前扣带回、枕叶、纹状体等存在结构或功能异常，从而导致其认知控制、情绪调节、社会认知等脑高级功能的紊乱（王钰萍，陈钰，肖泽萍，2018）。

2. 心理社会因素

（1）精神分析理论。精神分析理论认为，个体存在某些情绪和思维上的潜意识冲突，由于个体无法解决这些冲突，症状就作为一种防御方式出现了。常见的潜意识冲突有：分离、独立、愤怒的接受和控制，性冲动及其可能造成的危险。如果患者可以意识到这些冲突的存在，认识到这些冲突的意义，惊恐症状就会消失。鲍尔比（John Bowlby）则从依恋理论来解释，他认为惊恐障碍来源于释放焦虑情感阈值的病态性降低，而不安全的依恋类型会导致释放阈值的降低（见肖融，吴薇莉，张伟，2005）。童年期经历过惊吓、虐待或父母分离的个体成年后易发生惊恐障碍（杨晨，王振，邵阳，2019）。

（2）行为主义理论。行为学派中较早对惊恐障碍的发生做出解释的是经典条件作用的观点。该观点认为，惊恐发作是对引发焦虑的情境或身体内部感觉唤起的经典条件反射。当人们接近发生过惊恐发作的情境或与之相似的情境时，就会担心焦虑再次出现，而害怕接近可能发生惊恐发作的情境，就将发展成场所恐怖症的回避症状。这提示场所恐怖并不是对场所的害怕，而是害怕在这个场所会发生惊恐发作。对身体内部感觉唤起的经典条件反射被称作内感受条件反射：个体体验到焦虑的躯体信号，随后是第一次惊恐发作；然后惊恐发作变成了对躯体变化的条件反射。如在一次完全的惊恐发作开始之时出现的心悸，可以成为以后惊恐发作的预警信号，这样"心悸"就获得了激发惊恐发作的能力，即"心悸"与惊恐发作之间建立了条件反射（Kring，Johnson，2018）。

（3）认知理论。认知理论的要点是，惊恐障碍患者对自己的躯体感受过度敏感，并易于对这些感受做出灾难化的解释和评价。例如,患者出现心跳加快时,就可能草率地得出结论——"我得了心脏病"。这种灾难化的想法,可导致更多的焦虑性躯体症状,而这些躯体症状又可激发更可怕的想法,从而形成一种恶性循环,并最终出现惊恐发作。

巴洛等人整合了生物学和认知的理论观点,提出了"三易感理论"(triple vulnerability theory)模型来解释惊恐障碍。第一个易感性是一般生物易感性(generalized biological vulnerability),或称素质,是个体通过遗传获得的一种对压力的易感性。第二个是一般心理易感性(generalized psychological vulnerability),即感到事件是不可控或不可预期的倾向性。第三个是特定心理易感性(specific psychological vulnerability),是指将正常的躯体感觉以一种灾难化的方式解释的倾向。将焦虑尤其是焦虑的躯体症状视为有害的观念,其起因可能是来自个人生活中的一些负性经历(如遭受重大疾病或伤害)、社会观察学习(如家庭成员受到躯体疾病折磨表现出来的痛苦),或者是环境信息(如父母的警告或对躯体健康的过度保护)。灾难化的认知不但会提高个体初始生理症状的强度,还会引起个体对惊恐发作迹象的过度警觉,使自己持续处于一种轻至中度的焦虑水平,持续的焦虑提高了个体再次惊恐发作的可能性,导致恶性循环。如果个体具有上述三个易感性,那么该个体在经历一个压力情境后发展出惊恐障碍的概率就会大大增加(Barlow,Durand,Hofmann,2018)。

三、治疗

1. 药物治疗

由于有明显的躯体症状,很多惊恐障碍患者会首先选择药物治疗。治疗惊恐障碍的药物主要有抗抑郁药和苯二氮䓬药物。苯二氮䓬药物适用于对各种抗抑郁药不耐受者、预期焦虑或恐怖性回避很突出,以及需要快速控制症状者;常用药物有阿普唑仑和氯硝西泮。

2. 心理治疗

由于人们缺乏对惊恐障碍的认识,大多数患者往往把自己的症状当作躯体疾病来看待。因此向患者解释惊恐障碍的特点等心理教育工作就显得尤为重要,这一方面的工作主要有下面几点:①指出惊恐障碍是一种心理疾病,不是器质性病变,也不是性格上的弱点;②向患者说明其疾病可以得到有效的治疗;③告诉患者惊恐障碍症状表现的特点;④指出药物是纠正生物学方面异常的一个手段,仅需暂时服用;⑤邀请配偶、家属及对患者有重要影响的人一同参与治疗。

心理治疗可以帮助患者克服痛苦的症状,恢复社会功能,常用的方法是认知行为治疗,主要包括以下几个要点:①指导患者做放松和呼吸练习。这些练习能帮助患者对自己的症状有所控制,从而专注于治疗的其他要素。②帮助患者识别和挑战对躯体感觉的灾难化认知。会谈后可以布置家庭作业,让患者记录症状反应和当时的想法,并去质疑这些想法。③惊恐控制疗法(panic control treatment,PCT)。即通过重复的、系统的对某些躯体症状的暴露,来减少对它们的恐惧。具体做法是通过做某些练习,稳定地引起类似惊恐的感觉,如让由过度换气引起惊恐发作的患者快速呼吸3分钟,或者让有眩晕症状的患者在椅子上旋转几分钟。当患者感受到类似惊恐发作的症状时,如头晕目眩、口干、心跳加快等,要求患者体会这些症状是安全的,以及应用已经学会的认知和放松技术缓解症状。通过实践和治疗师的鼓励,患者认识到"失去控制"的躯体感受是无害的,并能通过有效的手段加以控制。这种有目的的制造某些躯体反应,同时教授以有效的应付方法,不仅减轻了患者对不可控制性的担忧,而且改变了其认知。④对于回避恐怖情境者,可以采用逐级暴露法(在特定恐怖症一节详细介绍)进行干预。

对于CBT与药物联合治疗的问题,多数研究认为联合治疗优于药物治疗(王高华等,2015);尤其是在长期疗效方面,心理治疗和联合治疗优于单纯的药物治疗(Barlow, Durand, Hofmann, 2018)。此外,森田疗法治疗惊恐障碍也取得了良好的效果(佟靓等,2016)。

第四节 特定恐怖症

【案例6-3】

我从三岁时起开始怕狗。记得我在家门口的马路边玩耍,一只狗从我身边走过时"汪汪"叫了几声,我有些害怕,就跑开了。一看我跑,那狗反而往我这边追。我赶紧往家里跑,在家里还能听到外面的狗叫声,当时浑身发抖,害怕极了。从此以后,我就不敢一个人到外面。要出家门,就会让爸爸或妈妈陪着去。

上学后,也会让爸妈接送,他们担心我被狗咬,觉得接送是很自然的事。有时和爸妈逛商店,看到有狗的毛绒玩具,也会躲开,不敢碰。上高中,父母觉得我长大了,不想接送,让我自己上学。我想,一个男孩要勇敢,就尝试着自己上学,上学的路上会特别小心,害怕遇到狗。有一次前面10多米的地方看到有狗,就不敢往前走,转身跑回家了。

这个男孩的问题即为特定恐怖症(specific phobia),也称特殊恐怖症(恐怖症亦译恐惧症)。在DSM的早期版本中,这类障碍被称为"单纯"恐怖症,以区别于较复杂的广场恐怖问题。

现代精神医学关于恐怖症的描述,是1871年从德国医生韦斯特法尔(Carl Westphal)开始的,其专著对一病例做了具体的描述,他创造的名词也就成了各种恐怖症命名的开端(许又新,1993)。可以引起恐惧的物体或情境非常多,人们对恐惧的对象曾一一给予命名,即在所恐怖对象的希腊语后加上一个后缀——phobia,这样就创造了诸多以phobia结尾的英文词汇。这种命名方法,虽有助于患者确认自己的恐怖症,但对于病因探索和治疗并无多大意义。

对特定事物的恐惧是很常见的,比如多数人都怕蛇、怕高处,但达到特定恐怖症的程度是少数。我国一项调查表明,成年人特定恐怖症的终身患病率是2.8%,12个月的患病率是2.2%,男女比例是1:2(Huang et al.,2019)。在全球范围内,美国特定恐怖症的终身患病率为7%~9%,欧洲约为6%,亚洲、非洲和拉丁美洲等地为2%~4%。特定恐怖症的发病年龄为7~11岁,平均发病年龄为10岁(APA,2013)。

专栏6-1
常见的恐怖症及对应英文名

高空恐怖症(acrophobia)、蜂恐怖症(apiphobia)、蜘蛛恐怖症(arachnophobia)、雷电恐怖症(brontophobia)、幽闭恐怖症(claustrophobia)、呕吐恐怖症(emetophobia)、昆虫恐怖症(entomophobia)、血液恐怖症(haematophobia)、恐水症(hydrophobia)、不洁恐怖症(lyssophobia)、黑夜恐怖症(nyctophobia)、恐蛇症(ophidophobia)、恐鸟症(ornithophobia)、学校恐怖症(scholionophobia)、动物恐怖症(zoophobia)。

一、临床表现与诊断

特定恐怖症最主要的临床特征是对特定对象或情境明显的恐惧或焦虑。表现为个体面临特定的对象或情境,或是预期可能面临特定的对象或情境,就会立刻体验到严重的恐惧或焦虑,其恐惧程度显然与实际情况不相符。在某些情况下,甚至会出现惊恐发作。患者通常害怕的不是物体或情境本身,而是随之可能出现的后果,如怕狗是害怕被狗咬伤、恐惧驾驶是害怕交通事故。特定恐怖症的另一个特点是,几乎每次接触恐惧刺激时都会诱发恐惧或焦虑,若偶尔感到焦虑(如每五次坐飞机有一次对飞行感到恐惧),就不应诊断为特定恐怖症。

个体为了避免体验到恐惧,尽管能意识到并无真正危险,但仍然极力回避所害怕的对象或处境。比如案例6-3中的男孩面对10米外的狗,不敢往前走,转身回家,就是一种回避行为。由于患者可以通过各种回避行为来应对恐惧,因此他们很少寻求专业帮助。

特定恐怖症有时会在创伤性事件发生后(如被动物袭击或被困在电梯里)、目睹他人创伤事件或阅读媒体报道(如媒体对飞机失事的广泛报道)后出现。不过,许多患有特定恐怖症的人无法回忆起其病症开始的具体原因。通常,个体一旦发展出某种特定恐怖症,就倾向于持续一生。临床上在诊断特定恐怖症时,DSM-5要求至少6个月的病程,而ICD-11的规定是数月以上。

特定恐怖症多发于儿童,在诊断时需要注意三点:①他们的恐惧和焦虑,可能通过哭泣、发脾气、发呆或依恋他人来表达。②幼儿通常无法理解回避的概念,需要从父母、老师或其他人那里了解额外的信息。③需要判断儿童的恐惧是否属于特定发展阶段的正常现象。

DSM-5 针对特定恐怖症存在不同类型的特点,进行了亚型分类。不过,ICD-11 认为亚型的鉴别研究结果尚存争议,且各亚型对治疗的反应几乎没有差异,就没有做亚型分类。DSM-5 把特定恐怖症分为以下五种类型:

(1) 动物型恐怖症(animal phobias),患者害怕特定的动物或昆虫,如狗、猫、蛇、蜘蛛、昆虫等,其中最常见的是蛇和蜘蛛。

(2) 自然环境型恐怖症(natural environment phobias),指对自然情境或事件的恐惧,常见的恐惧对象是高处、黑暗、雷雨、水、污物。

(3) 血液-注射-损伤型恐怖症(blood-injection-injury phobias),恐惧对象包括针头、打针、抽血或其他侵入性医学操作。大多数恐怖症发作时会出现心跳加快和血压升高,而此种恐怖症则不同。这类患者在见到血液或受外伤时,可出现心跳和血压的下降,并伴随恶心、头晕或晕厥。有研究者认为在出血时心跳和血压的下降可以减少出血,晕厥则可免受更多的打击,这是一种进化的结果。其治疗方法基本上与其他类型的恐怖症相同,唯一不同的是不使用放松技术,而是使用紧张技术。

(4) 情境型恐怖症(situational type phobias),常见的恐惧对象是电梯、隧道、封闭空间、飞行或驾驶、公共交通工具。幽闭恐怖症,即对密闭空间的恐惧,是一种常见的情境型恐怖症。

(5) 其他型,例如,可能导致哽噎或呕吐的情况;儿童则可能表现为对巨响或化妆人物的恐惧。

DSM-5 对特定恐怖症的诊断标准

A. 对于特定的物体或情境(如飞行、高处、动物、接受注射、看见血液)产生显著的恐惧或焦虑。
  注:儿童的恐惧或焦虑也可能表现为哭闹、发脾气、僵住或依恋他人。
B. 恐怖的事物或情境几乎总是能够立即促发个体的恐惧或焦虑。
C. 个体会主动地回避恐怖的事物或情境,或是忍受强烈的恐惧或焦虑。
D. 这种恐惧或焦虑与特定事物或情境所引起的实际危险,以及个体所处的社会文化环境不相称。
E. 这种恐惧、焦虑或回避通常持续至少 6 个月。
F. 这种恐惧、焦虑或回避引起有临床意义的痛苦,或导致社交、职业或其他重要功能方面的损害。
G. 这种障碍不能用其他精神障碍的症状(如在场所恐怖症中对与惊恐样症状或其他失能症状有关的情境的恐惧、焦虑或回避,在强迫症中对与强迫思维有关的事物或情境的恐惧、焦虑或回避,在创伤后应激障碍中对创伤性事件提示物的恐惧、焦虑或回避,在分离焦虑障碍中对离开家或依恋对象的恐惧、焦虑或回避,在社交焦虑障碍中对社交场所的恐惧、焦虑或回避)来更好地解释。

二、病因

1. 生物学因素

特定恐怖症具有明显的家族聚集性,一项调查显示,患者的一级亲属患病的可能性为 20%～40%,是正常人群一级亲属的 3～4 倍(Hettema,Neale,Kendler,2001)。在血液-注射-损伤型恐怖症患者中尤为明显,其一级亲属的患病率可达 61%,研究认为,这类恐怖症的发病与特定而强烈的血管-迷走反射有关,而血管-迷走反射与恐怖情绪关系极为密切,而且常常是通过遗传获得(Öst,1992)。

神经影像学的研究表明,患者的恐惧回路结构存在异常,如杏仁核、前扣带回、海马、内侧前额叶皮质等区域(Kring,Johnson,2018)。

2. 心理社会因素

(1) 精神分析理论。精神分析理论认为恐惧是对抗焦虑的一种防御反应,而焦虑产生的根源在于被压抑的无意识的本我冲动(Comer,Comer,2018)。由于人们害怕为这种无意识的本能冲动所支配,通过置换的防御机制,焦虑就被某些外在对象或情境替代,恐惧性的物体或情境象征或代表了潜意识中的欲望。这些对象或情境同样具有引起冲动、诱发焦虑的作用,然而它们通常是能够远离的,通过回避的机制,患者便能避免严重的焦虑。个体只是意识到恐惧,却不知道它们所代表的潜意识冲动。

弗洛伊德在 1909 年曾报告过 4 岁的小汉斯(Little Hans)对马的过分恐惧的案例。弗洛伊德认为,在俄狄浦斯阶段,汉斯开始害怕本我的冲动,他 3 岁的时候曾通过触摸阴茎,并要求母亲把手放在阴茎上向母亲表达性的感受,母亲威胁他要割掉阴茎,并强调说他的欲望是下作的。这让汉斯感到害怕,并无意识害怕他的父亲会知道他的欲望而惩罚他,甚至阉割他。然而,汉斯并没有有意识地害怕本我冲动、他的母亲或父亲,而是压抑了本我冲动,并把害怕转移到一种中性客体——"马"的身上。弗洛伊德认为汉斯无意识地选择马的原因是由于他把马与父亲联系在了一起。通过置换,汉斯能够利用回避马这一策略来减轻焦虑,因此对马的恐惧也就固定了下来(Nolen-Hoeksema,2020)。

事实上,虽然心理动力学理论可以解释一部分病例,但无法对所有的恐怖症做出合理的解释。

(2) 行为主义理论。行为主义理论关于恐怖症的观点得到了相当广泛的支持。它有一个基本假设,即所有的行为都可以通过学习而获得。恐惧反应可以由条件反射建立,这个观点可以追溯到 20 世纪 20 年代美国心理学家华生的条件反射实验,即小阿尔伯特对白鼠产生恐惧反应的实验(霍克,2010)。

在华生等人研究的基础上,莫勒(Orval H. Mowrer)提出了恐怖症形成和发展的著名的两阶段模式。第一阶段,通过经典条件反射,个体习得了对条件刺激(即中性刺激)的害怕反应;第二阶段,为了减少对条件刺激的害怕反应,个体习得了回避性条件反应的行为。后者是操作性条件作用过程,它使得回避行为得到了强化而长期存在,同时使得对原本中性刺激的恐惧得以持续(Kring,Johnson,2018)。

某些例证支持了回避性条件反射(avoidance-conditioning)的观点,如 Öst 和 Hugdahl(1981)对 106 例恐怖症患者进行了调查,发现 58% 的患者提到了创伤性条件刺激的经历(Carson, Butcher, Mineka, 1998); Di Nardo 等人(1988)的一项报告表明, 50%的狗恐怖症患者有被狗咬的经历。临床上的一些例子也支持了有关的解释, 如有人在某次交通事故后患上开车恐怖症, 爬梯子摔了下来以后患上了登梯恐怖症, "一朝被蛇咬, 十年怕井绳"说的也是同样的道理。

然而, 回避性条件反射的理论无法适用于所有的恐怖症。不少临床案例并无恐惧的创伤性经历, 而许多经历过惨痛事故的人, 如严重的交通事故, 并没有发展成对汽车的恐怖症。这说明条件反射并不是恐怖症的唯一条件。因此, 就有了其他行为理论的解释。

例如, 一个怕蜘蛛的母亲, 其怕蜘蛛的反应经常被孩子看到, 孩子通过模仿学习也患上蜘蛛恐怖症, 这个过程称为观察学习(observational learning)或替代性学习(vicarious learning)。很多证据表明, 恐惧反应可以通过观察习得, 而不必亲身体验创伤性经历。上面提到的 Öst 和 Hugdahl(1981)的研究, 表明有 17%的患者是通过这种间接学习而出现恐怖症的。另外, 间接学习也可以通过语言教导和收听信息的方式完成, 即信息传递(information transfer)的作用。如孩子被母亲谆谆告诫高处危险而患了高空恐怖症; 新闻媒体频繁报道艾滋病的危害性可使某些人"染上"艾滋病恐怖症。

(3) 认知理论。认知理论强调认知因素在特定恐怖症易感性中的重要性, 包括: 对威胁信号过度敏感、高估危险性、自我挫败想法和非理性信念。

对威胁信号过度敏感是指特定恐怖症者倾向于将多数人认为安全的对象或情境感知为危险情境, 如房间里有蜘蛛, 蜘蛛恐怖症患者很有可能是第一个注意到并指出蜘蛛所在的人。这种敏感性能驱使个体做出快速的防御反应, 被认为能够提高人类在恶劣环境中的生存概率, 因此在进化过程中存在一定的优势。

高估危险是指患者倾向于高估在恐惧情境下体验到的恐惧或焦虑。例如, 狗恐怖症者可能会认为绳子拴住的狗会挣脱绳子而咬人; 血恐怖症患者可能会认为在抽血时会晕倒。期待最坏的倾向会驱使个体回避恐怖情境, 这会阻止个体学会如何应对和克服恐惧。

自我挫败想法和非理性信念则可能会强化并维持患者的焦虑和恐惧症状。当面对引发恐惧的刺激时, 个体可能会想"我没有能力应付""我必须离开这里""躲开是最好的应对方法"。这些想法会强化恐惧体验的唤醒、夸大对刺激的厌恶、引发回避行为, 并降低有关控制该情境的自我效能感。

(4) 社会文化因素。在我国, 有一种恐怖症叫怕冷症, 也称畏寒症。怕冷症患者对寒冷有一种病态的恐惧, 他们过分关注身体热量的损失, 所以即使在炎热的天气里, 也会穿上好几层衣服。

另外, 女性患恐怖症的比例比男性高, 与多数社会文化不接受男性表达恐惧和患上恐怖症有关。

三、治疗

1. 药物治疗

对恐怖症而言,药物治疗是一种辅助性治疗,其作用往往是缓解患者的焦虑情绪或伴随的抑郁情绪,抗焦虑药能减轻患者的境遇性焦虑状态,使心理治疗容易进行,但其本身不能淡化恐惧的条件联系。

2. 心理治疗

(1) 精神分析。经典的精神分析让个体能意识到自己的恐惧如何象征内心的冲突,这样自我就可以从压抑中解脱出来。现代心理动力学疗法同样鼓励个体对内部冲突的根源的认识。然而,与经典的精神分析不同的是,现代心理动力学理论更强调从现在而非过去的关系中探索焦虑的来源,并鼓励个体发展出更多的适应性行为。这种疗法比经典的精神分析更简单,对具体问题更有针对性。此外,由钟友彬创立的认识领悟疗法也可用于特定恐怖症的治疗。

(2) 行为疗法。在特定恐怖症的治疗中,被研究得最彻底、同时又是最有效的治疗方法之一要数行为治疗。最常用的行为治疗技术有逐级暴露法和满灌疗法。

逐级暴露法(gradual exposure)是先将患者恐惧的刺激或情境按照其恐惧的程度由小到大按等级排列出来,并让患者循序渐进地面对所害怕的物体或情境。反复暴露于恐惧刺激可以使恐惧反应逐步减弱,甚至完全消除。同时也会使患者的认知得到改变,逐步意识到他之前害怕的对象并没有那么可怕,并且认识到自己可以更有效地掌控环境。在进行暴露练习时,可结合放松的方法(如呼吸训练、暗示性放松)。暴露可采取想象暴露或现场暴露的形式。

满灌疗法(flooding therapy)又称冲击疗法,是把患者置于最令其恐惧的情境中,并要求和鼓励患者在恐惧面前不退缩,坚持到底,直到恐惧程度明显下降。此法可最终做到患者对其恐惧的事物不感到恐怖或焦虑为止。如乘电梯恐怖者就让他乘电梯上10层楼。满灌疗法的优点是方法简单,疗程短,收效快;缺点是患者难以耐受,而不易接受。

专栏 6-2

虚拟现实暴露疗法

虚拟现实(VR)是合成的计算机用户界面,通过一些特殊设备(如头盔式显示器、图形眼镜、数据手套等)生成一个视、听、触、嗅等感觉逼真的虚拟时空世界。使用者可以通过传感器装置与虚拟环境交互作用,其感觉、动作与真实世界一模一样,可产生强烈的"身临其境"的感受和体验。1992年,美国克拉克亚特兰大大学的研究者首次提出VR技术可以治疗心理障碍,此后VR在心理治疗领域的运用得到了迅猛发展。在治疗恐怖症、PTSD、惊恐障碍、自闭症、注意缺陷障碍、进食障碍、性功能障碍、物质依赖等方面，都取得了良好的效果。

基于VR技术的暴露疗法，即虚拟现实暴露疗法（virtual reality exposure therapy, VRET）。例如，恐高症的患者戴上特殊的与电脑相连的头盔和手套，这样他就能在虚拟世界中看到引发恐惧的刺激，比如站在25层楼高的阳台上往下看，走上向外延伸的玻璃桥。在一项早期有影响力的研究中发现，VRET与现实暴露治疗对飞行恐怖症同样有效，且显著优于对照组（Rothbaum et al.，2006）。一些综述性研究也证实了这一方法治疗焦虑障碍（包括特定恐怖症）的有效性（丁欣放，李岱，2018；杨军韦，周云飞，魏垫，2020）。

与传统的暴露疗法相比，VRET存在一些优势。首先，不少直接暴露难以实现，而这在VR中却很容易做到，比如飞机反复起飞和降落。其次，VRET能更好地控制刺激的强度和范围，且在咨询室就可以进行，具有良好的可控性。当然，VRET也存在一些不足，如治疗时可能会引起头晕、眼睛干涩等。

（3）认知疗法。认知疗法主要挑战患者认知的两个方面：①个体面对引发恐惧和焦虑的物体或情境时产生的会有消极后果的想法；②个体无法应对问题的假设。在特定恐怖症的治疗中，认知疗法常和行为疗法结合，很少单独使用。

第五节 场所恐怖症

【案例6-4】

刘女士，40岁，会计，10年前从外地坐火车回家的途中，由于旅途疲劳，近傍晚时突然感到心里发慌，心跳加快，随后开始感到眩晕、出汗、胸口发紧。当时唯恐心脏病发作而困在火车里。这些反应虽仅持续了10分钟左右，但从此心有余悸，凡外出乘车心里总是紧张，常常担心恐慌会突然发作。久而久之，恐惧心理愈加严重，初期外出时与他人结伴乘车尚可，后来结伴亦心慌，难以自控。在恐慌发作时曾多次去医院检查，均未发现异常。近两年来，曾服用镇静剂治疗，但效果不明显。来门诊就诊时，已发展到去拥挤的超市购物、乘电梯也会出现类似情况，而且回避去这些场所。

案例6-4中的刘女士表现为对乘坐火车、超市购物、乘电梯等多个场所表现出显著的恐惧，并有回避的情况，临床上称之为场所恐怖症（agoraphobia），又译广场恐怖症。"agoraphobia"来自希腊语，意思是"对集市的恐惧"，集市即城市广场（agora），是一个开阔、热闹的区域。目前，广场恐怖症已不限于对广场的恐惧，不仅包括害怕开放的空间或害怕离家（或独自在家），也包括害怕置身于人群拥挤场合，以及难以逃回安全的地方（多为家），如置身于商店、剧院、电梯间、CT检查室、车厢或机舱等。为体现这一改变，

ICD-11使用"场所"代替了"广场"一词。

据文献记载,1871年,韦斯特法尔首次对此病症做了全面的描述。场所恐怖症过去一直被描述为一种常见的和令人痛苦的恐怖症,或被描述为恐怖性神经症,在ICD-9、ICD-10和DSM-Ⅲ中从属于恐怖性神经症。从DSM-Ⅲ-R开始,场所恐怖症被定义为是对惊恐发作情境的一种经典条件反射,认为它与惊恐发作之间有着紧密的联系,且明确地把它视为继发于惊恐发作。因此,在DSM-Ⅳ中,"agoraphobia"不再作为一个独立的诊断类别存在,而是作为一种状态加以描述(当时译为"广场恐怖"),如"伴广场恐怖的惊恐障碍"和"不伴广场恐怖的惊恐障碍"。只有在没有惊恐障碍病史时,才以"广场恐怖症,无惊恐障碍病史"作为一个诊断类别。后来的一些流行病学调查发现,大约50%广场恐怖症患者没有任何惊恐发作的迹象,也未能发现广场恐怖症总是继发于惊恐发作或惊恐样发作(Wittchen et al.,2010)。基于这两个方面的原因,在DSM-5中,惊恐障碍与广场恐怖症不再关联,分别归属于两个门类,有各自的诊断标准。

场所恐怖症的发病率约为1.7%,女性是男性的2倍。可起病于儿童期,发病高峰在青少年晚期和成年早期,大部分在35岁之前首次起病,平均发病年龄为17岁(APA,2013)。我国的流行病学调查结果显示,成年人的终身患病率是0.4%,12个月的患病率是0.3%(Huang et al.,2019)。

一、临床表现与诊断

场所恐怖症的典型临床表现主要有三个:①恐惧症状。真实或预期暴露在某些情境时,出现显著的恐惧或焦虑。②灾难化的想法。在出现恐惧和焦虑时,个体通常伴随一些可怕的事情可能发生的想法。个体通常会认为,出现恐慌发作、丧失行为能力或令人尴尬的症状(如呕吐、跌倒、迷失方向感)时,"我无法离开这里""没有人会帮助我"。③主动回避行为。主动回避意味着个体有目的地防止或减少接触其恐惧的情境。回避可以是行为上的(如,选择在家附近工作以避免乘坐公共交通工具,网上购物以避免去超市),也可以是认知上的(如,利用分散注意力的方法来面对恐惧的情境)。

临床上可见有些患者并不回避恐怖性情境,而是带着"强烈的恐惧"忍受它们。例如,必须每天外出工作的人,可能会为了完成工作而忍受大量的濒死焦虑和惊恐。所以在DSM-5中,对回避症状的描述可以表现为回避情境,也可以表现为带着强烈的恐惧或焦虑忍受某种情境(APA,2013)。

有的患者还表现出另一种回避,被称为内感受性回避(interoceptive avoidance),即对躯体内部感受的回避。这类行为包括避免参加可能产生生理唤起的情境或活动,因为生理唤起与惊恐发作刚开始时的体验相似。如有的患者回避桑拿浴或任何有可能让他们出汗的房间;有的患者会回避某些运动,因为运动会导致心血管活动和呼吸频率加快,而这些会让他们想起惊恐发作,并认为惊恐发作可能要来了(Barlow,Durand,Hofmann,2018)。有这种回避特征者,可能有过惊恐发作的经历,从而将惊恐发作与某些情境联系起来。

场所恐怖症患者开始时只是回避那些不容易迅速离开的场所,如公交车或拥挤的商店等,即使到公共场所去,也总是坐在靠近门的地方,以便感到焦虑时可以尽快"逃离"。病情的严重程度各不相同,有的人初期只要有熟悉的人陪同,就可以外出。随着病情的加重,恐惧的场所泛化,他们会避开任何可能产生"被包围感"的场所,最严重者终年不敢跨出家门,正常生活受到严重影响。

场所恐怖症的病程呈慢性化,约 10% 可自行缓解。长期慢性患者易继发抑郁障碍、酒精成瘾或物质滥用等;且常与其他焦虑障碍(尤其是特定恐怖症、惊恐障碍、社交焦虑障碍)、抑郁障碍、PTSD 和酒精成瘾共病(APA,2013)。

比较 DSM-5 与 ICD-11 对于场所恐怖症的诊断标准,两者大体相似,只存在两点比较细微的区别:①DSM-5 详细列出了五种恐惧的情境;而 ICD-11 没有指定具体的情境,是考虑到中低收入国家可能存在其他更有代表性的情境。②病程要求不同,DSM-5 要求至少 6 个月的病程,ICD-11 的规定是数月以上。

场所恐怖症需要与多种障碍鉴别。①特定恐怖症(情境型):两者主要鉴别点,一是害怕或回避情境的数量,如果仅局限于一种,更可能诊断为特定恐怖症(情境型)而不是场所恐怖症;二是恐惧的焦点,特定恐怖症与恐惧刺激直接相关(如害怕飞机失事),而场所恐怖症患者害怕的是惊恐样症状、失能或尴尬的症状,以及难以逃离或难以获得帮助。②惊恐障碍:当符合惊恐障碍的诊断标准,如果与恐慌发作相关的回避行为没有扩展到避免两种或两种以上的情境,则不应诊断为场所恐怖症。③其他需要鉴别的还有分离性焦虑障碍、急性应激障碍、创伤后应激障碍等。

DSM-5 对场所恐怖症的诊断标准

A. 在以下五种情境中的两种或两种以上感到显著恐惧或焦虑:
(1) 乘坐公共交通工具(例如,汽车、公交车、火车、轮船、飞机)。
(2) 处于开放空间(例如,停车场、商场、桥梁)。
(3) 处于封闭的空间(例如,商店、剧院、电影院)。
(4) 排队或处于人群之中。
(5) 独立离家。
B. 个体恐惧或回避这些情况是因为想到一旦出现惊恐样症状或其他失能或尴尬的症状时(例如,老年人害怕跌倒、害怕失禁),难以逃离或可能得不到帮助。
C. 场所恐惧的情境几乎总是会引发恐惧或焦虑。
D. 个体总是会主动回避场所恐惧的情境,或需要人陪伴或带着强烈的恐惧或焦虑去忍受。
E. 恐惧或焦虑与场所恐惧的情境和社会文化环境所造成的实际危险不相称。
F. 这种恐惧、焦虑或回避通常持续至少 6 个月。
G. 恐惧、焦虑或回避引起有临床意义的痛苦,或导致社交、职业或其他重要功能方面的损害。
H. 即使有其他躯体疾病(例如,炎症性肠病、帕金森病)存在,恐惧、焦虑或回避也是明显过度的。

I. 这种恐惧、焦虑或回避不能用其他精神障碍的症状来更好地解释。例如,症状并不局限于特定恐怖症的情境性的症状;不能只涉及社交焦虑障碍的社交情境;不仅仅与强迫障碍中的强迫思维、躯体变形障碍中的感到有躯体外形缺陷或瑕疵、创伤后应激障碍中的创伤性事件的提示物或分离焦虑障碍中的害怕分离有关。

二、病因

1. 生物学因素

遗传学、神经生化和大脑影像学的研究都表明生物学因素与场所恐怖症的发病有关。一项双生子的研究发现,在 13 对同卵双生子中,4 对同时患有场所恐怖症;而在 16 对异卵双生子中,共同患病概率为零(Carey,1990)。Kendler、Karkowski 和 Prescot (1999)研究表明,场所恐怖症的遗传率为 67%,高于动物型特定恐怖症(47%)、血液-注射-损伤型特定恐怖症(59%)、情境型特定恐怖症(46%)和社交焦虑障碍(46%)。神经生化和大脑影像学研究中单独针对场所恐怖症的研究不多,可以参考特定恐怖症和惊恐障碍部分的介绍。

2. 心理社会因素

经典的心理动力学理论对不同恐怖症的解释一样,认为是由儿童期无意识的冲突造成的。现代心理动力学理论则认为早期的客体丧失和分离焦虑,可能使个体在成年期容易罹患该疾病。依赖型人格者也易患场所恐怖症。

行为主义理论认为场所恐怖症常起源于自发的惊恐发作,并与相应的环境偶联,形成条件反射,产生期待性焦虑和回避行为,症状的持续和泛化导致患者在更多的情境产生恐惧和焦虑。

认知因素的影响主要有三个:对未来持续的消极信念、控制感缺乏、对威胁信号的过度关注(Kring,Johnson,2018)。①持续的消极信念。从认知的观点来看,场所恐怖症出现的原因是个体思考和行为的方式。一是个体将情境错误地解释为是危险的,导致生理和认知上的痛苦。二是为了逃避恐惧,患者采取了"安全行为",而"安全行为"妨碍了个体确定他们的想法是否正确。②控制感缺乏。个体认为自己对周围环境缺乏掌控,相对于没有这种感受的人,罹患各种焦虑障碍的风险更高。③对威胁信号的过度关注。与正常个体相比,场所恐怖症患者更容易关注环境中的消极线索。

如前所述,场所恐怖症的患者女性多于男性,且女性患者回避症状的严重程度甚于男性。这可能源于文化因素,一个合理的解释是社会对男性和女性有着不同的期待:男性要强壮、要勇敢,因此男性通常期待自己能战胜恐惧和焦虑;对女性而言,回避引起恐惧的情境可能更易为人们所接受(Barlow,Durand,Hofmann,2018)。

三、治疗

1. 药物治疗

药物主要是抗焦虑和抗抑郁两类。抗焦虑药首选苯二氮䓬药物,如阿普唑仑、劳拉西泮。苯二氮䓬药物可以快速对抗紧急情境下的强烈惊恐或焦虑症状。可用于特定的短期目的,如在其他治疗起效之前帮助患者参与重要的活动。抗抑郁药可用来治疗伴有抑郁障碍者,对没有抑郁但常有惊恐发作的场所恐怖症者也有治疗作用。SSRI 类药物已被证实有助于减少或防止各种形式的焦虑复发(郝伟,陆林,2018)。

2. 心理治疗

场所恐怖症的心理治疗主要是认知行为疗法。对恐惧情境采用暴露疗法有较好的效果。暴露情境可以是现实的,随着计算机技术的进步,虚拟现实的暴露也开始应用于临床。如果恐怖的内容与惊恐样症状有关,可以结合采用惊恐控制疗法。目前,基于互联网和移动设备的远程治疗方式越来越多地被采用,一项元分析研究表明,这种方式与面对面的干预相比,在症状改善、生活质量提高和依从性等方面是相似的,且在干预的时间和空间上表现出更大的优势(Domhardt et al., 2020)。

第六节 社交焦虑障碍

【案例 6-5】

患者是一个懂事理、听话的女孩,个性比较内向、敏感、容易担忧、追求完美。两年前读高中时,有一天路上与老师相遇,感到紧张,没有抬头和老师说话,低着头匆匆走过。旁边一同学看到这一情形,对她说:"你不和老师说话,老师一直用眼睛看你。"患者听后深感内疚,第二天到学校时,不敢抬头看那位老师的眼睛。后来逐渐加重,连别的老师的眼睛也不敢看,进而扩展到连普通人的眼睛也不敢看。偶尔与人的目光相遇,便感到特别紧张,心跳加快,全身直冒汗,并认为自己的表情肯定很尴尬,会引起别人的耻笑。从此,在路上骑自行车或走路,总是低着头,唯恐看到别人的目光。由于对人紧张,心情不安,上课无法专心听讲,学习成绩下降,没有考上大学。后来症状愈加严重,以致不敢出门,为此感到非常痛苦。

大多数人在众人面前发言,或者面对权威人物(如老师或领导)时,或多或少会表现出紧张、害羞、心跳加快、手心出汗等反应,这是一种正常的现象。但是案例 6-5 中患者的紧张程度已经超出了正常的范围,且回避别人的目光,回避接触人。这种困扰,我们称之为社交焦虑障碍(social anxiety disorder,SAD),又称社交恐怖症(social phobia)。

最早对社交焦虑障碍的描述,可以追溯到 1846 年报道的赤面恐惧。1903 年,法国精神病学家雅内(Pierre Janet)首先对社交焦虑障碍进行描述,称其为"社交恐惧"或"社会的恐惧症",并将其归为神经衰弱一类。1966年,英国精神病学家马克斯(Isaac Marks)根据发病年龄和害怕的对象不同,从恐惧障碍中区分出一组被称为社交焦虑的病人,第一次提出了"社交焦虑"的概念。1979年的ICD-9和1980年的DSM-Ⅲ,第一次将社交焦虑作为一个诊断类别并对其症状表现进行了描述,确立了其在诊断系统中的地位。最初,DSM和ICD系统均使用社交恐怖症的名称,DSM-Ⅳ和DSM-5则采用了社交焦虑障碍一词。ICD-11也使用了社交焦虑障碍的命名。

社交焦虑障碍很常见,在美国常见精神障碍中患病率排名第四,仅次于物质依赖、抑郁症和特定恐怖症。美国12个月的患病率估计约为6.8%(Kessler et al.,2005b),青少年为8.2%(Kessler et al.,2012)。我国成年人社交焦虑障碍的终身患病率是0.7%,12个月的患病率是0.4%,女性发病率高于男性(1.6∶1)(Huang et al.,2019)。社交焦虑障碍通常始于青春期,发病年龄约13岁,18~29岁人群的发病率最高,随着年龄的增长而降低;受教育程度不足、单身、社会经济地位较低的个体发病可能性更高(Kessler et al.,2005a)。

一、临床表现与诊断

社交焦虑障碍的核心症状是显著而持续地担心在公众面前丢脸或尴尬的表现,担心他人嘲笑、担心他人对自己的负性评价,在别人有意或无意的注视下,患者更加紧张,因此会主动回避社交情境。当无法回避相应的社交情境时,除恐惧和焦虑外,还有心慌、发抖、出汗、口干、恶心、尿急等自主神经功能症状,甚至可能出现惊恐发作。在认知方面,社交焦虑者特别注意自己的表情和行为,对自己的评价过低,害怕别人评论自己。社交焦虑者回避的场合多为演讲、聚会、面对领导或权威、结识陌生人或异性、在公共场合进食、在他人注视下写字、在公共厕所里小便等。

案例6-5中的患者害怕与别人对视,恐惧自己会做出丢脸的言谈举止或表情尴尬,临床上被称为"对视恐怖症"。害怕见人脸红,被别人看到,因而惴惴不安者,被称为"赤面恐怖症"(erythrophobia)。事实上,患者可能只是有潮热的主观感觉,并无真正的脸红,但患者却深信周围人觉察并正在注意他,因此更觉局促不安、浑身不自在。临床上还发现,此类患者中不少人借酒壮胆,久而久之成了酒精依赖者。

社交焦虑障碍多发于青春期,这与青春期个体自我意识水平提高、在意他人对自己的看法有关。90%的成年患者报告过去的难堪经历导致了其症状,如孩童时期被取笑(McCabe et al.,2003)。有些患者起病时只对某个场合害怕,后来泛化到多个场合。害怕社交场合十分广泛者,称为广泛性社交恐怖症(generalized social phobia)。这类患者常害怕出门,不敢与人交往,甚至长期脱离社会生活,无法学习或工作。

社交焦虑障碍常与抑郁障碍、物质依赖、其他焦虑障碍和回避型人格障碍共病。在诊断时需要注意与多种障碍鉴别,如场所恐怖症、惊恐障碍、回避型人格障碍等。社交焦虑障碍与场所恐怖症的不同在于,患者的先占观念是害怕别人给予不好的评价和自己感到窘迫、狼狈不堪,从而行为上表现出避开与他人接触和交谈,而不是害怕某些场所。社交焦虑和回避可见之于其他精神障碍,如抑郁障碍、精神分裂症,以及回避型人格障碍。因此,只有排除了这些可能性,才能确诊此障碍。

关于社交焦虑障碍的诊断标准,DSM-5 和 ICD-11 的区别不大,只是 DSM-5 对病程的规定更具体些,为至少 6 个月,且要求注明是否仅限于表演状态。

DSM-5 对社交焦虑障碍的诊断标准

A. 个体处于一种或多种可能被他人审视的社交场合时,产生显著的恐惧或焦虑。这些场合包括社交互动(如交谈、会见陌生人)、被观察(如吃、喝的时候)或当众表演(如演讲)。
  注:如为儿童,必须有证据表明焦虑不仅发生在与成年人交往的过程中,在与同龄的伙伴交往时也会出现。
B. 个体害怕自己的言行或呈现的焦虑症状会导致负性的评价(如被羞辱、遭遇尴尬、被拒绝或冒犯别人)。
C. 社交场合几乎总能引起恐惧或焦虑。
  注:如为儿童,恐惧或焦虑可表现为哭闹、发脾气、僵住、依恋他人、畏缩或不敢在社交场合讲话。
D. 个体主动回避这些社交场合,或是带着强烈的恐惧或焦虑去忍受。
E. 这种恐惧或焦虑与社交情境和社会文化环境所造成的实际威胁不相称。
F. 这种恐惧、焦虑或回避通常持续至少 6 个月。
G. 这种恐惧、焦虑或回避引起了有临床意义的痛苦,或导致社交、职业或其他重要功能方面的损害。
H. 这种恐惧、焦虑或回避不能归因于某种物质(如滥用的毒品、药物)的生理效应,或其他躯体疾病。
I. 这种恐惧、焦虑或回避不能用其他精神障碍的症状来更好地解释,例如惊恐障碍、躯体变形障碍或孤独症(自闭症)谱系障碍。
J. 如果有其他躯体疾病(例如,帕金森病、肥胖症、烧伤或外伤造成的畸形),则这种恐惧、焦虑或回避显然与这些疾病无关或是过度的。
标注特定类型:
  表演恐惧型:恐惧仅限于当众讲话或表演时。

二、病因

1. 生物学因素

双生子研究和家系调查结果发现,社交焦虑障碍有明显的家族聚集性。曾玲芸(2007)报告社交焦虑障碍患者的一级亲属的同病率为 20.2%,远高于正常人群(5.33%);国外类似的研究发现患者一级亲属中同病率为 16%,无任何精神障碍者为 5%(Fyer et al.,1995);双生子共同患病的概率更高(Kendler,Karkowski,Prescot,1999)。研究认为社交焦虑障碍的遗传率为 13%~42%(Kendler et al.,2001;Scaini,Belotti,Ogliari,2014)。尽管研究证实了遗传因素的作用,但其作用有限,并非遗传因素导致了对社交情境的焦虑,只是患者遗传了一般性的倾向,称为特质焦虑或焦虑倾向(anxiety proneness)。

神经影像学方面的研究表明,社交焦虑障碍患者存在多个脑结构(如杏仁核、海马、岛叶等)功能的异常(李敬阳,韩东良,2009)。

2. 心理社会因素

(1) 心理动力学的观点。经典的心理动力学理论认为社交焦虑障碍的形成与童年未解决的俄狄浦斯冲突有关。到了成人阶段,由于性驱力继续表现出强有力的恋母或恋父色彩,从而激起了一种关于被阉割的焦虑,恐惧来源于自我对焦虑的反应。社交焦虑障碍患者往往有不安全的依恋关系,容易采用消极的防御方式(吴薇莉,2008)。

(2) 行为主义的观点。行为主义认为社交焦虑障碍的成因与特定恐怖症相似,以两阶段的条件作用模式进行解释。另外,人类似乎通过进化习得了对某些特定动物或自然环境的恐惧倾向。类似地,人类似乎也继承了对愤怒面孔感到恐惧的倾向。对这个现象的解释是,带有敌意的、愤怒或专横的人,可能会攻击或杀害我们,所以我们会采取回避的行为。在所有物种中,支配性和攻击性更强的个体处于更高的社会等级上,而其他个体倾向于回避它们。那些倾向于回避愤怒面孔的人类更可能存活下来,并将其基因传递下去(Barlow,Durand,Hofmann,2018)。

(3) 认知理论的观点。社交焦虑障碍的认知理论观点在心理学理论中占主导地位,主要包括两点。第一,社交焦虑障碍患者往往持有关于自己和他人的负性信念。例如,"如果我说话时紧张或停顿,他人就会排斥我""我总是表达不好"等。很多证据表明,即使表现并不差,他们也会过于消极地评价自己的社交表现。第二,社交焦虑障碍患者存在注意偏差(attention bias)。虽然社交焦虑障碍患者这一观点普遍被大家接受,但是对这种注意偏差的特异性存在争论,目前认为与社交焦虑障碍相关的注意偏差主要有三种形式:过度警觉(hyper-vigilance)、注意回避(attention avoidance)和过度自我聚焦注意(self-focus attention)。

过度警觉是指社交焦虑障碍患者对威胁性刺激表现出注意偏好,比如当别人有预示着不满的迹象(如皱眉、打哈欠),或者自己出现可能会让别人有不好印象的表现(如声音发抖、穿着有些不合适),患者对此类信息非常警觉,很多研究证实了这一点(钱铭怡,王慈欣,刘兴华,2006)。而对负性信息的注意和判断倾向,会干扰个体对于正常信息的加工,从而干扰个体正常的工作。

注意回避是指对社会环境中真实存在的评价性信息采取回避策略。在实际社交过程中,很多评价性信息从周围人的面孔上表现出来,因此对社交焦虑障碍患者而言,面孔是主要的威胁性信息源。一方面,回避面孔难以正确获知别人的反应,"别人会给我负评价"的错误信念就会持续下去;另一方面,回避面孔会让别人认为自己对交往不感兴趣,降低个体得到正性评价的可能性。

自我聚焦注意是指个体对自身产生的与自我相关的信息的意识和觉察,包括身体状态的信息、想法、情绪、信念、态度、行为,以及过去的糟糕经历等。社交焦虑的形成及维持的原因之一是个体存在高度的自我聚焦注意。高度的自我注意,使自己成为对自我的观察者和严密的监控者,会敏锐地觉察各种内部信息,比如焦虑感受(脸红、心慌、发抖等)。这会干扰个体对外部环境的客观评价,认为自己就像主观感受到的那样,并由此推测他人可见到自己的紧张状态,进一步推测他人"必然的"消极评价,从而产生各种负性认知。对焦虑感受的关注,会引发"对害怕的害怕"(fear of fear)的恶性循环,进一步促使安全行为或回避行为的出现。这些信息加工的相互作用,导致了焦虑症状的产生和持续(余红玉,李松蔚,钱铭怡,2013)。

(4)气质特点和家庭环境。研究者在婴儿和幼儿期发现一种社会焦虑的气质倾向,表现为在陌生人面前或陌生环境中表现出过度的行为抑制(behavioral inhibition),如拘谨、害羞、害怕(Kagan et al.,1999)。研究表明,过度的行为抑制可能是社交焦虑障碍的先兆,增加罹患社交焦虑障碍的风险(Essex et al.,2010)。

父母不当的教养方式被认为是恐怖症尤其是社交恐怖症的一个危险因素。社交焦虑障碍患者常常将父母描述为:阻止他们参与社交,过分重视他人的意见和建议,采用羞辱作为惩罚的方法(张亚林,2000)。研究发现,社交焦虑障碍患者的父母往往对子女缺乏温暖、理解、信任和鼓励,而有较多的拒绝、惩罚、干涉和过度保护(杨涵舒 等,2020)。可能的原因是父母的过度控制使得子女独立探索和学习新技能的能力受到限制;而父母的拒绝促使不安全依恋关系的发生,容易引发社交焦虑障碍。

三、治疗

到目前为止,对社交焦虑障碍的干预主要以药物治疗和心理干预为主。

1. 药物治疗

SSRI 为治疗社交焦虑障碍的一线药物,SNRI 也有效。苯二氮䓬药物有明确的控制焦虑、恐惧的作用,但不宜长期服用。β受体阻滞剂对心理因素所致的震颤有效。

2. 心理治疗

认知行为疗法是治疗社交焦虑障碍最有效的方法之一,包括 4 个组成部分:暴露、放松训练、社交技能训练、认知重建。治疗起作用的关键是让患者暴露在其害怕的社交情境中,通过反复的暴露,让患者适应此环境,从而减轻再次遇到社交情境时的恐慌和焦虑程度。治疗可采用个体和团体的形式。团体治疗中,小组成员对个体来说是听众群体,正好可给每一个成员提供暴露的机会,同时小组成员可帮助个体挑战对自己行为的负性、灾难化思维,从而建立新的替代性思维。

基于互联网和移动设备的远程治疗方式也被应用于社交焦虑障碍的认知行为疗法中,例如基于网络的认知行为疗法对社交焦虑者的干预已经取得了良好的疗效(缑梦克,陈慧菁,钱铭怡,2019)。

社交焦虑障碍也是森田疗法的适应证,治疗原则是"顺其自然,为所当为",简单地说就是要让患者接受社交中的"胆怯、紧张或脸红"的症状,不把其当作身心异物加以排斥,不再关心体察心理症状,而是要带着胆怯、紧张或脸红像正常人一样交往,使症状在不知不觉中消失。其疗效在实践中得到了证实,研究表明森田疗法的疗效优于药物治疗(郑玉英,丁冬红,2001)。

小　结

焦虑障碍是指以焦虑为主要症状的一类心理障碍,包括广泛性焦虑障碍、惊恐障碍、特定恐怖症、场所恐怖症、社交焦虑障碍等。

广泛性焦虑障碍指对一系列生活事件或活动持续性地感到过分的、难以控制的担忧,并伴有坐立不安、易疲劳、睡眠不良等多个症状。精神分析学派认为自我与本能冲动之间无意识的矛盾冲突是广泛性焦虑障碍的根源。认知理论认为,广泛性焦虑障碍患者主要与三种认知因素有关,分别为:对未来持续的消极信念、对威胁信号高度敏感,以及对应激事件感到不可控。认知行为疗法主要聚集于改变灾难化的思维方式。抗抑郁和抗焦虑药物可减轻焦虑症状。

惊恐障碍以反复出现的惊恐发作为原发的和主要临床特征,并伴有持续地担心再次发作或发生严重后果的一种焦虑障碍。惊恐发作是突然、短暂而极度焦虑的一种状态,并通常伴有一些躯体症状和灾难临头的想法。生物学结合认知理论的观点认为,惊恐障碍是对威胁高度敏感的易感性、不可控感,以及与对生理症状持灾难化的认知的倾向,三者共同作用的结果。结合惊恐控制疗法的认知行为治疗可有效治疗惊恐障碍。

特定恐怖症是指对特定事物或处境的过度恐惧,并有回避行为;可因经历某个创伤性事件而产生,也可由替代学习而习得。结构化的暴露治疗是有效的治疗方法。

场所恐怖症表现为对两种或两种以上情境感到显著恐惧或焦虑,担心自己惊恐发作或尴尬的表现。常采用认知行为疗法进行干预,若伴有惊恐症状可结合惊恐控制疗法。

社交焦虑障碍主要表现为对一个或多个社交情境的过度焦虑或担心,并有回避社交行为。社交焦虑个体害怕被他人评判,害怕自己难堪。认知理论认为,社交焦虑个体对自己的社交表现要求过高,假定他人会苛刻地评判自己,且过分注意社交中的威胁信号。认知行为疗法、基于网络的认知行为疗法、森田疗法对社交焦虑障碍疗效良好。

思　考　题

1. 认知理论如何解释广泛性焦虑障碍?
2. 惊恐障碍如何与躯体疾病相鉴别?生物学的观点是如何对此做出解释的?
3. 行为理论如何解释特定恐怖症?哪些证据可支持这些解释?
4. 自我聚焦注意对社交焦虑障碍的影响是什么?
5. 场所恐怖症与情境型特定恐怖症有什么区别?

推　荐　读　物

郝伟,陆林. (2018). 精神病学:第 8 版. 北京:人民卫生出版社.

许又新. (2008). 神经症. 北京:北京大学医学出版社.

Barlow, D. H., Durand, V. M., & Hofmann, S. G. (2018). Abnormal psychology: an integrative approach. Boston, MA: Cengage Learning.

7 强迫及相关障碍

第一节 概 述

强迫及相关障碍(obsessive-compulsive and related disorders, OCRD)在 DSM-5 和 ICD-11 中是新的独立疾病分类,是指一组反复出现强迫观念和强迫行为的精神障碍,包括强迫症、躯体变形障碍、囤积障碍、拔毛癖(拔毛障碍)、抓痕(皮肤搔抓)障碍等。

一、历史演变

1838 年,法国精神病学家埃斯基罗尔首次报告一例强迫性怀疑的病例,并把它归于"单狂"(monomania)一类。而当时以妄想为几乎唯一症状的疾病也叫单狂,可以推断,当时尚未明确区分强迫观念与妄想。1861 年,莫雷尔创用"强迫观念"一词,认为这是一种情感性疾病,1866 年他将其命名为强迫症,从此这类疾病在精神病学中才有了公认的专门术语。1878 年,韦斯特法尔归纳了前人的看法,将强迫观念定义为:一种不由自主的或与病人意志愿望相对立的思想,该思想对病人来说是"外来的",它不是任何特殊情感状态的产物,病人的智力完整无缺,这是一种独立于任何情感的疾病。弗洛伊德在神经症分类中,把强迫性神经症作为独立的疾病与癔症并列,归入神经症一类。1936 年,研究者对强迫症的概念进行了文献述评,并指出:认识到强迫体验无意义,并不是强迫症的必要特征,主观上感到必须加以抵抗才是主要的。这一看法促进了人们对强迫症的认识(许又新,1998)。

在 DSM-Ⅲ、DSM-Ⅳ中,强迫症均被归于焦虑障碍的类别,在 ICD-10 中被归为神经症、应激相关及躯体形式障碍,因为它们都表现出焦虑这个核心症状。而 DSM-5 和 ICD-11 把它独立出来,其理由主要有以下几点:

第一,强迫症的核心症状是强迫行为和/或强迫观念,而不是焦虑。尽管强迫观念和强迫行为伴随与其他焦虑障碍相似的焦虑症状,但是强迫症的焦虑症状不稳定且与情境有关。临床经验表明,OCRD 表现出来的焦虑症状是多变且异质的(Nutt, Malizia, 2006)。

第二,强迫症与焦虑障碍具有不同的神经生物学基础。强迫症(包括其他的

OCRD)主要与额叶-纹状体神经回路有关,而焦虑障碍则与杏仁核、海马回路有关(Hollander et al.,2011)。

第三,药理学方面。治疗焦虑障碍的药物比治疗强迫症的药物范围更广,药物并不能完全解决 OCRD 的问题。例如,SSRI 类药物对相当一部分患者没有效果,苯二氮䓬药物和丁螺环酮等抗焦虑药物无治疗 OCRD 的功效。

第四,共病角度。强迫症与其他强迫谱系障碍(obsessive-compulsive spectrum disorders,OCSD)(如拔毛障碍、抽动障碍等)共病的比例高于惊恐障碍和社交焦虑障碍(Richter et al.,2003),同时,OCSD 在轴 I 中最常见的疾病是强迫症(Stein et al.,2010)。这在一定程度上提示强迫症和 OCRD 可能具备相似的发病机制和病理模型,而与焦虑障碍的差别较大。

尽管 OCRD 与焦虑障碍有区别,但它们之间还是存在比较密切的关系,反映在 DSM-5 的类别排序中,OCRD 紧随焦虑障碍之后。

二、DSM-5 与 ICD-11 关于 OCRD 诊断标准的异同

OCRD 是一个新的诊断类别,所以其组成也比较复杂。OCRD 中的强迫症来自 DSM-Ⅳ 的焦虑障碍,躯体变形障碍来自 DSM-Ⅳ 的躯体形式障碍,拔毛癖(拔毛障碍)、抓痕(皮肤搔抓)障碍来自 DSM-Ⅳ 的冲动控制障碍,而囤积障碍是一个新增诊断。

DSM-5 与 ICD-11 对 OCRD 的疾病类别及诊断定义高度一致,主要的区别有以下几点。①疑病症的归属,ICD-11 将疑病症归类为 OCRD,疑病症以患有某种严重疾病的先占观念为核心特征,先占观念对于已经存在的躯体疾病或风险是过度的。该疾病因有明显健康方面的先占观念,以及存在过度、重复的检查和求医行为,在 ICD-11 中被认为更接近于强迫谱系障碍(肖茜,张道龙,2020b)。而 DSM-5 将它归类为躯体症状及相关障碍,认为疑病症(DSM-5 称疾病焦虑障碍)患者有躯体症状且对自己的健康状况过度焦虑,通常首先就诊于非精神专科医疗机构,为便于临床医生诊治,将它划分至躯体症状及相关障碍(肖茜,张道龙,2020b)。②ICD-11 将聚焦于躯体的重复行为障碍作为一个独立的诊断,包括拔毛癖(拔毛障碍)、抓痕(皮肤搔抓)障碍这两个子诊断,而 DSM-5 中是作为两个独立的诊断。另外,ICD-11 将嗅觉牵连障碍作为一个独立的诊断,而 DSM-5 中将其归于其他特定的强迫及相关障碍中。③ICD-11 将物质/药物所致和由于其他躯体疾病所致的强迫及相关障碍分别归类于"物质使用所致障碍"和"与其他疾病相关的精神和行为障碍"。而 DSM-5 将这两个诊断归于 OCRD 这一类别。我国的《精神障碍诊疗规范(2020 年版)》对 OCRD 的分类采取了与 ICD-11 类似的体系,本章主要按照 DSM-5 的分类体系来介绍。

表 7-1　DSM-5 与 ICD-11 关于强迫及相关障碍的比较

DSM-5	ICD-11
300.3 强迫症	6B20 强迫症
300.7 躯体变形障碍	6B21 躯体变形障碍
300.3 囤积障碍	6B22 嗅觉牵连障碍
312.39 拔毛癖(拔毛障碍)	6B23 疑病症(健康焦虑障碍)
698.4 抓痕(皮肤搔抓)障碍	6B24 囤积障碍
物质/药物所致的强迫及相关障碍	6B25 以身体为中心的重复行为障碍
294.8 由于其他躯体疾病所致的强迫及相关障碍	6B25.0 拔毛癖(拔毛障碍)
300.3 其他特定的强迫及相关障碍	6B25.1 皮肤搔抓(抠皮)障碍
300.3 未特定的强迫及相关障碍	6B2Y 其他特定强迫及相关障碍
	6B2Z 未特定的强迫及相关障碍

第二节　强　迫　症

强迫症(obsessive-compulsive disorder,OCD)是以反复出现的强迫观念和强迫行为为主要临床特征的一种心理障碍。大多数患者意识到这些观念和行为没有必要或不正常,违反了自己的意志,极力抵制或消除,但无法摆脱,为此感到痛苦和焦虑。其症状复杂多样,病程迁延,容易对婚姻家庭、学习、工作等社会功能造成影响。

强迫症是一种比较常见的心理障碍,我国一项研究报告显示,其年患病率约1.63%,终生患病率为2.4%,无明显性别差异(Huang et al.,2019)。美国的年患病率为1.2%,终生患病率为2.3%(Ruscio et al.,2010)。OCD 多在青春期或成年早期发病,平均发病年龄为19岁,约25%的患者在14岁前起病,35岁之后起病并不常见,但仍有发生(Kessler et al.,2005a)。儿童期起病者,男性多于女性,且症状更为严重,与遗传有更大的关系(Hooley,Nock,Butcher,2021)。

一、临床表现与诊断

临床上根据其表现将强迫症状分为强迫观念(obsessional idea)和强迫行为(compulsion)两类。我们中的大多数人可能都曾有过某些轻微的强迫观念或强迫行为,如不停地考虑第二天的面试或约会而一时无法不去想,或关好门窗而又重复检查。但对OCD 患者而言,这种想法或行为更持久、更令人苦恼,而且明显不合理,对日常活动造成明显的干扰。研究者认为,正常和不正常的强迫观念(或行为)是一个连续体,主要的区别在于症状的频率和强度、患者对症状感到苦恼,以及存在对抗的意念(Steketee,Barlow,2002)。

1. 强迫观念

强迫观念是 OCD 的核心症状,是指反复闯入患者意识领域的思想、表象、情绪、冲动或意向。这些观念对患者来说是没有现实意义的、不需要的或多余的。患者明知没有必要,试图忽略、压抑或用其他想法、动作来对抗它,但难以摆脱,因而感到十分苦恼与焦虑。强迫观念的常见类型如下:

(1) 强迫性穷思竭虑。患者对日常生活中的一些事情或自然现象追根究底,反复思考,明知缺乏现实意义、没有必要,但又不能自我控制。如"到底是先有鸡,还是先有蛋?""秋天的叶子为什么会变黄?"等。这类患者诉苦"脑子老是不闲着",其实痛苦并非来自思考本身,而是患者非想不可,又极力要控制自己别想它,老跟自己作对,以致伴着紧张和焦虑。

(2) 强迫怀疑。患者对自己言行的正确性反复产生怀疑,明知毫无必要,但又不能摆脱,常因此伴有强迫行为。如出门时怀疑煤气阀门是否关紧,门和抽屉是否锁好等,虽然检查了很多遍但还是不放心。在怀疑的同时,常伴有焦虑不安,因而对自己的言行反复检查。

(3) 强迫联想。患者脑子里出现一个观念或看到一句话,便不由自主地联想起另一个观念或语句。如果联想的观念或语句与原来相反,如别人说"好人",他总是想到"坏人",人家说"神圣",他总是想到"肮脏"等,则被称为强迫性对立性思维。由于对立观念的出现违背患者的主观意愿,常使患者感到苦恼。

(4) 强迫性回忆。患者对过去的经历、往事等反复回忆,虽知毫无意义,但总是反复萦绕于脑中无法摆脱。如在看书时,反复出现半年前考试作弊的经历。

(5) 强迫性犹豫不决。为某些计划或想法是否合适而考虑很久,但仍难以决断,为此苦恼。

(6) 强迫表象。强迫表象为反复呈现逼真、形象的内容。出现的表象通常是令患者不愉快或厌恶的,例如网络上看到的生殖器画面、某个恐怖的场面、讨厌的人的脸。

(7) 强迫意向。强迫意向又称强迫冲动,这是一种强有力的内在驱使,一种即将要行动起来的冲动感,但患者从来不会有真正的行动。患者明知这样做是非理性的、荒谬的,甚至是不可能的,努力控制住不去做,但其内心的冲动无法摆脱。这类冲动常常是伤害性的,如担心自己控制不住会拿刀砍人、砸碎别人家的玻璃、穿过飞驶的汽车、从高处的阳台往下跳;或是非常不合时宜的,如在大庭广众之下脱衣服、见到异性就有拥抱接吻的冲动等。尽管这些想法不会付诸实施,但却一直折磨着患者。

(8) 强迫性恐惧。表现为对某些事物的过分担心或厌恶,如看到棺材、出殡或某个人,立即产生强烈的厌恶感或恐惧。与恐惧症不同的是,这类患者并非害怕特殊环境和物体,而是对自己的情绪的恐惧,害怕自己失去控制、发疯,或做出违反社会规范甚至是伤天害理的事。与强迫意向的区别是,患者并没有马上要行动的内在驱使。

2. 强迫行为

强迫行为又称强迫动作,是指反复出现的行为和动作,这些行为的目的在于阻止或降低强迫观念所致的焦虑和痛苦。患者往往感觉到这样做不合理,别人也不会这样做,但却不能不做。强迫行为有的是外显的,如能看见的仪式性动作或行为;有的则具有隐匿性,如默默计数或祷告,为消除强迫思维而用另一种思维抵抗或消除。强迫行为有以下几种常见形式:

(1) 强迫洗涤。常见的有强迫洗手、洗衣等。如有位患者,外出时若接触到其他物品,回家后就要反复多次洗手;上了厕所后,要反复洗手10多次,甚至睡前关门窗、脱袜子后也是如此;睡前的这一重复行为往往要消耗一个小时的时间,家人制止也无济于事。

(2) 强迫检查。为减轻强迫性怀疑引起的焦虑所采取的措施。表现为出门时反复检查门窗、煤气是否关好,下车后反复检查汽车门是否关好,外出时检查身份证等物件有没有带上,等等。如有位患者强迫性地怀疑电视是否关好,每次走出家门后,必须再走回家中检查电视是否关好,这样反复走出、走进不计其数,并为此影响了上班或约会,他对此深感痛苦,但无法摆脱。

(3) 强迫询问。患者常常不相信自己,为了消除疑虑或穷思竭虑给自己带来的焦虑,常反复要求他人不厌其详地给予解释或保证。如一位患者,反复询问"森田疗法的核心是否是顺其自然"。有的患者则表现为在自己的头脑里自问自答,反复进行以增强自信。

(4) 强迫计数。表现为反复计数台阶级数、大楼层数或路边树木数等。有位患者每次上班总要点计街上电杆数目,如中间发现漏计,则回头重新计数。这种计数意在消除某种担心或避免焦虑的出现。

(5) 强迫整理(arranging/ordering)。表现为按某种固定的样式或顺序摆放某些物体,过分要求整齐。如一位患者必须把抽烟后的烟蒂在烟灰缸里按一个固定的顺序很整齐的放置,如感觉不整齐,就要多次整理。

(6) 强迫仪式行为。疾病初期,患者的强迫行为总是简单的,只不过是采用某些动作缓解焦虑和不安。例如,读到"4"字,需要眨眨眼,以排除由"4"联想到的某人死亡的想法。慢慢地,原先的动作不足以缓解焦虑,于是增添了新的内容,逐渐形成了复杂的有固定格式的行为组合,称为强迫仪式行为。患者必须按照仪式的程序操作,稍有差错便从头做起。

(7) 强迫性迟缓(compulsive slowness)。这类患者过分强调事情的对称性或精确性,从而导致动作迟缓,并明显影响患者的社会功能。例如,每次吃饭或刮胡子要花一两个小时甚至更多;看书时一个字一个字地看,或者目光停留在第一行第一个字而不能顺利地阅读下面的内容。

当面对诱发强迫观念和强迫行为的情境时,患者会出现明显的焦虑和害怕,甚至是惊恐发作,为此患者常回避会诱发强迫观念和强迫行为的情境。回避行为暂时缓解了痛苦的情绪体验,但会加重其强迫症状。

【案例 7-1】

患者男,20 岁,是一位大学生。上完厕所后,需要反复用肥皂洗上十多次手。上厕所经常需要 1 小时,甚至更长的时间,影响了家人。父母反复劝他,洗一两遍就干净了,何必反复洗呢,可是无济于事。这个情况从半年前就开始了,最近愈演愈烈,关完门窗要洗几遍手,上床睡觉前脱袜子后,觉得手不干净,也要去洗手才能睡觉。

虽然他感到自己的行为不好,但又认为不多洗几遍,可能不干净,担心被细菌污染,因此必须反复多次洗手后才感到比较踏实。

他还很担心家中某个人死亡,故不能看可能引起这种担忧的文章和电视。出现担忧时,他的脑子里就会充满有关死的可怕的念头,接着会想到自己另一个所喜欢的人,同时说:"您好!"如果不这样做,或其顺序搞错了,就无法摆脱忧虑。

强迫症的诊断主要是根据病史和精神检查,特别强调强迫观念或强迫行为必须是耗时的(每天占用 1 小时或以上),给患者带来巨大痛苦或功能损害,案例 7-1 即是如此。

在具体的临床诊断过程中需要注意:①强迫观念可以是突然出现的、非自我意愿的;②思维内容可以达到妄想的程度,但相对固定,通常不泛化;③患者可以无自知力;④强迫观念和强迫行为可以同时存在,也可以只是其中之一;⑤强迫症状导致了显著的痛苦,或造成了社会功能与生活质量的显著下降;⑥注意与其他强迫及相关障碍(如躯体变形障碍)、其他精神障碍(如焦虑障碍)的共病和鉴别(司天梅,杨彦春,2016)。

在 DSM-Ⅳ 和 DSM-5 中,强迫行为被定义为旨在减少由于强迫观念带来的痛苦烦恼而被迫做出的外显的行为(如洗手、检查或排序)或内隐的精神活动(mental acts)(如计数、祷告)。这个定义强调了强迫观念和强迫行为是相互联系的,并强调强迫行为既可以是观念性的,也可以是行为的。ICD-11 采用了这个诊断要点。强迫观念和强迫行为这一关系的表述,有助于对强迫障碍暴露与反应预防这个治疗方法的理解和实施。

此外,ICD-10 的诊断标准规定,病程标准为至少持续 2 周;而 ICD-11 和 DSM-5 不强调病程标准。主要原因是强迫症患者实际就诊时症状至少持续存在数月甚至数年之久。在诊断标准的标注上,ICD-11 与 DSM-5 有着下列区别:①自知力方面,ICD-11 包括两个亚型,即"强迫症伴有一般或良好自知力"和"强迫症伴有较差自知力或缺乏自知力";DSM-5 则包括三个亚型,即"伴良好或一般的自知力""伴差的自知力"和"缺乏自知力/妄想信念"。②DSM-5 特别强调,若既往存在抽动障碍病史需要标注,因为约 30%的 OCD 个体患有抽动障碍;与没有抽动障碍的患者相比,这些患者在疾病特征和家族遗传方面具有独特性。

DSM-5 对强迫症的诊断标准

A. 存在强迫思维、强迫行为，或两者皆有。

强迫思维被定义为以下(1)和(2):

(1) 在某些时间段内，感受到反复的、持续性的、侵入性的和不必要的想法、冲动或表象，大多数个体会产生显著的焦虑或痛苦。

(2) 个体试图忽略或压抑此类想法、冲动或表象，或用其他一些想法或行为来中和它们(例如，通过某种强迫行为)。

强迫行为被定义为如下(1)和(2):

(1) 重复行为(例如，洗手、排序、核对)或精神活动(例如，祈祷、计数、反复默诵字词)。个体感到重复行为或精神活动是作为应对强迫思维或根据必须严格执行的规则而被迫执行的。

(2) 重复行为或精神活动的目的是防止或减少焦虑或痛苦，或防止某些可怕的事件或情境；然而，这些重复行为或精神活动用来中和或预防的事件或情境是不现实的，或者明显是过度的。

注：幼儿可能无法表达这些行为或精神活动的目的。

B. 强迫思维或强迫行为是耗时的(例如，每天消耗1小时以上)或这些症状引起具有临床意义的痛苦，或导致社交、职业或其他重要功能方面的损害。

C. 此强迫症状不能归因于某种物质(例如，滥用的毒品、药物)的生理效应或其他躯体疾病。

D. 该障碍不能用其他精神障碍的症状来更好地解释(例如，广泛性焦虑障碍中的过度担心，躯体变形障碍中的外貌先占观念，囤积障碍中的难以丢弃或放弃物品，抓痕障碍中的皮肤搔抓，刻板运动障碍中刻板行为，进食障碍中的仪式化进食行为，物质相关及成瘾障碍中的物质或赌博的先占观念，疾病焦虑障碍中患有某种疾病的先占观念，性欲倒错障碍中的性冲动或性幻想，破坏性、冲动控制及品行障碍中的冲动，重性抑郁障碍中的内疚性思维反刍，精神分裂症谱系及其他精神病性障碍中的思维插入或妄想性的先占观念，或孤独症谱系障碍中的重复性行为模式)。

标注：

伴良好或一般的自知力；伴差的自知力；缺乏自知力/妄想信念。

与抽动障碍相关：个体目前有或过去有抽动障碍史。

二、病因

(一) 生物学因素

近年来，研究者一直在探索生物学因素在OCD发病中的作用，随着遗传、神经影像、生化等学科的进展，表明OCD有着比焦虑障碍更明显的生物学基础。

1. 遗传学

OCD患者的家系遗传、双生子遗传、遗传分离分析和基因关联研究均认为OCD同遗传关系密切。一项针对14篇有关双生子研究的综述显示，在80对同卵双生子中，54对共同患有OCD；而在29对异卵双生子中，9对共同发病(Hooley, Nock, Butcher, 2021)。据Pauls等人(1995)的研究，在OCD患者的一级亲属中，患病率为10.3%，远远高于一般人群的1.9%。杨彦春和刘协和(1998)对90例OCD患者的家系研究发现，OCD患者一级亲属中多种心理障碍的患病率(5.9%)明显高于一般人群(0.3%)。王振等人(2004)研究认为，5-羟色胺转运体(5-HTT)基因第二内含子多态性与OCD的发病可能有遗传关联，等位基因10和L2/10基因型可能是强迫症的风险因子。

2. 神经影像学

研究者使用PET、fMRI、单光子发射计算机断层成像(SPECT)等不同研究方法，对OCD患者的大脑功能和结构进行研究，认为OCD存在眶额皮质-纹状体-丘脑的神经回路异常(图7-1)。多项研究发现，OCD患者的双侧眶额叶皮质体积明显减少，厚度改变。研究该环路脑功能的结果显示，在静息状态下，OCD患者眶额皮质、前扣带回、纹状体和丘脑的代谢率或活动性明显增加；强迫症状被诱发后，这些脑区的脑功能兴奋性增强；经药物有效治疗后，相应脑区的代谢率则明显下降(司天梅，杨彦春，2016)。

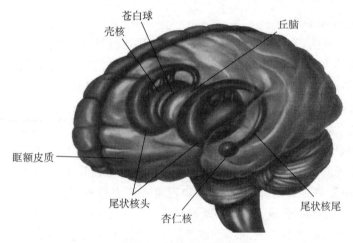

图7-1 强迫症的相关脑区

尾状核是基底神经节的一个结构，它对眶额皮层产生的强烈冲动进行过滤，只有最强烈的冲动才能到达丘脑。强迫症患者的眶额皮质、尾状核，或两者都可能非常活跃，以至于大量冲动到达丘脑，产生强迫观念或强迫行为。

额叶眶区被认为是性、攻击、排泄等原始冲动产生的地方，这些冲动传递至尾状核(纹状体的一部分)，尾状核起到过滤器的作用，只能让最强烈的冲动传递到丘脑。如果冲动传到丘脑，就使个体思考这些冲动，并具有做出某种行为的可能。一旦个体完成了该行为，冲动就消失。然而，OCD患者由于额叶眶区或尾状核过度活动，无法过滤或关闭这些冲动或行为，导致不断出现令人烦恼的想法和行为。例如，当我们有"手脏了"的想法时，大多数人都会做出一种正常的清洁方式——洗手；可是OCD患者由于其大脑不能关闭关于脏的想法或关闭已不再需要的行为，因而会有不断洗手的冲动。支持这个观点的学者认为，大多数强迫观念和强迫行为都与污染、性、攻击，以及行为的重复有关,而它们都通过这个原始大脑环路进行处理(Hooley,Nock,Butcher,2021)。

3. 神经生化

神经生化研究主要围绕 5-羟色胺(5-HT)、多巴胺(DA)、谷氨酸三个系统的假说进行。研究发现,几乎所有具有抗强迫作用的药物(如氯丙咪嗪、氟西汀和舍曲林等)均有 5-HT 摄取抑制作用,而对 5-HT 摄取作用较弱的抗抑郁剂,如阿米替林、丙咪嗪则几乎没有抗强迫作用,故推测 OCD 的发生与 5-HT 功能低下相关联(Hooley,Nock,Butcher,2021)。在临床实践中,联合抗精神病药物(DA 受体拮抗药)可以增效单一 SSRI 药物治疗效果不佳的 OCD 患者,尤其是治疗伴有抽动障碍的患者,认为 DA 可能有致强迫作用(司天梅,杨彦春,2016)。关于谷氨酸在 OCD 发病机制中所起的作用,证据多来自影像学的磁共振波谱(MRS)研究。

(二)心理社会因素

1. 精神分析学派的观点

精神分析学派认为,强迫症状来源于被压抑的攻击性冲动或性欲望。OCD 患者没有处理好性器期的本能冲突,他们的性驱力要么退行至肛门期,要么这一时期无法顺利地发展,故他们的症状内容常表现为对排泄系统特别关注或惧怕被污染(Comer,Comer,2018)。回顾患者的个人史,可以发现他们自幼年起就受到了过于严厉的管教,攻击冲动及性欲往往受到了压抑。

该理论认为强迫观念是变相的自我谴责,它从压抑中重现出来,而继发强迫行为是防御压抑内容重现的结果。另外,不同的强迫症状与患者使用不恰当的心理防御机制密切相关,面对内心的冲突,患者不能或不知道用言语表达来解决,而是采用各种防御方式,如分离、替代、反向形成、消退和理智化等(Carson,Butcher,Mineka,1998;肖泽萍,2006)。使用分离的防御方式的一个例子是,患者冒出一种亵渎的念头,但伴随出现的情感反应却与此毫无关联;又如,患者出现暴力的念头时却没有愤怒的体验。替代是指某些非常可怕的念头或冲动被另一些可以被人接受的念头或行动所代替。反向形成的一个例子是,患者冒出要杀死自己孩子的念头,同时出现"我是一个好母亲"的念头。而出现某些想象中"越轨"的想法时,试图以某些不可思议的强迫行为获得原谅,这是消退的机制。

认识领悟疗法则认为,OCD 的根源在于儿童期所受的精神创伤,这些创伤或幻想引起的恐惧体验虽然被压抑到无意识而被遗忘,但并没有消失,成年后在一定的诱发因素作用下,这种幼稚的恐怖情绪再现出来,患者不自觉地用幼年的方式来排除这种幻想和恐怖情绪,此时患者表现出的就是强迫症状(钟友彬,1999)。

2. 行为主义的观点

莫勒用来解释恐惧和回避行为的获得和维持的二阶段理论通常也用来解释 OCD。该理论认为,中性刺激通过经典条件反射与可怕的想法和体验相联系,从而引发焦虑。

如果某些行为能够成功降低焦虑,这些行为就会得到强化,一直保持下来(Barlow,2014)。引起焦虑的强迫观念和减轻焦虑的强迫行为及精神仪式之间的恶性循环,形成了OCD病人的"自我搏斗"的核心征象。例如,按感应门把手或与人握手,与害怕被污染的观念相联系,就会产生焦虑反应,而洗手后焦虑反应得以减轻,洗手的行为就会被强化,从而在相同或类似的情境中反复出现。

上述观点得到了一些研究的有力支持。研究显示,大多数OCD患者暴露于能激发强迫观念的情境会产生痛苦,并持续相对长的时间才逐渐消退。如果在强迫观念被激发的情况下允许患者马上采取强迫性仪式行为,其焦虑水平通常很快下降(Hooley,Nock,Butcher,2021)。这个模型提示我们,暴露于恐惧的物体或情境而不发生仪式行为,可用于治疗OCD。事实上,这是行为疗法治疗OCD能够起效的核心成分。不过,这一观点并不能很好地解释最开始时强迫观念是如何发展的,也难以解释不伴有强迫行为的OCD。

3. 认知理论的观点

关于OCD的认知理论常与行为主义的观点共同解释OCD。OCD患者的认知图式主要有以下特征(Nolen-Hoeksema,2020;司天梅,杨彦春,2016):

第一,对威胁刺激的注意偏好和高估危险。许多研究表明,OCD患者表现出对威胁刺激异常注意加工的特征(刘方圆等,2018)。过分关注威胁的信号,不易将注意从威胁性刺激转移到其他刺激上,且容易放大危险性。

第二,对品行和道德持有僵化的、过高的标准,即完美主义倾向。持有完美主义倾向的人会夸大不完美表现的后果,为此要求自己确保每个细节没有瑕疵。过高的道德标准令个体认为只能有某些想法,而难以容忍消极的、不道德的、丑恶的想法,一旦出现就容易焦虑和内疚。

第三,过高的责任感。OCD患者存在对每一个不好的后果过度负责的感知,这种责任不是客观现实的责任,而是自己主观感知到的责任。他们认为,有那些难以接受的想法,就等同于做了那些行为,或认为这些想法会增加实际做出这一行为的可能性。这被称为"思想-行动融合"(thought-action fusion)(Barlow,Durand,Hofmann,2018)。OCD患者对可能做出坏事的担忧,感到有责任去消除这种想象性的危险。

过高的道德感和责任感,使得OCD患者更有可能去压制不必要的想法。Wegner等人(1987)的"白熊实验"表明,抑制某一想法可能会产生反效应,使人更固着于这一想法。有证据表明,压制想法不仅增加了强迫思维的出现频率,且让强迫症的症状也明显增加(Purdon,2004)。

第四,难以容忍不确定性。面对不确定的状况,OCD患者容易焦虑和害怕,从而表现出竭力控制自己所有的想法和行为的特点。

反复出现的闯入性想法与患者自身的信念系统(比如,绝对化思考方式、过高的责任感、完美主义的要求和夸大危险的想象)相互作用,出现以焦虑为主的负性情绪。也因这些想法的威胁性,患者觉得必须采取具体的或象征性的中和行为(neutralising),预防和排除这种威胁或危险。

三、治疗

强迫症是比较难治疗的一种心理障碍,一般认为可采用心理治疗或药物治疗,以及两者相结合的治疗方法。

(一)药物治疗

病情严重、无法获得心理治疗、愿意接受药物治疗或者既往对药物治疗效果良好的患者,可以选择药物治疗的方法。《中国强迫症防治指南》(司天梅,杨彦春,2016)推荐SSRI中的舍曲林、氟西汀、氟伏沙明和帕罗西汀为一线治疗药物,三环类药物中的氯米帕明、SSRI中的西酞普兰和艾司西酞普兰列为二线治疗药物。研究表明,这些药物对50%~80%的患者有效果(Nolen-Hoeksema,2020)。药物治疗的缺点是有副作用,以及存在停药后容易复发的问题。

(二)心理治疗

强迫症的主要心理治疗方法有行为疗法、认知行为疗法、精神分析疗法、森田疗法和支持性心理治疗等。

1. 精神分析疗法

强迫症的精神分析疗法与治疗恐怖症和广泛性焦虑障碍类似,主要采取自由联想和解释的技术(Comer,Comer,2018)。治疗目的是揭示被压抑的欲望和冲动,并让患者面对其真正害怕的东西——某种给他带来满足的冲动。一旦患者获得领悟,潜在冲突意识化,并学会采用恰当的防御方式解决冲突,强迫症状会自然消失或失去存在的意义。由于强迫观念和强迫行为保护了自我免遭被压抑冲突的困扰,使得治疗的进程容易受阻,治疗难以达到有效的目标。这一缺陷促使一些精神分析治疗师采用更为积极的行为方法,而将分析性理解作为一种提高对行为程序依从的方法(Jenike,1990)。

强迫症患者常用的一个应对策略是过度寻求保证(excessive reassurance seeking,ERS)。他们寻求保证的频率更高,重复性更强,并且往往集中在最平凡的日常活动上,但 ERS 只能短期缓解他们的焦虑症状,从长远来看,患者往往又会感到不适并再次寻求保证(Salkovskis,Kobori,2015)。在现实世界里,不是所有的事物都是确定的和绝对可控的。因此,患者要学会容忍不确定性和焦虑。治疗的最终目标仍是让患者领悟症状中无意识的真实含义。

2. 认知行为疗法

就行为治疗而言,最受关注的是暴露与反应阻止法(exposure and response prevention,ERP)。此法包括暴露和阻止反应行为两个部分(Hooley,Nock,Butcher,2021),《精神障碍诊疗规范(2020年版)》将其列为一线心理治疗方法。暴露是要求患者面对引起焦虑的物体、想法或情境,反应阻止要求患者推迟、减少甚至放弃能减轻焦虑的行为。如对一个担心被细菌污染而强迫洗手的患者,治疗师让他触摸脏东西,并忍着不去洗手。通过暴露可以打破原来的错误联系,矫正患者一直持有的负性评价,最终促进患者对先前的威胁性刺激形成习惯化。暴露可采取现场暴露或想象暴露,逐级暴露或满灌的形式。

根据认知理论对强迫症的解释,认知治疗的基本目标是使患者重新分配注意力、恢复认知过程的平衡,建立一个更合理、更灵活的思维世界。目前,单纯的认知治疗应用较少,常合并其他的方法,比如上面介绍的 ERP、正念技术、应对策略等。循证研究证实ERP、认知疗法和认知行为疗法都能有效改善强迫症状,且疗效相似,不同的是 CBT 可以减少患者的脱落率;ERP 则可以作为 SSRI 疗效不充足或不完全的增效治疗(司天梅,杨彦春,2016)。

3. 森田疗法

森田疗法应用于强迫症的治疗可采取住院和门诊两种形式,其疗效在临床上得到了验证(任致群,2013;王海龙,2020)。森田疗法主要对强迫观念有效,而不适用于强迫行为。张向阳和吴桂英(2000)在遵循森田疗法基本原则的基础上,吸取行为疗法的优点,根据自己的实践经验,将森田疗法的治疗原则"顺其自然,为所当为"改进为"忍受痛苦,为所当为;忍受痛苦,有所不为;寻找痛苦,为所怕为"。用此疗法治疗 OCD,显著好转率达 75%,且对于伴随强迫行为的患者疗效稳定。

除上述治疗方法以外,近年来也出现了一些自助治疗,比如阅读治疗、计算机辅助治疗、在线自助小组等。自助治疗对于农村和边远地区、无法负担治疗费用的患者非常有帮助(Newman et al.,2011)。研究认为,包括网络认知行为治疗(internet-based cognitive behaviour therapy,ICBT)在内的大多数自助治疗均有效,且随着治疗师参与程度的增加,患者脱落率呈下降趋势,临床效果也有所改善(Pearcy et al.,2016)。

第三节 躯体变形障碍

躯体变形障碍(body dysmorphic disorder,BDD)是指躯体外表并无缺陷或仅是轻微缺陷,但患者却总认为自己存在缺陷,或过分夸大其轻微缺陷,觉得自己丑陋不堪或令人厌恶,且已引起他人注意,为此而苦恼的一种强迫性障碍。

BDD 由莫斯利(Enrico Morselli)于 1886 年最早描述,被称为"畸形恐惧"(dysmorphophobia)。20 世纪初,欧洲的精神病学家对该病症进行了很多描述,但是它未被列入 ICD-8 和 ICD-9、DSM-Ⅰ和 DSM-Ⅱ(汪春运,2004)。在 DSM-Ⅲ中,"畸形恐惧"首次出现在美国精神疾病分类表中,但是它仅作为非典型躯体形式障碍的一个例子,并且没有诊断标准。直至 1987 年,在 DSM-Ⅲ-R 中,"畸形恐惧"才作为正式的诊断类别,并更名为躯体变形障碍。1994 年,DSM-Ⅳ将 BDD 作为独立的疾病单元归入躯体形式障碍。后来一系列研究表明,BDD 与强迫症有着相似的强迫样症状,且在共病、家族遗传、神经影像学和治疗等方面存在共同的特征(Phillips et al.,2010a),DSM-5 将其列入了 OCRD。

DSM-5 报告美国 BDD 的时点患病率为 2.4%,男女比例相当;在世界范围内,接受过整容手术的个体的患病率为 3%～16%(APA,2013)。陈晓东等人(2021)研究报道,在整形美容人群中躯体变形障碍患病率约为 13%,鼻整形人群中患病率最高为 29%。近年来,由于社会对外貌愈发看重,患病率有上升的趋势。BDD 起病年龄为 12～13 岁,大部分患者 18 岁前起病,平均发病年龄为 16 岁。该病通常与抑郁障碍、社交焦虑障碍、强迫症和物质相关障碍共病。

【案例 7-2】

患者,男性,16 岁,高中学生。从初中开始关注自己的容貌,经常照镜子,边照边说自己丑,走在路上看到玻璃橱窗也要照,也要感叹自己丑,反光的地方都要照一照,然后感叹,怎么会有这么丑的人。照镜子时,主要盯着自己的额头和下巴看,觉得自己的额头小、下巴尖。担心别人看到自己的额头,刻意留了比较长的刘海儿,以遮住自己的额头。这种担心也让他与同学之间的交往变少了。

一、临床表现与诊断

案例 7-2 中患者的典型表现是,总认为自己的外表有缺陷或很丑陋。通常涉及的部位有:皮肤、头发、五官、乳房、生殖器等,也可涉及躯体的其他部位。女性可能更关注皮肤、腹部、乳房、臀部和腿部;男性更关注生殖器、体型和秃顶问题(Phillips,Menard,Fay,2006)。大多数患者抱怨的部位比较固定,有些患者的抱怨也可随时间改变,还有些患者的主诉比较模糊,如仅认为自己的"面孔滑稽可笑",但不能明确表述存在何种具体不足或缺陷。比起我们大多数人对外表的担忧,他们的担忧程度严重得多;在许多情况下,他们完全专注于此病症并产生明显的痛苦。一些研究者估计,约一半的患者对自己的外表有严重的错觉(Allen,Hollander,2004)。

与强迫症相似,存在某种缺陷的想法常常是侵入性的、难以控制的,患者通常会采取照镜子、反复检查、向他人寻求确认、过度修饰、掩饰、整容等方式来应对,且非常耗时(Phillips et al.,2010b)。另一方面,患者感到自己的缺陷会受到他人注意、谈论或讥笑,由于害怕别人看到想象中的缺陷而回避日常活动。在严重的情况下,他们可能会变得孤立,整天待在家里,不去上学或工作。

DSM-5 对躯体变形障碍的诊断标准

A. 具有一个或多个感知到的有关身体外貌的缺陷或瑕疵的先占观念,这些缺陷或瑕疵在他人看来是微小或观察不到的。
B. 在此障碍病程的某些时间段内,作为对外貌关注的反映,个体表现出重复行为(例如,照镜子、过

度修饰、皮肤搔抓、寻求肯定)或精神活动(例如,对比自己和他人的外貌)。
C. 这种先占观念引起有临床意义的痛苦,或导致社交、职业或其他重要功能方面的损害。
D. 外貌先占观念不能用符合进食障碍诊断标准的个体对身体脂肪和体重的关注的症状来更好地解释。

标注:
(1) 伴良好或一般的自知力;伴差的自知力;缺乏自知力/妄想信念。
(2) 伴肌肉变形:患者过度关注自己体格太小或肌肉不够发达的想法。

二、病因

BDD的病因不明,可能是生物、心理、社会文化多重因素相互作用的结果。

1. 生物学因素

BDD可能具有遗传倾向。有研究发现,患者直系亲属的患病率约5.8%,其发病风险是普通人群的3到6倍(Phillips,2009)。一项双生子研究的结果表明,BDD症状的遗传度约为42%(Lopez-Sola et al.,2014)。

神经影像学的研究认为,BBD与OCD类似,也涉及额叶-纹状体脑回路的功能障碍。另外,左侧前额叶和颞叶区域参与面部视觉处理,以及杏仁核的高反应性,也可能与BDD的发生有关(Phillips,2009)。

2. 心理社会因素

心理分析的观点认为,BDD患者的儿童期存在着压抑的无意识冲突,到了青春期,随着性意识的觉醒,被压抑的冲动力求表现,从而引发强烈的焦虑。为缓解焦虑,就通过置换的防御机制——对身体部分的关注——来应对。

当前,对BDD的解释主要来自认知行为治疗学派。认知行为治疗学派认为,患有BDD的人通常对自己的个人价值持有消极的核心信念,这导致他们对外表的消极看法。他们总是高估身体缺陷的意义和重要性,并将其误解为是主要的个人缺陷。例如,"如果我很丑,每个人都不会爱我,我会被孤立"或"我一文不值"。有一项研究表明,60%的患者赞同"如果我的外表有缺陷,就意味着我一文不值"这个观点(Buhlmann,Wilhelm,2004)。除了对自己有负面的核心信念外,BDD个体对周围的人总是有负面的核心信念,比如认为"人们只喜欢性感的身体",这导致了他们的核心信念和假设,即"没有吸引力,就毫无价值"。

这些核心信念形成的可能原因有:第一,在儿童时期,患者认为外貌十分重要的先占观念不断被强化。第二,因为自己的外表曾经受到嘲笑或批评,导致患者对自己身体某个部位的形象产生厌恶、羞耻或焦虑的条件反射。例如,一项针对BDD患者的研究发现,56%~68%的患者经历过情感忽视或虐待,约30%的患者经历过躯体虐待或性虐待(Didie,Tortolani,2006)。第三,社会文化因素的影响,将身体吸引力与积极的个人品质联系起来的趋势已成为一种文化刻板印象。另外,媒体在展示美丽的身材纤细的女模特和帅气的肌肉男模特,以及不切实际的理想身体,容易让人们担心自己的外表,夸大别人对自己外表的看法。

对感知缺陷的负性解释,导致了负性情绪,如焦虑、羞耻和悲伤,进一步增加了对感知缺陷的选择性关注。为减少焦虑、羞耻或悲伤的负性情绪,个体可能采取了某些仪式行为(如照镜子、寻求安慰、整形)或回避社交场合。由于仪式和回避行为可以暂时减少负性情绪,负强化对上述问题起到了推波助澜的作用。

三、治疗

BDD 的治疗方法与对强迫症的治疗十分相似。药物治疗主要是抗抑郁药物,尤其是 SSRI。心理治疗可采取强调暴露和反应行为阻止法的 CBT,研究证明 CBT 能显著改善 50%~80% 的患者的症状(Hooley,Nock,Butcher,2021)。CBT 通常从解释 BDD 的心理教育开始,然后采用认知和行为技术进行干预。认知策略侧重于识别适应不良的信念,评估这些信念的准确性,并帮助个体发展更合理的信念。行为干预通常包括暴露和反应阻止,主要是让患者暴露于引发其焦虑的情境中(例如,穿着能吸引人注意的衣服,且不让刘海儿挡住额头),并且阻止其检查性反应(如照镜子),从而让患者识别并改变对自己身体的歪曲知觉。

第四节 其他强迫及相关障碍

前面我们介绍了强迫症和躯体变形障碍,OCRD 还包括囤积障碍、拔毛癖(拔毛障碍)、抓痕(皮肤搔抓)障碍等,下面将分别介绍这三种障碍。

一、囤积障碍

囤积障碍(hoarding disorder)以对无用或价值不大物品的无休止的收集和不愿丢弃,从而占用了大量空间为特征。传统上,囤积被认为是强迫症的一种特殊症状,然而随着研究的深入,研究者发现它与强迫症有着明显的不同。第一,囤积障碍中的强迫观念不具有侵入性,个体没有不想要的特点。第二,囤积障碍患者没有想要通过仪式性行为来控制令人不安的想法的冲动。第三,囤积障碍患者通常会从收集东西的过程中感受到快乐或愉悦,并且一想到这些东西就很高兴(Nevid,Rathus,Greene,2018)。因此,在 DSM-5 中,囤积障碍与强迫症并列共同归入 OCRD。

囤积障碍在人群中的患病率为 2%~6%,是强迫症患病率的两倍,男女患者比例相近(APA,2013)。囤积障碍通常起病于 11~15 岁,呈慢性、渐进性发展,随着年龄的增长越来越严重,到 25 岁左右开始影响个体的日常生活。中老年人(55~94 岁)患病率几乎是青年人(34~44 岁)的 3 倍(APA,2013)。

【案例 7-3】*

患者,女性,独居。平常喜欢捡一些生活垃圾回家,日积月累,屋内垃圾堆积如山,导致屋内外臭气熏天。但患者本人觉得她堆放的东西并没有那么大的臭味。堆放物品不仅有着巨大的安全隐患,也严重影响了邻居的正常生活。为此,社区工作人员多次找她做思想工作,要她清除垃圾,但收效甚微。一位邻居无奈将其告至法院。法院裁定后采取了强制清理措施,运了30车垃圾,才将屋内基本清空。

1. 临床表现与诊断

案例 7-3 描述的是一个很典型的囤积障碍患者,主要特点是过度地获取大量物品且难以抛弃,往往导致居所杂乱无章。具体表现为:

(1)过度获取。过分地收集财物,喜欢购买、收藏或囤积一切有价值的甚至无价值的东西,比如垃圾、旧报纸、废旧物品、流浪的小动物。一些患者可能花费大量的时间采购打折物品,或整天在马路上寻找废物,自视为宝。

(2)难以丢弃。患者固着于自己所囤积的物品,害怕失去它们。患者收集物品是因为他们具有"将来需要这些物品"或"这些物品将来会有价值"等歪曲信念。有囤积障碍的个体倾向于赋予物品更高的价值,或对物品产生情感依恋,尽管这种依恋与个体跟该物品的相关经历无关,而是第一眼见到该物体就产生了(Grisham et al.,2009)。因此丢弃物品时,患者通常会感到痛苦。

(3)生活空间混乱。生活空间囤积了很多的物品且杂乱无章,干扰了患者正常的活动,包括清洁、做饭、在屋子里走动、睡觉等。混乱状况可能影响邻里关系,或造成火灾、卫生条件差、严重健康问题的风险。

DSM-5 对囤积障碍的诊断标准

A. 持续性地难以丢弃或放弃物品,不管它们的实际价值如何。
B. 这种困难是由于感知到积攒物品的需要及与丢弃它们有关的痛苦。
C. 难以丢弃物品导致了物品的堆积,导致使用中的生活空间变得拥挤和杂乱,且显著地影响了其用途。如生活区域不杂乱,则只是因为第三方的干预(例如,家庭成员、清洁工、权威人士)。
D. 这种囤积引起具有临床意义的痛苦,或导致社交、职业或其他重要功能方面的损害(包括为自己和他人保持一个安全的环境)。
E. 这种囤积不能归因于其他躯体疾病[例如,脑损伤、脑血管疾病、普拉德-威利综合征(Prader-Willi syndrome)]。
F. 这种囤积症状不能用其他精神障碍(例如,强迫症中的强迫思维,重性抑郁障碍中的能量减少,精神分裂症或其他精神病性障碍中的妄想,重度神经认知障碍中的认知缺陷,孤独症(自闭症)谱系障碍中的兴趣受限)来更好地解释。

---

* 女子爱好收藏垃圾被邻里起诉,16 人一天运出 30 车. (2018-08-08)[2023-06-16]. http://news.sina.com.cn/s/2018-08-08/doc-ihhkuskt4627517.shtml.

> 标注：
> 伴良好或一般的自知力；伴差的自知力；缺乏自知力/妄想信念。

2. 病因

囤积障碍的病因未明。囤积障碍患者家属的患病风险高于其他人，对囤积障碍个体家族的调查中，发现14号染色体上的某个区域异常可能与囤积障碍有关，提示该病症有一定的遗传易感性(黄倩，2016)。神经影像学的研究发现，囤积障碍者在处理物品决策时的困难可能与腹内侧前额叶皮层、前扣带回和岛叶等脑区的活动异常有关(王蒙等，2020)。在这一点上，与强迫症的神经基础主要是眶额皮层-纹状体-丘脑环路明显不同。

另外，囤积障碍可能与个体的早年经历有关，比如婴幼儿时期和母亲的不安全依恋体验、早期受到过创伤，以及经历过应激性生活事件等。有研究发现，囤积信念和囤积行为与焦虑型依恋呈显著正相关(符仲芳，徐慰，王建平，2015)，囤积行为中的丢弃困难与创伤暴露密切相关(Chou et al.，2018)。

心理社会因素的解释主要是认知行为的观点，可概括为两个方面：一是从信息加工的角度提出的认知行为模型，认为囤积障碍的发病与注意、记忆、决策等方面的问题有关。二是情绪调节缺陷模型，囤积障碍患者对物品抱有不同寻常的信念。他们对物品有着强烈的情感依恋，视物品为自我和身份的核心。认为自己有保护物品的责任，讨厌他人触碰、借用或拿走这些东西。这些信念造成他们在对有关物品做出决定时，容易焦虑和悲伤(王蒙 等，2020)。

3. 治疗

由于过去囤积障碍被认为是强迫症的一种亚型，所以治疗强迫症的方法，也被用于囤积障碍，不过其效果较差。药物治疗可选择SSRI，心理治疗主要采用认知行为治疗。认知行为治疗的观点认为，囤积障碍的显著特点是对物品存在不合理信念，不能控制囤积行为，且难以觉察囤积行为带来的严重后果。因此，治疗的关键在于改变患者的错误认知并对囤积行为进行控制。Tolin，Frost和Steketee(2007)的一项研究表明，认知行为治疗可以显著减少包括物品堆积杂乱、过度获取和丢弃困难等囤积行为。

二、拔毛癖（拔毛障碍）

拔毛癖(trichotillomania，TTM)，又称拔毛障碍(hair-pulling disorder)，以反复出现的、无法克制的拔掉毛发的冲动，并导致患者明显的脱发为特征。在早期的DSM诊断标准中，拔毛障碍被归为冲动控制障碍。现有证据表明，拔毛障碍与强迫症在眶额皮层-纹状体-丘脑神经环路、家族史和神经遗传学方面存在部分重叠，而与其他冲动控制障碍或行为成瘾，如病态赌博没有密切相关(Phillips et al.，2010a)。因此，在DSM-5中拔毛障碍被列入OCRD。

拔毛障碍的年患病率约为1‰～2‰，女性与男性患病比例为10：1(APA，2013)。

但在儿童中,性别比例基本相同。起病年龄可以是儿童时期或青春期,青春期后发病者患病程度更严重,常与强迫症、焦虑障碍、抑郁障碍、进食障碍共病。

【案例 7-4】*

患者,21 岁,是一位在校的女大学生。长相清秀,一头披肩长发,但摘下假发后可见基本光了的脑袋。患者 8 年前就有了拔头发的习惯,当时课业压力大,又要参加各种培训班,整个人很烦躁,无意间拔了几根头发,很意外地感觉很舒服。就这样,每逢压力大的时候,就会拔几根头发。后来,拔头发的频率越来越高,发展到最后,每晚睡觉前不拔几根头发就会睡不着。女孩爱漂亮,头发越拔越少,却忍不住不拔,很多次她自己也急哭了;但无法控制,照拔不误。一年前开始戴假发。家人意识到问题的严重性,带她去医院看心理门诊。

1. 临床表现与诊断

案例 7-4 描述的就是拔毛障碍,其主要表现为反复地用手、镊子或牙齿等,将自己的毛发强行拔除。拔毛部位可涉及身体的任何长毛发的区域,以头皮、眉毛、眼睑多见,面部、腋窝、阴部等也可见到。患者每天出现拔毛行为的频率不一致,有时一天多次短暂出现,也可能出现得不频繁,但持续时间较长。由于反复拔除,头皮部常有大片脱发,形如斑秃。拔毛对毛发的生长或质量会产生持久损害。

患者拔毛前,通常有明显的紧张感,事后会有轻松感或满足感。拔出头发后,有些人会进行与头发有关的仪式行为,如用手指滚动头发、在牙齿间拉扯毛发、把毛发咬断或吞咽头发。患者常对自己的极度或失控行为感到羞愧,因而回避社交,或以戴帽子、戴假发、画眉毛等方式来掩饰。绝大多数拔毛障碍患者还会反复出现搔抓皮肤、咬指甲或咬嘴唇的行为。

DSM-5 对拔毛障碍的诊断标准

A. 反复拔自己的毛发而导致毛发减少。
B. 反复地试图减少或停止拔毛发。
C. 拔毛发引起具有临床意义的痛苦,或导致社交、职业或其他重要功能方面的损害。
D. 拔毛发或脱发不能归因于其他躯体疾病(例如,皮肤病)。
E. 拔毛发不能用其他精神障碍的症状来更好地解释(例如,躯体变形障碍中的试图改进感受到的外貌缺陷或瑕疵)。

2. 病因

目前对拔毛障碍的病因所知甚少,但是据推测可能涉及多种因素,包括遗传、心理和社会因素之间的复杂相互作用。

---

* 杨茜. 21 岁漂亮女孩 8 年拔光满头秀发. 医生:拔毛癣. (2016-02-16)[2023-06-20]. http://news.sina.com.cn/c/2016-02-16/doc-ifxpmpqp7759742.shtml.

关于遗传因素,患者一级亲属中拔毛障碍的发生率远高于普通人群,为5%～8%(张力文,路永红,2021)。有研究分别报道,拔毛障碍患者和实验动物模型中存在SLITRK1和HOXB8基因的突变(见Johnson,El-Alfy,2016);sapap3基因突变发现与强迫症及拔毛癖样行为相关(张力文,路永红,2021)。

在神经影像学方面,拔毛障碍主要与腹侧和背侧纹状体的异常有关。MRI研究发现,在拔毛障碍患者的伏隔核、杏仁核、尾状核和豆状核中发现局部形状畸形,研究者认为参与情绪调节、抑制控制和习惯形成的皮质下区域的结构异常在拔毛障碍的发病中起关键作用(Isobe et al.,2018)。

有研究证实,联合应用SSRI和多巴胺受体拮抗剂在一部分拔毛障碍患者的治疗中起到一定效果。乙酰半胱氨酸对拔毛障碍患者病情的控制和改善也有一定帮助(张力文,路永红,2021)。这些药物所涉及的神经递质的异常可能与拔毛症状的发生有关。

心理社会因素方面的研究较少。心理压力是拔毛障碍发生的一项重要成因,儿童拔毛障碍常发生于家庭环境改变时,如搬家、家人住院、与亲人分离等。此外,该病症与不良的教养方式、学习压力、亲子关系不良、爱的缺失、人际关系紧张等也有关(胡庆菊等,2017)。

3. 治疗

拔毛障碍的治疗包括药物治疗和非药物治疗。目前,药物治疗有效性的可靠证据依然不足,仅有一些小样本量观察研究显示氯丙咪嗪、奥氮平、乙酰半胱氨酸等对拔毛障碍治疗有一定效果(Farhat et al.,2020)。非药物治疗主要包括行为疗法和刺激控制,习惯逆转训练(habit reversal training,HRT)是目前控制拔毛障碍的一线推荐治疗方法。此外,由于拔毛障碍的特点是反应抑制受损,有研究者对儿童采用计算机程序化的反应抑制训练,结果显示效果良好(Lee et al.,2018)。

三、抓痕(皮肤搔抓)障碍

抓痕障碍(excoriation disorder),又称皮肤搔抓障碍(skin-picking disorder,SPD),也有译为抠皮症、揭痂症等,以反复、强迫性地搔抓皮肤,导致组织损伤为特征。

SPD的发病率约为1.4%,其中3/4以上的患者为女性(APA,2013)。SPD的病程不尽相同,常起病于青春期,且常以皮肤病变为诱因,如痤疮等。多数患者并没有意识到治疗的必要性和有效性,求治率不足20%(郝伟,陆林,2018)。

1. 临床表现

SPD的核心症状是反复、强迫性地搔抓皮肤,试图克制而难以自我控制。最常见的搔抓部位是脸、手臂和手部,一系列的皮肤疾病(如粉刺、老茧或痂痕等)可能是搔抓的诱因,但这种不必要的过度搔抓更像是一种强迫性仪式动作。大多数患者使用指甲搔抓,也有一些患者使用镊子、针或其他工具;除搔抓外,一些患者还会使用其他方式,如皮肤摩擦、挤压、切割和牙咬等。搔抓行为可能先于或者伴随各种情绪状态而产生,如焦虑、厌烦感或持续增加的压力。此外,搔抓皮肤时还会出现满足感、快感或放松感。搔抓行为通常在其他人不在场时发生,但是家人除外。

大多数患者每天在搔抓,想要搔抓和抵抗搔抓的冲动,需花费至少一个小时的时间。反复的搔抓会干扰他们的工作,影响社交或娱乐活动。搔抓可带来严重的疤痕、组织损害或其他躯体疾病,如局部感染和败血症等。患者常常羞于暴露已经感染或损伤非常严重的部位,并且经常通过化妆或用服装覆盖等方式隐藏或者掩饰这些病变。

DSM-5 对抓痕(皮肤搔抓)障碍的诊断标准

A. 反复搔抓皮肤而导致皮肤病变。
B. 重复性地试图减少或停止搔抓皮肤。
C. 搔抓皮肤引起具有临床意义的痛苦,或导致社交、职业或其他重要功能方面的损害。
D. 搔抓皮肤不能归因于某种物质(例如,可卡因)的生理效应或其他躯体疾病(例如,疥疮)。
E. 搔抓皮肤不能用其他精神障碍的症状来更好地解释(例如,像精神病性障碍中的妄想或触幻觉,像躯体变形障碍中的试图改进外貌方面感受到的缺陷或瑕疵,像刻板运动障碍中的刻板行为,或像非自杀性自我伤害中的自我伤害意图)。

2. 病因与治疗

对于 SPD 的病因,目前尚无定论。遗传因素不可忽视,有限的证据表明,SPD 存在家族遗传性。动物模型研究表明,脑内动机抑制过程存在潜在障碍,影像学提示脑白质损失可能是改变的神经生物学机制之一(郝伟,陆林,2018)。

SPD 的心理易感因素多样,常见的有焦虑、压力、厌烦、疲惫或愤怒等。另外,搔抓行为同样也可以被个体的触觉(肿块或粗糙不平)和视觉(缺陷或变色)所触发,所以原本就存在皮肤病变的个体更容易罹患 SPD。

目前,SPD 的治疗方式主要是认知行为治疗和药物治疗。认知行为治疗中的习惯逆转训练,以及接纳和承诺疗法都能够减少患者的搔抓行为。药物治疗主要以 SSRI 类药物为主。

小　结

强迫症是以反复出现的强迫观念和强迫行为为主要临床特征的一种心理障碍。强迫观念是以刻板形式反复进入患者意识领域的想法、意象或冲动;强迫行为是为阻止或降低焦虑和痛苦而反复出现的刻板行为或动作。精神分析理论认为强迫症是无意识的冲突和分离、替代、反向形成等防御机制作用的结果。认知行为理论的观点把强迫观念归因于僵化的思维,强迫行为归因于操作性条件作用。精神分析疗法、认知行为治疗、森田疗法,以及药物治疗对强迫症有效。

躯体变形障碍是指躯体外表并无缺陷或仅是轻微缺陷,但患者却总认为自己存在缺陷,或过分夸大其轻微缺陷,为此而产生反复的外在行为——如照镜子、过度修饰或精神活动(如比较自己与他人的外貌)。治疗可采取 SSRI 类药物和认知行为疗法中的暴露和反应行为阻止法。

囤积障碍以对无用或价值不大物品的无休止的收集和不愿丢弃,从而造成生活空间混乱为特征。

治疗方法与强迫症相似,但疗效较差。

拔毛癖(拔毛障碍)以反复出现的、无法克制的拔掉毛发的冲动,导致明显的脱发为特征。

抓痕(皮肤搔抓)障碍以反复、强迫地搔抓皮肤,导致组织损伤为特征。

思 考 题

1. 强迫症的主要临床表现有哪些?
2. 精神分析理论如何解释强迫症?
3. 暴露与反应行为阻止法如何操作?
4. 躯体变形障碍的主要症状有哪些?

推 荐 读 物

郝伟,陆林. (2018). 精神病学:第8版. 北京:人民卫生出版社.

Hooley, J. M., Nock, M. K., & Butcher, J. N. (2021). Abnormal Psychology. 18th ed. New York: Pearson Education.

Phillips, K. A., & Stein, D. J. (2015). Handbook on obsessive-compulsive and related disorders. Washington, DC: American Psychiatric.

Storch, E. A., & Lewin, A. B. (2016). Clinical handbook of obsessive-compulsive and related disorders: a case-based approach to treating pediatric and adult populations. New York: Springer International.

8

创伤及应激相关障碍

第一节 概 述

应激(stress)原义是指物理学上的压力,学术界普遍认为,首先将应激引入医学领域的人是塞利(Hans Selye),他将应激定义为:在外界各种压力下机体所发生的生理变化,"机体对外界或内部的各种异常刺激所产生的非特异性应答反应的总和,或机体对向它提出的任何要求所做的非特异性应答反应"(Selye,1936)。

生理心理学家坎农(Walter Cannon)在更早的时候提出了著名的"战斗或逃跑"(fight or flight)模式,也就是机体面对威胁体内平衡的刺激时做出的应激反应(stress response),它包含生理和心理两个方面,调动身体各种能力和资源,使自身战胜或摆脱困境(Cannon,1922)。

然而,当个体承受的应激过强、超出调整应变能力而产生不良反应时,或是当应激源已经解除,但个体在相当长的一段时间里还保持着多种应激反应症状,这时便可能发生创伤及应激相关障碍(trauma and stressor related disorder)。

应激相关障碍中最著名的是创伤后应激障碍(post-traumatic stress disorder,PTSD),此外还有急性应激障碍(acute stress disorder,ASD)、适应障碍(adjustment disorder,AJD)、延长哀伤障碍(prolonged grief disorder,PGD),以及儿童期应激相关障碍。

一、应激相关障碍的历史演变

历史上关于应激相关障碍的描述,主要是围绕战后士兵或重大灾难的受害者出现的问题。经历残酷战争后的士兵们大多出现找不到原因的生理和心理问题。军医们把这一系列症状记录下来,并按照自己的理解给予了不同的名称和定义。

首例以文字形式自我报告创伤后应激障碍症状的人,是17世纪英国作家和政治家佩皮斯(Samuel Pepys)。在著名的《佩皮斯日记》中,他详细记录了发生于1666年9月2日凌晨的伦敦大火,这场大火持续了4天,最终导致10万人流离失所。火灾发生6个月后,佩皮斯在日记中写道:"很奇怪,由于对火的巨大恐惧,我常在夜里醒来。由于总是想着那场大火,我不到凌晨两点就不能入睡"(见 Daly,1983)。他的描述很符合现代 PTSD 的部分诊断标准。

在医学上,最早对应激相关障碍进行疾病性描述的人是瑞士军医霍弗(Johannes Hofer),他于 1688 年提出使用"nostalgia"(原意为怀旧)一词作为军事术语,用来描述士兵在战后不明原因地出现一系列躯体症状,包括发热、心跳过速、消化不良、晕眩等综合征(Fuentenebro de Diego,Valiente,2014)。

达科斯塔详细报告了 300 名躯体未见异常的士兵在战后出现的类似症状,包括心跳过速、焦虑、易激惹等,他最后定义此病症为"达科斯塔综合征",又称功能性心脏病。

20 世纪后,更多国家的军医对相似病症进行了描述和命名:1905 年提出"战争休克"(battle shock);第一次世界大战期间,迈尔斯(Charles Myers)使用了"炮弹休克"(shell shock)一词;1918 年,研究者提出"战争压力"(war strain);1922 年,英国国防部称之为"战争神经症"(war neurosis)(贾梦潇,王翰,张岫竹,2016)。直至第二次世界大战结束,学术界对此类疾病的命名和诊断都没有统一标准。

1948 年,世界卫生组织首次正式将此类型疾病命名为"急性情境调节反应"(acute situational adjustment);1952 年,美国精神医学学会将此症状纳入"重大压力反应"(gross stress reaction)(Bryant,2016),1994 年更名为急性应激障碍。

1952 年,美国精神医学学会定义了短暂情境性的、与抑郁相关的障碍,名为"暂时情境性人格障碍"(transient situational personality disorder),直到 1980 年将其与"应激反应"联系起来,并改名为适应障碍(Zelviene,Kazlauskas,2018)。

1980 年,美国精神医学学会正式将创伤后应激障碍(PTSD)纳入 DSM-Ⅲ(Turnbull,1998),是应激障碍家族中最重要也是最广为人知的一种病症。

1993 年,Horowitz 及其同事针对丧亲后的病理性和复杂性哀伤反应制定了首个诊断标准(Killikelly,Maercker,2017),到 2019 年 ICD-11 将其更名为延长哀伤障碍(Mauro et al.,2019)。

纵观应激障碍家族中的各病症的历史演变,从最开始只有与重大事件相关的短暂性反应,到其后根据不同应激源而归类细分的障碍,人们对应激相关障碍的认识在不断丰富与细化。

二、应激相关障碍诊断标准的发展

应激相关障碍虽然有比较久远的历史,但学术界对其诊断标准的提出与修订经历了很长时间。

1952 年,DSM-Ⅰ在"暂时情境性人格障碍"分类下,纳入了平民与士兵在创伤后发生的精神障碍,并命名为"急性应激反应",描述了个体在承受异常压力时,正常的人格可能出现以特定反应来处理巨大的恐惧和应激的情况;如果及时治疗,病情会迅速消失。由此可见,当时对此类疾病的理解更多的是认为是一次短暂的反应,而不是长期的障碍。

1968年，DSM-Ⅱ把具有此类症状的疾病放在"暂时情境性失调"(transient situational disturbances)分类下，当时的诊断标准接近现在综合了创伤后应激障碍和适应障碍的版本。DSM-Ⅱ不认为此类疾病是与人格有关的障碍，除了认为它是短暂的反应外，更强调其是"急性""情境性"的困扰。

创伤后应激障碍的命名和诊断首次出现在1980年发布的DSM-Ⅲ中。虽然它最初被归在焦虑障碍类别里，但其命名与"创伤"相关联。在DSM-Ⅲ中，PTSD有两个子类，分别是急性PTSD和慢性PTSD。DSM-Ⅲ还列举了更多的应激源，丰富了应激源对疾病程度和发生频率的影响等信息，并指出PTSD的复杂性，以及它发展为其他精神障碍（如焦虑症、抑郁症）的可能性。七年之后，DSM-Ⅲ-R对PTSD做了少量修正，指出发生PTSD不一定要亲身经历创伤事件，旁观者也可能因受到强烈刺激而被激发出现相应症状。

1994年，DSM-Ⅳ为应激障碍家族增添了急性应激障碍，其症状与PTSD略有不同，并且发病期限定在创伤事件发生后一个月内。

2013年，DSM-5做了几处改动，包括加入了分离状态导致的PTSD（反应性依恋障碍和去抑制性社会参与障碍）；将PTSD和ASD移出焦虑障碍的分类，并将其命名为"创伤及应激相关障碍"；同时丰富了PTSD的症状，如主诉症状的类别被修订为侵入性症状、心境及认知的负性改变、回避和唤起，还修订了应激源标准，等等。

针对应激相关障碍，精神障碍疾病诊断标准DSM-5和ICD-11的比较见表8-1。

表8-1 DSM-5和ICD-11诊断标准的比较

DSM-5	ICD-11	相同之处	差异之处
创伤后应激障碍	创伤后应激障碍	对创伤后应激障碍的特征性症状和核心诊断标准基本一致。	DSM-5明确要求创伤后应激障碍的病程"超过1个月"，而ICD-11对应的描述为"持续至少数周"。
急性应激障碍	—	—	DSM-5独有的诊断类目，核心症状与创伤后应激障碍基本相同，但病程更短，为"持续至少3天至1个月"。
—	复合性创伤后应激障碍	—	ICD-11独有的诊断类目，需满足创伤后应激障碍的核心诊断标准，但情绪和人际关系受损更广泛和更严重，且创伤性应激事件通常是长期的、反复的、难以逃脱的。

（续表）

DSM-5	ICD-11	相同之处	差异之处
持续性复杂丧痛障碍	延长哀伤障碍	两者的诊断标准相同且症状基本一致，悲痛的性质和严重程度均超出相关文化和宗教背景的常规水平。	两者名称不同，且持续性复杂丧痛障碍在DSM-5中被归类为其他特定的创伤及应激相关障碍，而延长哀伤障碍在ICD-11中是一个独立的诊断类目。另外，ICD-11要求病程为6个月以上即可诊断，而DSM-5的要求为12个月以上（或儿童6个月）。
适应障碍	适应障碍	两者的诊断标准相同，均需满足与应激相关的症状的特异性或严重程度未达到或不符合其他精神障碍的诊断标准；两者的病程相同，症状通常在应激源出现且终止后的6个月内消失。	—
反应性依恋障碍	反应性依恋障碍	两者的诊断标准的核心部分大体一致，均设定儿童选择性依恋发育成熟为诊断基础；两者病程相同，均要求儿童发育年龄在9个月以上才能适用此诊断，且在5岁前就有明显症状。	—
去抑制性社会参与障碍	脱抑制性社会参与障碍	两者的诊断标准的核心部分大体一致，均设定儿童选择性依恋发育成熟为诊断基础；两者病程相同，均要求儿童发育年龄在9个月以上才能适用此诊断。	ICD-11要求症状在5岁之前已显现。

第二节 创伤及应激相关障碍的临床表现

一、创伤后应激障碍

1. 发病率

创伤后应激障碍是个体受到异乎寻常的威胁、灾难性打击后，导致延迟出现并长期持续的精神障碍,是一种经历严重身心创伤后所产生的焦虑性疾病,属于心理失衡状态(秦虹云,季建林,2003)。

在美国,使用 DSM-Ⅳ 诊断标准预测 75 岁以下人群中 PTSD 的终生患病率为 8.7%。在美国成年人中,12 个月的患病率约为 3.5%,而欧洲及亚洲、非洲和拉丁美洲多数国家患病率估计值较低,在 0.5%~1.0% 之间(APA,2013)。

黄悦勤等人发现,我国 PTSD 终生患病率为 0.4%,12 个月的患病率约为 0.2%(Huang et al.,2019)。有学者对汶川地震幸存者的研究发现,在地震发生后一个月,PTSD 发病率为 35.4%,灾后四个月 PTSD 发病率为 11.4%(陈婷,2017);汶川地震三年后,在随机抽取的幸存者中,PTSD 的发病率仍达 10.3%(Zhang et al.,2015)。

在性别差异方面,研究结果显示,我国男性与女性的 PTSD 终生患病率均为 0.2%(Huang et al.,2019)。美国男性和女性的 PTSD 终生患病率分别为 5%~6% 和 10%~14%,尽管女性 PTSD 的终生患病率高于男性,但是也很难得出女性比男性对 PTSD 更具易感性的结论,更可能的原因是,女性比男性更易遭受人际攻击(包括性暴力和躯体暴力),或遭遇的攻击程度更严重。在遭遇诸如意外事故、自然灾害、伴侣突然死亡等严重事件后,男性与女性罹患 PTSD 的比例基本相同(Yehuda,2002)。

PTSD 的发生率与应激或创伤的类型有关。研究结果显示,人际创伤性事件比交通事故和自然灾害等更容易引发 PTSD。比如,在遭遇强奸的受害者中,PTSD 的发生率是 55%,而意外事故受害者的 PTSD 发生率为 7.5%。另外,直接遭遇事件的 PTSD 发生率更高,而听闻创伤事件的间接当事人 PTSD 发生率仅为 2%(Yehuda,2002)。

多种不同类型的创伤均可导致 PTSD,其中很多事件是常见的。一项调查纳入了 24 个国家的大型代表性社区样本,分析后估算了 29 类创伤事件引发 PTSD 的发生概率(Kessler et al.,2014),结果为:

(1) 性关系暴力(如强奸、儿童期性虐待、家庭暴力),33%。

(2) 人际创伤经历(如所爱之人意外死亡、孩子患危及生命的疾病或所爱之人发生其他创伤性事件),30%。

(3) 人际暴力(如儿童期身体虐待或目睹人际暴力、遭受躯体攻击或受暴力威胁),12%。

(4) 其他危及生命的创伤性事件(如危及生命的车祸、自然灾害或接触有毒化学物品),12%。

(5) 参与有组织的暴力活动(如参加战争、目睹死亡/严重伤害或发现尸体、意外或故意造成死亡或严重伤害),11%。

(6) 遭受有组织的暴力袭击(如难民、被绑架或战区平民),3%。

2. 典型临床表现与诊断标准

【案例 8-1】

陈某,42 岁,曾经亲身经历过巨大的龙卷风袭击。陈某自述身体状况良好,无重大疾病、手术史；有轻度焦虑症病史。家庭经济情况良好，夫妻关系和睦。一个月前龙卷风发生时陈某一人在家，天突然暗了下来，眼前一片漆黑，犹如世界末日来临，陈某去关门时玻璃被风吹碎将其砸伤，导致身体多处外伤、出血、软组织挫伤，幸运的是未造成骨折。陈某目睹了龙卷风袭击当地村庄的过程，房屋损毁，汽车被卷到40米开外的河里，目睹邻居被砸死、砸伤。龙卷风过后邻居呼喊他，但是他并没有反应，整个人处于木僵状态，后来回过神来听见邻居呼救，陈某从废墟中扒出伤势严重的邻居，也目睹了其他邻居的尸体被扒出的过程，其内心十分害怕，看到损毁的房屋和被卷走的汽车，陈某也感到很痛苦和无奈。灾难发生后，陈某一直处于紧张、害怕、失眠、多梦的焦虑状态，害怕刮风下雨、害怕黑夜，总感觉世界末日将要到来并且时刻担心龙卷风再次发生，他常常回忆起暴风来袭，家里玻璃全被吹碎的画面；回避对于灾难的相关报道和消息；注意力不能集中，这些创伤反应严重影响了他的生活质量，导致他不时出现尿急反应。

（引自戴伟华，2018）

（1）反复体验创伤经历，也称为闪回（flash back），是创伤后应激障碍的核心症状。某些痛苦和创伤性的记忆在脑海中反复出现，患者以极其痛苦的方式重复体验，似乎依然处于灾难现场，重新经历当时发生的事情，常常会为此感到恐慌和痛苦。正如案例8-1中的陈某一样，灾难后尽管处于安全环境，但仍随时担心龙卷风再次发生，并且常回忆起龙卷风袭击的画面。

（2）回避与麻木。患者对创伤相关的刺激存在持续的回避反应，表现为有意识地回避与创伤性事件有关的话题、影像和新闻，如案例8-1中的陈某在灾后一直不敢看报道龙卷风事件的新闻。常见的回避表现还有无意识的对创伤性事件表现出选择性或防御性遗忘或失忆，或在创伤性事件发生后拼命地工作。

（3）警觉性增高。该症状在创伤暴露后的第一个月最普遍且最严重。患者表现为高警惕性、长时间寻找环境中的危险线索、易激惹，如案例8-1中的陈某一直处于紧张状态，正常的微风吹来也会激发其焦虑情绪。警觉性增高也是一种高度的生理唤起，指身体和心理常处于备战状态，如案例8-1中的陈某在灾后注意力难以集中、辗转反侧，时常做噩梦甚至不能入睡。

（4）认知和心境改变。以往对PTSD的诊断标准通常涉及上述三个方面，DSM-5新增了患者在认知和心境方面的改变。例如，患者对自己可能怀有负性的信念，认为之所以会遭受创伤，是因为自己不好，"坏事情只会发生在不好的人的身上"；持续地责备自己、内疚，常有罪恶感；对他人愤怒、疏远，很少与人交谈和亲近，失去对人和事物的信任感和安全感，难以与他人建立亲密的关系。

DSM-5 对创伤后应激障碍的诊断标准

注:下述诊断标准适用于成人、青少年和 6 岁以上儿童。
A. 以下一种(或多种)方式接触实际的或被威胁的死亡、严重的创伤或性暴力:
  (1) 直接经历创伤性事件。
  (2) 亲眼看见发生在他人身上的创伤性事件。
  (3) 获悉亲密的家庭成员或亲密的朋友身上发生了创伤性事件。注:在家庭成员或朋友的实际的或被威胁死亡的案例中,创伤性事件必须是暴力的或意外的。
  (4) 反复或极端地接触创伤性事件令人厌恶的细节(如急救员收集人体遗骸、警察反复接触虐待儿童的细节)。
  注:诊断标准 A(4)不适用于通过电视、电影、电子媒体或图片的接触,除非这种接触与工作相关。
B. 在创伤性事件发生后,存在以下一个(或多个)与创伤性事件有关的侵入性症状:
  (1) 有反复的、非自愿的和侵入性的对创伤性事件的痛苦记忆。注:6 岁以上儿童可能出现反复玩表达创伤性事件的主题或某方面的游戏的情况。
  (2) 反复做内容和/或情感与创伤性事件相关的痛苦的梦。注:儿童可能做可怕的不能识别内容的梦。
  (3) 出现分离性反应(如闪回),即个体的感觉或举动好像创伤性事件重复出现(这种反应可能连续出现,最极端的表现是对目前的环境完全丧失觉知)。
  注:特定创伤性事件的重演可能出现在儿童的游戏中。
  (4) 当接触象征性的或类似创伤性事件某方面的内在或外在的线索时,产生强烈或持久的心理痛苦。
  (5) 对象征性的或类似创伤性事件某方面的内在或外在线索产生显著的生理反应。
C. 创伤性事件后,开始持续地回避与创伤性事件有关的刺激源,具有以下一项或两项证据:
  (1) 回避或尽量回避关于创伤性事件或与其高度有关的痛苦记忆、思想或感觉。
  (2) 回避或尽量回避能够唤起创伤性事件或与其高度有关的痛苦记忆、思想或感觉的外部提示物(人、地点、对话、活动、物体、情境)。
D. 与创伤性事件有关的认知和心境方面的负性改变在创伤性事件发生后开始或加重,具有以下两项(或更多)证据:
  (1) 无法记住创伤性事件的某个重要方面(通常是由于分离性遗忘症,而不是如脑损伤、酒精、毒品等其他因素)。
  (2) 对自己、他人或世界产生持续性放大的负性信念和预期(如"我很坏""没有人可以信任""世界是绝对危险的""我的整个神经系统永久性地毁坏了")。
  (3) 由于对创伤性事件的原因或结果存在持续性的认知歪曲,导致个体责备自己或他人。
  (4) 处于持续性的负性情绪状态(如担忧、恐惧、愤怒、内疚、羞愧)。
  (5) 显著地减少对重要活动的兴趣或参与。
  (6) 产生与他人分离或疏远的感觉。
  (7) 持续地不能体验到正性情绪(如不能体验快乐、满足或爱的感觉)。
E. 与创伤性事件有关的警觉和反应性的显著改变在创伤性事件发生后开始出现或加重,具有以下

两项(或更多)证据:
(1) 易激惹的行为和愤怒的爆发(在很少或没有挑衅的情况下),通常表现为对人或物体的言语攻击或躯体攻击。
(2) 不计后果或自我毁灭的行为。
(3) 过度警觉。
(4) 过度的惊跳反应。
(5) 注意力问题。
(6) 睡眠障碍(如难以入睡、难以保持睡眠或睡眠不安稳)。
F. 这种障碍的持续时间(诊断标准 B、C、D、E)超过 1 个月。
G. 这种障碍引起有临床意义的痛苦,或导致社交、职业或其他重要功能方面的损害。
H. 这种障碍不能归因于某种物质(如药物、酒精)的生理效应或其他躯体疾病。

如表 8-1 所述,ICD-11 与 DSM-5 的特征性症状和核心诊断标准一致,但是 ICD-11 要求"经历创伤性事件或情境后,典型综合征的发展持续至少数周",而 DSM-5 要求症状持续时间超过 1 个月。

3. 其他与创伤后应激障碍相关的障碍的概念及诊断标准

(1) 复合性创伤后应激障碍。这一概念最初是赫尔曼(Judith Herman)在 1992 年提出的(Giourou et al., 2018),是创伤后应激障碍的一种更严重的形式。在遭受持续时间较长的、反复发生的、起始于幼年时期的、无法逃离的创伤性事件后,受害者会表现出超过单纯型 PTSD 定义范围的症状群。DSM-5 没有将其列为独立的诊断类别,但 ICD-11 指出复合性创伤后应激障碍除了符合 PTSD 的所有诊断外,还有以下特征(WHO, 2019):

复合性创伤后应激障碍(complex PTSD, C-PTSD)满足 PTSD 的所有诊断要求。此外,复合性创伤后应激障碍以严重性和持续性为特点:①情绪调节问题;②认为自己被贬低、挫败或毫无价值,并伴有与创伤性事件有关的羞耻、内疚或失败感;③维持关系和在情感上接近他人的困难。

C-PTSD 在 ICD-11 中是一个独立的应激障碍诊断,满足 PTSD 的核心诊断症状,但情绪和人际关系受损更广泛、更严重。我国《精神障碍诊疗规范(2020 年版)》对 C-PTSD 的临床特征认定与 ICD-11 相同,但是增加了对物质/酒精滥用、不能上学或工作、经常冲动攻击和破坏性行为的临床特征认定。

(2) 急性应激障碍。在 DSM-5 中,急性应激障碍的症状通常在创伤后立即出现,持续至少 3 天至 1 个月。如果症状持续超过 1 个月,且符合 PTSD 的诊断标准,则应将急性应激障碍的诊断改为 PTSD;大约 50% 的急性应激障碍患者可能会发展为 PTSD (APA,2015)。急性应激障碍的临床表现有个体差异,但通常由焦虑反应等症状组成,包括某种形式的对创伤的重新体验。急性应激障碍一般预后良好,症状可以完全缓解,因此 ICD-11 未将其列入"精神、行为与神经发育障碍"一章中,而是列入了"影响健康状态的因素和需要健康服务的非疾病现象"（郝伟，陆林，2018）。我国《精神障碍诊疗规范（2020年版）》对急性应激障碍的诊断在 DSM-5 的基础上，强调了其必须满足的一个重要条件，即"在创伤事件发生时或发生之后，患者可能出现分离症状"。

其他国家和地区的流行病学调查结果显示，急性应激障碍的发生率低于 20%，其中交通事故后的发生率是 13%～21%，轻度颅脑外伤后的发生率是 14%，被攻击后的发生率是 19%，严重烧伤是 10%，工业事故是 6%～12%（APA，2013）。

【案例 8-2】

小兰，女，大三下学期某天下午在教学楼走廊，一男子对小兰施以骚扰性动作后迅速离开。小兰当天通过监控看到该男子从卫生间门口一直尾随自己直到做出骚扰性动作后离开，在查阅监控时小兰拍下该男子的视频及照片。当天，小兰与辅导员交谈时状态稳定，无过激反应，但第二天，小兰与辅导员再次交谈时出现如下反应：忍不住反复想象被跟踪的画面，越想越害怕，后来发展至担心身后有人跟踪，担心有人趁机伤害自己，讲述事件过程时情绪激动、频繁哭泣并出现呼吸困难，前一夜凌晨惊醒大哭、不敢去上课，害怕"走廊样场所"。在辅导员的帮扶后，第三周症状减轻，被诊断为急性应激障碍。

(引自陈丽云，2017)

案例 8-2 中小兰的症状符合应激相关障碍的常见表现，如闪回（侵入性症状）、负性心境、回避状态和警觉性增高，但由于症状在创伤性事件发生后第二天出现，且在一个月内好转，故其诊断为急性应激障碍。

二、适应障碍

适应障碍指在明显的生活改变和环境变化时产生的、短期的和轻度的烦恼状态和情绪失调，常有一定程度的行为变化，但并未出现精神病性症状。常见的引起适应障碍的生活事件包括离婚、失业、转学、退休等，其发病与生活事件的严重程度、个体心理素质等因素有关（郝伟，陆林，2018）。适应障碍通常在应激事件发生后 1 个月内发病（DSM-5 的表述为 3 个月内），且一旦应激源及其后果终止，适应障碍的症状将在 6 个月内消除。此障碍多见于成年人，可发生于任何年龄，女性略高于男性（张亚林，2005）。最近一项研究在普通人群中筛查发现，老年人适应障碍的发生率为 2.3%，与重性抑郁症的发生率相似（Casey，2009）。在精神科会诊中，它通常是最常见的诊断，经常达到 50%（APA，2013）。

适应障碍与 PTSD 最大的不同是，适应障碍的发生是由于环境的改变，此类改变往往并不是突发性的巨大改变，而是生活事件引起的不适。对于适应障碍的诊断，DSM-5 与 ICD-11 相似，均需满足与应激相关的症状的特异性或严重程度未达到或不符合其他精神障碍的诊断标准。我国的《精神障碍诊疗规范（2020 年版）》诊断标准与 DSM-5 相同，并且进一步指出"患者病前具有易感人格基础，生活事件发生前精神状态正常，既往无精神病史,但社会适应能力差"。

三、延长哀伤障碍

经历亲人离世而引发的哀伤是一个漫长的过程,通常会随时间流逝而减轻。然而部分人会出现持久、强烈、无法平复的哀伤反应,这便是延长哀伤障碍,又称持续性复杂丧痛障碍、病理性哀伤或创伤性哀伤。这是一种非正常哀伤过程的结果,是重要的人死亡后丧亲者出现的分离痛苦与认知、情绪、行为问题的结合体(Prigerson et al. ,2009)。研究表明,10%的丧亲者会发展成延长哀伤障碍或抑郁症,尤其是年轻人,在亲属离世等应激事件发生后,他们出现自杀、自残等风险的概率远大于其他年龄人群(Bylund Grenklo et al. ,2014)。

延长哀伤障碍的诊断要点是,个体经历与其关系密切的亲人的死亡,且持续思念逝者,患者对死亡有反应性的痛苦,如难以接受亲人离世的事实、避免接触能够让人想起逝者的事物;其社交或身份破坏,如渴望与逝者在一起、感到生活是毫无意义的;此外还会导致有临床意义的痛苦或其他重要功能的损害(APA,2013)。

DSM-5将持续性复杂丧痛障碍归于其他特定的创伤及应激相关障碍,而ICD-11则称之为延长哀伤障碍,作为一个独立的诊断(肖茜,张道龙,2021)。另外,ICD-11要求症状至少持续6个月,而DSM-5则要求12个月以上(儿童为6个月)(APA,2013)。我国的《精神障碍诊疗规范(2020年版)》对此障碍的命名和定义与ICD-11相同,核心诊断标准与DSM-5一致,并且"症状持续的时间至少为亲人离世后的6个月"。

四、儿童期应激相关障碍

儿童期应激相关障碍包括反应性依恋障碍(reactive attachment disorder,RAD)和去抑制性社会参与障碍(disinhibited social engagement disorder,DSED),这两种障碍属于依恋障碍(attachment disorder),前提条件均是儿童忽视(child neglect),即儿童的心理、身体和情感发育得不到满足(郝伟,陆林,2018)。

1. 反应性依恋障碍

反应性依恋障碍是由于照料者的忽视,导致儿童无法发展健康的依恋关系,同时社会关系也出现异常。反应性依恋障碍患儿有建立健康依恋的能力,但由于缺少与照料者依恋的机会,导致缺少行为上的表达机会。于是当患儿有消极情绪时,他们不会向照料者寻求安慰或照料。同样,对照料者的积极情绪也不会做出反应(APA,2013)。

有研究表明反应性依恋障碍同样存在于普通儿童中(Pritchett et al. ,2013),但在从小没有得到充分照顾的幼童中反应性依恋障碍发生率高达38%~40%(Lake,2005),在寄养家庭中遭受过虐待的儿童反应性依恋障碍发生率为35%~45%(Zeanah et al. ,2004)。在性别上,男孩倾向于表现出偷窃、欺骗、破坏、过度警觉、攻击、焦虑和退缩等行为问题,女孩则倾向于对人和物品表现出攻击性(Cappelletty, Brown, Shumate,2005)。

在 DSM-5 中,反应性依恋障碍的诊断要点是,儿童严重缺乏照料;对成年照料者表现出持续的情感退缩行为模式,以及持续的社交和情绪障碍。ICD-11 的诊断标准核心部分与 DSM-5 大体一致,均要求儿童在 9 个月月龄以上,且在 5 岁之前就已表现出相关特征(肖茜,张道龙,2021)。我国的《精神障碍诊疗规范(2020年版)》与 DSM-5 一致。

2. 去抑制性社会参与障碍

去抑制性社会参与障碍与个体生命早期的被忽视有关,其核心表现为无法区分依恋对象,会很轻易地离开照护者,毫不犹豫地跟随陌生人,与陌生人相伴,具有亲疏不分的社交行为模式。去抑制性社会参与障碍通常在 5 岁之前出现,并且可能持续一生,除非对儿童进行治疗并能够形成新的依恋关系。去抑制性社会参与障碍的患病率尚不明确,但高危人群(如在寄养机构被严重忽视的儿童)中约有 20% 的人表现出相关症状(APA,2013)。

DSM-5 与 ICD-11 对该障碍的核心诊断标准一致,病程要求相同,均要求儿童发育年龄在 9 个月以上才能适用于此诊断;我国的《精神障碍诊疗规范(2020年版)》的诊断标准也与之一致。

第三节 创伤及应激相关障碍的病因与机制

一、应激源

创伤及应激相关障碍涉及的应激源多为突发、相对比较重大,以及负性的事件。当事件强度与主观体验超出个体耐受能力时,则可能成为创伤及应激相关障碍的致病因素。而应激源能否导致持续的应激反应则取决于应激源本身的性质、个体的认知评价、个体的应对能力和人格特点。

在日常生活中,比较常见的可引发创伤及应激相关障碍的应激源主要有三类。一是自然灾害,包括洪水、地震、海啸、火山爆发、森林火灾、飓风等,如 2008 年的汶川大地震。二是人为灾害,包括社会性大事件,如恐怖袭击、战争、空难、核泄漏、矿井塌陷等;也包含个人遭遇,如强奸、抢劫、绑架、车祸、火灾等。三是环境改变,包括社会环境和个体内部环境的改变。社会环境的改变指的是引起个体不适应状态的工作或学习环境的改变,工作或学习负担过重也可能成为应激源;家庭环境的改变也是常见的应激源,包括夫妻关系失睦、父母离婚、家庭的重大变故等。个体内部环境的改变指的是体内物质失调,内稳态失衡,如内分泌紊乱等;此类改变是应激反应的一部分,也可以看作应激源。

二、病因和病理机制

创伤及应激相关障碍的病因很明确，发病的直接原因是突如其来的威胁性和灾难性事件，以及长期持续的负性生活事件。不过，不是所有经历过创伤的个体都会发展出创伤及应激相关障碍，同样的创伤性事件对不同的人群有不同的影响。研究表明，即使遭遇了同样的创伤性经历，应激反应的出现依然存在个体差异。这表明，创伤及应激相关障碍的发生是一个复杂的过程，研究者普遍认为，其发展是创伤性经历与生物、心理、社会等因素相互作用的过程。

1. 生物学因素

（1）遗传因素。研究指出，创伤后应激障碍的遗传性与抑郁症和其他形式的精神疾病相似（Nievergelt et al., 2019）。True 等人（1993）在一项双生子研究中发现：同卵双生子 PTSD 发生率高于异卵双生子，证明遗传的影响可以解释 47% 的变量。甚至这种遗传的影响不仅在生物学的遗传维度上，个性和其他有遗传性的特征也会使个体更可能处于创伤性事件中。

（2）神经生化因素。当机体处于应激状态时，应激源被中枢神经接受、加工和整合，将冲动传递到边缘系统，作用于丘脑、下丘脑、杏仁核、海马等，使中枢兴奋性增高，从而进行心理的、躯体的和内脏的应对（Bremner, Wittbrodt, 2020）。大脑在保持内稳态的过程中扮演着十分关键的角色，大脑通过调节神经递质、信号传导，产生神经可塑性变化，通过电、化学活动对应激源产生应激反应。

① 神经机能与神经内分泌的变化。创伤及应激相关障碍的神经生物学致病机制的研究表明，下丘脑-垂体-肾上腺轴（hypothalamic-pituitary-adrenal axis, HPA）功能紊乱是重要的病因之一（王庆松，王正国，朱佩芳，2001）。下丘脑作用于垂体，释放相应的促激素，又作用于外周靶腺，产生相对应的激素。在应激状态下，肾上腺皮质激素、肾上腺素、去甲肾上腺素、甲状腺素、生长激素及抗利尿激素升高。与此同时，外周内分泌素也可以影响下丘脑的激素分泌，引发 HPA 兴奋，令糖皮质激素分泌升高，这便是与应激相关的最重要的生理反应（武珍珍，龚倩，王晓东，2019）。

研究显示，PTSD 的发病以及随之出现的记忆减退、恐惧增强等症状都与 HPA 调节功能的改变有着密切的关系（Bomyea, Risbrough, Lang, 2012）。应激刺激出现后，神经系统可以通过 HPA 和自主神经系统做出反应，通过糖皮质激素的升高使机体处于"警戒"状态。但糖皮质激素在中枢神经系统存在神经毒性，它的持续升高可能会造成对机体的损害。所以当发生急性应激情况时，HPA 的唤起度提升有利于机体进行适应性反应；而慢性应激刺激，会使机体长期处于应激反应的高唤起状态，若持续升高或无法恢复到原来的水平，机体最终会失去对应激的协调和调节能力，进而导致创伤及应激相关障碍（Nicolaides et al., 2014）。与此同时，持续的高唤起也会影响创伤性记忆的形成，加深创伤性记忆，并最终导致回避、麻木等症状（王慧颖 等，2011）。

② 脑结构和功能改变。应激会造成神经递质(如 5-羟色胺、乙酰胆碱等)传导紊乱(Harden,Frazier,2016),并干扰神经营养因子信号传递(Zhang,Li,Hu,2016),进而造成突触损伤,这是 PTSD 重要的病理学基础之一。同时,应激也会导致突触结构的形态学改变,主要表现为突触连接丰富性降低与局部突触形态异常(王中立,2021)。

实验证明,创伤后应激障碍患者的海马和杏仁核发生了改变,海马萎缩及活动功能下降。应激关闭学说提出海马萎缩会对 HPA 失去控制调节,当再次遭遇应激时,容易出现应激性疾病(Sapolsky,2005)。PTSD 患者的突触结构改变在不同的脑区有不同的形式,在大脑的内侧前额叶及海马,突触连接会减少,而在杏仁核,突触连接则会显著增强(Mcewen,2017)。

应激会导致海马的结构改变,虽然这种改变是可逆的,但如果处于长期且高强度的应激状态下,可能会导致不可逆的变化(Vermetten et al.,2003)。有研究显示,急性应激对海马结构无明显影响,但慢性应激会使海马的结构产生器质性改变,这些改变包括:①神经细胞的变性和丢失;②细胞萎缩、轴突末梢结构改变;③细胞再生减少;④前额叶皮质和皮质神经元的大小、数量均减少。高强度的应激反应会使大脑分泌大量的去甲肾上腺素和糖皮质激素,这些激素使杏仁核活动性增高,前额叶功能下降、海马功能下降,从而发生应激性障碍(于慧,崔维珍,2013)。

2. 心理与社会因素

(1) 个人特质。应激反应取决于个体对应激源的认知评价与应对方式。负性的、不可控制的、不可预测的、具威胁性的、超负荷的应激源更容易引起应激反应。有研究指出性格内向的人在创伤性事件发生后出现应激障碍的概率更大(Jakšić et al.,2012);从研究结果可知,神经质、社交回避、有述情障碍的个体更容易发生应激障碍。神经质与内外向特质一方面可以直接影响个体的 PTSD 症状,另一方面也可以通过羞耻感对其造成间接影响(张明亮,朱晓文,2021)。内向人格并不是发生应激障碍的关键因素,更重要的原因可能是他们在情感识别和情感表达方面存在障碍(张信勇,陈泽绮,2016)。另一项研究也发现个体的焦虑倾向特质与其受教育程度等因素,可能会提高个体患应激障碍的风险(Breslau et al.,2013)。

近年来,研究者愈发关注个体的工作记忆能力对 PTSD 的影响。注意控制作为工作记忆的表现之一,可以对个体的负性认知起到抑制作用(杨慧芳 等,2013;Derryberry,Reed,2002)。对于 PTSD 的早期应激反应(如闪回等),注意控制将起到保护作用(王铭 等,2022)。

(2) 社会环境。家庭与社会对个体的影响也非常重要。家庭不稳定会为个体带来世界是不可控的、有潜在危险的感觉,因此来自不稳定家庭的个体在创伤后发生应激障碍的风险更高。同时,社会因素也扮演了重要角色。许多研究发现,在创伤发生后,个体身边若有强大的支持性的团体,则会大大降低应激障碍的发生概率(Friedman,2009)。良好的社会支持系统会降低应激障碍发生的风险(戴文杰 等,2016)。

(3) 既往经历。童年创伤,如受歧视、受虐待、被遗弃、性创伤、与父母分离的创伤等,都可能使创伤性事件更容易引起应激相关障碍。反应性依恋障碍和去抑制性社会参与障碍便是由于儿童早期被忽视所导致的。多项研究数据显示,没有得到充分照顾的幼童是应激障碍的高危人群,其反应性依恋障碍发生率高达40%(Lake,2005)。

三、心理学相关的理论解释

不同的心理学理论可以从不同角度解释应激障碍的病理性表现,但无论是精神分析、社会认知理论、情绪加工理论、双表征理论还是学习理论都有一些相通的基本假设,即它们都认为个体原有的图式会介入创伤的经验,而当面对创伤性刺激,新的经验难以与原有的图式整合时,应激反应便会发生。

1. 精神分析

1895年,弗洛伊德和布罗伊尔创建了第一个关于创伤后病理心理的宣泄理论(catharsis)。弗洛伊德认为压抑(repression)和解离(dissociation)是保护头脑免受意识难以应付的困扰的核心防御机制(Burgo,2012)。压抑是将创伤性经历或伴随出现的痛苦体验压抑到无意识中,从而避免在意识中不断经历痛苦与冲突。因为创伤性经历不断在脑海中闪现是一件十分痛苦的事,以致痛苦的记忆要么通过分散注意力等方法加以克制,要么无意识地被压抑。而应激障碍的症状正是患者创伤的痛苦情绪在记忆中被压抑的结果,只要这种强烈的压抑情绪得以宣泄,症状就可以消除(王秀芳,张郭鹏,2010)。

新精神分析的多个流派也对应激相关障碍提出了不同的理论假设。例如,客体关系学派认为,童年早期经历中的客体关系模式会通过投射和投射认同等机制,对个体内部以及未来现实的客体关系产生影响;早年养育关系中持续存在的不良模式有可能造成C-PTSD。此外,依恋理论也可以很好地解释儿童期的反应性依恋障碍和去抑制性社会参与障碍(Mitchell,Black,1995)。

2. 学习理论

早期的一些关于应激障碍的理论都是根据经典条件反射和学习理论发展引申的,这一理论认为,应激障碍的产生是一种条件反射。创伤是无条件刺激,创伤性事件带来的反应是无条件反应,个体在经历创伤性事件后,会对与威胁性刺激有关的因素产生经典条件反射。于是会产生害怕性回避,而这种回避又会对个体的行为起到强化作用,导致持续性回避。创伤记忆与相关情绪等线索作为条件刺激,会引起焦虑和恐惧的条件反应,于是个体会回避或逃避这些线索,使其焦虑与恐惧水平下降;这又使回避行为进一步得到了负强化。

学习理论可以解释PTSD中的大部分症状,但并不能全面解释应激障碍的产生(Bisson,2009)。例如,对于个体为什么会出现创伤记忆的反复闯入,学习理论不能给予很好的解释(Barlow,2004b)。

3. 情绪加工理论

应激障碍的情绪加工理论主要关注与创伤相关的恐惧，以及创伤信息是如何加工的等问题。Foa 及其同事（1989）提出应激障碍的症状围绕创伤记忆形成的恐惧网络，其中包括创伤性事件的刺激信息、个体对创伤的反应信息，以及个体将刺激与反应相互联结的信息。PTSD 患者通常形成了比较稳定的恐惧图式，而且这种恐惧图式包含较多信息，很容易被激活，这也就解释了为何 PTSD 患者会出现创伤性记忆的反复闯入（Barlow，2004b）。

一旦这种恐惧图式被激活，会引起个体的回避症状，只有将恐惧网络的信息与现有的图式整合，才能消除应激障碍。然而，由于创伤性事件的不可预测性和不可控制性，使得信息难以和个体的已有图式整合。另外，创伤性事件的严重性将干扰注意和记忆等认知过程，使信息更难整合。

4. 社会认知理论

应激障碍的社会认知理论主要强调创伤对个体预存信念系统的影响，令个体出现不同的创伤后反应。社会认知理论包括对应激反应综合征（stress-response syndromes）的解释和假定撼动理论（shattered assumptions theory）等。

Horowitz(1986)整合信息加工和心理动力学理论，提出了关注创伤信息的认知加工理论。他认为信息加工的主要动力来自机体内的完成倾向（completion tendency），指个体将新的信息整合到预存认知系统的心理需要。Horowitz 认为个体经历重大事件后的反应，如尖叫、哭喊，是因为信息超载，此时个体的创伤记忆无法与预存认知协调。于是心理防御系统开始启动，将与创伤有关的记忆排除在意识外，这便解释了创伤后应激障碍中的回避和麻木的表现（Barlow，2004b）。然而，完成倾向会帮助个体将新的信息整合，所以创伤记忆会以突然闪现、闯入的表现整合到现有图式中。若信息加工失败，即创伤信息没有被完全整合，便导致慢性的创伤障碍（Bisson，2009）。

1992 年，Janoff-Bulman 提出假定撼动理论。这个理论有三个基本假设：世界是仁慈的、世界是有意义的、自我是有价值的。所以当个体受到严重的创伤后，会打破并撼动这些假设，导致创伤后适应障碍（苏逸人，陈淑惠，2013）。但此理论无法解释那些原本就不相信世界是美好的人，为何罹患应激障碍的风险更大（Bisson，2009）。

5. 双表征理论

双表征理论（dual representation theory）是 1996 年由 Brewin 与其同事提出，该理论整合了信息加工理论和社会认知理论，认为创伤性事件的处理涉及两个记忆系统，即有意识的"言语性可触记忆"（verbally accessible memories，VAM）和无意识层面的"情境性可触记忆"（situationally accessible memories，SAM）。VAM 包含意识经验的信息、经历、情绪和心理反应；而 SAM 储存与感觉和情绪紧密绑定的信息（Barlow，2004b），是闪回和噩梦的基础（王铭，江光荣，2016）。这两种记忆会带来不同的情绪反应，SAM 是条件性情绪反应，VAM 带来的是认知加工后的次级情绪。

Brewin等人在2010年对双表征理论进行了修正,提出两个记忆系统,包括语境记忆(contextual memory)和感觉表征记忆(sensory-bound memory),当创伤性事件的信息加工和记忆提取异常时,侵入性的闪回便会发生,应激障碍是无法适应创伤记忆的失败的结果(Brewin,Burgess,2014)。

第四节 创伤及应激相关障碍的治疗与预防

一、治疗方案

药物治疗和心理治疗都可对PTSD起效,但很多患者存在难治性症状,通常需要改变治疗方案或联合多种疗法才能获得令人满意的效果。对于一部分创伤及应激相关障碍,一般药物治疗不作为首选方案,但针对某些特定的症状,如焦虑、抑郁、失眠等,可酌情采用药物对症治疗,以低剂量、短疗程为宜。

1. 药物治疗

药物治疗的目标是减少闯入性思维和意象、恐惧性回避、病理性过度觉醒、过度警觉、易激惹、愤怒以及抑郁症状。药物治疗通常对于过度觉醒和心境症状(易激惹、愤怒、抑郁)最有效。理想的药物治疗的效果是能够消除创伤及应激相关障碍(如PTSD)的四大核心症状,但是目前尚无能够对PTSD的各组症状群都产生令人满意的疗效的药物。

(1)选择性5-羟色胺再摄取抑制剂(SSRI)能有效减轻PTSD症状。SSRI是治疗PTSD的一线药物,如帕罗西汀、舍曲林和氟西汀,它的抗抑郁疗效和安全性好。此类药物能降低PTSD患者的警觉程度、改善患者存在的睡眠障碍、抑郁焦虑症状,也能减轻闯入性症状和回避症状。

(2)抗焦虑药物。一些数据表明,苯二氮䓬药物可能会妨碍暴露疗法等基于消退学习的治疗方案,但由于它可以降低PTSD患者的警觉程度,抑制创伤记忆的再现,精神科医生仍然常用此类药物治疗焦虑和过度觉醒的症状。但此类药物对PTSD核心症状改善不明显,且可能增加药物滥用的风险,通常不作为首选药物。

(3)β-肾上腺素受体阻滞药。PTSD临床诊断的标志之一是恐惧消退能力受损,这是由于应激会激活蓝斑去甲肾上腺素系统,引起去甲肾上腺素大量释放。去甲肾上腺素分泌较高时,杏仁核功能得到增强,进而促进恐惧学习,同时,参与恐惧消退学习的前额叶功能也会因此受损(王红波,邢小莉,王慧颖,2021),使用普萘洛尔可以阻断这一效应(Giustino et al.,2020)。但也有研究者认为,仅针对恐惧调节而进行的PTSD治疗有过于狭隘之忧(宋之杰 等,2016)。

2. 心理治疗

常见的创伤及应激相关障碍心理疗法包括认知行为疗法和心理动力学疗法,这两种疗法有着相似的治疗效果,重要的是应该根据不同类型的应激障碍选择不同的疗法(Levi et al.,2016)。例如,有研究指出心理动力学疗法对于 C-PTSD 更有效(Spermon,Darlington,Gibney,2010)。

(1) 创伤聚焦的认知行为疗法(trauma-focused cognitive behavioral therapy,TF-CBT)。TF-CBT 是整合性的治疗方案,其中包括焦虑管理、暴露治疗等技术,且被认为是治疗创伤后应激障碍最有效的方法之一(Belsher et al.,2019),主要针对儿童和青少年进行工作,需要患者回忆并谈论他们遭受的创伤。主要假设是,认为现在的应激障碍临床表现源于患者对事情的结果的认知、评估,以及对其的体验和情绪。认知疗法可以帮助患者纠正错误的认知,而行为疗法旨在使患者暴露于创伤线索来缓解症状。

对于创伤及应激相关障碍患者来讲,创伤聚焦与技能训练具有重要意义。然而,只有当患者具备应对技能后,才能有效面对创伤复述和暴露(姜帆,安媛媛,伍新春,2014)。在 TF-CBT 治疗中,创伤复述、线索暴露等方式会打破患者的回避应对。从长期看,这可以帮助患者避免形成回避的习惯性反应模式,但对于患者来说,回避可以帮助其降低短期的情绪痛苦(Sumner,2012)。因此,采用此方式进行心理干预,需要注意根据患者所处的阶段来掌握复述与暴露的时机,以免剥夺患者合理使用回避方式保护自己的权利。

(2) 延迟暴露疗法(prolonged exposure therapy,PE)。延迟暴露疗法可帮助患者以治疗的形式面对自己害怕的记忆和场景,通过重新接触创伤经历,可以增强患者应对相关情绪的能力,从而减轻创伤痛苦。延迟暴露疗法的原理分为两部分,首先让患者反复面对创伤记忆或安全的伤口提示从而引起其痛苦;然后在暴露后对患者进行安全干预,直到不再引起其强烈的情绪反应,完成对创伤记忆的再加工。

王燮辞(2010)报告了采用此方式对地震幸存者进行心理干预的过程和结果,在暴露的过程中,治疗师要求来访者反复回忆创伤性事件,如地震造成的亲人死亡、房屋倒塌等,并用语言进行大声描述,直到来访者对于创伤记忆做到习惯化,不再感到困扰为止。通过延迟暴露,来访者的 PTSD 症状得到明显改善。

(3) 认知加工治疗(cognitive processing therapy,CPT)。认知加工治疗也是一种基于暴露技术的治疗方法,它强调应激障碍的产生是对创伤性事件的不合理解释,而不是事件引起的情绪反应。CPT 包括两个重要组成部分:重建扭曲的信念(如内疚、罪恶感等)和重建适应性的认知方式(Cusack et al.,2016)。使用 CPT 消除 PTSD 患者的情绪症状的过程为:①刺激,让患者在安全的环境,系统地接受暴露治疗,对危险性刺激形成习惯性反应;②纠正患者归因于非理性信念的错误,识别、调整新信息与患者固有的思维模式之间的冲突,建立合理的思维方式;③对创伤性事件进行重新评估,赋予事件新的意义,加强个体对未来的期望(王凤姿,2014b)。

需要注意的是,虽然 PE 与 CPT 都使用了暴露的方法,但两者存在差别。在 CPT 的干预过程中,治疗师会让来访者将事件细节写下来,鼓励来访者在能够表达情绪的时间和地点,大声朗读这些细节,治疗师帮助来访者进行情感的命名并识别停滞点(Barlow,2004b)。

(4) 眼动脱敏再加工疗法(eye movement desensitition and reprocessing,EMDR)。EMDR 是一种广泛应用于临床的治疗创伤及应激相关障碍的干预手段,庞焯月等人(2017)的一项针对美国儿童、青少年的 PTSD 治疗研究综述指出,EMDR 是 PTSD 干预研究的热点之一。对于单纯性 PTSD,EMDR 显示出了较好的疗效,且几乎没有侵入性等问题(James,Gilliland,2003),加之具有高度的结构化、可操作性和短程等优点,易被临床工作者和治疗对象接受。

EMDR 包括 8 个基本的治疗环节:询问病史与制订治疗计划、准备、评估、脱敏、植入、身体扫描、结束,以及再评估。近年来,为了提高 EMDR 的治疗效率,一些临床心理学家开发了眼动脱敏再加工整合团体疗法(EMDR-IGTP),降低了患者的治疗成本并提升了效率(宋之杰 等,2016)。此外,EMDR-IGTP 更适合病耻感高、社会孤立性高的个体,也更便于患者学习新的应对技巧(Yalom,Leszcz,2010)。

然而,目前对于 EMDR 的治疗原理的研究较为缺乏,暂无确凿的科学证据表明是什么因素或机制治愈了创伤(James,Gilliland,2003)。这或许是由于 EMDR 本身就是基于创始人 Francine Shapiro 的观察得出,而非基于理论。因此,对于 EMDR 的理论与机制仍然有待佐证。

(5) 心理动力学疗法(psychodynamic therapy)。心理动力学疗法也称精神分析取向疗法,属于非创伤聚焦治疗(non-trauma focused therapy)。主要针对影响或导致创伤及应激相关障碍的不同因素,如针对童年经历(尤其是儿时与父母的依恋关系)、现在的人际关系,以及患者遇到创伤后的防御机制进行工作。与认知行为疗法不同,心理动力学疗法将重点放在潜意识上,而患者正是将创伤后无法处理的消极情绪与感受储藏在潜意识中,所以即便是痛苦的感觉与冲动不在意识范围内,它们仍在影响着患者的行为(Gabbard,2017)。有研究者指出,心理动力学疗法更适用于一般的 PTSD,而不太适用于与强奸等创伤性事件相关的应激障碍(Abbas,Macfie,2013)。这是因为,心理动力学疗法通常会涉及移情关系,并且要求治疗师以相对节制和中立的治疗态度对待移情关系和患者的反应,以便以移情关系作为理解患者和治疗干预的工具;而这种节制的态度有可能加剧强奸受害者的不信任感和人际创伤。

(6) 团体心理治疗。团体治疗更多地应用于军人群体,在同一问题上挣扎的人们作为团体成员可以更好地产生共鸣,更好地理解并应对创伤性事件。有时候,正常人无法理解 PTSD 患者正在经历什么,也无法想象一个人在应对过去有关创伤性事件的想法和感受时有多困难。但在 PTSD 干预团体中,由于大家有着相似的经历,所以可以更好地互相帮助。同时,成员从团体治疗中得到了很好的社会支持,团体为每一位成员创造了健康的恢复环境。团体治疗通常采用团体认知行为疗法和团体心理动力学疗法。研究表明,团体心理动力学疗法治疗患 PTSD 的退伍军人效果显著,在团体中可更好地激发成员积极的思维,如希望、理想等(Levi,2017)。

二、管理与预防

创伤及应激相关障碍的各影响因素之间的关系不是孤立、静止的,而是交互作用、动态发展的。因此,对其的管理与预防也是一个多维度的系统化过程。根据创伤及应激相关障碍的病因和机制,可以在不同层面采取具有针对性的管理方法,打破创伤及应激相关障碍的恶性循环的链条。

1. 对应激源的管理

日常生活中的应激源,即自然灾害、人为灾害和环境改变,相对客观且不可控。因此,管理的目的不是避免这些事件的发生,而是通过个人管理降低应激事件发生后出现心理问题的风险,指导个体尽可能减少其后出现的连锁反应。

目前,对此问题的相关研究有限。例如,一项以消防员为研究对象的研究综述指出,消防员面临的应激源具有危险性大、发生频率高等特点(李新旺、白一鹭,2013),因此消防员出现 PTSD 的可能性比普通人高(Brown,Mulhern,Joseph,2002)。此外,公安、司法、部队等群体遭遇应激事件的可能性也比较高,有必要将应激源管理相关知识纳入职业培训和训练体系中。

2. 对认知评价和应对方式的管理

应激源对个体的影响取决于个体对该事件的认知评价和应对方式。例如,蔺秀云等人(2009)研究发现,"艾滋孤儿"的威胁性认知评价显著影响其 PTSD 症状;个体的认知评价对创伤及应激相关障碍有显著的预测作用。专业人员可对个体的认知特点进行筛查,针对具有偏执、僵化等认知倾向的人群进行心理教育,帮助其树立健康观念。此外,对应对方式的管理也是改变的途径之一。应对方式是个体解决生活事件对自身影响的策略,虽然个体的应对方式的特质不易改变,但可以通过专业的干预方法改变个体的应对风格。

3. 对社会支持的管理

社会支持系统对个体的健康有非常重要的作用。社会支持不仅包括物质支持,也包括心理和情感上的支持,均可起到减轻应激反应的作用;个体若缺少社会支持和社会联系,某些负性事件的发生就可能成为引发创伤性反应的强大的应激刺激。因此可以针对特定应激刺激构建社会支持平台,或针对特定事件组织相应的团体治疗或辅导。Amsters 等人(2016)的一项研究综述指出,社会支持对脊髓损伤患者恢复机体功能及社会功能的过程具有重要意义,李佳岭和冯先琼(2020)的研究进一步证明,对于脊髓损伤患者的创伤后应激障碍的恢复,重视和提高社会支持水平不仅可以帮助患者维持较好的心理状态,对其长期维持较好的生存质量也有显著作用。

4. 对个性特征的管理

个性特征的管理指对个体的人格的改变。多项研究表明,个性特征与应激管理之间存在很强的关联,人格特征在创伤及应激相关障碍的成因中起关键作用(侯彩兰,李凌江,2006)。专业人员可在社区进行常规的心理健康教育,提高个体对个人和家庭心理健康的关注度,鼓励、培养个人积极向上的人生观念,增强个体的心理适应能力和抗压能力。吕淑云等人(2014)的研究表明,对遭受暴力的女性的心理危机干预需要重视应对方式的作用,具体来看,良好的应对方式可以激发正性的人格特质,抑制负性的人格特质,降低出现心理问题的可能性;从长远来看,良好的应对方式可以促进人格成长。

小　　结

创伤及应激相关障碍包括创伤后应激障碍、急性应激障碍、适应障碍等,是一类备受关注的心理障碍,具有复杂的心理和生理基础。其中影响最大的是创伤后应激障碍,其发展与多种因素有关,如创伤性事件及其严重程度、性别、遗传和表观遗传因素,以及心理与社会因素。创伤后应激障碍自1980年引入诊断以来,研究者和大众对此障碍的了解逐渐增加,但其定义和诊断标准在一定程度上仍然存在模糊性,这可能与创伤后应激障碍的复杂性和对其研究仍有不足有关。在治疗方面,心理治疗和药物治疗均可不同程度地缓解PTSD症状。未来的研究可侧重于预测因素和生理指标的探索,以确定有效预防和管理方法,降低患病率,令更多的个体和家庭免受此障碍的困扰。

思　考　题

1. DSM-5对创伤后应激障碍的诊断标准和分类的主要变化是什么?
2. 涉及创伤及应激相关障碍的心理学理论有哪些?
3. 哪些心理治疗方法对创伤后应激障碍是有效的?如何应用这些方法治疗创伤后应激障碍?
4. 如何提高人们应对应激事件的能力?

推 荐 读 物

范德考克.(2016).身体从未忘记:心理创伤疗愈中的大脑、心智和身体.李智,译.北京:机械工业出版社.

赫尔曼.(2015).创伤与复原.施宏达,陈文琪,译.北京:机械工业出版社.

津巴多,索德R,索德R.(2014).让时间治愈一切.赵宗金,译.北京:机械工业出版社.

9 躯体症状及相关障碍与分离障碍

第一节 概 述

一、研究历史

本章我们要讨论的是躯体症状及相关障碍（somatic symptom and related disorders）和分离障碍（dissociative disorders）。在早期的文献中，躯体症状及相关障碍与分离障碍并列归在"癔症性神经症"（hysteria neurosis）中（Durand, Barlow, Hofmann, 2018）。癔症（hysteria），亦译作歇斯底里，这个词可以追溯到希波克拉底以及在他之前的古埃及人，这一疾病在古希腊和古埃及医书中就曾有记载。当时的医生认为，这种疾病多发作于女性之中，是由于女性的子宫在体内到处游走所致。中世纪时则认为，癔症起因于魔法或妖魔作怪、精灵附体。18世纪初有癔症起源于神经系统和大脑异常的说法。19世纪末，法国著名精神病学家沙尔科认为癔症是中枢神经系统的生理障碍造成的，而弗洛伊德则认为癔症是无意识的动机冲突所致（张伯源，陈仲庚，1986）。

1941年，一个英国人给癔症所下的定义为：癔症是这样一种状态，它所呈现的精神和躯体症状并不源于器质因素，产生和维持的动机不完全自觉，这些症状旨在获得某种实际的或幻想的利益（张伯源，陈仲庚，1986）。1978年，ICD-9对癔症的定义与此类似，认为癔症是一种"似乎未被患者觉察的动机造成了意识范围的缩小、运动或感觉机能的障碍，患者因而似乎取得了心理上的利益或象征性价值"（张伯源，陈仲庚，1986）。

二、躯体症状障碍与分离障碍的比较

人们对躯体症状障碍及分离障碍的认识不断深化，长时间以来，医生们意识到，一些躯体症状，以及对健康和躯体症状的担忧实际上可能隐藏了个体内心的情绪困扰。

一般在变态心理学的教科书中，通常把转换障碍和分离障碍放在一起讨论，这似乎暗示了两者之间有很紧密的联系。事实上，他们之间的联系是有历史渊源的。如前所述，在过去的诊断体系中，"癔症性神经症"就包括了这两类障碍，但名称不尽相同；而且因为其病因假设与神经症类似，也曾被归于神经症类疾病。

经典精神分析理论认为，这两类障碍都可以看作是"神经症"，即外在的症状表现是由无意识的内部心理冲突所致，用来防御不被接受的性与攻击的冲动（见 Carson, Butcher, Mineka, 1996）。

从 DSM-Ⅲ 开始，诊断系统中一直有一类以躯体症状为主要表现的心理障碍。在 DSM-Ⅳ 中，这类障碍被称为躯体形式障碍（somatoform disorders）；DSM-5 称其为躯体症状及相关障碍。

事实上，自 1980 年的 DSM-Ⅲ 之后，DSM 系统对精神障碍的分类开始建立在可观察到的行为之上，而不再是假设的病因学基础。神经症这个疾病名称被取消，因为它太模糊，几乎可以囊括所有非精神病性的心理障碍；还因为这个名称暗示了一种对这类障碍的病因学解释。这种解释是建立在心理动力学基础之上的，即症状是患者内心潜意识冲突和被压抑的欲望以症状形式表现出来的，尽管很独特而又明确，但却不能被直接观察和证实。相应地，将原本列于神经症下的各心理障碍分门别类"另立门户"了。与此同时，还取消了与此类别相关的"癔症"这个疾病单元（Carson, Butcher, Mineka, 1996）。

1. 躯体症状及相关障碍

在 DSM-5 中，躯体症状及相关障碍和分离障碍分列两类。DSM-5 中列出了五种主要的躯体症状及相关障碍，包括躯体症状障碍、疾病焦虑障碍、转换障碍（功能性神经症状障碍）、影响其他躯体疾病的心理因素、做作性障碍（factitious disorder）。这五种障碍之所以都在躯体症状及相关障碍之下，是因为它们有以躯体症状为主要议题的共同点，但前四种障碍和做作性障碍又有很大差异。前四种障碍的患者并不是有意地控制症状或者通过控制症状有意识地获得某些好处。而做作性障碍主要的特征是有意识地让自己或他人表现出躯体或者心理症状，欺骗他人以便获得某些对其有意义的收益。在 ICD-11 中，做作性障碍没有和其他躯体症状障碍归在一起，而是自成一类。因篇幅所限，本章不介绍做作性障碍。

与 DSM-Ⅳ 相比，DSM-5 对于躯体症状及相关障碍做出了很多调整。在 DSM-Ⅳ 中，躯体变形障碍（body dysmorphic disorder）和其他躯体症状障碍一起被称为躯体形式障碍；但是在 DSM-5 中，躯体变形障碍被放在了强迫及相关障碍之下，与 ICD-11 一致。DSM-Ⅳ 中的疑病症、躯体化障碍和疼痛障碍，在 DSM-5 中对应的是躯体症状障碍和疾病焦虑障碍。其中，躯体症状障碍涵盖了原本可诊断为疑病症、躯体化障碍和疼痛障碍的绝大部分患者，而疾病焦虑障碍则涵盖了大概 25% 在此前的诊断体系下可被诊断为疑病症的患者。在 ICD-11 中，转换障碍仍被放在分离障碍之下，被称为分离性神经症状障碍（dissociative neurological symptom disorder）。躯体症状障碍对应 ICD-11 中的躯体痛苦障碍（bodily distress disorder），列在躯体痛苦和躯体体验障碍（disorders of bodily distress or bodily experience）之下。疾病焦虑障碍对应 ICD-11 中的疑病症（hypochondriasis），在 ICD-11 中，疑病症（健康焦虑障碍）被放在强迫及相关障碍之下。

表 9-1 DSM-5 躯体症状及相关障碍与 ICD-11 对应诊断的比较

DSM-5 躯体症状及相关障碍	ICD-11 对应诊断
躯体症状障碍	躯体痛苦障碍,在躯体痛苦和躯体体验障碍类目下
疾病焦虑障碍	疑病症(健康焦虑障碍),在强迫及相关障碍类目下
转换障碍(功能性神经症状障碍)	分离性神经症状障碍,在分离性障碍类目下
做作性障碍	做作障碍,独立类目
影响其他躯体疾病的心理因素	影响归类他处的障碍或疾病的心理行为因素,独立类目

DSM-5 对躯体症状及相关障碍进行调整的原因是,DSM-Ⅳ的躯体形式障碍诊断标准容易造成困惑,因为其下列出的几种主要障碍(疑病症、躯体化障碍、转换障碍、疼痛障碍与躯体变形障碍)的诊断边界不清晰,有很多重叠之处。DSM-5 减少了相关障碍及其下类目的数量,试图简化和澄清诊断边界。

DSM-Ⅳ躯体形式障碍谱系强调的是医学无法解释的躯体症状。虽然无病理基础的躯体症状在一定程度上存在,尤其是在转换性症状(躯体症状和医学病理不一致)上,但 DSM-5 强调的是患者可以有明确医学诊断的躯体疾病,同时又满足躯体症状及相关障碍的诊断。DSM-5 指出,"确定一个躯体症状是医学无法解释的,这个过程本身缺少可靠性;诊断完全依赖于缺乏医学解释是有问题的;且这样做强化了身心二元论"。很多有躯体症状及相关障碍的患者的主要问题并不在躯体症状上,而是在对躯体症状的认知、行为和情绪反应上。

DSM-5 中的躯体症状及相关障碍把对躯体症状的认知、行为和情绪反应作为诊断的重要标准,因此允许具备医学诊断的同时伴有相关的心理障碍的可能性。更重要的是,诊断的重点不在于是否缺乏医学诊断,而是希望能够去除患者所持有的"躯体症状都是'精神有问题'的暗示"的认知,以及这类诊断自带的贬义。此外,DSM-5 不仅在具体诊断标准的侧重上有所变化,而且诊断名称也变得更为中性,例如不再采用疑病症的名称,而是将其与其他躯体症状改称为躯体症状障碍;同时增加了影响其他躯体疾病的心理因素的诊断条目。

虽然诊断标准变得更简洁、更中性化,但是躯体症状障碍、疾病焦虑障碍和影响其他躯体疾病的心理因素三者在概念上有重叠。三者各自指向一种或一类躯体症状,共同之处是:患者都对此过分焦虑或担忧以致影响了正常功能,或表现为患者过分焦虑或担心会发生疾病(如疾病焦虑障碍)(巴洛,杜兰德,2017)。

2. 分离障碍

分离障碍在 DSM-5 中特意被列在创伤及应激相关障碍之后,因为分离障碍被认为和创伤密切相关,而且无论是急性应激障碍还是创伤后应激障碍都包含一些分离性症状。DSM-5 中列出了三种主要的分离障碍:分离性身份障碍、分离性遗忘症、人格解体/现实解体障碍。这三种分离障碍在 ICD-11 中有着相同的疾病名称和类似的诊断标准(见表 9-2)。这三种障碍的症状给患者带来了严重的痛苦或者功能损害,但患者具有完整的现实检验能力,且可排除物质或躯体疾病影响。从表 9-2 中可以看到,ICD-11 的分离性障碍下还有四个障碍并没有列入 DSM-5 分离障碍之下。如前所述,ICD-11 分离性障碍下的分离性神经症状障碍,对应着 DSM-5 躯体症状及相关障碍下的转换障碍;ICD-11 分离性障碍下的出神障碍、附体出神障碍和部分分离性身份障碍则作为独立的诊断条目,在 DSM-5 中可将这三者归在其他特定的分离障碍或者未特定的分离障碍之下。出神障碍的主要症状是恍惚(trance),表现为个体意识状态显著改变或丧失正常的个体身份感,在这种状态下患者的动作、姿势、言语的范围不受自我控制地缩减至对一小套内容的重复,个体对当下所处环境的意识变窄或异常狭窄地和选择性地关注特定的环境刺激。而附体出神障碍的特点除了恍惚状态之外,还伴随个体正常的个人身份感被某个外在的"附体者"身份所替代,个体对其行为和动作的体验是"被附体者所控制的"。ICD-11 的诊断标准要求这两种障碍的症状不能作为集体文化或宗教活动的一部分而被接受,即并非是文化和宗教的影响所致。部分分离性身份障碍的特点是两个或更多独立的人格状态(分离性身份),伴随断裂的自我感,但与分离性身份障碍不同的是,部分分离性身份障碍有一种人格状态占据主导地位,行使日常功能。感兴趣的读者可以阅读 2023 年 6 月人民卫生出版社出版的《ICD-11 精神、行为与神经发育障碍临床描述与诊断指南》中的相关章节,本章仅对分离性身份障碍、分离性遗忘症、人格解体/现实解体障碍做进一步介绍。

表 9-2 DSM-5 分离障碍与 ICD-11 分离性障碍的比较

DSM-5 分离障碍	ICD-11 分离性障碍
分离性身份障碍	分离性身份障碍
分离性遗忘症	分离性遗忘症
人格解体/现实解体障碍	人格解体-现实解体障碍
—	分离性神经症状障碍(对应 DSM-5 躯体症状及相关障碍中的转换障碍)
其他特定的分离障碍	其他特定分离性障碍
未特定的分离障碍	未特定的分离性障碍
—	出神障碍
—	附体出神障碍
—	部分分离性身份障碍

我国《精神障碍诊疗规范(2020 年版)》区分了分离障碍和躯体症状及相关障碍这两类诊断类目,在具体分类方面,躯体症状及相关障碍和 DSM-5 相似;分离障碍则与 ICD-11 的基本一致。

第二节 躯体症状及相关障碍

一、躯体症状障碍

躯体症状障碍是最主要的躯体症状及相关障碍之一,在DSM-Ⅳ中涉及疑病症、躯体化障碍、疼痛障碍等。特点是在6个月及以上的时间内,有至少一个使个体感到痛苦或对生活造成困扰的躯体症状,且个体过度地恐惧自己会得某种严重的疾病(基于个体对自己躯体症状或感知的误读),表现为与躯体症状和疾病相关的过度的想法、感受或行为。

1. 发病率和诊断标准

躯体症状障碍可在任何年龄发病,多数在20~30岁的个体身上开始出现。在一般人群中,5%~7%的人可能在一生中会罹患躯体症状障碍。根据DSM-5的标准,躯体症状障碍的发病率没有性别差异;社会经济地位、教育水平、性别和婚姻状态也似乎未对该病症的发病率造成影响。但也有其他资料指出,女性的患病率高于男性,女性可能会报告更多的躯体症状(Rosenberg,Kosslyn,2014)。躯体症状障碍的症状在医学院学生中也很常见(3%),尤其是在医学院学习的前两年更常见,但症状似乎随就读时间的增加而减少。通常躯体症状障碍的发病是阶段性的。每个阶段可持续数月到数年,个体在不同发病阶段之间的间隔期表现正常。很多时候,可以看到阳性症状阶段和突出的应激事件或某个时间点相关联。虽然没有与此有关的大型研究,但有学者称大概三分之一到一半的躯体症状障碍患者最终会有显著改善。大多数有躯体症状障碍的儿童到青春期晚期或成年早期,症状会有显著改善或消失(Sadock,Sadock,Ruiz,2014)。躯体症状障碍的常见共病是焦虑(尤其是惊恐障碍)和抑郁(Sadock,Sadock,Ruiz,2014)。

【案例9-1】

李某,28岁,博士生,家中独子,父母健在但年龄相较于同龄人父母来说比较大。他从小有比较严重的食物过敏问题,没有其他严重疾病。从青春期开始,每当处于生活重大的转折时期(迄今3次),他都会特别注意自己的身体症状,并且恐惧其身体症状代表他已经罹患了严重疾病。这样的阶段通常会持续数月到一年左右,占据他生活的重心,给他带来严重的焦虑和困扰,然后在接受心理咨询和/或药物治疗后逐渐消退。每次他的身体症状和所担心的疾病都会有所不同,例如之前他担心的重点分别是心脏病和脑癌。而最近一次促使他寻求心理帮助的原因是,他在美国的一所大学开始博士阶段的学习,这也是他第一次在新的城市生活。几个月前他吃完东西后,出现很多肠胃症状,包括恶心、腹泻、疼痛,之后他特别注意到自己肠胃症状持续出现。他怀疑自己是否得了肠道的恶性肿瘤。在出现症状的同时,他去医院进行了多项检查,虽然检查结果并不支持他的担心,但他仍然感到焦虑,因为他认为医生的诊断以及检查都有误诊的可能。

他开始更加注意自己的饮食，并且密切关注身体的反应和症状。同时，依据自己过去的经验，他怀疑自己是否对疾病有着过度的焦虑。他在寻求专科医生的评估发现没有任何躯体健康问题之后，到他所在大学的心理咨询中心寻求帮助。

DSM-5 躯体症状障碍的诊断标准

A. 有一个或多个躯体症状，使个体感到痛苦或显著干扰其日常生活。
B. 与躯体症状（或对关联疾病的过度担忧）相关的、过度的想法、感受或行为，表现为下列至少一项：
　（1）与个体症状严重程度不相称的且持续的想法。
　（2）关于健康或症状的持续高水平的焦虑。
　（3）投入过多的时间和精力在对这些症状或健康的担心上。
C. 虽然任何一个躯体症状可能不会持续存在，但有症状的状态是持续存在的（通常超过 6 个月）。
标注如果是：
　主要表现为疼痛（过去诊断标准中的疼痛障碍）：此标注适用于那些躯体症状主要为疼痛的个体。
标注如果是：
　持续性：以严重的症状，显著的损害和病期长为特征的持续病程（超过 6 个月）。
标注目前的严重程度：
　轻度：只有 1 项符合诊断标准 B 的症状。
　中度：2 项或更多符合诊断标准 B 的症状。
　重度：2 项或更多符合诊断标准 B 的症状，加上有多种躯体主诉（或 1 个非常严重的躯体症状）。

根据 DSM-5，诊断为躯体症状障碍要求至少有一个躯体症状，而且这个症状必须给个体带来显著的痛苦或者功能损害。在案例 9-1 中，患者有恶心、腹胀、疼痛等多个带来痛苦的躯体症状。如果这个症状是疼痛，需要标注主要表现是疼痛（即以往诊断标准中的疼痛障碍）。这个躯体症状有可能很具体，如偏头痛，也可能比较泛化，如疲劳。经典的躯体症状障碍通常包含多个症状，如疼痛、呼吸急促、心悸、肠胃不适等。如前所述，DSM-5 的诊断侧重对躯体症状的反应，即与躯体症状（或对关联疾病的过度担忧）相关的过度的想法、感受或行为。例如案例 9-1 中，几种肠胃不适的症状导致患者出现担忧自己罹患肠道恶性肿瘤，即便这种担忧没有任何检查结果或者医生评估的支持，患者仍然因为这种担忧而处于情绪痛苦之中，且持续地做出过度的健康检查行为，影响了其生活质量。此外，因为担心或者坚信这些症状是由器质性病变造成的，患者会经常出现在医院各科室，见医生并要求做各项检查，对患者来说，不仅会加重其经济负担、占用医疗资源，还可能因为（反复）医学检查（仪器和手术等检查方式）或者服用各种药物而带来医源性的问题。至少有些患者在恐惧的同时会意识到自己的恐惧是过度的，有些患者的关注点则完全在躯体症状和医学检查上，要求其寻求心理咨询和心理治疗会令其感到被冒犯。

对于 DSM-5 躯体症状障碍诊断的主要争议在于诊断标准 A，只要有一个让患者感到痛苦的躯体症状，不管具体症状如何，有多少躯体症状，都有可能满足躯体症状障碍的诊断。DSM-Ⅳ中的疑病症、躯体化障碍和疼痛障碍在DSM-5中都属于躯体症状障碍。从另一个角度来看,满足DSM-5躯体症状障碍诊断的患者差异很大(Hooley et al.,2016)。因此有学者认为躯体症状障碍的诊断标准过于松散,会造成误诊,并质疑这个诊断在临床上是否有帮助(Rief,Martin,2014)。如果差异很大的不同个体都能满足这个诊断,那么针对这个诊断所做的治疗方法的研究就可能面临很多问题(Hooley et al.,2016)。

2. 病因

人为什么会发展出躯体症状障碍？研究者和临床工作者从不同的角度试图理解躯体症状障碍的病因,最主要的是生理学、认知行为、心理动力学,以及社会和人际因素。

从生理学角度看,躯体症状障碍的研究进展来自遗传学。在一项大型的双生子研究中,研究者发现遗传效应解释了躯体症状障碍一半的变异性。但这不代表躯体症状障碍源于遗传,有可能是其他容易受遗传影响的易感因素让个体在面对特定环境或经验时倾向于发展出躯体症状障碍(Rosenberg,Kosslyn,2014)。

从认知行为的角度看,躯体症状障碍患者注意力过于集中在身体症状上,并且对症状的意义有灾难性想象。他们会聚焦和放大身体的感知,对于身体不适具有很低的容忍度。这种低容忍可能是因为很多有躯体症状障碍的患者错误地认为,健康状态应该没有任何让人不适的躯体感觉(Rief,Nanke,1999)。一旦出现不适的躯体感觉,并聚焦于此,这种感知就会被放大(Durand,Barlow,Hofmann,2018)。例如,如果我们感到心脏处有压力,当我们聚焦在这个感觉上,可能我们就会体验到疼痛,或者将这种感觉解释为疼痛。躯体症状障碍患者还会对躯体症状进行灾难化的想象和解读。例如,腹泻被解读为肠癌的表现,胸口的压力感被解读为心脏病发作,这种解读会带来很强的焦虑和恐惧,而焦虑和恐惧会带来身体上更多的症状,使这些症状获得更多关注,以及灾难性想象和解读,由此形成恶性循环。

从心理动力学的角度看,躯体症状可能是一种防御机制,让患者把注意力从真正的应激源上转移到身体感知上。这可能是为什么很多躯体症状及相关障碍的发病在亲人离世或者其他重大应激事件发生之后(Sadock,Sadock,Ruiz,2014)。一种心理动力学的解释认为关注躯体症状是对他人攻击性的转移(通过压抑和置换这两种防御机制)。患者的攻击性来自过去的失望、遭受的拒绝和丧失,但是患者现在表达攻击性的方式是试图获得他人的帮助和关注,再通过让他人的帮助毫无功效而拒绝他人(Sadock,Sadock,Ruiz,2014)。

从社会和人际因素的角度看,不论是认知行为理论还是心理动力学理论,都会注意躯体症状及相关障碍所带来的无意识的二级获益。疾病并不仅仅是一种生物功能失调,它同时包含社会性成分。如果一个人有了"患者角色",他就可以待在家里,不用去工作或上学;不用承担正常的责任;这使患者不仅能够无意识地避免痛苦的情感和内心冲突,还可以逃避责任、避免不想要的挑战,并且获得来自家庭成员和医务人员的关注等。一些躯体症状障碍患者从自己的原生家庭中,习得了对疾病症状的反应方式或者作为患者可能带来的收益(Rosenberg,Kosslyn,2014)。从社会文化角度来看,很多时候躯体症状是更能被社会文化所接受的(Kleinman,1986)一种表达痛苦和情感的方式,因此一些人会使用躯体化的方式间接表达情感。

3. 治疗

目前来看,没有直接治疗躯体症状障碍的有效药物。如果有共病的情况,即患者有潜在的对药物有积极反应的其他障碍,如焦虑障碍或者抑郁障碍,药物治疗可能对躯体症状障碍具有缓解作用(Sadock,Sadock,Ruiz,2014),考虑到很多躯体症状障碍患者同时存在抑郁和焦虑障碍的共病,药物的应用也是可取的。选择性5-羟色胺再摄取抑制药(SSRI)和其他常用的抗抑郁、抗焦虑药物都可能对此类患者有效(郝伟,陆林,2018)。也有研究者认为,认知行为治疗和SSRI抗抑郁药联合使用比单独用药或只采用认知行为治疗更有效(徐俊冕,2004)。

认知行为治疗是躯体症状障碍的首选心理疗法(Taylor,Asmundson,2004)。对于躯体症状障碍患者的认知行为概念化和心理教育是认知行为治疗的重要组成部分。认知策略聚焦在发现和改变不合理认知,以及把注意力从身体感知上移开。行为策略支持对不合理认知的改变,减少维持症状的行为,减少逃避。此外,接纳和承诺疗法也被应用在躯体症状障碍的治疗中。从认知行为的角度看,治疗师帮助患者学习用认知行为概念化来解释自己的症状,了解其症状是如何维持的,调整灾难化思维和想象(通过认知重建、注意转移,以及接纳和承诺疗法中的相关技能),减少维持症状的行为(譬如花大量时间查找最糟糕的可能性的相关文献),通过行为策略或者接纳和承诺疗法中的相关技能阻断维持躯体症状障碍的恶性循环,获得新的体验,可最终达到缓解症状的目的。

心理动力学治疗或者心理动力学的原则也被应用在躯体症状障碍的治疗上(Sadock,Sadock,Ruiz,2014),重点是处理防御和防御之下真正的应激反应。例如,一位来访者和母亲有着极其黏合的关系,来访者在国外实习期间,母亲因为癌症入院,不幸去世;她赶回国参加葬礼,同时出现了多种躯体症状,以及对自己患有和母亲同种癌症的强烈担心。如果从心理动力学的角度来看,在这种情况下出现的躯体症状障碍有可能是对哀伤的防御,当所有关注和精力都被放在对疾病的担心上时,也就没有时间和空间去哀悼,去处理重大和复杂的丧失。因此,在这个案例中,从心理动力学的角度看,治疗的关注点之一是处理对哀悼的防御和完成哀悼的过程。

团体治疗似乎也是有帮助的,部分原因是团体治疗本身和团体成员相互的社会支持可能有效地减少了患者的疾病焦虑。在个体治疗中,治疗师提供的安全关系和支持也是帮助患者改变的重要因素之一。此外,针对躯体症状障碍的认知行为治疗,以及接纳和承诺疗法,也可以应用于团体模式中(Eilenberg,2016)。

在治疗中,不管是哪种治疗取向,如果患者的二级获益是维持疾病焦虑的重要部分,治疗师都需要注意处理二级获益,不能强化患者用疾病焦虑作为解决问题的方法(Rosenberg,Kosslyn,2014)。例如,治疗师可能需要考察家庭成员是如何回应患者的症状的,如果其回应方式无意中起到了强化症状的作用,治疗师就需要帮助家庭成员改变回应方式,并帮助患者澄清其真实需要,学习采用更健康的方式表达和满足自己的需要。

二、疾病焦虑障碍

疾病焦虑障碍在DSM-5中是一个新的诊断条目,它涵盖了一小部分不能被归于躯体症状障碍的患者。躯体症状障碍的主要关注点和痛苦点均在躯体症状上,而疾病焦虑障碍的主要特点是严重担心已患有或可能会患上某种严重躯体疾病。在此类患者身上,躯体症状可能并不存在,即便存在也是很轻微的。是否存在躯体症状是区分躯体症状障碍和疾病焦虑障碍的要点。疾病焦虑障碍可能包括了DSM-Ⅳ疑病症诊断下25%的患者,而躯体症状障碍则包括了剩下的75%的患者(Stern et al.,2017)。

由于疾病焦虑障碍的诊断分类是DSM-5中新定义的,其发病率目前主要根据过去疑病症的情况进行推测。一项对一般民众进行的问卷调查(非诊断性的),发现接受调查的民众在两年内体验过健康焦虑的比例为1.3%～10%(APA,2013)。目前的证据显示,男性和女性患病率没有显著差异。对于年长的个体,与健康相关的焦虑经常和记忆丧失有关。此外,疾病焦虑障碍在儿童中很少见。

DSM-5对疾病焦虑障碍的诊断标准

A. 存在患有或获得某种严重疾病的先占观念。
B. 不存在躯体症状,如果存在,其强度是轻微的。如果存在其他躯体疾病或有发展为某种躯体疾病的高度风险(例如,存在明确的家族史),其先占观念显然是过度的或不成比例的。
C. 个体对健康状况有明显焦虑,容易对个人健康状况感到警觉。
D. 个体有过度的与健康相关的行为(例如,反复检查自己的躯体疾病的体征)或表现出适应不良的回避(例如,回避与医生的预约和医院)。
E. 疾病的先占观念已经存在至少6个月,但所害怕的特定疾病在那段时间内可能变化。
F. 与疾病相关的先占观念不能用其他精神障碍来更好地解释,如躯体症状障碍、惊恐障碍、广泛性焦虑障碍、躯体变形障碍、强迫症或妄想障碍(躯体型)。
标注是否是:
    寻求服务型:经常使用医疗服务,包括就医或接受检查和医疗操作。
    回避服务型:很少使用医疗服务。

疾病焦虑障碍很多时候可能发病于重大生活应激事件发生之后,如亲人因疾病而离世,个体严重担心自身健康,即便最后没有问题也可能因此出现障碍。大约三分之一到二分之一的疾病焦虑障碍的出现是短程的、症状不严重,且较少与其他心理障碍共病(APA,2013)。

【案例 9-2】

小吴,25岁,单身独居女性,因为工作刚搬到一个新的城市,而她的家人和亲近的朋友都生活在另一个城市。在过去的半年内,她对自己的健康特别关注和担忧,尤其担心身体出现严重问题并最终孤独地死去。她的关注焦点隔一段时间就会变化。一开始,她因为脚上长疣去看医生。突然她发现疣的颜色偏深,于是她开始恐惧是否是恶性肿瘤。因为预约困难,她和皮肤科医生线上问诊,尽管医生告诉她基本可以排除恶性肿瘤,但她仍然恐惧万一是恶性肿瘤该怎么办。在这种焦虑下,她很难专注地工作,每天花很多时间在网上寻找相关信息,以及观察自己足部的情况和变化。在她和皮肤科医生见面后,终于这方面的焦虑有所缓和。然后她又注意到自己一直使用的一条毛巾没有更换过,她开始担心这是否会带来卫生隐患,她是否已经感染上 HPV,而 HPV 又与宫颈癌相关,她担心是否自己已经得了宫颈癌而不自知。在做了多个检测后,这个焦虑才有所缓解。没过多久,她注意到自己在从跑步机上下来的时候,有轻微的眩晕感,她非常焦虑,担心这是否是中风的迹象。她去看急诊,医生告诉她中风的可能性极小,但是如果一周后她还有眩晕症状,就需要复诊,届时医生会考虑给她做进一步的检查,例如脑部扫描。她被脑部扫描这个词吓住了,她担心自己眩晕的症状在一周内无法消除,她除了担心中风,又开始担心自己是否患了脑瘤,她开始更频繁地检查自己是否有眩晕感。因为对自己健康的担心,在生活和工作上她尽量只做不得不做的事情,所有的时间基本上都花在了收集信息和检查自己的症状上面。

从案例 9-2 我们可以了解到,疾病焦虑障碍的个体对于自己的健康状态非常焦虑,而且这些焦虑非常容易被激活。即便个体反复从不同渠道获得信息、了解患病概率极低、多次获得阴性检验结果、经历了不同医生的检查,这些焦虑还是很难获得完全或持续的缓解。很多罹患疾病焦虑障碍的人会持续看医生和做检查,但也有少数人完全回避医院和做检查,即便是有必要的检查也不去做。个体还会特别关注自己是否有症状,频繁检查自己的身体状态,上网搜索,从家人、朋友、医生那里获得暂时的宽慰。在如此严重的焦虑和相关行为之下,患者的生活会被担心得病所占据,严重影响正常生活和工作,损害其生活质量和人际关系。

因为疾病焦虑障碍在 DSM-5 中是一个全新的诊断条目,对其病因和治疗的绝大多数研究参照的是以往疑病症的相关研究。疾病焦虑障碍的病因解释和躯体症状障碍接近,治疗原则也与躯体症状障碍类似,在此不再赘述。

三、转换障碍

1. 症状表现与诊断标准

转换障碍,又称功能性神经症障碍,在 DSM-5 中被列在躯体症状及相关障碍中;ICD-11 将其称为分离性神经症状障碍,与其他分离障碍一起列入分离障碍大类。

转换障碍可能是最早获得关注的心理障碍之一,在弗洛伊德时期归在癔症之下,也是最让人困惑的心理问题之一。主要特点是,患者呈现出神经性症状或者缺陷,但其症状或缺陷无法获得相关的病理学结果的支持。最为心理学爱好者熟悉的此类症状之一就是"手套样麻痹",即手部缺乏感觉的症状。这个症状在神经学上无法解释,因为手上的神经延伸到手臂,如果神经受损,麻痹感不可能仅限于手部。从中世纪起,"转换"这个术语就已经开始使用,不过,还是弗洛伊德使它在人群中广为人知的。弗洛伊德认为,来自于无意识冲突的焦虑以躯体症状的形式表现出来,这样就可以使个体既消除焦虑而又可以避免直接体验到无意识冲突(米切尔,布莱克,2013)。

转换障碍更常见于女性,可在一生中的绝大多数阶段发病。症状很多时候持续比较短的时间,通常自行缓解。在一次症状发作后的一年时间内,20%～25%的患者可能会再次出现症状。良好预后的相关因素包括急性起病、起病时有明确应激源、及时治疗、患者具有中等及以上智力水平。

在我国,转换障碍在很长时间里被诊断为癔症。癔症的患病率农村明显高于城市,已被流行病学调查所证实,30岁以前首次发病多于30岁以后,女性居多;而且城乡患者的临床表现也有差异(王立娥,郭玉岚,杜宪慧,2005;张淑芳 等,2001)。

DSM-5把转换障碍的症状限制在神经性症状内,换句话说,转换障碍仅包括自主运动和感知功能相关的症状。自主运动方面常见的转换障碍症状包括无力或麻痹、震颤或肌张力障碍、肌阵挛、步态障碍等。常见的感知功能相关症状包括皮肤感知、视觉和听觉的异常或者丧失。其他症状包括言语症状(如言语含糊不清、发声障碍),以及癫痫样发作或抽搐等。还有一种常见症状是喉咙感到有肿块,导致吞咽困难,甚至会影响言语功能(Durand,Barlow,Hofmann,2018)。

【案例9-3】*

46岁的孙女士突然患上无法出声的"怪病",就连咳嗽也只能用口型表达。半年来,她辗转多家医院,都诊断耳鼻喉等器官没有异常。患病的前一年8月,孙女士曾因家庭琐事和邻居发生口角。争吵过后,气愤难平的孙女士闷闷回家,家人上前劝解,可她嘴巴动了半天,就是发不出声来,就连咳嗽也是无声的干咳。突然丧失说话能力,孙女士和家人怀疑是不是脑中风?可孙女士虽然说不出话,但意识很清醒,也能用手势、口型来表达意思,而且能跑能跳,其他行为都不受影响。因情况多日不见好转,其丈夫焦虑万分,带着她跑了几家医院,做了一系列检查,医生都说孙女士的相关器官没有问题。考虑到语言与耳鼻喉等器官都有关系,家人又带她到耳鼻喉科就诊,可检查结果依旧正常,喉咙、声带等都没有异常。最后来到省城的大医院,医生详细检查并认真了解病史后,确认孙女士的各个器官确实没有病变。医生判断"身体器官都是完好无损,唯一的

---

* 薛琳.女子与邻居争吵后无法出声,医生称患癔症性失音.(2015-03-02)[2024-03-21]. http://news.sina.com.cn/s/2015-03-02/033631555892.shtml.

可能是心理出了问题",最终诊断为"癔症性失音"。医生随即为她制定了心理治疗与药物治疗相结合的方案,通过一段时间的心理疏导、说服教育、心理暗示、发声诱导,以及注射药物,孙女士终于能开口说话了。

DSM-5 对转换障碍的诊断标准

> A. 存在一个或多个自主运动或感觉功能改变的症状。
> B. 临床检查结果提供了其症状与公认的神经疾病或躯体疾病之间不一致的证据。
> C. 其症状或缺陷不能用其他躯体疾病或精神障碍来更好地解释。
> D. 其症状或缺陷引起有临床意义的痛苦,或导致社交、职业或其他重要功能方面的损害,或需要医学评估。
>
> 编码备注:ICD-10-CM 编码取决于症状类型(如下)。
> 标注症状类型:
>   (F44.4)伴无力或麻痹。
>   (F44.4)伴不正常运动(例如,震颤、肌张力障碍、肌阵挛、步态障碍)。
>   (F44.4)伴吞咽症状。
>   (F44.4)伴言语症状(例如,发声障碍、言语含糊不清)。
>   (F44.5)伴癫痫或抽搐。
>   (F44.6)伴麻痹或感觉丧失。
>   (F44.6)伴特殊的感觉症状(例如,视觉、嗅觉或听力异常)。
>   (F44.7)伴混合性症状。
> 标注如果是:
>   急性发作:症状持续少于 6 个月。
>   持续性:症状持续超过 6 个月或更长。
> 标注如果是:
>   伴心理应激源(标注应激源)。
>   无心理应激源。

案例 9-3 中的孙女士实际上是患了转换障碍(伴言语症状),且出现症状超过了半年时间,症状出现前存在心理应激性事件。从 DSM-5 的诊断标准可以看到,在给出诊断时可以标注具体的症状类型和症状出现时间及有无心理应激源。

在临床上做出转换障碍的诊断,需要考虑以下几个问题:

(1) 转换障碍、诈病(malingering)与做作性障碍、躯体障碍的区分。转换障碍、诈病、做作性障碍与躯体障碍的鉴别诊断,有时是比较困难的。诈病,即有意假造生病,以得到某些外在的利益,如金钱的补偿或逃避职责义务等(Comer,2002)。做作性障碍指患者有意制造或捏造身体症状,即便没有任何明显的二级获益,其主要动机似乎就是创造出患者角色(Comer,2002)。DSM-5 为了防止对转换障碍的漏诊,诊断标准中不再要求医生必须排除诈病或者做作性障碍(Morrison,2014;Stern et al.,2017)。但在临床实践中,我们仍然需要考虑这两种情况和其他的鉴别诊断(Morrison,2014)。

在诊断转换障碍时,我们还需要考虑以下几个方面。

第一,对症状的漠不关心。过去这曾被认为是转换障碍的极好证明,但是现在发现,对症状无动于衷的态度只出现在部分患者身上(20%左右,见Hooley et al.,2016),有些转换障碍的患者会变得对疾病相当忧虑。此外,无动于衷也不仅仅存在于转换障碍患者身上,对疾病无动于衷的态度有时也可在真正有躯体障碍的患者身上出现(Hooley et al.,2016)。因此,对症状的漠不关心在新的诊断系统中被弱化,不再突出强调了。

第二,以往的诊断标准会包含在症状出现前有相关的心理应激事件发生,这一点在DSM-5被删除了,尽管很多患者在症状出现之前的确发生了明显相关的心理应激事件。这一改变的原因有两点。首先,很多时候很难确定在某个患者的生活中到底哪个心理应激事件是引发转换障碍症状的事件;其次,这个标准背后有着极强的心理动力学起因的假设,诊断标准中的这种假设也提示着所有的转换障碍都有着同样的心理动力学病因。因为这两点,DSM-5中不再强调有对应的心理应激事件(Stern et al.,2017)。

第三,如果症状是选择性的,就有可能是转换障碍。比如,"失明"了的患者眼睛看不到所有的东西,但转换障碍患者通常不会撞到其他人或物体;或者"瘫痪"了的腿能够做某些活动却不能做另一些活动。

第四,如果患者在催眠或麻醉(某些药物引起的类睡眠状态)状态下,机能障碍能够被消除或发生变化,在治疗师的暗示下也能够再现其消失了的功能的话,也可以说明这是转换障碍。

第五,转换障碍患者能够正常行使其功能,但他们确实不知道自己有这种运动能力或已经接受了某种感觉输入。他们并不是有意假装有症状的。而诈病的患者是有意识地装出某些症状,他们的动机是很明显的,要么是为了逃避某些东西,如工作或法律责任,要么是为了得到某些东西,比如经济赔偿。做作性障碍似乎处于诈病与转换障碍之间,这种障碍也是自己能控制、有意装出来的,但动机却不像诈病那样明显,似乎除了能够扮演患者这个角色,从而为自己获得更多的关注及同情以外,装病并不会给做作性障碍患者带来什么好处。

另外有一点要强调的是,只有在进行了全面的医学和神经病学检查之后,才能做出转换障碍的诊断,要尽量避免将真正的身体障碍误诊为转换障碍。但众所周知,目前的医疗检查还远未达到尽善尽美的程度,要想完全鉴别出是心理方面的问题还是生物学方面的问题,是有一定困难的。一项研究发现,25%~50%被诊断为转换障碍的患者随后被发现有真正的器质性疾患;而且很多转换障碍的患者的确有医学或神经病学共病(Sadock,Sadock,Ruiz,2014)。

(2)无意识心理过程对于转换障碍的鉴别。尽管无意识的心理过程似乎并不像弗洛伊德认为的那样,在许多心理病理学中都起作用,但在转换障碍及其他相关障碍中,讨论无意识过程是有必要的。现在,新的资料表明,无意识认知过程变得越来越重要。已有研究发现,人有能力在并未觉察的情况下接受和加工来自几个感觉通道的信息。

研究者曾在实验室中通过催眠两个被试,评估过"真正"的无意识过程与假装的潜在差异(见 Barlow,Durand,1995)。研究者暗示两个被试,他们是完全失明的,然后指示其中一个被试,要在每个人面前都表现得像个盲人一样,这非常重要;但对另一个被试仅仅给了失明的暗示,并没有做进一步的指示。第一个被试在实验中竭尽全力表现失明,在一个视觉辨别任务中,完成得远比机遇水平差,几乎每一次试验她都选择错误的答案;而另一个被试,却竭尽全力在视觉辨别任务中表现得很好,尽管她报告说看不见任何东西。

怎样识别做作性障碍或诈病呢?回顾这些发现,可以说,一个真正失明的人会在类似的视觉识别任务中,表现出机遇水平的成绩;相反,转换障碍患者会在这些任务中完成得很好,但他们却不知道自己是能够觉察到物体的;而诈病,或许还有做作性障碍的患者可能会尽一切努力去假装他们是看不见东西的。

转换障碍有时会有集体发作的现象,我国研究者屡有报道。这种现象常常发生在儿童、青少年或受教育水平低、易受暗示的人群之中,农村比城市更容易发生集体发作的现象。专栏 9-1 就是一个例子。

专栏 9-1

转换障碍的集体发作

转换障碍也会出现集体发作的情况,既往称之为流行性癔症或癔症集体发作。下面是一次中专生癔症集体发作的例子。

2002 年阴历 10 月初一晚,某中专学校二年级几名女生上街,见路边有人给已故的人烧纸钱。回宿舍后讲给同宿舍的其他学生同学听,有的学生称阴历 10 月初一晚是鬼节,所有的鬼聚在一起过节;有的学生讲鬼故事,让同学们都感到恐惧;有一学生称对面楼上曾死了一名女生,同学们更加恐慌不安。第 2 日晨起,有一学生称头痛、恶心、疲乏无力、站立不稳、四肢阵发性抖动,恐惧害怕,称自己看见鬼了,被鬼缠住了;随之出现意识障碍,呼之不应。几分钟后,另外 2 名学生也出现类似情况,随后又有 4 名学生相继发病,均称有鬼。体格及化验检查未见异常,考虑为癔症集体发作。对首发者留院观察;其余 6 例分别隔离,并给予暗示性药物治疗、心理治疗和卫生宣教,几小时内相继缓解;先发者在次日病情缓解。7 例患者均正常参加学习,经随访未见异常。

上述 7 例均为某校中专二年级同宿舍的女生,年龄为 17~19 岁。发作有以下特点:①与心理因素相关,看见烧纸,讲鬼故事,精神处于紧张和恐惧之中;②与所处环境有关,称对面楼上曾有一女子死亡,加深了联想;③发病者多为独生子女,农村女生较多;首发者来自农村,与从小所受的迷信观念影响有关;④同一宿舍的 7 名女生先后发病,其症状基本相同;⑤给予患者药物暗示、心理治疗和卫生宣传,病情很快缓解。

(引自张建芳 等,2005)

2. 病因和治疗

从生理学的角度来说，首先有初步的脑成像研究显示，转换障碍症状与有意识装出的症状存在差异。例如，研究者对比了症状为脚踝肌肉无力的转换障碍患者，以及装作脚踝处虚弱无力的健康被试的脑成像，发现部分脑区在患者组过度活跃（如脑岛或岛叶，涉及人体的感觉器官，包括味觉、情感、语言，以及心血管功能的控制）；部分脑区在患者组被压抑（如部分额叶）(Stone et al., 2007)。对于转换障碍的生理病理学原因，至少存在两种假设，一种假设认为记录感知信号的大脑区域的功能出现了异常，另一种假设认为处理感知信号（执行功能部分）的大脑区域的功能出现了异常(Rosenberg, Kosslyn, 2014)。

从心理学的角度看，心理动力学理论认为，转换障碍的症状是对于过于强烈的情感和内心冲突的一种无意识的解决方式。正因如此，很多患者对其症状（如突然的眼盲）抱有无动于衷的态度 (Durand, Barlow, Hofmann, 2018)。

从社会和人际因素的角度看，和之前提到的躯体症状障碍类似，治疗师对于转换障碍的患者，也会注意其症状给患者带来的人际和社会方面的好处，即二级获益，可能的二级获益是维持症状存在的重要因素 (Rosenberg, Kosslyn, 2014)。非常突出的应激事件，例如战争，可能引发转换障碍 (Sadock, Sadock, Ruiz, 2014)。例如在第一次世界大战中，转换障碍是士兵中最常见的精神病性症状。在高度紧张的战斗局势下，有士兵出现了转换障碍，例如腿瘫痪了。这样既可以使士兵免于上前线，同时也无需承担胆小鬼的骂名或者被送到军事法庭而被惩处。需要说明的是，所谓"突出的应激事件"，未必一定指外在的、一般人眼中很严重的应激事件，也有可能是因为某事件激起了特定个体严重的内心冲突，导致其罹患转换障碍。

转换障碍的症状常常会自行缓解 (Sadock, Sadock, Ruiz, 2014)，治疗对于症状的缓解可能有帮助。因为不同的转换障碍患者的症状表征不同，所以转换障碍的评估和治疗很多时候需要各领域专家的协作，如神经科医生、精神科医生和心理学家等。

目前没有针对转换障碍本身的药物。很多时候，使用药物是为了治疗转换障碍的共病，而不是直接治疗转换障碍 (Sadock, Sadock, Ruiz, 2014)。

提供治疗方案时，对患者的共情很重要，如果告知患者其症状是想象出来的，通常无效或者会起到相反的效果 (Sadock, Sadock, Ruiz, 2014)。

从心理治疗的角度看，心理动力学和认知行为治疗都被应用于转换障碍的治疗中 (O'Neal, Baslet, 2018; Sadock, Sadock, Ruiz, 2014)。心理动力学治疗的重点是了解心理应激源和症状的象征性意义，帮助患者探索内心冲突。在对转换障碍的治疗上，认知行为治疗应用和躯体症状障碍类似的原则，重点放在评估和对患者症状维持的认知行为机制的概念化工作上，增强对个体内在情绪的觉察、认知调整和重建、学习调节对躯体症状的关注和控制、减少维持症状的行为等。和对躯体症状障碍的治疗类似，治疗师需要评估症状的二级获益，如果这一强化机制存在，治疗需注意改变二级获益，从而减少对患者症状的强化。

安慰剂、催眠、心理暗示等也可能对转换障碍的症状起到一定治疗作用。很多研究者报道了暗示疗法在治疗癔症中的作用,但是暗示疗法只针对症状进行工作,需要做进一步的心理治疗,以巩固疗效(黄继真,赖淑珍,魏永超,2001;于宗富 等,2002)。如果能够进一步帮助患者学习如何面对其内心冲突,学习如何解决其生活中的困扰,可能对症状的改善有益。

第三节 分离障碍

在心理动力学里,分离(dissociation),又译解离,是一种无意识的防御机制,涉及把任何心理或者行为过程与个体的其他心理活动分隔。DSM-5分离障碍的主要特点是在通常有整合感的一个或几个主观领域出现的干扰和/或不连贯感,这些领域包括意识、记忆、身份认同、情感、直觉、身体表征(body representation)、行为和行为控制。症状的出现可能是突然的,也可能是渐进的;可能是短暂的,也可能是长期的。分离性症状可以分为两类,一类是阳性(positive)分离性症状,如身份认同的割裂、人格解体、现实解体,体现在不受个体主观控制的意识和行为的侵扰;另一类是阴性(negative)分离性症状,如失忆,指无法读取部分信息(如记忆缺失)或者个体无法控制通常可控的心理功能。

一般认为,分离障碍和创伤有着密切的关系。在 DSM-5 中,分离障碍特意被列在创伤和应激相关障碍之后。不论是急性应激障碍还是创伤后应激障碍,都存有某些分离性症状,如失忆、闪回、麻木、人格解体/现实解体。

在本节中,我们将简要介绍以下几种分离障碍,包括人格解体/现实解体障碍(depersonalization/derealization disorder)、分离性遗忘(dissociative amnesia)和分离性身份障碍(dissociative identity disorder)的临床特征和诊断,以及分离障碍的病因和治疗。

一、人格解体/现实解体障碍

人格解体(depersonalization)指的是个体对自己的思维、情感、感觉、躯体或行为的不真实的、分离的或作为旁观者的体验。现实解体(derealization)是指个体对周围环境感到不真实或者是分离的。从诊断标准看,DSM-5 对于人格解体/现实解体障碍诊断标准的描述与 ICD-11 的诊断名称和标准基本上是一致的。

短暂的人格解体和现实解体的体验比较常见,但是长期的伴随严重损害的人格解体/现实解体障碍并不常见。有数据表明,0.8%~2.8%的个体的症状达到或满足了人格解体和现实解体的诊断标准(Durand,Barlow,Hofmann,2018)。人格解体和现实解体的最初发病年龄通常在青春期晚期和成年早期(Kaplan,Kaplan,2014),且没有显著的性别差异（Simeon et al., 2003b）。人格解体和现实解体障碍常与焦虑和情绪障碍，以及回避型、边缘型和强迫型人格障碍共病（Butcher, Mineka, Hooley, 2004）。

【案例 9-4】

一位女性大学助教，在社交场合常常会有紧张和焦虑的情绪。在一些社交场合她时常会有从那个场景中脱离出来的体验。她是这样形容最近一次的体验的："我正在讲课。突然之间，我觉得这不是我自己在讲话，我觉得好像自己在看着另一个人讲话。我听着我嘴里说出的话，同时觉得这些话不是来自我的。这不是我。我觉得我在看一个不是我的人在讲话。"

（引自 Sadock, Sadock, Ruiz, 2014）

从案例 9-4 中可以看到，这名女性在体验到上述情境时，对自己的体验有自知力（意识到是她自己有这种感受，而不是把这种感受作为客观事实），有完整的现实检验能力，但同时她对自己和自己的行为和思想感到分离和陌生，即存在人格解体症状。

人格解体障碍患者对于自己的这种奇特感觉，经常与现实解体感一起出现。现实解体患者有的感觉自己和真实的情境之间就像隔着一层纱幕，有的觉得自己像生活在梦境里一样，周围的环境是不真实的。例如，患者可能认为来医院探望他的亲朋好友"看上去都是假的，但与真的一样"，感受到"一切都不真实，有虚幻感"（郝伟，陆林，2018）。由于患者的现实检验能力是完整的，因此他们会对自己的人格解体和现实解体的症状感觉非常痛苦。

短暂的人格解体和现实解体作为一种分离性感受，在日常生活和临床情境中很常见。例如，我们很多人在过度疲劳但又强撑着做事情的时候，可能都有过恍惚的瞬间，觉得周围世界和时空似乎是不真实的，离我们很远。药物和物质使用（例如大麻），以及一些生理疾病（例如癫痫、偏头痛、头部受伤）都可能会伴随人格解体和现实解体的体验。人格解体和现实解体症状在惊恐发作中经常出现，大约 50% 有惊恐发作经验的人报告说他们同时体验到非真实感（Durand, Barlow, Hofmann, 2018）。在其他精神障碍中，包括分离性身份障碍，也经常伴发人格解体和现实解体的症状。

如果人格解体和现实解体症状作为主要症状经常出现，给患者带来严重痛苦和日常损害，且不能归因于物质使用或其他精神疾病时，可能会考虑人格解体/现实解体障碍的诊断。此外，有证据显示，以人格解体症状为主要体验的个体与以现实解体为主要体验的个体或者两者均有的个体之间没有显著差异（Spiegal et al., 2013），这也是为什么在诊断体系中把两者作为一个障碍来处理的原因。

DSM-5 对人格解体/现实解体障碍的诊断标准

A. 存在持续的或反复的人格解体或现实解体的体验或两者皆有：
（1）人格解体：对个体的思维、情感、感觉、躯体或行动的不真实的、分离的或作为旁观者的体验（例如，感知的改变、时间感的扭曲、自我的不真实或缺失、情感和/或躯体的麻木）。

> (2) 现实解体:对环境的不真实的或分离的体验(例如感觉个体或物体是不真实的、梦幻的、模糊的、无生命的或视觉上扭曲的)。
> B. 在人格解体或现实解体的体验中,其现实检验能力仍是完整的。
> C. 这些症状引起有临床意义的痛苦,或导致社交、职业或其他重要功能的损害。
> D. 症状不能归因于某种物质(例如,滥用的物质、药物)造成的生理效应或者某种躯体疾病(例如,癫痫)。
> E. 症状不能用其他精神障碍来更好地解释,例如精神分裂症、惊恐障碍、重性抑郁障碍、急性应激障碍、创伤后应激障碍或其他分离障碍。

二、分离性遗忘症

分离性遗忘症(amnesia)的特点是患者无法回忆起其重要的个人自传性信息。所谓自传性信息,指的是与"我是谁"相关的重要信息,如自己在哪里出生、成长、工作和学习,自己身边重要的人际关系、自己的成长经历、经历过的事件等。在分离性遗忘症中,记忆的漏洞很大,无法用普通的健忘来解释,并且分离性遗忘症是在没有任何明显的器质性原因的情况下出现的。分离性遗忘症通常出现在刚经历过极端性创伤的个体身上,此外,在极其严重的、无法忍受的内心冲突和高强度情感冲击之下,个体也有可能发展出分离性遗忘症的症状(Kaplan,Kaplan,2014)。

分离性遗忘症是一种比较少见的障碍。在美国一个社区研究中,成人12个月的发病率是1.8%。在分离性遗忘症的发病率上,没有证据显示存在性别差异(Kaplan,Kaplan,2014)。

由创伤和严重内心冲突而发展的遗忘,与由器质性原因而导致的遗忘,在诊断体系中有不同的障碍编码和分类。器质性的遗忘是由头部遭受外部创伤或由物质滥用或疾病带来的大脑器质性损伤所引起的。在DSM-5中,器质性遗忘被列入神经认知障碍中。而严重创伤与内心冲突背景下的非器质性遗忘,更可能被诊断为分离性遗忘症(Kaplan,Kaplan,2014)。

那么,怎样鉴别器质性遗忘与分离性遗忘症呢?除了医学检查确认有无大脑器质性损伤之外,还可以从以下几个方面去考虑:第一,分离性遗忘症更多的是逆行性(retrograde)的,即患者将创伤性事件发生之前的某段时间内的事情忘掉了,特别是关于自己的个人信息方面;而器质性遗忘,特别是脑部受伤引起的遗忘,更多是顺行性(anterograde)的,即创伤性事件发生之后的一段时间内的记忆出现了缺失,也就是无法记住创伤性事件发生后的新的信息和经历。第二,分离性遗忘症经常是选择性的,记忆出现空白的阶段倾向于是大多数人都想忘掉的部分。第三,分离性遗忘症患者通常不太关心自己的症状,即不受自己遗忘症状的困扰,这种漠不关心暗示了一种个体从冲突中解脱出来的境况。最后一点是,分离性遗忘症所忘掉的事情仅仅是从意识中被屏蔽掉了,而不是像器质性遗忘那样信息真正丢失了,所以分离性遗忘症患者经常可在催眠状态下回忆起被忘掉的那些信息。

分离性遗忘症有五种类型（Morrison,2014）。第一种最常见也是最重要的是局限性遗忘(localized amnesia)，这是指患者将发生在特定时间段里的所有事情都忘记了。例如，一个男人从一场火灾中死里逃生，而其他家人都因火灾丧生，这个男人将火灾发生直至其后三天的事情都忘掉了。第二种是选择性遗忘(selective amnesia)，就好像个人将记忆抹去了一些斑点，即患者只将发生在特定时间里的某些特定的事情忘记了。借用上面的例子，如果这个男人还能记得消防车来了，以及自己被救护车送到医院的情节，但却不记得他的孩子们被抬出屋子或者第二天辨认尸体的事情，这就是选择性遗忘。第三种是广泛性遗忘(generalized amnesia)，是指患者忘记了个人过去所有的生活经历。尽管这种遗忘经常出现在小说或影视作品中，但实际上是很少见的。第四种是延续性遗忘(continuous amnesia)，指个体把发生在某个特定的时间直到现在所有的事情都忘记了，只保留了在这个特定的时间之前的一些记忆。例如，如果一个人从周一开始发生遗忘，那么他不会记得自己周二都做了些什么，但这周一以前的事情他都还记得，这就是延续性遗忘。第五种叫系统性遗忘(systematized amnesia)，是指个体只忘记了特定类型的信息，比如说关于自己家庭的全部信息，而其他记忆保持完好。最常见的分离性遗忘症是局限性遗忘和选择性遗忘。后三种类型很少见，如果有的话，最终可能会指向分离性身份障碍的诊断(Morrison,2014)。

分离性遗忘症通常在严重应激事件之后突然出现。在小说和影视作品中，我们会看到有人突发分离性遗忘症，而且遗忘是唯一的症状，同时恢复记忆的情境也充满了戏剧性，例如有遗忘症状的人突然什么都想起来了，之后得以继续自己以前的生活。但这不是临床上常见的模式。许多分离性遗忘症患者并没有意识到自己的遗忘(Kaplan, Kaplan,2014)，即出现了所谓"对遗忘的遗忘"，除非是涉及身份认同的遗忘（如不知道自己是谁，自己在哪里，认不出家人或朋友，而且无法告诉别人自己的姓名、住址或其他关于自己的任何信息），或者一些外在情境让个体意识到遗忘（例如，当其他人告诉个体或者询问个体一些他们无法回忆起的个人事件时）。一些急性分离性遗忘症患者在从极度创伤的环境回到安全环境之后，可能会自发地出现症状缓解和消失的情况；但在另一些情境中，分离性遗忘症症状会一直持续下去，或者一时恢复后又复发（Kaplan, Kaplan,2014）。

在分离性遗忘症中，患者经常表现出心理的混乱与定向障碍，特别是在广泛性遗忘及延续性遗忘中。患者在心理上清除掉全部或很多个人过去生活经历的信息，即患者丧失了情节记忆，也就是说关于个人经历的记忆消失了。但他们的语义记忆（一般性知识）、程序性记忆（关于技能的知识）却保存完好，即能保持读、写、听、说和推理能力，还留有以前获得的关于世界的知识及如何运用这些知识的能力。同时，患者的外显记忆虽然缺失，却有证据证明其内隐记忆是存在的，也就是说患者无法提取的意识中的一些记忆依然在起作用，并能够影响其行为。

DSM-5 对分离性遗忘症的诊断标准

> A. 不能回忆起重要的个人信息,通常具有创伤或应激性质,与普通的健忘不一致。
> 注:分离性遗忘症包括对特定事件的局部的或选择性的遗忘;或对个体身份和生活史的普遍性遗忘。
> B. 这些症状造成有临床意义的痛苦;或导致社交、职业或其他重要功能方面的损害。
> C. 这些症状不能归因于某种物质(例如,酒精或其他滥用的毒品、药物)的生理效应、神经生理性的或其他躯体疾病(例如,癫痫复杂部分性发作、短暂全面性遗忘症、闭合性脑损伤/创伤性脑损伤后遗症、其他神经疾病)。
> D. 该障碍不能用分离性身份障碍、创伤后应激障碍、急性应激障碍、躯体症状障碍、重度或轻度的神经认知障碍来更好地解释。
> 标注如果是:
> 300.13(F44.1)伴分离性漫游:与对个体身份的遗忘或者对重要个人自传性信息遗忘相关,表现为看似有目的的旅游或者恍惚性地漫游。

诊断标准中的标注中提到了分离性漫游。漫游(fugue),原引自法语,意思是"flight",从字面上理解是逃走。分离性遗忘症伴分离性漫游的患者不仅有失去记忆的症状,还会突然地、令人意想不到地离开家去漫游。有些时候患者是在精神恍惚状态下发生分离性漫游,患者不知道自己在哪里、从哪里来、到哪里去,无法回忆部分甚至全部的自己过去的信息。分离性漫游也有可能是有目的性的,很多时候患者脑中的单一念头就是要离开某个地点(家或者是某个特定的日常活动地点),表现在行为上是有目的地离开这个地点。漫游的时间及复杂程度差异很大,有些人可能只是去附近的另一个地方住一夜旅馆,然后第二天就一切恢复正常了。当其恢复时,患者并不知道自己为何要来这里,以及自己是怎么来的。这种较轻的症状在分离性漫游中是比较普遍的。在一些极端的案例中,患者甚至会出国旅行,而且会采用一个新的身份,捏造一段详细的既往历史,甚至会以新的人格特点开始一段完全崭新的生活,时间可长达几个月甚至几年。在这段时间里,他们在别人眼里看起来是完全正常的,而且在他们自己的感觉上也是正常的。最后,终于有一天,一般这也是很突然的,患者"清醒过来了"。通常在某些案例中表现为,当患者再次在心理上感觉到很安全时,他们会突然"清醒"。"清醒"之后的患者会经历第二次遗忘(第一次遗忘是漫游期间,他们完全不记得漫游之前的事情),即完全不记得他们在漫游期间做了些什么。他们所能记得的最后一件事可能是在某一个早晨离开了家。很显然,在漫游期间他们是不会寻求专家的帮助的,因为他们自己感觉很正常。他们只可能会在漫游结束后寻求帮助,部分原因是他们想知道自己在漫游期间到底做了些什么。分离性漫游的诊断需要在分离性遗忘症背景下做出,而与物质滥用或者器质性原因(例如癫痫)造成的漫游相区别。

分离性漫游在 DSM-Ⅳ 的诊断标准中,曾是一个独立的诊断单元;但是在 DSM-5 中,它变成了分离性遗忘症下附加的标注症状,同时它也可能在分离性身份障碍患者身上出现(Spiegal et al.,2013)。在分离性遗忘症患者中,分离性漫游出现的概率不大,而这种情况在分离性身份障碍患者中出现的概率明显更高一些(Kaplan,Kaplan,2014)。

三、分离性身份障碍

分离性身份障碍(dissociative identity disorder,DID)在较早的诊断体系中曾被称为多重人格障碍(multiple personality disorder),它的特点是在同一个患者身上存在两种甚至更多的人格状态。不同的人格状态相互分离,有着不同的自我意识(sense of self),并有着与之相关的第一人称视角(Steele,Boon,Hart,2016)。例如不同的人格状态可能有着自己的名字、可能在年龄和基本风格上有很大差异。例如有的人格状态可能是内向退缩且充满恐惧的小孩子,有的人格状态可能是愤怒有攻击性的成人。不同人格状态还可能性别不同。

分离性身份障碍在一般人群中的患病率大约为2%(郝伟,陆林,2018),也有研究认为在1%~3%(International Society for the Study of Trauma and Dissociation,2011)。在诊断为分离性身份障碍的临床病例中发现,女性和男性患者的比例在5∶1到9∶1之间(Kaplan,Sadock,2014)。此外,北美洲和欧洲的临床研究显示,分离性身份障碍在一般的精神科医院、青少年精神科医院,以及专门治疗物质滥用、进食障碍和强迫症的机构中出现的概率是1%~5%(International Society for the Study of Trauma and Dissociation,2011)。

大部分分离性身份障碍患者同时患有其他心理障碍,如药物滥用、抑郁症、躯体症状及相关障碍、边缘型人格障碍、惊恐障碍、进食障碍等(Barlow,Durand,1995)。

【案例9-5】

A女士是一位33岁的已婚女性。她在一所为问题儿童开设的学校做图书管理员。她曾看过不同的精神科医生,尝试了不同的抗焦虑药物、抗抑郁药物和支持性心理咨询,均收效甚微。A女士在另一个城市因为行为不当而被捕,随后被精神专科医院收治入院。被捕时她在一个酒店里,衣着暴露,和一位男士发生争吵。她声称不知道自己是怎么到了这个酒店的,但是该男士指称她用了另一个名字来到这里,目的是和他发生性关系。

在精神科评估中,患者描述了对生命早期12年的严重失忆,感觉她的生命"从12岁时才开始"。她报告从记事起,她就有一个想象的伙伴,是一位年长的黑人女性,这位伙伴会陪伴她,给她提出忠告。她报告自己的脑内常常有几个不同的人说话的声音,包括几位女性和儿童还有她父亲的声音,总是对她说些贬低性的话。她也报告说在12岁之后到现在,她的生活中的不同方面,包括工作、婚姻、孩子、性生活,也常伴随着记忆片段的缺失。她还说自己的技能会出现很奇怪的改变。例如,别人说她钢琴弹得很好,但她对此却毫无印象。她的丈夫称她经常"遗忘"某些谈话或者家庭活动,还称她有时说话像个孩子,有时会带上南方口音,还有些时候,她会变得愤怒和充满攻击性。就在医生对她生命早年做更细致地提问时,患者突然貌似进入了恍惚状态(trance),用孩子式的声音说,"我只是不想被关到橱柜里"。随着对此内容的进一步询问,她进入了不同身份状态的快速转换,表现出了不同的年龄、不同面部表情、不同声音以及对自身历史的不同描述。她有一个身份状态用非常愤怒的方式说话,似乎很容易被激怒,而且过于关注性的主题。她谈到是这个她和酒店里的男士约定了两人的会面。逐渐地,这些不同的身份状态描述了患者生命早期的12年是如何充满了混乱、暴力、被忽视的情形,直到患者的母亲从酗酒中恢复,带着孩子逃离了她的丈夫——一个酗酒和有反社会行为的男人。

(改编自 Kaplan,Kaplan,2014)

案例9-5中的A女士表现出了多个人格状态。一个分离性身份障碍患者身上所具有的人格状态(过去曾经将其称为子人格)数目可从2个到100多个。这些人格状态有可能在一定程度上知道彼此的存在,但同一时间与外界环境相处的通常只有一个人格状态(Morrison,2014)。

从一个人格状态转变到另一个状态,称为转换(switch)。转换通常很突然(几秒钟之内),也很有戏剧性,但慢慢逐步的转换也是可能的。对于不同的个案来说,这些人格状态彼此之间的关系或者说互动是不同的。通常有三种不同的关系形态(Comer,2003),分别是相互失忆(mutually amnesic)、相互知道(mutually cognizant)和单向失忆。相互失忆指各人格状态彼此不知道对方的存在;相互知道的关系指某个或某些人格状态对其他某个或几个人格状态很熟悉;单向失忆是最常见的模式,即有些人格状态并不知道其他人格状态,而另一些人格状态则对于彼此的存在是知道的,他们会观察其他人格状态的情况,但互不干涉。

不同的人格状态不仅在性别和年龄、行事风格和兴趣爱好上有所不同,而且可能有生理反应上的差异。例如,自主神经系统、血压的水平、过敏的情况(见Comer,2003)、皮肤电反应和脑电图(见巴洛,杜兰德,2017)等都有所不同。

很多时候,影视作品、媒体、大众,甚至临床工作者,可能对所谓不同的人格状态和它们的戏剧性的呈现和转换更感兴趣。但是我们需要着重强调的一点是,临床和学术界的共识是分离性身份障碍并不是不同的人或者人格寄居在同一个人体内,而是在早期严重的创伤下,个体发展出了分裂的自我意识(fragmented sense of self)(Steele,Boon,Hart,2016)。现在,DSM-5用分离性身份障碍代替了多重人格障碍的诊断名称,更多的是因为人们已经逐渐认识到,这些不同的人格状态并不是有差异的、充分组织好的、一致的人格,因此多重人格的诊断名称既不准确又很容易产生误导。罗斯(Colin Ross),一位对分离性身份障碍做出重大贡献的学者提出,此障碍患者表现出的"子人格不是人,它们甚至不能称之为人格……子人格是个体内部冲突、驱力、记忆、情感的高度程式化的外在表现……他们是一个人的不同碎片。而人只有一个"(见Butcher,Mineka,Hooley,2004)。当然,这并不代表着忽略或者不重视,甚至否认患者有不同的人格状态存在。

DMS-5 对分离性身份障碍的诊断标准

A. 身份认同上的困扰,其特征是存在两个或更多的彼此不同的人格状态。在某些文化中,这可能被描述为一种被(超自然的力量)占有的经验。身份认同上的困扰表现在自我感和自我能动性上存在不连贯性,伴随着相应的情绪、行为、意识、记忆、知觉、认知、和/或感觉运动功能上的变化。这些特点和症状可能是被他人观察到的,也可能来自个体的报告。
B. 在回忆日常生活事件、重要个人信息,以及/或者创伤性事件的时候,反复出现记忆空隙,且这种空隙与普通的健忘不相符。
C. 症状带来有临床意义的显著痛苦,或者导致社交、职业或其他重要功能的损害。
D. 这些症状并不是被广泛接受的文化或者宗教实践中的一部分。
   注:对于儿童,这些症状不能由假想玩伴或其他幻想游戏来更好地解释。
E. 这些症状不能归因于某种物质使用带来的生理效应(例如,酒醉相关的记忆断片或混乱行为),也不能归因为躯体疾病(例如,癫痫复杂部分性发作)。

分离性身份障碍曾是一个很有争议的诊断,迄今仍然如此。学者们争论的其中一点是:分离性身份障碍是不是社会建构出来的。所谓社会建构,包括治疗师暗示性地引导以及媒体影响等。例如,一些支持社会建构理论观点的人认为《三面夏娃》(该书介绍了一个有多种人格状态的女性分离性身份障碍者的经历)这本书和以其为蓝本改编的电影在 20 世纪 70 年代的发行,极大地影响了公众及治疗师对于分离性身份障碍的认知和了解(International Society for the Study of Trauma and Dissociation,2011)。在过去几十年,随着这本书和电影的发行,以及荧幕上分离性身份障碍患者的出现,认为自己有分离性身份障碍的人和分离性身份障碍的诊断大大地增加了。

不过,到目前为止,没有研究真正显示出分离性身份障碍的复杂表现能够通过暗示或催眠被假造出来,更不用说症状能够通过暗示或者催眠持续下去了(International Society for the Study of Trauma and Dissociation,2011;Loewenstein,2007)。有研究显示,在一些长期遭受虐待的儿童、青少年和成人身上出现的分离性身份障碍症状远早于他们和治疗师的互动,也就是说症状不是因为治疗师的所谓"暗示"而创造出来的(Hornstein,Putnam,1992)。此外,研究同时显示,很多患者所描述的分离性身份障碍症状的细节,以及更为微妙的症状的呈现,并未包含流行文化和患者已知的分离性身份障碍的特点(Dell,O'Neil,2010)。还有很多研究支持分离性身份障碍是一个跨文化的诊断,它作为诊断的效度,和其他精神障碍诊断的效度至少是类似的。因此,分离性身份障碍在 DSM 中以不同的名称一直占有一席之地。

另一个存在争议的地方是:对于分离性身份障碍是否存在过度诊断或者诊断不足的问题。如前所述,因为相关文学和影视作品的流传,大众和一些治疗师对分离性身份障碍产生了强烈的兴趣,有研究者提出是否因为治疗师和患者有意或无意地暗示和引导,或者对于分离性症状过分关注而导致分离性身份障碍被过度诊断了。让情况变得更为复杂的是,少数存在某些人格障碍的患者希望自己的病情看起来"更有趣"或"更复杂",在接触到分离性身份障碍信息之后进而相信自己有分离性身份障碍(Boon,Draijer,1993;Draijer,Boon,1999)。此外,欧美社会中有一些人,出于逃避法律责任等目的,也会去扮演分离性身份障碍的症状。然而,也有创伤领域的专家认为对分离性身份障碍存在着诊断不足的情况。很多时候,分离性身份障碍并不像小说或影视作品中那样表现得那么有戏剧性。著名的创伤研究者克鲁夫特(Richard Kluft)指出,只有6%的分离性身份障碍的症状会在日常生活中以外显的且非常突出的方式表现出来(Kluft,2009)。还有很多患者因为恐惧或者羞耻感,或者对症状无意识(以为那是正常状态)等原因不愿意承认或者主动描述分离性身份障碍的症状表现。对于大多数的治疗师而言,不论是临床、咨询心理学家或是具有临床社会工作及其他受训背景的专业人员,并没有接受过复杂型创伤和分离性身份障碍的相关培训。没有相关培训的治疗师往往很难去敏感地评估分离性身份障碍的症状和共病症状,区分分离性身份障碍症状与正常的不同自我状态(ego states)之间的差别,区分分离性身份障碍与严重情绪起伏的差别等(Steele,Boon,Hart,2016)。此外,典型的分离障碍患者呈现的往往是分离性症状,以及创伤后应激综合征的混合症状,这些症状通常嵌入在治疗师更为熟悉的多种临床症状背景之上,这些常见临床症状包括抑郁、惊恐发作、物质滥用、躯体化症状、进食障碍症状等(International Society for the Study of Trauma and Dissociation,2011)。没有接受过相关培训的专业人员通常会更关注这些常见临床症状并做出相应诊断,因而会忽略对分离障碍症状的评估。

尽管有争议,但越来越多的临床工作者接受了存在这样一种障碍的观点(Butcher,Mineka,Hooley,2004;Comer,2002)。在临床工作中,需要注意分离性身份障碍与其他障碍的鉴别诊断。由于分离性身份障碍患者常出现幻听,而且当他们说自己的身体被不止一个人占据时常会被认为是一种妄想,因此分离性身份障碍经常被误诊为精神分裂症。另外,不同的人格状态的转换可能与环性心境波动混淆,以致被误诊为双相障碍(伴快速循环)。对分离性身份障碍的诊断可以关注是否存在突然的人格状态的改变,遗忘是否是可逆的,患者是否在分离和催眠易感性(hypnotizability)的测验上有很高的评分,是否未能发现其他精神障碍的表现等,上述几点是支持分离性身份障碍诊断的依据(吴艳茹,肖泽萍,2004)。

此外,要鉴别个体是否故意假装分离性身份障碍,根据上面提到的症状表现就可以做出判断。比如,真正的患者在子人格(人格状态)相互转换的时候,通常转换速度很快,而且转换时有生理反应,比如短时间剧烈的头痛、外表的改变等(见Alloy,Acocella,Bootzin,1996);而且这些人格状态相互之间的遗忘更多的是不对称的;更重要的是,真正的患者其人格状态的生理反应指标是有差异的;另外,分离性身份障碍通常伴随其他症状,如抑郁、惊恐发作等。当然,也可以根据患者能否获得实际的利益部分地对其是否在假装分离性身份障碍加以判断。

> **专栏 9-2**
>
> **分离性恍惚障碍**
>
> 在世界上的许多地方,分离性现象或许是以恍惚状态(出神)或附体的形式表现出来的,而本地的文化决定了这些恍惚或附体状态的特征。这种障碍包括常见的分离性症状,比如人格的突然改变等。例如,平时对丈夫及家人唯唯诺诺的女性,突然间以王母娘娘自居,一时间对丈夫及家人颐指气使,行为举止甚至说话方式与声音都与平时大异,搞得周围有人相信她是王母娘娘附体,专门跑来顶礼膜拜。
>
> 当地文化会认为这种改变是由于个体被某个灵魂附体所致。与其他分离性症状相似,此障碍似乎也是在女性中更常见,并且通常与生活中的应激性或创伤性事件相联系。另有一些情况是,例如在我国的一些地区曾存在巫婆、神汉,他们会表现出被特定神灵附体的情况,他们会利用恍惚状态作法或给相信他们的人治病。通常,文化有关的神灵附体的表演需要被附体者的家人或朋友,或者信众在场,或为其提供帮助,而且这种表演是与当地文化特点相符合的。
>
> 有时,这些恍惚或附体状态也可能作为某些宗教或文化的正常的一部分,在那种情境下,人们并不认为这种现象是异常的。在西方文化中几乎看不到恍惚与附体状态,但它们却是其他文化中最常见的分离障碍的形式之一,ICD-11 将附体出神障碍列入分离性障碍;DSM-5 中有分离性恍惚症,被归入其他特定的分离障碍。

四、分离障碍的病因

本节介绍的几个分离障碍,其病因的共性是创伤性体验。分离障碍患者很大一部分有严重创伤的经历(Kaplan,Kaplan,2014),尤其是分离性身份障碍的患者,通常在早期发展阶段经历了严重和持久的人际创伤,包括情感虐待和身体虐待。但需要说明的是,创伤不一定会造成分离障碍,同样,个体早期发展阶段的严重人际创伤也不一定会造成分离性身份障碍。分离障碍的形成是创伤和生理、个人特点、社会易感性等因素相互作用的产物。

从生理学角度看,基因方面的研究得到的初步结果是,在分离障碍中没有发现有显著的基因影响的证据(Kaplan,Kaplan,2014)。

就分离障碍中的分离性遗忘症来看,其诊断需要排除器质性原因造成的遗忘,但有研究者提出大脑中主管记忆的海马的损伤可能是分离性遗忘症的生理基础。可是如果海马受损,新的信息可能不会被存储下来,就无法解释很多分离性遗忘症的患者他们的遗忘并未涉及新的信息,而且遗忘的信息很多时候是能够恢复的。因此,目前来看分离性遗忘症没有明显的生理学基础(Rosenberg,Kosslyn,2014)。

对于人格解体/现实解体障碍的研究显示,患者有情绪处理方面的困扰。例如有研究显示,在实验中当患者看到情绪强烈的人脸时,他们的大脑边缘系统活动减少,前额叶活动增加,而非患者组的情况则是边缘系统的活动增加了(Lemche et al.,2007)。另一个研究发现,人格解体/现实解体障碍患者分泌的去甲肾上腺素低于正常水平,而且症状越严重的患者,分泌水平越低。去甲肾上腺素和自主神经系统有着密切的关系,这个研究结果与患者情绪反应隔离和迟钝的表现是一致的(Simeon et al.,2003a)。

对于分离性身份障碍患者,有研究显示,不同人格状态不仅有外显的性格差异,还有不同的生理反应。如在一个研究中,11位分离性身份障碍患者在两种不同的人格状态下(一种状态对创伤有意识,一种状态对创伤无意识)听到对其个人创伤史的叙述,同时用PET进行脑部扫描。结果发现,他们在两种人格状态下脑部反应是不同的;只有在对创伤有意识的人格状态下,脑部对上述自传体信息有反应的部分才会被激活(Reinders et al.,2003)。但这些生理状态的差异并不能直接解释分离性身份障碍。对上述研究结果的一种假设是,催眠会影响脑区活动,而分离性身份障碍患者会无意识地自我催眠,从而造成不同人格状态下脑区活动的差异。

心理动力学的解释把分离性症状(包括人格解体、现实解体、遗忘、分离性身份)看作是人在面对过于强烈地痛苦体验或者内心冲突时所激发的心理防御。如在很多时候,急性分离性遗忘症发生的背景通常是患者因为其无法解决的、过于强烈的内心冲突(如完全不被内心接受的冲动),而体验到的无法忍受的强烈情绪,如羞耻、内疚、绝望、愤怒。其病理性的分离性症状和我们一般人在应激、疲劳下可能出现的短暂的分离性体验是明显不同的。因此,一些研究者和临床工作者提出不要将分离(dissociation)的定义过分泛化,而应该把分离的概念限制在病理性体验上(Steele,Boon,Hart,2016)。

出现分离性身份障碍的患者通常经历了严重和持久的人际创伤。这些人际创伤通常包括情感虐待、性虐待、躯体虐待,同时还伴随着情感剥夺;而且这些创伤发生在生命早期阶段。在经典著作《创伤与复原》中,Judith L. Herman是如此描述在严重人际创伤环境下,儿童面临的成长困境的——"在这种人际关系遭到严重破坏的氛围下,儿童面对的是极其艰难的成长任务。儿童必须找到和照料者形成基本依恋关系的方法,但从儿童的视角看,照料者或是危险的,或是漠视且忽略了其存在。儿童必须找到方法对照料者产生基本的信任和安全感,虽然他们既不值得信任也不会给人安全感。儿童必须在无法帮助他、不关心他、残暴对待他的关系中,发展出一种自我感;必须在一个任人宰割的环境里,发展出调节身体的功能;必须在一个没有慰藉的环境中,发展出自我安慰的能力"。儿童面对着无法逃脱又无法改变的残酷现实,同时还需要和照料者保持基本的依恋关系,否则会面临无法忍受的彻底的绝望。儿童需要采用各种防御机制来帮助自己,而通过解离,与无法忍受的体验分裂和隔离,由此改变不堪的现实和体验,是常见的防御方式之一。Judith L. Herman指出:"他们学会忽略极度的痛苦,将记忆掩藏在复杂的失忆背后。"有些人,"或许是那些拥有让自己进入恍惚状态的个体,开始形成分裂的人格碎片,每个人格碎片都有自己的名字、心理功能和记忆。解离不仅成为适应性的防御反应,更成为人格架构的基本原则。"

对分离性身份障碍,有几个发展性理论模型(developmental models)的解释,均认为分离性身份障碍并不会发生在更为成熟的、整合的人格上,也就是分离性身份障碍不是成熟的、未能整合的人格被分裂成多重身份状态(International Society for the Study of Trauma and Dissociation,2011)。创伤研究者和临床工作者认为,分离性人格障碍是因为早期发展阶段所遭遇的严重创伤,缺少健康的社会支持,导致人格发展的整合过程无法正常进行所造成的(International Society for the Study of Trauma and Dissociation,2011)。同时,年幼的孩子为了应对持续的人际创伤,采用病理性的分离防御,形成了不同的人格状态。从临床上来说,发展性理论模型对临床有着重要的指导作用,感兴趣的读者可以进一步阅读相关书籍。

五、分离障碍的治疗

对分离障碍的治疗,包括药物治疗和心理治疗。因为篇幅所限,本节主要针对分离性身份障碍的治疗进行简要论述。请读者注意,这里所做的只是概览性的介绍,实际的治疗是非常复杂和个体化的。特别是对分离性身份障碍的心理治疗,治疗师需要接受既有广度又有深度的系统的心理治疗与咨询专业培训,同时还要接受对于复合性创伤后应激障碍和分离性身份障碍的专门培训才能执业(Steele,Boon,Hart,2016)。

1. 药物治疗

对于分离性遗忘症,并没有直接有效的药物治疗方法(Sadock,Sadock,Ruiz,2014)。临床上可能会采用镇静剂类药物等协助精神科临床访谈,帮助患者回忆,尤其是在医院和精神科急诊的背景下。针对人格解体/现实解体障碍,临床上经常使用的药物是选择性5-羟色胺再摄取抑制剂(Kaplan,Kaplan,2014)。

至今,任何药物对分离性身份障碍患者的分离症状都没有直接的疗效,药物治疗仅作为辅助性治疗,用于缓解分离性身份障碍患者的其他临床症状或者共病的情况,如抑郁、强迫和创伤后应激障碍(尤其是侵入性,以及过度唤醒等)的相关症状(Kaplan,Kaplan,2014)。通常使用的药物包括抗抑郁类药物(如选择性5-羟色胺再摄取抑制剂),因其可能的成瘾性而仅在短期使用的一些抗焦虑类药物(anxiolytics),镇静-安眠类(sedative-hypnotic)药物等,以帮助患者改善其复杂的睡眠问题(如噩梦、闪回、与情绪障碍相关的睡眠问题等)。所有药物的使用均需在有经验的医生指导下进行。

因为分离性身份障碍患者的复杂的内在状况和人际动力,医生和心理治疗师之间如何协调,与患者设置边界,医生对患者内心和人际动力的理解,以及如何在此基础上考虑与心理治疗师的协作,并需要考虑如何提高患者的服药依从性等问题。这些问题同时也是治疗团队需要思考和协作处理的(Kaplan,Kaplan,2014)。

2. 心理治疗

分离性遗忘症的患者很多时候会自行好转。分离性遗忘症症状和应激事件紧密相关,将患者和应激源分隔,解决应激源,可能有助于其记忆的自主恢复。理解应激事件对患者的意义,增强其对应激事件情绪处理和应对能力,是对未来再次出现分离性遗忘症症状的有效预防措施(Durand,Barlow,Hofmann,2018)。此外,催眠常被用于分离性遗忘症的治疗之中(Sadock,Sadock,Ruiz,2014)。

针对人格解体/现实解体障碍的主要心理治疗方法包括心理动力学治疗和认知行为治疗。过去动力学治疗认为人格解体/现实解体障碍对治疗反应缓慢,需要很长的时间才能有效。但是近年来心理动力学治疗对于人格解体/现实解体障碍的主要机制有了更进一步的假设,推动了治疗的发展(Sierra,2009)。譬如,有假设认为,个体早期发展环境的问题(通常是人际环境,如冷淡和充满距离感的父母,过早承担了过多的成人职责等)可能会导致个体把外在的肯定和结果作为自我建构的主要来源,个体可能会把自己作为一个表演性客体生活,对自己的生活采用"第三人称视角",而不是"第一人称视角"。当个体生活重心放在"表演性客体"而不是真实自我上,当重要的个体体验长期被隔离和忽略时,就会更容易体验到人格解体/现实解体症状,更容易出现人格解体/现实解体障碍(Sierra,2009)。

认知行为治疗主要采用认知重建(针对患者对症状的灾难化思维及其所带来的恶性循环进行工作)、正念、接纳和承诺疗法的一些理念(Donnelly,Neziroglu,2010)进行治疗。催眠同样也被应用于人格解体/现实解体障碍的治疗中(Sadock,Sadock,Ruiz,2014)。

对分离性身份障碍的治疗是建立在创伤领域的研究及其积累的临床智慧基础之上的(Durand,Barlow,Hofmann,2018)。对分离性身份障碍的治疗须建立在坚实的心理治疗培训和经验之上,同时需要治疗师接受过创伤方面专门的和深入的培训,这里所说的创伤方面的培训涉及对童年期的长期及严重的人际创伤、复杂型创伤的理解,以及对分离性身份障碍本身的相关理论知识的学习及干预方法的训练(Steele,Boon,Hart,2016)。

前面提到过对分离性身份障碍认识的一个基本的原则是,此障碍中分离的人格状态是一个人不同的方面,而不是每种人格状态代表了一个不同的人,多个人共同居住在一个人体内。治疗师在尊重患者的主观体验的同时,其基本态度是:我知道你体验到的不同部分是彼此分离的,但我仍然把你看作是同一个人,即使患者自己并不这样看待自己。这一点在已有创伤治疗的文献中是有共识的(Steele,Boon,Hart,2016),即不同的人格状态是患者用以应对严重创伤而分离出的不同的部分。治疗最根本的目的是将患者不同的人格状态整合在一起,而不是顺应其分裂和分离的需要。在尊重患者现有状态的情况下,和患者一起进行工作。治疗的最终目标是促使个体内部分裂的人格状态彼此相互意识,彼此相互接纳,彼此和谐共处,尽可能地整合在一起。

在这个基本原则之下,治疗师应对患者的每一种人格状态持平等、开放和接纳的态度,不能厚此薄彼。治疗师要对不同的人格状态工作,不能不让某种人格状态,尤其是治疗师不喜欢的人格状态出现在治疗中。治疗师的态度是所有不同的人格状态都代表了患者努力应对或者试图应对创伤体验及其相关问题时的适应性的努力,治疗师要帮助患者逐渐理解这种看待不同人格状态的态度。如果告诉患者忽略某些人格状态或者将某些人格状态驱逐在外,对治疗是不利的(但这不代表一些人格状态可能出现的破坏性行为是可被接受的)(International Society for the Study of Trauma and Dissociation,2011)。

从治疗取向来看,在结合了创伤干预的视角后,对分离障碍的治疗经常被推荐的是心理动力学取向的治疗。在心理动力学治疗的基础上,可灵活融入来自其他治疗学派的概念和技术以帮助分离障碍症状的改善,解决治疗中浮现的不同方面的问题(International Society for the Study of Trauma and Dissociation,2011)。例如,认知行为治疗的一些技术可能被用于帮助患者调节应激反应或矫正冲动性行为(Steele,Boon,Hart,2016)。其他干预方法也经常被应用在治疗中,如催眠治疗、辩证行为疗法、眼动脱敏与再加工(EMDR)治疗、感知运动疗法(sensorimotor psychotherapy)、内在家庭系统式治疗(internal family systems)等(International Society for the Study of Trauma and Dissociation,2011;Steele,Boon,Hart,2016)。当患者存在某些共病的情况时,需要额外的专门治疗,例如对物质滥用的治疗或者对进食障碍的治疗。

基于对复杂型创伤治疗的认识,对此类创伤的治疗(包括对分离性身份障碍患者的治疗),应按照不同的阶段顺序进行工作(International Society for the Study of Trauma and Dissociation,2011;Van der Kolk,2015)。这一观点最早是由雅内(Pierre Janet)提出的,得到了创伤治疗专家的采纳及认可。按上述方式对分离性身份障碍的治疗通常分为三个阶段(Herman,2015;Steele,Boon,Hart,2016)。第一个阶段的工作重点是确保安全、稳定化、促使症状减轻。第二个阶段的工作重点是面对、修通、整合创伤记忆。第三个阶段的工作重点是促进分离的人格状态的整合。这个顺序并非是线性的,根据患者治疗时的需要可能会回到早期阶段重复之前的工作。例如在第二个阶段,进行创伤记忆的修通和整合时,可能需要多次回到第一个阶段建立安全感和稳定化的工作中去。即便是在第三个阶段,也有可能需要重新进行第一个阶段的工作。在与分离性身份障碍患者工作时,治疗师需要特别注意,始终确保在患者心理能够承受的范围内进行工作,而不是超越患者当时的心理整合能力,过早激发并试图整合患者的创伤记忆。如果此方面的干预没有处理好,会进一步强化患者的分离需要,并且会影响治疗关系。从以上简介也可以看到,分离性身份障碍的治疗需要长时间的系统干预。

小 结

躯体症状及相关障碍的主要特点(做作性障碍除外)是存在某些躯体症状,以及对躯体症状的过度担心。本章介绍了三种主要的躯体症状及相关障碍,包括躯体症状障碍、疾病焦虑障碍、转换障碍(功能性神经症状障碍)。躯体症状障碍的主要临床表征是对一个或多个躯体症状的关注,表现出与疾病相关的高水平焦虑,其对症状担忧的想法、感受和行为远远超过了个体真实症状的严重程度。疾病焦虑障碍是一个新的诊断,它涵盖了那些没有躯体症状,或者躯体症状很轻微的患者,同样表现为对严重疾病的高焦虑和与之相关的过度的想法、感受和行为。转换障碍的主要特点是,患者呈现出神经性症状或者功能缺损,但其症状或功能的缺损并无相关的病理证据的支持。对于这几种障碍的病因,可以从生理、心理和社会文化的角度去理解。治疗方法包括药物治疗和心理治疗。认知行为疗法和心理动力学治疗是躯体症状及相关障碍的主要心理治疗方法。

分离障碍和创伤有着密不可分的关系。本章介绍了三种分离障碍,包括人格解体/现实解体障碍、分离性遗忘症和分离性身份障碍。人格解体和现实解体的感受很多人在日常生活中体验过,但要达到人格解体/现实解体障碍的诊断,症状的表现及其持久性须达到给个体带来严重痛苦和日常功能损害的程度。分离性遗忘症的特点是无法回忆起重要的个人自传性信息。在分离障碍下的分离性遗忘症和创伤及严重内心冲突相关,与器质性遗忘有着显著的差异。而分离性身份障碍可能是关注度最高同时误解也最多的分离障碍之一,表现为在同一患者身上存在两种甚至更多的各不相同的人格状态。分离障碍的共性是患者均遭受过创伤性经历,对分离障碍的心理治疗,特别是对分离性身份障碍患者的心理治疗,需要对创伤有着相应的了解和接受过专门的系统培训的治疗师的长期工作。

思 考 题

1. 对于躯体症状及相关障碍,DSM-5 相较于 DSM-Ⅳ 做出了哪些调整?原因是什么?
2. 躯体症状障碍与疾病焦虑障碍的共同点和差异是什么?
3. 在诊断转换障碍时,需要注意考虑哪些情况?
4. 如何区分分离性遗忘症和器质性遗忘?
5. 对于分离性身份障碍存在哪些争议?

推 荐 读 物

巴洛,杜兰德.(2017). 变态心理学:整合之道. 7 版. 黄铮,高隽,张婧华,等,译. 北京:中国轻工业出版社.

Herman,J. L.(2015). Trauma and recovery. New York,NY:Basic Books.

Hart,O. V. D.,Nijenhuis,E. R. S.,& Steele,K.(2006). The haunted self:structural dissociation and the treatment of chronic traumatization (Norton series on interpersonal neurobiology). New York,NY:W. W. Norton & Company.

Steele,K.,Boon,S.,& Hart,O. V. D.(2016). Treating trauma-related dissociation:a practical,integrative approach (Norton series on interpersonal neurobiology). New York,NY:W. W. Norton & Company.

10

进 食 障 碍

第一节 概 述

2013年出版的DSM-5对进食障碍做了部分修订,将既往诊断系统中的"起病于婴幼儿及青少年时期的喂食障碍"与"进食障碍"合并为"喂食及进食障碍",包括回避性/限制性摄食障碍、异食癖、反刍障碍、神经性厌食、神经性贪食、暴食障碍等。ICD-11采用了同样的疾病分类。我国《精神障碍诊疗规范(2020年版)》提到:随着"全生命周期"概念的推广,越来越多的人认为"喂养障碍"和"进食障碍"应归为一类,因为个体的发展包含了从被喂养到主动进食的过程。近五六十年,进食障碍的患病率明显增高,其诊断术语、诊断标准及在疾病分类学中的地位随着临床现象学和病因学的深入研究也在不断变化。这类障碍引起了包括国内学者在内的广泛关注(陈珏,2013,2019;陈晓鸥,2017;王菁,刘爱书,牛志敏,2016;谢爱,蔡太生,刘家僖,2016)。

一、进食障碍概念的历史演变

1. 神经性厌食概念的建立

我国较早研究进食障碍的学者张大荣、沈渔邨(1993)详细梳理了临床上建立神经性厌食概念的过程。他们提到,17世纪末,英国内科医生Richard Morton首次对相关症状进行了全面描述,包括没有食欲、情绪不佳、过度活动、闭经等生理症状,治疗很困难,尤其是劝患者进食总是失败,当时他称之为"神经性消耗"(nervous consumption),几乎没有涉及心理症状。19世纪后,人们发现这类障碍有某些心理学特点。法国医生Charles Lasègue(1873年)和英国医生Willian W. Gull(1874年)先后发表了文章,确立了"神经性厌食"这一名称。

20世纪30年代,一些学者注意到患者怕胖怕增重、对体形极为关注、极度清瘦等是该病的主要特征,并对患者的心理特征进行了分析;随着研究的深入,40年代后,神经性厌食症逐渐从癔病中分离出来,成为独立的疾病单元(见张大荣,沈渔邨,1993)。这也使现代神经性厌食症的概念得以确立,此后对其研究逐步深入。在DSM-Ⅳ诊断标准中,根据有无暴食-清除行为将神经性厌食分为限制型神经性厌食和暴食-清除型神经性厌食,DSM-5 延续了这一诊断分类。

2. 神经性贪食概念的建立

20 世纪初,法国医生报道神经性厌食症患者有暴食、呕吐、导泻等症状,后来陆续有类似的报道,但均没有出现"贪食"的概念。1959 年,A. J. Stunkard 发表了一篇题为《进食模式与肥胖》的文章,报道在肥胖或体重正常的人群中也存在暴食,继之呕吐、导泻等现象,他称之为"狂吃综合征",后来改称为"贪食症"。此后,人们对"贪食症"的概念及诊断标准一直存在争议。有学者提出,贪食仅是暴食的学术用语,而病人的特点是以暴食为主导行为的障碍,暴食有发作性、不可控制等特征,这意味着存在精神病性症状(见张大荣、沈渔邨,1993)。1979 年,Gerald Russell 首次提出使用"神经性贪食"这一术语。

1980 年,神经性贪食症作为进食障碍中的一组综合征,被列入 DSM-Ⅲ。尽管之后出版的教科书和各种诊断标准均采用了神经性贪食症这一术语,但学者们对该综合征的确认及其在诊断分类学中的地位等方面在一段时期内仍存在意见与分歧。争论的焦点是神经性贪食症和神经性厌食症的关系。Gerald Russell 认为,神经性贪食症是神经性厌食症的慢性阶段,是不进行自我控制的神经性厌食症,即认为神经性贪食症可被视为持续的神经性厌食症的延续,这两者在病理学方面是相同的;而 DSM-Ⅲ 的制定者则提出,神经性贪食症是完全不同于神经性厌食症的一个独立的疾病单元(张大荣,沈渔邨,1993)。目前学者们对两者的关系的看法逐渐趋于一致。巴洛和杜兰德(2017)提到,三种主要的进食障碍(指神经性厌食症、神经性贪食症和暴食障碍)各有特点,并且每一个诊断都有其效度,但是很明显,这三种主要的进食障碍背后有着共同的成因。

3. 暴食障碍概念的建立

暴食作为一种现象早已为大众熟知,Stunkard(1959)最先将其作为临床症状描述为暴食障碍,并将其作为非典型的"贪食症"提出,认为暴食障碍是肥胖男性和女性可能罹患的一种障碍,他们反复发作暴食,但没有规律性的清除行为。

暴食障碍在之前的诊断系统中,没有被单列为一类进食障碍,而是被放在未特定进食障碍(eating disorder not otherwise specified,EDNOS)中,是以反复发作性暴食为主要特征的一类疾病。主要表现为反复发作、不可控制、冲动性的暴食,并不伴有反复出现的不适当的补偿行为。并且有证据显示,与其他进食障碍类型相比,暴食障碍的遗传模式具有显著差异(巴洛,杜兰德,2017)。

二、进食障碍诊断标准的演变

进食障碍的诊断标准同样经历了不断修订和变化的过程。初期,研究者各持己见,分别采用各自的诊断标准,差异很大,也很难对诊断标准依据的全部研究得出统一的肯定性结论。随着对进食障碍研究的不断深入,诊断标准也在不断修订。

1970 年,Gerald Russell 提出的神经性厌食症的诊断标准包括:①病态的减重行为;

②病态的害怕发胖的观念;③女性出现闭经现象。1979年,Russell提出对神经性贪食症的诊断,包括:①强大及难以控制的贪食驱力,导致反复出现贪食;②避免因进食而发胖,包括引吐和/或滥用泻药;③病态的害怕发胖的观念。Russell对进食障碍的诊断标准为DSM-Ⅲ和ICD-9的进食障碍诊断标准奠定了基础(张大荣,沈渔邨,1993)。

1980年,进食障碍被引入DSM系统,并提出了明确的、规范化的诊断标准,其后陆续被各国学者采用。随着心理学家对进食障碍的不断研究及有更深入的了解,DSM-Ⅲ-R对其做了重大修订。对神经性厌食症的诊断标准有三处改动,包括:①体重标准放宽,由低于标准25%更改为低于15%为正常最低线;②明确规定闭经三个月才达到诊断标准;③取消"除器质性疾病"这项内容。神经性贪食症的诊断标准则取消了"排除厌食症"和"贪食后心境不良"的表述,增加了"过分注意体重和体形"和"病程与发作频率"两条诊断标准。这些修改表明,此前对神经性厌食症与神经性贪食症的意见分歧在逐步缩小(张大荣,沈渔邨,1993)。

与DSM-Ⅳ相比,DSM-5对神经性厌食的诊断标准的主要变化是:①未对体重规定量化标准;②删掉了闭经这一要素;③根据体重指数划分了严重程度;④对病程提出了"在过去的3个月内"的时间限定。神经性贪食症诊断标准的主要变化是:①暴食及不恰当补偿行为发生的频率从每周至少2次减少为1次;②根据不适当补偿行为发作的频率划分了严重程度;③取消了"非清除型"与"清除型"两种亚型的划分。此外,DSM-5将暴食障碍从之前的未特定进食障碍中独立出来,成为与神经性厌食和神经性贪食并列的一类疾病,并对暴食行为的发生频率进行了修改,从DSM-Ⅳ中的"2次/周,持续6个月"改为"至少1次/周,持续3个月以上"。

从进食障碍诊断标准的演变来看,疾病的分类和严重程度的划分趋于精细化,有助于临床区分及研究工作。同时,DSM-5整体上放宽了诊断标准。例如,去除了闭经这一标准,扫清了男性被诊断为神经性厌食症的屏障,以及对暴食行为发生频率和持续时间的修改等。这些情况意味着将有更多的患者被诊断为不同类别的进食障碍。

从上述情况可以看到,从对神经性厌食症状首次进行全面描述,以及1980年DSM-Ⅲ对进食障碍提出明确的、规范化的诊断标准,到今天人们对进食障碍诊断分类的进一步细化,研究者对进食障碍的临床现象、病因学及治疗的了解在一步步深入。

三、DSM-5与ICD-11诊断分类的异同

目前,与DSM-Ⅳ和ICD-10之间的差异相比,DSM-5和ICD-11对进食障碍的诊断分类基本一致,表10-1列出了两者诊断分类的比较。

表 10-1　DSM-5 与 ICD-11 的比较

DSM-5		ICD-11	
神经性厌食症（依据体重指数）	轻度	神经性厌食症	明显低体重
	中度		
	重度		危险性低体重
	极重度		恢复期，体重正常
神经性贪食症（依据不恰当补偿行为发生的频率）	轻度	神经性贪食症	—
	中度		
	重度		
	极重度		
暴食障碍（依据暴食障碍的发作频率）	轻度	暴食障碍	—
	中度		
	重度		
	极重度		
其他特定的喂食或进食障碍	非典型神经性厌食	其他特定喂养及进食障碍	其他特定的神经性厌食
	神经性贪食（低频率和/或有限的病程）		
	暴食障碍（低频率和/或有限的病程）		
	清除障碍		
	夜间进食综合征		
未特定的喂食或进食障碍	—	未特定的喂养及进食障碍	—

　　DSM-5 中指出，进食障碍除了神经性厌食、神经性贪食和暴食障碍之外，还包括其他特定的喂食或进食障碍和非特定的喂食或进食障碍，适用于那些具备喂食及进食障碍的典型症状，且引起有临床意义的痛苦，或导致社交、职业或其他重要功能方面的损害，但未能符合喂食及进食障碍类别中任一种疾病的诊断标准。未特定的喂食或进食障碍可在下列情况下使用：临床工作者对未能符合特定的喂食及进食障碍诊断标准的个体选择不给出特定的原因，包括因信息不足而无法做出更特定诊断的情况（例如，在急诊室的环境下）。

　　我国《精神障碍诊疗规范（2020 年版）》写道：

回避/限制性摄食障碍以回避食物或进食量减少为行为特征,常见于婴幼儿、儿童和青少年,会造成有临床意义的营养不良或/和发育停滞,其患病率占进食障碍的13.8%。其病因和发病机制未明,主要观点为与亲子关系问题有关,认为父母不恰当的喂养方式和回应方式是问题的来源。在青少年和成年病例中常观察到起病与情绪困扰有关。

异食症以持续性嗜食非食物和无营养的物质为行为特征,可见于儿童的各个年龄段,以5～10岁的儿童最为常见,青春期逐渐消失,少数成年期发病的报道。目前患病率尚不清楚。其病因和发病机制未明,有关感觉、消化、营养、心理,以及精神疾病的因素都有涉及。一般预后良好。

反刍障碍以个体持续的把刚摄入的食物又从胃反刍至口腔,进行再次咀嚼,然后咽下或吐出的行为为特征,可发生于从婴儿到成人的各个年龄段,症状的出现没有器质性疾病作为基础。预后一般良好。病因和发病机制未明,婴幼儿起病常与被忽视、应激、亲子关系问题有关。

本章将主要介绍以严重、异常的进食态度及行为为特征的进食障碍,包括神经性厌食(anorexia nervosa,AN)、神经性贪食(bulimia nervosa,BN)、暴食障碍(binge eating disorder,BED)等。

第二节 进食障碍

一、流行病学的研究

与欧美国家相比,我国进食障碍患病率偏低。黄悦勤等人的流行病学调查发现,我国进食障碍的终生患病率为0.1%,12个月内患病率为0.001%～0.06%;其中,神经性厌食终生患病率为0.001%～0.07%,12个月内患病率为0.001%～0.04%;神经性贪食终生患病率为0.001%～0.06%,12个月内患病率为0.001%～0.06%;没有提及暴食障碍(Huang et al.,2019)。美国成年人和青少年(13～18岁)神经性厌食的终生患病率分别为0.6%和0.3%;神经性贪食的终生患病率分别为1.0%和0.9%;暴食障碍的终生患病率分别为3.0%和1.6%(Hudson et al.,2007;Swanson et al.,2011)。

神经性厌食发病年龄早(为13～20岁,中位数为16岁),发病的两个高峰年龄段分别是13～14岁和17～18岁;神经性贪食发病年龄常较神经性厌食晚,发生在青少年晚期和成年早期,年龄范围更大(为12～35岁,中位数为18岁);暴食障碍发病年龄最晚,中位数为23岁(Kessler et al.,2013)。Hudson等人(2007)估计,几种进食障碍的发病年龄中位数在18～21岁。不过,巴洛和杜兰德(2017)认为,神经性厌食和暴食障碍的很多患者发病时间在18岁之后,而神经性贪食最早可能从10岁开始。

进食障碍是性别差异最显著的精神障碍,患者中女性明显多于男性,成年女性和男性神经性厌食的终身患病率分别为0.9%和0.3%;成年女性和男性神经性贪食的终身患病率分别为1.5%和0.5%;成年女性和男性暴食障碍的终身患病率分别为3.5%和2.0%(Hudson et al.,2007;Swanson et al.,2011)。临床中首诊为神经性厌食的患者中女性和男性比例约为11:1,首诊为神经性贪食的患者中女性和男性比例约为13:1(Micalin et al.,2013)。双性恋或同性恋男性患进食障碍的比例也偏高(见巴洛,杜兰德,2017)。黄悦勤等人的流行病学调查研究发现,我国进食障碍患病率的性别差异不大,女性患病率为0.001%~0.10%,男性患病率为0.001%~0.05%(Huang et al.,2019)。

进食障碍的年龄分布差异也很明显。患神经性厌食的青少年女性及成年年轻女性为2%~4%,发病率约为其他年龄阶段女性的5倍。约10%的青少年女性出现不同程度的神经性厌食或神经性贪食的症状(Barlow,Durand,1995;Hoek,1993)。黄悦勤等人研究发现,我国进食障碍患病率的年龄分布差异与前述的年龄分布差异类似(Huang et al.,2019)。18~34岁人群患病率为0%~0.1%,35~49岁人群患病率为0.001%~0.1%,50~64岁人群患病率为0.001%~0.01%,65岁以上人群患病率为0.001%~0.03%。高龄者也可能患病,一个例子是有报道一位女性在92岁时第一次表现出进食障碍的症状(见Butcher,Mineka,Hooley,2004)。

进食障碍的地域性差异或称文化差异同样明显。跨文化研究发现,在不同的社会文化下,对肥胖或者美的态度有差异,进食障碍的患病率也有差异。进食障碍的文化特异性非常明显,早期90%以上的严重进食障碍患者是生活在社会竞争激烈环境中的年轻女性(巴洛,杜兰德,2017)。近年来,随着经济的发展和全球化进程加速,一些学者认为病态进食行为和态度普遍存在于亚洲的一些国家与地区。

我国研究者就局部地区和人群的进食障碍问题做了筛检工作。对上海和重庆的大学生研究发现,女大学生中有1.11%的人达到了神经性贪食的诊断标准,但没有发现神经性厌食的个案(Zhang et al.,1992)。肖广兰等人(2001)对女中学生的问卷筛查和面谈发现,非典型性进食障碍的检出率为1.11%。对10~19岁的青少年女性体操运动员调查发现,该人群进食障碍总发病率高达37.1%(汤静,2016)。北京大学第六医院收治的进食障碍患者从2000年前的每年3.9例增至2014年的每年150例,可见我国进食障碍的患病率呈迅速增长趋势(张靖,陈钰,2018)。

二、神经性厌食的临床表现与诊断标准

神经性厌食的患病率比神经性贪食低。不过,神经性厌食与神经性贪食的症状有很多相似的地方。比如两者都有对肥胖的病理性恐惧,以及患者的自我评价过分受到体形和体重的影响,并且许多神经性贪食患者有过厌食的经历,即他们曾一度非常成功地使体重减轻到自己想要达到的水平。

【案例 10-1】

患者，女，21岁，待业，未婚。因厌食、消瘦、闭经10个月，以神经性厌食收住院。10个月前，患者面临高考，学习、精神压力较重，出现消化不良、食欲差，常胃痛、腹胀、便秘，服中药后出现腹泻。高考落榜，心境不好，恰亲友来访无意中说其腿没有其姐好看。此后，患者怕胖，食量渐减至每日2两主食，几乎不吃副食，日渐消瘦并闭经。5个月后因双下肢浮肿，住我院内科，经物理及化验全面检查均不能确诊躯体器质性疾病。经精神科会诊诊断为神经性厌食，但患者拒绝转我科治疗。入我科前10天出现昏迷不醒、小便失禁，血压测不到，被送入我院急救中心抢救，后入我科。

患者病前身高156厘米，体重43千克。入住我科时神志清楚，发育一般，营养极度不良，恶病质貌，体重仅29千克。精神检查：意识清晰，精神萎靡，语声低微，诉"进食后腹胀，怕发胖，不想进食"，情绪低且不稳，认为自己没救了，要父母为她准备后事。

（修改自王有德，叶兰仙，1999）

案例10-1中的患者体重下降非常明显，从原来的43千克下降到就诊前的29千克。而且在其他方面，如恐惧肥胖，也符合神经性厌食的诊断标准。需要注意的是，尽管严重降低至具有危险性的体重是神经性厌食最引人注目的特征，也是患者家人强制其就医的原因，但却不是此障碍的核心症状。神经性厌食的核心症状是对肥胖的强烈恐惧及对苗条的狂热追求。这种障碍通常发病于青春期，特别是体重过重的少女或那些认为自己过重的少女。一般是先开始节食，然后逐步发展成对苗条的强迫性关注。神经性厌食患者通常还会选择过度运动；通过严格的限制能量摄入或者同时做出消耗热量的行为，以达到使体重快速、显著降低的目的。

案例10-1中的患者是在高考落榜的情况下出现症状，这可能提示，患者遭遇重大挫败导致自我评价降低，转而过分关注体形和体重，企图通过控制体形和体重提升自我价值感。所以此患者也符合神经性厌食的另一个关键诊断标准，即自我评价过分受到体形和体重的影响，以及对身体形象的歪曲知觉。神经性厌食患者看到的自己和别人眼中的他们是不一样的，比如在其他人眼中，她是一个憔悴、病态、极度瘦弱的女孩；而她自己却看到一个身体的某些部位仍需继续减肥的女孩。

神经性厌食根据使用限制能量摄入的方法可分为两种亚型：一类是限制型（restricting type，AN-R），即只通过限制饮食减少能量摄入，这类患者严格限制摄入食物的数量和热量；另一类是暴食/清除型（binge-eating/purging type，AN-BP），即依靠清除行为限制能量摄入，这类患者吃较少的东西就会采取清除行为，通常的清除方法包括自我引吐（self-induced vomiting），以及滥用泻药、利尿剂或灌肠剂等，并且这种行为发生得非常频繁。案例10-1中的患者主要以限制饮食为特征，因此属于限制型的神经性厌食。

大约一半的神经性厌食患者会有暴食和清除行为，与限制型患者相比，暴食/清除型患者有更多的强迫性行为，如偷窃、酒精和药物滥用。在这一方面，暴食/清除型神经性厌食患者与体重正常的神经性贪食患者（而不是限制型神经性厌食患者）更相似。而且，神经性厌食与神经性贪食患者都有一种对增重及对饮食失控的病态恐惧；他们之间的区别似乎仅在于个人是否成功地减轻了体重。

DSM-5 对神经性厌食的诊断标准

A. 限制能量摄入（相对于身体实际需要），导致体重相对于其年龄、性别、发育水平及躯体健康状况而言明显过低。体重明显过低的定义为：体重低于最低标准（例如，成年人体重指数 BMI≤18.5kg/m²，BMI 是用以千克为单位的体重数除以以米为单位的身高数的平方），或对于儿童和青少年而言，体重低于其年龄相应的最低预期体重。

B. 尽管体重明显过低，仍然强烈恐惧体重增加或变胖，或者持续采取行动防止体重增加。

C. 对自己体重或体形的感知紊乱，自我评价过分受到体重或体形状况的影响；或否认目前低体重的危害性。

特定类型：

限制型：在最近 3 个月中，无反复发作的暴饮暴食或清除行为（即自我诱导呕吐或滥用泻药、利尿剂或灌肠剂）。该亚型患者主要通过节食、禁食和/或过度运动减轻体重。

暴食–清除型：在最近 3 个月中，反复发作暴饮暴食或清除行为（即自我引吐或滥用泻药、利尿剂或灌肠剂）。

神经性厌食女性患者经常出现的一个临床症状是闭经，在案例 10-1 中也可以看到。这是衡量限制热量摄入达到何种程度的一个客观生理指标，曾经是这一障碍的诊断标准之一。之前有学者质疑这条诊断标准的价值，提出有些没有闭经但符合神经性厌食其他诊断标准的患者与那些有闭经症状的患者病得一样严重（见 Butcher, Mineka, Hooley, 2004）。对于男性患者而言，之前与此对应的诊断标准是性欲和雄性激素水平降低。不过，这种内分泌失调是患者饿自己的结果而不是原因。

神经性厌食的其他临床生理症状包括皮肤干燥、毛发或指甲脆硬，以及对寒冷敏感或不耐受。另外，比较常见的现象有患者的四肢和脸部长出软毛，手足冰凉，经常感觉疲倦、虚弱、眩晕等。维生素 B_1 缺乏也可能出现，这可能是神经性厌食患者出现抑郁和认知改变的部分原因（见 Butcher, Mineka, Hooley, 2004）。

芭蕾舞演员罹患此症的风险很高，其他对体形要求较高的群体，如模特、体操运动员等，也有不少人受到神经性厌食的困扰。例如，2006 年 11 月，巴西模特 Ana Carolina Reston 因神经性厌食去世；她身高 1.72 米，去世时体重仅 40 千克（BMI＝13.52，见巴洛，杜兰德，2017）。

有一点需要注意，神经性厌食患者一般不会主动求医，因为他们不认为自己有什么不正常。但是，从我们上面提到的内容可以看出，神经性厌食的治疗非常困难，有时甚至危及生命。患有神经性厌食的 15～24 岁的女性的死亡率是人群中同龄女性的 12 倍（见 Butcher, Mineka, Hooley, 2004），死亡通常是由于饥饿导致的生理后果而引发的，但也可能是由有意的自杀行为所造成。往往是在家人的压力和陪伴下，神经性厌食患者才会寻求救治。

三、神经性贪食的临床表现与诊断标准

与神经性厌食相比,神经性贪食发病年龄略晚,患病率更高。神经性贪食的某些特征与神经性厌食相似,如对于肥胖的恐惧和自我评价过分受到体形、体重的影响等,主要表现是反复发作冲动不可控制的暴食然后采取补偿行为以防止增重。

【案例 10-2】

冉某,女,24 岁,本科学历。自幼生长发育好,13 岁月经初潮,月经规律。15 岁时身高 1.54 米,体重 65 千克,人称小胖胖。一次偷吃母亲留下的食物,因怕长胖遂自行引吐。其后引吐次数渐多致体重下降。16 岁食量猛增,每餐主食一斤,外加大量菜类。每餐之后皆用手引吐,吐后又吃零食。十六七岁停经两年,至住院时月经周期 20~90 天不等。18 岁后,进食后可自行呕吐。大学毕业后在某公司任职,上学期间及工作后除一日三餐外,尚偷着吃大量零食,有时一口气吃一斤饼干,食后再吐。由于每餐后必吐,患者不敢在没有卫生间的地方吃饭。近两年,家人发现患者有暴食后呕吐的现象,试图限制其吃主食和零食,但毫无效果。做 CT 及其他消化系统的实验室检查结果均正常。由于患者暴食并呕吐影响了其工作(不能出差),在家人劝说下住院治疗。入院后躯体及神经系统检查未见异常,身高 1.58 米,体重 49 千克,无感知觉、思维和情绪障碍。自述控制不住地想多吃,因怕胖才呕吐,早期诱吐,现稍用力就能吐出胃内容物,对大量进食继之呕吐并不感到痛苦,对月经不规律感觉无所谓,愿意配合医生治疗。

(引自孟凡强,侯冬芬,1995)

神经性贪食的显著特征是反复发作冲动不可控制的暴食(binge-eating,又译狂食)行为。不过,如何量化暴食,是一个有争议的问题。如果从热量摄入的角度来看,暴食现象有很大的差异。鉴于此,DSM 系统建议用结构化访谈来确定是否有暴食现象,其中对暴食的定义是在一段固定的时间里进食"数量明显大于大多数人在相似时间段和相似情境下的食物,以及进食行为是不能控制的,即当病人想停止暴食时却停不下来"(APA,2013)。

神经性贪食的另一个关键诊断标准是采取不适当的补偿行为以防止暴食引起的体重增加。最常用的是清除(purging,又译导泻)技术,包括进食后立即诱导呕吐,或使用利尿剂或其他类似的药物。还有一些人会试图采用其他的补偿行为,比如过度运动;一些人会服用甲状腺药物,以提高自身的新陈代谢率。DSM-Ⅳ将神经性贪食分为清除型与非清除型,清除型更常见些,约占 80%(Butcher,Mineka,Hooley,2004)。案例 10-2 中的冉某属于清除型。非清除型患者可能会过度运动或者禁食,不会采取上述清除行为。现在学术界的共识是,清除型与非清除型神经性贪食患者在病态心理严重程度、暴食频率,以及抑郁等共病方面没有显著差别(见巴洛,杜兰德,2017),故在 DSM-5 中不

再做这种亚型的区分。

体重和体形过分影响到自我价值感或自尊,也是神经性贪食患者的一个重要诊断标准,且可以与诊断标准中没有此项内容的暴食障碍患者相区别。笔者曾遇到一名神经性贪食患者,其母亲长得非常漂亮,而患者容貌与母亲并不相似,且患者在青春期体重增加明显,其母对此经常做消极评价,导致患者对自己的评价过度受到外貌的影响,患者由此开始节食减重,后引发暴食合并清除行为以防止增重。

节食减重后引发暴食,害怕发胖从而采取清除行为,这是很多神经性贪食患者的发展路径。通常个体从节食开始,吃低热量食物以减重。随着时间的流逝,对饮食的严格限制变成了对食物的"强迫性"关注,他们开始不可控制地吃自己原本禁食的食物,例如薯条、比萨、蛋糕、冰激凌等高热量食物,有些人会狂吃任何能够得到的食物。依照人的身高、体重和年龄的不同,正常成年人每天一般需要摄入1200～2000卡路里的热量;而神经性贪食患者在一次暴食中平均可摄入4800卡路里的热量(见Butcher, Mineka, Hooley, 2004)。暴食后,因为害怕发胖,患者又会采取很多清除行为,例如自我引吐、过度运动、禁食、滥用泻药等,此模式不断循环出现。尽管神经性贪食患者对此感到很痛苦,却无力打破这种恶性循环。

神经性贪食患者的体重基本都在正常范围内,甚至有些患者轻微超重,因为清除行为对于减少能量摄入效果有限。进食后立刻呕吐能够去除大概50%的能量摄入,如果延迟呕吐,去除能量摄入的效果更小。泻药以及类似的方法在暴食后去除能量摄入的效果实际上也是很小的(见巴洛,杜兰德,2017)。

DSM-5 对神经性贪食的诊断标准

A. 反复出现暴食,每次暴食发作具备以下两个特点:
   (1) 在一个时间段内(比如两个小时)吃下大量食物,进食量明显大于大多数人在相似时间段和相似情境下的进食量。
   (2) 在进食过程中有失控的感觉(例如感到无法停止进食,或无法控制吃什么、吃多少)。
B. 反复出现不适当的补偿行为以防止体重增加。例如自我引吐;滥用泻药、利尿剂或其他药物;禁食;过量运动。
C. 暴食和不适当的补偿行为平均每周发生至少1次,至少持续3个月。
D. 自我评价过分受到体形和体重的影响。
E. 以上问题不是仅仅发生在神经性厌食症的发病期间。

相较而言,因神经性厌食的死亡率更高,神经性厌食有"优先诊断权"。如果一个患者符合神经性厌食的诊断标准,就不再做神经性贪食的诊断。神经性贪食和神经性厌食为数不多的显著差异之一就是,神经性贪食很少会直接导致患者死亡。

神经性贪食患者会因为自己的暴食及随后的补偿行为而感到羞耻、内疚、自我否定,并且会想方设法隐瞒此类行为。如案例10-2的患者冉某,她不能出差,也不能在没有洗手间的地方吃饭,就是害怕别人发现其病态的行为模式。患者还会先与暴食的冲动做痛苦的斗争,但通常以失败告终。

长期做出暴食合并清除行为,会有一系列的临床后果。其中,唾液腺肥大会使脸部显得与身体其他部位不成比例的圆胖,这在部分神经性贪食患者身上表现得很明显。反复呕吐会腐蚀食道以及牙齿表面的釉质;不可见但更严重的是,持续的呕吐会打破体液内的化学平衡,包括钠、钾离子的水平或体液内的酸碱平衡,这种情况被称为电解质失衡,如果不经治疗任其发展,可能造成心律不齐、肾脏衰竭等严重后果(见巴洛,杜兰德,2017)。饮食习惯恢复正常后,电解质失衡的情况会很快好转。有些神经性贪食患者的手指或手背上会有明显的疤痕,这是因为他们用手进行自我引吐时,手与牙齿和喉咙摩擦而造成的,在临床案例中经常能看到。

四、暴食障碍及三类进食障碍的关系

如前所述,暴食障碍曾作为一类未特定的进食障碍列于 DSM 系统中,其关键症状是反复发作、其冲动不可控制的暴食行为,但没有规律性的清除行为,且暴食行为造成患者的显著痛苦。

暴食且没有清除行为通常会导致个体出现超重甚至肥胖。尽管没有清除行为,但暴食障碍患者有着与神经性厌食及神经性贪食患者类似的一些对体形及体重的担忧,这是区分暴食障碍与单纯性肥胖者的一个要素。大概 1/3 的暴食障碍患者通过暴食缓解糟糕的情绪,这部分患者比其余 2/3 不适用暴食行为缓解负性情绪的患者严重得多(见巴洛,杜兰德,2017)。

DSM-5 对暴食障碍的诊断标准

> A. 反复出现暴食,每次暴食发作具备以下两个特点:
>   (1) 在一个时间段内(比如两个小时)吃下大量食物,进食量明显大于大多数人在相似时间段和相似情境下的进食量。
>   (2) 在进食过程中有失控的感觉(例如感到无法停止进食,或无法控制吃什么、吃多少)。
> B. 暴食出现时具备以下 3 项(或更多)特点:
>   (1) 进食速度比正常状态快得多。
>   (2) 持续进食直至饱胀不舒服。
>   (3) 身体没有感到饥饿时进食大量食物。
>   (4) 因对进食量感到尴尬而单独进食。
>   (5) 暴食发作后对自己产生厌恶、感到抑郁或内疚。
> C. 暴食造成显著的精神痛苦。
> D. 暴食平均每周发生至少 1 次,至少持续 3 个月。
> E. 暴食并不伴有反复出现的不适当补偿行为,并且不是仅仅出现在神经性贪食或神经性厌食的病程中。

有学者认为,神经性厌食、神经性贪食和暴食障碍这三类疾病属于同一个谱系(陈珏,2019),即进食障碍谱系障碍,若连续谱的左端为"食欲过度控制",右端为"食欲控制丧失",神经性厌食-限制型、神经性厌食-暴食/清除型、神经性贪食和暴食障碍便是从左到右分布在该连续谱上。体重是鉴别此三类障碍的要点:分别为过低、正常/轻微超重、肥胖。其他鉴别要点有:神经性厌食和神经性贪食均有对肥胖的病理性恐惧,而暴食障碍没有;神经性厌食-清除型、神经性贪食和暴食障碍均有暴食行为,其中神经性厌食-清除型和神经性贪食有清除行为,暴食障碍则无;在清除行为中,与神经性贪食患者相比,神经性厌食-清除型患者吃很少的食物就会采取清除行为。巴洛和杜兰德(2017)也提出过类似的观点,认为这几个障碍背后有些共同的成因,把这些障碍放在一个诊断类目下可能更有帮助,然后标注出具体特点,如节食、暴食或清除行为。陈珏(2019)经临床问诊发现,神经性厌食患者多以神经性厌食-限制型起病,随着病情发展,不少患者转变为神经性厌食-暴食/清除型,进而发展成神经性贪食,少部分甚至会继续发展成暴食障碍并导致肥胖。这种观点显然赞同神经性厌食与神经性贪食在心理病理学上没有实质性差异。

其他研究者也支持此观点,Franko 等人(2013)报道,约 62% 的神经性厌食-限制型转变为神经性厌食症-暴食/清除型;30%~80% 的神经性贪食患者有神经性厌食病史(Allison,2012)。一项长达 8 年的随访研究显示,与神经性厌食-限制型相比,神经性厌食-暴食/清除型患者的临床症状更严重、社会功能受损程度更严重、病程更长、痊愈率更低、复发率更高、相对病死率更高、合并自伤及自杀行为更多(Franko et al.,2013)。神经性厌食-暴食/清除型患者的治疗较神经性厌食-限制型更复杂、预后更差;神经性贪食的预后较神经性厌食好;暴食障碍预后较神经性厌食和神经性贪食好,复发可能性低于神经性厌食和神经性贪食(陈珏,2019)。

五、进食障碍的共病性

进食障碍通常与焦虑和心境障碍共病,有研究说神经性贪食患者的焦虑障碍终生患病率为 80.6%;50%~70% 的患者在其神经性贪食病程中,曾经符合某种心境障碍的诊断标准(见巴洛,杜兰德,2017)。神经性厌食患者的一、二级亲属中情感障碍的患病率约 22%,远高于一般人群(张大荣,沈渔邨,1993);在神经性厌食患者中,抑郁障碍的终生患病率为 73%;强迫症也常和神经性厌食共存(见巴洛,杜兰德,2017)。在非临床群体中,高水平的负性情感与开始暴食及补偿行为有关(Cooley,Toray,2001)。要求瘦身的社会压力、低自尊,以及抑郁是预期处在青春期早期的女孩的进食障碍症状的显著危险因素(Graber,Brooks-Gunn,2001)。

Matsunaga 等人(1998)发现,进食障碍患者中 51% 的人符合至少一种人格障碍的诊断标准。限制型神经性厌食患者倾向于与 C 组人格障碍共病;有暴食/清除症状的进食障碍患者病人(包括神经性厌食和神经性贪食)更可能与 B 组人格障碍共病,特别是边缘型人格障碍。暴食障碍患者中也会发现人格障碍,但还没有显现出清晰的模式(见 Butcher,Mineka,Hooley,2004)。

有研究者认为,躯体畸形障碍是神经性厌食症患者没有被全面诊断出来的共病性疾病,而且这种共病性导致了更严重的功能失调(Grant,Kim,Eckert,2002)。暴食/清除型的神经性厌食患者也有并发物质滥用的可能性,而限制型神经性厌食患者一般不会。此外,Dohm 等人(2002)发现,自我伤害及物质滥用都可能出现在神经性贪食和暴食障碍患者中(见 Butcher,Mineka,Hooley,2004)。

第三节 进食障碍的病因

一、生物因素

1. 基因及生化因素

双生子及家系研究发现,神经性厌食、神经性贪食和暴食障碍的遗传性比较复杂,估计每种障碍的遗传率为 50%~83%(Fairburn,Harrison,2003),巴洛和杜兰德(2017)援引其他学者的看法认为,目前的共识是,遗传因素占神经性厌食和神经性贪食成因的一半左右。

目前研究认为神经性厌食的发生受到多个基因的调控,这些基因主要集中在与饮食、体重及进食行为相关的神经生物学系统(Gorwood,Kipman,Foulon,2003)。郑晓娇等人(2019)使用元分析研究发现,5-羟色胺 2A 受体-1438A 基因与进食障碍发病风险增高相关。陈珏等人(2008)在我国汉族人口的神经性厌食候选基因方面做了大量研究,发现 5-羟色胺转运体基因(5-HTTLPR)多态性与神经性厌食存在关联。

进食障碍的神经生化研究提示,神经递质及神经肽与进食及体重的调节有关,前者包括 5-羟色胺、多巴胺、去甲肾上腺素和乙酰胆碱,后者包括神经肽 Y、脑源性神经营养因子、瘦素、胃饥饿素、阿片肽、催产素等。有学者总结道,目前正在研究的治疗进食障碍的药物绝大多数针对的是 5-羟色胺系统(见巴洛,杜兰德,2017)。

2. 进食障碍与脑

下丘脑是调节饥饿与进食的关键中枢。下丘脑可以接受食物摄入和营养水平的信息,并在身体的营养需求得到满足后发出停止进食的信息。传递这些信息的神经递质包括去甲肾上腺素、多巴胺、5-羟色胺;下丘脑调节某些激素的水平,如皮质醇(诺伦-霍克西玛,2017),而神经性厌食患者的皮质醇水平是异常的,但这可能是神经性厌食的结果而不是原因,因为随着体重增加,其水平会回归正常。而且,与下丘脑外侧损伤导致的没有饥饿感和食欲的动物不同,神经性厌食患者尽管很饿却不吃东西。另外,下丘脑模型也不能说明神经性厌食患者对身体形象知觉的障碍或害怕变胖的恐惧。

事件相关电位研究发现,神经性厌食患者的认知功能受损(陈珏 等,2011;刘强 等,

2010）。反应抑制功能过度可能是神经性厌食的特征性神经认知内表型（岳玲 等，2016）。使用 MRI 对进食障碍患者的脑功能及脑结构进行研究，发现进食障碍患者存在认知控制、情绪调节等广泛脑区的功能或结构异常（陈珏，2013；王钰萍 等，2018）。不过，脑功能和结构的异常与进食障碍的因果关系远未明确。

二、社会因素

整体而言，社会文化因素对进食障碍的发生、发展作用显著（Nasser，1988）。巴洛和杜兰德（2017）指出，神经性厌食和神经性贪食是我们所知道的最具文化特异性的心理障碍。跨文化研究发现，不同的社会文化对肥胖的态度存在差异，进食障碍的患病率也有差异。西方社会为女性设定的理想体形不断变化，即越来越瘦（Comer，1995）；大部分西方国家都存在对苗条的理想性赞许；社会上对肥胖的负性态度变得更强烈，进食障碍的患病率也在增加（Davison，Neale，1998）。研究发现，女性对社会文化认同程度越高，患进食障碍的可能性也越大（唐莉，张进辅，2004）。

媒体也对进食障碍的发展起到一定作用。影视作品、报纸杂志上的女性身材几乎都是以苗条为主，瘦即是美。Nasser（1988）总结说，社会上对体形看法的转换，可以从三个方面来解释。第一，审美的角度，瘦被看作更美丽、更有女性魅力；第二，与内在的人格特质有关，瘦暗示着力量、健康及其他正性价值；第三，可推断出行为，瘦反映出自我控制力（假定这是得到与维持苗条所必须的）。以女性为主要读者的杂志一再强调节食、减肥、运动，在这种主流意识形态的影响下，女性为追求理想体形，极易走入进食障碍的误区（唐莉，张进辅，2004）。有意思的是，Harrison 和 Cantor（1997）研究了媒体与进食障碍的关系，发现每天看电视越多的人，其病态进食行为与态度越严重。

现代社会为女性设定的理想身材越来越让人难以达到。一方面是社会设定的标准越来越瘦长，另一方面是现代人的平均体重有所增加。体重增加或许部分源于营养的改善或健康习惯的改变；当然，时代变迁，人类种族的身高和体重在不断增加也是一个普遍的事实。另外，还有一个可能是，近几十年来生活方式的转变使人类的活动频率越来越少，这也会导致体重增加。

社会上对苗条体形的偏好，引发了对节食及减肥的过于关注。而这种关注是如此普遍，以致许多人都认为节食是正常的（Polivy，Herman，1987）。有研究认为，神经性厌食通常是由节食引起的；有人将节食与临床上极端的进食障碍看作不同程度的连续体，而进食障碍的亚临床形式处于两者之间（Nasser，1988）。一些力图查明非正常进食行为发生率的研究揭示，在西方节食是青春期少女最常用的控制体重的策略。30%～60%的青春期少女试图通过节食来减轻体重，7%～12%的青少年女性是极端的节食者（Leung，Lam，Chan，2001）。而长期的节食常常会导致不可控制的暴食（Polivy，Herman，1987）。节食甚至被认为是进食障碍发病的必要而非充分的条件（Huon，Strong，1998）。有研究发现，处在青春期的节食的女性在一年后患上进食障碍的概率是不节食女性的8倍(见巴洛,杜兰德,2017)。但也有研究者发现,节食并不能预期贪食症状的发展(Cooley,Toray,2001)。

肖广兰等人(2001)研究发现,在我国的女中学生群体中,高年级学生比低年级学生有更多节食行为,以及更强烈的对身体的不满和瘦身倾向;在社会影响因素中,同伴间的竞争是预测节食状况和相关态度的最重要的因素。

不管上述原因如何以及在多大程度上对引发进食障碍起作用,文化与我们现有的身材体重之间的冲突已经表现出明显的负面效应。首先,女性对自己的身体形象不满意;其次,引发了广泛的节食与运动锻炼的行为习惯,尤其是在女性中,一些人以追求几乎不可能的体形体重为目标;与此同时,进食障碍的患病率在上升。

三、心理因素

尽管文化对进食障碍的影响不容忽视,但处于同样的社会文化下的个体对文化影响的反应是不同的。环境因素可能对易感的个体发展进食障碍起到了很重要的作用,而个体的易感性是由人格特点以及在某种程度上的生物学特性与早期环境特征决定的(Hoek,1993)。

1. 人格特点

Fairburn等人(1999)认为罹患进食障碍的两个最重要的高危人格特质是低自尊及完美主义。其他研究者认为,神经性厌食患者具有完美主义、害羞、依从的特点;而神经性贪食患者还包括情绪不稳定及好交际的倾向;进食障碍患者有较高的神经质、焦虑及低自尊,并且表现出一种对家庭及社会标准的强烈认同(Davison,Neale,1998)。人格特质可能造成易感性,而这种脆弱性与生活应激源及身体不满意交互作用,最终促发了病态的进食行为(Cooley,Toray,2001)。

我国学者认为,偏执、强迫的个性特征对异常摄食行为的产生和维持有重要作用(刘铁榜 等,1992)。左衍涛(1994)综合国外研究结果发现,神经性贪食患者的心理病理特点包括低自尊、外控性、高神经质水平、抑郁、焦虑、冲动、强迫等。不过对这方面的研究结果并不一致,如有学者指出没有研究发现神经性贪食患者有人格上的强迫性(Davison,Neale,1998)。

可导致患进食障碍危险性增加的人格特征包括自我评价差、难以表达负性情绪(如愤怒、悲哀或恐惧)、难以处理矛盾、取悦别人、追求完美、依赖性强、有被关注的需求、难以处理与父母的关系(虽然可能表面上很亲近)、独立生活困难、父母高期望、对长大或性成熟(包括青春期身体的发育)感到害怕或犹豫、要求更加独立,以及生活中有自我认同等问题。人格特征和气质在进食障碍的不同类型中有差别,神经性厌食患者表现为低好奇心、胆小、顽固和自我保护不良等,而高度的好奇心、冲动则是神经性贪食患者气质的核心层面(范青,马玮亮,季建林,2005)。

不同的人格因素会导致不同的应对方式。一些研究者认为,应对技巧的缺乏使神经性贪食女性患者不能有效地应对应激,暴食就是这种无能的表达形式。另外,还有研究发现,应激经历越多的女性,暴食的危险性越大(左衍涛,1994)。国内有学者报告病例时说,冲动攻击的应对方式在异常摄食行为的产生与维持中也具有重要作用(刘铁榜等,1992)。

当然,心理变量可能通过与其他变量的交互作用影响进食态度和行为(Cooley,Toray,2001),下面将从几个心理学理论流派的角度分别加以讨论。

2. 心理动力学观点

经典心理动力学理论认为,神经性厌食是一种对口唇受孕恐惧的防御,之所以要回避食物,是因为食物象征性地等同于性和怀孕;这种焦虑在青春期不断增强,所以这个阶段是神经性厌食的发病期。其他心理动力学理论认为,不能发展出充分的自我感(sense of self)导致了神经性贪食,而母女之间的冲突-支配关系造成了女儿不能发展出充分的自我感。食物成为这种失败关系的象征,女儿的暴食和清除行为代表了需要妈妈与拒绝妈妈的冲突(见 Butcher,Mineka,Hooley,2004)。

其他观点包括,认为进食障碍和童年受虐及其他创伤(如性虐待、失去亲人、父母不和、重要的性心理发育阶段未完成自我认同等)相关。研究指出,进食障碍的核心问题存在于患者的人格和处理矛盾的能力。其人格总体特征为依赖,倾向于过度地依赖外在个体,包括父母、兄弟姐妹等,缺乏自主,混淆了自身与以上外在个体之间的领域。由于达到性成熟所带来的矛盾,即追求性欲的满足和完成自我认同的需要,依赖倾向在青少年期显现出来。然而,依赖实际起源于儿童期,尤其是儿童早期,那时儿童与母亲之间没能够建立有效的、稳定的和值得信赖的关系。依赖的特点使得个体将他人作为现实自身的组成部分,混乱的情感融合在一起,使之在青少年期失去自信心,感到自责和孤独,并发生行为紊乱(范青 等,2005)。

3. 家庭动力学观点

家庭治疗师认为家庭是进食障碍产生和维持的因素,在进食障碍的发生与发展中所起的作用非常重要,甚至有理论家认为其作用和基因同样重要(Allison,2012)。亢清等人(2014)研究表明,神经性厌食患者的家庭环境具有低亲密度、低情感表达、低娱乐性和高矛盾性等特征。

有研究者提出一种能同时解释神经性厌食与神经性贪食的心理动力学观点,被称为家庭动力学观点。这种观点是将心理动力学理论与家庭系统联系在一起。认为孩子在生理上原本有些脆弱,家庭又有促使孩子发展出进食障碍的动力特征;并且孩子的进食障碍在帮助家庭回避其他冲突中起了重要作用,这样,孩子的症状成为家庭中其他冲突的替代物。

Minuchin 等人 1975 年曾对罹患进食障碍孩子的家庭特征进行过概括(见 Davison,Neale,1998):

(1) 缠结(enmeshment)。神经性厌食患者的家庭通常有一种过分涉入与亲密的极端形式,其中父母会替孩子做决定,因为他们相信自己确切地知道孩子的感觉是怎样的。

(2) 过度保护。神经性厌食患者的家庭成员过分关注其他每一个家庭成员的幸福。

(3) 僵化。进食障碍患者的家庭试图努力维持原有的状况,而不能有效地、有弹性地解决需要家庭做出某种改变的问题。

(4) 缺乏解决冲突的能力。进食障碍青少年的家庭要么回避冲突,要么长期处于慢性冲突之中。

此外,儿童期虐待(包括躯体、心理及性虐待,以及忽视)被认为是一系列精神障碍包括进食障碍的诱发因素,且会导致表观遗传学改变(陈珏,2013;王向群,王高华,2015)。有研究指出,进食障碍患者比正常人报告了更多的儿童期性虐待。也有研究证明了病态进食行为与儿童期遭受性虐待之间的关系(Wonderlich et al.,2001)。不过,其他研究者认为,受虐的报告可能是在治疗中被创造出来的,所以对于儿童期性虐待在进食障碍病因中的作用尚不能确定。

此外,也有研究发现进食障碍与其他家庭或生育因素有关,如与母亲抽烟、孕期及围产期并发症,如母亲贫血、早产儿(小于 32 周)、新生儿心脏问题、胎盘梗死、出生时颅脑血肿、感染、自身免疫及脑器质性病变,以及营养缺乏(如锌缺乏)等多种因素有关(陈珏,2013;王向群,王高华,2015)。

还有研究者假定家庭或社会的影响通过三种潜在的机制作用于青春期女性的体象(body image)知觉和节食行为,这三种机制是:对家庭关系的知觉,母亲的行为和态度的影响,以及母女之间直接的交流。例如,有进食问题的女孩可能会知觉到家庭中存在更多矛盾,更少和谐、温暖;母亲对体重和体形的关注为女儿的体重控制行为提供了榜样;有病态进食模式的青春期女孩会有一个对她们的体重和外表更挑剔的母亲,这表明母亲可能会直接施加压力让她们瘦身,从而影响女儿的进食行为(Byely et al.,2000)。

4. 认知行为观点

(1) 神经性厌食。用认知行为理论解释神经性厌食的重点在于,怕胖的恐惧和体象障碍是自我挨饿的动机,而体重的减轻是有力的强化物。达到或维持瘦弱体形的行为被降低了的焦虑所强化。有些理论在融合了人格及社会文化变量后试图解释怕胖的恐惧和体象障碍是怎样发展的。例如,完美主义和缺乏个人充分感可能会使一个人开始特别关注自己的外表,这使得节食成为一个强有力的强化物(见 Butcher, Mineka, Hooley,2004)。另外一个引发强烈求瘦欲望的重要因素是来自同伴和父母的对过重体重的批评。支持这个结论的研究是这样的:一组 10～15 岁的少女接受两次评估,其间间隔 3 年;研究者发现,第一次评估得到的肥胖因素与被同伴嘲弄有关,第二次评估的肥胖因素与对身体的不满有关;而对身体的不满与进食障碍的症状是相关的(见巴洛,杜兰德,1995)。

我们在前面已经论及,节食达到一定程度,经常会导致暴食,而跟在暴食后面的清除行为可被看作是以对暴食引起的体重增加的恐惧为动机的。没有暴食及清除行为的神经性厌食患者可能更强烈地关注及害怕体重增加,只是自我控制能力更好。

(2) 神经性贪食。对神经性贪食的认知行为理论的解释与对神经性厌食的暴食/清除型的解释类似。认为神经性贪食患者过于关注体重增加和外表,但严格限制饮食的努力失败了,他们变得很焦虑,于是暴食-清除循环便开始了。许多患者暴食前后都很焦虑,暴食是为了应对焦虑,暴食之后更焦虑,然后采取清除行为以降低增重的焦虑(见Butcher,Mineka,Hooley,2004)。

神经性贪食患者通常是在遭遇应激事件和体验到负性情绪时发生暴食现象。神经性贪食患者自尊水平很低,并且有证据表明,他们可以通过清除行为减轻焦虑。当神经性贪食患者暴食之后不能采取清除行为时,他们自己报告的焦虑水平上升,并且这被生理学测量(如皮肤电)的结果验证了。接着,当清除行为发生后,他们的焦虑水平就下降了(Davison,Neale,1998)。

此外,认知偏差是导致负面身体自我的重要原因和维持因素,可以影响个体不同的认知过程,包括注意和记忆、解释和判断等(Rodgers,DuBois,2016)。这可能导致他们更多地关注有关自己身体的负面信息,在面对模糊信息时,做出对自己不利的解释和判断,这也是导致个体饮食紊乱的重要因素。

第四节 进食障碍的治疗

进食障碍是一组涉及生理和心理紊乱的精神障碍,与其他精神障碍不同的是,其生理紊乱所致的躯体并发症可累及全身各大系统、器官,因此在确定治疗方案前有必要对患者进行全面评估:由于进食障碍患者有涉及生命安全和躯体健康的问题,因而躯体评估最重要,需优先考虑;对无生命危险的患者,要进行全面心理评估,内容包括对患者的个体评估、家庭评估和治疗动机评估,这些信息有助于治疗团队更好地理解患者的心理行为问题(张靖,陈珏,2018)。

虽然进食障碍有神经性厌食、神经性贪食和暴食障碍等不同的表现形式,但总体治疗目标是一致的(王向群,王高华,2015):①尽可能地去除严重影响躯体健康的异常进食相关行为,恢复躯体健康;②治疗躯体并发症;③提供关于健康营养和饮食模式方面的教育;④帮助患者重新评估和改变关于进食障碍核心的歪曲认知、态度、动机、冲突及感受,促进患者主动配合和参与治疗;⑤治疗相关的心理问题,包括情绪低落、情绪不稳、冲动控制力下降、强迫观念和行为、焦虑、自伤自杀等行为障碍;⑥通过对照料者给予指导和家庭治疗来争取家庭的支持;⑦防止复发和恶化。

一般来说,进食障碍患者不会主动求医,他们否认或羞于承认自己有问题。因为这个原因,估计高达90%的进食障碍患者没有寻求治疗(Davison,Neale,1998)。目前临床上对进食障碍的治疗包括药物治疗、心理治疗。但就其长远效果来看,似乎都不是太理想。不过,进食障碍本身也有一个随年龄增长而自发缓解的趋势,当然,这要以进食障碍没有给患者带来致命后果为前提。

要治疗神经性厌食患者,更常见的是要求其住院治疗,因为这样才能对患者的进食加以细致的监测并使其进食量逐步增加。住院治疗也有利于缓解神经性厌食及神经性贪食患者的其他复杂的临床症状(如抑郁、电解质失衡等)。为了达到更好的治疗效果,对进食障碍患者往往需要同时实施生物医学治疗及心理干预。

一、生物医学治疗

如前所述,进食障碍经常并发抑郁,因此各类抗抑郁药在某种程度上能够治疗神经性贪食及神经性厌食就不足为奇了。近年来,对这方面的研究集中在百忧解上。有研究证明,百忧解在减少暴食及引吐行为方面优于安慰剂;并且能够缓解抑郁和患者对食物及进食的歪曲态度。另有一个控制不严格的研究发现,在治疗神经性厌食方面,百忧解也是有用的,经过百忧解治疗的 37 名神经性厌食患者中的 29 名在治疗后 11 个月的随访中,依然维持正常体重(Davison,Neale,1998)。

抗精神病药也被使用在神经性厌食的治疗中,针对那些担心体重增加和体象障碍可能达到妄想程度的患者,研究者发现奥氮平能够增加食欲、提高体重,同时还有抗抑郁、抗焦虑和抗强迫的作用,且较低剂量就能达到预期效果。另外一些非典型抗精神病药,如喹硫平,对神经性厌食患者的康复有辅助作用(见陈晓鸥,2017)。

不过,与使用认知行为干预的进食障碍患者相比,许多接受药物治疗的进食障碍患者会中途脱落,这主要是因为药物具有的副作用。而且,一旦停用药物,大部分患者会复发(Davison,Neale,1998)。

二、心理治疗与干预

关于对进食障碍的心理治疗,治疗师已经进行了很多临床实践,但较少见到疗效突出、稳定的相关文献报道。下面就有疗效报道的治疗方法做一简要介绍。

1. 神经性厌食的治疗

(1)家庭治疗。尽管如其他大多数家庭治疗一样,其长期疗效还没有被充分地研究,但有报告说,经过家庭治疗的 50 名神经性厌食女性患者,86% 在治疗后的 3 个月到 4 年的随访期内行为功能良好(见 Davison,Neale,1998)。陈晓鸥(2017)在综述神经性厌食的治疗进展时,也将家庭治疗作为可选择的、有效的治疗方法之一。

系统家庭治疗师 Salvador Minuchin 和他的同事对神经性厌食的治疗做了很多工作。Minuchin 关于进食障碍的心理动力学的理论是:患有进食障碍的孩子将家庭的注意力从隐藏在其背后的冲突上面转移开了。根据这种观点,Minuchin 治疗这种障碍时,试图重新将神经性厌食定义为人际关系的障碍而不是个人的障碍,并且把家庭的冲突表面化。Minuchin 认为,通过这种方法,带有症状的家庭成员就没有必要一定表现出进食问题,因为进食障碍症状本身已经不能转移功能失调的家庭的注意力了(见章晓云,钱铭怡,2004)。

(2) 认知行为治疗。治疗神经性厌食包括两个层次(Davison,Neale,1998)。首先,直接的目标是帮助神经性厌食患者增加体重,以避免临床并发症和死亡的可能。通常在接受治疗时,患者已经非常虚弱,并且生理功能严重紊乱,这就要求强制患者进食,包括静脉注射。这一阶段的行为治疗方法包括尽可能隔离患者,吃饭需有人陪护,把看电视、电影、听收音机、与护士散步、收发信件、亲属探访等作为进食和体重增加的奖励,这被证明多少是有效的。其次,治疗的第二个层次,即长期维持病人在上一治疗阶段中增加的体重,达到这个目标比较困难。这需要针对怕胖,以及对进食失控的病理性恐惧进行工作。Fairburn 在 2008 年开创的加强版认知行为治疗,疗效相对较好,但与对神经性贪食患者的治疗效果相比有差距(见巴洛,杜兰德,2017)。

2. 神经性贪食的治疗

相比神经性厌食,对神经性贪食的治疗得到了更多的关注,疗效也相对更好,复发率更低。前面提到的加强版认知行为治疗同样适用于神经性贪食,疗效优于其他心理治疗方法(见巴洛,杜兰德,2017)。

这一治疗模型强调认知和行为因素在维持进食障碍中的关键作用。简单说,这个模型认为,社会文化要求女性身材苗条,同时逼迫女性顺从此要求,由此导致女性的自我评价过度受到体重和体形的影响。随之引发女性严苛、不切实际地限制饮食,而这个过程会带来生理和心理上对过多进食的周期性失控(即暴食)。清除行为和其他控制体重的极端方法都是对暴食行为的一种补偿。清除行为降低了患者对体重增加的焦虑,也打乱了患者自然的调节进食的饱食反射,由此患者维持了暴食-清除行为。随之,暴食和清除行为导致痛苦和低自尊,而痛苦和低自尊又不可避免地引发更严重的节食和暴食。这个过程持续发展,暴食成为一种手段,用来钝化或者逃避个人生活中面临的痛苦。就这样,暴食本身就成为整个过程的一个负强化物,并且是个强有力的因素(见 Barlow,Durand,1995)。

认知行为疗法治疗神经性贪食的第一个阶段是对患者进行心理教育,包括暴食及清除行为的生理后果、引吐与使用泻药作为控制体重手段的无效性、节食的危害性等,以及教会患者按时按量吃一日三餐,以及在正餐之间吃一些零食。第二个阶段致力于识别并矫正患者的不合理信念。鼓励患者质疑关于外表魅力的社会标准,发现和改变那些刺激患者节食继而暴食-清除以防止增重的信念,从而建立更合理的信念。例如,治疗师要温和且坚决地挑战诸如这样的不合理信念"如果我比现在重几斤就没人会看重我"。

认知行为治疗试图教会神经性贪食患者,控制体重在一个人的生活中并不是完全不合理的事情,但这可以通过常规进食而不是极端节食更好地达到这一目的,并且极端节食通常会引发暴食及随之而来的清除行为。

认知行为治疗对患者不现实的要求和其他的认知歪曲进行持续的挑战（如吃少量的高热量食物意味着自己是一个完全彻底的失败者，并且自己的情况注定永远无法改善等），以使患者放弃歪曲的认知，以合理的认知面对进食问题。治疗师要和患者一起工作，找出引发患者暴食的事件、想法和情绪，然后帮助患者学习更多的适应性方法去应对这些情境。另外，治疗师需要教授神经性贪食患者放松技术，用来应对自我引吐的冲动。

从短期效果来看，认知行为治疗对神经性贪食的疗效是令人鼓舞的，并且有证据表明，认知行为治疗优于抗抑郁药的疗效。从长期效果来看，认知行为治疗也很有效。旨在改善人际关系的人际治疗效果也不错。家庭治疗也可以作为神经性贪食治疗的选择之一。家庭和人际治疗整合到认知行为治疗中也是一个新的趋势。而那些对认知行为治疗反应不佳的患者可能会从人际治疗或者抗抑郁药物治疗中获益（见巴洛，杜兰德，2017）。

评估不同疗法的疗效相对困难，特别是对于神经性贪食患者而言，因为每一个患者所面临的具体情况不同。很多神经性贪食患者伴有其他心理障碍，如情绪障碍、边缘型人格障碍、物质滥用等，增加了治疗难度。整体而言，如同神经性厌食的治疗一样，治愈神经性贪食存在困难。

3. 暴食障碍的治疗

认知行为治疗经过适当调整，也可以用于暴食障碍的治疗，疗效也很不错。与神经性贪食不同的是，人际治疗和认知行为治疗效果相当；同时，抗抑郁药物治疗对暴食障碍几乎没有效果。不过，一些行为减重项目，以及自助型项目对暴食障碍有一定的积极效果（见巴洛，杜兰德，2017）。

作为认知行为治疗第三浪潮的辩证行为疗法，目前也被应用到进食障碍的治疗中（见张靖，陈珏，2018）。辩证行为疗法采用了正念技巧、情绪调节技巧、人际效能技巧，以及承受痛苦技巧，对于进食障碍患者经常伴发的负性情绪、人际困扰等有帮助。

有研究者提出了《动机与心理教育自助手册》，这是针对进食障碍患者心理特点和进食障碍症状研发的自助手册，患者在治疗师的指导下完成阅读、练习和讨论，适用于所有类型的进食障碍患者（Cashmore，Cousin，Arcelus，2011）。韩煦和李雪霓（2018）曾使用此手册并结合案例示范，对一例神经性贪食患者的疗效显著。

4. 预防性心理干预

进食障碍的心理治疗结果并不十分令人满意，因此研究人员致力于寻求在患者发展成进食障碍之前，对病态进食行为、态度进行干预，以期减少进食障碍和病态进食行为的发病率，即防患于未然。

学校环境是一个进行心理健康教育活动的适宜地点，因为在学校可以很容易接触到青少年（Stewart et al.，2001），且学生通常是易受影响的。在美国、澳大利亚等国家和地区已经分别发展出不同的以学校为基础的干预方案，旨在提高青少年女性对自己体象的正确知觉并预防进食障碍。干预的主题涵盖了限制热量摄入的潜在危险、关于健康进食的因素、对理想体象的社会文化结构的分析,以及关于"完美身材"的期待。但是,这些干预的结果表明,这种以提供信息为主的对进食障碍的初步干预可能仅仅是提高了女性关于进食障碍和病态进食的知识,在改善青少年的体像、进食行为和态度方面是无效的(O'Dea,Abraham,2000)。

O'Dea 和 Abraham(2000)进一步提出一种以提高自尊为基础的方法,通过提高青少年的自尊来改善身体意象和进食态度及行为。结果发现,这种设计可以成功改善男性和女性青少年的身体意象和进食态度及行为,包括那些被认为最有可能发展成进食障碍的青少年。作者总结道,目前这个研究之所以在改变学生的身体满意度、身体意象、关于进食和体重的态度以及控制体重方面有效,是因为它集中于创造出学生在自我知觉和价值方面的正性改变。这种方法不是尝试去改变青少年已有的知识,相反,它着重于找到个体自我中积极和正性的方面。

此外,临床心理学家发展出一些项目,旨在教育肥胖的来访者,主要内容就是关于体重与进食的复杂关系,以提高他们的自尊和自我接受程度。这些项目都是通过给来访者提供相关的知识,比如导致肥胖的有关遗传和新陈代谢方面的因素、节食的相对无效性以及胖人可能并不比瘦人吃得更多的证据等信息,以尝试减少肥胖者原以为的该对自己肥胖负全部责任的思想(Robinson,Bacon,O'Reilly,1993)。此种方案的设计者认为这种方法是有效的。

青少年的父母及其养育方式,在预防进食障碍方面也起到重要作用。例如,陆遥等人(2015)研究发现,父母教养方式中情感温暖与暴食显著负相关,而拒绝及过度保护与暴食显著正相关,同时自尊部分中介父母教养方式和暴食之间的关系。不过,在预防性干预中如何让父母参与、以什么形式参与,目前尚未见到相关的报道。

小　　结

近几十年来,进食障碍的发病率迅速上升。进食障碍是指以反常的进食行为和心理紊乱为特征,伴发显著体重改变和(或)生理、社会功能紊乱的一组疾病。主要包括神经性厌食、神经性贪食和暴食障碍。神经性厌食通常开始于十几岁,患病率女性远高于男性,并且常合并焦虑、抑郁等其他障碍。神经性厌食的症状包括:减少能量摄入拒绝维持正常体重、强烈恐惧发胖、歪曲知觉身体形象。神经性厌食患者因为体重过轻,生理功能严重紊乱,是致死率最高的精神障碍。神经性贪食的症状包括:害怕发胖、歪曲的身体意象知觉、暴食及随后的不适当补偿行为(如自我引吐、滥用泻药、利尿剂,以及过度运动)。与神经性厌食相似,神经性贪食开始于青春期,在女性中更常见,也会与焦虑、抑郁、物质滥用等心理障碍共病,预后比神经性厌食乐观。暴食障碍的症状包括暴食、暴食造成的显著精神痛苦等,但与神经性厌食、神经性贪食不同,暴食障碍没有将自己的价值显著地与体形、体重相关联。其与神经性厌食和神经性贪食相比,男性患病率高一些,且患病年龄也更高。

对进食障碍的病因学研究包括生物、社会及心理等多方面因素。作为最具有文化特异性的精神障碍,社会文化对苗条的强制性赞许(尤其是对女性)在进食障碍的发病上似乎起很大作用。

进食障碍的治疗需要以整合模式的视角进一步探索和实践。对于精神障碍中致死率最高的神经性厌食,最先需要进行医学治疗和再喂养、恢复体重和营养。心理治疗,包括认知行为治疗、家庭治疗、人际治疗,以及精神分析,对于缓解进食障碍症状有一定疗效。药物治疗主要是应用抗抑郁药,目前来看,效果不是很理想。如果不给予治疗任其发展,进食障碍就会成为慢性且持续发展的一种疾病。

思 考 题

1. DSM-5 中进食障碍的诊断标准和分类的主要变化是什么?
2. 神经性厌食、神经性贪食与暴食障碍的主要异同是什么?
3. 如何用整合的视角理解进食障碍的成因和治疗?
4. 你赞同一定限度地节食吗?节食与进食障碍的关系如何?

推 荐 读 物

巴洛,杜兰德.(2017).变态心理学:整合之道.7 版.黄铮,高隽,张婧华,等,译.北京:中国轻工业出版社.

陈珏.(2019).进食障碍诊疗新进展及其对全科医生的启示.中国全科医学志,22(8):873-881.

张大荣,沈渔邨.(1993).进食障碍概念的演变及病因学研究进展.中国心理卫生杂志,7(1):7-10.

Butcher, J. N., Mineka, S., & Hooley J. M. (2004). Abnormal psychology. Beijing: Peking University Press.

11

物质相关及成瘾障碍

第一节 概 述

物质相关及成瘾障碍（或称物质使用障碍）中的物质（substance）指的是会导致个体产生心理及身体依赖的精神活性物质，包括酒精、咖啡因、大麻、致幻剂、吸入剂、阿片类物质、兴奋剂、烟草，以及镇静剂、催眠药或抗焦虑药等。

物质相关及成瘾障碍具有严重不良影响。比如，38%的个体在实施自杀之前，都有物质滥用现象（Cavanagh et al.，2003）。物质使用也是犯罪的温床，2006年美国各级监狱共关押230万名罪犯，其中84.8%与物质使用有关（National Center on Addiction and Substance Abuse at Columbia University，2010）。

根据中国精神卫生调查数据，我国的物质使用障碍终生患病率约为3.9%，其中最多的是酒精使用障碍，占物质使用障碍的90.5%（Huang et al.，2019）。截至2022年年底，我国现有吸毒人员112.4万名，同比下降24.3%，占全国人口总数的0.8‰，毒品滥用规模持续缩小。部分吸毒人员为缓解毒瘾，转而寻求其他物质进行替代滥用。吸毒人员滥用毒品替代物质后，易导致精神异常、出现幻觉或狂躁症状，存在肇事肇祸风险；多地还出现青少年群体滥用"笑气"等未列管物质情况，严重侵害青少年身心健康[*]。这是值得警惕的新趋势。

大众通常用成瘾（addiction）描述物质滥用，形容个体不择手段地使用能产生快乐或缓解痛苦的物质所带来的有害效应。物质会影响机体的生化过程（Robinson，Berridge，2003），但心理和社会因素也会影响人对物质的认知、情感和行为（Crabbe，2002）。

研究发现，赌博行为也与物质使用障碍存在相似特点，包括激活大脑奖赏系统、抑制冲动控制系统、使人产生依赖、存在戒断反应等（Reuter et al.，2005）。DSM-5将赌博障碍与物质使用障碍放入同一编中，并采用物质相关及成瘾障碍（substance-related and addictive disorders）这个术语。ICD-11也将赌博与物质使用障碍合编，命名为物质使

---

[*] 中国国家禁毒委员会办公室. 2022年中国毒情形势报告. （2023-06-21）[2024-03-06]. http://www.nncc626.com/2023-06/21/c_1212236289.htm.

用和成瘾行为所致障碍(disorders due to substance use or addictive behaviors)。

一、物质相关障碍

物质相关障碍可分为两大类：物质所致的障碍和物质使用障碍。

物质所致的障碍包括中毒(intoxication)、戒断(withdrawal)和其他物质/药物所致的精神障碍。物质戒断指的是物质依赖个体突然停止或减少使用物质时出现的生理、心理症状；物质中毒指的是摄入物质之后引发的具有明显临床意义的问题行为、心理改变和生理症状。物质所致的精神障碍一般参见与其具有类似临床表现的具体精神障碍的论述。

物质使用障碍(substance use disorders)指的是与使用物质相关的问题。DSM-Ⅳ中将物质使用障碍的表现分为两个层级：物质依赖(substance dependence)和物质滥用(substance abuse)。物质依赖主要指耐受性、戒断症状和冲动性使用行为；物质滥用主要指物质使用带来的心理问题和非适应性行为。DSM-5则将物质依赖与物质滥用合并，不再明文区分。

在ICD-11中，原有的"使用精神活性物质所致的精神和行为障碍"被调整为"物质使用和成瘾行为所致障碍"，区分了物质中毒与通常中毒的概念；将ICD-10中的有害使用调整为"有害使用模式"，强调物质使用的持续性；还以"单次有害性使用"的概念，涵盖单次使用物质后个体遭受急速、严重损害的状况。此外，ICD-11对物质成瘾的诊断标准进行了简化，由原来的6条核心症状简化为3条，并要求在过去1年中反复出现，或既往1个月中持续出现以下核心症状中的两条即可诊断为物质成瘾：①难以控制的渴求；②物质使用在日常生活中占优先地位，不顾使用带来的危害后果；③生理特征的出现，例如耐受、戒断、再使用物质可缓解戒断。ICD-11还将原属于冲动控制障碍的赌博障碍和游戏障碍也归为成瘾行为所致障碍，与物质成瘾并列。最后，ICD-11对成瘾物质进行了更细的划分，纳入了合成大麻素、抗焦虑药物、苯环利定、氯胺酮等新型成瘾物质(杜江 等，2018)。表11-1为DSM-5和ICD-11物质使用障碍诊断标准及比较。

表11-1　DSM-5和ICD-11物质使用障碍诊断标准及比较

条目	DSM-5	ICD-11
时间：近12个月内。	+	+
有使用物质的强烈渴求。	+	+
多次使用物质，导致不能履行工作、学校或家庭中的主要角色的义务。	+	
由于使用物质，放弃或减少重要的社交、职业或娱乐活动。	+	
将使用物质置于生活中更高的优先级。		+
自控力下降，尽管该物质已经造成损害，仍继续使用该物质。	+	+

(续表)

条目	DSM-5	ICD-11
戒断：减量会导致戒断反应，或为避免戒断、使用该物质或类似物质。	+	+
耐受：为达到相同效果需使用更多物质。	+	+

注："+"表示诊断标准中包含表左栏所列的条目。

我国《精神障碍诊疗规范(2020年版)》则使用"精神活性物质使用所致障碍"这一概念，与ICD-11的"物质使用所致障碍"类似，用以统称所有由于使用精神活性物质而导致的各种精神障碍；此外，又分别列出了依赖综合征、戒断综合征、耐受性和有害使用方式这几个小类。

二、致依赖性物质的分类

DSM-5物质相关障碍一节列出了10种不同类别的药物：酒精，咖啡因，大麻，致幻剂，吸入剂，阿片类物质，镇静剂、催眠药或抗焦虑药，兴奋剂(苯丙胺类物质、可卡因和其他兴奋剂)，烟草及其他(或未知)物质。

除以罂粟为原料、提炼加工而成的传统毒品外，2013年的《世界毒品报告》中首次记载了新精神活性物质(NPS)，即没有被联合国国际公约(即1961年《麻醉品单一公约》和1971年《精神药物公约》)管制，但存在滥用可能并会对公众健康造成危害的单一物质或混合物质。多为制毒者为逃避管制，修改管制毒品的化学结构得到的毒品类似物，具有与管制毒品相似或更强的兴奋、致幻、麻醉等效果，因此被称为"实验室毒品"或"策划药"。目前，新精神活性物质包括合成大麻素类、卡西酮类、苯乙胺类、色胺类、氨基茚类、哌嗪类、氯胺酮类、苯环利定类、植物类及其他类(游彦，邓毅，赵敏，2017)。

几种常见物质使用及过量使用后的典型反应见表11-2。

表11-2 几种常见药物的典型效应及过量反应

依赖药物类型	典型效应和/或症状	过量服用后果
酒精	紧张缓解。	方位感迷失，丧失意识，甚至死亡。
镇定药物	安眠，运动机能下降，紧张缓解。	呼吸变浅，瞳孔变大，皮肤湿冷，脉搏快，昏迷甚至死亡。
安非他明(苯丙胺)	警觉增加，兴奋，欣快，脉搏、血压增加。	激动，出现幻觉、妄想，痉挛，甚至死亡。
海洛因	初期欣快，之后淡漠、瞌睡，判断受损。	呼吸慢而浅，恶心，皮肤湿冷，呕吐，眩晕，可能死亡。
迷幻药(LSD)	幻觉，妄想，时间知觉扭曲，非真实感，心悸。	精神病性反应。

(续表)

依赖药物类型	典型效应和/或症状	过量服用后果
大麻	欣快,兴奋,胃口增加,可能方位感丧失,口干,幻觉,欣快,性欲增强,本体感觉扭曲。	疲劳,可能出现精神病性反应。
氯胺酮		精神病性反应,易激惹,或退缩、抑郁、惊恐。

资料来源:Sarason,Sarason,1999;刘志民 等,2014。

根据《2022年中国毒情形势报告》,在现有吸毒人员中,滥用海洛因41.6万名、冰毒58.8万名、氯胺酮3.2万名,同比分别下降25.2%、25.8%、14.7%。据各地开展城市污水中毒品成分监测结果显示,海洛因、冰毒、氯胺酮等3类滥用人数较多的常见毒品消费量普遍大幅下降。

本章,我们将重点介绍酒精、大麻、阿片类物质、烟草等物质使用障碍。

第二节 酒精使用障碍

一、概述

人们酿酒饮用的历史源远流长,酒精是最古老的人造饮料,但过量饮酒会造成严重的身心健康问题。根据世界卫生组织发布的《2018年饮酒和健康报告》,2016年约300万死亡归因于饮酒,占全球所有死亡人数的5.3%,其中大多数为男性,我国的状况尤其严重。李亚茹等人(2018)调查发现,我国男性饮酒率为53.8%,过量饮酒率为14.0%;女性饮酒率为12.2%,过量饮酒率为1.1%,均处于较高水平。

人饮酒后,酒的主要成分乙醇首先被脱氢氧化成乙醛,乙醛再被脱氢氧化成乙酸,最终生成二氧化碳、水和热量(郭坤亮,季克良,王昌禄,2005)。二氧化碳和水可以经呼吸排出体外,但每小时肝脏能分解的酒精是定量的,超额的酒精成分会继续存于血液中,并由血液循环携至大脑。过量饮酒,血液中酒精浓度超过一定量,就会抑制延髓中枢,可能导致个体因呼吸衰竭而死亡。

饮酒初期,人感到欣快、放松、健谈、思维活跃,但长期饮酒对人有害无益。由于脑组织的主要成分之一是卵磷脂,而酒精是亲脂性物质、很容易通过血脑屏障损害大脑。关建军和杨军(2012)发现,慢性酒精中毒患者有不同程度的记忆力、计算力、判断力下降,还可能出现幻听、幻视、定向障碍、人格改变等症状。长期过量饮酒可致韦尼克-科尔萨科夫综合征(Wernicke-Korsakoff syndrome),其三大典型症状为眼外肌麻痹、共济失调、精神或意识障碍(郝伟 等,2017);后期可出现科尔萨科夫综合征(又称遗忘综合征),以部分逆行性遗忘、完全顺行性遗忘、定向障碍(特别是时间定向障碍)为特征(Kopelman et al.,2009)。

酒精对躯体也有严重伤害。在辽宁省丹东市第三医院 1985 年至 2005 年的 251 例慢性酒精中毒所致精神疾病患者中,有躯体合并症的占 65.34%,包括肝硬化、酒精性肝炎、胃炎、胃溃疡、胰腺炎、脑出血、高血压、动脉硬化等(刘彦明,胡忠心,2007)。女性在孕期过量饮酒可致胎儿酒精综合征(fetal alcohol syndrome),即引起胎儿精神和躯体生长发育迟缓,并伴有头颅、颜面、肢体和心血管缺陷。

二、酒精使用障碍、酒精中毒、酒精戒断的诊断标准

【案例 11-1】*

李某,28 岁,酒龄 13 年。在一次同学聚会上,朋友坚称"喝酒才是男子汉",李某为顾及朋友感情而饮酒。参加工作后,李某喝酒聚会愈发频繁,后来甚至到了每天必喝的程度。这让他的肝肾功能受损,酒瘾发作时还出现抽搐、乏力等症状,经多次治疗后仍然难以克制饮酒。

由于长期酗酒,李某丢了工作,与妻子离婚后留下孩子一走了之,父母也忧郁成疾。清醒时,李某悔恨不已,但依然不能戒掉酒瘾。为了改变自己,李某离家打工,期间大量饮酒、熬夜加班,最终他全身浮肿、精神倦怠、头脑昏沉。

在 DSM-5 中,酒精相关障碍不再细分为酒精依赖和酒精滥用两个方面,而是分为酒精使用障碍(alcohol use disorder)、酒精中毒(alcoholism)及酒精戒断(alcohol withdrawal)。

DSM-5 对酒精相关障碍的诊断标准

1. **酒精使用障碍**
   A. 一种有问题的酒精使用模式导致显著的具有临床意义的损害或痛苦,在 12 个月内表现为下列至少 2 项症状。
   (1) 酒精的摄入常常比预期的摄入量更大或时间更长。
   (2) 有试图减少或控制酒精使用的持续愿望或失败的努力。
   (3) 将大量的时间花在那些获得酒精、使用酒精或从其效应中恢复的必要活动上。
   (4) 对使用酒精有强烈的欲望或迫切的要求。
   (5) 反复的酒精使用导致个体不能履行在工作、学校或家庭中的主要角色的义务。
   (6) 尽管酒精使用引起或加重持续的或反复的社会和人际交往问题,但个体仍然继续使用酒精。
   (7) 由于酒精使用而放弃或减少重要的社交、职业或娱乐活动。
   (8) 在对躯体有害的情况下,反复使用酒精。
   (9) 尽管认识到使用酒精可能会引起或加重持续的或反复的生理或心理问题,但个体仍然继续

---

* 龙山一小伙酗酒,散了家庭毁了身体.(2017-08-01)[2024-03-11]. https://www.sohu.com/a/161472091_763227.

　　　　使用酒精。
　（10）耐受，通过下列两项之一来定义：
　　　　a. 需要显著增加酒精的量以达到过瘾或预期的效果；
　　　　b. 继续使用同量的酒精会显著降低效果。
　（11）戒断，表现为下列两项之一：
　　　　a. 特征性酒精戒断综合征（参见酒精戒断诊断标准 A 和 B）；
　　　　b. 酒精（或密切相关的物质，如苯二氮䓬类）用于缓解或避免戒断症状。

2. 酒精中毒

A. 最近饮酒。

B. 在饮酒过程中或不久后，出现具有明显临床意义的问题行为或心理改变（例如，不适当的性行为或攻击行为、情绪不稳、判断受损）。

C. 在酒精使用过程中或不久后出现下列 6 项体征或症状中的 1 项（或更多）：
　（1）言语含糊不清。
　（2）共济失调。
　（3）步态不稳。
　（4）眼球震颤。
　（5）注意或记忆受损。
　（6）木僵或昏迷。

D. 这些体征或症状不能归因于其他躯体疾病，也不能用其他精神障碍来更好地解释，包括其他物质中毒。

3. 酒精戒断

A. 长期大量饮酒后，停止（或减少）饮酒。

B. 诊断标准 A 中所描述的停止（或减少）饮酒之后的数小时或数天内出现下列 2 项（或更多）症状：
　（1）自主神经活动亢进（例如，出汗或脉搏超过 100 次/分钟）。
　（2）手部震颤加重。
　（3）失眠。
　（4）恶心或呕吐。
　（5）短暂性的视、触或听幻觉或错觉。
　（6）精神运动性激越。
　（7）焦虑。
　（8）癫痫大发作。

C. 诊断标准 B 的体征或症状引起具有显著的临床意义的痛苦，或导致社交、职业或其他重要功能方面的损害。

D. 这些体征或症状不能归因于其他躯体疾病，也不能用其他精神障碍来更好地解释，包括其他物质中毒或戒断。

　　案例 11-1 中的李某就表现出了 DSM-5 诊断标准中酒精使用障碍、酒精中毒和酒精戒断的症状。

第三节 阿片类物质使用障碍

一、概述

阿片类物质（opioid）是指从罂粟中提取的生物碱及其衍生物，主要包括吗啡、海洛因、美沙酮等。公元前约 3400 年，苏美尔人已开始种植罂粟。1806 年，德国药剂师 Friedrich W. Sertürner 从阿片中分离出吗啡；1874 年，美国化学家 C. R. Wright 首次合成海洛因，当时海洛因对支气管炎、哮喘、肺结核等病的治疗有奇效，还能引发更强的迷幻、快乐和兴奋感，但其危害远超医用价值。1912 年，在荷兰海牙召开的关于阿片问题的国际会议决议管制阿片、吗啡和海洛因，但至今屡禁不止（谢仁谦，2001）。

公元 7 世纪，鸦片由大食（阿拉伯帝国）传入唐朝，北宋年间有用鸦片治疗痢疾的记载。17 世纪起葡萄牙、英国的鸦片贸易，又掀开了中国民间大规模滥用鸦片的序幕（李定一，1997）。中华人民共和国成立后，我国在全国范围内进行了一场肃清鸦片烟毒的群众运动，鸦片滥用得到抑制。但 20 世纪 80 年代以来，我国西南边境首先出现吸食海洛因的案例，其后波及四川、贵州、陕西、甘肃各省（大凡，1999）。

二、临床表现及诊断标准

阿片依赖的快感体验大致可以分为以下三个连续过程：①强烈快感期；②松弛状态期；③精神振作期。但是，随着吸食者耐受性逐渐提高，其感受到的快感也越来越小，此时往往会加大吸食的数量，之后又会由吸食改为注射，戒断症状也变得越来越严重。

我国的《精神障碍诊疗规范（2020 年版）》中列举了阿片类物质急性中毒、依赖和戒断的表现。其中，轻度中毒表现为出现欣快感、脉搏增快、头痛、头晕；中度表现为出现恶心、呕吐，失去时间和空间感觉，肢体无力，呼吸深慢，瞳孔缩小、对光反射存在。重度中毒的典型表现为昏迷（意识丧失）、呼吸极慢甚至抑制、针尖样瞳孔（瞳孔缩小），称为三联征；以及有皮肤湿冷、脉搏细速、腱反射消失等表现。阿片类物质依赖综合征则包括躯体依赖和心理依赖，主要表现为①对阿片类物质具有强烈的渴求，以及相关行为失控；②使用剂量越来越大，产生耐受性；③减量或停用会出现戒断症状，再次使用同类物质可缓解。阿片类物质戒断综合征则包括主观症状（如发冷或发热、疲乏、恶心、肌肉酸痛、纳差、渴求药物等）和客观体征（体温和血压升高、呼吸及脉搏加快、瞳孔扩大、流泪、流涕、呕吐、腹泻等）。阿片类物质成瘾者在急性戒断综合征消退后仍存在稽延性戒断综合征，持续时间较长，是导致复吸的主要原因。

【案例 11-2】*

马某，29 岁，女，曾为白领，月收入八千有余，感情美满。吸食海洛因后渐渐入不敷出，难以自拔。男友规劝无果，最终离开。等马某想到戒毒时，工作、感情已经覆水难收。

吴某，36 岁，有吸毒史，一次乘飞机时在安检口被拦下，吴某感到惭愧，决定痛下决心戒毒。但毒瘾发作时浑身疼痛，出冷汗、流鼻涕、持续低烧，生不如死，越戒越想吸，越吸越难戒。

姜某，20 岁，自小龋齿、牙疼，吸食海洛因后发觉全身都不疼了，感到轻松。但吸毒后姜某迷失自我、大脑空白，为家人和社会不齿，自我越来越封闭，陷入恶性循环。

滥用海洛因或阿片危害极大。李武等人（2007）发现，海洛因依赖者存在明显的记忆损害和述情障碍。长期吸毒者身体抵抗能力也很差，容易患上各种疾病；共用注射器、注射器未消毒及不安全性行为还会增加吸毒者感染艾滋病的风险（Fan, Ning, 2010）。吸毒者一旦成瘾后，将以获取毒品为最优先的生活目标，而对其他事务变得漠不关心。

DSM-5 对阿片类物质使用障碍的诊断标准

1. 阿片类物质使用障碍
  A. 一种有问题的阿片类物质使用模式，导致具有显著临床意义的损害或痛苦，在 12 个月内表现为下列至少 2 项症状：
  (1) 阿片类物质的摄入量通常比预期的量更大或时间更长。
  (2) 有试图减少或控制阿片类物质使用的持续愿望或失败的努力。
  (3) 将大量的时间花在那些获得阿片类物质、使用阿片类物质或从其作用中恢复的必要活动上。
  (4) 对使用阿片类物质有强烈的欲望或迫切的要求。
  (5) 反复使用阿片类物质导致个体不能履行在工作、学校或家庭中的主要角色的义务。
  (6) 尽管有阿片类物质使用引起或加重持续的或反复的社会和人际交往问题，个体仍然继续使用阿片类物质。
  (7) 由于使用阿片类物质而放弃或减少重要的社交、职业或娱乐活动。
  (8) 在对躯体有害的情况下，反复使用阿片类物质。
  (9) 尽管认识到该物质可能会引起或加重持续的或反复的生理或心理问题，个体仍然继续使用阿片类物质。
  (10) 耐受，通过下列两项之一来定义：
    a. 需要显著增加阿片类物质的量以达到过瘾或预期的效果；
    b. 继续使用同量的阿片类物质会显著降低效果。
    注：此诊断标准不适用于在恰当的医疗监督下使用阿片类物质的情况。

---

* 印象中的海洛因和真实的海洛因有多少差距？真实戒毒案例为您揭示．(2020-01-20)[2021-08-08]．https://new.qq.com/omn/20200120/20200120A04WVN00.html．

(11) 戒断,表现为下列两项之一:
　　a. 典型的阿片类物质戒断综合征(参见阿片类物质戒断诊断标准 A 和 B);
　　b. 阿片类物质(或密切相关的物质)用于缓解或避免戒断症状。
　　注:此诊断标准不适用于在恰当的医疗监督下使用阿片类物质的情况。

2. 阿片类物质中毒

A. 最近使用阿片类物质。

B. 在使用阿片类物质的过程中或不久后,出现具有显著临床意义的问题行为或心理改变(例如,开始有欣快感,接着出现淡漠、烦躁不安、精神运动性激越或迟滞、判断受损)。

C. 在使用阿片类物质的过程中或不久后瞳孔缩小(或由于严重中毒导致缺氧时瞳孔扩大),以及出现下列体征或症状的 1 项(或更多):
(1) 嗜睡或昏迷。
(2) 言语含糊不清。
(3) 注意力或记忆力受损。

D. 这些体征或症状不能归因于其他躯体疾病,也不能用其他精神障碍来更好地解释,包括其他物质中毒。

3. 阿片类物质戒断

A. 存在下列二者之一:
(1) 长期大量使用阿片类物质(即数周或更长时间)后,停止(或减少)使用。
(2) 在使用阿片类物质一段时间后,使用阿片类物质拮抗剂。

B. 诊断标准 A 后的数分钟或数天内出现下列 3 项(或更多)症状:
(1) 心境烦躁不安。
(2) 恶心或呕吐。
(3) 肌肉疼痛。
(4) 流泪、流涕。
(5) 瞳孔扩大、竖毛或出汗。
(6) 腹泻。
(7) 打哈欠。
(8) 发烧。
(9) 失眠。

C. 诊断标准 B 的体征或症状引起具有显著临床意义的痛苦,或导致社交、职业或其他重要功能方面的损害。

D. 这些体征或症状不能归因于其他躯体疾病,也不能用其他精神障碍来更好地解释,包括其他物质中毒或戒断。

案例 11-2 所描述的均符合阿片类物质使用障碍的症状表现。

第四节 大麻使用障碍

一、概述

大麻(hemp)成分复杂,大麻类毒品中对神经系统具有抑制作用、致人上瘾的主要成分为四氢大麻酚,也包括其降解产物大麻二酚和大麻酚等天然大麻素类物质。

大麻应用始于印度,距今至少有 500 年的历史。现代西医研究发现,大麻可治疗多发性硬化症、青光眼、惊厥,并可止痛(苑佳玉 等,2017)。1961 年《麻醉品单一公约》将大麻列入管制名单,联合国毒品和犯罪问题办公室(United Nations Office on Drugs and Crime,UNODC)公布的《2023 年世界毒品问题报告》(World Drug Report 2023)指出:迄今为止,大麻仍然是全世界使用最多的毒品。在过去的几年里,主要是自 2020 年以来,大麻素合成出现了一种新趋势,即主要以大麻植物中的非精神活性物质大麻二酚为原料,并以各种形式出售,在非医疗用途大麻供应合法化的地区日益泛滥,如美国和西欧等地。

我国大麻滥用多发于新疆,2012 年新疆毒品滥用者中大麻滥用的比例高达 12.86%,远高于其他地区。近年来,其他地区大麻相关案件也时有发生(周立民,2015)。

二、临床表现与诊断标准

大麻可通过两类大麻素受体起到镇痛作用,还可直接作用于 γ-氨基丁酸受体、甘氨酸受体、5-羟色胺受体,调节痛觉信息传递(郭薇薇,姚磊,熊伟,2015)。吸入大麻后几分钟,人就会产生类似酒醉的感受;喜欢和别人待在一起;五感更为敏锐,感觉周围事物绚丽多彩,感到时间过得缓慢。更大剂量的大麻会使人短期记忆、情绪混乱,还可能出现眩晕、恶心和呕吐。高剂量大麻会使人的视觉和听觉发生畸变,感到一切虚幻不实。

大麻通常以卷烟的形式吸入,这种使用方式可能导致支气管炎和其他呼吸道疾病;大麻本身也会降低肺脏器呼吸功能,加重肺呼吸道和感染性疾病的症状,尤其对有呼吸系统基础疾病的患者不利(罗羚尹,2019)。Gurney 等人(2015)的综述表明,每周使用大麻一次以上的男性罹患非精原细胞瘤睾丸癌的概率是不使用大麻者的 2.5 倍。

【案例 11-3】

土某,男,30 岁,退役军人,有一年的吸食大麻史。三年前在部队执行了一项特殊任务,任务完成后压力大、总是做噩梦,开始吸食大麻。半年来开始出现焦虑症状,总是觉得忐忑不安、失眠、害怕孤独,两年来晚上睡觉时没有脱过衣服,为了应对"要出现的万一"(但他说不出具体是什么),对周围的人失去信任。

(引自阿依夏木·艾合买提,2011)

根据我国《精神障碍诊疗规范(2020年版)》,大麻的急性精神作用涉及欣快、体验加强、时空变形、幻觉、谵妄,致依赖作用包括戒断后出现焦虑和情绪低落,慢性精神作用有使人呆板迟钝、不修边幅,记忆力、判断力、计算力下降,躯体作用有血管扩张、心率加快、口干、食欲增加、手脚忽冷忽热、眼压降低、呼吸道与肺部癌变等。

DSM-5 对大麻使用障碍的诊断标准

1. **大麻使用障碍**
  A. 个体存在一种有问题的大麻使用模式,导致显著的具有临床意义的损害或痛苦,在12个月内表现为下列至少2项症状:
   (1) 大麻的摄入量通常比预期的量更大或时间更长。
   (2) 有试图减少或控制大麻使用的持续愿望或失败的努力。
   (3) 将大量的时间花在那些获得大麻、使用大麻或从其作用中恢复的必要活动上。
   (4) 对使用大麻有强烈的欲望或迫切的要求。
   (5) 反复的大麻使用导致个体不能履行在工作、学校或家庭中的主要角色的义务。
   (6) 尽管大麻使用引起或加重持续的或反复的社会和人际交往问题,个体仍然继续使用大麻。
   (7) 由于大麻使用而放弃或减少重要的社交、职业或娱乐活动。
   (8) 在对躯体有害的情况下,反复使用大麻。
   (9) 尽管认识到使用大麻可能会引起或加重持续的或反复的生理或心理问题,个体仍然继续使用大麻。
   (10) 耐受,通过下列两项之一来定义:
     a. 需要显著增加大麻的摄入量以达到过瘾或预期的效果;
     b. 继续使用同量的大麻会显著降低效果。
   (11) 戒断,表现为下列两项之一:
     a. 特征性大麻戒断综合征(参见大麻戒断诊断标准A和B);
     b. 大麻(或密切相关的物质)用于缓解或避免戒断症状。

2. **大麻中毒**
  A. 最近使用大麻。
  B. 在使用大麻过程中或不久后,出现具有临床意义的问题行为或心理改变(例如,运动共济失调、欣快、焦虑、感到时间变慢、判断受损、社交退缩)。
  C. 使用大麻2小时内出现下列体征或症状的2项(或更多):
   (1) 眼结膜充血。
   (2) 食欲增加。
   (3) 口干。
   (4) 心动过速。
  D. 这些体征或症状不能归因于其他躯体疾病,也不能用其他精神障碍来更好地解释,包括其他物质中毒。

3. **大麻戒断**
  A. 长期大量使用大麻(即通常每天或几乎每天使用,长达至少几个月的时间)后停止。

B. 在符合诊断标准 A 的情况下,个体在大约 1 周内出现下列体征和症状中的 3 项(或更多):
  (1) 易激惹、愤怒或攻击行为。
  (2) 神经紧张或焦虑。
  (3) 睡眠困难(例如,失眠、令人不安的梦)。
  (4) 食欲下降、体重减轻。
  (5) 焦躁不安。
  (6) 心境抑郁。
  (7) 个体有以下躯体症状中的至少 1 项且造成了显著的不适感:腹痛、颤抖/震颤、出汗、发烧、寒战或头痛。
C. 诊断标准 B 的体征或症状引起具有显著的临床意义的痛苦,或导致社交、职业或其他重要功能方面的损害。
D. 这些体征或症状不能归因于其他躯体疾病,也不能用其他精神障碍来更好地解释,包括其他物质中毒或戒断。

从案例 11-3 可以看出,大麻滥用者有无固定目标的惊恐,伴有警觉增高的躯体症状。长期使用大麻还可能导致感觉异常、感情冷漠、行动迟缓和不修边幅,严重可导致人格障碍和诱发精神病(苑佳玉 等,2017)。

第五节 烟草及其他易成瘾物质

一、烟草相关障碍

普通烟草原产于南美、墨西哥和西印度群岛。在哥伦布早期的航海日志中,只是简单地提到了烟草,但之后在其他探险队员的报告中却异乎寻常地报道了烟草。随着美洲航道的开通,欧美大陆之间的往来日益频繁,烟叶和烟草种子被带进了欧洲,并且不断传播到其他地方。19 世纪中叶出现的香烟和可以随身携带的安全火柴,以及媒体对如何使用香烟的宣传,使得吸烟更加流行。到 20 世纪 60 年代,吸烟在全世界已经极为普遍(何权瀛,2013)。

据世界卫生组织的有关资料显示,2020 年,全世界 22.3% 的人口使用烟草,其中 36.7% 为男性,7.8% 为女性;烟草每年导致 800 多万人死亡,其中包括预计 130 万接触二手烟雾的非吸烟者。长期而言,吸烟对健康的影响是巨大的。2013 年,中国由吸烟导致死亡人数约 159.33 万人,占总死亡人数的 17.38%,其中男性吸烟导致的死亡占比(23.66%)远高于女性(8.30%),导致死亡人数在前三位的疾病是肺癌、COPD(慢性阻塞性肺炎)和缺血性心脏病(刘韫宁 等,2017)。吸烟还会影响到周围人群,这被称为环境性吸烟(ETS)或二手烟,ETS 不仅包含与主流烟雾相同的大量有害化学物质,而且其颗粒尺寸甚至远小于主流烟雾。研究表明,二手烟的吸入会导致上下呼吸道感染、哮喘、咳嗽等(杨宏,曹廷容,杨军,2013)。因此,吸烟是全球也是我国所面临的和急需解决的主要公共卫生问题之一。

尼古丁,又称烟碱,是烟草中的生物碱成分。烟碱会增加儿茶酚胺、肾上腺素、去甲肾上腺素的分泌,从而引起心跳加快、血压升高、心肌耗氧量增加,损伤心血管系统。长期吸烟将致血栓,促进破坏肺泡的弹性蛋白酶的生成。除烟碱外,吸烟时还会吸入一氧化碳、焦油等有害物质。DSM-Ⅳ中没有烟草滥用的诊断类别,DSM-5 新增加了与烟草使用障碍有关的诊断标准。

DSM-5 对烟草使用障碍的诊断标准

---

1. 烟草使用障碍

A. 一种有问题的烟草使用模式,导致具有显著临床意义的损害或痛苦,在 12 个月内表现为下列至少 2 项症状:
(1) 烟草的摄入量通常比预期的量更大或时间更长。
(2) 有试图减少或控制烟草使用的持续愿望或失败的努力。
(3) 将大量的时间花在那些获得烟草、使用烟草或从其作用中恢复的必要活动上。
(4) 对使用烟草有强烈的欲望或迫切的要求。
(5) 反复的烟草使用导致个体不能履行在工作、学校或家庭中的主要角色的义务(例如,干扰工作)。
(6) 尽管烟草使用引起或加重持续的或反复的社会和人际交往问题,个体仍然继续使用烟草(例如,与他人争吵关于烟草的使用)。
(7) 由于烟草使用而放弃或减少重要的社交、职业或娱乐活动。
(8) 在对躯体有害的情况下,反复使用烟草(例如,在床上吸烟)。
(9) 尽管认识到烟草可能会引起或加重持续的或反复的生理或心理问题,个体仍然继续使用烟草。
(10) 耐受,通过下列两项之一来定义:
　　a. 需要显著增加烟草的摄入量以达到预期的效果;
　　b. 继续使用同量的烟草会显著降低效果。
(11) 戒断,表现为下列两项之一:
a. 特征性烟草戒断综合征(参见烟草戒断诊断标准 A 和 B);
b. 烟草(或密切相关的物质,如尼古丁)用于缓解或避免戒断症状。

2. 烟草戒断

A. 每天使用烟草持续至少数周。
B. 突然停止烟草使用,或减少烟草使用量,个体在随后的 24 小时内出现下列体征或症状中的 4 项(或更多):
(1) 易激惹、挫折感、愤怒。
(2) 焦虑。
(3) 注意力难以集中。

> (4) 食欲增加。
> (5) 坐立不安。
> (6) 心境抑郁。
> (7) 失眠。
>
> C. 诊断标准 B 的体征或症状引起具有显著的临床意义的痛苦,或导致社交、职业或其他重要功能方面的损害。
>
> D. 这些体征或症状不能归因于其他躯体疾病,也不能用其他精神障碍来更好地解释,包括其他物质中毒或戒断。

二、其他易成瘾物质

1. 咖啡因

咖啡因的化学名是 1,3,7-三甲基黄嘌呤,纯品为有苦味的白色粉状物,是世界上使用范围最广的精神活性物质之一(翟金晓,崔文,朱军,2017)。除咖啡外,茶、奶茶、可乐、热巧克力、功能饮料等常见饮品中也含有咖啡因。

咖啡因是一种中枢神经兴奋剂,能增加促肾上腺皮质激素和皮质醇的合成。少量咖啡因就能兴奋大脑皮质、改善思维活动、提高对外界的感应性;大剂量则会兴奋延髓呼吸中枢和血管运动中枢,增加呼吸频率和深度。但咖啡因也有成瘾性,可致失眠、激动不安、心悸、头痛,一旦停用会出现精神委顿、浑身乏力等戒断症状。大量咖啡因还会引起阵发性惊厥和骨骼震颤,损害肝、胃、肾等内脏器官,诱发呼吸道炎症等疾病(翟金晓,崔文,朱军,2017),甚至出现幻觉、妄想等精神病性症状(端义扬,姜漪华,1993)。

2018 年,为帮助公众更好地认识并科学合理地选择咖啡,科信食品与营养信息交流中心、中国疾病预防控制中心营养与健康所、中华预防医学会健康传播分会、中华预防医学会食品卫生分会、中国食品科学技术学会食品营养与健康分会五家机构梳理国内外权威机构及相关研究结果,形成并发布《咖啡与健康的相关科学共识》*,指出:健康成年人每天摄入不超过 210~400mg 咖啡因是适宜的;不建议孕妇喝咖啡,如果饮用,每天不超过 150~300mg 咖啡因;儿童及青少年应当控制咖啡因摄入,包括咖啡、茶及其他含咖啡因的饮料,儿童和青少年每天的咖啡因摄入不超过每公斤体重 2.5~3mg 是安全的。张文珠等人(2016)曾测得市售绿茶的咖啡因浓度为 113.6mg/L,可乐的咖啡因浓度为 121.4mg/L,功能饮料的咖啡因浓度为 778.3mg/L。因此,个体应谨慎计算摄入的咖啡因含量。

2. 苯丙胺

苯丙胺,又称安非他明,为无色或淡黄色油状物,具轻微腥味、胺臭;对中枢神经有

---

* 科信食品与营养信息交流中心,等. 咖啡与健康的相关科学共识. (2018-09-26)[2024-03-11]. http://www.kexinzhongxin.com/uploadfile/2018/0926/20180926022450702.pdf.

兴奋作用,可导致欣快、警觉及食欲抑制,但数小时后会令人乏力、倦怠、沮丧,令使用者倾向于再次用药、进而成瘾。目前,苯丙胺类物质主要用于减肥(如芬氟拉明、曲布西明)、治疗儿童多动症(如哌甲酯、匹莫林、右苯丙胺)(郝伟,陆林,2018)。在我国,三类主要滥用物质之一即为以苯丙胺类物质为主要成分的冰毒。

苯丙胺类药物主要作用于儿茶酚胺神经细胞的突触前膜,通过促进突触前膜内单胺类递质的释放、阻止递质再摄取、抑制单胺氧化酶的活性而发挥药理作用。中毒症状表现为瞳孔扩大、血压升高、心跳加快、兴奋躁动等,中度中毒可出现幻听、幻视、被害妄想;重度中毒时表现为心律失常、痉挛、出血或凝血、昏迷甚至死亡(郝伟,陆林,2018)。同属中枢神经系统兴奋剂的可卡因药理与其类似。

3. 镇静剂、催眠药或抗焦虑药

这类药物通过抑制兴奋性神经递质的释放,或是通过释放抑制性神经递质而起作用。

巴比妥类是具有镇静催眠作用的巴比妥酸衍生物的统称,服用中等剂量巴比妥类药物能够使患者进入睡眠,但长期服用易导致生理依赖、失眠和精神依赖。苯二氮䓬药物是一类具有抗焦虑、抗惊厥、中枢性肌肉松弛、睡眠、遗忘、增强其他麻醉药物作用和一定抗心律失常等作用的药物,主要包括地西泮、劳拉西泮等,因具有毒性低、安全范围大、副作用小等特点,其应用已远超巴比妥类药物。

镇静催眠药物中毒表现为冲动、攻击、情绪不稳、说话含糊、眼球震颤、记忆受损甚至昏迷。巴比妥类药物的戒断症状为,在突然停药12～24小时内可致厌食、虚弱、焦虑、头痛、肢体粗大震颤、失眠;停药2～3天后戒断症状达到高峰,可致呕吐、体重锐减、心动过速、低血压、全身抽搐,甚至高热谵妄。苯二氮䓬药物的戒断症状较轻,但有易感素质者在服用治疗剂量的药物3个月后突然停药仍可出现戒断反应,例如抽搐(郝伟,陆林,2018)。

4. 致幻剂

致幻剂的代表是麦角酸二乙基酰胺(LSD)、麦司卡林(mescaline)和赛洛西宾(psilocybin)。1938年,瑞士化学家Albert Hofmann在实验室首次发现了LSD。20世纪50年代,LSD被引入美国,后因管制不力,在美国快速流行开来(李振辛,2019)。Schmid等人(2015)让知情同意的健康被试服用200微克LSD,被试报告出现幻视、视听联觉、不真实感和人格解体感,还能体会到与他人联结一体的幸福感觉,效果可持续12小时。药效持续期间,被试心跳、血压、体温显著升高,瞳孔放大,唾液皮质醇水平上升。

服用LSD后,视觉皮层的大脑血流(cerebral blood flow,CBF)、静息态功能连接性(resting state functional connectivity,RSFC)上升,神经振荡α频段的能量水平降低,这与幻视有关;此外,默认网络(default-mode network,DMN)整合度下降,海马旁回(parahippocampal gyrus)-压后皮质(retrosplenial cortex)的静息态功能连接性下降,后

扣带回皮质(posterior cingulate cortex,PCC)的 δ 与 α 能量水平下降,这与自我解体等异常意识状态有关(Carhart-Harris et al.,2016)。

专栏 11-1

新 型 毒 品

近年来,许多新型精神活性物质不断涌现,例如笑气、氯胺酮、中枢神经系统兴奋剂等。

一氧化二氮(N_2O),俗称笑气,曾作麻醉剂。吸入笑气后,个体痛觉麻痹、情绪欣快、不自觉发笑,但意识保持清醒(周蓉,卢宏,2018)。笑气是一种 N-甲基-D-天[门]冬氨酸(NMDA)拮抗剂,可以激活大脑前扣带皮质,抑制双侧半球的后扣带回、海马体和视觉关联皮层,从而损害记忆、改变认知。还可能导致人格改变、高攻击性、幻觉与妄想等(王绪轶 等,2017)。笑气还会干扰维生素 B_{12} 代谢,而缺乏维生素 B_{12} 严重可致瘫痪。上述损害可能迁延不愈,仅有 17% 左右的患者能从笑气所致神经症状中完全康复(Richardson,2010),为笑气滥用者和社会带来沉重负担。

目前笑气已经成为全球第七大流行滥用药物(Winstock,2015),在英美等西方国家,29.4%~38.6% 的人一生中会使用笑气,笑气滥用的人群年龄平均 24.3 岁(Kaar et al.,2016),但各国对诸如笑气的挥发性物质的管制大多未达到管制毒品的力度。

另一种近年来在娱乐场所被滥用的药物是氯胺酮,能制成俗称"K 粉"的物质。它通过抑制丘脑-新皮层系统,选择性地阻断痛觉,使得意识进入浅睡眠状态。氯胺酮也会让使用者出现狂喜、偏执或厌烦的情绪,乃至去人格化、去现实感。过量使用氯胺酮可致判断力下降、兴奋、自伤或伤害他人,严重者可致行为紊乱、幻觉妄想、昏迷、心悸甚至死亡。氯胺酮还可导致慢性的认知功能下降和泌尿系统损害(郝伟,陆林,2018)。

第六节　赌 博 障 碍

赌博是指个体在获利的驱动下,将金钱或有价值的东西作为赌注,在不确定事件上进行冒险。若个体过度卷入赌博,就容易出现病理性赌博倾向(pathological gambling)。

在 DSM-Ⅳ 中,"病理性赌博"被列入"冲动控制障碍"类目下,而 DSM-5 将"病理性赌博"改为"赌博障碍"(gambling disorder),并将其列入"物质使用障碍"类目下。中国赌博成瘾的发病率为 2.5%~4%(Loo,Raylu,Tian,2008)。

病理性赌博者往往沉溺赌博、希求暴富,社会功能失调,甚至为获取赌资盗窃、贪污、抢劫。研究发现,病理性赌博者大脑的腹内侧前额叶、腹外侧前额叶、纹状体激活程度较低,背外侧前额叶、眶额叶激活较高(叶绿 等,2013)。病理性赌博者可能拥有多巴胺 D2A1 等位基因,导致多巴胺 D2 受体浓度降低、奖赏回路激活不足,使个体热衷于容易产生快感的活动(Ashley, Boehlke, 2012)。在心理因素方面,病理性赌博者具有控制幻觉、赌徒谬误、知觉幸运、记忆偏差、"差点赢"等认知偏差(Ladouceur et al., 2001)。此外,赌博场所的灯光、声音、装修及可获得性,父母和伙伴对赌博行为的态度,也会影响个体陷入病理性赌博的过程(叶绿 等,2013)。

DSM-5 对赌博障碍的诊断标准

A. 个体有持续而反复的有问题的赌博行为,引起显著的有临床意义的损害和痛苦,个体在 12 个月内出现下列 4 项(或更多)症状:
(1) 需要加大赌注去赌博以实现预期的兴奋。
(2) 当试图减少或停止赌博时,出现坐立不安或易激惹。
(3) 反复试图控制、减少或停止赌博并付出过努力,但并未成功。
(4) 沉湎于赌博(例如,不断重温过去的赌博经历,预测赌博结果或计划下一次赌博,想尽办法获得金钱去赌博)。
(5) 感到痛苦(例如,无助、内疚、焦虑、抑郁)时经常赌博。
(6) 赌博输钱后,经常想在另一天把钱再赢回来("追回"损失)。
(7) 对参与赌博的程度撒谎。
(8) 因为赌博已经损害或失去一个重要的关系、工作、教育或事业机会。
(9) 依靠他人提供金钱来缓解赌博造成的严重财务状况。
B. 赌博行为不能用躁狂发作来更好地解释。

不难发现,赌博障碍的诊断标准中也包含和物质使用障碍类似的"失败的控制尝试""沉迷""损害社会功能""兴奋"等要素。赌博障碍在临床表现、成瘾机制(激活大脑的奖赏系统)和治疗方面与物质使用障碍类似,如海洛因成瘾者和赌博成瘾者表现出类似的奖赏决策障碍,都倾向于注重眼前的获益而忽视长远的风险。

专栏 11-2

网 络 成 瘾

根据中国互联网络信息中心发布的第 52 次《中国互联网络发展状况统计报告》,截至 2023 年 6 月,我国网民规模达 10.79 亿人,较 2022 年 12 月增长 1109 万人,互联网普及率达 76.4%。已有研究发现,网络游戏成瘾的青少年社会功能受损,易陷入焦虑、抑郁情绪,认知功能受损(贺金波 等,2008)。同样,老人因沉迷网络影响生活的新闻频发,如"煲的汤在眼前撒了一桌也察觉不到""忘记自己刚刚接过孙女""遭受网络诈骗仍不听家人劝说"等。

考虑到目前研究相对缺乏,DSM-5 不认为网络成瘾是一种精神疾病,仅讨论了网络游戏成瘾的状况,且暂未考虑其他类型的网络使用(如聊天、看剧、网购等),而是将其列入第三部分"有待研究的障碍"(conditions for future study)中。

DSM-5建议的网络游戏成瘾的诊断标准为:

持续、反复地参与网络游戏,经常与他人一起玩网络游戏,导致显著的有临床意义的损害或痛苦,在12个月之内出现下列表现中的5个(或更多):

(1) 沉湎于网络游戏(个体想着先前的游戏或打算玩下一个游戏;网络游戏成为日常生活中的主要活动)。(注:该障碍不同于网络赌博,后者被归为赌博障碍。)

(2) 停止参与网络游戏后出现戒断症状(这些症状通常被描述为烦躁、焦虑或悲伤,但没有药物戒断的躯体体征)。

(3) 耐受,参与网络游戏的时间逐渐增加。

(4) 试图控制自己参与网络游戏,但并未成功。

(5) 网络游戏使个体失去对先前的爱好和娱乐活动的兴趣。

(6) 尽管有心理社会问题,仍继续过度参与网络游戏。

(7) 隐瞒自己参与网络游戏的程度,欺骗家庭成员、治疗师或他人。

(8) 使用网络游戏来逃避或缓解负性心境(例如,无助感、内疚、焦虑)。

(9) 参与网络游戏使个体的重要关系受损,或使个体失去工作、教育或职业机会。

第七节 物质使用障碍的影响因素

对于物质使用障碍发生的原因,一些研究者强调基因和生物化学方面的因素;另一些研究者强调认知因素,认为问题行为来自习得的不良的压力应对方式;还有一些研究者强调社会文化因素,比如物质的可获取性、社会对物质使用的态度等。这些因素往往交织在一起。本章将对导致物质使用障碍的生物因素、心理因素与社会文化因素进行介绍。

一、生物因素

生物因素方面的研究得到的共识是,大多数成瘾性药物能够刺激脑的某些区域令人产生欣快感,进而成为有力的强化物,且易感性存在个体差异。

1. 成瘾的神经生理机制

尽管不同物质的作用机制不同,但多巴胺通路是它们在脑内作用的中心,物质使用行为通过刺激"快乐通路"得到强化。但使用某种精神活性物质越多,个体的耐受性和依赖度也会提高。

对于酒精,Boileau等人(2003)发现,酒精可让伏隔核释放多巴胺。背外侧前额叶皮层被认为是酒精使用的奖励记忆区,与饮酒相关的刺激会激活此脑区(张慧芳,龚洪翰,2015)。

阿片对中脑边缘多巴胺系统的作用是精神成瘾性的基础,其中腹侧被盖区和伏隔核是阿片强化效应的主要调控部位(刘忠华,张开镐,1999)。人体面临疼痛时也会产生类似阿片的物质,名为内啡肽,大量外源性阿片类物质进入体内,将抑制内源性阿片肽的形成与释放、降低阿片受体亲和力。并且阿片受体对外源性阿片类物质产生耐受性很快,依赖者很快就须摄入更多毒品才能保持体内平衡。如果骤然中断毒品,阿片肽系统平衡无法保持,各系统的正常运行秩序就会被打乱,出现痛苦的戒断反应。因此阿片类物质成瘾个体一旦终止用药,又会需要再度用药来终止戒断反应,这是一种负强化(即物质能消除个体厌恶的刺激),使个体难以摆脱对阿片的依赖。

对于大麻,四氢大麻酚是大麻致人上瘾的主要成分(苑佳玉 等,2017)。正如内啡肽之于阿片类物质,人体也能分泌内源性大麻素(花生四烯酸乙醇胺),也存在对应的内源性大麻素受体 CB1 和 CB2(Pain,2015)。外源性大麻素也可通过激活大脑的奖赏系统诱发成瘾行为。

对于烟草,烟草依赖的根本原因是烟碱依赖,其神经生物学机制主要涉及以下三个方面:①中枢神经系统中烟碱乙酰胆碱受体数量和活性的改变;②对中脑边缘多巴胺递质系统的影响;③其他神经递质及一些转录因子的改变等(底晓静,赵保路,2011)。

2. 遗传:生理易感性

一系列研究都支持遗传因素在物质依赖中存在作用。例如,多数老鼠天生不喜酒精,但有研究者繁育出了喜好酒精的老鼠品系,并发现这种倾向能传给子代(见 Alloy,Acocella,Bootzin,1996)。在尼古丁代谢相关的众多基因中,CYP2A6 基因多态性与吸烟行为相关(谢小虎,周文华,2012)。Niu 等人(2000)在安徽省 991 名吸烟者中选取了 478 名男性同胞对,发现吸烟者同胞的吸烟风险是不吸烟者同胞 2 倍以上。然而,物质滥用的家系聚集现象也很有可能是社会文化及环境力量所致。

二、心理因素

物质使用障碍者往往不仅在生理上产生依赖,也在心理上依赖物质。造成物质使用障碍的心理因素可分为人格因素、认知行为因素等方面。

1. 人格特质

早期学界认为存在一种"成瘾人格",故在 DSM-Ⅱ 中,酒精依赖和药物成瘾最初被界定为"反社会人格障碍",但这种观点在 DSM-Ⅲ 中被删除。有研究者对吸毒者与对照组被试施测中国人人格量表,结果发现吸毒者表现出"急躁、冲动、活跃"与"安于现状、不思进取"两个相互矛盾的方面。刘黎明与施大庆(2012)研究青少年吸毒者,发现其特征为固执、武断(恃强性高)、热情(兴奋性高)、爱冒险(敢为性高)、敏感(敏感性高)、疑心重(怀疑性高)、缺乏现实感(幻想性高)。

人格特质能否预测物质使用行为呢？Jaffe 和 Archer(1987)对大学生的研究发现，感觉寻求量表(sensation seeking scale)得分是有效的预测因素。Shadler 等人的十年追踪研究发现，学前儿童的孤僻、不信任他人、不承认自己的负性情绪、低自我效能感能预测日后的物质依赖行为(见 Davison, Neale, 1998)。

尽管许多基于人格特点的病因学模型已成功地预测了日后个体的物质使用行为，但是人格特点与物质使用的因果关系和作用机制还不十分明确，因为物质滥用也可能使一个人的人格特点发生改变。人格症状也是导致物质使用障碍复发的主要因素，故治疗成瘾而不关注人格问题的治疗方案很少有效(杜娟, 2007)。

2. 认知行为因素

精神活性物质可以通过获取欣快感(正强化)和缓解负面感受(负强化)维持问题使用行为。

以酒精为例，研究发现，经受过电流打击和孤独折磨后，实验组的老鼠和灵长类动物变得乐于接受酒精，这可能是动物缓解焦虑的方式(Alloy, Acocella, Bootzin, 1996)。Robins 等人发现许多士兵在战争中会使用海洛因，但战争结束后只有 12% 的人持续使用，可能是因为在战争中士兵们随时面临死亡威胁，为了缓解压力而使用海洛因，一旦威胁消失，绝大部分人就无需使用了(见 Barlow, Durand, 1995)。

影响物质使用的另一因素是对物质的态度。期望理论认为，当物质使用者预期获得的积极效应比可能的不良后果更多时，便会产生滥用行为(Davison, Neale, 1998)。郭慧等人(2012)对苯丙胺类物质滥用者进行调查，发现不少人认为海洛因等传统毒品是"硬性毒品"、危害性大，而苯丙胺类物质是"软性毒品"、具"娱乐性"，说明不少苯丙胺滥用者低估了其危害性。

三、社会文化因素

1. 家庭因素

父母的生活方式、性格特点、物质使用情况、对物质使用的态度，家庭关系的好坏，兄弟姐妹的物质使用情况，以及不良家庭教养方式等都与子女的物质使用有关。例如，吸毒者的父母对子女关注过多但又缺乏理解，教养方式不良(蔡志基, 1999)。Van Ryzin、Fosco 和 Dishion(2012)发表的一项回溯性研究发现，缺乏父母良好监护的孩子很容易与那些物质滥用的同龄人为伍，逐渐成为物质使用者。林丹华等人(2009)也发现，父母态度影响青少年的交友选择和对物质的态度，最终决定他们能否抵制毒品的诱惑。

2. 同伴

不良同伴对青少年物质使用的影响是物质滥用相关研究所得到的最稳定的结果，同伴中使用物质者的比例、同伴对物质使用的态度都会影响个体的物质使用情况。Kuperman 等人(2013)调查了 820 名 14～17 岁的青少年，结果发现预测过早饮酒行为的重要因素之一是最好的朋友开始喝酒。陈丽华等人(2015)也发现同伴饮酒人数能正向预测青少年的饮酒行为。

除此之外,社会支持也是影响物质使用的重要因素。以饮酒为例,有较少亲密关系或社会支持的成年个体,在心情低落时更可能饮酒(Hussong et al.,2001)。物质使用问题也会反过来破坏现有的社会关系,如过量饮酒可能通过经济问题和性功能问题,成为导致离婚的重要原因(Perreira,Sloan,2001);亲密关系的破坏又将进一步降低酗酒者的生活质量,使他们再次使用酒精逃避现实。韩美芳等人(2011)也发现,吸毒者的社会支持水平显著低于普通人群,吸毒人群的低社会支持既可能是他们开始吸毒的原因之一,也很可能是他们沉溺毒品的结果。

3. 文化背景

文化背景也会对物质使用产生一定的影响。如在某些地区,男人必须会喝酒,而且喝酒就要一醉方休,许多人从小就开始"练习"喝酒。我国也有类似的习俗,一起吃饭时一定要敬酒甚至劝酒;而对女性吸烟、饮酒通常持不赞许的态度。具体体现为,在我国,女性的饮酒率、饮酒量,以及与饮酒有关的问题的发生率明显低于男性和西方国家的女性(郝伟,杨德森,1995)。

在同一个地区,不同的社会群体对物质使用的态度也是有差异的。例如,对于海员、铁路工人,以及与酒有关的从业人员,如饭店老板和服务员、酒类商品销售员,饮酒在这类人群中被认为是合乎规范的。

在一个社会中,个体是否能够很方便地获取这些物质、媒体宣传的作用,以及物质使用行为的合法性也会影响个体的物质使用行为。例如,Siegel等人(2016)发现,在美国儿童爱看的网络电视节目中,推销酒的广告相当普遍,而这可能会导致儿童过早暴露在与饮酒相关的环境信息中,从而增加过早饮酒的可能性。许多国家对精神活性物质的流通、购买和使用立法管制,对于打击成瘾物质的使用、贩卖、持有等行为具有极大的成效。

除此之外,社会生活节奏也会影响某些物质使用行为。现代社会生活节奏紧张,人们普遍感到压力大,容易产生多种形式的应激反应,可能诱发某些人的物质使用行为,以寻求暂时的放松、解脱和快感。

综上所述,从物质的使用开始到物质的滥用,以致物质使用障碍,影响因素是复杂而多方面的。图11-1是对各种影响因素的整合图示。与物质的接触、媒体的影响、父母的物质使用情况、同伴的物质使用情况、缺乏父母的监护和社会文化等因素均可影响个体对物质的使用;心理的强化、期望,心理应激源的作用,个体自身的生理因素、人格因素则会导致物质使用障碍。

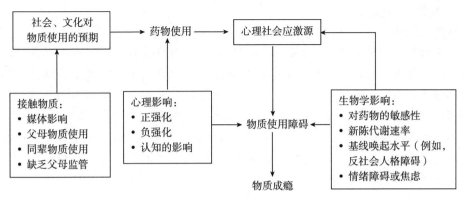

图 11-1　物质成瘾的各种影响因素
（引自 Barlow,Durand,Hofmann,2018）

第八节　物质使用障碍的治疗

物质使用障碍的治疗非常困难。以对酒精使用的干预为例，美国国家酒精滥用和酒精中毒研究所（National Institute on Alcohol Abuse and Alcoholism, NIAAA）在 1989 年启动了被称为 MATCH 的大型追踪研究项目，试图追踪对比认知行为应对策略疗法、动机增强疗法和十二步戒酒疗法的疗效，结果发现三类疗法的效果几乎相同，且仅有 3% 的后测改善可归因于治疗（Cutler,Fishbain,2005）。Grant(1997) 调查发现，酗酒者拒绝接受治疗的情况非常普遍，其主要理由包括缺乏信心、病耻感或根本不承认自己存在问题。

通常来讲，物质使用行为的成因复杂，不仅与生物学因素相关，还与许多心理社会因素相关。因此，结合药物治疗与心理治疗的综合疗法更有效。物质使用障碍的治疗目标通常包括：解毒，解决躯体戒断症状和合并症，控制物质使用行为，最终使个体获得正常生活所需的信心和技能。本节将介绍针对酒精、阿片类物质、大麻滥用问题和吸烟成瘾问题的药物治疗、心理治疗等内容。

一、药物治疗

1. 酒精

临床上用于减少饮酒渴望的主要药品是戒酒硫、纳曲酮和阿坎酸。戒酒硫（disulfiram）能抑制乙醛脱氢酶，用药后少量饮酒就可产生恶心、脸红、心悸等不适，从而使病人厌恶饮酒。纳曲酮（naltrexone）则是一种阿片受体拮抗剂，通过抑制内啡肽减少戒酒者对酒的渴望（Monterosso et al.,2001）。阿坎酸（acamprosate）是人工合成的神经递质 GABA 的结构类似物，可显著减少酒精依赖患者的酒瘾复发次数（陈荣富 等,2006）。

2. 阿片类物质

目前针对阿片类物质最常用的治疗方法是美沙酮替代递减或维持疗法。美沙酮是一种人工合成的阿片类镇痛药,口服后能在 24～32 小时内有效控制戒断症状,且其对人体造成的伤害相对较小。美沙酮替代递减疗法指的是向患者提供美沙酮,以在短期内代替阿片类物质的使用。美沙酮维持疗法则是让患者长期服用美沙酮,利用交叉耐受的原理,使成瘾性较强的海洛因被成瘾性较低、作用时间长的美沙酮替代。上述疗法可以使吸毒者减少静脉注射毒品,减少传染病血液传播机会,促进吸毒者个人和家庭、社会功能的恢复。然而,美沙酮本身也可能被滥用,不能治疗患者的合并症,更不能使患者主动远离毒品(刘艳棠,周万绪,毕小平,2017)。

3. 大麻

截至 2016 年,尚无统一的对大麻依赖、戒断和渴求的药物疗法,但一些试验性研究表明,布普品(Bupropion;Haney,2003)、奈法唑酮(nefazodone;Haney et al.,2003)、大麻隆(nabilone;Haney et al.,2013)可以减轻大麻戒断症状并减少复吸。

4. 烟草

针对吸烟的药物治疗主要是使用尼古丁嚼糖和尼古丁贴。戒烟者从中获得少量尼古丁,从而切断摄入尼古丁与吸烟之间的联系,最后再切断与替代品之间的联系。但它们只能缓解而不能完全消除戒断反应。

二、心理治疗

对于物质滥用问题,处理中毒和戒断后,最好采用心理学的治疗方法,以及借助社区的力量帮助和支持患者。其形式有集体治疗、认知行为治疗、家庭与夫妻治疗等。除此之外,一些新的疗法也在发展之中。

1. 集体治疗

(1) 酒精。

对于酒精,传统的治疗方法通常将目标定位于完全禁止酒精的使用,不过,也有疗法将目标定位在提高酒精使用者对饮酒行为的控制能力上。

酒精滥用者往往不愿直面问题,而小组式的集体治疗可以帮助他们看到同伴经验,学习处理饮酒问题的有效方法。匿名戒酒者协会(alcoholics anonymous,AA)是自助式小组治疗的一个例子,广泛存在于全世界 150 多个国家和地区。AA 团体的成员主要是过去或现在的嗜酒者,加入 AA 的唯一要求是有决心戒酒。其活动形式主要是交流会,由资格较老的成员向新成员介绍他们的戒酒经验、生活状况等。酗酒是一种生理、情绪及精神的疾病,基于这种观点,AA 认为嗜酒者必须承认自己的问题;为达康复,需要执行十二个步骤(twelve suggested steps of Alcoholics Anonymous)并完全禁酒(McCrady,Tonigan,2014)。尽管这十二个步骤具有一定的宗教色彩,但其中的许多内容仍有一定的助益,如:审视自身的缺点;尽可能补偿伤害过的人;思索人生意义;若成功戒酒,则应帮助其他酗酒者等。社会支持很可能是 AA 的起效机制,规律参加 AA 及类似活动,并严守其要求的酗酒者,更可能减少饮酒、改善心理健康(Zemore,Subbaraman,Tonigan,2013)。

我国最早的 AA 小组 1996 年成立于吉林,随后,北京、天津、成都、上海、昆明、厦门等地也建立了 AA 小组,许多依托于当地的精神专科医院。之后,网络 AA 小组应运而生。然而,AA 的一些理念和我国的传统观念差别较大,完全禁酒也难以执行。目前,已有实务工作者对此进行本土化,如让 AA 逐步脱离精神医学体系,加强社区宣传,组织文艺活动、体育比赛等民众喜闻乐见的活动形式,重新诠释十二个步骤等(王智雄 等,2014)。

(2)阿片类物质。

集体治疗是戒毒的常用方法,通常以互助自助为主旨,通过严格的生活制度,辅以心理矫正程序,对毒品依赖者进行分阶段的治疗,直到他们重返社会。

根据国务院于 2011 年公布、2018 年修订的《戒毒条例》,在我国,集体戒毒可分为自愿戒毒、社区戒毒、强制隔离戒毒、社区康复、劳教戒毒(已废除)几类。自愿戒毒,是指吸毒人员可以自行到戒毒医疗机构接受戒毒治疗;对自愿接受戒毒治疗的吸毒人员,公安机关对其原吸毒行为不予处罚。此后,自愿戒毒人员或监护人与戒毒医疗机构签订自愿戒毒协议。在医疗机构中,自愿戒毒人员可接受传染病预防、咨询教育、脱毒治疗、心理康复、行为矫治,并可申请参加戒毒药物维持治疗。

社区戒毒,是指县级、设区的市级人民政府公安机关责令吸毒成瘾人员接受期限为三年的社区戒毒,由基层政府与戒毒人员签订戒毒协议、落实戒毒措施并给予就业培训和援助。社区戒毒人员需履行协议、定期接受检测,离开戒毒执行地所在县(市、区)3 日以上的,须书面报告。

强制隔离戒毒,由县级、设区的市级人民政府公安机关批准,适用于自愿强制隔离戒毒,拒绝接受社区戒毒,或吸毒成瘾严重、通过社区戒毒难以戒除毒瘾的人员。强制戒毒的期限为 2 年,在强制戒毒所,强制隔离戒毒场所应当配备设施设备及必要的管理人员,依法为强制隔离戒毒人员提供科学规范的戒毒治疗、心理治疗、身体康复训练和卫生、道德、法治教育,开展职业技能培训。

社区康复,指的是对于解除强制隔离戒毒的人员,强制隔离戒毒的决定机关可以责令其接受不超过 3 年的社区康复。被责令接受社区康复的人员拒绝接受社区康复或者严重违反社区康复协议,并再次吸食、注射毒品被决定强制隔离戒毒的,强制隔离戒毒不得提前解除。负责社区康复工作的人员应当为社区康复人员提供必要的心理治疗和辅导、职业技能培训、职业指导以及就学、就业、就医援助。

2. 认知行为治疗

行为疗法包括厌恶疗法(aversion therapy)和自我控制训练(controlled drinking)。厌恶疗法即以不愉快的刺激让物质使用障碍者形成条件反射,但这种方法存在伦理争议。以饮酒为例，自我控制训练大致包括：①控制饮酒相关的刺激（stimulus），如减少参加需要饮酒的活动；②调整饮酒行为，如饮用混合的饮料、小口饮酒等；③在做出抵制酒精行为后给自己奖励。这种方法并不要求完全戒断，肯定个人的利害选择和自制力，易被接受（Rosenberg,2002）。

认知行为疗法重点处理来访者对物质使用相关线索的认知、情绪和行为；通过澄清对物质的错误信念，让来访者直面物质使用的负面后果以防止复发；梳理使用物质的高风险情境，并增进来访者的应对技巧；如果来访者偶尔复发，则鼓励来访者把它看成是偶然的、可改正的事件。

动机增强疗法（motivational enhancement therapy, MET）则针对物质使用障碍患者动机不足的问题，让患者意识到物质使用问题如何阻碍了自己最看重的目标，以争取患者的主动配合（National Institute on Drug Abuse,2009）。

认知行为治疗与动机增强疗法也可用于大麻使用障碍（付培鑫，吕秋霖，王红星，2005）。美国物质滥用治疗中心（Center for Substance Abuse Treatment, CSAT）于1997年开展了针对青少年大麻使用障碍的干预研究（Cannabis Youth Treatment, CYT），旨在检验和对比一系列疗法的疗效、成本、收益，其中包括12次认知行为-动机增强疗法（MET/CBT12），5次认知行为-动机增强疗法（MET/CBT5）。两种MET/CBT结合疗法的基本目标均为：通过MET，让青少年直面物质滥用问题、增强改变动机；通过CBT，让青少年发展必要的应对技能，以抵制物质使用相关线索的诱惑，提高解决问题、管理愤怒的能力，培养沟通技巧等（Dennis et al.,2004）。

3. 家庭与夫妻治疗

（1）酒精。

大量研究表明，配偶/伴侣、子女、父母的加入有助于成瘾者获得持久的家庭支持、防止复发、巩固康复行为。O'Farrell和Clements（2012）的综述表明，夫妻家庭治疗在帮助家庭整体提升应对技巧、促使酗酒者本人接受治疗方面，卓有成效；此外，一旦酗酒者本人同意接受治疗，行为取向的夫妻治疗（behavioral couples therapy, BCT）比普通的个体治疗更加有效；夫妻治疗的模式也可用于有酗酒问题的同性伴侣。

总体而言，如果来访者与配偶关系稳定、其配偶愿意参加治疗并且能采取支持的态度，那么他们就非常适合参加夫妻治疗。而那些存在严重家庭暴力问题的夫妻，或者其中一方对于是否继续关系感到非常矛盾，则不适合进行夫妻治疗。

（2）阿片类物质。

对于阿片类物质使用障碍，家庭治疗的目的是通过定期的随访接触，建立持久性、治疗性关系。具体工作包括鼓励家庭支持戒毒，了解患者目前对毒品使用的态度、治疗的依从性、社会和工作适应能力、与其他毒品使用者的接触情况、戒毒程度、婚姻关系，以及长期结果。

(3) 大麻。

对于大麻使用障碍,尚无针对全人群的家庭治疗方案,既往研究提及了针对青少年的家庭支持网络项目(family support network,FSN)和多维度家庭治疗干预方案(multidimensional family therapy,MDFT)。

家庭支持网络项目在 MET/CBT12 的基础上,教授家长如何应对青少年发展问题,进行四次治疗性家访,向家庭介绍可供选择的支持团体,并进行案例管理(旨在确保青少年和家长的治疗参与程度)(Hamilton et al.,2010)。

多维度家庭治疗干预方案包括三个阶段:①准备阶段,与青少年本人和父母建立工作同盟;②确定问题主题,组织亲子沟通;③稳固改变成果,准备结束治疗,并为未来挑战做准备。这一干预假设青少年生活在多层次系统中,以家庭为环境、以青少年发展规律为指导、以多系统为背景来工作,是最佳的方式(Liddle,2002)。实证研究表明,多维度家庭治疗干预方案可降低青少年对大麻的依赖(Rigter et al.,2013),降低外化行为障碍症状(Schaub et al.,2014)。

专栏 11-3

正念训练与预防复吸

初步解除物质滥用者,出于种种原因,往往会再次开始使用物质,这被称为复吸(relapse),是物质滥用治疗中频发的难题。基于正念训练的防复吸方案得到了初步应用,收效良好。

Kabat-Zinn(2003)对正念(mindfulness)的定义是:"通过有意识地、非判断地注意当下而生起的觉察。"基于正念冥想的理念,结合传统防复吸技术,Bowen、Chawla 和 Marlatt(2010)开发了基于正念的复吸预防治疗方法(mindfulness-based relapse prevention,MBRP),这是一套标准化的团体干预方法,专门帮助物质滥用者预防复吸。MBPR 的训练技术包括瑜伽、呼吸、体育锻炼、技能训练,以及家庭作业。正念在其中发挥的作用是增强学员的内部认知控制能力、降低自动化模式、增加对外部触发线索的觉察力及情绪体验能力,进而提高学员对具有挑战性的情绪、身体感受和思维的耐受力,最终打破复吸的循环。在这个过程中以下两点非常关键:一是,需要认识到对精神活性物质的渴求只是一种躯体感受,并不意味着必须采取行动;二是,学员面对导致复吸可能性高的情境时,哪怕只是成功应对一次,也将大大提高自我效能感,复吸可能性也会进一步降低(齐萱,李勇辉,2014)。

小　结

　　物质指的是会导致个体产生生理和心理依赖的精神活性物质,包括酒精、咖啡因、大麻、致幻剂、吸入剂、阿片类物质、兴奋剂、烟草,以及镇静剂、催眠药或抗焦虑药等。本章首先介绍了物质使用障碍的概况和DSM-5的诊断标准,并逐一介绍了酒精、阿片类物质、烟草、大麻及其他物质的概况、临床表现与诊断标准,最后介绍了物质依赖及滥用的各种影响因素和治疗方法。

　　物质使用障碍的主要成因涉及生理因素,许多成瘾物质可带来生理快感等短期正性效应,这是使用者滥用和依赖物质的重要原因;此外,心理及社会文化因素也起着不容忽视的作用,包括人格特点、家庭教养方式、对物质的态度、环境与同伴压力、媒体宣传等。

　　物质使用的治疗方法包括生物学和心理学的方法。生物学的治疗方法能帮助物质依赖者摆脱生理依赖,心理疗法则帮助患者抵制使用药物的冲动、正确处理和对待平时生活中的压力、学会以依赖药物之外的方式调节情绪、获得和利用社会支持。

　　物质使用障碍的成因复杂、治疗困难,但是随着对物质使用障碍的深入研究,治疗效果将逐步提高。医学戒毒与心理学干预的结合将是物质使用障碍治疗发展的方向。

思　考　题

1. 各物质使用障碍的诊断标准主要有哪些共同之处?
2. 酒精使用障碍主要受到哪些因素的影响?
3. 阿片类物质使用障碍的主要治疗方法包括哪些?
4. 导致物质使用障碍的综合因素有哪些?
5. 常见的新型毒品有哪些,与传统毒品相比有何特点?
6. 如何更好地从社会角度出发,防治物质使用障碍?

推　荐　读　物

考特莱特.(2014).上瘾五百年:烟、酒、咖啡和鸦片的历史.北京:中信出版社.

卡普齐,斯托弗.(2021).成瘾心理咨询与治疗权威指南:第三版.北京:中国人民大学出版社.

Zhang, X-C., Shi, J., & Tao, R. (2017). Substance and non-substance addiction. New York: Springer.

12

人 格 障 碍

第一节 概 述

一、人格障碍的界定

早期的精神病学或心理学家认为神经症和精神病是情智失调的结果,而一个人的怪癖、犯罪等行为异常则是由先天的道德和性格缺陷造成的。随着近代精神分析学者临床观察的丰富和理论的进展,精神分析师把一组介于神经症和精神病之间的疾病称作"边缘性"(borderline)疾病,这是早期对人格障碍(personality disorder)的一类统称。随着人类对人格及人格障碍研究成果的逐渐积累,目前多数学者认为:行为是生物和环境因素交互作用的产物,人格发展过程中逐渐形成了某些长期性的行为倾向性或特征,当这些特征走向极端或病理发展且严重影响个体的功能(亲密关系、社交关系和工作)的时候,就可能被考虑为人格障碍。因此,人格障碍被用来表示那些功能不良的人格倾向或类型。

20世纪50年代,DSM-Ⅰ出版时,精神病学界对人格障碍进行了明确的分类和描写,之后又有多次更改和变动,这说明界定人格障碍并不容易(陈仲庚,1997)。人格障碍在DSM-Ⅳ中被界定为:"一种明显脱离个体所在文化且持久的内在体验与行为模式,该模式具有(情境)普遍性、时间稳定性并缺乏灵活性,多起病于青少年或成人早期,导致内心痛苦或社会功能损害。"DSM-5对人格障碍的描述类似。

人格障碍的特征是个体在自我各方面的功能问题(如身份认同、自我价值、自我评价的准确性、自我导向性)和/或人际功能障碍(如建立和维持亲密和相互满意的关系的能力,共情和管理人际关系中冲突的能力),且持续时间较长(2年或更长)。这种困扰表现在认知模式、情绪体验、情绪表达和行为适应不良的模式(例如,不灵活或调节不良),并且在一系列人际和社会情境中(即不限于特定的关系或社会角色)均有此类表现。这些以功能扰乱为特征的行为模式不属于人格正常发展过程中出现的问题,也不能由社会或文化因素,包括社会政治冲突来解释;这种行为模式的困扰与个人、家庭、社会、教育、职业或其他重要功能领域的严重困难或损害相关联。

不同人格障碍对患者生活的影响程度不同。轻者可以过正常的生活，只有与他关系紧密的人，比如家人或同事才能察觉其异常行为、觉得与其难以相处；最严重的患者常常违反社会规则、难以适应正常的社会生活(陈仲庚，1997)，存在明显的社会功能损害。

二、人格障碍的流行病学数据

人格障碍在一般人群中并不少见，Samuels(2011)总结了5个以DSM-Ⅲ-R或DSM-Ⅳ为标准的研究。总的来说，不同研究得出的人格障碍在一般人群中的患病率为4.4%~13.4%(中位数为9.6%)。西方国家的一项流行病学研究显示：在欧洲等地，以及澳大利亚和美国的人群中，任一种人格障碍的患病率在4.4%~21.5%之间(Quirk et al.，2016)。美国酒精及相关疾病流行病学调查(National Epidemiological Survey on Alcohol and Related Conditions，NESARC)针对40 000多人的研究发现，A组(cluster)人格障碍的患病率约为2.1%，B组人格障碍的患病率约为5.5%，C组人格障碍的患病率约2.3%(Trull et al.，2010)。世界卫生组织世界心理健康调查(WMH)采用国际人格障碍测验(IPDE)对中国、美国、墨西哥等13个国家的初步调查结果为：A组人格障碍的患病率约为3.6%，B组人格障碍的患病率约为1.5%，C组人格障碍的患病率约为2.7%，研究同时发现人格障碍与DSM-Ⅳ轴Ⅰ的心理障碍的共病率很高(Huang et al.，2009)。遗憾的是，我国目前尚无全国范围内的人格障碍的流行病学数据。

不同研究得出的人格障碍的患病率有所不同，这可能是由于使用的评估、诊断工具等不同，但都说明了人格障碍在人群中的广泛存在，是一个需要重视的心理健康领域的问题。

第二节 诊断与评估

一、诊断

1. DSM诊断系统

DSM-5的第二部分沿袭了DSM-Ⅳ的诊断标准，并将10种人格障碍分为A、B、C三组，每组都有其共性的核心病理特征，见表12-1(APA，2013)。

DSM-5对一般人格障碍的诊断标准

A. 明显偏离了个体文化背景预期的内心体验和行为的持久模式，表现为下列2项(或更多)症状： (1) 认知(即对自我、他人和事件的感知和解释方式)； (2) 情感(即情绪反应的范围、强度、不稳定性和恰当性)； (3) 人际关系功能；

(4) 冲动控制。
B. 这种持久的心理行为模式是缺乏弹性的和泛化的,涉及个人和社交场合的诸多方面。
C. 这种持久的心理行为模式引起有临床意义的痛苦,或导致社交、职业或其他重要功能方面的损害。
D. 这种心理行为模式在长时间内是稳定不变的,其发生可以追溯到青少年时期或成年早期。
E. 这种持久的心理行为模式不能用其他精神障碍的表现或结果来更好地解释。
F. 这种持久的心理行为模式不能归因于某种物质(例如,滥用的毒品、药物)的生理效应或其他躯体疾病(例如头部外伤)。

表 12-1　各组人格障碍核心特征及典型描述

	A组	B组	C组
所含类型	分裂样、分裂型、偏执型。	自恋型、表演型、边缘型(情绪不稳定型)、反社会型。	回避型、依赖型、强迫型。
核心特征	行为古怪。	情绪不稳定。	慢性焦虑。
典型描述	精神分裂症谱系的症状群,但不构成精神分裂症诊断,尚有自知力;偏执型人格障碍的人通常极度缺乏安全感、无法信任他人、常表现出敌意。	往往情绪不稳定或突然爆发、行为冲动、缺乏恐惧和道德感、共情能力差、自我不稳定,有时候会表现为易激惹或恼羞成怒。	长期慢性的焦虑或恐惧感、虽然内心渴望与人交往,但其内在自我结构、依恋风格和防御机制使用不同,表现出不同的行为风格(依赖或回避),也表现出过度和僵硬的自律(追求完美)。

由于 DSM 系统对人格障碍的传统的诊断标准都是基于类型模型(polythetic or categorical approach)确定的,该诊断体系虽将人格障碍的症状学描述与病因相结合,但存在以下局限:①缺乏人格心理病理学的解释、诊断阈限值具有随意性和时间变化不稳定,以及无法体现人格"正常-不正常"这个连续体;②临床诊断功效不清晰,临床疗效预测能力有限,具体表现为人格障碍的共病现象广泛存在、同一个诊断的"异质性"太大和未特定型人格障碍的高患病率(Herpertz et al.,2017;Trull,Durrett,2005;Zhong,Leung,2007)。

近 20 年来,由于人格特质理论的影响力逐渐从实验室扩大到临床领域,基于人格特质的诊断描述相比于人格类型模型能够更好地预测人格障碍患者的功能水平(Morey et al.,2007)。有研究发现人格特质的改变可以预测人格障碍的改变,但反过来则不行(Warner et al.,2004),提示"特质"可能比"类型"更能代表人格障碍的"本质"(Newton-Howes,Clark,Chanen,2015)。为了解决分类模型的不足,DSM-5 在第三部分中加入了人格障碍诊断的维度-类型的替代模型(hybrid dimensional-categorical model,亦称"混血模型"),以进一步促进相关人格障碍诊断标准的研究。替代模型来源于实验室研究,对临床实践领域的影响尚待观察。

专栏 12-1

DSM-5 人格障碍替代模型

　　DSM-5 人格障碍替代模型诊断有两个决定性因素,标准 A——人格障碍是什么(一般性),标准 B——人格障碍的现象学变化是如何表达的(独特性);要达到人格障碍的诊断,须同时符合标准 A 和标准 B。DSM-5 替代模型目前仅有研究性诊断描述。其研究性诊断标准为,人格障碍的基本特征是:A. 中度及以上的人格功能(自我与人际)损害;B. 一种及以上的病理性人格特质。C 至 F 与 DSM-5 人格障碍的诊断标准是相同的,但增加了标准 G,即人格功能和个体的人格特质方面表现出的损害,从个体的发育阶段和社会文化环境来看都无法理解为是正常的。

　　在 DSM-5 人格障碍替代模型的研究性诊断标准中,标准 A 强调特定人格障碍的功能损害,这一点与传统的类型模型非常不同。人格功能的损害包括:自我及人际功能的损害,这两个方面是人格功能评估的核心。对自我功能的评估包括了个体的自我认同(identity)和自我方向(self-direction)。其中,自我认同涉及自我(self)的聚合性和身份感;自我方向涉及自我的一致性、自我发展的目标以及清晰度。对人际功能的评估涉及共情(在情感层面投入情感,以及在认知层面理解他人心理活动的能力和行为表现)和亲密性(建立和维持亲密关系的能力与行为表现)。

　　标准 B 体现了人格障碍诊断的特质维度模型,评估本质上是单极性的人格特征维度,它包含了负性情感(negative affectivity)、疏离(detachment)、敌对(antagonism)、去抑制(disinhibition)和精神质(psychoticism)共 5 个特质维度,每个特质维度包含 5 个特质因子。某个维度上的高分可以反映出其对应人格维度有明显的损伤,医生可以据此进行判断、诊断和治疗。为了指导临床医生使用特质维度模型,DSM-5 人格与人格障碍工作组开发了 DSM-5 人格问卷 PID-5(Personality Inventory for the DSM-5;Krueger et al.,2012)。PID-5 成人版为一个包含 220 个条目的个人特质的自评量表,适用于 18 岁以上成人,用于诊断人格障碍和评估人格特质。PID-5 的信效度已得到很多研究的支持(Fossati et al.,2013;Soraya et al.,2017)。

　　基于替代模型的标准 A 和 B,DSM-5 第三部分保留了 6 种人格障碍,增加了 1 种未特定型人格障碍,每种人格障碍建议的相关特质维度与特质因子如表 12-2 所示。

表 12-2　替代模型中人格障碍的类别

人格障碍类型	相关特质维度	相关特质因子
边缘型	负性情感	情绪不稳,焦虑,分离不安,抑郁
	去抑制	冲动,冒险
	敌对	敌意
反社会型	敌对	操纵,欺骗,夸大,敌意
	去抑制	不负责任,冲动,冒险
分裂型	负性情感	情感抑制
	疏离	退缩,疑心
	精神质	自我中心,知觉失调,不寻常的信念与体验
自恋型	敌对	夸大,寻求关注
回避型	负性情感	焦虑
	疏离	快感缺失,退缩,亲密关系回避
强迫型	负性情感	执拗,情感抑制
	去抑制	完美主义
	疏离	亲密关系回避
未特定型	存在一种或多种病理人格特质维度或特质因子	

DSM-5 替代模型是人格心理病理学分类系统历史上的分水岭,它是 DSM 系统中第一个提出以实证为基础的适应不良的人格特质模型。目前,尽管人格障碍的替代模型还处于发展初期,但已有不少学者对替代模型的临床实用性进行了研究。总体上,替代模型能够合理地覆盖人格病理范围,增强诊断间的可靠性,与人格的基础研究关系更密切,同时可以减少人格障碍的共病现象(Bornstein,Natoli,2019;Chmielewski et al.,2017;Krueger,Markon,2014;Morey,Skodol,Oldham,2014)。

由于替代模型仍然需要积累大量的实证数据,人格障碍领域的主流临床心理学家和精神病学家认为该模型距离投入临床使用为时尚早,因此 DSM-5 在第二部分中仍然采用与 DSM-Ⅳ 相同的临床应用诊断标准,仅把替代模型作为推荐进一步加强研究的建议放入第三部分。

2. ICD 诊断系统

与 ICD-10 相比,ICD-11 关于人格障碍的诊断标准发生了较大的改动,其核心变化也是从类别模型转向以"人格功能损害程度＋人格维度"的替代模型,从基于经验的诊断标准转向基于实证支持的诊断标准。

ICD-11 人格障碍的诊断要点主要包括三点。第一,按人格功能损害的严重程度进行区分,将人格障碍的严重程度作为分类的首要步骤,在明确患者满足人格障碍的一般定义后，评估其人格障碍的严重程度，分为轻度、中度和重度人格障碍。第二，采用维度分类。ICD-11 纳入 5 种人格特质，分别是强迫性（anankastia）、疏离（detachment）、社交紊乱性（dissociality）、去抑制性（disinhibition）、负性情绪性（negative affectivity）。第三，其他诊断要点，包括：①ICD-11 中提出的新方法使得临床医生可以对患者的人格情况进行快速评估。一般评估步骤为首先确定患者是否存在人格障碍，再根据标准确定其严重程度，最后如有必要再确定患者的人格特质。②对儿童做出人格障碍的诊断时应慎重。③迟发型人格障碍，若患者在 25 岁以后起病，症状持续两年，则满足该诊断（郑毓鹳 等，2018）。ICD-11 中的人格障碍分类如表 12-3 所示。

表 12-3　ICD-11 人格障碍分类

编码	名称
L1-6D1	人格障碍及相关人格特质
6D10	人格障碍
6D10.0	轻度人格障碍
6D10.1	中度人格障碍
6D10.2	重度人格障碍
6D10.Z	人格障碍，未特指严重程度
6D11	突出的人格特征或模式
6D11.0	人格障碍或人格困难中突出的负性情感特征
6D11.1	人格障碍或人格困难中突出的疏离特征
6D11.2	人格障碍或人格困难中突出的社交紊乱特征
6D11.3	人格障碍或人格困难中突出的去抑制特征
6D11.4	人格障碍或人格困难中突出的强迫性特征
6D11.5	边缘型模式

ICD-11 人格障碍诊断标准使用更为简单，同时评估严重程度，但也存在一些不足，包括：①缺少严重程度标准的操作性定义，对人格障碍症状严重性的评估方法和工具不足；②对人格功能损害的"污名化"，忽略了许多已有效促进成人和青少年人格障碍患者心理教育和治疗指南中的积极内容；③虽确定了特质维度但尚未提供具体的"特质切面"（facet），同时对于某一特征的病理性的临界值没有提供具体指导，导致临床医生和卫生政策制定者、资助机构的决策困难。

目前，我国主要依据 ICD-10 及 DSM-5 诊断系统对人格障碍进行诊断，包括偏执型、分裂型、反社会型、边缘型、表演型、强迫型、回避型、依赖型、自恋型等人格障碍类型的诊断标准。未来有必要在我国发展与 ICD-11 标准对接的中文本土化评估工具，尤其是对人格障碍症状严重性的评估工具。

二、评估

对不同人格障碍的标准化评估是进行诊断、治疗和研究的前提条件。通常,人格障碍的测量和诊断有三种形式:结构化会谈、人格测验和临床评定(checklist)。

结构化会谈被认为是最可靠和有效的人格障碍评估方法。但是这种方法需要临床医生或治疗师和患者进行面对面的会谈,工作量大,耗时较长,所以无法让更多的患者获益。较好的临床会谈中的问题大多是基于诊断标准和临床描述,探测患者是否符合某类人格障碍的诊断标准。比如,对依赖型人格障碍的评估中的一个典型问题:"你是否依赖别人处理自己生活中的重要问题,如管理财产、照顾孩子或安排居住?请举几个例子,你对此反应如何?"根据患者所举的例子及其所描述的自己的态度和反应,临床医生可以确定该患者是否符合依赖型人格障碍的8条标准之一,然后综合患者对其他问题的回答,评估和判断患者是否可以被诊断为依赖型人格障碍。由于人格障碍与其他精神疾病共病率很高,所以在进行人格障碍的结构化会谈时,区分患者的回答主要受到哪一类精神疾病的影响是非常重要的。患者的人格只能根据可靠的病前行为资料来进行评估。例如,如果面对一位病程为一年的抑郁症患者,应该在问所有的问题前不断强调:"我们需要了解的是您两年前的情况。两年前您如何回应这件事?"

人格测验包括自陈量表和投射测验。采用自陈量表进行的自我报告是评估人格障碍的最为经济和简便的方法。通常,让被试按照一定的要求,针对一系列问题,选择符合自己实际情况的答案,结果一般可以参照量表的常模来做出解释。投射测验也可用于人格障碍的评估,最常用的有罗夏墨迹测验和主题统觉测验。

临床评定是介于结构化会谈和人格测验之间的一种测量方式,即由熟悉患者情况的医生通过临床评定量表对患者有无某些症状做出判断。临床评定的优点是节省时间、相对客观,但进行临床评定的条件是医生或者治疗师必须对该患者的情况足够了解和熟悉,即要求患者必须是长期或者经常在某一医生或治疗师处就诊,只有这样,医生或治疗师才能够客观、准确地完成对患者的临床评定。

以上三种人格障碍的评定方法各有其优点和局限,在实际应用中,临床医生或治疗师应根据现实条件进行合理选择,也可以将多种方法结合起来达到最优的评估——最佳的诊断敏感性和特异性。常见的人格障碍评估工具见表12-4。

表12-4 人格障碍常见评估工具

类型	名称	作者或编制者	维度或分量表	使用范围
临床会谈	国际人格障碍检测(international personality disorders examination,IPDE)	Loranger et al.,1994	—	对成人的临床评估和研究

(续表)

类型	名称	作者或编制者	维度或分量表	使用范围
临床会谈	DSM-Ⅳ人格障碍结构化临床会谈（Structured Clinical Interview for DSM-Ⅳ personality disorders, SCID-Ⅱ）*	First et al., 1994	—	对成人的临床评估和研究
	人格障碍会谈（Personality Disorder Interview, PDI-Ⅳ）*	Widiger et al., 1995	—	对成人的临床评估和研究
自陈量表	米隆临床多轴测试-4（Millon Clinical Multiaxial Inventory-Ⅳ, MCMI-Ⅳ）*	Millon, Grossman, Millon, 2015	3个效度量表,25个临床分量表(12个临床人格模式量表,3个严重的人格模式分量表,7个临床综合征量表,3个严重的临床综合征量表),45个剖面量表	对初中文化程度及以上的成人的临床评估和研究
	明尼苏达多相人格测试（Minnesota Multiphasic Personality Inventory, MMPI-2）*	Butcher et al., 2001	10个效度量表,10个临床量表,15个内容量表,9个重构临床量表,20个补充量表	对初中文化程度及以上的成人的临床评估和研究
	人格诊断问卷-4+（Personality Diagnostic Questionnaire-4+, PDQ-4+）*	Hyler, 1994	10种人格障碍的临床分型(DSM-Ⅳ中的),2种建议使用的人格障碍分型(抑郁型和被动攻击型)	对初中文化程度及以上的成人的临床评估和研究
	人格评估问卷（Personality Assessment Inventory, PAI）	Morey, 2007	4个效度量表,11个临床分量表,5个治疗相关分量表,2个人际关系分量表	对成人的临床评估和研究
临床评定	米隆人格诊断检测表-Ⅲ-R（Millon Personality Diagnostic Checklist-Ⅲ-R, MPDC-Ⅲ-R）	Tringone, 1990	—	对成人的临床评估和研究

(续表)

类型	名称	作者或编制者	维度或分量表	使用范围
临床评定	罗夏成绩评估系统（Rorschach Performance Assessment System，R-PAS）	Weiner，Greene，2017	—	对成人的临床评估和研究
	主题统觉测验*	Weiner，Greene，2017	—	对成人和儿童的临床评估和研究

注：* 标记的工具有我国修订的中文版。

第三节 人格障碍的分类与治疗

上一节已经介绍了 DSM-5 系统中人格障碍 A、B、C 三组各自共同具有的核心特征，本节将按该系统分类的 A、B、C 三组分别进行介绍。

一、A 组人格障碍

A 组人格障碍包括三种：偏执型（paranoid）、分裂样（schizoid）、分裂型（schizotypal）。这三类人格障碍以行为古怪、奇异为特点，DSM-5 中的诊断标准见表 12-5。

表 12-5 DSM-5 中 A 组人格障碍的诊断标准

人格障碍诊断类型	诊断条目
偏执型	A. 对他人的普遍的不信任和猜疑，比如把他人的动机解释为恶意。这种猜疑始于成年早期，存在于各种背景下，表现为下列 4 项（或更多）症状： （1）没有足够依据地猜疑他人在剥削、伤害或欺骗自己。 （2）有不公正地怀疑朋友或同事对自己的忠诚和信任的先占观念。 （3）对信任他人很犹豫，因为毫无根据地害怕一些信息会被恶意地用来对付自己。 （4）善意的谈论或事件会被当作含有贬义或威胁性的意义。 （5）持久地心怀怨恨（例如，不能原谅他人的侮辱、伤害或轻视）。 （6）感到自己的人格或名誉受到打击，但在他人看来并不明显，且迅速做出愤怒的反应或反击。 （7）对配偶或性伴侣的忠贞反复地表示猜疑，尽管没有证据。 B. 并非仅仅出现于精神分裂症、伴精神病性特征的双相或抑郁障碍或其他精神病性障碍的病程之中，也不能归因于其他躯体疾病的生理效应。

(续表)

人格障碍诊断类型	诊断条目
分裂样	A. 一种脱离社交关系,在人际交往时情感表达受限的普遍心理行为模式,始于成年早期,存在于各种背景下,表现为下列4项(或更多)症状: (1) 既不想要也不享受亲密关系,包括成为家庭的一部分。 (2) 几乎总是选择独自活动。 (3) 很少或不感兴趣与他人发生性行为。 (4) 很少或几乎没有活动能够感到乐趣。 (5) 除了一级亲属外,缺少亲密或知心的朋友。 (6) 对他人的赞扬或批评表现得无所谓。 (7) 表现为情绪冷淡、疏离或情感平淡。 B. 并非仅仅出现于精神分裂症、伴精神病性特征的双相或抑郁障碍或其他精神病性障碍或孤独症(自闭症)谱系障碍的病程之中,也不能归因于其他躯体疾病的生理效应。
分裂型	A. 一种社交和人际关系缺陷的普遍心理行为模式,表现为对亲密关系感到强烈的不舒服和建立亲密关系的能力下降,且有认知或知觉的扭曲和古怪行为,始于成年早期,存在于各种背景下,表现为下列5项(或更多)症状: (1) 牵连观念(不包括关系妄想)。 (2) 影响行为的古怪信念或魔幻思维,且与亚文化常模不一致(例如迷信、相信"千里眼"、心灵感应或"第六感";儿童或青少年可表现为怪异的幻想或先占观念)。 (3) 不寻常的知觉体验,包括躯体错觉。 (4) 古怪的思维和言语(例如,含糊的、赘述的、隐喻的、过分渲染的或刻板的)。 (5) 猜疑或偏执观念。 (6) 不恰当的或受限制的情感。 (7) 古怪的、反常的或特别的行为或外表。 (8) 除了一级亲属外,缺少亲密或知心的朋友。 (9) 过度的社交焦虑,并不随着熟悉程度而减弱,且与偏执性的害怕有关,而不是对自己的负性判断。 B. 并非仅仅出现于精神分裂症、伴精神病性特征的双相或抑郁障碍或其他精神病性障碍或孤独症(自闭症)谱系障碍的病程之中。

注:如在精神分裂症发生之前已符合上述诊断标准,可加上"病前",即"偏执型/分裂样/分裂型人格障碍(病前)"。

1. 临床表现

(1) 偏执型人格障碍。偏执型人格障碍患者最主要的特征是不安全感、总感到危险,对他人的猜疑和持久的不信任。对于严重的偏执型人格障碍患者,这种不安全的感知通常是无意识的。患者知觉到危险后,一般会首先采取应对措施,攻击他人。此类患者没有宽容、慈悲等特质,难以原谅他人。偏执型人格障碍患者不信任他人的表现是病理性的,导致他们很难向他人吐露自己的内心想法。有人认为偏执型人格障碍分内向和外向两种,前者只有在与他人熟悉时才会表现攻击性,而后者则是随时随地攻击别人。通常,偏执型人格障碍患者常常怀疑、攻击身边的亲人和朋友,给他们的生活带来很多痛苦。

偏执型人格障碍的患病率约为1.90%,其中女性的患病率约为2.29%,男性约为1.48%(Trull et al.,2010),西方的一项元分析研究显示其患病率为3.02%(Volkert,Gablonski,Rabung,2018)。偏执型人格障碍与心境恶劣、躁狂、广场恐怖症、社交恐惧症和广泛性焦虑障碍存在密切相关(Grant et al.,2005)。

【案例12-1】

李女士,45岁,某餐厅店主,长期认为朋友和家人不喜欢自己,并且担心员工想"整"她。很长一段时间,李女士在与员工一起吃午饭的时候,会感到一些员工在悄悄议论她。李女士在工作时一般很少说"废话",在员工眼里,李女士内向、严苛。

李女士因"过度焦虑"和顽固的失眠到精神科门诊就医,医生给予"焦虑症伴强迫思维、睡眠障碍"的诊断,建议其接受综合治疗(包括药物治疗和心理治疗)。李女士第一次见心理治疗师时,不愿意主动提供个人信息,坐姿紧张,密切关注着治疗师的表情。她会不断地在网络上搜寻有关治疗师的信息,以确认其"专业性"。在与治疗师见面期间,她对治疗师的"言外之意"格外敏感,经常感到治疗师在"批评自己",想象对方是站在自己的"敌人"一边的。李女士说自己接受心理治疗的目的只是为缓解"焦虑和失眠"。

李女士的童年非常不幸福,几乎是在孤独和被虐待中长大。她的亲生父母在她一岁的时候离婚,之后她被母亲抚养到2岁。这期间,母亲白天上班,只能把她锁在家里。2岁时,母亲因"无力抚养",把李女士送到亲生父亲那里。此时生父刚刚再婚,后母非常排斥李女士,时常用言语羞辱弱小的李女士,在李女士12岁前,后母都不让李女士叫她"妈妈"。

从幼儿园到高中,李女士因非常内向、不合群,经常受到其他同学的排斥。她学习成绩很差,尤其是语文,老师甚至认为她有某种"阅读障碍"。但李女士认为是因为语文老师只喜欢成绩好的同学所致。高中辍学后,李女士到南方某城市打工,靠个人的勤劳打拼,10年后拥有了自己的餐饮事业。

李女士与其家庭成员很疏远,且非常刻薄。她的孩子称呼她"老板",并且总是远远地躲着她。她在家里无法安静地坐着,总是在做家务。她有"洁癖",不希望别人到家里来。丈夫不在家的时候,她也会坐立不安,担心丈夫不忠。

(2)分裂样人格障碍。分裂样人格障碍的核心病理性特征是情感平淡、快感缺乏、人际淡漠,通常伴有其他症状,如不介入日常事务、不关心他人、不参与人际交往等。这类患者在生活中常常表现得很沉默、冷淡、孤独,他们表达情绪的能力非常有限,缺乏对社交的兴趣并转向不带情绪和孤独的活动,如电脑编程、数学、天文物理等(Roussos,Chemerinski,Siever,2012)。分裂样人格障碍与自闭症谱系障碍的成人症状有很多重叠的部分,研究发现儿童期的自闭症谱系障碍水平越高,青春期的分裂样人格障碍症状水平就越高(Cook,Zhang,Constantino,2020)。

分裂样人格障碍的患病率约为0.60%,其中女性的患病率约为0.52%,男性约为0.63%,与酒精依赖和尼古丁依赖的共病率分别为37.82%和47.95%(Trull et al.,2010),且与心境恶劣、躁狂、广场恐惧症、社交恐惧症和广泛性焦虑障碍密切相关(Grant et al.,2005)。一项针对监狱男性犯人的研究表明,暴力犯罪和杀人罪与分裂样人格障碍相关(Apostolopoulos et al.,2018),但有可能是与心理病态(psychopathy)有着情感匮乏、共情能力损害等共同因素而造成的。

【案例 12-2】

王先生,33岁,软件工程师。公司人事经理担心他可能有抑郁症,建议王先生接受心理评估。王先生出生在农村,3岁时他的母亲被诊断为"精神分裂症"后长期住院,父亲将他"托管"给亲戚,直到小学开始住校。王先生自幼孤僻、没有朋友,同学们几乎对他"没有任何印象"。他后来考入一所不错的大学学习软件工程,毕业后到一家国有银行从事网络安全有关的技术工作。参加工作后,王先生给同事的印象是"理性、非常内向和孤僻,身体壮",领导发现他"业务一流、专注工作"。他经常独自在一间机房工作,吃午餐时也是一个人。除了他的主管偶尔过来交代工作以外,没有同事来拜访他。每天他会独自跑步,周末一个人在家"编程序"。他的父亲每月联系他一次,提醒他给母亲的医院支付住院费。王先生在接受评估时被动但配合,称自己"很难交到朋友,似乎也不需要社交",很多社交场合的"谈话"会因"尬聊"而终结。王先生说自己"欲望很低、安于现状",偶尔考虑过改变自己的生活,让自己更加积极,但又觉得"这太麻烦了"。对他而言,独自一人时觉得更惬意。

(3)分裂型人格障碍。分裂型人格障碍的核心症状是患者具有不寻常的知觉或思维体验,从而引发他人难以理解的古怪的言语、行为、限制性情感和牵连观念,这种不被理解又可能带来他人对患者的误解和伤害,进一步导致患者出现偏执和怀疑的想法。这类患者常给人一种幼稚、古怪的感觉,但若给予接纳并仔细理解患者,通常发现是可以与之交流和沟通的,甚至功能好的分裂型人格障碍患者在某些领域有较高的创造力。此类患者与精神分裂症的不同之处在于,后者的精神病性症状更加持久,通常要在至少1个月内有阳性症状,并且在随后的6个月中症状仍然持续;而前者则只是出现短暂的精神病性症状(Ridenour,2016)。尽管如此,很多学者认为分裂型人格障碍应归为精神分裂症谱系障碍。

分裂型人格障碍的患病率约为0.60%,其中女性的患病率约为0.65%,男性约为

0.58%(Trull et al.,2010)。

【案例12-3】

孙女士,62岁,未婚,某大学数学系退休教授,被一位医生转介到精神科接受评估。自诉感到"自我非常空虚、总是被身边人嫌弃"。周围人总是对她很"疏离",这让孙女士很不舒服。

孙女士出生后就被领养,从未见过亲生父母,她的养父母都是某三线城市的工人。孙女士在大山环绕的厂区长大,直到上大学才离开那里。大学时,她是班里唯一的女生,但是一直没有合适的对象。由于她数学天赋极高,博士毕业后被一所知名大学聘用。孙女士一直在这个大学任教,学生和同事对她的数学天赋非常认可,但似乎对她"敬而远之"。她一直独居未婚,直到退休。

孙女士一直感到自己的人生"非常孤独",并且感到周围的世界都是"数字组成的"。多年来她都有一种奇异的能力:可以在空气中写数学公式,因此很多时候她做运算时都不需要黑板。学生们都会"静静地等待她给予正确的答案",而无法与她交流。

退休后,孙女士发展出"一种自己也不能理解的透视能力",她能知道别人的想法。她强烈地感到自己负有某种特殊的使命,但不清楚具体是什么。她会对周围的人谈论"宗教和哲学",并经常认为他人对自己很注意,有时候觉得路过的陌生人在"躲避自己"。她没有朋友,感到孤独,每天花大量的时间解数学题和看电视剧。当她把这些苦恼告诉她唯一的一位医生朋友时,她的朋友建议她接受精神科评估。

在接受评估时,孙女士说话含糊不清、抽象,总是离题,没有重点。她看上去有些恐惧和担心、充满疑虑,担心自己遭到批评和被伤害。评估发现她的现实检验能力不是很差,除了一些思维异常,没有严重的幻觉和妄想。

2. 病理

遗传因素在人格障碍的发展中起到一定的作用,对A组人格障碍而言同样如此。一项研究表明,总体来看,遗传因素在所有人格障碍的发展中的作用占45%(Jang et al.,1996)。儿童期创伤一直被认为是偏执型人格障碍的风险因素。研究证明儿童期的情感忽视、身体忽视和监管忽视可以预测青春期和成年早期的偏执型人格障碍的症状水平(Johnson et al.,2000)。另一项研究则发现偏执型人格障碍与童年期和青春期更多的身体虐待,而非性虐待有关(Golier et al.,2003)。此类患者在儿童期还可能经历更多的同伴霸凌和外化行为问题。以上发现说明社会学习和早年的人际关系可能在该障碍的发展过程中起到重要作用(Lee,2017)。

分裂样人格障碍在精神分裂症患者的一级亲属中更为常见,挪威的两项独立流行病学研究结果显示,分裂样人格障碍的遗传率为28%~29%(Kendler et al.,2006;Torgersen et al.,2000)。此类患者一般具有认知缺陷,尤其是社会认知,无法准确有效地感知周围的情况(Beck,Freeman,Davis,1990)。患者无法接受、理解和解释复杂的人际和情绪线索,对可能激发情绪的刺激无法做出反应。有这种障碍倾向的儿童,与智力水平相同的控制组儿童相比,在言语、教育和动机形成方面发展迟缓(Wolff et al.,1991)。未来还需要在基因遗传学、神经生物学和社会心理学等方面继续探索分裂样人格障形成的原因。

分裂型人格障碍与生物学因素有一定的关系,它被定义为"一种源于遗传基因、产前因素和产后早期发育,以及由此产生的影响个体发育和心理功能的脆弱的神经发育障碍"(Raine,2006)。研究表明分裂型人格障碍与精神分裂症患者具有相似的功能损害和生物学异常,可能存在生物易感性和脆弱性(Esterberg, Goulding, Walker,2010)。Torgersen等人(2000)通过对221对双胞胎的研究发现,分裂型人格障碍的遗传率为61%。国内的一项研究表明,楔前叶和对侧副海马体之间的功能连接性降低可能在分裂型人格障碍的病理生理学中起关键作用(Zhu et al.,2017)。也有不少研究提示分裂型人格障碍与童年创伤相关,说明环境因素对分裂型人格障碍的发展也起作用。研究者认为童年的不幸可以增加该障碍的发病可能性(Afifi et al.,2011)。还有研究表明,在控制了创伤史、最近的压力生活事件、智力水平、不良教养和共病情况后,较低的家庭社会经济地位仍然可以增加人们患分裂型人格障碍的风险(Cohen et al.,2008)。

二、B组人格障碍

B组人格障碍包括四种:反社会型(antisocial)、边缘型(borderline)、表演型(histrionic)、自恋型(narcissic)。这四类人格障碍以情感强烈、不稳定为特点,DSM-5的诊断标准见表12-6。

表12-6 DSM-5中B组人格障碍的诊断标准

人格障碍诊断类型	诊断条目
反社会型	A. 一种漠视或侵犯他人权利的普遍心理行为模式,始于15岁,表现为下列3项(或更多)症状: (1) 不能遵守与合法行为有关的社会规范,表现为多次做出可遭拘捕的行动。 (2) 欺诈,表现为了个人利益或乐趣而多次说谎,使用假名或诈骗他人。 (3) 冲动或事先不做计划。 (4) 易激惹和攻击性,表现为重复性地斗殴或攻击。 (5) 鲁莽且不顾他人或自身的安全。 (6) 一贯不负责任,表现为重复性地不坚持工作或不履行经济义务。 (7) 缺乏懊悔之心,表现为做出伤害、虐待或偷窃他人的行为后显得不在乎或合理化。 B. 个体至少18岁。 C. 有证据表明品行障碍出现于15岁之前。 D. 反社会行为并非仅仅出现于精神分裂症或双相障碍的病程之中。

(续表)

人格障碍 诊断类型	诊断条目
边缘型	一种人际关系、自我形象和情感不稳定以及显著冲动的普遍心理行为模式；始于成年早期，存在于各种背景下，表现为下列 5 项(或更多)症状： (1) 极力避免真正的或想象出来的被遗弃(注：不包括诊断标准第 5 项中的自杀或自残行为)。 (2) 一种不稳定的紧张的人际关系模式，以在极端理想化和极端贬低之间交替为特征。 (3) 身份紊乱：显著的持续而不稳定的自我形象或自我感觉。 (4) 至少在 2 个方面有潜在的自我损伤的冲动性(例如，消费、性行为、物质滥用、鲁莽驾驶、暴食)(注：不包括诊断标准第 5 项中的自杀或自残行为)。 (5) 反复发生自杀行为、自杀姿态或威胁，或自残行为。 (6) 由于显著的心境反应所致的情感不稳定(例如，强烈的发作性的烦躁，易激惹或是焦虑，通常持续几个小时，很少超过几天)。 (7) 慢性的空虚感。 (8) 不恰当的强烈愤怒或难以控制发怒(例如，经常发脾气，持续发怒，重复性斗殴)。 (9) 短暂的与应激有关的偏执观念或严重的分离症状。
表演型	一种过度的情绪化和追求他人注意的普遍心理行为模式；始于成年早期，存在于各种背景下，表现为下列 5 项(或更多)症状： (1) 在自己不能成为他人注意的中心时，感到不舒服。 (2) 与他人交往时的特点往往带有不恰当的性诱惑或挑逗行为。 (3) 情绪表达变换迅速而表浅。 (4) 总是利用身体外表来吸引他人对自己的注意。 (5) 言语风格令人印象深刻及缺乏细节。 (6) 表现为自我戏剧化、舞台化或夸张的情绪表达。 (7) 易受暗示(即容易被他人或环境所影响)。 (8) 认为与他人的关系比实际上的更为亲密。
自恋型	一种需要他人赞扬且缺乏共情的自大(幻想或行为)的普遍心理行为模式；始于成年早期，存在于各种背景下，表现为下列 5 项(或更多)症状： (1) 自我重要性的夸大感(例如，夸大成就和才能，在没有相应成就时却盼望被认为是优胜者)。 (2) 幻想无限成功、权利、才华、美丽或理想爱情的先占观念。 (3) 认为自己是"特殊"的和独特的，只能被其他特殊的或地位高的人(或机构)所理解或与之交往。

（续表）

人格障碍诊断类型	诊断条目
自恋型	（4）要求过度的赞美。 （5）有一种权利感（即不合理地期望特殊的优待或他人自动顺从自己的期望）。 （6）在人际关系上剥削他人（即为了达到自己的目的而利用别人）。 （7）缺乏共情：不愿识别或认同他人的感受和需求。 （8）常常妒忌他人，或认为他人妒忌自己。 （9）表现为高傲、傲慢的行为或态度。

1. 临床表现

（1）反社会型人格障碍。反社会型人格障碍的核心特征是缺乏恐惧、共情丧失、道德感匮乏、自私。严重者常会有违反法律和社会规范的行为，表现出不诚实、欺骗、捉弄他人、攻击性、工作不良、对婚姻不负责任等问题。反社会型人格障碍者无法共情他人的感受，缺乏内疚感；惩罚对于他们没有作用，其外表常常是令人愉快的，易于获得他人的信任。这类患者在 15 岁以前一般会有欺骗、撒谎、斗殴、违反法律、残害动物等行为（刘树瑜，章秀明，钟杰，2018）。

反社会型人格障碍在历史上曾有多个名称。1835 年，英国精神病学家 Pirchard 提出了"悖德狂"（moral insanity）（翟书涛，杨德森，1998），还有道德精神失常、社会病态和精神病态等（巴洛，杜兰德，2017）。对于精神病态（psychopathy），许多研究者做了大量研究，迄今一些研究成果仍然具有影响力。例如，Cleckley 一直致力于研究精神病态，在其研究基础上，Hare 及其同事发展了精神病态的测评工具，内容包括口齿伶俐/表面富有魅力、夸大的自我价值感、病理性说谎、欺诈/操纵他人、缺乏悔意或内疚、冷酷无情/缺乏共情等。这一测评工具将重点放在人格特质上，而 DSM-5 的标准也在向人格特质方向靠拢（巴洛，杜兰德，2017）。

反社会型人格障碍的患病率约为 3.80%，其中女性的患病率约为 1.93%，男性约为 5.66%（Trull et al., 2010）。反社会型人格障碍与其他严重的精神疾病有很高的共病现象，包括精神病、药物滥用、焦虑、抑郁、双相情感障碍和边缘型人格障碍（见 Glenn, Johnson, Raine, 2013）。Trull 等人（2010）也发现反社会型人格障碍更容易有终生的酒精依赖、尼古丁依赖问题，共病率分别为 52.09% 和 59.27%。Links 等人（2003）回顾已发表的文献发现，经历抑郁或者有物质使用障碍的反社会型人格障碍者更容易自杀。此外，反社会型人格障碍者因其特点，经常出现违纪违法的情况，因此此类人格障碍者在监狱中多见。

【案例 12-4】

王先生，25 岁，服刑人员。9 岁时在学校做出严重违纪行为，多次挑起斗殴，并造成一位同学的眼睛严重受伤。初中时,他因为逃学等违纪行为被处分。之后,多次离家出走去"混社会"。14岁参与贩毒,被送入少管所;18岁开始偷窃、行骗和性滥交;20岁因诈骗罪被判入狱3年。21岁假释出狱后,王先生接受了强制性的心理治疗,第一次心理治疗后就计划并实施了一次潜逃。3年后,王先生在南方某城市被抓获后入狱服刑。

(2) 边缘型人格障碍。情绪不稳定和冲动性是边缘型人格障碍的核心症状,此外多数此类患者极度恐惧被遗弃。总体上,边缘型人格障碍的症状可归为情绪不稳定、认知不稳定、自我形象不稳定和人际关系不稳定四类(梁耀坚,钟杰,2006;王雨吟,梁耀坚,钟杰,2008)。伴随冲动性的边缘型人格障碍患者通常有难以控制的愤怒,他们行为冲动且不计后果,常有性滥交、冲动购物、冲动打架、冲动驾驶等行为。这类患者和他们周围的人常常因其极度不稳定而困扰或痛苦。

边缘型人格障碍的患病率约为2.7%,其中女性的患病率约为3.02%,男性约为2.44%(Trull et al.,2010)。一项针对西方国家一般人群中人格障碍患病率的元分析研究结果表明,边缘型人格障碍的患病率为1.90%(Volkert,Gablonski,Rabung,2018)。

边缘型人格障碍者更容易有终生的酒精依赖、尼古丁依赖问题,共病率分别为47.41%和53.87%(Trull et al.,2010)。边缘型人格障碍与其他障碍的共病也很常见,包括抑郁症、惊恐障碍、强迫症,以及表演型、反社会型、分裂型、依赖型等人格障碍(Lieb et al.,2010)。在我国,过去使用的《中国精神障碍分类与诊断标准(第3版)》(CCMD-3)未在人格障碍中列出这一亚型(Zhong,Leung,2007;2009),直到国家卫健委印发《精神障碍诊疗规范(2020年版)》才加入了边缘型人格障碍这一亚型的诊断标准。此类病人在临床上曾出现被误诊为其他精神疾病的情况,也是因为边缘型人格障碍常与其他精神疾病共病所致。

Links等人(2003)发现,经历抑郁或者有物质使用障碍的边缘型人格障碍患者更容易自杀;有学者认为边缘型人格障碍患者的自杀率是普通人的50倍(Lieb et al.,2010)。

【案例12-5】

郭女士,31岁,演员。3岁时父亲因酒驾出车祸死亡,母亲在其4岁时再婚。6岁起,郭女士频繁受到继父性侵,直到12岁进入某曲艺学校住校后才"逃离家庭"。16岁时,郭女士因"才艺超群"被选为主演,该剧大获成功。成名后,她多次卷入与某导演的婚外情风波。20岁起,郭女士频繁更换性伴侣,多次流产。在剧组经常卷入与他人的冲突,还有几次冲动性的打人事件。她几乎每天酗酒,同事们时常发现其手臂上有很多刀痕和香烟烫过的伤疤。郭女士频繁陷入极度抑郁和"掉入黑洞的感觉",她发现此时若用剃刀割破手臂,就可以使这些情绪消失。25岁时,郭女士因醉酒驾驶被拘留15天,后退出演艺界从商。27岁因染上毒瘾,被强制戒毒。28岁时,被诊断为抑郁症住院1个月,后独居在家,靠母亲的资助和领取失业救济金度日,并开始接受心理治疗。治疗开始后不久,郭女士很快就将治疗师理想化,认为治疗师智慧、温柔,又有同理心,并表示"一定要嫁给这个好男人"。但后来,她又很快开始敌视和苛求治疗师,要求其给予自己更多的治疗时间和关注,有时候甚至要求一天两次治疗,治疗师拒绝时就会被指责为"渣男"。在一段时间内,郭女士的生活完全以治疗师为中心,排除了其他任何人。虽然她对治疗师有明显的敌意,但她对此既看不到,也无法控制。在她多次割伤手臂和自杀的情况下,她和治疗师的关系变得非常艰难,因此治疗师不得不要求她接受住院治疗。

(3) 表演型人格障碍。表演型人格障碍的主要特点是患者竭尽所能地成为别人注意的焦点和中心,否则就会陷入抑郁。患者往往情感体验肤浅,语言、表情极度夸张和戏剧化,较易出现性挑逗行为;容易受到外界的影响,关注外界所关注的事物,以达到让他人注意自己的目的。表演型人格障碍患者往往伴随脆弱的自恋、总是过分夸大和吹嘘自己,其人格不够成熟、情绪不稳定,因此社会适应不良,很难维持稳定的人际关系。

表演型人格障碍的患病率约为0.30%,没有明显的性别差异,但女性患者更容易被识别;女性的患病率约为0.29%,男性约为0.24%(Trull et al.,2010)。表演型人格障碍与躁狂、伴广场恐怖症的惊恐障碍显著相关(Grant et al.,2005)。此外,研究还发现包括表演型人格障碍在内的B组人格障碍患者与焦虑障碍、心境障碍、物质使用障碍的共病也很常见,共病率分别高达55%、57%和63%(Afifi et al.,2011)。

【案例12-6】

黄女士,24岁,旅馆服务员。其男友厌倦了她的"放荡"行为,把她丢在一个高速路边的加油站,让她回自己的家。几天后,黄女士因为"流浪、意识模糊"被警察送进医院住院。一个月后出院,医生建议其继续接受心理评估。接受评估时,黄女士化了浓妆,穿着暴露、极具性诱惑,头发染了3种颜色,让人过目不忘。在与一位男性精神科医生交谈时,黄女士表现出幼稚、轻浮和挑逗性行为,用一种戏剧式的浮夸和非常不具体的方式谈论她的生活和问题。她没有朋友可以求助,也不知道如何与朋友相处。事实上,她抱怨说自己从来没有女性朋友,她觉得女人天生就不喜欢她,尽管她不知道原因,但她向医生保证她是"一个非常好的人"。她抱怨男友抛弃了她,她不能回家,希望医生能"包养"她。当医生拒绝她的要求后,她愤然离开。

最近,黄女士搭乘其表姐夫妇的车一起回老家看望姨妈。路上表姐指责黄女士诱惑表姐夫,并在之后与之断交。黄女士觉得很受伤,认为自己很无辜,自己的行为一点也不出格。此事也导致黄女士与母亲大吵了一次。之后,黄女士很快与一位自称为"导演"的男士同居,后发现他是个骗子,愤怒离开后回家休整。在母亲强烈要求下,黄女士开始接受心理治疗。

(4) 自恋型人格障碍。自恋型人格障碍的主要特征是病理性的自我膨胀、大大超过了其本身的现实自我。此类患者给人的典型印象是妄自尊大、有极大权利感、缺乏共情能力;存在人际剥削,即将别人视为可利用的工具,以获取自己的利益或快乐。他们也会全能地认为自己极具智慧和成功的能力,嫉妒与他们相似的或者成功的人。自恋型人格障碍与患者本身的心理痛苦呈较低的相关,而与给他人造成的痛苦则呈强相关。患者可能一开始并不感到抑郁或者焦虑,随着时间的推移,患者的人际关系、工作、感情等方面出现功能损坏,当患者意识到自己在各个方面都不成功或者不如别人时,才会感到伤心或担忧(Miller,Campbell,Pilkonis,2007)。

Cain 等人(2008)的综述阐明了病理性自恋的表型,包括两大类:夸大性自恋和脆弱性自恋。前者表现为自我膨胀、麻木不仁、对优越感的幻想,以及为了获得他人崇拜而做出某些"英勇"行为;后者则表现为羞愧感、空虚感、无助感、对侮辱的高度警惕,以及为了逃避对自尊的威胁而产生的过度害羞和人际回避。然而,DSM-5 的诊断标准并未完全包括临床实践中认为是病理性自恋的特征,对自恋型人格障碍的诊断标准主要强调夸大性自恋的表现。有些自恋型人格障碍患者常常不顾他人的利益,利用他人甚至使用暴力手段达到自己的目的,特别是男性患者,这些行为表现与反社会人格障碍类似,被 Kernberg(1992)命名为"恶性自恋"。

自恋型人格障碍的患病率约为 1.00%,其中女性的患病率约为 0.74%,男性约为 1.19%(Trull et al.,2010)。Dhawan 等人(2010)通过对文献的回顾发现,自恋型人格障碍的患病率为 0%~6.20%,平均患病率为 1.06%。Links 等人(2003)发现自恋型人格障碍患者有着更高的自杀风险,且其自杀行为不可预测,即使他们并没有处在抑郁之中,仍然有自杀的可能性。

【案例 12-7】

刘先生,36 岁,已婚,育有一子,现为某机构主管,因"极度的感情困扰"导致"抑郁发作",精神科医生建议其在药物治疗的同时接受心理评估和心理治疗。刘先生自述与其有亲密关系的女秘书"抛弃了他",因无法接受这个事实而导致情绪抑郁。他自述"自幼聪慧、过目不忘",学习一帆风顺,26 岁就获得经济学博士学位,作为优秀毕业生出国进修。博士后出站后,他被某跨国公司聘为亚洲区主管;28 岁与其追求了多年的女子结婚,婚后"非常幸福"。妻子目前全职在家"相夫教子"。刘先生自己此前有"辉煌的历史"和"完美的人生"。30 岁时,他录用了刚刚大学毕业的吴女士作为秘书,自述很快就"征服了"吴女士的芳心,与其保持了多年的婚外关系。

2 年前该公司派驻了一位副总到任,刘先生感受到某种"危机",经常与该副总发生口角和争论,并对副总主持的项目获得巨额利润非常嫉妒。半年前,吴女士告知刘先生因其"个人生活原因"须离职回老家完婚。刘先生感受到"双重打击",出现情绪烦躁和愤怒,时常陷入抑郁和无助状态。心理评估时,他自述对其秘书"爱得很深",并对其"离开"表现出极大的愤怒,认为"自己除了婚姻的承诺外,其他都给了这个女人",不理解为什么吴女士会离开"如此优秀的自己",也无法接受她"进入另外一个男人的怀抱"。刘先生不断责备秘书抛弃自己的行为,非常"生气",也感到作为一名成功男人的"尊严"丧失了。在刘先生进入心理治疗的早期阶段,心理治疗师发现刘先生对自己的自恋人格毫无觉察,同时在治疗关系中表现出自大、自我中心和过度操控治疗师的行为。

2. 病理

研究表明,遗传与环境因素对反社会型人格障碍有影响。针对双胞胎犯罪行为的研究发现:与异卵双生子相比,同卵双生子的犯罪行为的一致率更高。也有研究对比了普通人和罪犯的孩子被领养之后的犯罪行为发生率(Cadoret,1978;Mednick,Gabrielli,Hutchings,1984),结果发现亲生父母的犯罪行为和孩子的犯罪率显著相关,而寄养父母的犯罪行为与养子犯罪行为的关系较不显著。一项针对 17 513 对 9 岁到 65 岁的双胞胎研究发现,对于儿童的品行问题,基因和家庭共同环境(双胞胎均受到影响的环境)因素分别可以解释 43% 和 44% 的方差。而对于青少年和成人的品行问题或反社会人格问题,共同环境因素的影响作用不显著;相反,基因和个体独特环境因素可分别解释 49% 和 51% 的方差(针对青少年群体)和 43% 和 57% 的方差(针对成人群体)。研究者认为对于品行问题或反社会人格问题,家庭共同环境的影响主要集中在童年时期,而遗传因素的影响则一直存在,且随着年龄的增长更加明显(Wesseldijk et al.,2018)。Ferguson(2010)在一项元分析研究中发现:对于反社会型人格障碍和行为,基因、独特环境、家庭共同环境分别可以解释 56%、11% 和 31% 的方差。以上研究提示,基因在反社会型人格障碍发展过程中起到了重要的作用。

影响反社会型人格障碍的环境因素的研究主要集中在家庭环境和家庭养育方面。一些研究表明反社会型人格障碍与童年创伤之间存在相关,提示环境因素在反社会型人格障碍的发展中起着重要作用。Glenn,Johnson,Raine(2013)认为父母患反社会型人格障碍会增加孩子出现外化和内化行为问题的风险。一项流行病学调查发现目睹亲密关系暴力的儿童更可能在成年期实施亲密关系暴力(Roberts et al.,2010)。反社会型人格障碍患者的父母也可能具有更差的养育管理方式,比如严厉和不一致的管束、较少监督孩子、缺乏对孩子的温暖,并且可能无法为孩子提供足够的资源(Glenn,Johnson,Raine,2013)。

遗传因素与边缘型人格障碍的发生和发展有关。Torgersen 等人(2000)通过对 221 对双胞胎的研究发现,边缘型人格障碍的遗传率为 69%。Amad 等人(2014)通过回顾针对边缘型人格障碍的家族研究、双胞胎研究、基因-环境交互作用研究,发现家族和双胞胎研究在很大程度上支持遗传因素对边缘型人格障碍的潜在作用,估计该障碍的遗传率为 40%。大脑前额叶功能受损与患者的冲动控制能力有关。

环境因素对边缘型人格障碍的形成和发展可能存在非特异性的相关。Bradley,Jenei 和 Westen(2005)研究发现,包括家庭环境、父母的精神问题、儿童虐待在内的三类变量与边缘型人格障碍的症状相关,其中儿童期的性虐待对该障碍的预测力高于家庭环境;家庭环境在儿童身体虐待、性虐待与边缘型人格障碍症状之间起到部分的中介作用。研究和临床观察都发现,以忽视和否认儿童内在情感和想法为核心特征的无效家庭环境是边缘型人格障碍重要的病理因素之一(Linehan,1993;张英俊,钟杰,2013),且一些亚类型(如选择性关注孩子的学习成绩或对家族的贡献)受到文化的影响(Io et al.,2023)。还有研究者认为性和身体虐待的确是边缘型人格障碍症状的重要病因,但是这些障碍通常发生在一种混乱的家庭环境中。Afifi 等人(2011)的一项大型研究发现,边缘型人格障碍患者中的很多人在童年曾经遭遇不幸,其中身体虐待、性虐待、身体忽视和家庭功能失调(如养育者之间的暴力行为,以及养育者的物质滥用、心理疾病和犯罪问题等)的发生比例分别为 40.5%、33.6%、45.2%和 55%。因此,有研究者认为童年不幸的高发会增加边缘型人格障碍发病的可能性,许多研究为童年创伤和该障碍之间的密切关系提供了证据(如 Ball,Links,2009;Herman,Perry,Van der Kolk,1989)。这些研究一致发现,与男性相比,女性患边缘型人格障碍的人数更多,部分原因是女孩更可能受到性虐待。有学者认为,那些在幼年长期受到性侵的患者,可能会出现解离、内心空洞的症状,而此时患者常常采取自残的方式来应对内心极度的痛苦。此类患者的另一种自残的情况常发生在人际关系中,并以此避免被抛弃。另有研究表明,即使在控制了创伤史、最近的压力生活事件、智力水平、不良教养和共病情况后,较低的家庭社会经济地位仍然会增加个体患边缘型人格障碍的风险(Cohen et al.,2008)。

截至目前,研究者对表演型人格障碍的病因所知甚少。Torgersen 等人(2000)通过对 221 对双胞胎的研究发现,遗传因素对表演型人格障碍的发展可能起到 67%的作用。Baker 等人(1996)发现与健康被试相比,表演型人格障碍患者的原生家庭表现出更强的控制欲、更多的知识文化取向,以及更低的凝聚力;与依赖型人格障碍患者相比,表演型人格障碍患者的原生家庭表现出更强的成就取向。此外,表演型人格障碍可能与反社会型人格障碍有关,有证据表明这两种人格障碍在同一个体身上同时存在的可能性远远超过了随机水平,可能是相同的内在病因(病理性寻求他人关注)在不同性别的个体身上的不同表现,即具有这种内在病因的女性更可能表现为表演型人格,而男性则更可能表现出反社会的行为模式(Hamburger,Lilienfeld,Hogben,1996)。

自恋型人格障碍与生物学因素也存在相关。Torgersen 等人(2000)通过对 221 对双胞胎的研究发现,遗传因素对自恋型人格障碍的发展可能起到了 79%的作用。环境因素也在自恋型人格障碍的发展过程中起到了一定的作用。有研究者认为,自恋型人格障碍是婴儿和儿童的正常的自恋需求得不到满足的结果。同样,有人从精神分析的角度提出了不同的观点,认为自恋型人格障碍是患者童年期的自恋寻求过度满足而产生的固着的结果,这种固着阻碍了超我的正常发展和整合,导致患者在调节自尊方面有困难,他们会规避超我和现实带来的限制,没有学会放弃其童年时代养成的自我的夸大感,当现实与其自恋冲突时,他们会使用诸如否认等方法让自己免于这种情况带来的羞愧感(Fernando,1998)。近年来也有学者倾向于将自恋归因于一种社会文化鼓励的人格功能,包括自信、独立、支配、注意力寻求,以及各种各样的有关自我增强或自我关注行为的极端表现(Ronningstam,2010)。当然,这些不同的观点突显出对自恋界定的不一致和模糊性,而对自恋的界定离不开对自体(self)的内部结构的理论探究。

三、C 组人格障碍

C 组人格障碍包括三种:回避型(avoidant)、依赖型(dependent)和强迫型(obsessive-compassive)。这三种人格障碍以紧张、焦虑为特征,DSM-5 的诊断标准见表 12-7。

表 12-7 DSM-5 中 C 组人格障碍的诊断标准

人格障碍诊断类型	诊断条目
回避型	一种社交抑制、能力不足感和对负性评价极其敏感的普遍心理行为模式;始于成年早期,存在于各种背景下。表现为下列 4 项(或更多)症状: (1) 因为害怕批评、否定或排斥而回避涉及人际接触较多的职业活动。 (2) 不愿与人打交道,除非确定能被喜欢。 (3) 因为害羞或怕被嘲弄而在亲密关系中表现拘谨。 (4) 具有在社交场合被批评或被拒绝的先占观念。 (5) 因为能力不足感而在新的人际关系情况下受抑制。 (6) 认为自己在社交方面笨拙、缺乏个人吸引力或低人一等。 (7) 因为可能令人困窘,非常不情愿冒个人风险参加任何新的活动。
依赖型	一种过度需要他人照顾以至于产生顺从或依附行为并害怕分离的普遍心理行为模式;始于成年早期,存在于各种背景之下,表现为下列 5 项(或更多)症状: (1) 如果没有他人大量的建议和保证,便难以做出日常决定。 (2) 需要他人为其大多数生活领域承担责任。 (3) 因为害怕失去支持或赞同而难以表示不同意见(注:不包括对被报复的现实的担心)。 (4) 难以自己开始一些项目或做一些事情(因为对自己的判断或能力缺乏信心,而不是缺乏动机或精力)。 (5) 为了获得他人的培养或支持而过度努力,甚至甘愿做一些令人不愉快的事情。 (6) 因为过于害怕不能自我照顾而在独处时感到不舒服或无助。 (7) 在一段亲密的人际关系结束时,迫切寻求另一段关系作为支持和照顾的来源。 (8) 害怕只剩自己照顾自己的不现实的先占观念。
强迫型	一种沉湎于有次序、完美以及精神和人际关系上的控制,而牺牲灵活、开放和效率的普遍心理行为模式;始于成年早期,存在于各种背景之下,表现为下列 4 项(或更多)症状: (1) 沉湎于细节、规则、条目、次序、组织或日程,以至于忽略了活动的要点。 (2) 表现为妨碍任务完成的完美主义(例如,因为不符合自己过分严格的标准而不能完成一个项目)。

(续表)

人格障碍诊断类型	诊断条目
强迫型	(3) 过度投入工作或追求绩效,以致无法顾及娱乐活动和朋友关系(不能被明显的经济情况来解释)。 (4) 对道德、伦理或价值观念过度在意、小心谨慎和缺乏弹性(不能用文化或宗教认同来解释)。 (5) 不情愿丢弃用坏的或无价值的物品,哪怕这些物品毫无情感纪念价值。 (6) 不情愿将任务委托给他人或与他人共同工作,除非他人能精确地按照自己的方式行事。 (7) 对自己和他人都采取吝啬的消费方式,把金钱视作可以囤积起来应对未来灾难的东西。 (8) 表现为僵化和固执。

1. 临床表现

(1) 回避型人格障碍。回避型人格障碍患者的核心特点是长期的社交回避、对人际关系中的负面评价过于敏感,并伴低自尊、无能感。这类患者一般恐惧人际冲突、压抑自己对亲密关系的需求,倾向于牺牲自我边界来换得某种关系。他们有能力但不愿建立亲密关系,害怕和人在一起,认为那样有被人抛弃的风险,一旦建立了亲密关系,他们又会因为很难面对分离,而不愿意脱离亲密关系。但是,相比于依赖型人格障碍患者,回避型人格障碍患者的功能略好。回避型人格障碍患者在心理(如低效能感、精神痛苦)、社会(如低教育水平、低收入、无工作)和身体疾病方面受到相当大的影响和损害(Olssøn,Dahl,2012)。

回避型人格障碍和社交焦虑障碍有很多相同的症状,但对两者的潜在机制所知甚少,所以还不清楚它们是社交焦虑障碍的两种不同严重程度的表现,还是两种不同的疾病。有研究表明,相比于社交焦虑障碍患者,回避型人格障碍患者的依恋焦虑水平更高,尤其是对遗弃和分离的焦虑尤为显著。恐惧型依恋类型在回避型人格障碍中更为常见(Eikenaes,Pedersen,Wilberg,2015)。Torvik 等人(2016)对 1471 对女性双胞胎进行了约十年的追踪,从青年到中年,在第一次测量时,1/3 的回避型人格障碍患者同时患有社交焦虑障碍,但是在十年之后第二次测量时,这一比例提高至 1/2。研究者认为尽管这两种障碍高度相关,也在很大程度上共享遗传方面的风险因素,但是它们的遗传风险因素并不完全相同,这表明两者的病因存在质的差异。另外,研究者认为环境因素是疾病是否表现出来的最重要的因素。也有研究认为回避型人格障碍和社交恐惧更可能是社交焦虑障碍的一个维度,而不是单独的两种障碍(Tillfors et al.,2001)。

回避型人格障碍的患病率约为 1.20%,其中女性的患病率约为 1.37%,男性约为 0.91%(Trull et al.,2010)。而一项针对西方国家一般人群中人格障碍患病率的元分析研究表明,回避型人格障碍的患病率为 2.78%(Volkert,Gablonski,Rabung,2018)。另一项大型研究发现,相比于其他人格障碍,回避型人格障碍与心境障碍、焦虑障碍具有更强的相关关系(Grant et al.,2005)。

【案例 12-8】

魏女士,35 岁,会计;"生活单调、缺乏与他人的交往",只有其堂姐与她有不太频繁的交往。从童年开始,魏女士就非常害羞,并尽量避免和别人的亲密关系,以免受到伤害和批评。魏女士出生后由姥姥抚养长大,到小学时才与父母生活在一起。魏女士记得小学期间,因父母工作很忙,假期总是把她一个人锁在家里不让她出门玩。父亲对待童年的魏女士总是很"暴虐",一言不合或酒醉后就会揍魏女士一顿。中学时期的魏女士很少与同学交往,几乎没有好朋友,也因此受到了老师和同学们的忽视。大学选择了财务专业,感觉"与数字打交道更适合自己"。大二时,有一次魏女士被一位在图书馆结识的男生邀请去参加一个聚会,在聚会前一个小时,魏女士感到极度不安,觉得自己"穿得不得体"便匆匆离开了,再也不见这个男生。

由于"发现自己无法建立亲密关系",在堂姐的鼓励下,魏女士开始寻求心理治疗。治疗的开始阶段,魏女士在大部分时间里都是比较沉默的,她很难开口谈论自己的问题。在几次会面之后,她开始相信治疗师,回想起在童年时,她的令人讨厌的、暴虐的酒鬼父亲,有很多次在公开场合让她极度难堪。她试图不让学校里的同学知道自己的家庭问题,当不可能做到时,她就会减少与人接触,以避免感到不安和遭到议论。后来,魏女士谈及与人交往时的心态:尽管她渴望与人接触,但如果不能确信对方喜欢自己,她就会避免和对方接触。随着治疗中自信训练和社交技能训练的进行,她在与人接触和交谈方面取得了一定的进步。

(2) 依赖型人格障碍。依赖型人格障碍患者的核心问题是非常害怕失去别人的爱。因此,此类患者在人际上缺乏自信、害怕独立做事、害怕承担责任和独处、要依附于他人、遇到轻微应激就退缩、需要保护。通常,这类患者在孩童时期都有依恋障碍。在人生早期可能有过分离创伤,导致他们的依恋系统处于过度唤醒状态。

依赖型人格障碍的患病率约为 0.3%,其中女性的患病率约为 0.33%,男性约为 0.2%(Trull et al.,2010)。一项针对西方国家一般人群中人格障碍患病率的元分析研究表明,依赖型人格障碍的患病率为 0.78%(Volkert et al.,2018)。此类患者更容易有终生的尼古丁依赖问题,其共病率为 53.68%;相比于其他人格障碍,依赖型人格障碍与心境障碍、焦虑障碍具有更强的相关关系(Grant et al.,2005;Trull et al.,2010)。此外,依赖型人格障碍患者更容易遭受其配偶的身体虐待(Loas,Cormier,Perez-Diaz,2011),患身体疾病、自伤和自杀的风险也比较高(Bornstein,2012)。

【案例12-9】

谢女士,32岁,已婚,有2个女儿,兼职税务会计。某日,丈夫醉酒后对谢女士实施家暴,谢女士身体多处受伤到医院就诊,在处理完外伤后,外科医生将谢女士转介到心理科接受评估和治疗。评估时,谢女士显得非常焦虑,对未来感到担忧,她需要有人告诉她该怎么做。她希望回家照顾女儿们,好像对丈夫经常施暴并不在意,认为是因为自己"没有生出儿子"。谢女士的丈夫是一名路政职工,因酒精滥用正在接受治疗,时常在情绪低落后酗酒,如同"一颗不定时炸弹"。尽管谢女士的收入比丈夫多很多,但她对自己能否独立生活感到极度担忧。她的理性意识到"依赖"那个"酗酒的暴力男人"是没有好结果的(她后来觉察到其父亲也是这样一个男人)。过去几个月中,谢女士下定决心要带孩子摆脱婚姻,但又无法让自己挣脱。每当要离开的时候,一想到"不能和丈夫在一起",谢女士便会感到"身体麻木、脑子一片空白"。

(3) 强迫型人格障碍。强迫型人格障碍的特点是病理性的完美主义,此类患者性格固执、僵硬、谨小慎微、犹豫不决、惧怕失败或极度渴求成功。这类人在工作上事必躬亲、专注于细节、追求卓越和完美;在生活上过度节俭,不愿丢弃废旧物品;在道德上严格要求自己,固守准则、严肃沉闷。

强迫型人格障碍和强迫症有着有很多重叠的行为症状和神经生物现象,强迫症患者中的强迫型人格障碍发生率为23%~32%,远高于正常人群(Ecker, Kupfer, Gönner, 2014)。与健康被试相比,强迫症和强迫型人格障碍共病患者的认知灵活性和计划能力显著受损(Paast et al., 2016)。与单纯的强迫症患者相比,强迫症和强迫型人格障碍共病患者的认知功能受损的程度更加严重(Fineberg et al., 2007)。但是这两种障碍的一个重要区别是,强迫症的症状是病人不希望有的,而强迫型人格障碍患者对其症状是接受的且不太希望去改变。

强迫型人格障碍的患病率约为1.90%,其中女性的患病率约为1.99%,男性约为1.82%(Trull et al., 2010)。一项元分析研究表明,强迫型人格障碍的患病率为4.32%,为所有人格障碍中最高(Volkert, Gablonski, Rabung, 2018)。总体上,研究发现在一般人群中,强迫型人格障碍是最常见的人格障碍之一。Trull等人(2010)还发现此类人格障碍患者更容易有酒精依赖、尼古丁依赖问题,其共病率分别为31.85%和35.68%。

【案例12-10】

费先生,45岁,某高校生物工程学老师。他似乎很适合做科研工作,认真负责,追求完美,注重细节观察和处理。但是他和同事的关系不亲近,与家人也很疏远。在同事眼里,费先生是一个"科研狂人",总是最早出现在实验室且最晚离开。他几乎没有业余时间,工作中的日常事务有些细微的变动也会使他非常不安。例如,如果同事没有严格地按照他详尽的日程安排和计划去做,他就会紧张和急躁,甚至与同事起冲突。在学生眼里,费先生是一位"一丝不苟、治学严谨、令人敬畏"的教授。费先生很孤独,从来都是独来独往,与他结婚8年的妻子因为其性格最终与他离婚。费先生离婚之后,很少感到快乐,总是因为小事而闷闷不乐,他严格的日程安排根本不可能达到,而他常常因此出现紧张性头痛或者胃痛。医生发现费先生不断抱怨身体不舒服,并且凡事要求完美,所以建议他接受心理评估和治疗。而他却担心会耽误工作,所以没有听从医生的建议。

2. 病理

Torgersen等人(2000)通过对221对双胞胎的研究发现,遗传因素对回避型人格障碍的发展可能起到28%的作用,对依赖型人格障碍的发展可能起到57%的作用,对强迫型人格障碍的发展可能起到78%的作用。另一项研究则发现遗传效应可以解释回避型人格障碍变异的35%,依赖型人格障碍则为31%,强迫型人格障碍为27%(Reichborn-Kjennerud et al.,2007)。Gjerde等人(2012)的研究发现,回避型人格障碍的遗传率为64%,依赖型人格障碍为66%。有研究发现,强迫型人格障碍患者的囤积、优柔寡断可能是家族性的,这与10号染色体上的某个区域有一定的联系(Riddle et al.,2016)。

有学者认为,回避型人格障碍患者所具有的羞耻感源于童年期的内心经历和父母的训斥。不少研究发现,童年虐待(如情绪虐待和忽视、性虐待、身体虐待和忽视)、父母的过度保护、更少的亲子关怀以及更多的被嘲笑的经历能够显著预测成人期的回避型人格障碍(Hageman et al.,2015)。一项研究发现,相比于对照组,在回避型人格障碍患者的记忆中,父母对他们有更多的拒绝,更少表达爱意和深情,更多地让他们产生内疚,但该研究是依靠被试的回忆,可能会有记忆偏差(Barlow,Durand,2012)。

家庭环境在依赖型人格障碍的发展中也起到了一定的作用。研究发现,与健康被试组和其他心理疾病被试组相比,依赖型人格障碍患者的家庭环境具有低表达性(即在家庭内部鼓励开放、直接的行动和情感表达的程度低)和高控制性(家庭生活受已有规则和程序控制的程度高)的特点。在这种情况下,个体很难发展出自主性和独立性,而这会导致个体在做出重要决定和解决日常问题时产生不确定性,因此很难做决策(Head,Baker,Willamson,1991)。Baker,Capron和Azorlosa(1996)对比了表演型人格障碍、依赖型人格障碍和健康被试的家庭环境,结果发现依赖型人格障碍患者的原生家庭表现出独立性低、控制更多、更弱的家庭凝聚力等特点。也有研究发现,依赖型人格障碍患者中的很多人都曾遭遇童年不幸,包括身体、性和情感虐待,身体和情感忽视,以及家庭功能失调。不幸的童年经历可能在一定程度上塑造一个人的人格,然后再反过来对他们的人格特质、人格障碍症状和人格障碍的发展起到潜在的负面影响(Afifi et al.,2011)。

文化对依赖型人格障碍发展的作用不容忽视。在强调人际关系多于个人成就的文化中成长的个体(如日本)报告的依赖性高于那些在强调个人成就多于群体和谐的文化中成长的个体(如美国)。东方儒学与西方个人主义之间的文化差异表明,DSM体系中关于过度依赖的定义不应该只是简单的从人格特征的角度来理解。在东方文化中,个人的依附和服从不仅是其人格的表现,还反映了社会关系和社会背景的标准。每个人都努力找到不同社会角色之间的平衡,并根据不同的社会环境调整自己的需求(Chen, Nettles, Chen, 2009; Gjerde, 2001)。

精神分析理论认为强迫性格的形成是由父母的专制、过度控制和干扰(如严格的如厕训练)造成的。在这种家庭中,父母需要的是服从、顺从和秩序,而不是爱、信任和依恋;而孩子会产生焦虑,因此会谄媚地顺从父母的每一个要求,将父母严格的标准内化,成为自己的行为准则。但是,这样的孩子会因为自己必须服从、不能表达真实情感、被有条件的接纳而感到深深的愤怒。这样的父母唤起了孩子对世界持续的不稳定感和威胁感。甚至有一些理论家声称具有强迫性格的人可能在童年期就被无助和脆弱的感觉吓到,而这种感觉部分源于能够唤起其焦虑的父母的态度,包括父母的拒绝、支配和干扰(见 Hertler, 2014)。但也有研究发现,强迫型人格障碍与父母低水平的关心和父母过度保护有关(Nordahl, Stiles, 1997)。

四、其他人格障碍

DSM-5 中的其他人格障碍包括三类:因其他躯体疾病所致的人格改变,其他特定的人格障碍,未特定的人格障碍。

因其他躯体疾病所致的人格改变是指由于个体身体疾病(如中风、癫痫、内分泌系统疾病或免疫系统疾病等)而导致的持续性的人格变化(不是仅出现在谵妄时),且不能被其他精神疾患更好地解释,引起了临床意义的痛苦,或导致社交、职业或其他重要功能方面的损害。这样的情况可考虑给予这个诊断。

其他特定的人格障碍是指具备人格障碍的典型症状,且引起有临床意义的痛苦,或导致社交、职业或其他重要功能方面的损害,但未能符合人格障碍类别中任何一种特定人格障碍的诊断。临床工作者在使用这一类别的诊断时,须提供未能符合任一种特定的人格障碍的诊断标准的原因,并记录其特定问题(如"混合的人格特征")。

未特定的人格障碍适用于那些具备人格障碍的典型症状的临床表现,且引起有临床意义的痛苦,或导致社交、职业或其他重要功能方面的损害,但未能符合人格障碍类别中任何一种疾病的诊断表征。临床工作者应记录对未能符合任一种特定的人格障碍的诊断标准的个体选择不给出其特定诊断的原因,包括因信息不足而无法做出具体诊断的情况。

五、人格障碍的治疗

1. A 组人格障碍的治疗

通常,偏执型人格障碍患者很少主动寻求治疗,因为他们不认为自己有问题,即使前去求助,也常常是因为他们在生活中遇到了危机或其他问题(如焦虑或者抑郁)。所以,目前对于偏执型人格障碍的治疗的了解非常少。在药物治疗方面,目前在美国没有任何被批准的治疗该疾病的药物,也没有针对此障碍的临床试验(Lee,2017)。有研究者认为短程认知干预可能非常适合治疗偏执型人格障碍,可能的原因有两点:第一,一般来说偏执型人格障碍患者对自己的认知非常敏感,并且会非常积极地对周围人做出归因;第二,认知治疗的目标很容易解释,治疗与目标之间的联系也很明显(Williams,1988)。也有采用认知分析疗法(cognitive analytic therapy,CAT)进行的个案治疗,研究发现此方法治疗偏执型人格障碍效果明显(Kellett,Hardy,2014)。对于认知行为疗法治疗偏执型人格障碍尚需系统性的研究。尽管一些心理治疗方法在治疗偏执型人格障碍上可能具有潜力,但来自大量接受心理治疗患者的数据表明,偏执型人格障碍是治疗失败和脱落率的一个重要预测因素(Kvarstein,Karterud,2012)。

同样,关于分裂样人格障碍治疗的研究也比较缺乏。在药物治疗方面,有关药物治疗分裂样人格障碍的研究证据很少,所以目前针对此类患者,并没有药物治疗的建议(Koch et al.,2016)。心理治疗方面,同偏执型人格障碍患者一样,分裂样人格障碍的患者很少主动求医,所以临床医生或心理治疗师对于此类患者有效的心理治疗方法缺乏共识。为数不多的现有研究都是同时研究 A 组人格障碍的心理治疗效果,而很少有单独对分裂样人格障碍的研究。即便如此,在这些有限的研究中的大部分 A 组人格障碍患者都同时具有其他人格障碍,而且研究结果也常常是互相矛盾的(Bartak et al.,2011)。原则上,对于分裂样人格障碍患者,治疗师一般会鼓励他们发展对社会关系的兴趣,帮助他们认识到社会关系的价值。有时候治疗师要教患者如何做出各种情感反应,帮助他们体会别人的情感。该类障碍患者一般缺乏社交技能,治疗师可以通过角色扮演对他们进行社交技能训练,治疗师可以扮演患者生活中的不同人物,帮助患者学习建立和维持社会关系所需要的技能(Beck,Freeman,Davis,1990)。有研究者认为,团体治疗或许对分裂样人格障碍患者具有较好的治疗效果。因为这类人格障碍患者通常缺乏社交需求,而团体本身要求其成员进行必要社会交往,是一种对患者进行训练的有效形式。

现有对分裂型人格障碍的药物治疗研究都是一些小型的研究,奥氮平、利培酮、硫代噻吩、氟哌啶醇和氟西汀在治疗分裂型人格障碍患者时显示出具有一定的效果。但是这些研究大部分都存在样本量小、患者同时有其他人格障碍(如边缘型人格障碍)等情况(Koch et al.,2016)。需要注意的是,早前有研究认为药物治疗快感缺乏症是困难的,甚至是不可能的,稳定、长期的支持可能才是治疗的关键(Project,1990)。在因为分裂型人格障碍而就医的患者中,有一些人同时表现出严重的抑郁。对于此类患者,需要同时治疗其抑郁症状。有研究者认为心智化疗法对于精神病性相关障碍有效,因为许多患精神病性相关障碍的个体都曾在童年期遭受虐待,具有心智化能力缺陷,以及与自我和情感调节有关的困难。而以心智化为基础的心理动力学疗法可以修复被损坏的心智化能力。在治疗过程中,思考自我和他人的心理状态成为治疗的重点,治疗师对患者当前的心理状态提供共情性反映(empathic reflection)，创建一种安全的关系，在这种关系中，患者对行为的非心智化的、物理的解释，可以逐渐被一种心智化的解释所替代(Brent，2009)。而如前所述，分裂型人格障碍也是一种与童年虐待密切相关的具有精神病性症状的障碍，所以心智化疗法对其可能是一种有效的疗法。

事实上，A组人格障碍患者一般很少主动寻求治疗，即便接受治疗，通常也难以与治疗师建立积极的治疗关系。所以，对A组人格障碍的研究结果常常是互相矛盾的(Bartak et al.，2011)。很多治疗师认为对于这类患者，可以使用支持性疗法，教授他们一些社交技能，帮助他们更好地与人交往，减少其对他人的不信任感。

2. B组人格障碍的治疗

历史上关于针对B组人格障碍治疗的文献大都基于精神分析或心理动力学理论框架和技术，直到20世纪80年代后，辩证行为疗法(dialectical behavior therapy)开始用于边缘型人格障碍的治疗(Linehan，1993)后，情况有了改观。

药物治疗一直是B组人格障碍治疗的重要方案。有研究者对近60年的文献进行了回顾，筛选出8个使用药物治疗反社会型人格障碍的对照研究，共有394名反社会型人格障碍患者参与研究。这些研究一共使用了8种药物，只有3种药物——去甲替林(nortriptyline)、溴隐亭(bromocriptine)和苯妥英(phenytoin)——相比于安慰剂在至少一项结果变量上令患者的情况有所改善。所有可用的数据都来自未经重复的单个研究报告。研究者认为针对反社会型人格障碍还没有有效且可行的药物干预方法(Khalifa et al.，2010)。

一直以来，反社会型人格障碍都被认为是较难治疗的精神疾病。这类患者很少寻求治疗，且很多治疗师不愿意治疗这类患者。治疗师报告，他们很难与反社会型人格障碍患者建立治疗联盟，而且发现这类患者的依从性很差(Glenn，Johnson，Raine，2013)。有研究者系统地回顾了以往研究中针对反社会型人格障碍的心理干预的效果，认为心理干预对反社会型人格障碍的有效性尚待证实(Gibbon et al.，2010)。一项使用基于心智化的心理治疗方法治疗8名反社会型人格障碍患者的研究表明，该方法可能有效减少反社会型人格障碍患者的攻击性。但因为样本量过小，且没有对照组，所以还需要更多的研究进一步探索心智化疗法对反社会型人格障碍的疗效(McGauley et al.，2011)。Hawes等人(2016)的研究发现，始于童年期的慢性愤怒、青少年期较差的认知控制能力会大大增加成年期反社会人格障碍特质的风险，如心理变态、身体攻击、持续犯罪，研究者曾基于此设计了一些旨在增强认知控制和执行功能的项目来帮助那些难以调节自身愤怒的青少年。对于认知治疗而言，一般是通过提高反社会型人格障碍患者的认知能力来改善其社会和道德行为，以达到治疗效果(Beck，Freeman，Davis，1990)。

边缘型人格障碍的治疗方法包括药物治疗和心理治疗。当患者情绪激动或有攻击性行为时，可以采用药物治疗使其平静下来，减缓其冲动性。有研究者对27项药物治疗边缘型人格障碍的随机对照研究进行了系统回顾和元分析，结果发现心境稳定剂类药物托吡酯(topiramate)、拉莫三嗪(lamotrigine)和丙戊酸半钠(valproate semisodium)治疗情绪失调症状最好,而第二代抗精神病药阿立哌唑(aripiprazole)、奥氮平(olanzapine)治疗认知-知觉症状的疗效最好;同时,该研究认为选择性5-羟色胺再摄取抑制剂对边缘型人格障碍治疗的有效性尚缺乏有力的证据(Lieb et al.,2010)。

在心理治疗方面,由于边缘型人格障碍患者的情绪、人际关系极度不稳定、易怒等特点,对其进行心理治疗是非常困难的。治疗师既要保持与患者的共情关系,又要使其勇敢地面对自身的问题。很多边缘型人格障碍患者不愿意接受治疗,如果想要让他们认真对待自身的心理问题,往往会引起他们的防御性反应。临床医生可通过询问与患者关系近的有关人员,检查其现实知觉能力。辩证行为疗法、基于心智化的疗法(mentalization-based treatment, MBT)、移情焦点心理治疗(transference-focused psychotherapy)、动力性支持疗法(dynamic supportive treatment)等对边缘型人格障碍有一定的效果(Bateman, Fonagy, 2008; Clarkin et al., 2007; Linehan et al., 1999)。

辩证行为疗法综合了认知行为疗法的策略和禅宗的接纳策略,在接纳患者的同时,坚持专注于他们的行为改变。接纳的步骤包括正念练习(如关注当下、站在不评价的立场);改变的步骤包括不断对失调行为链进行系统性的反复分析,对行为技能的训练,提升旨在降低或抑制失调反应和增强适应反应的应激管理能力,认知重建,以及进行旨在阻止回避行为和减少不良情绪的暴露。一项纳入了33项治疗边缘型人格障碍患者的随机临床试验研究的元分析表明,辩证行为疗法在改善患者症状方面是有效的(Cristea et al.,2017)。而对于伴药物依赖的较严重的边缘型人格障碍患者,辩证行为疗法也是一种有效的治疗方法(Linehan et al.,1999)。

基于心智化的疗法是一种结合了心理动力疗法、认知行为疗法和人际心理疗法的治疗方法,它强调建立与认知共情和心理理论有关的心理能力(Bateman, Fonagy, 2006;2009)。Bateman和Fonagy(2008)的长达8年的追踪对照研究为基于心智化的疗法对边缘型人格障碍的疗效提供了有力的支持。研究中,22名边缘型人格障碍患者先以部分住院方式接受18个月的基于心智化的疗法,随后再接受18个月每周两次的维持性心智化团体治疗;对照组的19名边缘型人格障碍患者先接受18个月的常规治疗,包括精神科门诊护理和服用药物、社区支持,以及必要时进行住院治疗,但不包括专业的心理治疗,随后再接受18个月的一般精神科护理与心理治疗。治疗结束后,研究者通过信件、电话以及联系其全科医生的方式连续5年追踪两组41名患者。研究发现,在治疗结束5年后,相比于常规治疗组患者,MBT组患者的治疗效果更好,具体表现为:MBT组只有23%的患者企图自杀,而常规治疗组的这一比例则高达74%。同时,MBT组患者的平均急救次数和住院天数远少于常规治疗组患者;MBT组患者5年中的平均工作时间也远大于常规住院组患者。常规治疗组平均服用抗精神病药物超过3年,而MBT组只有不到2个月。追踪结束时,只有13%的MBT组患者仍然符合边缘型人格障碍的诊断,常规治疗组的这一比例则为87%。研究还发现,尽管MBT组患者的很多方面都有了明显的改善,但是他们的整体功能仍然是受损的。研究者认为这可能反映了治疗过于关注患者的症状,而忽视了帮助他们提升整体的社会适应能力。

对表演型人格障碍患者的治疗以传统的心理动力学方法和人际疗法为主。也有研究者使用认知疗法、认知行为方法和功能分析方法等来研究此类人格障碍。纵观所有干预方法,对表演型人格障碍治疗的重点一直聚焦于患者的人际交往和矛盾的心理状态。有人曾提出三阶段方法治疗表演型人格障碍,分别为:稳定自我状态、改变沟通方式和改变人际反应模式(Kellett,2007)。但是,尽管研究者提出了很多帮助表演型人格障碍患者的方法,但对治疗表演型人格障碍效果的实证研究仍然比较缺乏。一项研究通过个案法评估了认知分析疗法对表演型人格障碍的治疗效果。研究者采用A/B时间序列设计,包括评估过程(第1~3次治疗)、治疗过程(第4~24次进行每周一次的治疗)、追踪过程(共6个月,包含4次追踪治疗)。研究者每天让被试针对以下5点进行打分:①今天我强烈地感到自己需要被关注;②今天我一直在关注我的外表;③今天我一直在调情;④今天我感到很空虚;⑤今天我觉得自己像个孩子。累计收集了包括评估过程(A)、治疗过程(B),以及追踪过程共357天的数据。研究发现,被试在关注外表、感到空虚、孩子气3点上都有显著改善。其他一般心理症状(如抑郁)也在治疗结束后有了显著改善;而且在追踪期,这种改善依然存在。研究者还发现在治疗结束后,被试的某些症状有明显的反弹,但随着时间的推移,这种反弹的趋势又减少了。研究者认为这种反弹可能是被试对于治疗结束的极度的负性反应的表现,而在追踪期里的治疗则对被试给予了一定程度的支持,使其能够更好地应对这种反应。这种时间序列设计让我们更清楚地看到了治疗的每一阶段被试的反应,也充分地说明了对于治疗表演型人格障碍患者来说,治疗结束后的额外支持是非常重要和必要的。同时,研究者认为通过随机对照试验来研究某种治疗方法对人格障碍的疗效不太实际,而时间序列设计则是一种很好的干预和评估方法。总之,该研究初步证明了认知分析疗法对治疗表演型人格障碍具有一定的效果(Kellett,2007)。未来还需要更多的研究去探索表演型人格障碍的治疗方法的有效性,以更好地帮助该类患者。

治疗自恋型人格障碍的研究非常有限。一项综述回顾了1980年到2008年之间的有关治疗自恋型人格障碍的研究,发现没有一项研究是通过随机对照试验来对药物疗法、心理治疗对自恋型人格障碍的疗效进行评估的(Dhawan et al.,2010)。自恋型人格障碍患者会因其他心理困扰(如抑郁、焦虑等)寻求治疗,但是对他们的治疗却比较困难,预后也不好(Kernberg,2007)。对自恋型人格障碍的治疗,主要集中在对其夸大的自我感、对他人评价的病态敏感和对他人缺少共情方面(Beck,Freeman,Davis,1990)。自体心理学主张可以通过治疗师的共情来修复自恋型人格障碍患者脆弱的自体,帮助修正患者早年在与重要他人互动时可能体验到的挫败、个人需要被抑制等不良体验,缓解患者早期的自体问题,促使患者发展出更好的心理能力。与此类似,依恋取向的治疗方法则试图修正患者扭曲的对自我和他人的内部表征。治疗师试图在一种安全的治疗关系中通过反映患者的内部体验来增强他们的心智化能力(Kernberg et al.，2008)。虽然关于自恋的认知行为疗法的文献相对较少，但这种方法已被用于病理性自恋的治疗。认知行为疗法的治疗目标的设定建立在患者对其自恋态度和行为所付出的代价的认识上，并通过矫正患者的适应不良的图式(如自我特殊感和特权感)和行为达到治疗的目的(Kealy et al.，2017)。认知行为疗法还采用在生活中可以获得的愉快体验，来代替患者的自我夸大观念，用放松训练等技术帮助患者面对和接受他人的批评，并教会患者关注他人的情感。

3. C组人格障碍的治疗

由于回避型人格障碍患者害怕在治疗中遭到拒绝，因此在治疗的开始阶段，治疗师和患者之间建立一个安全和非评价的治疗关系是非常重要的(Rees，Pritchard，2015)。心理动力疗法旨在帮助患者揭示其症状的潜意识根源，并修通在其潜意识中作用的自我的力量。认知行为疗法包括暴露练习或系统脱敏、在角色扮演中进行行为演练、自我形象训练(如社交技能训练、视频反馈)，同时帮助患者识别他们的歪曲信念、发展更多的适应性认知和信念，进而帮助患者逐渐增加社会交往。目前已经开发出用于团体和个人治疗的认知行为治疗方案，两种形式的治疗都取得了满意的效果。团体治疗本身对成员就有社会交往的要求，而且可以为角色扮演和行为试验提供可能性，经济成本相对较低。个体治疗可以确保患者的回避行为减少，并为参加团体做好准备。未来研究需要明确，对于回避型人格障碍患者来说，将团体和个体治疗结合起来是否最为有益(Weinbrecht et al.，2016)。同时，也有个案研究证明简明认知疗法(brief cognitive therapy)对回避型人格障碍的治疗有效，未来可以使用更大样本验证该疗法的疗效(Rees，Pritchard，2015)。需要注意的是，不同干预方法最终可能会减少患者的焦虑和社交孤立，但是由于患者缺乏自信和太过小心，所以一开始他们很难将其在治疗时学会的社交技巧运用到日常生活中。此外，抗抑郁药和抗焦虑药对降低患者的焦虑不安有时也能起到一定的作用。

通常，依赖型人格障碍患者在治疗中是比较愿意取悦和顺从治疗师的。他们常常将治疗师理想化，将其看成是强有力的照顾者。但是他们的这种顺从，又与治疗的主要目标——让其独立自主相矛盾。治疗中的另一个目标是处理患者的伴侣或父母对患者的支配性影响。因为可能正是患者亲属自身的需要和行为使得患者的依赖症状得以维持或难以治愈。另外，团体治疗对依赖型患者比较有益，因为患者之间的交往，有利于情感的表达和行为的塑造，可以帮助患者发展表达个人意见和问题解决的能力，建立和增强他们的自信。

目前，缺乏治疗依赖型人格障碍的实证研究。Bornstein(2005)回顾了有关治疗依赖问题的各种疗法，并总结了精神分析治疗、行为治疗、认知治疗以及人本主义经验治疗的核心要素，并为治疗依赖型人格障碍提供了建议。研究发现，精神分析治疗模型的核心要素有3点：①核心关系主题分析，即分析患者在不同情境下表现出的由同一种动力支配的人际关系模式,帮助依赖型患者增进对此模式的洞察;②矫正客体关系,治疗师须创造一个与患者在生活中所经历的破坏性关系不同的支持性的治疗环境;③移情和反移情。行为治疗的核心要素也有3点:①用自主代替依赖;②用脱敏促进行为改变;③在治疗之后维持行为改变,选择在患者的生活中能够产生积极结果的目标行为。认知疗法的核心要素则为:①积极引导患者参与治疗,教授行为技能,增强控制感;②通过问题解决训练提高患者的自主性;③治疗后期将重点放在预防复发上。另外,认知疗法还会帮助患者纠正其歪曲或者错误的认知,比如我没有能力做出决定。人本主义经验治疗的核心要素为:①无条件积极关注;②关注多元交流;③治疗内外的试验。Bornstein(2005)还给出了治疗依赖问题的一些建议,如使用有效的评估方法来指导治疗,做好独立自主和健康依赖的平衡。

强迫型人格障碍患者一般不认为自己有严重的问题,往往是因为其他症状,如抑郁、焦虑前去求助,或者是家人、朋友坚持要求其接受治疗(Beck,Freeman,Davis,1990)。治疗师多使用心理动力学或认知治疗方法,帮助患者更清楚地认识、体验和接受其真实的情感,克服其不安感,要求其在必要时敢于冒险,接受个人的局限性。治疗师还会逐渐要求患者"放松下来",不需要过于理智,帮助其在生活中发现乐趣。认知治疗师会帮助患者纠正极端化的想法、完美主义、犹豫不决和做事拖延的问题,使患者能更好地应对其持续的焦虑。认知(行为)疗法配合西酞普兰或氟伏沙明是目前较好的治疗强迫型人格障碍的方法,而治疗联盟、状态焦虑和自尊的变化则是认知(行为)治疗效果的重要预测因子(Diedrich,Voderholzer,2015)。

研究发现,强迫型人格障碍患者的适应不良的行为模式可以看作尽力避免或减少主观上无法忍受的不完整感和"不是那种想要的体验"(not just right experiences,NJREs),他们无法在行动/感知上实现"完整",导致NJREs,进而导致很多补偿性冲动和行为(如秩序、检查)(Ecker,Kupfer,Gönner,2014)。也有研究发现,个体不愿经历或者处在不愉快的情绪、思维和感觉中,并且会有意逃避和避免这些经历的意愿,即经验回避,这可能和强迫型人格障碍有关(Wheaton,Pinto,2017)。这些研究提示了在治疗强迫型人格障碍患者时,可以进行相关的心理教育,比如向患者说明其情绪回避的矛盾后果,以及这样做的短期结果和长期的不良后果;同时,教会他们用更具适应性的方法来应对自己的情绪,也可以针对NJREs考虑采用暴露和反应行为阻止法。目前,对强迫型人格障碍的研究仍然不足,且有关其流行病学、病程和共病的研究结果并不完全一致(Diedrich,Voderholzer,2015)。所以,未来仍需要更多的研究来增进人们对强迫型人格障碍的理解,以及发现更有效的治疗方法。

小　　结

人格障碍是一种明显脱离个体所在文化且持久的内在体验与行为模式,该模式具有(情境)普遍性、时间稳定性并缺乏灵活性,多起病于青少年或成人早期,导致内心痛苦或社会功能损害。人格障碍个体存在自我功能损害(身份认同、自我价值、自我评价的准确性、自我导向性)和/或人际功能障碍(建立和维持亲密和相互满意的关系的能力,共情和管理人际关系中的冲突的能力),持续时间较长。

DSM-5 提供了两套关于人格障碍的诊断标准,在其第二部分中,沿袭 DSM-Ⅳ 的传统诊断标准,并将 10 种人格障碍共分为 A、B、C 三组。在 DSM-5 第三部分中,提供了人格障碍诊断的维度-类型的替代模型(混血模型)。ICD-11 中人格障碍的诊断标准从类别模型转向以"人格功能损害程度+人格维度"的替代模型。对人格障碍的评估和诊断有三种形式:结构化会谈、人格测验和临床评定。

A、B、C 三组人格障碍分别包括以行为怪异为特征的偏执型、分裂样、分裂型人格障碍;以情绪不稳定为特征的自恋型、表演型、边缘型和反社会型人格障碍;以焦虑为特征的回避型、依赖型和强迫型人格障碍。

人格障碍的主要成因涉及先天生物学素质、早期生活所建立的依恋风格、后天养育环境因素,以及这些因素之间复杂和长期的交互作用。

人格障碍的治疗方法主要是心理治疗。目前认为对人格障碍有一般性疗效的心理治疗方法包括:心理动力治疗、认知行为治疗和团体治疗。一些针对不同人格障碍(尤其是针对边缘型人格障碍)的治疗方法也被初步证实有一定的疗效,包括辩证行为治疗、基于心智化的疗法、移情焦点疗法、动力性支持疗法等。

思 考 题

1. 人格障碍的评估方法有哪几种?它们的优缺点是什么?
2. 与 DSM-Ⅳ 中人格障碍的分类模型相比,DSM-5 中对人格障碍的评估诊断方法有哪些进展?
3. 本章主要介绍了哪几种人格障碍类型?它们的主要特点分别是什么?
4. 请说明边缘型人格障碍有哪些临床表现?病因以及主要的治疗方法有哪些?

推 荐 读 物

克拉金,约曼斯,克恩贝格.(2012).边缘性人格障碍的移情焦点治疗.许维素,译.北京:中国轻工业出版社.

Kernberg, O. F. (2016). What is personality? Journal of personality disorders, 30(2):145-156.

Manning, S. Y. (2011). Loving with borderline personality disorder. New York: The Guilford Press.

Paris, J. (2020). Treatment of borderline personality disorder: a guild to evidence-based practice. 2nd ed. New York: Guilford.

Tyrer, P. (2010). Personality structure as an organizing construct. Journal of personality disorders, 24(1):14-24.

评估工具参考文献

Butcher, J. N., First, M., Spitzer R, et al. (2001). MMPI-2: Manual for administration and scoring. Rev. ed. Minneapolis: University of Minnesota Press.

First, M., Spitzer, R., Gibbon, M., et al. (1994). Structured clinical interview for DSM-Ⅳ Axis Ⅱ personality disorders (SCID Ⅱ). New York: Biometric Research Department.

Hyler, S. E. (1994). Personality Diagnostic Questionnaire PDQ4+. New York, NY: New York State Psychiatric Institute.

Loranger, A. W., Sartorius, N., Andreoli, A., et al. (1994). The international personality disorder examination. Archives of general psychiatry, 51:215-224.

Millon, T., Grossman, S., & Millon, C. (2015). MCMI-IV: Millon clinical multiaxial inventory-IV —Manual. Bloomington, MN: NCS Pearson.

Morey, L. C. (2007). Personality Assessment Inventory professional manual. 2nd ed. Odessa, FL: Psychological Assessment Resources.

Tringone, R. F. (1990). Construction of the Millon Personality Diagnostic Checklist-III-R and personality prototypes. Florida: University of Miami.

Weiner, I. B., & Greene, R. L. (2017). Handbook of Personality Assessment. 2nd ed. New Jersey: John Wiley & Sons.

Widiger, T. A., Mangine, S., Corbitt, E. M., et al. (1995). Personality disorder interview-IV. Odessa, FL: Psychological Assessment Resources.

13

性和性别烦躁

第一节 概 述

性是人类繁衍生存的基础,是人类生活重要的组成部分,是人与人之间相互联结的重要方式,也是人们身心快乐的重要来源。健康的性心理和性活动对保持个人的心理健康和维护群体的和谐有着非常重要的影响。同样,异常的性心理或性活动会对自身或他人的心理健康造成很大的损害。本章要讨论与人类性活动和性别认同有关的三类性心理障碍,包括性功能失调、性欲倒错障碍和性别烦躁。

一、文化与历史的观点

人们判断性活动异常与否的标准并不是固定不变的,而是会受到社会文化因素的显著影响。一般认为,只有通过阴道交媾达到高潮才是人类正常的性行为。其实人类性行为的方式存在许多变异,除了普遍存在的手淫以外,还有口交、肛交等行为。对这些行为正常与否的认识,随着社会时代观念的变化而变化。例如,长期以来,人们认为精液是非常宝贵的,是保持体力和性活力所必需的,因而反对手淫、提倡节欲,以避免精液过度丢失。19 世纪,美国曾称手淫为"秘密的罪恶",认为它会使人虚弱,甚至建议将包皮用针线缝起来。直到 1972 年,美国医学会才指出手淫是青少年性发育过程中的正常性行为,不需要药物治疗,专家甚至将手淫视为一种治疗性功能失调的有效方法(Masters, Johnson, Kolodny, 1997)。又如,在以前很长时间内,在很多地区同性恋被认为是罪恶的、违反人性的行为,在英国亨利八世时代,有此行为的人会被判处死刑。现在,同性恋在一些国家和地区已被视为正常的性取向,甚至同性婚姻合法化在一些地方也逐渐被接受。

不同的文化传统,对性活动的观念也是不同的。在非洲赞比亚的一个部落中,人们认为精液对于男孩的成长和发育有着重要的作用。由于精液不是自然产生的,因此,部落中的男孩从 7 岁开始,要通过与青春期同性的口交来获取精液。在这里,口交被提倡,手淫却被禁止。等到这些男孩到了青春期,他们又作为精液的提供者,让年龄小的孩子进行口交。只有到了这个时期,他们才被允许进行与异性之间的交媾。拒绝同性口交行为的人在此部落中被认为是不正常的,而这种情况也很少发生(Herdt,Stoller,1990)。

由此可见,在一种文化下不正常的性行为在另一种文化下可能被看作正常,在判断何种性行为是异常行为的时候,我们必须要注意这一点。

此外,性活动的个人化和隐秘性,造成了社会文化对性问题的压抑和回避,这也是造成大量病态性行为的重要原因。

鉴于这些情况,我们要更多地从社会文化和心理的角度去理解各种类型的性问题,而不应简单地从疾病的角度去看待性问题。也只有这样,才能真正体会处理和治疗这些问题时应采取的恰当态度和策略。

二、相关的诊断标准

诊断标准随时代的改变而改变,在性和性别认同方面的改变最为明显,对于同性恋的认知当数其中突出的情况。

在 DSM-Ⅰ 中,同性恋被纳入异常之列。1974 年,美国精神医学学会通过投票的方式,最终以 5854 票对 3810 票的结果决定从 DSM-Ⅱ 中删除同性恋的诊断,但提出了性别定向障碍。1980 年出版的 DSM-Ⅲ 则修改为自我矛盾的同性恋,至 1994 年出版的 DSM-Ⅳ 则取消了这一诊断(APA,2013)。2022 年正式生效的 ICD-11 也取消了有关同性恋的诊断,将同性恋看作病态的观点已成为历史。

目前,在 DSM-5 和 ICD-11 之间,关于性功能失调、性欲倒错障碍和性别烦躁方面还存在某些差异,表 13-1 列出了两者之间的诊断标准比较的情况。与 DSM-5 不同,ICD-11 将"性功能失调"归入"与性健康有关的情况"章节,将"性别认同障碍"改称"性别不符",也归入了"与性健康有关的情况"一章中。这样的改变是综合考虑了最新研究进展和临床实践,以及全球各地的社会态度、相关政策、法律变化的结果(Reed et al.,2016)。

表 13-1 DSM-5 和 ICD-11 诊断比较

DSM-5		ICD-11	
性功能失调	男性性欲低下障碍	与性健康有关的情况	性欲低下障碍
	勃起障碍		男性性唤起功能障碍
	女性性兴趣/唤起障碍		女性性唤起功能障碍
	女性性高潮障碍		性高潮功能障碍
	延迟射精		射精延迟
	早泄		早泄
	—		逆行性射精
	生殖器-盆腔痛/插入障碍		与盆腔器官脱垂有关的性功能障碍

(续表)

	DSM-5	ICD-11	
性功能失调	其他特定的性功能失调 未特定的性功能失调	与性健康有关的情况	其他特指的性功能障碍 未特指的性功能障碍
性欲倒错障碍*	恋物癖	性欲倒错障碍	—
	异装癖		—
	露阴癖		露阴障碍
	窥阴癖		窥视障碍
	恋童癖		恋童障碍
	性受虐癖		强制性性施虐障碍
	性施虐癖		
	摩擦癖		摩擦障碍
	其他特定的性欲倒错障碍		涉及非意愿个体的其他性欲倒错障碍
			涉及单独行为或同意个体的性欲倒错障碍
	未特定的性欲倒错障碍		未特定的性欲倒错障碍
性别烦躁	青少年和成人的性别烦躁	与性健康有关的情况	青春期或成年期性别不符
	儿童性别烦躁		童年期性别不符
	其他特定的性别烦躁		—
	未特定的性别烦躁		未特指的性别不一致

其中值得注意的是,在性欲倒错障碍中,ICD-11中并未包含DSM-5中所列出的恋物癖与异装癖。实际上,ICD-10曾包含恋物症(Fetishism,F65.0)与异性装扮症(transvestic fetishism,F65.1)的诊断,而ICD-11则删除了这两个诊断,因为ICD-11将这些现象视作性别差异的一种表达,不具有伤害性,认为将其列入诊断标准会带来污名化与个体痛苦。这一改变很大程度上源于一项名为"Revise F65"的倡议,这一倡议始于1997年,由挪威、丹麦等北欧国家的同性恋群体、跨性别群体等发起,致力于推动ICD中F65性欲倒错障碍的修改,呼吁移除恋物症与异性装扮症的诊断。这一倡议使得挪威、丹麦等北欧国家于21世纪初将恋物症与异性装扮症从ICD-10的本国版本中移除,

---

* DSM-5的中文译本将性欲倒错障碍中各类障碍均译为"××癖",本书为与中文译文一致,也采用了此译文。但"癖"字本身具有贬意,本书更倾向于采用"××症"的译法。ICD-11即采用的是"××障碍"的译法。建议读者在学习中尽量考虑采用"××症"或"××障碍"的疾病名称。

也促进了 ICD-11 对性欲倒错障碍内容的修改(Reiersøl,Skeid,2006)。

我国的《精神障碍诊疗规范(2020年版)》并未将性和性别烦躁作为独立的一章列出,而是写入成人人格和行为障碍一章中,分为性身份障碍和性偏好障碍两节。其中,性身份障碍包括易性症、双重异装症和童年性身份障碍;性偏好障碍涉及恋物症、异装症、露阴症、窥阴症、摩擦症、恋童症、性施虐症与性受虐症、恋尸癖和恋兽癖。

第二节 性功能失调

性功能失调(sexual dysfunction)指男性正常性兴趣和性能力的反复缺损,女性反复地对性交体验不满意、得不到乐趣,且持续6个月以上,有临床意义的痛苦。性功能失调在异性恋和同性恋人群中都存在(Basson et al.,2010;Brotto,Luria,2014)。请看下面的案例。

【案例 13-1】

陈某,女性,25岁。从青春期开始对男女之间的亲吻、拥抱行为不能理解,觉得很惊奇,不认为有什么乐趣,进而产生焦虑、厌恶的感觉。与男友恋爱,曾被男友的性举动吓坏了,甚至为此事差点儿分手。结婚后也毫无性欲,并回避与丈夫的任何身体接触,对性亲昵有强烈的厌恶感。夫妻之间感情较好,一同去看心理治疗师,诊断为女性性兴趣/唤起障碍,经过心理动力学治疗和抗抑郁剂治疗后明显缓解。

(引自马晓年,2004)

完整的性反应周期包括五个阶段(Kaplan,1974):①性欲期,对性活动的幻想或渴望进行性活动的感觉;②唤起期,主观的性快感和生理上的变化,包括阴茎勃起,阴道充血润滑;③平台期,在高潮前出现的一个短暂阶段;④高潮期,性紧张的释放和性快感的顶峰体验,包括想射精的冲动和射精、阴道壁收缩;⑤消退期,在高潮后出现性唤起减少(尤其是男性)、放松和幸福满足感。性功能失调一般发生在其中的三个阶段,即性欲期、唤起期和高潮期。所以,性功能失调被划分为性欲障碍、性唤起障碍和性高潮障碍;此外,还有与性交有关的疼痛障碍等。

一、临床类型

1. 性欲障碍

(1) 男性性欲低下障碍(male hypoactive sexual desire disorder)。该类型障碍患者很少有性幻想,几乎不会手淫,尝试性交的频率低于1次/月。男性性欲低下的现象随年龄的增长而增多,常导致明显的痛苦情绪和夫妻关系不良。

根据 DSM-5,约6%的年轻男性(18~24岁)以及41%的老年男性(66~74岁)存在性欲问题。

DSM-5 对男性性欲低下障碍的诊断标准

A. 持续或反复地缺失(或缺乏)对性/情色的想法、幻想或对性活动的欲望。由临床工作者对这种缺失作出判断,诊断时应考虑到那些影响性功能的因素,如年龄、一般文化背景和社会文化背景。
B. 诊断标准 A 的症状持续至少约 6 个月。
C. 诊断标准 A 的症状引起个体有临床意义的痛苦。
D. 该性功能失调不能用其他与性无关的精神障碍来更好地解释,或作为严重的关系困扰或其他显著应激源的结果,也不能归因于某种物质/药物的效应或其他躯体疾病。

性欲低下常由心理原因导致(Bradford,Meston,2011;Wincze,2009;Wincze,Weisberg,2015),如对性怀有错误观念,认为性很肮脏;担心怀孕;对伴侣怀有敌意等。个体处在抑郁状态时,性欲也会减低,当情绪恢复正常后,大部分人的性欲能够恢复;但在部分患者身上问题仍会持续,性欲缺乏者中的一部分人曾有抑郁史。此外,性伴侣缺乏性吸引(如不讲卫生),以及儿童期创伤性经历等都会引起性欲低下;药物的副作用,如使用抗高血压药和镇静剂也会造成此类问题。

(2) 女性性兴趣/唤起障碍(Female sexual interest/arousal disorder)。女性性欲低下通常伴随性兴奋或性唤起能力的下降,因此女性的性兴趣与性唤起能力的缺乏合并称为女性性兴趣/唤起障碍,患病率随年龄的增长而下降。

性兴趣低下、缺乏性唤起的女性表现为由于阴道分泌液不足而无法维持性交的进行。女性性兴趣/唤起障碍的发病率约 0.6%;终身发生比例大约为 10%～20%(Simons,Carey,2001)。

DSM-5 对女性性兴趣/唤起障碍的诊断标准

A. 性兴趣/性唤起缺乏或显著降低,表现为下列至少 3 项:
  (1) 缺乏/减少对性活动的兴趣。
  (2) 缺乏/减少性/情色的想法或幻想。
  (3) 没有/减少性活动的启动,通常不接受伴侣启动性活动的尝试。
  (4) 在所有或几乎所有(约 75%～100%)的性接触(在可确认的情况下,或广义而言,在所有的情况下)中,性活动时缺乏/减少性兴奋/性愉悦。
  (5) 对任何内在或外在的性或情色暗示(例如,书面的、口头的、视觉的)缺乏/减少性兴趣/性唤起。
  (6) 在所有或几乎所有(约 75%～100%)的性接触(在可确认的情况下,或广义而言,在所有情况下)中,性活动时缺乏/减少对生殖器或非生殖器的感觉。
B. 诊断标准 A 的症状持续至少约 6 个月。
C. 诊断标准 A 的症状引起个体有临床意义的痛苦。
D. 该性功能失调不能用其他与性无关的精神障碍来更好地解释,或作为严重的关系困扰(例如,性伴侣暴力)或其他显著应激源的结果,也不能归因于某种物质/药物的效应或其他躯体疾病。

由于文化的原因,很多女性并不认为自己有问题。再加上女性的性兴趣、性唤起、性高潮问题通常叠加出现,因而更难准确估计女性性兴趣/唤起障碍的患病率。

男性勃起障碍会使性交不能进行,对性活动影响很大;而女性阴道分泌液不足则可以用润滑剂代替,影响相对较小。

纯粹的性唤起障碍很少见(Masters,Johnson,Kolodny,1997),发生此类障碍的原因可能包括:父母对性的强烈的负性态度;伴侣的性前戏不够;对性交有焦虑感,来自伴侣的长期的性压力,如伴侣性欲过度亢奋;有被强奸等性创伤史;性罪恶感,等等。

2. 勃起障碍

DSM-5将女性的性唤起障碍与女性性欲低下障碍归为一类,所以性唤起障碍特指男性的勃起障碍。

DSM-5 对勃起障碍的诊断标准

> A. 在所有或几乎所有(75%～100%)与伴侣的性活动中(在可确认的情况下,或广义而言,在所有情况下),必须出现下列3项症状中的至少1项:
> （1）性活动时勃起存在显著困难。
> （2）维持勃起直到完成性活动存在显著困难。
> （3）勃起的硬度显著降低。
> B. 诊断标准A的症状持续至少6个月。
> C. 诊断标准A的症状引起个体有临床意义的痛苦。
> D. 该性功能失调不能用其他与性无关的精神障碍来更好地解释,或作为严重的关系困扰或其他显著应激源的结果,也不能归因于某种物质/药物的效应或其他躯体疾病。

此类障碍是男性科门诊中最常见的性功能问题,有些人会持续终生,有些人则随时间、地点的不同而变化。

大多数勃起障碍患者经常有性幻想和性冲动,有很强的性欲,但生理上无法被唤起。他们在手淫时可以完全勃起,在尝试进行性交时可以部分勃起,但无法维持足够的勃起硬度进入阴道。因此,专业人员在遇到此类障碍时需要对患者做全面的医学评估。简单的区分方法是询问患者在早晨或手淫时有无阴茎勃起现象,如能勃起,则考虑以心因性因素为主;如没有勃起,则以器质性原因为主。

男性在性活动中如果过分关注自己性能力的表现,则容易发生心因性勃起障碍。此外,当存在心理应激、对性伴侣缺乏兴趣、注意力分散或过度焦虑(如害怕性活动被人发现)都会导致勃起障碍。

勃起障碍在男性60岁之后开始显著增加。60岁之前,只有5%的男性出现过勃起障碍;60岁后,有60%的男性报告出现过勃起障碍(Laumann,Paik,Rosen,1999;Rosen et al.,2005)。

勃起障碍在老年人中很常见,社会普遍的观点认为人进入老年期,性功能就退化了,有些老年人因此而产生障碍。事实并非如此,有研究者调查了202位年龄在80～

102岁的健康老人,发现他们中有三分之二的人能够完成性交(Bretschneider,McCoy,1988)。老年人的勃起障碍还与器质性因素有关,如高血压、动脉硬化可造成阴茎血流不足,导致勃起障碍。

3. 性高潮障碍

(1) 女性性高潮障碍(female orgasmic disorder)。约25%的女性报告难以达到性高潮(Heiman,2007;Laumann,Paik,Rosen,1999),这种现象在各年龄层都有,且未婚女性出现的概率是已婚女性的1.5倍。调查发现,5%～10%的女性从来没有或极少达到性高潮;20%的女性能够在性交过程中经常达到高潮,80%的女性无法在每次的性交过程中体验到高潮(Wincze,Weisberg,2015)。

DSM-5 对女性性高潮障碍的诊断标准

A. 在所有或几乎所有(约75%～100%)与伴侣的性活动中(在可确认的情况下,或广义而言,在所有情况下),必须出现下列2项症状中的1项:
  (1) 显著地延迟,显著地减少或没有性高潮。
  (2) 性高潮感觉的强度显著地降低。
B. 诊断标准A的症状持续至少大约6个月。
C. 诊断标准A的症状引起个体有临床意义的痛苦。
D. 该性功能失调不能用其他与性无关的精神障碍来更好地解释,或作为严重的关系困扰(例如,性伴侣暴力)或其他显著应激源的结果,也不能归因于某种物质/药物的效应或其他躯体疾病。

女性性高潮障碍的原因尚不清楚。可能是在性活动中有恐惧的心理,或不能确定自己对性伴侣是否具有吸引力,由此导致的焦虑和紧张可能会影响对性的享受。过去女性性高潮障碍通常不被认为是异常的现象,是否需要治疗主要看女性对自己的反应是否满意,以及治疗是否确实可以提供帮助。

(2) 延迟射精(delayed ejaculation)。约8%的男性在性交中延迟射精或没有射精(Laumann,Paik,Rosen,1999),但很少有男性会为此寻求治疗。完全的射精障碍是很少的,85%在性交过程中有射精障碍的男性能够通过手淫达到高潮(Masters,Johnson,Kolodny,1997)。还有些男性偶尔会有逆行性射精,即精液不会射出而是倒流进入膀胱。

DSM-5 对延迟射精的诊断标准

A. 在所有或几乎所有(约75%～100%)与伴侣的性活动中(在可确认的情况下,或广义而言,在所有情况下),个体没有延迟射精的欲望,且必须出现下列2项症状中的1项:
  (1) 显著地射精延迟。
  (2) 显著地减少或没有射精。
B. 诊断标准A的症状持续至少大约6个月。
C. 诊断标准A的症状引起个体有临床意义的痛苦。

D. 该性功能失调不能用其他与性无关的精神障碍来更好地解释,或作为严重的关系困扰或其他显著应激源的结果,也不能归因于某种物质/药物的效应或其他躯体疾病。

延迟射精常与特定的性伴侣有关。通常是由于患者在心理上对两性关系存在压抑或过度控制的现象,某些抗抑郁药的副作用也会导致这种现象的产生。

(3) 早泄(premature ejaculation)。这是男性最常出现的性高潮障碍,约 21% 的男性符合早泄的诊断标准(Laumann,Paik,Rosen,1999;Serefoglu,Saitz,2012),在因性功能失调寻求治疗的男性中,60% 是因为早泄(Polonsky,2000),这些有早泄问题的男性多数伴有勃起障碍。

DSM-5 对早泄的诊断标准

A. 在与伴侣的性活动中,在插入阴道约 1 分钟内,在个体的意愿之前出现的一种持续的或反复的射精模式。
注:尽管早泄的诊断可适用于非阴道性活动的个体,但尚未建立针对这些活动的特定的持续时间标准。
B. 诊断标准 A 的症状必须持续至少 6 个月,且必须在所有或几乎所有(约 75%～100%)的性活动中(在可确认的情况下,或广义而言,在所有的情况下)。
C. 诊断标准 A 的症状引起个体有临床意义的痛苦。
D. 该性功能失调不能用其他与性无关的精神障碍来更好地解释。或作为严重的关系困扰或其他显著应激源的结果,也不能归因于某种物质/药物的效应或其他躯体疾病。

年轻人由于缺乏成熟的性经验,常常会发生早泄,特别是在首次性交过程中。持久而严重的早泄大多发生在年轻人中。早泄的原因可能与性交过程中的焦虑,以及阴茎的高度敏感性有关。需要说明的是,偶尔的早泄属于正常现象。

4. 性交疼痛障碍

性交疼痛障碍特指女性的生殖器-盆腔痛/插入障碍(genito-pelvic pain/penetration disorder)。

DSM-5 对生殖器-盆腔痛/插入障碍的诊断标准

A. 表现为下列 1 项(或更多)持续的或反复的困难:
(1) 性交时阴道插入。
(2) 在阴道性交或企图插入时,显著的外阴阴道或盆腔疼痛。
(3) 在阴道插入之前、期间或之后,对外阴阴道或盆腔疼痛的显著的害怕或焦虑。
(4) 企图插入阴道时,显著的紧张或盆底肌肉紧缩。
B. 诊断标准 A 的症状持续至少约 6 个月。
C. 诊断标准 A 的症状引起个体有临床意义的痛苦。
D. 该性功能失调不能用其他与性无关的精神障碍来更好地解释,或作为严重的关系困扰(例如,性伴侣暴力)或其他显著应激源的结果,也不能归因于某种物质/药物的效应或其他躯体疾病。

对于一些女性来说,性兴趣、性唤起和性高潮都可以轻易获得,但是在性交时产生的性交疼痛有时会严重到打断性交的进行。对性交疼痛的预感会引起严重的焦虑,甚至惊恐发作。

约7%的女性会感受到不同程度的性交疼痛(Laumann,Paik,Rosen,1999),这种情况更常出现在年轻或者性经验少的女性中。

女性发生性交疼痛以心理因素为主,如对性交厌恶,将对性交的不愉快体验当作强烈的身体不适。其原因往往是女性对性交的恐惧,与早期性创伤有关,有时会伴有性欲缺乏;也与阴道不够润滑、撕裂损伤、阴道肌肉痉挛、盆腔的病变等因素有关。当性伴侣缺乏性经验时情况更糟,有些妻子会拒绝性交,当丈夫性欲较低并且性格比较被动时,可能造成无性关系的婚姻。

二、病因

(一) 生物学原因

很多年以前,人们认为内分泌失调是导致性功能失调的主要原因,如认为性欲低下、性唤起困难与睾丸酮或雌激素的缺乏有关,但没有研究能够证实这一设想。

血管病变是性功能失调的主要原因,因为阴茎的勃起和女性阴道充血皆依赖于充足的血液供应。动脉硬化、血管炎和阴茎静脉瘘可导致流出阴茎的血液多于流入阴茎的血液,使阴茎不能持续勃起(Wincze,Weisberg,2015)。

某些药物的副作用会影响人的性功能。选择性5-羟色胺再摄取抑制剂类抗抑郁药物和其他抗抑郁及抗焦虑药物也可能干扰男性和女性的性欲和性唤起(Balon,2006;Kleinplatz,Moser,Lev,2012),如百忧解。抗高血压药物,包括普萘洛尔在内的β受体阻滞剂,可能会导致性功能失调。滥用毒品,如可卡因和海洛因,也会令成瘾者出现广泛的性功能失调(Cocores et al.,1988)。

神经性疾病或糖尿病、肾病等影响神经系统的疾病可以通过降低性器官的敏感性影响性功能。这是男性勃起障碍的一个重要原因(Rosen,2007;Wincze,2009;Wincze,Weisberg,2015)。

许多人认为酒精能够增强性唤起和性行为,但实际上酒精只是解除了人们对性行为的社会性抑制(Wiegel,Scepkowski,Barlow,2006)。而且由于酒精是神经系统抑制剂,会抑制阴茎的勃起和阴道润滑。慢性酒精中毒还会造成持久性的神经损伤,损害人的肝脏和睾丸,降低雄性激素的水平。在酗酒的男性中,8%~54%的人会出现勃起障碍(Schiavi,1990)。

此外,慢性躯体疾病,如心脏病,会通过间接的方式影响性功能。患者对自己的身体过分担心,担心性生活会损害自己的健康,过度压抑的结果也会造成性功能失调。

（二）社会心理原因

1. 性教育不良

社会上存在大量不良的性观念，许多人仍然将性与肮脏或罪恶联系在一起。例如，对手淫持否定的态度；把女性月经来潮称为"倒霉了"；相信"一滴精、十滴血"，认为性生活会消耗男性的精力。这些落后的态度和习惯会导致大量对性关系的焦虑、冲突和罪恶感。当一个人在儿童时期被告知性有潜在的危险、是肮脏的和被禁止的，其日后产生性功能失调的可能性就会大大增加。

Zilbergeld(1998)认为不良的认知会导致性功能失调。例如，男性患者常常想：所有的动作都是为了最终获得高潮；性等于性交；真正的男人不应该出现性问题；只有达到高潮，性关系才算美满；完美的性关系是自然获得的，不需要有计划或刻意地通过谈话来交流；一个男人应该随时对性感兴趣，随时可以做爱。女性患者常常想：只有30岁以下的女人才有性的需要；正常的女人在每一次性活动中都会达到高潮；所有的女人都能产生多次性高潮；停经后，女人的性就停止了；好女人不会被色情电影或书籍唤起；淑女不应该在性生活中主动等。这些负性认知对个体的性活动会造成消极影响，一旦遇到现实情况与其想法不符，若无法正确面对，则容易产生情绪问题，进而导致性行为问题和不良生理反应，最终影响个体的性生活。

2. 分心

Masters 和 Johnson(1970)曾一度认为焦虑是引起性功能失调的主要心理原因。而焦虑来源于对自己"表现的恐惧"(fears of performance)和"旁观者角色"(spectator role)。但后来有学者发现，在某些情况下，焦虑会增加性唤起。如当男性身体受到刀或其他武器威胁时，他们虽然体验到极端的焦虑，但依然能够勃起，并且进行多次性交(Masters, Johnson, Kolodny, 1997)。

研究表明，焦虑不一定会减少性唤起，分心才是影响性唤起的主要因素。在一项实验中，要求被试在观看色情电影时通过耳机听一段独白，并告知他们稍后需要复述这段独白，以确保他们在听。根据阴茎张力测量(penile strain gauge measurements)，男性在被独白分散注意力时的性唤起程度明显低于没有被独白分散注意力时(Abrahamson et al., 1985)。现实中也有不少男性会通过试图专注于球类比赛得分或其他非性活动，以减少不必要的性冲动。

正常人在性活动中会强烈地注意性的信息，不会分散注意力。而性功能失调者常常害怕失败、过分期望取悦对方，或认为对方在期待他的表现。这样个体就将自己的注意力放在与性无关的信息上了，脱离了性的体验，仿佛是一个旁观者。

每当进行性活动时，性功能失调者倾向于做最坏的打算，过度注意环境中负性的、不愉快的信息。不去注意任何好的性的线索，倾向于过低评价自己的性唤起能力

(Weisberg et al.,2001；Wincze,Weisberg,2015)。负性认知,如"我从来不能唤起,她会认为我很愚蠢"等想法会分散个体对性的注意力,进而干扰性唤起。

3. 夫妻交流问题

夫妻在性活动中缺乏交流是造成性功能失调的重要原因。如果一方在性活动中比较自私、不敏感、粗暴、只顾自我满足,那么另一方就容易感到窘迫、厌恶、缺乏安全感、认为对方不关心自己或不顾自己的感受,进而产生愤怒或抑郁的情绪(Wincze,Weisberg,2015)。

如果女性不愿接受性活动中被动的角色,表现主动一些,有时会威胁到男性思想中固有的性活动主导形象,令男性产生心理压力,男性也可能因此出现某种性功能方面的问题。

性功能失调也常常反映出夫妻关系存在的问题,如果一方对另一方有不满,则会压抑性唤起和愉快感。有时男性缺乏对妻子情感上的亲近,可能反映了他对配偶怀有敌意,不愿意让她得到满足。

性功能失调还会导致"继发性获益"。对一些病人来说,性功能失调的出现可以回避生活中其他事件带来的抑郁、痛苦的情绪,使双方都将注意力转移到这个问题上。例如一方对婚姻非常不满,但是考虑到离婚是不能忍受的,因此可能逐步发展出性功能失调的问题。

4. 早年性创伤经历

对于一些经历过特别负面的或创伤性事件的人来说,性暗示对他们来说可能很早就和消极的情感联系在一起了。这些负面事件包括突然无法进行性唤起或遭受过性创伤,如强奸,以及儿童期性虐待。早期创伤性事件对个体后来的性功能有重要影响,尤其是对女性。

研究表明,如果女性在青春期前受到成年人的性侵害,或者被迫进行某种形式的性接触,她们患有性高潮障碍的可能性大约是青春期前没有过创伤经历的女性的2倍。男性受害者出现勃起障碍的概率是非受害者的3倍。值得注意的是,曾强迫女性发生性行为的男性出现勃起障碍的概率是未曾强迫女性发生性行为男性的3.5倍(Laumann,Paik,Rosen,1999)。

5. 其他

精神分析学派认为,早期不良的性经验,例如男孩没有很好地解决"恋母情结"或女孩没有解决"恋父情结"都会导致成年后的性问题(Kaplan,1998)。

其他导致性功能失调的可能原因包括:重要的人际关系被破坏,不喜欢对方,由于体重增加或残疾而降低了性吸引力,生活或工作压力过大,患抑郁症,等等。

性功能失调往往是心理因素和躯体因素交互作用的结果,仅在很少数的情况下会由某一因素单独起作用。例如,某男子平时就很容易焦虑,偶然一次由于服用了药物导致勃起障碍,那么他在下一次性生活时就会顾虑重重,担心再次失败,结果虽然没有服药,仍旧出现勃起障碍。这是由药物激活了心理因素,二者相互作用的结果。

三、治疗

(一)治疗前的评估

无论是评估还是治疗,只要有可能,应当尽量要求患者与他们的配偶一同前来。会谈的方式是夫妇双方先分别与治疗师面谈,然后再一起与治疗师面谈。

在治疗开始前,专业人员要进行详细的评估,内容包括:问题的现状;问题的起源和过程(是一直存在,还是有过一段正常的时期);性欲的强度,性交和手淫的频率,性唤起时的感觉;对性技巧的认识(有无误解);性焦虑的程度;家庭对性的态度,以及所接受过的性教育;社交关系状况(是否一方有害羞或社交恐惧);在日常生活中是否缺乏爱的关系(注意,性问题往往可能是婚姻冲突的结果而不是原因);有无性创伤经历;有无精神疾病,如抑郁症;有无躯体疾病和使用药物的情况,必要时做医学检查。

由于性问题的私人化和敏感性,即使是在治疗师那里,要让患者坦然地讨论这些问题也是很不容易的。例如,一位年轻男性前来咨询人际关系问题,当每周一次的会谈进行了三个月之后,他感到有了足够的安全感,最后才透露自己的主要问题是性的问题。因此,治疗师要耐心、敏感,注意和患者建立良好的治疗关系,让患者获得足够的安全感,这是治疗的必要基础。

(二)治疗方法

1. 心理治疗

1970 年,Masters 和 Johnson 创立了"感觉集中"(sensate focus)训练方法(又译性感集中训练),为性功能失调者提供了简单、直接的性治疗计划,取得了良好的疗效,在当时开创了一个新的性心理障碍治疗领域。此方法经过不断改进,在之后的几十年中,取得了很大的进展,治疗效果显著(Bradford, Meston, 2011; Rosen, 2007; Wincze, 2009)。根据病种不同,疗效在 30%～100% 之间,早泄和性交疼痛治愈率较高,男性勃起障碍和女性性高潮障碍治愈率较低。

迄今为止,性功能失调的治疗仍主要按照 Masters 和 Johnson(1970)提出的下列四个基本原则进行。

(1)夫妇共同参与。不管是心理治疗还是身体训练,都需要配偶温柔地配合和情感的投入。此外,如果发现性问题是由于夫妇关系问题所致,那么在针对性问题治疗之前,首先应进行婚姻家庭治疗。治疗师一般也是一男一女,两人协同工作,这样与夫妻双方的交流会变得更容易。

(2)交流。应注重理解对方的愿望和感觉,鼓励双方坦诚表达自己的欲望。在很多时候,夫妇认为对方应该知道在性交过程中怎么做,一旦失败,就归咎于对方对自己不关心和缺乏情感,但事实往往并非如此。

此外,要能够理解双方的差异。例如,丈夫希望每天进行性生活,而妻子只想每周一次,如果丈夫不能理解双方的差异,就会给妻子贴上"性冷淡"的标签,妻子如果比较被动,就会默认这个标签;交流训练应注意加强夫妇之间非性交流技巧的训练,如日常生活中的语言交流;解决非性主题的问题,如对孩子的教育问题。通过这些努力,能够加强夫妇之间情感的亲密程度。

(3) 性教育。提供关于性生活的基本信息,改变先占观念。可以通过书籍、录像和电影展现、描述性技巧等方式,加强性技巧和性交流。例如对"性冷淡"的夫妇,治疗师要强调性前戏的重要性,解释达到唤起的时间有长有短,应避免焦虑。性教育是非常有效的治疗手段,可以把对性的误解、压抑、恐惧,变成把性行为看成愉快、自然和丰富的体验。

(4) 等级任务。采用系统脱敏式的方法设定多个等级任务,包括言语交流、彼此欣赏裸体、抚摸躯体、接吻、抚摸生殖器、相互手淫、性器官接触、完成性交等。夫妻之间逐步进行完成上述步骤,使患者注意体验在交流中获得性的愉悦感,而不是追求完成任务,这样就能消除焦虑感。

需要强调的是,如果性问题是由于夫妻间不良关系造成的,仅进行上述治疗很可能没有效果,需要先关注夫妻间的沟通模式,在关系改善后再针对性问题进行治疗。

Kaplan(1998)认为 Masters 和 Johnson 的方法过分强调行为塑造的作用,她提倡将行为、夫妻关系因素,以及内心冲突因素进行整合的治疗方法。注意在治疗中揭示内心压抑的敌意和关于性的潜意识冲突。

手淫训练经常被用来治疗女性性高潮障碍(Bradford,Meston,2011)。有些女性无法通过丈夫的刺激达到性高潮,甚至无法完成性治疗的基本步骤。针对这一点,Heiman(2007)发明了针对这个问题的治疗方案,先教会女性使用振动器,并且教导女性通过大声说出她在性唤起时的感受来释放她的压抑。研究结果表明,70%~90%的女性受益于此项治疗(Heiman,2007;Heiman,Meston,1997)。除上述方法外,还有认知治疗等方法可以帮助性功能失调患者,如通过理性情绪训练,改变患者对性的"必须化"的要求。对于老年人,可以提倡无性交但可以有性活动和性交流,享受性的快感。

2. 药物治疗

有一些药物可以直接改善性功能失调,如治疗男性勃起障碍的药物"万艾可",还有治疗女性性兴趣/唤起障碍的新药"氟班色林";此外,绝经后的妇女补充雌激素,也可以改善阴道的组织状况和分泌。

最后,应该让病人了解到性满足和性功能并不是不可分离的。有学者调查了 100 对教育良好、婚姻幸福并且没有寻求过治疗的夫妇。80%的夫妇认为他们的婚姻和性关系是满意的,40%的男性、63%的女性报告有偶尔的勃起障碍、唤起或高潮障碍,但是这些功能失调并没有妨碍他们的性满意感。这项研究表明,健康、爱、和谐的关系完全可以弥补偶尔的性失调(布彻,米内卡,霍利,2004)。

第三节 性欲倒错障碍

性欲倒错障碍(paraphilic disorders)是指性心理和性行为明显偏离正常的形式,并将这种偏离作为唯一的或主要的获得性兴奋、性满足的方式。性欲倒错对应的英文术语"paraphilia"这一单词是20世纪20年代出现的,来自希腊文,原意指"平行于爱的",是一个不带有评价意味的中性词,在此之前常用性变态(paraphilia)、性偏异(deviation)或性欲异常(aberration)来描述这一现象。然而,人类的性心理、性行为,以及获得性兴奋和性满足的形式存在着巨大差异,如何界定什么是性正常是十分困难的。相关的概念随着时代与文化的变迁也在变更。心理学家与精神病学家对性欲倒错的诊断与分类可以追溯到19世纪晚期,性欲倒错作为一个正式诊断进入DSM是在1980年的DSM-Ⅲ中,代替了此前DSM-Ⅱ中的性偏异,此后性欲倒错这一术语被沿用至DSM-Ⅳ中。DSM-5中区分了性欲倒错(paraphilia)与性欲倒错障碍(paraphilia disorder),性欲倒错被视为持续的、强烈的、非典型的性兴奋模式,无论是否引起痛苦或损害,这也意味着性欲倒错本身并不再被看作一种心理障碍。只有在这种强烈和持久存在的非常规性偏好与性兴奋模式给患者带来痛苦,造成社交、职业或其他重要功能受损,或者对他人(如儿童、未经许可的成人)造成伤害,或者有伤害他人的可能性时,才被认为是病态的,也即构成性欲倒错障碍(APA,2013)。

【案例13-2】

王某,性格内向,见异性容易害羞,大学毕业后留校当老师,26岁时因为恋爱感情受挫,情绪非常低落。一日傍晚,在公园小路上散步,前面走来一名年轻女性,突然有露阴的冲动,当对方走近时,王某突然向她露出自己的生殖器,对方吃了一惊,但没有声张,跑开了。王某顿时感到心情非常轻松,所有的苦闷都消失了。以后,他在公园、商店、电影院频繁做出这种行为,多次受到处罚,甚至被劳教1年,但仍不愿改变。一直未婚,直到46岁时才愿意与医生交谈此事,但改变动机不强。

(引自薛兆英,许又新,马晓年,1995)

从案例13-2来看,性欲倒错个体的性满足涉及对他人的负性影响或伤害,也会导致个体自己的痛苦。

性欲倒错障碍有三个特点:一是性行为与社会普遍接受的观点不一致;二是其性行为可能对他人造成伤害,如恋童癖或性施虐癖;三是有自我的痛苦体验,这种痛苦来自社会的态度(如社会对异装癖的态度),自己的性渴求和道德准则之间的冲突,或是知道自己要对他人造成某种伤害(布彻,米内卡,霍利,2004)。

一、临床类型和表现

性欲倒错障碍包括性冲动对象的变异和性行为偏好的变异,前者包括恋物癖、恋童癖、异装癖等；后者包括露阴癖、窥阴癖、性受虐癖和性施虐癖等。一些人有不止一种异常行为，但在正常人身上偶然的或非主要的异常性行为不应被看作性欲倒错障碍。根据 DSM-5，性欲倒错障碍必须持续至少 6 个月，且引起临床意义的痛苦，或导致社交、职业或其他重要功能方面的损害，才能达到诊断标准。值得注意的是，如表 13-1 中所见，DSM-5 中仍然包含恋物癖与异装癖，而 ICD-11 则从 ICD-10 中移除了与之对应的恋物症与异性装扮症这两项诊断。

由于性欲倒错障碍者行为具有隐蔽性，且通常不主动求医，所以其发病人数常常难以进行统计。现有文献资料中较少有一致、可靠的性欲倒错障碍患病率数据，或许也与这一诊断标准随着时间在不断更改，并且在不同国家也存在着较大差异有关。一项来自德国的流行病学调查显示，62.4%的 40～79 岁男性报告了至少一种性欲倒错的行为模式，其中仅有 1.7%达到性欲倒错障碍的诊断（Ahlers et al.，2011）；而另一项针对瑞典成年人的调查则显示，3.1%～8%的人存在性欲倒错的行为模式（如露阴、窥阴等；Långström，Seto，2006）。此外，由于性心理与性行为的私密性，以及与之关联的羞耻感和污名化，患有性欲倒错障碍的个体很难如实地进行自我报告，这也削弱了患病率调查数据的可靠性。

1. 恋物癖

恋物癖（fetishistic disorder）一般始于青春期，一旦确立就倾向于持续存在；且几乎仅在男性中存在，大部分是异性恋者。恋物癖患者的性唤起与两类物体或行为有关：①无生命的物体，如女性的内衣、高跟鞋、女性的脚、臀部、头发等；②带来特别触觉的刺激，如橡胶，尤其是橡胶做成的衣服，有光泽的黑色塑料袋有时也可以代替（Bancro，1989；Junginger，1997）。患者的性幻想、性冲动和性行为都围绕这些物体进行，通过抚摸或舔、嗅物体引起性的兴奋，接着独自手淫；或者征得性伴侣同意，在上述物体的帮助下完成性交。

DSM-5 对恋物癖的诊断标准

A. 在至少 6 个月内，通过使用无生命物体或高度特定地聚焦于非生殖器的身体部位激起个体反复的强烈的性唤起，表现为性幻想、性冲动或性行为。
B. 这种性幻想、性冲动或性行为引起有临床意义的痛苦，或导致社交、职业或其他重要功能方面的损害。
C. 恋物的对象不限于用于变装的衣物（如在异装癖中）或为达到生殖器触觉刺激而专门设计的器具（如振动器）。

恋物癖患者会花大量的时间用于寻找希望得到的物体，通过购买、偷窃甚至抢劫的方式获得，如偷窃晾衣架上的女性衣物。有人曾经在恋物癖患者家中找到其通过跟踪女性剪下的 31 条辫子，上面还贴着标签，写着得到的时间和地点。有时偷窃或抢劫时的激动感就能够导致其出现性高潮。

恋物癖的预后取决于正常社交关系和性行为的发展和建立。独身男性、与女人相处时害羞的男性、没有性伴侣者预后不良。恋物癖患者病态行为出现的频率很高,经常违反社会常规和法律,法律制裁可以提高他们控制自己行为的动机。

2. 异装癖

约3%的男性和0.4%的女性报告自己曾至少有过一段时间患有异装癖(transvestic disorder;Långström,Zucker,2005)。此类障碍始于青春期,个体最初只是穿一两件异性的衣服,后来逐渐增多,直至完全是异性的打扮。此类患者穿异性的服装时能体验到性唤起,并伴有手淫,手淫结束以后异装行为就会消失,有时也会着异性服装在公众场合出现。

DSM-5 对异装癖的诊断标准

A. 在至少6个月内,通过变装激起个体反复的强烈的性唤起,表现为性幻想、性冲动或性行为。
B. 这种性幻想、性冲动或性行为引起有临床意义的痛苦,或导致社交、职业或其他重要功能方面的损害。

异装癖男性患者并不怀疑他们自己是男性,他们大部分是异性恋者;注意要将异装癖和性别烦躁区别开来。性别烦躁者穿着异性服装时不会有性唤起,而且坚信自己是异性,并不是通过异性装扮这种渠道来获得性的满足。如果性唤起主要集中在异性的衣服上,那就要与恋物癖区分开来。

60%的异装癖患者已婚。有趣的是,当一个家庭中,丈夫有异装癖时,妻子倾向于接受并支持他们的行为(Docter,Prince,1997)。

有些男性异装癖患者会向性别烦躁发展,逐渐认为自己确实是女人,但发展速度很慢(Freund,Seto,Kuban,1996)。

Gosslin 和 Wilson(1980)认为,异装癖患者比较依赖,与人交往少,而当着异装时能够减轻与异性交往时的焦虑和害羞。

此障碍会持续多年,中年以后随着性欲下降,异装行为会减少。

3. 恋童癖

恋童癖(pedophilic disorder)患者的性行为指向儿童,通过与儿童的性接触和性行为获得性的满足。

DSM-5 对恋童癖的诊断标准

A. 在至少6个月内,通过与青春期前的单个或多个儿童(通常年龄为13岁或更小)的性活动激起个体反复的强烈的性唤起,表现为性幻想、性冲动或性行为。
B. 个体实施了这些性冲动,或这些性冲动或性幻想引起显著的痛苦或人际交往困难。
C. 个体至少16岁,且比诊断标准 A 中提及的儿童至少年长5岁。
   注:不包括个体在青春期后期与12岁或13岁的人有持续的性关系的情况。

受害儿童年龄大部分在6~12岁之间,有研究者发现12%的男性和17%的女性在小时候曾被成人不适当地抚摸过(Fagan et al.,2002)。

90%的恋童癖患者为男性(Fagan et al.,2002;Seto,2009)。是否观看过儿童色情片是诊断恋童癖的一项最好的预测指标（Seto,Cantor,Blanchard,2006）。恋童癖的发生率虽然没有确切的数据，但从某些国家童妓泛滥和色情画册的内容上看，对与儿童发生性行为有兴趣的人为数不少。

恋童行为包括手淫或抚摸、玩弄生殖器，一半以上的案例有实质性的性交。大多数的恋童癖患者不会对儿童进行躯体上的虐待，儿童很少受到身体上的强迫或者伤害。因为没有身体上的暴力或威胁，所以很多恋童癖患者会把自己的行为合理化，认为自己在"爱"儿童或者"教"儿童应用性知识。虽然他们并不认为自己对这些受害者的心理造成了伤害，但其行为实际上可能摧毁了儿童对他人的信任和与人亲近的能力。儿童对其卷入的性骚扰感到害怕和拒绝，往往认为自己应该对此负责，因为成人没有用外力威胁他们。只有在这些儿童长大后，他们才能明白，他们并不需要为当时没有能力保护自己而自责。

研究发现，恋童癖患者也有能力对成年人产生性唤起(Barbaree,Seto,1997)。因此，这种性欲倒错不能解释为性能力上的不足。从动机的角度来看，恋童癖患者更喜欢对他人进行控制，但缺乏与成人交往的技巧，害怕与成年人建立关系，而对孩子更容易有控制感。

恋童癖在某些家庭中会以乱伦(incest)的形式显现出来，卷入乱伦的女童一般身体刚开始发育成熟，而卷入乱伦的男童长大后更容易被成年女性性唤起（Rice,Harris,2002）。

4. 露阴癖

露阴癖(exhibitionistic disorder)患者通过在他人面前暴露自己的生殖器获得性的满足。

DSM-5 对露阴癖的诊断标准

A. 在至少 6 个月内，通过暴露自己的生殖器给毫不知情的人激起个体反复的强烈的性唤起，表现为性幻想、性冲动或性行为。
B. 个体将其性冲动实施在未征得同意的对象的身上，或其性冲动或性幻想引起有临床意义的痛苦，或导致社交、职业或其他主要功能方面的损害。

露阴癖患者具有一定的冲动性，无法控制自己异常的行为。此类患者一般没有进一步性活动的企图，但少数人伴有反社会型人格障碍，会对受害者做出性攻击行为(Forgac,Michaels,1982;Kaplan,1998)。

一项来自瑞典的调查结果显示，3.1%的人报告自己至少有过一次通过向陌生人暴露生殖器而产生过性唤起(Långström,Seto,2006)。此类患者几乎均为男性，年龄在20~40岁，三分之二为已婚，通常受教育程度较低。

患者的暴露行为伴随紧张性快感,寻求从他人强烈的情绪反应中获得快感。如满足于受害者对阴茎的注意,或满足于受害者的惊讶、震惊、窃笑等。大部分人寻找偏僻、容易逃跑的地点进行暴露,也有一些选择容易被发现的地方,如商店、剧院。其中很多人喜欢在特定的环境或特定的时间行动,在春夏季节较多出现。

露阴者有两种类型。一种强烈抵抗和压制自己的冲动,暴露后常常感到内疚,有时暴露的阴茎是萎缩的;此类人可能在真正与异性交往时存在困难。另一种有攻击的特质,有时伴随反社会行为,通常暴露勃起的阴茎,同时进行手淫、获得快感,很少会内疚。

有人认为那些给女性打电话,讲下流的话题,同时进行手淫的人也是一种露阴癖的表现。

有些人只在遇到应激事件的时候才发作,预后取决于应激的恢复或应付手段的改进。那些经常发作但又没有应激事件的患者的此类行为会持续很多年,缺乏改变行为的动机。因此,国外对初犯的人处罚很轻,但对再犯的人处罚很重。

5. 性施虐癖

性施虐癖(sexual sadism disorder)患者通过虐待他人的方式获得性的快感和满足。

DSM-5 对性施虐癖的诊断标准

A. 在至少6个月内,通过使另一个人遭受心理或躯体的痛苦激起个体反复的强烈的性唤起,表现为性幻想、性冲动或性行为。
B. 个体将其性冲动实施在未征得同意的人身上,或其性冲动或性幻想引起有临床意义的痛苦,或导致社交、职业或其他重要功能方面的损害。

性施虐癖一旦发生,往往持续多年。通常有殴打、鞭打、捆绑、蒙眼(感觉捆绑)、电击等行为,或是心理上的羞辱,如命令对方像小狗一样叫、穿尿布等。接受者常为性受虐癖者,有同性也有异性,动作往往只是象征性的,很少造成实际的伤害。有时施虐行为会导致或终止于真正的性行为,有些则只通过施虐行为来获得满足。过分的施虐行为可能会出差错,造成受虐者的死亡,如色情谋杀。

性施虐癖的发病率虽然没有确切的数字,但从性用品商店里链子、鞭子和相关色情杂志的销售情况来看,这种情况可能为数不少。

性施虐癖的病因也许与患者儿童早期在与父母关系中感受到爱与侵犯共存有关。

任何治疗方式都很难改变已经形成的施虐行为。对于施虐者的危险性要有足够的警惕,对于造成严重损害的施虐者必须运用法律的手段进行惩处。

需要注意的是,施虐式强奸(sadistic rape)是一种性施虐行为,但不属于性欲倒错障碍,这类强奸者大部分是男性,很多强奸者符合反社会型人格障碍的诊断,且会表现出一系列的攻击行为(Bradford, Meston, 2011; Davison, Janca, 2012)。此类强奸者缺乏同情心,不在意施加在别人身上的痛苦,不断把性欲发泄在脆弱且没有防备的人身上。

6. 性受虐癖

性受虐癖(sexual masochism disorder)患者在被他人躯体或心理虐待的情况下获得性的快感和满足。

DSM-5 对性受虐癖的诊断标准

A. 在至少 6 个月内，通过被羞辱、被殴打、被捆绑或其他受苦的方式激起个体反复的强烈的性唤起，表现为性幻想、性冲动或性行为。
B. 这种性幻想、性冲动或性行为引起有临床意义的痛苦，或导致社交、职业或其他重要功能方面的损害。

与其他性欲倒错障碍的情况不同，性受虐者中有不少是女性。性受虐者往往与施虐者一起生活，一个施虐、一个受虐，相互满足，且其关系会持续很多年。

性受虐癖的病因可能与患者在青春期时受到殴打，碰巧将性唤起与疼痛和屈辱联系起来相关；精神分析学派认为受虐是指向自身的施虐。

性窒息(hypoxyphilia)是性受虐癖中的一种特殊类型，容易导致窒息死亡。患者故意采用使大脑缺氧的方式增强性兴奋，一般选择隐蔽的地方，如浴室，用绳索勒紧颈部或用塑料袋套住头部限制呼吸，伴有手淫和射精。有可能因为无法及时解救自己而致死(Krueger, 2010)。

7. 窥阴癖

窥阴癖(voyeuristic disorder)指从偷窥别人时所引发的焦虑促进偷窥者的性唤起。窥阴者将观察他人的性活动作为唯一的或主要的性唤起方式，也有窥阴者将看到异性的阴部作为主要的性唤起方式。窥阴者在偷窥过程中经常伴随手淫，但是不会与偷窥对象发生性关系。

DSM-5 对窥阴癖的诊断标准

A. 在至少 6 个月内，通过窥视一个毫不知情者的裸体、脱衣过程或性活动，从而激起个体反复的强烈的性唤起，表现为性幻想、性冲动或性行为。
B. 个体将其性冲动实施在未征得同意的人身上，或其性冲动或性幻想引起有临床意义的痛苦，或导致社交、职业或其他重要功能方面的损害。
C. 个体体验性唤起和/或实施性冲动至少已 18 岁。

偷窥者常常将公共厕所及浴室作为窥视场所，一般非常小心不让被偷窥对象发觉，但往往会被旁观者发现。偷窥时的危险感常常使他们感到非常刺激。一些偷窥者利用现代电子设备进行偷窥，如在地铁等公共场所用手机偷拍女性裙底，在酒店、健身房、试衣间等场所安装针孔摄像头。此外，还有偷窥者会非法入侵他人的电子设备，通过获取他人手机中的照片、监测电脑摄像头画面等方式达到偷窥的目的。需要注意的是，一些人利用这些电子设备获得的照片或他人性活动的画面来谋取利益，如上传至色情网站等,这种情况与仅为自己获得性满足的窥阴癖患者的行为存在差异。

偷窥者对色情表演不感兴趣,对描写隐私生活的电影也不感兴趣,他们需要真实生活中的刺激。当他们被迫结婚时,婚姻关系往往不好。

约 7.7% 的人报告自己至少有过一次通过偷窥他人性交而产生性唤起(Långström,Seto,2006)。在青少年中,不少人有过偷窥行为,属于好奇;但是长大以后大部分人性的满足被直接的性行为所替代。而偷窥者持续这种行为往往是因为他们在与女孩相处时很害羞,回避正常的性交往,以避免失败,维持自尊。因此,窥阴癖患者如果被女性发现,反而不能达到性唤起。

8. 摩擦癖

据 DSM-5 统计,在普通人群的成年男性中,摩擦癖(frotteurism)的发生率最多为 30%,有摩擦癖的女性明显少于男性。摩擦癖患者一般在拥挤的环境中,如公共汽车、地铁或商场中进行活动,其生殖器勃起,并以此接触、摩擦异性手或身体某部位,伴有手淫和射精。

DSM-5 对摩擦癖的诊断标准

A. 在至少 6 个月内,通过接触或摩擦未征得同意的人从而激起个体反复的强烈的性唤起,表现为性幻想、性冲动或性行为。
B. 个体将其性冲动实施在未征得同意的对象的身上,或其性冲动或性幻想引起有临床意义的痛苦,或导致社交、职业或其他重要功能方面的损害。

二、病因

对于性欲倒错障碍的病因,心理动力学理论认为,男性患者没有解决好恋母情结,与母亲过分亲近,与父亲关系不好,有阉割焦虑。与成年女性的交往让他们感到很危险,潜意识里害怕遭到惩罚,于是只能将性驱力投射到其他对象上。例如,恋物癖患者会将性爱转向物体,而露阴癖患者则通过向异性展示性器官来确定他们的男性身份(Lanyon,1986)。

钟友彬(1999)认为,大部分性欲倒错障碍患者童年时都有愉快的某种形式的取乐式的性体验,成年后,这些经验作为儿时性取乐的方式被固结在无意识中,当遇到精神创伤或性压抑而无法应对时,就不自觉地用儿童的取乐方式来排除成年人的烦恼,或发泄成年人的性欲。

行为主义理论认为,性欲倒错障碍是偶然的性唤起与各种不恰当刺激相结合,然后通过性幻想和手淫被反复强化的结果(Bradford,Meston,2011)。恋物、异装、恋童、窥阴、露阴、施虐、受虐等都可以通过条件反射理论来解释。例如,有研究者先向被试呈现画有女性鞋子的图片,紧接着呈现女性裸体图片,唤起被试的性兴奋,多次重复上述过程,最后当只呈现女鞋时,被试也能产生性唤起(Janssen,2011)。

社会学习理论者（Freund, Blanchard, 1993）提出性欲靶目标定位（erotic target location）理论。虽然大多数男性患者都是异性恋者，但是其障碍并不是天生的，必须通过学习，哪些刺激与异性性爱有关，这是靶目标定位过程。由于种种原因，有些人发生错误的定位，如将性欲指向女性的内衣，则会产生异常的性欲倒错行为。

人际关系的缺陷也是性欲倒错障碍产生的重要原因。Marshall（1989）认为，异常的性欲倒错行为的核心特征是无法成功地与成年人建立亲密的情感联系。患者常常是孤独的，缺乏安全感，与他人隔离，同时也缺乏与异性会面、约会、交往的必要的社交技巧。正常的性行为模式受到抑制，异常性行为就会得到加强（Ward, Beech, 2008）。

Money（1984）的"性爱地图"（love map）理论认为，儿童早期通过性游戏、模仿父母和其他成人，以及通过媒体的学习，逐步形成理想的性爱途径模式，即对于同一个对象，从喜爱发展到情感依恋，再发展出性欲和肉体的吸引。如果因为某种不良经历，情感依恋和性的欲望不一致，不能指向同一个人，发生了分离，性爱的途径就发生了改变（不按照原有途径发展），就会产生偏离的性行为。

Maletzky（2002）报告过多个不同类型的性侵者治疗的成功案例，他认为患者社会关系不稳定，工作经历不稳定，且强烈否认自己有问题，有过多次创伤经历，受害者和施害者继续生活在一起（如乱伦）是治疗无法成功的预测因素。

三、治疗

对性欲倒错障碍患者的治疗以心理治疗为主，也可配合药物治疗。在进行心理治疗之前，通常需要对患者进行仔细的评估。

1. 治疗前评估

在心理治疗开始前，应进行必要的评估（Wincze, 2009；Wincze, Weisberg, 2015）：

（1）排除精神疾病和其他躯体疾病。性欲倒错障碍有时继发于痴呆、酒精依赖、抑郁障碍和双向及相关障碍，尤其要注意第一次发作的年龄，中年后起病者常伴有精神或躯体原因，要及时给予相应的治疗。

（2）详细询问性行为表现。包括是否伴有多种异常行为，对正常的异性性活动感兴趣的程度，最好对稳定的性伴侣同时进行会谈。

（3）评估这种异常行为在患者生活中所占据的地位。除了作为性唤起的来源，有些人将此作为一种解除孤独感、焦虑或抑郁的舒适的方式。在这种情况下，如果只处理异常性行为，可能会减轻此类性行为，但很可能会加重情绪问题。

（4）评估治疗动机。寻求治疗的患者动机往往很复杂，治疗师不应该拒绝希望改正的患者，但是也不要把治疗强加给不愿治疗的人。要弄清楚患者来诊的原因，有的是在性伴侣的强烈要求下前来治疗；有的是因为异常的性行为被发现而被人送来治疗；有的是因其异常的性行为受到很重的处罚，不得已前来；有的人因为异常行为太频繁，自己不能再忍受；有的人是因为性功能失调前来就诊，在仔细询问其个人史时才会发现异常的性行为。

大部分性欲倒错障碍患者不愿意改变其异常行为,因为这些异常行为使他们获得了性快感。如果治疗师告诉他们没有有效的方法进行治疗的话,他们会很高兴为继续自己的行为找到了借口。有时候,他们寻求帮助是由于他们的行为,以及这些行为对他人造成了影响使他们变得抑郁和内疚。但是当他们的情绪恢复平稳时,这种愿望又会消失。因此要了解患者寻求治疗的动机是否会持续,治疗动机的强弱对进一步选择治疗方法是很重要的。

2. 心理治疗

一般而言,对性欲倒错障碍患者的治疗步骤如下:

(1) 与患者商讨治疗目标。了解患者对其异常的性行为是打算控制还是完全放弃,或是采取更好的替代行为以减轻内疚和痛苦,治疗目标需要由患者自己选择。同时要让患者明白,不管是什么目标,都需要其自身的积极努力。治疗师要充分激发患者的改变动机。

(2) 尝试放弃异常性行为。行为治疗师曾经采用厌恶疗法,将不良刺激物与电击结合起来。但效果不理想,且因涉及伦理问题,近年来很少使用。

目前用于减少不必要的性冲动的治疗方法以行为治疗为主,例如 Joseph Cautela 发展了内隐脱敏法的治疗程序(Barlow,2004a;Cautela,1967)。在这一疗法中,患者将他们想象中的性唤起图像与其异常的行为有害或危险的一些原因联系起来。在治疗前,告知患者这些原因,但性行为所带来的即时愉悦和强烈的强化足以抵消对未来可能出现的伤害或危险的任何想法。所以在想象中,可以以一种强烈的情感上的方式,如尴尬、羞耻,把有害或危险的后果直接与不想要的行为和唤起联系在一起。在 6~8 个疗程中,治疗师会反复、生动地讲述这些场景,然后指导患者每天想象这些场景,直到其所有的性兴奋在这些场景中消失。

此外,治疗师需要帮助患者学习更适宜的性唤起,Davison(1968)曾提出"性高潮修复"(orgasmic reconditioning)技术。此技术要求患者按照他们通常的幻想手淫,但在射精前要将非适应性的幻想替换为更为适宜的性幻想。通过反复练习,患者能够在自慰过程中更早地开始以适宜的幻想引发性唤起。

(3) 鼓励患者发展正常的性关系。通过心理治疗,处理那些妨碍与异性建立关系的焦虑和抑郁情绪,促进患者逐步与异性进行接触,并建立正常的性关系。

早期,行为治疗师简单地认为只用行为治疗就会起效。后来人们发现此类患者往往缺乏与人交往的能力,哪怕仅仅是进行短暂的交谈,更不要说是正常的性活动了,于是在干预中增加了社交技能训练的内容。这种疗法对恋童癖、异装癖、露阴癖和恋物癖都有效(Heiman,Meston,1997);虽然不能完全消除一些患者的症状,但能够帮助患者部分控制其异常行为。

(4) 预防复发。可以使用为成瘾患者创建的"预防复发"(relapse prevention)的干预方法。教会患者识别诱发症状的情境与刺激,并在他们的欲望变得过于强烈之前,实施各种不同的自我控制程序与方法。治疗师与病人确认哪些场景容易引起他的异常性行为,加以回避,并帮助病人学习应对这些情境的具体、可行的方法。

钟友彬(1999)采用认识领悟疗法治疗性欲倒错障碍,并报告了良好疗效,其适应证包括露阴症、窥阴症、摩擦症和恋物症等。这一疗法对性欲倒错障碍的治疗重点有两个,一是引导病人认识到他们的行为是幼年儿童式的取乐行为,是用幼年方式来宣泄成年人的性欲,解除成年人心理上的困扰;二是要使病人明白,认为"女性虽然表面上对自己的异常性行为(如展示阴茎)表示反感和鄙夷,但实际上是愿意接受"的想法也是幼年儿童的心理,是幼年时期与小女孩进行性游戏时留下的印象,成年女性的态度则完全不同。只有在这两点上使病人有充分的认识,才能使他们真正从内心深处对自己异常的行为感到厌恶和羞耻,并完全放弃这些异常性行为。要使病人认识到第二点并不容易,除了解释分析之外,还要让病人去调查证实。只有做好这两点,才能使病人对他的病态行为的本质真正有所领悟而自愿放弃异常的性行为。

3. 药物治疗

在治疗性欲倒错障碍时,必要时可配合药物治疗。最常用的药物是一种被称为醋酸环丙氯地孕酮的抗雄激素类药(Bradford,1997;Seto,2009)。这也是一种"化学阉割"药物,通过显著降低睾丸激素水平来消除性兴趣和性幻想。但一旦停止用药,性幻想和性唤起就会恢复。

另一种是醋酸甲羟孕酮,一般只针对那些对心理治疗没有反应的、危险的犯罪者使用。研究发现,服用孕激素以后,恋童癖患者对儿童的性幻想显著下降(Bradford,2001)。

此外,也可以使用抗抑郁剂、选择性5-羟色胺再摄取抑制剂降低患者的性欲。

对性欲倒错障碍患者加强法律的惩戒也是令其克服异常性行为的有效方法。美国社区告知法案(Community Notification Laws)规定,儿童性侵犯罪犯刑满释放后,其个人情况要向公众告知。韩国也是如此,"素媛案"罪犯出狱后,其在7年内都要佩戴电子脚镣,每晚21时至次日6时禁止外出,且与当年受害女孩必须保持200米以上距离等。我国近年来也在逐步加强对性犯罪者的法律惩戒,最高人民检察院的《2018—2022年检察改革工作规划》中提到,建立健全性侵害未成年人违法犯罪信息库和入职查询制度,起到公开信息、追踪性犯罪者、供民众查询等作用。

第四节 性别烦躁

性别烦躁(gender dysphoria)是指个体体验或表现出的性别与生理性别之间不一致的痛苦,一种强烈而持久的异己性别的身份认同(不仅仅是想以作为另一性别而获得社会文化上的好处)。患者为自己的性别感到持久的不舒服,或者认为自己目前的性别角色很不合适，性别认同与自己生理上的性别不一致，强烈地希望成为异性，常常寻求各种方法试图改变自己的身体和性征。

此前，DMS-Ⅳ和ICD-10均采用性别认同障碍（gender identity disorder）来描述这一现象；DSM-5中则将其修改为性别烦躁，因为相比于性别认同障碍这一术语，性别烦躁更强调个体对自身性别的不舒服是问题所在，而非性别认同本身。ICD-11更名为性别不符（gender incongruence），并将其从原先的"心理与行为障碍"大类中移至"与健康有关的情况"大类；同时将ICD-10中的易性症（transsexualism）及童年性别认同障碍（gender identity disorder of childhood）分别替换为青春期或成年期性别不符（gender incongruence of adolescence and adulthood）及童年期性别不符（gender incongruence of childhood）。这一变化意味着，跨性别认同本身并非是心理障碍，与生理性别不符的性别认同所带来的强烈与持久的心理痛苦，才构成了性别烦躁这一心理障碍。事实上，跨性别认同者有权寻求必要的医学帮助与干预。请看现代舞蹈家金星的故事：

【案例13-3】

金星，1967年出生在东北，是家里唯一的男孩，从小喜欢和女孩一起玩。女孩玩的游戏他都会，跳皮筋、跳房子比姐姐玩得都好。他怕虫、怕黑、怕打雷；喜欢美、喜欢唱歌，尤其喜欢跳舞，常常围上姐姐的花衣服翩翩起舞。金星9岁进入原沈阳军区前进歌舞团，19岁远赴美国学习现代舞，1995年决定做变性手术。当时手术分成三步，第一次做胸部手术，第二次去除胡须及喉结，第三次做性器官改造手术。手术后社会适应良好，并先后在母亲的帮助和鼓励下，领养了两个男孩和一个女孩，2005年与德国人汉斯结婚，在舞蹈事业上也收获颇丰。金星自述19岁时就想做手术，思考了十年，直到觉得手术对自己的社会能力、为人处世和事业不会造成影响才最后决定走这一步。

（引自崔玉平，2005）

一、临床表现

性别烦躁可发生在儿童期、青少年或成人期。

1. 儿童性别烦躁

在确诊的性别烦躁患者中，男性与女性的比例为5∶1左右。在成长过程中，有此类情况的男孩往往被同伴排斥，女孩则容易被同伴接受。大约四分之三的男孩在进入青春期晚期或成年之后，报告有同性恋或双性恋倾向，但没有性别烦躁，剩下的多报告为异性恋，也没有性别烦躁；女性的情况目前尚不清楚（APA，2000）。一些儿童在3岁左右就开始表现出性别烦躁的症状，但仅有16%的儿童到成人期持续存在性别烦躁的症状。

DSM-5 对儿童性别烦躁的诊断标准

A. 个体体验/表达的性别与出生性别显著不一致,持续至少 6 个月,表现为下列 8 项中的至少 6 项(其中 1 项必须为诊断标准 A1):
  (1) 有强烈的成为另一种性别的欲望或坚持认为自己就是另一种性别(或与出生性别不同的某种替代的性别)。
  (2) 男孩(出生性别)有对变装的强烈偏好或模仿女性装扮;女孩(出生性别)有只穿典型的男性服装的偏好,以及对穿典型的女性服装的强烈抵抗。
  (3) 对在假装游戏或幻想游戏中扮演相反性别角色的强烈偏好。
  (4) 对被另一种性别通常使用或参与的玩具、游戏或活动的强烈偏好。
  (5) 对另一种性别的玩伴的强烈偏好。
  (6) 男孩(出生性别),强烈地排斥典型的男性化玩具、游戏和活动,以及强烈地回避打斗游戏;或女孩(出生性别),强烈地排斥典型的女性化玩具、游戏和活动。
  (7) 对自己的性生理特征的强烈厌恶。
  (8) 有希望第一和/或第二性征与自己体验的性别相匹配的强烈欲望。
B. 此疾病与有临床意义的痛苦或社交、学校或其他重要功能方面的损害有关。

有此类情况的儿童持强烈的成为另一种性别的欲望,或坚持认为他或她就是另一种性别,对自己的性生理特征有强烈厌恶。例如,男孩厌恶自己的阴茎,厌恶粗鲁的游戏,拒绝典型的男孩玩具、游戏和活动,喜欢玩洋娃娃、过家家,喜欢看具有女性特征的电视节目;如果是女孩,拒绝坐着小便,断言自己有阴茎或会长出一个阴茎,或断言自己不会长乳房或来月经,厌恶正式的女性服装,留短发,常常被误认为是男孩,幻想中的英雄往往是有力量的男性,如超人,对娃娃和穿衣打扮兴趣不大,对运动有兴趣。

如果他们适应良好则不需要治疗;如果对自己身体极度不满,或因为这个造成人际关系不良或与父母关系不好,会感到非常痛苦。此时干预的重点可以放在改善人际关系和与父母的关系上,例如在容易引起人际冲突的环境下对其异性行为加以控制。

2. 青少年和成年人的性别烦躁

青少年和成年人的性别烦躁曾被称为易性症(transsexualism)。生理性别为男性者的患病率为 0.005%~0.014%,生理性别为女性者的患病率为 0.002%~0.003%(APA,2013)。一些调查结果显示,在 15 岁以上的人群中,每 10 万人的性别烦躁患病率是:新加坡为 2.36 人,德国为 2.25 人,澳大利亚为 2.38 人(Benjamin,1966),荷兰为 4.72 人(Van Kesteren,Gooren,Megens,1996),苏格兰为 8.18 人(Wilson,Sharp,Carr,1999),其中约四分之三为男性希望转变为女性者。此类患者虽然人数不多,但其体验到的痛苦往往十分强烈,希望成为另一种性别的欲望也十分强烈。更多的人认为自己是跨性别者,不符合性别烦躁的诊断标准。

DSM-5 对青少年和成年人的性别烦躁的诊断标准

A. 个体体验/表达的性别与出生性别显著不一致,持续至少6个月,表现为下列6项中的至少2项:
（1）体验/表达的性别与第一和/或第二性征显著不一致（在青少年早期表现为与预期的第二性征不一致）。
（2）由于与体验/表达的性别显著不一致,产生去除自己第一和/或第二性征的强烈欲望（或在青少年早期出现防止预期的第二性征发育的欲望）。
（3）对拥有另一种性别的第一和/或第二性征的强烈欲望。
（4）成为另一种性别的强烈欲望（或与出生性别不同的某种替代性别）。
（5）希望被视为另一种性别的强烈欲望（或与出生性别不同的某种替代性别）。
（6）深信自己拥有另一种性别的典型感觉和反应（或与出生性别不同的某种替代性别）。
B. 该疾病与有临床意义的痛苦或社交、职业或其他重要功能方面的损害有关。

男性性别烦躁者通过化妆和做发型从外貌上贴近女性,他们会刮去体毛,寻求改变社会角色;喜欢做一般是女性做的工作,如热衷于烹饪和缝纫;对婚姻没有兴趣,与异装癖不同,他们性欲很低,当身着异装时没有手淫的现象;对自己的性器官感到厌恶,而不像异装癖患者把性器官看作获得快感的工具。

与异装癖不同,男性性别烦躁者穿女性服装并不是为了获得性唤起,而是为了感觉更像一名女性,为了获得与自己愿望相符的异性一样完整的生活。沉湎于设法除去第一及第二性征的想法（要求注射性激素、进行手术,或用其他方法来改变现有的性征,以更像另一性别）,或深信自己生错了性别。

此类障碍还应注意与女性化很强的男同性恋者区别,男同性恋者并不认为自己本应是女性,也没有成为女性的愿望。

Blanchard(1993)认为性别烦躁有两种,一种为同性性别烦躁,另一种为异性性别烦躁,两者的成因和发展过程不同。同性性别烦躁对与自己同性的人有性方面的喜好,异性性别烦躁则对异性有性方面的喜好。例如,一个同性性别烦躁的女性在生理上是女性,但是她认为自己是一个占据着女性躯体的男性,在性取向上向往和女性交往;而一个男性同性性别烦躁者在生理上是男性,但却认为自己是占据着男性身体的女性,在性取向上喜好男性,希望通过手术实现变性,使自己能够吸引异性恋的男性并进行交往。同性性别烦躁者在儿童时期通常也是性别烦躁者;而异性性别烦躁者在儿童期和成年期并不表现得过于女性化或男性化,这些生理上是男性的人认为自己实际上是占据了男性躯体的女性,但是他们可与女性发生性的交往,通常要比同性性别烦躁者更晚要求进行手术。

性别烦躁者的心理状况一般较差,常常有抑郁情绪和自杀意念,结婚者多数有婚姻问题。他们经常强烈地要求医生改变自己的外表和性器官,如要求使用雌激素使自己的乳房增大,坚持做阉割手术或人工阴茎。

二、病因

性别烦躁产生的原因尚不明确。双生子实验发现,遗传因素起到了 62% 的作用,特殊环境因素的作用为 38%(Van Beijsterveldt,Hudziak,Boomsma,2006)。在性别烦躁者的兄弟姐妹中,性别烦躁的患病率高于随机样本(Gómez-Gil et al.,2010)。

有研究者提出激素理论,认为在怀孕时母亲体内过高的雌激素或雄激素水平对胎儿的发育会产生影响,会使男性胎儿雌性化或使女性胎儿雄性化(Collaer,Hines,1995);在特定的发育时期,母亲体内睾丸激素或雌激素水平稍高,也可能会使女性胎儿雄性化或使男性胎儿雌性化(Keefe,2002)。有少量研究发现,男性易性症者 23 对染色体有额外的 Y 染色体(47,XYY),女性易性症者有额外的 X 染色体(47,XXX)(Turan et al.,2000)。

社会环境因素对性别认同起到了一定的作用。其中,家庭养育方式被认为是一个重要因素。在性别烦躁的患者中,家庭里经常会出现对孩子的养育存在与其性别不一致的行为和态度(Skidmore,Linsenmeier,Bailey,2006)。在一般情况下,男孩在表现出女性的兴趣和行为时,往往会受到家庭的反对。而性别烦躁患者在幼年时期,女性化的男孩在其家庭中往往非但没有受到反对,有时反而得到鼓励;当他们穿女孩的衣服时,家长认为这是孩子的聪明之处,有的母亲还指导孩子如何化妆,家庭相册中常常有男孩穿女孩衣服的照片,这样做会造成生理性别与后天习得的性别认同之间的冲突(Zuckerman,1999)。也有研究发现,男性性别烦躁患者的出生顺序比对照组靠后,而且家庭中有更多的哥哥(Blanchard,Bogaert,1996)。

Bradley 和 Zucker(1997)发现,有性别烦躁的男孩对感官刺激更为敏感,对父母的情绪表达也更为敏感;而母亲对第二个出生的孩子还是男孩的失望情绪,容易导致负性的亲子关系。但并没有证据表明父母有生育女儿的愿望会导致男孩产生性别烦躁。

虽然社会环境影响对性别认同有一定的作用,但并不一定起决定性作用。Colapinto(2001)报道的案例可以说明这一点。在一次交通事故中,一名 7 个月的男孩阴茎血管受到严重损伤。在与男孩家人讨论后,医生决定切除阴茎,再造一个阴道,并开始将孩子当女孩养育。进入青春期以后,给予激素替代治疗,开始这个孩子的心理适应良好,但随着年龄的增长,越来越多表现出男性的兴趣和行为。对保持女性性别的认同越来越痛苦,产生了严重的心理问题,曾几次自杀,最后在知道真相后,选择通过一系列的外科手术重新变回男性。

三、治疗

对性别烦躁的治疗是一个很棘手的问题,通常病人求治的动机是改变身体而不是改变心理。Cohen-Kettenis 和 Van Goozen(1997)认为心理治疗对于改变这类障碍的努力常常是无效的。

1. 青少年和成年人的性别烦躁

到目前为止,改变性别最有效的方法是通过外科手术改变生理结构,称为"性别再造术"(sex reassignment surgery)。我国目前已有此类手术,对接受手术者需要进行全面的评估,但手术费用高昂且可能对身体造成不可挽回的影响。对于不想手术的患者,可以通过心理咨询或治疗更好地接纳自己现在的身份。

在西方,这类外科手术需要在心理治疗师的帮助下分阶段进行。美国精神医学学会(2015)建议,在治疗成年性别烦躁患者时,先进行全面的心理评估和教育,然后进行部分可逆的治疗,如注射性激素,以达到预期的第二性征。非可逆的治疗是最后一步,指通过手术改变生理结构,使患者的性别认同保持一致。在西方,做此类手术之前,希望改变性别者至少要按异性的角色生活1~2年,使其确定自己的确想要成为一名异性,而且他们必须在心理、经济和社会上是稳定的。

以男性性别烦躁者为例,在准备阶段他需要拥有女性的外表并像女性一样生活。可以通过服用雌激素来促进女性性征的发育,但专业人员需要向其清楚地说明长期使用药物的副作用。在这一阶段,需要时患者可以放弃或修改其目标。

两年以后,如果患者仍然坚持手术并且情绪、人格稳定,就可以向有经验的外科医生咨询;并决定是否手术,以及手术的方式。一般判断是否手术的标准是患者坚持了很多年试图改变自己的性别,有能力作为其所希望的性别满意地生活两年以上。

男性性别烦躁的手术方式是切除男性生殖器官,再造阴道,面部毛发通常通过电解去除,并用激素维持乳房等第二性征。女性性别烦躁的手术包括再造人工阴茎,切除乳房。

Green 和 Fleming(1990)报道,在 220 例男性性别烦躁者中,87%的人对手术的结果满意;在 130 例女性性别烦躁者中,97%表示满意;Cohen-Kettenis 和 Van Goozen(1997)认为大部分性别烦躁者对手术结果表示满意。对于许多人来说,变性手术让他们的生活变得有价值,他们认为自己的身体存在问题,手术后的满意率平均约为 90%(Johansson et al.,2010)。

2. 儿童性别烦躁

针对儿童性别烦躁的治疗争议更大。社会正面临着我们是否应该鼓励自由地表达性别不一致的困境,因为我们知道,在世界上的大多数地方,性别不一致将导致个体出现社会适应困难,导致其未来几十年巨大的心理压力。但事实上,那些性别不一致的儿童,在日常生活中会根据他们认知的性别身份来表现自己(Olson,Key,Eaton,2015)。在美国的一些地方,如旧金山和纽约,对儿童性别不一致的情况持越来越开放的态度;一些学校允许甚至鼓励孩子们以自己认同的性别方式打扮和在校学习。

由美国精神医学学会和美国心理学会制定的治疗指南简单地概述了针对儿童可供选择的治疗方案(APA,2013;Byne et al.,2012)。

第一种方法是与孩子和照顾者共同工作,减少性别烦躁和跨性别行为,尽量避免孩子遭受社会拒绝,也避免之后进行手术治疗,但这种方法的效果通常难以持久。

第二种方法可以描述为"观察等待"(watchful waiting),让儿童按其所认同的性别自然地展现出来。由于这样的行为存在潜在的社会和人际交往风险,以及缺乏与同龄人的融入,所以使用这种方法需要照顾者和社区的大力支持。

第三种方法提倡积极鼓励跨性别的认同,但有人质疑,很多家长认为孩子性别不一致通常不会持续下去,如果积极鼓励反而会增强孩子性别不一致的可能性。

性别不一致与心理压力有关,性别不一致的儿童会体验到更多的抑郁和焦虑,心理健康水平偏低(Rieger, Savin-Williams, 2012)。目前,针对性别不一致儿童的治疗主要集中在帮助他们接纳自己,缓解心理压力。通过加强与同龄人和照顾者的关系,来增加他们的自我控制意识,增加他们在社区或文化中的归属感(Allan, Ungar, 2014),以避免这些孩子在学校环境中遇到排斥和蔑视。

小 结

性心理障碍的相关诊断分为:性功能失调、性欲倒错障碍和性别烦躁。性功能失调主要是性兴趣的缺失或性功能受损,除了生理因素的影响外,也与心理因素有关,如压力、夫妻关系、创伤经历、社会和环境的文化教育。一般在治疗上可以使用药物治疗或以夫妻的共同参与为主的心理治疗。性欲倒错障碍指引起患者强烈和持续性兴趣不是正常的、生理成熟、事先征得同意的人类性伴侣,且因此导致自己强烈的痛苦或者有伤害他人的风险。这类异常通常与患者早期的、异常的、偶然的性体验或性刺激有关,且以男性患者居多。对于性欲倒错障碍的患者以心理治疗为主,在治疗前需要先进行评估,目前心理治疗的常用方法是行为治疗,钟友彬的认识领悟疗法也取得了一定的疗效。性别烦躁是个体体验或表现出的性别与生理性别不一致所导致的痛苦和问题。性别烦躁产生的原因至今还不明确,与遗传因素和激素可能有一定的关系。目前对于成人的治疗主要以手术为主进行性别改造,对于不能进行手术的人群主要以自我接纳的心理治疗为主。

思 考 题

1. 性功能失调、性欲倒错障碍和性别烦躁在 DSM-5 和 ICD-11 中的诊断标准和分类的主要变化是什么?
2. 性欲倒错障碍和性别烦躁的诊断标准变化的背后,有哪些认识的改变或观念的改变?
3. 性功能失调、性欲倒错障碍和性别烦躁的主要异同是什么?

推 荐 读 物

巴洛,杜兰德.(2017). 变态心理学:整合之道. 7 版. 黄铮,高隽,张婧华,等,译. 北京:中国轻工业出版社.

马晓年.(2004). 现代性医学. 北京:人民军医出版社.

钟友彬.(1999). 认识领悟疗法. 贵阳:贵州教育出版社.

14 儿童和青少年期相关心理障碍

第一节 概 述

童年的经历和发展特点对于人的一生有着重要的影响,而青少年时期是一个心理快速发展走向成熟的时期,其影响亦不容忽视。儿童和青少年期心理障碍的诊断和治疗有着独特的难点。首先,儿童和青少年的心理处于不断发展的阶段,其在某一阶段出现的问题往往难以确认是发展略慢于其他儿童或青少年,还是已经到了需要临床干预的程度;其次,儿童的言语发展水平尚未成熟,许多情绪体验难以清晰地表达,对其问题的评估多依赖于照顾者的观察和判断,难免产生一些误差。尽管如此,儿童和青少年期心理障碍依然不能忽视,若未得到及时的诊断和治疗,或许会对个体未来的发展造成持续的影响。

随着人们对于儿童和青少年期心理障碍的知识不断增加,诊断标准也在不断调整和变化。以DSM系统为例,第一版和第二版对儿童和青少年期相关心理障碍没有给予充分的重视,而是将其视为成人障碍的儿童版。DSM-Ⅲ对整个诊断标准进行了革新性的修订,摒弃了精神动力学视角,转为关注可被观察到的体征和症状。在此基础上,DSM-Ⅳ将儿童和青少年期相关心理障碍全部放在"通常在婴儿期、儿童期或青少年期得到首次诊断的障碍"一章中。DSM-5与DSM-Ⅳ的出版相隔近20年,其间有关儿童和青少年的心理病理学知识快速发展、积累和更新。因此,DSM-5对儿童和青少年期心理障碍的分类也有了一些改变。

DSM-5将儿童和青少年期相关心理障碍大致分为三类。第一类儿童和青少年期心理障碍在成人中有相应的诊断标准,例如焦虑障碍、抑郁障碍等。对于此类心理障碍,儿童和青少年使用与成人相同的诊断标准,并对儿童和青少年诊断的特殊点进行阐释。当然,其中也包括仅在儿童期做出诊断的障碍,如分离焦虑障碍。第二类是独立成章的"破坏性、冲动控制和品行障碍",例如对立违抗障碍、品行障碍。此类心理障碍基本始于儿时或青少年期,但其诊断可能随着儿童和青少年的年龄增长出现心理障碍间的进阶。第三类则被归到"神经发育障碍"一章,例如智力障碍、自闭症谱系障碍、注意缺陷/多动障碍等,此类障碍出现于儿童期并会稳定持续到成年期。由此可见,人们通常所说的"儿童心理障碍"并不十分准确,因为部分障碍是会持续到成年期的。《精神障碍诊疗规范(2020年版)》将这些相关障碍归为两章,分别为神经发育障碍(对应于上述第三类)和通常起病于儿童、少年的行为和情绪障碍(对应于上述第一类和第二类)。

本章将依据DSM-5的分类方法,对部分儿童和青少年期心理障碍进行介绍。首先,介绍儿童和青少年期的情绪障碍(包括焦虑和抑郁相关障碍),由于此类障碍的诊断标准多与成人类似,因此仅介绍儿童和青少年特有的障碍,以及在儿童和青少年期诊断时需要注意的内容。其次,介绍破坏性、冲动控制和品行障碍。最后,详细介绍神经发育障碍中的多种心理障碍。表14-1展示了从DSM-Ⅳ到DSM-5儿童和青少年相关心理障碍诊断名称的变化情况,及其与ICD-11诊断名称的对照。

表14-1 DSM-Ⅳ、DSM-5与ICD-11的儿童和青少年期心理障碍诊断名称对照

DSM-Ⅳ	DSM-5	ICD-11
通常在婴儿期、儿童期或青少年期得到首次诊断的障碍		
—	神经发育障碍	神经发育障碍
精神发育迟滞	智力障碍	智力发育障碍
学习障碍	特定学习障碍	发育性学习障碍
广泛性发育障碍(包括孤独症、阿斯伯格综合征)	孤独症谱系障碍	孤独症谱系障碍
交流障碍	交流障碍	发育性言语或语言障碍
注意缺陷/多动障碍	注意缺陷/多动障碍	注意缺陷/多动障碍
—	喂食及进食障碍	喂食及进食障碍
婴儿期或童年早期喂食障碍	回避性/限制性摄食障碍	回避性/限制性摄食障碍
—	破坏性、冲动控制及品行障碍	破坏性行为或反社会障碍
品行障碍	品行障碍	品行障碍
对立违抗障碍	对立违抗障碍	对立违抗障碍
—	焦虑障碍	焦虑或恐惧相关障碍
分离焦虑障碍	分离焦虑障碍	分离焦虑障碍
选择性缄默	选择性缄默症	选择性缄默症

第二节 儿童和青少年期情绪障碍

尽管人们通常认为儿童是无忧无虑的,但是恐惧、担心、心情低落等情绪状态是所有儿童几乎都会经历的。然而,有些儿童身上出现的此类情绪状态却是过度的,且有碍成长。在DSM-5的诊断系统中,儿童和青少年期相关情绪障碍,包括焦虑障碍和抑郁、双相障碍等并未单独列出,而是与成人的对应障碍归在一处,由临床工作者根据成人相

关的诊断描述对儿童和青少年进行诊断。

一、焦虑障碍

焦虑障碍是常见的儿童和青少年期心理障碍,在焦虑障碍一章中提及的多种成人焦虑障碍都可在儿童和青少年期出现,包括广泛性焦虑障碍、社交焦虑障碍、特殊恐怖症等。除此之外,分离焦虑障碍(separation anxiety disorder)和选择性缄默症(selective mutism)的症状出现时间较早,较常在儿童期予以诊断,但是其表现却可能贯穿整个成年期。尽管儿童和青少年的焦虑障碍有着较高的发病率和其他相关问题,但却经常未被注意且得不到恰当的治疗(Silverman,Treffers,2001)。这可能是由于儿童在正常发展过程中,害怕和焦虑情绪极易出现,并且焦虑相关症状也不像行为问题般会给他人和社会造成损害,因此许多症状不易受到重视。

由于多数儿童和青少年期焦虑障碍的诊断标准与成人的相似,读者可参考焦虑障碍一章的相关内容,本章仅介绍分离焦虑障碍和选择性缄默症这两类多在儿童和青少年期予以诊断的具体类型。

1. 分离焦虑障碍

分离焦虑障碍是儿童期最常见的两种焦虑障碍之一(另一种是特殊恐怖症),其在儿童群体中的患病率为4%~10%(Merikangas et al.,2010)。大部分患者的症状会随着年龄的增长得到缓解,但是约有三分之一的儿童期分离焦虑障碍的患者其症状会持续到成年(Shear et al.,2006)。从儿童期到青少年期和成人期,分离焦虑障碍的患病率呈下降趋势。分离焦虑障碍在男孩和女孩中都很普遍,在临床样本中不存在性别差异,但在社区样本中,女性的患病率更高。在患有分离焦虑障碍的儿童群体中,约有三分之二的儿童会同时患有另一种焦虑障碍,且约有一半的儿童会在分离焦虑障碍发病之后发展出抑郁障碍。拒绝上学是学龄期分离焦虑障碍患儿的常见问题(Albano,Chorpita,Barlow,2003)。

儿童在与父母或其他亲密的人分开时会感到焦躁不安,这种面对分离而产生的焦虑感对于7个月到学龄前的儿童而言极为常见,甚至对于幼儿的生存是至关重要的。在这个年龄阶段,若缺乏恰当程度的分离焦虑可能意味着没有形成安全的依恋关系,或是存在其他问题。然而,对于部分儿童来说,他们时刻都在担心和家人分离。他们担心自己的父母、兄弟姐妹或者其他对他们来说重要的人会遭遇可怕的事情,譬如死亡。他们拒绝和家人或其他依恋对象分开,如果分开的话,他们就会惊恐不已,就像案例14-1中的杨杨一样。

【案例14-1】

杨杨,男,2岁。活泼、可爱,从出生后妈妈就特别宠爱他,一直由妈妈亲自抚养。一个月前,因为妈妈要上班了,所以只得把杨杨送入托儿所。从入托的第一天起,杨杨就哭闹不停,紧紧拉着妈妈的衣服不放,不让妈妈走;在托儿所里不肯吃饭、不肯午睡,甚至不肯喝水。整天哭着吵着要妈妈，老师怎么哄劝都没有效果。下午，杨杨常常站在托儿所的门口等候妈妈，不和其他小朋友一起玩。回到家里，杨杨总是跟着妈妈，害怕妈妈离开他，晚上睡着后还常常惊叫："妈妈！妈妈！"

（引自翁晖亮，2004）

可以看到，杨杨在需要与妈妈分开时就会极度的痛苦。杨杨睡着后惊叫可能与噩梦有关，这些噩梦都和分离有关。也有一些孩子会反复做噩梦，他们也可能表现出焦虑相关的躯体反应，例如头痛、胃痛、恶心，这些反应在与他们依恋的对象不得不分开的时候会表现得格外明显。如果一个儿童连续四周都出现以上情况，就可能被诊断为分离焦虑障碍（Rosenhan，Seligman，1995）。

DSM-5 对分离焦虑障碍的诊断标准

A. 个体与其依恋对象离别时，会产生与其发育阶段不相称的、过度的害怕或焦虑，至少符合以下表现中的三种：
  （1）当预期或经历与家庭或主要依恋对象离别时，产生反复的、过度的痛苦。
  （2）持续和过度地担心会失去主要依恋对象，或担心他们可能受到伤害（例如，疾病、受伤、灾难或死亡）。
  （3）持续和过度地担心会经历导致与主要依恋对象离别的不幸事件（例如，走失、被绑架、事故、生病）。
  （4）因害怕离别，持续表现不愿或拒绝出门、离开家、去上学、去工作或去其他地方。
  （5）对没有主要依恋对象的陪伴，独自一人在家中或其他环境中表现出持续和过度的恐惧或不情愿。
  （6）持续地不愿或拒绝在家以外的地方睡觉或主要依恋对象不在身边时睡觉。
  （7）反复做内容与离别有关的噩梦。
  （8）当与主要依恋对象离别或预期离别时，反复地抱怨躯体性症状（例如，头疼、胃疼、恶心、呕吐）。
B. 这种害怕、焦虑或回避是持续性的，儿童和青少年持续至少四周，成年人则至少持续 6 个月。
C. 这种障碍引起有临床意义的痛苦，或导致社交、学业、职业或其他重要功能方面的损害。
D. 这种障碍不能用其他精神障碍来更好地解释。例如，像孤独症（自闭症）谱系障碍中的因不愿过度改变而导致拒绝离家，像精神病性障碍中的因妄想或幻觉而忧虑分别，像广场恐怖症中的因没有一个信任的同伴陪伴而拒绝出门，像广泛性焦虑障碍中的担心疾病或伤害会降临到其他重要的人身上，或像疾病焦虑障碍中的担心会患病。

2. 选择性缄默症

患有选择性缄默症的儿童具备讲话和交流的能力，在家里能够与父母进行对话，但是面对其他儿童或成年人时无法开口说话，或是当别人说话的时候无法给予回应。由于无法与同学和老师交流，容易造成学业或教育方面的问题，并且老师也很难评估此类个体的学习技能发展程度。

这类儿童可能表现出极度的害羞、害怕或社交退缩,通常伴有焦虑。因此,有选择性缄默症的儿童通常会合并其他诊断,最常见的是社交焦虑障碍。由于选择性缄默症相对罕见,因此流行病学调查中通常未包含这类病症的数据。而小规模的调查研究会根据年龄不同、环境不同而产生不同的患病率数据,大致在1%左右,女孩的患病率稍高于男孩(Muris,Ollendick,2015)。

DSM-5 对选择性缄默症的诊断标准

A. 在被期待讲话的特定社交情境中(如在学校)持续地不能讲话,尽管在其他情境中能够讲话。
B. 这种障碍妨碍了教育或职业成就或社交沟通。
C. 这种障碍的持续时间至少1个月(不限于入学的第1个月)。
D. 这种不能讲话不能归因于缺少社交情况下所需的口语知识或对所需口语有不适感所致。
E. 这种障碍不能更好地用一种交流障碍来解释(例如,儿童期起病的言语流畅障碍),且不能仅仅出现在自闭症(孤独症)谱系障碍、精神分裂症或其他精神病性障碍的病程中。

3. 儿童青少年期焦虑障碍的病因

儿童和青少年可能出现的焦虑障碍种类繁多,没有任何一个独立的理论能够充分解释所有类型的儿童和青少年期焦虑障碍的成因。有研究者认为,儿童出现焦虑障碍可能是由多种因素导致的(Rapee,Schniering,Hudson,2009)。

(1) 遗传和基因的风险因素。家族和双胞胎研究均显示,儿童在焦虑和恐惧反应上有较强的遗传性(Gregory,Eley,2007)。研究结果一致显示,儿童的焦虑障碍与其一级亲属的焦虑障碍有较高的联系。父母之一为焦虑障碍患者的孩子患焦虑障碍的风险是父母无焦虑障碍儿童的5倍,尽管父母和孩子所患的焦虑障碍的具体类型可能不同(Beidel,Turner,1997)。在具体的风险基因上,5-羟色胺系统被认为与焦虑障碍相关(Lau et al.,2009)。但是,特定基因对于焦虑障碍病因的解释力很小,研究者认为应当在未来研究中进一步探索基因与环境的交互作用(Gregory,Eley,2007)。

(2) 神经生物学因素。与成人焦虑障碍相似,儿童焦虑障碍也被发现其与参与处理潜在危险的神经回路相关,涉及下丘脑-垂体-肾上腺轴(HPA)、边缘系统(杏仁核、海马)、腹外侧和背外侧前额叶皮层等结构(Fitzgerald et al.,2013;Pine,2011)。针对儿童广泛性焦虑障碍的研究也发现,患有此类障碍的儿童左、右脑的比例失衡更为明显(Kagan,Snidman,1999)。

(3) 教养与亲子互动因素。家长的教养方式会对孩子的成长产生巨大的影响,过度保护或过度控制的教养行为与儿童的焦虑障碍均有较高的关联(Rapee,1997;姚玉红等,2011)。这一结果不仅在自我报告的研究上得到了支持,实验研究也印证了其因果关系。通过操纵父母的过度保护程度,结果发现被父母过度保护地对待的孩子,在之后的演讲任务中表现得更为焦虑(De Wilde,Rapee,2008)。儿童还会通过模仿学习父母的行为和态度来习得焦虑反应(Chorpita,Barlow,1998)。研究发现,很小的儿童(12~

24个月)就能通过观察母亲对于新异刺激的恐惧反应而获得对特定物体的恐惧(De Rosnay et al.,2006;Murray et al.,2008)。此外,儿童也会通过父母的言语习得恐惧反应(Field,Lawson,2003)。

(4) 生活事件。追踪研究结果显示,在学前期儿童群体中,负性生活事件的影响能够预测一年后儿童的焦虑症状(Edwards,Rapee,Kennedy,2010)。也有研究试图去区分由焦虑引发的负性事件,以及独立出现的负性事件的作用,结果显示焦虑的儿童确实经历了较多的独立出现的负性事件,而不是因为焦虑导致了更多的负性生活事件的出现(Allen,Rapee,Sandberg,2008;Eley,Stevenson,2000)。

4. 儿童青少年期焦虑障碍的治疗

在治疗儿童青少年期焦虑障碍时,可以使用药物治疗,获得较多研究支持的治疗儿童焦虑障碍的药物是5-羟色胺再摄取抑制剂(SSRI)(Reinblatt,Riddle,2007)。然而,由于缺乏随机对照控制组的研究,以及关于SSRI对儿童发育的副作用的研究,认知行为治疗(CBT)仍然被认为是治疗儿童焦虑障碍的第一选择。只有当CBT无效,或是儿童的焦虑症状严重到无法接受CBT时,才会考虑使用药物。

认知行为治疗是治疗多数焦虑障碍最有效的方法(Silverman,Pina,Viswesvaran,2008;张静 等,2020)。许多焦虑障碍治疗方案的总体目标都是教儿童识别他们的焦虑反应(躯体的、认知的和行为的),并且运用相关的技能来逐步面对(而不是回避)引发焦虑的情境。在行为干预层面上,主要采取的是暴露技术,以使儿童去面对恐惧的事物;还会为儿童提供除了回避以外的应对方法。在认知干预层面,则是让儿童理解思维对于焦虑反应的作用,并且了解如何调整适应不良的想法来减轻焦虑症状(Kendall,Suveg,2006)。研究显示,此类干预能够使大约55%~60%接受治疗的儿童得到恢复,而对照组仅有30%的儿童会自行恢复(Cartwright-Hatton et al.,2004)。

多数针对儿童焦虑障碍的认知行为治疗方案,都会在不同程度上让父母参与到治疗过程中。在有些方案中,父母的参与度较小,治疗师仅会为其提供儿童焦虑障碍相关的信息和知识。而在另一些治疗方案中,父母须积极参与治疗,治疗师要教会父母如何对孩子的行为进行管理(如积极强化等),鼓励孩子的自主性,减少父母对孩子的过度控制或保护的教养行为(Rapee et al.,2000)。还有一些治疗方案会同时对父母自身的焦虑反应进行干预,从而降低父母的焦虑对儿童的治疗进程产生的干扰作用(Cobham,Dadds,Spence,1998)。

二、抑郁与双相障碍

过去人们认为抑郁和双相障碍都是成人疾病,不会在儿童和青少年中出现。然而近几十年的研究表明,儿童和青少年也可能出现抑郁和双相障碍,尽管发病率显著低于成人。根据DSM-5,儿童抑郁和双相障碍的诊断与成人相同,但在实际症状表现上,儿童与成人有所不同。下面将就儿童在抑郁和双相障碍上的特殊表现进行阐述,并简述其病因及治疗。

1. 儿童和青少年期抑郁障碍

儿童和青少年期抑郁障碍并不少见,根据国外的数据,每年约有2%~8%的儿童和青少年罹患抑郁症,13岁以上的青少年患病率是13岁以下儿童的两倍(Costello, Erkanli, Angold, 2006)。在14岁之前,抑郁障碍在男孩和女孩群体中的发病率相当,然而在14岁之后,女孩的发病率是男孩的两倍(Birmaher et al. , 2007)。一项在成都开展的儿童和青少年期抑郁障碍的流行病学调查研究随机抽取了5194名中小学生,发现儿童和青少年期抑郁障碍的总体患病率为1.2%,12岁以后女性的患病率(2.56%)高于男性(1.42%)(张郭莺 等,2010)。

儿童和青少年期抑郁障碍也会表现出成人抑郁障碍的核心症状,如悲伤、对所有活动失去兴趣等。然而,相对于成人可以自主表达内在的、主观的痛苦和抑郁情绪,儿童、青少年更可能表现出易激惹和破坏性行为等症状。因此,DSM-5中关于抑郁症的诊断特别注明了可以用易激惹的症状来替代抑郁心境。然而,在患有抑郁症的儿童和青少年中,超过半数的个体表现出抑郁心境(58%),三分之一是抑郁和易激惹混合的心境(36%),单纯表现出易激惹心境的较少(6%)(Stringaris et al. , 2013)。让我们来看下面的案例。

【案例14-2】

石头,男,14岁,初二。最近半年来,家长发现石头变得不愿意和家人交流,很少露出笑容,每天作业写到很晚,感觉头脑迟钝,经常头晕头疼,睡眠不好,成绩显著下降。一周前,家长在无意间发现石头手腕上有几道深浅不一的划痕,十分担心。石头表示初二后课程难度加大,自己虽然很努力,但是总感觉注意力难以集中。经过一段时间之后,石头对自己感到失望,觉得自己一无是处,对不起家长和老师;经常想哭,不想参加任何活动,做什么都不开心。

(改编自曹晓华,2020)

可以看到,案例14-2中的石头表现出的是抑郁心境,还出现了失眠、无法集中注意力、自罪自责,以及自伤等症状。总体持续时间已达6个月,当然还需要判断单次的发作期是否超过两周。但是,需注意的是,在做出抑郁障碍的诊断前,还需要确认儿童或青少年是否有过躁狂发作(若有,则需考虑诊断双相障碍)、相关症状是否由身体或物质使用等其他因素导致,以及症状是否导致儿童或青少年显著的不适或重要生活功能的损伤(如,学业、社交)。

2. 儿童和青少年期抑郁障碍的病因

关于儿童和青少年期抑郁障碍的成因,现仍多沿用成人抑郁障碍的相关病理模型,只是会加入对于发展阶段的考虑(Garber, Horowitz, 2002),包括遗传和基因风险、神经生理因素、消极的认知模式、应激性生活事件,以及社会因素影响等,具体可参照抑郁障碍和双相障碍一章。基于家庭对于儿童、青少年成长的重要意义,这里我们着重讨论家庭因素对儿童和青少年期抑郁障碍的影响。

针对儿童、青少年期抑郁障碍患者的家庭功能的研究发现,与未患抑郁障碍的儿童和青少年相比,患病儿童和青少年的家庭成员间存在更多的相互指责、沟通更差、温暖和支持的行为更少。一项追踪研究发现,家庭内部的冲突和缺乏支持能够预测青少年一年后的抑郁症状,但是青少年的抑郁症状并不能预测一年后的家庭关系(Sheeber et al.,1997)。

更多的研究探讨了父母的抑郁,特别是母亲的抑郁对孩子的影响。当母亲抑郁时,母亲提供有效抚养环境(如温暖、积极响应、照顾孩子)的能力减弱,孩子也会模仿学习其负性的认知思维模式;此外,可能存在的基因的影响,这些都会使得孩子具有更高的罹患抑郁障碍的风险(Goodman,2007;Taylor,Way,Seeman,2011)。研究也逐渐关注到父亲的作用,父母的协同教养对于减轻儿童、青少年的抑郁具有良好的作用(陈楚芳,郭非,陈祉妍,2021;赵凤青 等,2022)。

3. 儿童和青少年期抑郁障碍的治疗

儿童和青少年期抑郁障碍的干预包括心理社会治疗和药物治疗。尽管已有多种方式可以帮助受抑郁障碍困扰的儿童和青少年,但是仅有一半的患儿能够接受到有效的帮助(Olfson et al.,2003)。

抗抑郁药也被广泛应用于发展中个体的抑郁障碍的治疗。SSRI是儿童和青少年抑郁障碍治疗的一线药物,控制对照研究支持了SSRI对于减轻抑郁症状有中等程度的疗效,但是并没有证据表明药物对改善儿童和青少年的日常学业表现、人际关系或社会功能有所帮助(Hetrick,McKenzie,Merry,2010)。因此,有研究者推荐结合使用药物治疗和认知行为治疗。

与成人抑郁障碍的干预相似,在心理社会治疗方面,针对儿童和青少年的治疗方法主要使用结合了行为强化技术和认知干预技术的认知行为治疗,以及针对青少年抑郁的人际心理治疗(Interpersonal Psychotherapy for Adolescent Depression,IPT-A)。特别是在认知行为干预方面,目前已有多种成型的干预项目可应用于儿童或青少年的抑郁障碍,包括PASCET(Weisz et al.,2003)、ACTION(Stark et al.,2012),以及CWD-A(Clarke,Lewinsohn,Hops,2001)等。在这些干预项目中,多数采用了整合的干预视角,考虑到父母对儿童和青少年抑郁发生、发展的重要作用,在治疗中同时包含了父母和儿童。以主要和次级控制增强训练(Primary and Secondary Control Enhancement Training,PASCET)项目为例,这是一个持续15次的以CBT为基础的个体治疗项目,主要针对8~15岁受抑郁问题困扰的儿童和青少年。通过会谈和家庭作业,儿童和青少年习得和练习两大类应对技巧:①主要控制技巧(行动技巧),用以改变生活中的客观实践等来满足儿童和青少年的愿望,例如改变参与的活动、学会放松等;②次级控制技巧(想法技巧),用以改变应激性生活事件的主观影响,例如改变消极思维等。

4. 儿童和青少年期双相障碍

儿童和青少年也会出现两种心境的转换：躁狂发作期的心境高涨和自尊膨胀，以及抑郁期的悲伤、无力。双相障碍在儿童和青少年期的诊断直到近些年才受到了研究者的重视，相关的研究、诊断和公众对此的了解都在不断提升(Fristad, Algorta, 2013)，因此儿童和青少年期双相障碍的诊断率也在不断提高。然而，关于该诊断在儿童和青少年期的应用一直存有争议。由于双相障碍在儿童和青少年期的出现比例较少，而且容易与ADHD等症状混淆，因此在诊断上需要慎之又慎。也正因为对青少年双相障碍的诊断和认识仍不够充分，所以对其病因和治疗方面的研究也相对较少，需要有更多的实证研究来进行探索和检验。

由于儿童和青少年期双相障碍可能被过度诊断和治疗，为解决这一问题，DSM-5加入了一种新的诊断标准——破坏性心境失调障碍。研究结果显示，具有此类症状的儿童在青春期或成年期后，多发展为抑郁障碍或焦虑障碍，因此该诊断被放在了抑郁障碍一章，而非双相障碍一章，症状表现为持续的易激惹和极端行为失控频繁发作，首次诊断不能在6岁前也不能在18岁后。

第三节 品行问题

品行问题(conduct problems)是指在儿童和青少年期以反复和持续违反社会规范、侵犯他人利益为特征的异常行为，具体包括打架、逃学、离家出走、反复说谎、偷窃、纵火、虐待动物、破坏性行为等。在美国等西方国家，儿童和青少年期品行问题被认为是社会需面对的一大困境。在精神病学领域中，与品行问题相关的对立违抗障碍和品行障碍的患者占据了儿童青少年心理健康机构患者的绝大部分(Loeber et al., 2000)。在学校教育领域，此类儿童青少年是特殊教育机构的主要人群(Knitzer, Steinberg, Fleisch, 1990)。而在司法体系中，研究已证实品行问题是青少年和成人违法犯罪的先兆(Moffitt, 1993)。无论是在哪个领域，此类问题都消耗了大量的社会资源和经济资源。因此，自20世纪后半期以来，许多国家都在探索儿童和青少年品行问题的形成原因与干预措施，并已取得了较多进展。

具体的品行问题可根据行为的破坏性-非破坏性、隐蔽的-公开的两个维度分为四种类型(Frick et al., 1993)：①隐蔽的-破坏性的行为，涉及侵犯财产的行为，如盗窃、纵火等；②公开的-破坏性的行为，涉及攻击性的行为，如打架、吵架等；③隐蔽的-非破坏性的行为，涉及侵犯地位和规则的行为，如逃学、破坏规则等；④公开的-非破坏性的行为，涉及反抗的行为，如发脾气、发怒等。

DSM-5与ICD-11对此类问题的诊断归类有所不同。在DSM-5中，涉及相关行为表现的诊断均被归到破坏性、冲动控制及品行障碍一章，具体包括对立违抗障碍、间歇性暴怒障碍、品行障碍、反社会型人格障碍、纵火症、偷窃症，以及其他特定和未特定的破坏性、冲动控制及品行障碍。而ICD-11则将相关障碍归到两章中,分别为破坏性行为或反社会障碍(包括对立违抗障碍和品行障碍),以及冲动控制障碍(包括间歇性暴怒障碍、偷窃症和纵火症,此外还有赌博障碍、游戏障碍等其他障碍)。这些障碍涉及的都是情绪和行为自我控制方面的问题,但侧重点有所不同。间歇性暴怒障碍聚焦于不良情绪的控制问题,个体会在很少或者几乎没有激惹的情况下出现不成比例的愤怒爆发。品行障碍则侧重于行为问题方面,许多行为问题是不良情绪控制问题的结果。对立违抗障碍则处于二者之间。纵火症和偷窃症的诊断较少见,其特征是对用于缓解内心紧张的不良行为(纵火和偷窃)的冲动控制问题。反社会型人格障碍尽管也被纳入进来,但是对于它的描述主要被放在了人格障碍一章。由于对立违抗障碍和品行障碍的患病率相对较高,因此接下来我们将重点阐述这两种障碍。

一、对立违抗障碍

对立违抗障碍(oppositional defiant disorder,ODD)的基本特征是一种与年龄不符的重复出现的具有抵抗性、敌意性、反抗性的行为模式。对立违抗障碍通常在儿童满8岁后开始显现,整个儿童期的患病率约为3%,依儿童的年龄和性别不同而变化,如男童的患病率显著高于女童(Seligman,Walker,Rosenhan,2001)。

DSM-5将对立违抗障碍的症状表现归为三类症状群:愤怒/易激惹的心境(如发脾气、敏感易怒)、争辩的/对抗的行为(如与权威人士争辩等),以及报复性的行为。在某种程度上,对立违抗障碍的症状表现在年龄小一些的儿童中极为常见,例如发脾气等。因此,做出ODD的诊断必须注意以下几点。第一,必须在至少6个月的时间符合4条或以上诊断症状。第二,症状的频率、程度应超过对于个体年龄、性别和文化环境而言相对正常的范围。第三,这些症状表现导致了儿童社会功能显著的损害,例如,因经常惹恼他人或与老师争辩而被要求离开幼儿园等。ICD-11对于ODD的诊断与DSM-5类似。

对立违抗障碍的严重程度可以根据儿童表现出症状的情境的广泛程度来进行界定。"轻度"指的是症状只出现在一种场合,这也是最常见的类型,多只在家里和与家庭成员在一起时才表现出症状。"中度"指的是症状至少在2种场合中出现,如学校、家庭。若是在3种或以上场合均出现症状,则考虑为"重度"。

研究发现,对立违抗障碍和品行障碍具有发展上的相关性,多数品行障碍个体达到诊断标准之前都符合对立违抗障碍的诊断,但是对立违抗障碍的患者不会全都发展成品行障碍。对立违抗障碍患者还有发展为其他障碍的高风险,如物质使用障碍、焦虑障碍等(Frick,Nigg,2012)。

DSM-5 对立违抗障碍的诊断标准

A. 存在一种愤怒/易激惹的心境、争辩/对抗的行为或报复的模式,持续至少 6 个月,存在下列任意类别中至少 4 项症状,并表现在与至少 1 个非同胞个体的互动中。

愤怒/易激惹的心境
(1) 经常发脾气。
(2) 经常是敏感的或易被惹恼的。
(3) 经常是愤怒和怨恨的。

争辩/对抗的行为
(4) 经常与权威人士辩论,或儿童和青少年经常与成年人争辩。
(5) 经常主动地对抗或拒绝遵守权威人士或规则的要求。
(6) 经常故意惹恼他人。
(7) 自己有错误或不当行为却经常指责他人。

报复
(8) 在过去 6 个月内至少出现 2 次怀有恨意的或报复性的行为。

注:这些行为的持续性和频率应被用来区分那些在正常范围内的行为与有问题的行为。对于年龄小于 5 岁的儿童,此行为应出现在至少 6 个月内的大多数日子里,除非另有说明(标准 A8)。对于 5 岁或年龄更大的个体,此行为应每周至少出现 1 次,且持续至少 6 个月,除非另有说明(标准 A8)。这些频率的诊断标准提供了定义症状的最低频率的指南,其他因素也应被考虑,如此行为的频率和强度是否超出了个体的发育水平、性别和文化的正常范围。

B. 该行为障碍与当前社会背景下个体或他人(例如,家人、同伴、同事)的痛苦有关,或对社交、教育、职业或其他重要功能产生了负性影响。

C. 这种行为出现在精神病性障碍、物质使用障碍、抑郁障碍或双相障碍的病程中,不符合破坏性心境失调障碍的诊断标准。

二、品行障碍

品行障碍(conduct disorder)的典型特征是侵犯他人的基本权利或违反与年龄相当的主要社会规范。根据测量方法和样本人群的构成的不同,品行障碍的患病率为 2%~10%。男性患病率显著高于女性,这种性别差异在青春期前起病的人群中最为显著(大约可以达到 10:1),在青春期后起病的人群中性别差异并不显著(Moffitt,Caspi,2001)。

DSM-5 中列出了 15 种具体的症状行为,并归到四大类中(攻击人和动物、破坏财产、欺诈或盗窃,以及严重违反规则)。达到品行障碍的诊断标准,需要确认个体在过去的 12 个月中是否出现三种以上症状行为,并且至少有一种在过去的 6 个月内出现过。ICD-11 的诊断标准与 DSM-5 类似。值得注意的是,尽管诊断标准要求这些症状对个体的社会功能产生了影响,但并不要求个体体验到主观的痛苦感。与成人的反社会型人格障碍相似,患有品行障碍的个体缺乏共情和对他人的关注,所以他们不会对自己的行为感到懊悔。同时,他们也可能曲解他人的意图,以此正当化自己的不恰当行为。品行障碍通常在18岁之前进行诊断,若是个体的品行障碍持续到成年之后,那么较大可能会满足反社会型人格障碍的诊断;反之,在18岁后被诊断为品行障碍,必须排除反社会型人格障碍的诊断。DSM-5根据个体出现的行为问题的数量,以及行为问题对他人造成伤害的严重程度将品行障碍分为轻度、中度和重度三个水平。

由于品行障碍个体会尽量淡化,甚至正常化其品行问题,因此临床工作者在做出诊断时,除了与个体本人谈话以外,还需要接触其他知情者来获取足够的信息。而且,品行问题通常会出现在多个情境中,例如家里、学校或与同伴相处时,临床工作者可以从家长、教师、同学等多方获取信息。

品行障碍极易与对立违抗障碍和注意缺陷/多动障碍共病,且若是出现共病,则意味着不良的预后。此外,品行障碍也可能与多种其他障碍共病,包括焦虑障碍、抑郁或双相障碍、物质相关障碍,以及特定的学习障碍。这些都会对个体的预后产生不利的影响。

品行问题首次出现的年龄对其诊断、治疗和预后发展有重要的影响(Odgers et al.,2008)。根据已有研究的结果,DSM-5将品行障碍分为三种亚型:①儿童期起病型,10岁以前至少出现一种症状;②青春期起病型,10岁以前未出现症状;③未特定起病型,起病时间无从了解。研究显示,儿童期起病型患者通常为男性,并且表现出更多的攻击行为,更易涉及非法活动,而且治疗较为困难,预后较差。相反,青春期起病型患者中的男性和女性比例相当,较少出现严重的暴力行为;此时出现的品行问题可能是正常青春期行为的放大版,所以持续时间较为短暂,对于个体的功能损伤较小(Moffitt,Caspi,2001)。

在品行障碍的诊断标准中,另有一个标注项为"伴有限的亲社会情感",这在研究中指的是冷酷的、无情的特质(callous-unemotional traits)。为了避免给未成年人贴上过于负面的标签,在诊断手册中将其表述为缺乏亲社会情感。冷酷无情特质接近于成年人的精神病态特质(psychopathic traits),主要表现为缺乏悔意或内疚、缺乏共情、不关心自身表现,以及情感表浅。品行障碍患者的情绪唤起程度较低,恐惧感较低,所以极易寻求刺激或做出危险性行为。同时,他们对惩罚不敏感,因此无法形成恰当的行为规范(Frick,Morris,2004)。此类患者共情能力存在缺损,无法感知到自身的行为对他人造成的痛苦。事实上,他们甚至无法识别他人表达的悲伤情绪(Blair et al.,2001)。有"伴有限的亲社会情感"这一标注的个体更可能是儿童期起病型,严重程度较高,且对其治疗也更为困难。

DSM-5 对品行障碍的诊断标准

A. 一种侵犯他人的基本权利或违反与年龄匹配的主要社会规范或规则的反复的、持续的行为模式,在过去的 12 个月内,表现为下列任意类别的 15 项标准中的至少 3 项,且在过去的 6 个月内存在下列标准中的至少 1 项:

攻击人和动物
(1) 经常欺负、威胁或恐吓他人。
(2) 经常挑衅斗殴。
(3) 曾对他人使用可能引起严重躯体伤害的武器(例如,棍棒、砖块、破碎的瓶子、刀、枪)。
(4) 曾残忍地伤害他人。
(5) 曾残忍地伤害动物。
(6) 曾当着受害者的面夺取财物(例如,抢劫、敲诈、持械抢劫)。
(7) 曾强迫他人与自己发生性行为。

破坏财产
(8) 曾故意纵火企图造成严重的损失。
(9) 曾蓄意破坏他人财产(不包括纵火)。

欺诈或盗窃
(10) 曾破门闯入他人的房屋、建筑或汽车。
(11) 经常说谎以获得物品、好处或规避责任(即"哄骗"他人)。
(12) 曾盗窃值钱的物品,但没有当着受害者的面(例如,入店行窃,但没有破门而入;伪造)。

严重违反规则
(13) 尽管父母禁止,仍经常夜不归宿,在 13 岁之前开始。
(14) 生活在父母或父母的代理人家里时,曾至少 2 次离家在外过夜,或曾 1 次长时间不回家。
(15) 在 13 岁之前就经常逃学。

B. 此行为障碍在社交、学业或职业功能方面引起有临床意义的损害。
C. 如果个体的年龄为 18 岁或以上,则需不符合反社会型人格障碍的诊断。

三、病因

品行问题的形成受到多方面因素的影响,单一的因素不能解释所有的问题,而且不同类型的品行问题(如儿童期起病或青少年期起病、是否存在冷酷无情特质)的风险因素或许存在不同的侧重,需要加以注意(Kimonis,Frick,McMahon,2014)。品行问题的病因涉及以下多种因素,且这些因素通常是通过共同和交互作用对病因产生影响。

1. 基因和家庭因素

双生子和领养研究结果显示,反社会行为中 50% 的方差可以归结为遗传的影响,但是遗传性强度在不同起病类型之间有差异,儿童期起病的遗传因素贡献更大(Burt,Neiderhiser,2009)。基因的风险可能通过几种途径影响品行问题的形成。第一,风险基因可能导致困难型的儿童气质,父母更难保持良好的养育行为。第二,基因型调节了儿童对环境中威胁刺激的反应方式(Ellis,Boyce,2011)。近年来,基因-环境交互作用方面的研究,试图探索具体的基因类型与环境是如何交互作用从而影响品行问题的发生发展(Dodge,2009)。例如,单胺氧化酶 A 基因(MAOA)被称为"暴力基因",研究发现低激活 MAOA 基因型的个体若在 5 岁之前遭受较强的躯体管教,则更容易发展出品行不良的行为(Edwards et al.,2010)。

2. 神经生物学因素

品行问题与调节应激感受的一系列神经生物过程相关,包括 HPA 轴活动、自主神经系统的活动,以及相应的大脑结构的异常。对于起病较早或具有冷酷无情特质的品行问题的个体而言,其自主神经系统的激活程度较低,这可能会导致他们具有寻求刺激的特点,也令通常对其他人有效的警告、惩罚等措施对他们无效,从而无法形成对不良行为的回避反应(Lorber,2004)。针对品行障碍患者的神经影像学研究显示,这些个体在大脑的结构和功能上有差异,包括杏仁核、前额叶皮层、前后扣带回和脑岛等(宋平等,2018)。研究发现,品行障碍患者在看到情绪刺激(如愤怒或悲伤的面孔)时,部分区域(如杏仁核)的激活较低(Finger et al.,2011)。

3. 认知因素

认知因素关注的是个体对于社交信息的注意、解释和反应。有品行问题的个体更可能注意威胁性的、敌意性的刺激,或将中性刺激解释为具有敌意的,同时也更容易选择带有攻击性的方式进行反应(Crick,Dodge,1994)。

4. 教养因素

家庭教养因素与儿童品行问题之间的关系得到了大量研究的支持。例如,早期的身体虐待是儿童攻击性行为的有力预测因子(Dodge,Pettit,2003)。而儿童的品行问题与父母的不良教养之间存在着相互的促进作用,具有攻击性的孩子也更容易引发父母更多的严苛的管教行为。Gerald Patterson 曾提出强制理论(coercion theory)来解释亲子之间无效的互动方式如何培养了孩子的反社会行为(Patterson,Reid,Dishion,1992)。当父母想要促使孩子做某个行为时,孩子表现出不良行为(如大声嚷嚷或发脾气),此时父母为了让自己不面对情绪失控的孩子而选择退让,而在父母退让后孩子停止做出发脾气等行为。如此反复,父母的无效教养行为就强化了孩子的不良行为。然而,父母的无效教养与品行问题之间的关系会受到儿童冷酷无情特质的调节。只有对冷酷无情特质程度低的儿童,父母的无效教养才与品行问题之间有联系,而对冷酷无情特质高的儿童,其品行问题水平总是偏高,与父母采用哪种教养方式无关。

5. 社会文化因素

儿童并不只是生活在家庭的"真空"里,而是与更广阔的社会环境有着广泛的接触,包括社区、学校、同伴、媒体等,这些因素都与儿童的品行问题存在着关联。例如,身处社会经济地位较低的环境中的儿童可能生活在较为贫困的社区,目睹暴力等行为的机会更多,同时父母的管教时间较短,且其管教子女时更可能采用不良的教养方式,这些都与早发性的品行问题相关(Capaldi,Patterson,1994)。

四、治疗

由于品行问题会随着儿童年龄的增长逐步恶化和固化,因此对此类儿童越早进行干预效果就越好。治疗的目标和方法需要根据儿童的年龄和品行问题的严重程度进行调整。小组式的治疗、禁闭式管理的治疗方式没有疗效,甚至可能造成问题的恶化,因为有问题的成员之间会互相学习、互相鼓励做出那些反社会行为(Dishion,Dodge,2005)。一旦儿童出现品行障碍,治疗都将是耗时耗力的,甚至可将其看作慢性疾病进行处理,即无法根治,但可以将其控制在一定范围之内。因此,对于儿童的品行问题的预防至关重要。

由于家庭因素对儿童品行问题的发生发展的重要影响,心理治疗师经常采用家庭干预来治疗儿童的品行问题。针对学龄前儿童,可以使用亲子互动治疗(parent-child interaction therapy)的干预(Eyberg,Nelson,Boggs,2008;Querido,Eyberg,2005)。在此干预项目中,治疗师会教授父母恰当的与孩子互动的方式,包括如何设立合适的界限、如何与孩子进行正面的沟通、对孩子有恰当的期待,并且保持管教行为的一致性。同时,治疗师也会教授孩子学习更好的社交技能。通过这些干预,亲子之间的关系得以加强,父母实施更有效的管教,可望最终改善孩子的行为。

当孩子到了学龄期,则可以考虑采用父母管理训练(parental management training,PMT)(Kazdin et al.,1987)。这个干预方法是一种行为取向的家庭干预,治疗师会帮助家长学习更好地识别孩子需要改变的问题行为,停止强化问题行为,同时认识到想要培养孩子什么样的恰当行为,父母双方采用一致的方式强化孩子的恰当行为。PMT对于学龄儿童品行问题干预的积极作用已经得到了大量研究的支持(Eyberg,Nelson,Boggs,2008)。

除了上述以家庭为中心的干预方法外,也有以孩子为中心的干预方法,主要采用认知行为治疗,这些方法也被证实对品行问题的干预具有一定的疗效(Kazdin,Siegel,Bass,1992)。其中包括问题解决技能训练(problem-solving skills training)。治疗师在干预中会使用示范、练习、角色扮演等多种方法教会儿童使用具有建设性的思考方式和做出积极的社交行为。在治疗过程中,治疗师会通过玩游戏或解决困难任务等方式来帮助孩子学习,并在之后鼓励孩子将在治疗中习得的方法应用于现实生活中。

品行问题的预防性干预项目是临床专业人员的工作重点(Hektner et al.,2014)。预防性干预项目主要关注改变与儿童品行障碍发生相关的社会环境因素。例如,教授年轻父母有效的沟通技巧和策略、冲突解决策略,以及在家庭中加强社会支持;帮助减少和应对因贫困导致的应激事件等。通常而言,以家庭为重点的预防性干预项目效果较为明显(Webster-Stratton,Herman,2010)。

第四节 神经发育障碍

神经发育障碍（neurodevelopmental disorder）是在人的成长早期起病的一组心理障碍。在DSM-Ⅳ中，这组障碍被命名为"通常在婴儿期、儿童期和青春期得到诊断的障碍"；在DSM-5中，名称改为了更简洁的神经发育障碍。神经发育障碍是指在发展和执行特定智力、运动（motor）、语言或者社会功能上出现的显著问题，包括智力障碍、交流障碍（包括语言障碍、语音障碍、童年发生的言语流畅障碍、社交交流障碍等）、孤独症（自闭症）谱系障碍、注意缺陷/多动障碍、特定学习障碍、运动障碍（包括发育性协调障碍、刻板运动障碍、抽动障碍等），以及其他神经发育障碍。ICD-11在基本分类上和DSM-5一致，只在命名上有差别（例如，发展性学习障碍，而不是特定学习障碍）。此外，ICD-11使用了刻板运动障碍、抽动障碍和发育性运动协调障碍作为神经发育障碍大类下的二级分类，而不是像DSM-5一样把上述障碍放在运动障碍的二级分类之下。

由于篇幅所限，本节将主要介绍智力障碍、孤独症谱系障碍、注意缺陷/多动障碍，以及特定学习障碍。

表14-2 DSM-Ⅳ-TR、DSM-5与ICD-11的神经发育障碍诊断名称对照

DSM-Ⅳ-TR	DSM-5	ICD-11
精神发育迟滞	智力障碍	智力发育障碍
交流障碍	交流障碍	发育性言语或语言障碍
学习障碍	特定学习障碍	发育性学习障碍
广泛性发育障碍（包括孤独症、阿斯伯格综合征）	孤独症谱系障碍	孤独症谱系障碍
注意缺陷/多动障碍	注意缺陷/多动障碍	注意缺陷/多动障碍
运动技能障碍	运动障碍（发育性协调障碍、刻板运动障碍）	发育性运动共济障碍
		刻板性运动障碍
抽动障碍	抽动障碍	原发性抽动或抽动障碍

一、智力障碍

1. 临床表现与诊断

智力障碍的基本特点是个体的认知能力（逻辑推理、学习和问题解决）显著低于同龄人的平均水准，以及日常生活中的相应功能和在适应性方面（如社会和生活技能）存在显著问题（Mash, Wolfe, 2018）。国际上曾统一称之为精神发育迟滞（mental retardation），DSM-5将其命名为智力障碍（intellectual disability），对应于ICD-11中的智力发

育障碍(intellectual development disorder)。

智力障碍的患病率在1%左右(APA,2013)。据1990年的全国普查,我国人群中精神发育迟滞的患病率约为1.3%(陶国泰,1999)。儿童患病率农村高于城市,其中城市约1%,农村为2%~3%(左启华,1989)。很多重度和极重度的智力障碍在个体刚出生时就能被发现,而轻度的智力障碍很多时候在少儿阶段才能得到诊断。智力障碍更常出现于男性,男女比例大概是1.5∶1。智力障碍的共病(精神障碍、癫痫、脑性麻痹)是普通人群的三到四倍(APA,2013)。

【案例14-3】

小梅,女,12岁。上课注意力持续时间短,常常紧抱书包,或是独自发呆。经常撕自己的衣服、课本和作业。长时间盯着一个人或一样东西发呆,傻笑,表情贫乏、呆板,或是莫名其妙皱眉头。有一定的语言能力,但表达逻辑混乱,经常词不达意。缺少自我防备意识和性意识,出现过被男学生带进男生浴室的情况。她的父亲是智力障碍患者。

(引自刘秋波,2013)

DSM-5 对智力障碍的诊断标准

智力障碍(智力发育障碍)是在发育阶段发生的障碍,包括智力和适应功能两方面的缺陷,表现在概念、社交和实用领域中。必须符合下列三项诊断标准。
A. 经过临床评估和个体化、标准化的智力测验确定的智力功能的障碍,如推理、问题解决、计划、抽象思维、判断、学业学习和从经验中学习。
B. 适应功能的缺陷导致未能达到个人的独立性、社会责任方面的发育水平,以及社会文化标准。在没有持续支持的情况下,适应缺陷导致一个或多个日常生活功能受损,如交流、社会参与和独立生活,且受损发生在多个环境中,如家庭、学校、工作和社区。
C. 智力和适应缺陷在发育阶段发生。
标注目前的严重程度:轻度、中度、重度、极重度

从诊断标准来看,标准化智力测验分数本身不足以作为诊断的标准或者判定严重程度的指标,必须有临床评估和个体化的智力测验,同时需要有日常生活中的适应功能缺陷,并且智力和适应缺陷在18岁之前就已经出现,才能诊断为智力障碍。这一点之所以需要特别强调,是因为日常生活中很多人会简单地以智力测验分数甚至是考试成绩来判断一个人是否有智力障碍。标准化智力测验会受到很多因素的影响。例如测验本身的正常误差、社会文化因素(标准化智力测验题目是在特定社会文化下建构的,不熟悉这种社会文化的人会有劣势)、生理因素(标准化智力测验要依靠视觉和听觉完成,视力和听力有问题可能会影响测验结果)、心理因素(如严重焦虑会影响测试分数)等(Groth-Marnat,Wright,2016)。因此一定要进行全面的临床评估,获得心理、生理、社会和相关历史等不同维度的信息,在此基础上选择标准化和个体化的智力-认知测验,以及对适应功能的个体化测试作为辅助测评工具(Mash,Wolfe,2018)。另一方面,标

准化智力测验对智力受损的定义是,智商分数至少比平均智商分数低两个标准差。通常标准化智力测验的平均分数是100,低于70(加减5)为低于平均分数两个标准差。

日常生活中的适应功能缺陷是诊断智力障碍的重要指标。适应功能包括三个方面:①概念性适应功能,指的是语言、数学、推理方面的能力,用来在新的情境中解决问题;②社会适应功能,个体能意识到并且共情他人的体验和情绪,能够建立友谊和进行社会性沟通;③实践性适应功能,个体可以照顾自己、管理金钱、完成学业和工作相关的职责(Rosenberg,Kosslyn,2014)。案例14-3中的小梅,显然在上述三个方面都存在功能缺陷。

DSM-5中明确提出,适应功能缺陷必须是和诊断标准A中的智力损害有直接相关的。一个人因为被溺爱而在实践性适应功能上有严重缺失,并不能被诊断为智力障碍(Morrison,2014)。

智力障碍的诊断标准最后一条是起病时间,要求在18岁之前发生。18岁是目前绝大多数社会文化下普遍认可的成人的年龄。要注意以18岁作为节点主要是社会文化规范的影响,而不是由生理性因素决定的。这个标准也排除了在18岁以后因为脑部创伤或各种痴呆症(dementia)造成的认知能力和适应功能的损伤(Sadock,Sadock,Ruiz,2014)。

那么如何界定智力障碍的程度呢?DSM-5和ICD-11均把智力障碍的程度分为轻度、中度、重度和极重度。

(1) 轻度智力障碍。在被诊断为智力障碍的个体中,85%属于轻度智力障碍。从发展上看,轻度智力障碍患者言语无障碍,生活可以自理,和其他人一样可发展社会和社交沟通技能。但他们与同龄人相比,学习速度慢,在学校的表现逐渐滞后。如果得到适当帮助,他们可以达到小学以上的教育水平。特殊教育通常能让这些孩子获得相应的职业技能,使他们在认知技能要求较少的工作中有很好的表现。由于判断和解决问题方面的损伤,他们可能需要他人给予额外的帮助以处理日常生活中的一些情境。

(2) 中度智力障碍。在被诊断为智力障碍的个体中,10%属于中度智力障碍。与同龄人相比,中度智力障碍患者在儿时就表现出了显著差别。如果在他们还是孩子的时候给予其适当的特殊训练和教导,则他们可以照顾自己并掌握日常生活的基本技能。成年中度智力障碍人士,智力水平只能达到4~7岁的一般儿童的水平。受学习与书写能力所限,对他们的训练主要以提升其自我照顾能力为主,例如训练其独自外出。中度智力障碍患者可能外表显得怪异和笨拙,身体畸形及动作不协调,这可能是由脑部受损所致。如果能在早期得到诊断、接受专业的训练和父母的协助,他们可以在一定程度上照顾自己、正常生活,甚至可以做一些简单的工作。

(3) 重度智力障碍。在被诊断为智力障碍的人中,大概不到5%属于重度智力障碍。重度智力障碍患儿往往具有躯体畸形和神经系统功能障碍。在5岁之前,他们即显现出显著的行为发展问题。身体常伴有明显缺陷,普遍存在感觉缺陷和运动障碍,表现为动作笨拙、易冲动、情感幼稚。他们不能或者只能进行有限的言语沟通,其发音含糊且混乱,词汇贫乏,缺乏抽象思维,理解力差。在特殊学校中,他们可以学习说话,可以接受基本个人卫生的培训,但他们必须一直在他人监护下生活。通常,他们无法从职业培训中获益,在受到监督的情境下,他们可能可以完成简单的、无技能要求的工作任务。

（4）极重度智力障碍。在被诊断为智力障碍的人中,1%～2%属于极重度智力障碍,通常由严重的神经系统障碍造成。这些儿童在行为上严重受损,很难掌握即使是最简单的行为任务。他们的感觉极迟钝,只有极原始的情绪体验,仅能发出一些表达情感和要求的喊叫,社会功能完全丧失。在学校中,经过训练可能会有一些行为技能的发展,对其进行自理能力的培训可能会取得一定的效果。在此类儿童中,严重的身体畸形、中枢神经系统问题并不少见,其日常生活完全需要他人的照料。

在 DSM-5 的诊断标准中,详细列出了严重程度不同的智力障碍在适应性功能的三个领域内(概念、社交和实用)的表现,具体见表 14-3。

表 14-3　DSM-5 对不同严重程度的智力障碍中适应功能情况的描述

严重程度	概念领域	社交领域	实用领域
轻度	学龄前儿童在概念化方面没有明显的区别。学龄儿童和成人有学习、学业技能的困难,包括读、写、计算、时间或金钱,在一个或更多方面需要支持,以达到与年龄相应的预期。对于成人,抽象思维、执行功能(即计划、策略、建立优先顺序和认知灵活性)和短期记忆,以及学业技能的功能性使用(如阅读、财务管理)是受损的。与同龄人相比,在提出问题和解决方案上存在一定程度的过于具体的倾向。	与正常发育的同龄人相比,个体在社交方面是不成熟的。例如,在精确地感受同伴的社交线索方面存在困难。与预期的年龄相比,交流、对话和语言是更具体和更不成熟的。在以与年龄相匹配的方式调节情绪和行为方面可能有困难;在社交情况下,这些困难能够被同伴注意到。对社交情况下的风险理解有限;对其年龄而言,社交判断力是不成熟的,个体有被他人操纵(易上当)的风险。	个体在自我照料方面,是与年龄相匹配的。与同伴相比,个体在复杂的日常生活任务方面需要一些支持。在成人期,个体所需要的支持通常涉及食品杂货的购买、交通工具的使用、家务劳动和照顾儿童、营养食物的准备,以及银行业务和财务管理。有与同龄人相似的娱乐技能,尽管在判断娱乐活动的健康性和组织工作方面需要帮助。在成人期,能参加不需要强调概念化技能的有竞争性的工作。个体在做出健康服务和法律方面的决定时,以及学会胜任有技能的职业方面,一般需要支持。在养育家庭方面通常也需要支持。

(续表)

严重程度	概念领域	社交领域	实用领域
中度	在所有的发育阶段,个体概念化的技能显著落后于同伴。对于学龄前儿童,其语言和学业前技能发育缓慢。对于学龄儿童,其阅读、书写、计算、和理解时间与金钱方面,在整个学校教育期间都进展缓慢,与同伴相比明显受限。对于成人,其学业技能的发展通常处于小学生的水平,在工作和个人生活中一切使用学业技能的方面都需要支持。完成日常生活中的概念化的任务需要每日、持续的帮助,且可能需要他人完全接管个体的这些责任。	与同伴相比,个体在整个发育期,社交和交流行为表现出显著的不同。通常社交的主要工具是口语,但与同伴相比,其口语过于简单。发展关系的能力明显地与家庭和朋友相关联,个体的成人期可能有成功的朋友关系,有时还可能有浪漫的关系。然而,个体可能不能精确地感受或解释社交线索。社会判断和做出决定的能力是受限的,照料者必须在生活决定方面帮助个体。与同伴发展友谊通常受到交流或社交局限的影响。为了更好地工作,需要较多的社交和交流方面的支持。	作为成人,个体可以照顾自己的需求,如吃饭、穿衣、排泄和个人卫生,尽管需要很长的教育和时间,个体才能在这些方面变得独立,并且可能需要他人的提醒。同样,成人可以参与所有的家务活动,但需要长时间的教育,如果要有成人水准的表现,通常需要持续的支持。可以获得那些需要有限的概念化和交流技能的独立的工作,但需要来自同事、主管和他人的相当多的支持,以管理社会期待、工作的复杂性和附带责任,如排班、使用交通工具、健康福利和金钱管理。个体可以发展出多种不同的娱乐技能。这些通常需要较长时间的额外的支持和学习的机会。在极少数人中,存在不良的适应行为,并可能引起社会问题。
重度	个体能获得有限的概念化技能。通常几乎不能理解书面语言或涉及数字、数量、时间和金钱的概念。照料者在个体的一生中都要提供大量的解决问题的支持。	个体的口语在词汇和语法方面是十分有限的。言语可能是单字或短语,可能通过辅助性手段来补充。言语和交流聚焦于此时此地和日常事件。语言多用于满足社交需要,而非用于阐述。个体理解简单的言语和手势的交流。与家庭成员和熟悉的人的关系是个体获得快乐和支持的来源。	个体日常生活的所有活动都需要支持,包括吃饭、穿衣、洗澡和排泄。个体总是需要指导。个体无法做出负责任的关于自己和他人健康的决定。在成人期,参与家务、娱乐和工作需要持续不断地支持和帮助。所有领域技能的获得,都需要长期的教育和持续的支持。极少数个体存在适应不良行为,包括自残。

(续表)

严重程度	概念领域	社交领域	实用领域
极重度	个体的概念化技能,通常涉及具体的世界,而不是象征性的过程。个体能够使用一些目标导向的物体,进行自我照顾、工作和娱乐。可获得一定的视觉空间技能,如基于物质特征的匹配和分类。然而,同时出现的运动和感觉的损伤可能阻碍这些物体的功能性使用。	在言语和手势的象征性交流中,个体的理解力非常有限。个体可能理解一些简单的指示或手势。个体主要通过非语言、非象征性的交流表达自己的欲望或情感。个体享受与自己非常了解的家庭成员、照料者和非常熟悉的人的关系,以及通过手势和情感线索启动和应对社交互动。同时出现的感觉和躯体的损伤可能阻碍许多社交活动。	个体日常起居、健康和安全的所有方面都依赖于他人,尽管个体也能参与这样的活动。没有严重躯体损伤的个体也许能帮忙做一些家庭中的日常工作,如把菜端到餐桌上。使用物体的简单行为,可能是从事一些在持续性高度支持下的职业活动的基础。娱乐活动可能涉及,如欣赏音乐、看电影、外出散步或参加水上活动。所有的活动都需要他人的支持。同时出现的躯体和感觉的损伤,常常是参与家务、娱乐和职业活动的障碍(除了观看)。极少数的个体存在适应不良的行为。

2. 病因

智力障碍的病因有很多种,从产生影响的阶段来看,可以分为孕期因素、围产期因素、产后因素、环境影响。从更直接的致病因素来看,包括基因-染色体异常、有毒物质、感染、脑损伤、辐射和心理环境影响等。下面简要介绍几类常见的致病因素。

(1) 基因-染色体异常。首先,智力障碍不是百分之百的遗传性疾病(Sadock, Sadock, Ruiz, 2014),智力障碍父母所生的孩子发生发育缺陷的危险性增加,但不一定出现智力障碍。基因-染色体相关因素可能会导致智力障碍。唐氏综合征(Down syndrome)就是一种先天性染色体疾病,由 21 号染色体多出 1 条所致,于 1866 年由一位叫 Langdon Down 的医生发现,并以其姓氏命名,也称 21 三体综合征。为什么会多一条染色体,其原因尚不明确(Barlow, Durand, Hofmann, 2016)。其他常见的基因-染色体异常伴智力障碍的疾病包括脆性 X(染色体)综合征(fragile X syndrome)、泰-萨克斯病(Tay-Sachs disease)、克兰费尔特综合征(Klinefelter syndrome)等。

(2) 感染和有毒物质。智力障碍也可能源自感染和有毒物质,感染和有毒物质的影响可能产生在胎儿阶段,也可能在婴儿出生之后。如果怀孕的母亲感染了梅毒、HIV 或者风疹等,未接受适当且及时的预防和干预,胎儿发育中的大脑有可能因此出现损害。胎儿酒精综合征(fetal alcohol syndrome)是母亲在怀孕期间过量饮酒引起的胎儿精神和躯体生长发育迟缓,并伴有头颅、颜面、肢体和心血管缺陷的综合征。母亲的长期物质滥用也可能造成胎儿的多种缺陷,包括智力障碍。长期接触超量的铅、病毒性脑膜炎等感染亦可对发育中的大脑造成损害,导致智力障碍。

(3) 直接的脑部损伤。大脑的直接损伤可能(但未必一定)造成智力障碍。例如出生时由各种原因导致的胎儿持续缺氧,或者在生产过程中使用的助产方式等可能造成对婴儿大脑的损伤(Sadock,Sadock,Ruiz,2014)。

(4) 营养不良和其他生理因素。长时间以来,人们一直认为发育早期的营养缺陷(蛋白质和其他重要营养)会对身心造成不可逆的影响。但是,目前研究者发现这种说法把问题简化了。很多证据显示,营养不良可能是通过更为间接的方式影响心理发展的。营养不良可以降低婴儿和儿童的反应性、好奇心和学习动机,从而造成智力发育上的相对迟滞(Hooley et al.,2016)。母亲的身体健康状况,例如高血压或糖尿病,如果不经干预,可能会影响婴儿的智力发展。此外,母亲在孕期不恰当地服用药物也会影响胎儿的发育(Sadock,Sadock,Ruiz,2014)。

(5) 社会心理环境因素。情感支持和滋养,以及多样的环境刺激对婴儿的重要性在最近几十年才逐渐为人们所认知。针对在儿童福利院长大的孩子的观察和研究发现,即便得到了基本的营养和生理上的照料,缺少情感上的滋养和智力上的刺激的孩子仍有很大可能会出现情感和行为问题,甚至可能伴随出现智力障碍(Sadock,Sadock,Ruiz,2014)。值得注意的是,30%的智力障碍病例并没有找到明显的致病原因(Morrison,2014)。

3. 治疗

对智力障碍的最重要的干预之一是预防。一个典型的例子是对苯丙酮尿症(phenylketonuria,PKU)的检测和预防。苯丙酮尿症是一种先天性代谢疾病,我国群体发病率约为1/16 500。患有苯丙酮尿症的婴儿出生时显得正常,因苯丙氨酸羟化酶缺乏或不足导致苯丙氨酸不能正常代谢为酪氨酸,造成苯丙氨酸及苯丙酮酸在体内大量蓄积并随尿排出,如果没有得到适当的处理,会对脑神经造成不可逆的伤害。苯丙酮尿症的病征通常在出生后6～12个月出现。大概1/3的患儿不能行走,2/3的患儿无法学说话,超过半数的患儿智商在20以下(Rosenberg,Kosslyn,2014)。苯丙酮尿症可经生物化学检验检测出来,也可在婴儿出生后由尿液检验检测出来(Hooley et al.,2016)。婴儿一经检验出苯丙酮尿症,医生会建议家长利用食物疗法(禁食含有苯丙酮酸的食物等),控制体内的苯丙氨酸含量。如能尽早察觉并接受适当的治疗(最好在出生6个月之内开始治疗),脑神经的损伤是可以预防或者及时阻止的,进而预防智力障碍的发生,最终患儿很可能拥有基本正常的智力水平(Hooley et al.,2016)。对所有新生儿进行苯丙酮尿症的检验,是及时发现和进行干预的重要手段。苯丙酮尿症是一种遗传性疾病,父母双方同时携带隐性基因。因此,如果家庭中有一个孩子被查出患有此种疾病,其他孩子也应接受检查。此外,预防也旨在减少可能造成智力障碍的因素,包括对环境中铅的管制,并可宣传如何在婴儿期开始就给孩子足够的关注和情感互动及支持。对智力障碍的预防应针对个体-家庭-社会不同层面和针对不同方面进行广泛宣传。

对智力障碍患者的治疗目标是帮助患者具备独立生活的能力。对于和智力障碍共病的情绪障碍,有可能用精神科药物进行治疗,但是针对智力障碍本身,并没有有效的药物。

通常来说,对智力障碍患者重要的治疗方式是系统的行为训练,主要围绕三个方面:自我照顾能力、社交能力和工作能力(Sadock,Sadock,Ruiz,2014)。自我照顾能力训练的目标是希望个体能照顾自己的日常起居,例如刷牙、洗澡、穿衣服等。为了拓展他们的生活圈子,自行外出的训练是不可缺少的。此外也要告诉他们钱是什么,如何购买自己想要的东西。通过社交技巧训练,患者可以明白人与人之间应有的社交距离,明白如何适当表达自己的需要和感受,也可为他们将来外出工作打好基础。通过工作技能的培训,智力障碍患者可以胜任多种简单的工作,尤其是轻度智力障碍患者。

对智力障碍患者进行的教育和训练通常采用行为治疗的理论和原则。首先要确定学习或者改善的行为领域,如个人卫生、社会行为、基本学习技能和简单的职业技能;在每个行为领域内根据不同的行为和难度将其先分解为更小的行为。这些被分解的行为可以逐步学习,并不断被强化(如通过表扬和奖励),从简单到复杂,直到其习得所期望的复杂行为。这样一步一步地训练,让智力障碍患者及其家人感受到连续的进步,最终达到显著的改善。即使是那些过去被认为不可改善的患者,在这种训练下也可能出现明显的进步(Hooley et al.,2016)。这种训练可以由专业人员进行,或者由接受过专业培训的父母进行。研究表明,行为训练对帮助精神发育迟滞患者更为有效地沟通或者培养其自理能力十分有效(Mash,Wolfe,2018)。

沟通训练也是重要的干预手段之一,因为沟通上的困难可能造成社会功能方面的困扰,以及情绪困扰和问题行为(如自闭行为、攻击行为和自伤行为)。沟通训练的目标取决于对患者已有沟通技能和缺陷的评估。对轻度智力障碍患者来说,他们可能不存在沟通技能方面的缺陷,或者在沟通技能的某些小的方面需要提高(例如,如何更清晰地表达自己的需要)。对于绝大多数重度智力障碍患者,沟通技能的训练是非常有挑战性的。患者由于伴随多种认知和生理缺陷,可能无法进行有效的口头沟通。对这些患者来说,需要进行更多的非言语渠道的沟通训练,如进行基本手语培训,教会他们使用图片进行沟通(使用图片册,教会他们指向表达自己需求的对应图片,以和他人进行沟通)。也有研究探索了游戏教学对于教授沟通技巧的积极作用(张萍 等,2021)。令有严重沟通困难的患者学会除了口头语言以外的沟通方法,能有效减少他们在日常生活中因为无法与他人进行基本沟通而体验到的沮丧感和困扰(Durand,Barlow,Hofmann,2018),提高其日常生活功能。

从干预的角度来说,另一个重要的问题是对智力障碍患者的教育如何进行。美国有残疾人法案(AEA)和1997年通过的残疾人教育法案(IDEA),从法律上要求为有智力障碍的 3~21 岁的个体提供特殊教育和符合个体需要的相关服务,这些服务属于公共开支,父母不用承担。特殊教育和个体化服务原则是把孩子放置在能够对应其需要的"限制最少的环境"中,对公共服务、个体化评估、学校和老师的要求比较高(Sadock,Sadock,Ruiz,2014)。目前,我国越来越重视对智力障碍患者的教育,但仍存在诸多问题和限制(杜楠,2019),如缺乏立法保护、本土化的统一评估流程尚不完善,以及特殊教育资源和资金相对匮乏等。

二、孤独症谱系障碍

孤独症谱系障碍(autism spectrum disorder)在 DSM-Ⅳ 中被命名为广泛性发育障碍(pervasive developmental disorder),此类别下还包括孤独症、雷特综合征(Rett syndrome)、儿童瓦解性精神障碍、阿斯伯格综合征(Asperger syndrome)、广泛性发育障碍未注明(PDD-NOS)(APA,2000)。在 DSM-5 中,这几种障碍不再归属于单独的诊断类别,而是被放在了孤独症谱系障碍之下。换句话说,公众比较熟悉的阿斯伯格综合征或者儿童孤独症,在新的诊断体系下并不是单独的障碍,而是属于孤独症谱系障碍。ICD-11 对相关诊断类别有着相似的修改,但雷特综合征(一种罕见的主要影响女性脑部发展的基因异常)被放在异常发展(developmental abnormalities)的类别之下;而在 DSM-5 中,雷特综合征仍属于孤独症谱系障碍,需采用雷特综合征的诊断标注。

孤独症谱系障碍曾被认为是非常少见的一种障碍,但是最近一些年其诊断和流行病学数据有所上升。例如,根据美国疾病控制与预防中心 2019 年公布的数据,每 54 个儿童中就有 1 名可能满足孤独症谱系障碍的诊断标准。有研究者认为是因为诊断标准发生了变化(Miller et al.,2013),还有人认为是专业人士和家长对孤独症谱系障碍的意识和了解的增强(Durand,Barlow,Hofmann,2018)导致了病例的增加。在确诊的病例中有着显著的性别差异,男童的数量是女童的四倍左右。孤独症谱系障碍可以出现在任何文化和社会经济环境中(Durand,Barlow,Hofmann,2018)。根据我国的一项基于 2000~2010 年间研究数据的综合分析结果显示,我国儿童孤独症总患病率约为 2.55‰,男性高于女性(俞蓉蓉 等,2011)。

1. 临床表现与诊断

孤独症谱系障碍是一种谱系障碍,所谓谱系障碍指的是其临床个案表现出的症状、能力和特点差异很大,不同的症状在严重程度上也有很大差别(Mash,Wolfe,2018)。孤独症谱系障碍的核心诊断标准有两个,一个是社交交流和社交互动受损,另一个是单调的重复性行为。孤独症谱系障碍患者在这两个维度上可能有不同形式和程度的受损状况,而受损原因及其他相关症状的表现可能有显著的不同。修改后的孤独症谱系障碍的诊断一方面精简了诊断标签和标准,另一方面增加了临床个案的异质性。DSM-5 的诊断标准通过诊断标注进行细分,包括分别对两个核心诊断标准的当前严重程度进行标注,以及标注是否伴有智力损害、语言损害,是否与已知的躯体或遗传性疾病、环境因素有关,是否与其他神经发育、精神或行为障碍有关,是否伴紧张症等。在绝大多数情况下,孤独症谱系障碍的症状通常在婴儿出生 6 个月之后就出现了(Ozonoff et al.,2008)。症状严重的儿童在婴儿期的第一年就会被发现,但如果症状偏轻,可能在孩子两三岁时才会注意到(Rosenberg,Kosslyn,2014)。

【案例 14-4】

形形是一个 5 岁大的男孩,出生时体重正常,没有任何并发症。大概在他快到 2 岁的时候,父母注意到当其他同龄孩子能够把词语连成简单句子,和其他人进行一来一往的对话时,形形却一直没有发展出相应的能力。他很少和别人说话,几乎从来没有对其他人直接的或者持续的目光接触,面部表情比较单一。绝大多数时候他都是一个人玩他自己的玩具。在玩玩具的时候,他经常出现重复性行为,例如把玩具火车简单地、几百次地前后推拉。他不喜欢离开家,他的父母认为他可能对外部世界的感官刺激过度敏感。他在家的生活非常有规律,当一些事情偏离了他习惯的日常的秩序时,他很难接受,会出现反复几十次尖叫的情况。

DSM-5 对孤独症谱系障碍的诊断标准

A. 在多种场合下,社交交流和社交互动方面存在持续性的缺陷,表现为目前或历史上的下列情况(以下为示范性举例,而非全部情况):
  (1) 社交情感互动中的缺陷,例如,从异常的社交接触和不能正常地来回对话到分享兴趣、情绪或情感的减少,到不能启动或对社交互动做出回应。
  (2) 在社交互动中使用非语言交流行为的缺陷,例如,语言和非语言交流的整合困难到异常的眼神接触和身体语言,或在理解和使用手势方面的缺陷到面部表情和非语言交流的完全缺乏。
  (3) 发展、维持和理解人际关系的缺陷,例如,从难以调整自己的行为以适应各种社交情境的困难到难以分享想象的游戏或交友的困难,到对同伴缺乏兴趣。

B. 受限的、重复的行为模式、兴趣或活动,表现为目前的或历史上的下列 2 项情况(以下为示范性举例,而非全部情况):
  (1) 刻板或重复的躯体运动,使用物体或言语(例如,简单的躯体刻板运动,重复摆放玩具或翻转物体,重复说着模仿言语或特殊短语)。
  (2) 坚持相同性,缺乏弹性地坚持常规或仪式化的语言或非语言的行为模式(例如,对微小的改变极端痛苦,难以转变僵化的思维模式,仪式化的问候,需要走相同的路线或每天吃同样的食物)。
  (3) 高度受限的固定的兴趣,其强度和专注度方面是异常的(例如,对不寻常物体的强烈依恋或先占观念,过度的局限或持续的兴趣)。
  (4) 对感觉输入的过度反应或反应不足,或在对环境的感受方面不寻常的兴趣(例如,对疼痛/温度的感觉麻木,对特定的声音或质地的不良反应,对物体过度地嗅或触摸,对光线或运动的凝视)。

C. 症状必须存在于发育早期(但直到社交需求超过其有限的能力时,缺陷可能才会完全表现出来,或可能被后天学会的策略所掩盖)。

D. 这些症状导致社交、职业或目前其他重要功能方面的有临床意义的损害。

E. 这些症状不能用智力障碍（智力发育障碍）或全面发育迟缓来更好地解释。智力障碍和孤独症谱系障碍经常共同出现，作出孤独症谱系障碍和智力障碍的共病诊断时，其社交交流应低于预期的总体发育水平。

正如诊断标准所述，DSM-5要求对每一个核心症状领域（A和B），根据患者需要帮助的程度标注其严重程度，从水平1"需要帮助"，到水平2"需要较多的帮助"，再到水平3"需要非常多的帮助"。判断严重程度的指标，参见表14-4。

表14-4 孤独症谱系障碍不同严重程度的症状表现

严重程度	社交交流和社交互动	单调的重复性行为
水平3：需要非常多的帮助	在语言和非语言交流方面的严重缺陷，导致功能上的严重损害，极少启动社交互动，对来自他人的社交示意的反应极少。例如，个体只能讲几个能被听懂的字，很少启动社交互动，即便启动互动，也只是为了满足自身需要，且方式并非常态，仅对非常直接的社交举动做出反应。	行为缺乏灵活性，应对改变极其困难，或其他有局限性的重复性行为显著影响了各方面的功能。转换注意力或改变行为很困难、很痛苦。
水平2：需要较多的帮助	在语言和非语言交流技能方面有显著缺陷，即便提供了帮助仍有明显的社交损害，启动社交互动有限，对他人的社交示意反应较少或异常。例如，个体只讲几个简单的句子，社交互动局限在非常狭窄的、特定的其感兴趣的方面，且有显著的、奇怪的非语言交流。	行为缺乏灵活性，应对改变极其困难，或其他有局限性的重复性行为，对普通观察者来说看起来足够明显，且影响了不同情况下的功能。转换注意力或改变行为痛苦、困难。
水平1：需要帮助	在没有人帮忙的情况下，社交交流方面的缺陷造成可观察到的损害。启动社交互动存在困难，可明显观察到个体对他人的社交示意反应并非常态或者不成功。可能在社交互动方面缺少兴趣。例如，个体可以说完整的句子并参与沟通，但是试图交友的方式比较奇怪，而且通常是不成功的。	缺乏灵活性的行为显著地影响了一个或多个情境下的功能。难以在不同的活动之间转换。组织和计划的困难妨碍了其独立性。

很多患有孤独症谱系障碍的儿童，被形容为生活在自己的世界里，对社会交流和互动没有什么兴趣。正如案例14-4中的彤彤那样，避免与他人的目光接触，对他人的行为和反应没有兴趣。他们会无视他人叫自己的名字或者其他试图唤起其注意力的行为（如招手、拍手等）。他们可能对拥抱或者他人表示情感的行为没有回应，甚至可能根本不愿意别人和他们有任何身体接触，其本身的情感表露可能也是淡漠和局限的。一些

孤独症谱系障碍儿童会使用重复性模仿言语（echolalia）。例如，问他："你想吃什么？"他会重复说："你想吃什么。"即以鹦鹉学舌的方式重复自己刚刚听到的话。这种症状在孤独症谱系障碍和智力障碍共病的患者身上尤为多见。他们可能极少发起任何社会交流或者互动，对和同龄的孩子一起玩游戏表现得没有什么兴趣。通常他们对交朋友这件事可能既没有太大的兴趣，也存在着极大困难。他们在社交互动和交流上的障碍，包括兴趣、情感和行为，以及能力上的相关问题，导致他们可能会被同龄人忽略、孤立和拒绝（Durand,Barlow,Hofmann,2018）。这些反应会影响很多有被同伴接纳需要的孤独症谱系障碍患者。

从行为上来看，很多孤独症谱系障碍儿童表现出一些常见的刻板行为，包括晃动身体、拍手、用手或者手指做一些重复性姿势等，比如彤彤会不断地推拉火车。在年龄大一些的患者身上，可能会表现出更复杂的仪式性行为，例如需要以某种仪式化方式走路或者打开电器开关等。高度受限的固定的兴趣一方面是常见的行为症状表现，另一方面也会表现在社会互动和交流上。因为这种兴趣上的高度受限和极高的专注程度，孤独症谱系障碍患者更难和他人进行有意义的交流，即便有谈话，很多时候也是单方的，不是真正意义上的人际交流（Rosenberg,Kosslyn,2014）。

大众通常对于有特殊才能（专才，savant skills）的孤独症谱系障碍患者有很高的兴趣。一些影视文学作品以此类人物为原型，创造出令人难忘的艺术形象。例如好莱坞电影《雨人》中Dustin Hoffman扮演的雨人（电影中的这个角色患有孤独症，同时具有惊人的记忆力）。但并不是所有的孤独症谱系障碍患者都有专才，有研究者预测大概只有三分之一的患者有某种专才，而且这种专才不可能出现在严重的孤独症谱系障碍患者中（Pickles et al.,2020）。

从智力水平来看，有研究者称三分之一的孤独症谱系障碍同时满足智力障碍的诊断标准（Kaplan,Kaplan,2014）。对此的争议是，常见的智力测验工具都是基于言语的，而且要求有一定程度的社会交流，而孤独症谱系障碍患者在非言语的智力测验上可能会得到更高的分数（Rosenberg,Kosslyn,2014）。此外，对智力障碍诊断标准的修订，不再依赖智商分数，而是更看重适应性上的问题，这让如何评估孤独症谱系障碍和智力障碍的共病面临更多挑战。

孤独症谱系障碍患者其他常见的共病包括精神障碍和医学问题（Kaplan,Kaplan,2014）。常见的精神障碍共病包括注意缺陷/多动障碍和焦虑障碍，而常见的医学共病包括消化道系统问题、睡眠困难和癫痫等。

2. 病因

孤独症谱系障碍曾被认为是父母养育失败造成的。最早的对孤独症的报道指出（Kanner,1943），孤独症儿童与其父母之间的交往存在缺陷，其原因是父母对孩子的冷淡和不关心。Kanner(1943)在文中把这些父母描述为完美主义、情感冷漠、隔离、过度理性。一些持精神分析观点的研究者也认为孤独症儿童的父母在儿童发展的关键阶段,对儿童的某些正常行为采取了不合理的对待方式,从而导致了婴儿的情感退缩。而婴儿的退缩行为又反过来促使其母亲进一步对其采取拒绝态度,母婴关系因此停滞不前、不再发展。儿童在这样一个充满拒绝与威胁的环境中,会不断退缩,直至拒绝整个世界,孤独症因此产生(傅宏,2000)。然而很多的研究并不支持以上观点。有研究发现孤独症儿童的父母与其他儿童的父母没有任何显著差异(Bhasin,Schendel,2007)。

另一个广为流传的误解是,婴幼儿期注射的疫苗会提高孤独症谱系障碍的患病概率,因此一些父母选择不给孩子注射疫苗。这个观点已经被研究证实是错误的。丹麦的一项大型流行病学研究显示,接受疫苗注射的儿童患孤独症谱系障碍的概率并没有增加(Madsen et al.,2002;Parker et al.,2004)。此外,注射疫苗的次数也没有提高孤独症谱系障碍的患病概率(DeStefano,Price,Weintraub,2013)。不过,一个有争议的假设是,不是疫苗本身影响了孤独症谱系障碍的患病概率,而是过去为储存疫苗而添加的防腐剂中含有的水银提高了孤独症谱系障碍的患病率(Baker,2008)。

目前,我们尚不完全清楚到底是什么原因造成了孤独症谱系障碍。但是很多研究显示,基因和神经生理因素对孤独症谱系障碍的发生有着重要影响。

首先,孤独症谱系障碍有很强的基因成分的影响。孤独症谱系障碍经常在一些家庭成员中出现。如果家中有一个孩子患有孤独症谱系障碍,另一个孩子也有孤独症谱系障碍的概率会显著增加。双生子研究的结果也肯定了基因的作用(Weis,2017)。不过目前的共识是,孤独症谱系障碍并不是单个基因造成的,而是有多个基因让个体更倾向于显现出孤独症谱系障碍的典型特点和行为(Rosenberg,Kosslyn,2014)。

其次,从对大脑结构和功能的研究结果来看,孤独症谱系障碍患者表现出一定程度的异常。这些神经生理学研究把关注点放在很多不同的方面,例如神经突触的密度和连接及其在发育过程中的变化,以及一些和社会情感关联的脑区、神经递质和它们之间的联系通路(张芬 等,2015)。在本章中我们无法一一叙述,只简单描述一下杏仁核的研究例子。有研究者发现,孤独症谱系障碍患者的杏仁核中的神经元数量显著低于没有孤独症谱系障碍的个体(Schumann,Amaral,2006)。而早期研究显示,孤独症儿童的杏仁核容量比一般人大。研究者提出的假设是,在生命早期,更大的杏仁核,带来了过多的焦虑和恐惧(促进了社会退缩)。而在持续的社会应激下,持续分泌的皮质醇损伤了杏仁核,造成了成年期杏仁核神经元的显著减少(Durand,Barlow,Hofmann,2018),这会影响个体在社交情景下的反应方式(Lombardo,Chakrabarti,Baron-Cohen,2009)。

3. 治疗

对于孤独症谱系障碍的治疗一般采用综合措施,包括药物治疗、行为矫治、特殊教育和家庭治疗。因此,在治疗孤独症儿童时往往需要不同领域的专家之间的充分合作,包括医生、临床心理学家、行为治疗师、语言治疗师、老师和家长。

从干预角度看,早发现和早期干预对于减少孤独症谱系障碍症状,促进儿童适应性和家庭关系有着重要影响。美国儿医协会建议儿科医生在儿童9个月、19个月、24个月、30个月的健康体检中,要进行孤独症谱系障碍的例行筛查,并且从出生起就要注意任何婴幼儿发展上的异常(Zwaigenbaum et al.,2015)。此外,对孤独症谱系障碍知识的宣传与普及将有效推动孤独症谱系障碍的早期发现和干预工作。

针对孤独症谱系障碍的核心症状,可能带来显著变化的治疗是针对年幼儿童进行的早期干预。在这里我们仅对几大类干预做一概述(Warren et al.,2011;Sadock,Sadock,Ruiz,2014)。在早期干预模型中,最有名的是洛杉矶加州大学(UCLA)的O. Ivar Lovaas教授牵头发展的UCLA-Lovaas干预模型(UCLA/Lovaas-based model)。这个模型的特点是采用行为治疗(主要是应用从行为分析中发展出的技术)方法,针对儿童具体的社交技能、语言使用和其他目标游戏技能,进行密集地干预,并且对儿童在技能方面的进步和掌握给予正强化和奖励。早期介入丹佛模式(Early Start Denver Model,ESDM)是另一个著名的早期干预模型,这种干预方法在孩子生活的自然背景下进行,例如家里和幼儿园。干预者通常会训练父母作为共同咨询师在家里进行训练(Kaplan,Kaplan,2014)。早期介入丹佛模式针对较小的儿童(1～4岁),重点是教授其基本的游戏技能和关系技能,其中会融入一些行为分析的技术。还有一些早期干预模式是以对父母的培训和由父母实施干预为主的模式(Bearss et al.,2015)。

如果从心理社会干预的角度来看,对孤独症谱系障碍的干预方式主要是社会技能训练和沟通技能训练、行为治疗和家庭治疗。社会技能训练和沟通技能训练可以是整体性的,也可以是非常个体化的,根据患儿的技能缺陷和智力水平进行选择。行为治疗不仅包括干预孤独症谱系障碍的核心症状,也包括一些相关症状,例如患儿可能存在的自伤行为(如在沮丧的时候以头撞墙等)。

还有一些补充干预方式,例如将经过专业训练的治疗犬(therapy dog)引入孤独症谱系障碍患儿的家庭,通常不仅对患儿,也对整个家庭具有积极的影响。由专业人士引导进行的马术治疗也是常见的辅助治疗手段之一(Sadock,Sadock,Ruiz,2014)。近期也有研究开始探索机器人在孤独症谱系障碍儿童干预中的应用(陈婧,肖翠萍,2017)。

最后需要说明的是,针对孤独症谱系障碍的核心症状,没有直接的药物治疗手段。药物治疗通常用于缓解相关的行为、情绪症状(如烦躁、冲动)(Sadock,Sadock,Ruiz,2014)。

三、注意缺陷/多动障碍

1. 临床表现与诊断

注意缺陷/多动障碍(attention-deficit/hyperactivity disorder,ADHD)是一种并不少见的儿童期起病的障碍。我国最近几年,因为很多人对心理学的兴趣越来越高和心理教育的发展,以及一些患有ADHD的公众人士公开分享他们的经验,促进了公众对ADHD的了解。ADHD在儿童中的患病率约为2.2%,而一般问卷调查可能会得到更高的患病率(Mash,Wolfe,2018)。儿童期ADHD存在性别差异,男性约为女性的两倍甚至更高,这可能由多种原因造成,并不意味着男孩比女孩更容易患 ADHD(Mash, Wolfe,2018),如因为男孩有更多的攻击性行为而被送去接受评估和治疗。成人 ADHD 的性别比例下降到1.6∶1,甚至到了1∶1(Mash,Wolfe,2018)。我国在20世纪七八十年代进行了很多 ADHD 的流行病学调查,涉及的地区不同,采用的标准不同,因此在结果上也有很大差异,从1.3%到13.4%不等(陶国泰,1999)。ADHD 的症状通常在学前就会被注意到,DSM-5 中指出一些症状在12岁之前就出现了,美国对 ADHD 的评估和诊断通常在孩子上小学时进行。

  ADHD 的主要特点是在保持注意力上有明显的困难以及/或者过于多动和冲动。经常听到父母或者老师抱怨某个孩子"太兴奋了,总是待不住,注意力集中不了一会儿就跑到其他地方了"。不过当他们这样抱怨时,很多时候仅仅是因为孩子的注意力集中时间比成人短,而这是正常的。多动和冲动也是类似的情况。儿童本身就是充满精力和有活力的,很多父母都有过自己已经感觉累坏了,而孩子仍然非常活跃的感受。而且,有些儿童天生就有相对更高的精力和活跃水平。此外,焦虑和抑郁等其他心理问题对不同年龄阶段的儿童的注意力都有直接影响。但是有些时候在排除了其他心理和生理问题之后,孩子在保持注意力以及冲动性上的表现,会出现持续且显著地不同于同龄孩子的情况。例如在课堂上不停地做各种小动作,不停说话,不能听从指令;在生活各方面总是分心、难以维持注意力、忘性大、容易忽略细节而犯下很多错误等。这样的情况就需要考虑是否存在注意缺陷/多动障碍了。

【案例 14-5】

  小辛,14岁,目前就读于小学六年级。在听课、做作业或者参与其他活动的时候注意力难以持久,非常容易因为外界刺激干扰而分心,做事情也容易丢三落四。在课堂上常处于不安宁的状态,手脚的小动作极多,不能保持静坐,会在座位上扭来扭去。在平时的生活中,他比较容易冲动,做事不考虑后果,经常凭一时的兴趣行事,说话比较粗鲁,为此常与同学发生打斗或者产生纠纷,造成不良的后果。近期小辛的成绩每况愈下,不愿意说话,脾气更加暴躁,几乎没有朋友。

(引自王欣欣,2018)

  在案例14-5中,小辛表现出明显而突出的注意力不集中、多动的症状。在 DSM-5 的诊断标准中,此类障碍包含注意缺陷和多动的症状标准、病程标准、症状起始标准,以及功能损害等多方面。在 DSM-5 和 ICD-11 体系中,注意缺陷/多动障碍有三种亚型,分别是"注意缺陷/多动障碍:混合型""注意缺陷/多动障碍:注意缺陷为主""注意缺陷/多动障碍:多动-冲动为主"。

DSM-5 对注意缺陷/多动障碍的诊断标准

A. 持续的注意缺陷和/或多动-冲动的模式,干扰了功能或发育,以下列(1)或(2)为特征。
(1) 注意缺陷:6项(或更多)的下列症状持续至少6个月,且达到了与发育水平不相符的程度,并直接对社会和学业/职业活动造成了不良影响。
   注:这些症状不仅仅是对立行为、违拗、敌意的表现,或不能理解任务或指令。年龄较大(17岁及以上)的青少年和成人,至少需要符合下列症状中的5项。
   a. 经常不能密切关注细节或在作业、工作或其他活动中犯粗心大意的错误(例如,忽视或遗漏细节,工作不精确)。
   b. 在任务或游戏中经常难以维持注意力(例如,在听课、对话或长时间阅读中难以维持注意力)。
   c. 当别人对其直接讲话时,经常看起来没有在听(例如,即使在没有任何明显干扰的情况下,显得心不在焉)。
   d. 经常不遵循指令以致无法完成作业、家务或工作中的职责(例如,可以开始做某事但很快就失去注意力,容易分神)。
   e. 经常难以组织任务和活动(例如,难以管理多条任务;难以把材料和物品放得整整齐齐;工作凌乱、没头绪;不良的时间管理;不能遵守截止日期)。
   f. 经常回避、厌恶或不情愿从事那些需要精神上持续努力的任务(例如,学校作业或家庭作业;对于年龄较大的青少年和成人,则为准备报告、完成表格或阅读冗长的文章)。
   g. 经常丢失任务或活动所需的物品(例如,学校的资料、铅笔、书、工具、钱包、钥匙、文件、眼镜、手机)。
   h. 经常容易被外界的刺激分神(对于年龄较大的青少年和成人,可能包括不相关的想法)。
   i. 经常在日常活动中忘记事情(例如,做家务、外出办事;对于年龄较大的青少年和成人,则为回电话、付账单、约会)。
(2) 多动-冲动:6项(或更多)的下列症状持续至少6个月,且达到了与发育水平不相符的程度,并对社会和学业/职业活动造成了不良影响。
   注:这些症状不仅仅是对立行为、违拗、敌意的表现,或不能理解任务或指令。年龄较大(17岁及以上)的青少年和成人,至少需要符合下列症状中的5项。
   a. 经常手脚动个不停或在座位上扭动。
   b. 当被期待坐在座位上时却经常离座(例如,离开教室、办公室或其他工作场所,或在其他情况下需要保持原地的位置)。
   c. 经常在不适当的场合跑来跑去或者爬上爬下(注:对于青少年或成人,可以仅限于感到坐立不安)。
   d. 经常无法安静地玩耍或从事休闲活动。
   e. 经常"忙个不停",好像"被发动机驱动着"(例如,在餐厅、会议中无法长时间保持不动或觉得不舒服;可能被他人认为坐立不安或难以跟上)。
   f. 经常讲话过多。
   g. 经常在别人的问题还没有讲完之前就把答案脱口而出(例如,接别人的话;不能等待交谈的顺序)。

> h. 经常难以等待轮到自己(例如,当排队等待时)。
> i. 经常打断或侵扰他人(例如,打断别人的对话、游戏或活动;没有询问或未经允许就开始使用他人的东西;对于青少年和成人,可能是侵扰或未经允许就接管他人正在做的事情)。
>
> B. 若干注意缺陷或多动-冲动的症状在12岁之前就已存在。
> C. 若干注意缺陷或多动-冲动的症状存在于2个或更多的场合(例如,在家里、学校或工作中;与朋友或亲属互动中;在其他活动中)。
> D. 有明确的证据显示这些症状干扰或降低了社交、学业或职业功能的质量。
> E. 这些症状不能仅仅出现在精神分裂症或其他精神病性障碍的病程中,也不能用其他精神障碍来更好地解释(例如,心境障碍、焦虑障碍、分离障碍、人格障碍、物质中毒或戒断反应)。
>
> 标注是否是:
> 注意缺陷/多动障碍,混合型:在过去6个月内,同时满足诊断标准A1和A2。
> 注意缺陷/多动障碍,注意缺陷为主:在过去6个月内,满足标准A1,但是不能达到标准A2。
> 注意缺陷/多动障碍,多动冲动为主:在过去6个月内,达到标准A2,但是不能满足标准A1。
>
> 标注如果是:
> 部分缓解:先前符合全部诊断标准,但在过去的6个月内不符合全部诊断标准,且症状仍然导致社交、学业或职业功能方面的损害。
>
> 标注目前的严重程度:
> 轻度:存在非常少的超出诊断所需的症状,且症状导致社交或职业功能方面的轻微损伤。
> 中度:症状或功能损害介于"轻度"和"重度"之间。
> 重度:存在非常多的超出诊断所需的症状,或存在若干特别严重的症状,或症状导致明显的社交或职业功能方面的损害。

ADHD患者在社会功能上通常有损害,冲动和多动可能对他们和父母的关系有消极的影响,尤其是因为患者的症状可能让家长认为他们是故意不听话,故意在和家长对着干。家庭冲突和消极的亲子互动经常出现,因此对ADHD患者的干预可能会包括对其父母的教育和干预。在日常生活中,患有ADHD的儿童虽然可能表现得健谈和友善,但是他们常常忽略同伴的一些社交信息,并且存在干扰秩序的冲动行为,因此影响了其与同伴的关系。ADHD患者的学业表现也会受损,例如因为无法维持注意力,太容易分心,在听课和阅读上有困难,从而影响学业成绩。老师如果对ADHD没有了解,就可能和父母一样,认为患者不听话、故意扰乱课堂秩序,或者是因为笨才学不会,这会影响老师(也包括家长和同伴)对ADHD患者的态度和行为。案例14-5 小辛生活中的多个方面就因其症状而明显受到影响。虽然通常来看,ADHD患者的学业表现严重受损,但是从智商上看,在ADHD患者中既有可称其为天才的儿童,也有智商较低的儿童。大多数ADHD患者的智商水平处于平均位置,他们在智力测验中往往得分较低(Mash, Wolfe,2018),这可能与其在做智力测验时不专注有关。

相对于没有ADHD诊断的儿童,ADHD儿童更倾向于有其他精神障碍共病的情况。其中比较常见的包括对立违抗障碍、学习障碍、情绪障碍等(Beauchaine, Hinshaw,

2017)。

虽然ADHD被认为是未成年人障碍,但在多个国家和地区所做的研究结果显示,大概一半满足ADHD诊断标准的儿童,在其成年后,仍可被诊断为ADHD;不过对于成年人来说,冲动-多动症状大大减少,而注意缺陷症状的比例则大大增加(Kessler et al.,2010)。

2. 病因

遗传和基因是ADHD的重要病因之一。ADHD患者的直系亲属被诊断为ADHD的概率显著高于一般人群(Mash,Wolfe,2018)。

对基因的研究主要关注大脑的一些神经递质系统,尤其是多巴胺(Durand,Barlow,Hofmann,2018),很多研究还会关注ADHD儿童的大脑结构和功能。研究者发现,ADHD儿童的大脑总容量比一般儿童低3%~4%,并且其大脑成熟速度也比一般儿童慢三年左右;而这些发育上的相对延迟更多地发生在和注意,以及冲动相关联的前额叶区域(Hooley et al.,2016)。

基因的作用与环境交互影响。例如,研究者发现,母亲在孕期吸烟,更有可能出现与多巴胺系统关联的一种基因突变(mutation),从而导致注意缺陷和多动症状;还有研究关注了其他环境因素对ADHD的影响,例如孕期的应激水平、孕期酒精摄入、食品添加剂使用、食物中的残余农药、孕期和日常环境中的铅水平等(Hooley et al.,2016)。

一些心理社会因素虽然未必是ADHD的病因,但会影响其发展进程和个体的适应功能。ADHD的症状很容易让父母、老师和同学对患儿做负性的内部归因,如认为患儿的品行和态度有问题,从而批评、指责、嘲笑患儿。这样的负性反馈可能会影响儿童的自我认知和自尊(Mash,Wolfe,2018),并影响其社会功能,令患儿症状加重,甚至衍生出其他行为问题和情绪问题(Durand,Barlow,Hofmann,2018)。

综上所述,ADHD的症状会受到生理因素和心理社会因素的共同影响,因此对其进行的有效干预和治疗也需要针对生理-心理-社会的不同方面(Mash,Wolfe,2018)。

3. 治疗

ADHD的主要治疗方法之一是药物治疗。常用药物包括中枢神经兴奋剂(stimulant),如苯丙胺(amphetamine)和哌甲酯(methylphenidate,即利他林),也会使用一些非中枢神经兴奋剂类药物,如托莫西汀(atomoxetine)。虽然很多药物在临床上已经安全使用很多年,但是因为个体差异、药物的剂量和交互作用、药物的副作用,以及存在被滥用等情况,对ADHD的药物治疗需要在有经验的医师指导下进行。

心理行为干预是另一种对ADHD及其相关问题的干预方法。基于对儿童的具体评估,可以采用不同的心理行为干预,设计更具个性化的治疗方案。例如,通过认知行为治疗的评估确定儿童生活系统内(家庭、学校)的问题行为和背景,帮助儿童调整环境,让环境更具结构性和秩序感,设计行为干预策略以减少问题行为,确定合适的适应性行为,并通过行为干预策略增加适应性行为。教授相关的技能也是行为干预的重要方面,如适应孩子发展水平和生活系统的时间管理技能、学习技能、自我调控技能、社交技能等。认知行为治疗可能是心理治疗的主要组成部分,但如果有更复杂的问题(例如创伤、焦虑、抑郁等),对 ADHD 症状的认知行为治疗可以扩展到其他问题领域,或者作为心理治疗的一部分进行。此外,技能的培训、行为干预和情感支持也可以通过结构化的团体咨询的方式进行。ADHD 的症状及其共病会影响家庭关系,因此进行与家庭相关的评估和干预也是治疗的组成部分之一,包括为父母提供心理教育和父母技能培训,帮助父母理解患儿的行为和症状,并做出更合适的反应,调节家庭的负性动力(Mash, Wolfe,2018)。

通常对 ADHD 的治疗建议是药物和心理行为干预结合进行。考察针对 ADHD 的药物治疗、行为治疗,以及药物-行为结合治疗的有效性的一项大型研究结果显示(Sadock,Sadock,Ruiz,2014),药物-行为结合治疗更有效。

四、特定学习障碍

1. 临床表现与诊断

特定学习障碍是儿童早期出现的、持续的学习某类信息的困难,这种困难造成了儿童的实际学业表现和对其智力、发展阶段、教育机会、努力水平的预期有着显著差异,且生理因素(如听力、视力缺损)或者其他障碍(如智力障碍)不能解释这种显著的差异。特定学习障碍通常体现在阅读、数学和写作上,可严重影响患者的学业表现、工作表现和日常生活功能。

我国研究者对特定学习障碍的发病率进行了一定的调查。马佳等人(2005)采用儿童学习障碍筛查量表修订版对深圳市城区小学及初中学生进行了测评分析,学习障碍筛出率为 12.20%,其中男生为 17.00%,女生为 7.30%,性别比为 2.3∶1。

在美国,10%左右的青少年患有学习障碍(APA,2013);在被诊断为学习障碍的人中,男性显著多于女性,而多出的比例在不同的研究中相差很多(Hooley et al.,2016)。

【案例 14-6】

戴维 8 岁时被发现在阅读方面有困难。经过各项测查发现,戴维可以轻易地辨认出所有单个的字母,但却不能辨别这些字母组成的英文单词,他也学不会字母与发音之间的对应关系。戴维似乎具备了阅读所需的全部技能,如辨别声音的能力、能分辨左右、字母辨别和书写能力、视觉和视觉记忆的能力,以及言语能力,但他确实在阅读方面存在问题。

(引自 Farnham-Diggory,1992)

【案例 14-7】

拉菲,11 岁,正在上五年级。拉菲解决问题的技巧和能力非常强,擅长心算,比如 75 加 58,他说:"我先算 70 加 50 得 120,然后再加 5 得 125,再加 8 是 133。"但是,他不知道在纸上如何做进位的加法。例如,19 加 16,虽然他可以心算得出正确答案,但在纸上计算时他从左边加起：1+1=2，右边的 9+6=15，然后把它们放在一起得到 215。他也意识到这个数字太大，但只是简单的不去管后面那个 5，结果得到了 21 的答案。

（引自 Farnham-Diggory，1992）

DSM-5 和 ICD-11 对特定学习障碍的诊断类似。

DSM-5 对特定学习障碍的诊断标准

A. 有学习和使用学业技能的困难，存在至少 1 项下列所示的症状，且持续至少 6 个月，尽管针对这些困难采取了干预措施。
　(1) 不准确或缓慢而费力地读字（例如，读单字时不正确地大声读出，或缓慢、犹豫、频繁地猜测，难以念出字）。
　(2) 难以理解所阅读内容的意思（例如，可以准确读出内容但不能理解其顺序、关系、推论或更深层次的意义）。
　(3) 拼写方面的困难（例如，可能添加、省略或替换元音或辅音）。
　(4) 书面表达方面的困难（例如，在句子中犯下多种语法或标点符号的错误；段落组织差；书面表达的思想不清晰）。
　(5) 难以掌握数觉感、数字事实或计算（例如，数字理解能力差，不能区分数字的大小和关系；用手指加各位数字而不是像同伴那样直接算；在算数计算中迷失，也可能转换步骤）。
　(6) 数学推理方面的困难（例如，在应用数学概念、事实或步骤去解决数量的问题上有严重困难）。
B. 受影响的学业技能显著地、可量化地低于个体实际年龄所应达到的水平，显著地干扰了学业或职业表现或日常生活，且可在个体的标准化成就测验和综合临床评估中确认。对 17 岁以上的个体，有记录的学习困难病史可以代替标准化测评。
C. 学习方面的困难开始于学龄期，但直到那些对受到影响的学业技能的要求超过个体的有限能力时，才会完全表现出来（例如，在定时测试中读或写冗长、复杂的报告，并有严格的截止日期或特别沉重的学业负担）。
D. 学习困难不能用智力障碍、未校正的视觉或听觉的敏感性，其他精神或神经性障碍、心理社会的逆境、对学业指导的语言不精通或不充分的教育指导来更好的解释。
注：上述四项诊断标准是基于个人病史（发育、躯体、家庭、教育）、学校的报告和心理教育的临床综合评估。
标注如果是：
315.00（F81.0）伴阅读受损。
315.2（F81.81）伴书面表达受损。
315.1（F81.2）伴数学受损。

阅读障碍是最常见的特定学习障碍，通常的表现是在辨认字词方面有困难（案例 14-6 中戴维的表现就是如此），阅读理解差，每个字都要重复多次才能记住，而且转眼就忘，且阅读时经常丢字和串字。书写障碍常常伴随阅读障碍而出现，表现为拼写或书写困难，难以按照语法进行写作，或在书写字词方面表现不佳。例如，拼写错误，如将

"subject"误写为"soojock";在书写汉字时表现为笔画重复或写反字,如将"部"误写为"陪"。

数学障碍常常表现为辨认数字有困难,并在按照相应的算术规则进行计算方面有困难;数学方面的能力与其他能力不相称,经常犯让他人感到吃惊的错误,如案例14-7中的拉菲。

严重的学习障碍让人体验到持续的挫败感和无力感,从而带来自我怀疑和低自尊。不幸的是,由学习障碍导致学业问题时,许多老师和家长往往都会责怪患儿,认为患儿是在故意制造麻烦,"明明可以做到,就是因为你太懒了";学校可能还会埋怨家长没有督促患儿学习。这样的指责和做法可能对患儿的自尊心和心理状态造成进一步打击,也可能影响患儿和同龄人的关系。很多患有特定学习障碍的儿童因为外界的这种反馈和羞耻感,也因为无法理解自己为什么会这样,而隐瞒自己的体验不去求助,有些人可能会发展出补偿性学习策略,例如用图像记忆来弥补阅读困难,有些人可能会对特定的科目感到焦虑、恐慌,发展出回避的应对策略。从历史的记载中可以看到,一些患有此类障碍的名人,从表面上看似乎并没有受到特定学习障碍的影响。例如,英国首相丘吉尔小时候就有阅读障碍,同样患有阅读障碍的还有被誉为"新加坡国父"的李光耀。不可否认,特定学习障碍对儿童掌握信息和表达会造成持久的影响并造成心理上的困扰,成年人应该尽早意识到和关注此类问题,给予儿童适当的干预,帮助这些儿童适应学校环境,并最大程度地发展其天赋。

通常,到小学二年级左右,基于学业要求和孩子的相关表现,也许能够发现儿童有阅读障碍(Kaplan,Kaplan,2014)。如果一年级的教学目标中包括很多阅读内容的话,就可能会在孩子更早的年龄发现此类问题。但有时,尤其是一些高智商儿童可能会发展出各种补偿性策略,对他们而言,发现此类问题的年龄有可能会更晚。特定学习障碍经常和其他精神障碍共病,常见的包括注意缺陷/多动障碍、对立违抗障碍、抑郁障碍。有研究显示接近25%的特定学习障碍患儿可能满足注意缺陷/多动障碍的诊断标准,同时15%~30%的注意缺陷/多动障碍患儿可能存在特定学习障碍(Kaplan,Kaplan,2014)。

2. 病因

与注意缺陷/多动障碍类似,特定学习障碍患者的直系亲属有阅读障碍的概率是一般人群的四到八倍,数学障碍则是五到十倍(Kaplan,Kaplan,2014)。换句话说,遗传和基因对特定学习障碍有着显著的影响,至于是如何起作用的,则是一个很复杂的问题。例如,研究表明并没有特定的基因造成阅读障碍或数学障碍,而可能是多个基因影响学习过程,从而促成了不同学业领域中的学习问题(Barlow,Durand,Hofmann,2016)。

特定学习障碍患者的缺陷通常涉及视觉和听觉信息的探测,以及更为广泛的视觉加工组织能力,这些能力通常与推理和数字能力相关(Benassi et al.,2010)。研究者发现相对于正常儿童,失读症儿童大脑(主要集中在左侧大脑)的许多区域激活程度较低,包括额下回、颞叶壁和颞后回（Shaywitz et al.,2002）。这些区域与语音理解、单词分析、词语自动检测等功能相关。

其他对特定学习障碍的病因或风险因素的研究将重点放在了环境和心理社会因素上，如铅中毒、胎儿酒精综合征、早产和出生体重过低、社会经济地位（相关的教育质量和数量）等（Kaplan,Kaplan,2014）。

3. 治疗

针对特定学习障碍的治疗需要强调早期干预的重要性。一个是进行早期检测和尽早提供帮助，这样做儿童更容易跟上学习进度，减少特定学习障碍造成的负性情绪，以及行为和社交问题（Kaplan,Kaplan,2014）。如果在学习内容复杂度和难度增加之后再进行干预，儿童跟上学习进度的难度也将大大增加。

如何进行干预和前期评估的结果有很重要的关联。通过全面和个体化的评估，包括认知测评（Mapou,2009），找到个体的具体困难，进行有针对性的指导，是干预方式之一（Hooley et al.,2016）。针对特定学习障碍，找到患儿的核心问题，对发展具有针对性的干预方式也很重要。例如，阅读障碍的核心表现是识别和记住单词和语音之间的关系有困难。针对这一核心问题，目前已经发展了多种结构化的干预项目。虽然不同的项目对改善这一核心问题所需的关键技能是什么可能有不同的侧重，但都是以直接教授学生相关技能为主（Kaplan,Kaplan,2014）。

以技能为中心的干预要想有效进行，一个重要的影响因素是干预者和儿童的关系。良好的关系可以有效帮助儿童学习和掌握技能。此外，干预者除了内容上的教学，另一个重要的工作是帮助儿童有效提高其改变的动机（Mash,Barkley,2014），包括提高其对学习的兴趣和信心等。

老师和家长的理解与支持是另一个重要的影响因素。老师和家长应该了解相关的知识，辨识孩子在学习上遇到的问题，寻求专业的评估和干预，提供情感上和学业上的支持。特定学习障碍的改善并非一朝一夕的事情，老师和家长的支持对于特定学习障碍的干预，以及预防和改善随之产生的情绪和行为问题有着重要的意义。也正因为如此，在专业的帮助计划中，很多时候会把学校和家长包含在内。

最后，如果需要药物干预，药物的作用通常不是针对特定学习障碍，而是针对相关的共病。例如，如果儿童同时患有注意缺陷/多动障碍或者抑郁症，可以通过药物治疗缓解注意缺陷/多动症状或者抑郁症状。药物本身是无法对特定学习障碍的核心症状产生直接的干预效果的（Kaplan,Kaplan,2014）。

小　结

儿童和青少年期心理障碍在很长一段时间内未得到临床工作者的重视，而是将其视为"小大人"，以成年人的方式予以诊断和干预。如今，儿童和青少年期心理障碍的特殊性已经受到了研究者和临床工作者的重视，我们要以发展的、多元的方式来认识和了解儿童和青少年期心理障碍。

儿童和青少年期焦虑障碍非常常见，它既包含与成人类似的广泛性焦虑障碍、社交焦虑障碍等类型，也包含儿童和青少年期特有的分离焦虑障碍和选择性缄默症。儿童和青少年并不总是无忧无虑的，抑郁障碍也会出现在儿童和青少年身上。儿童的抑郁常伴有头痛、胃痛等躯体症状，以及易激惹、对玩具丧失兴趣等表现。成年人焦虑和抑郁障碍的病理模型也可用于解释儿童和青少年情绪障碍的成因，但需要注重儿童和青少年的发展性特征，以及社会文化等环境因素对儿童和青少年的影响。

患有对立违抗障碍和品行障碍的儿童攻击性较强，常表现出较高水平的愤怒、破坏规则的行为等症状。品行障碍的患者其行为表现破坏性更强，特别是带有"伴有限的亲社会情感"标注的个体，会有残忍、情感冷漠等表现。对于被诊断为品行障碍的个体而言，比较有效的治疗方法包括亲子互动治疗、父母管理训练、问题解决技能训练等。

神经发育障碍包含一组障碍，是由于出生时或婴儿早期的大脑功能受损而出现的障碍，表现为个体行为、记忆、学习能力等多方面的受损。智力障碍个体在智力和适应性能力上显著低于平均水平。孤独症谱系障碍主要表现为人际交往能力受损和重复、僵化的行为模式。注意缺陷/多动障碍则表现为无法集中注意力，以及行为的冲动和活动过度。特定学习障碍主要涉及学习和学业技能方面的困难，具体表现为阅读障碍或数学障碍等。此类障碍的干预多以行为训练为主，目的是提升患者的适应性功能，注意缺陷/多动障碍也可以使用药物治疗。

思 考 题

1. 为什么诊断和治疗儿童和青少年期心理障碍要困难得多？
2. 儿童品行问题的成因有哪些，在干预上什么方法比较可行和有效？
3. 智力障碍的诊断需要注意哪些问题？
4. 孤独症谱系障碍的主要临床表现有哪些？
5. 如果你需要向老师或家长介绍特定学习障碍，你会介绍哪些内容？

推 荐 读 物

巴洛, 杜兰德. (2017). 变态心理学：整合之道. 7版. 黄铮, 高隽, 张婧华, 等, 译. 北京：中国轻工业出版社.

诺伦-霍克西玛. (2017). 变态心理学. 邹丹, 等, 译. 北京：人民邮电出版社.

Mash, E. J., & Wolfe, D. A. (2018). Abnormal Child Psychology. 7th ed. Singapore: Cengage Learning.

15

心理健康服务：法律与伦理

第一节 我国心理卫生工作概述

习近平总书记在党的二十大报告中提出要"重视心理健康和精神卫生"，心理健康和精神卫生是重大民生问题。此前，中共中央、国务院在2016年发布的《"健康中国2030"规划纲要》中明确指出，要"加强心理健康服务体系建设和规范化管理。加大全民心理健康科普宣传力度，提升心理健康素养。加强对抑郁症、焦虑症等常见精神障碍和心理行为问题的干预，加大对重点人群心理问题早期发现和及时干预力度。加强严重精神障碍患者报告登记和救治救助管理。全面推进精神障碍社区康复服务。提高突发事件心理危机的干预能力和水平。到2030年，常见精神障碍防治和心理行为问题识别干预水平显著提高"。为落实《中华人民共和国精神卫生法》《"健康中国2030"规划纲要》等政策法规要求，我国提出应建立健全社会心理服务体系，这是指依托于心理学及医学的理论和方法，综合采用心理疏导、心理干预等手段，预防和减少心理问题，平和社会心态，引导价值导向，构筑社会心理防线的一整套组织结构和制度安排（魏礼群，2019）。在心理卫生相关工作中，我们应做好对公众、轻度心理障碍患者、重性精神病患者这三类人群的心理健康服务。

一、公众的心理卫生服务

1. 社区心理健康服务

发展社区心理健康服务体系是贯彻落实党的二十大精神的重要举措之一。社区在社会心理服务中承担着开展心理健康宣传教育，落实各项预防措施，初步解决群众心理健康问题等工作。《中华人民共和国精神卫生法》第二十条规定：村民委员会、居民委员会应当协助所在地人民政府及其有关部门开展社区心理健康指导、精神卫生知识宣传教育活动，创建有益于居民身心健康的社区环境。《全国社会心理服务体系建设试点工作方案》要求，依托村（社区）综治中心等场所，普遍设立心理咨询室或社会工作室，为村（社区）群众提供心理健康服务。目前，以村（社区）为单位，心理咨询室或社会工作室建成率达80%以上，安排网格员、社区民警、调解员对辖区重点单位、人群和家庭等进行定期筛查,建立村(社区)、乡镇(街道)、区县信息交换制度,协同解决筛查出人员的心理问题和具体问题(国家卫生健康委 等,2018)。可见,心理健康服务在社区开展也是国家政策所指、人民需求所在,社区作为基层服务的基本单位承担着越来越多的责任。

近年来,很多城市举办了丰富多彩的心理健康活动,通过网络、新闻媒体,以及在广场、小区等场所开展心理健康知识宣传;此外,对不同层级的社区心理服务人员进行心理学知识的培训也起到重要作用,当网格员发现自杀尝试者可以第一时间向上一级专业人员报告,以便进行及时的干预。

马含俏和张曼华(2020)调查发现,目前我国社区心理健康服务的重点人群包括青少年、老年人、特殊生理期女性、下岗失业人群,以及有一般心理问题、严重心理问题及焦虑障碍患者等,开展心理健康服务形式大多为板报宣传、讲座、心理健康材料发放,少部分社区开展了心理咨询服务。与《全国社会心理服务体系建设试点工作方案》中对社区心理健康服务的要求仍有一定的差距,存在服务的供需失衡、服务内容单一、设备与经费不足、无统一的服务收费标准、从事相关服务的人员数量及资历不足等问题。林红(2020)指出,为了推进社区心理健康服务,不仅要提高社会需求,促进多方资源联动机制,同时也要提升专业水平。

2. 学校心理健康服务

辛自强、张梅、何琳(2012)对1986年至2010年间237项采用《90项症状自评量表》(SCL-90)的研究报告进行了横断历史的元分析,涉及30多万名大学生;结果发现,25年来大学生的心理问题逐渐减少,心理健康的整体水平逐步提高。然而,儿童、青少年的心理健康水平不容乐观。一项全国性儿童、青少年精神障碍流行病学调查显示,我国6~16岁在校儿童、青少年至少患有一种精神障碍的概率为17.5%(Li et al.,2022)。我国多中心研究调查结果显示,非自杀性自伤行为在我国精神科就诊的患者中总的发生率为6.8%(门诊治疗)和6.5%(住院治疗),其中13~17岁发生率最高(15.9%)、18~22岁次之(13.6%),其他年龄段较少(Wang,Zhang,Zhang,2020)。

为提高在校学生的心理健康水平,各部委及教育部门发布政策文件明确要求学校组织开展活动,普及心理健康知识,提供心理健康服务。2019年,国家卫健委等十二部门联合发布《健康中国行动——儿童青少年心理健康行动方案(2019—2022年)》指出,到2022年年底,"各级各类学校建立心理服务平台或依托校医等人员开展学生心理健康服务,学前教育、特殊教育机构要配备专兼职心理健康教育教师"。2021年,《教育部办公厅关于加强学生心理健康管理工作的通知》要求,切实加强专业支撑和科学管理,着力提升学生心理健康素养,高校要面向本专科生开设心理健康公共必修课,中小学要将心理健康教育课纳入校本课程;定期开展学生心理健康测评工作;高校按师生比不低于1∶4000比例配备心理健康教育专职教师且每校至少配备2名,每所中小学至少要配备1名专职心理健康教育教师,县级教研机构要配备心理教研员等。这些政策都体现了国家层面从宏观政策转向专项行动的具体要求。近年来,学校心理健康教师的配备也逐渐获得各地政府教育主管部门的关注,学校各项心理健康工作逐步实施。例如,许多学校每年都会开展"525心理健康节"等主题活动,提高学生心理健康意识,同时呼吁社会关注在校学生心理健康。

与此同时,问题仍然存在。例如,我国学校心理健康教育师资队伍不完善,工作任务多元,与发达国家相比还有一定的差距。目前,我国高校按师生比不低于1∶4000比例配备心理健康教育专职教师,而美国高校要求心理咨询师与学生比例达到1∶1200。2020年清华大学的数据显示,该校38 000名学生,配备11名专职咨询师和21名兼职咨询师,咨询年访问量4027人次,而伯克利加州大学有36 000名学生,共有72名咨询师,咨询年访问量20 000人次(李焰,杨振斌,2020),差距明显。另外,我国中小学心理健康教育资源不均衡的问题较为突出,彭玮婧、王瑞瑶、胡宓(2021)对湖南省中小学心理健康教育资源现况的调查发现,湖南省中小学心理健康教育资源缺口较大,城乡、公办和民办以及不同学段的学校之间都存在较大差异,在调查的8375所学校中,53.21%的学校既没有校内专兼职心理教师,也没有校外心理健康工作人员。因此,为提高学校心理健康服务,仍需落实相关政策,加大资源投入力度,提高教师培训参与积极性,利用校内外资源。

3. 企业心理健康服务

企业员工援助计划(employee assistance program,EAP)是由组织为其员工设置的系统的、长期的服务项目。通过专业人员对组织的诊断和建议,以及对员工及其亲人提供的专业咨询、指导和培训,改善组织的环境和气氛,解决员工及其家庭的心理和行为问题,提高员工在组织中的工作绩效,改善组织管理(谷向东,郑日昌,2004)。EAP在各种不同类型的组织机构里应用,以促进员工心理健康。

《全国社会心理服务体系建设试点工作方案》中提出,应"健全机关和企事业单位心理服务网络。鼓励规模较大、职工较多的党政机关和厂矿、企事业单位、新经济组织等依托本单位党团、工会、人力资源部门、卫生室,设立心理辅导室,建立心理健康服务团队;规模较小企业和单位可通过购买专业机构服务的形式,对员工提供心理健康服务"。在美国,所有的联邦及州政府工作人员,以及绝大多数大中型私营企业的雇主都在使用EAP服务(Attridge,2019)。有研究显示,EAP在缓解员工职业倦怠、降低员工压力等方面具有显著的效果(见陈欣、蒋维连,2015;吴妹清 等,2015)。

二、一般心理问题的心理卫生服务

目前,涉及对公众的心理卫生服务系统主要包括心理热线、心理辅导与心理咨询机构,以及医院的心理治疗门诊等。学校、企业开设的心理咨询室(中心)、社区心理咨询室等基层社会心理服务机构,以及个人执业的心理咨询室或社会心理咨询机构等都可以提供心理咨询服务。精神疾病专科医院或全国二、三级综合医院,现在都开设了心理治疗门诊。

1. 心理热线

心理热线通常由受过训练的志愿者担任，通过倾听、接纳等心理咨询基本方法，为来话者提供宣泄情绪的机会，获得理解和情感支持，在热线志愿者的引导下挖掘自身内在和外在的资源，增强面对压力的信心和克服困难的勇气，及时化解心理冲突，更好地应对生活。心理咨询热线以方便、快捷、匿名等特点受到社会各界人士的欢迎。

我国心理热线的发展起步较晚，第一条心理咨询热线于1987年在天津开设。此后，心理热线在各大中城市迅速涌现，特别是在突发重大公共危机事件后也会临时开通热线，成为提供心理卫生服务的重要渠道。在新型冠状病毒感染疫情期间，截至2020年2月21日，全国有超过400条心理热线为公众提供免费心理服务（李丹阳 等，2021），及时为广大民众提供心理援助和必要的辅导。

2. 各类心理辅导和心理咨询机构

伴随国家的现代化进程，经济快速发展，社会急剧转型，人们对心理健康更为关注，面临的心理卫生问题也不断增加，心理咨询这个行业受到了广泛关注。

各级各类院校成立了心理咨询中心，有些中小学也开设了心理辅导室，为本校学生提供心理健康教育和心理辅导。城市中的一些社区建立了心理会谈室，为居民提供心理疏导服务。此外，一些企业的人力资源管理人员、行政人员，以及监狱管教干警等也在做心理辅导相关工作。社会心理咨询机构及个人执业心理咨询室也正在发展起来。

心理辅导与心理咨询的工作对象常常是正常人，主要解决的是各种各样的心理问题，而非精神疾病。来访者主要因为学习问题、人际关系困扰、职业生涯发展困惑，以及恋爱、婚姻等问题引发情绪困扰，表现出焦虑、紧张、抑郁等情绪。心理咨询侧重一般人群的发展性咨询，更重视心理支持、教育与指导。我国的心理咨询正处于向职业化发展的进程当中，尽管目前还没有实施国家统一的心理咨询师执业资格认证制度，但相对而言心理咨询师的专业化训练和心理咨询服务的规范化水平都有所提升。不过我国的心理咨询行业发展尚不均衡，发达地区的咨询师接受培训更多、专业工作年限更长（Qian et al.，2012）。

3. 各医院开设的心理治疗门诊

心理治疗门诊除设在精神疾病专科医院外，通常还设在综合医院的心理科、康复科或保健科等，主要是由通过卫生系统职称考试的心理治疗师和精神科医生提供心理治疗服务。《中华人民共和国精神卫生法》第五十一条规定，"心理治疗活动应当在医疗机构内开展……心理治疗的技术规范由国务院卫生行政部门制定"。

心理治疗的工作对象主要是有心理障碍的人，主要包括焦虑障碍、人格障碍和性心理障碍等问题。对于那些尚未达到精神疾病诊断标准的个体来说，心理治疗是促进和谐与适应的有效方法。心理治疗侧重心理疾患的治疗和心理评估，重点是改变和消除症状、重建人格。一般情况下，对于焦虑障碍患者，除了给予支持性心理治疗，还可以根据情况采用各种心理治疗方法促进其成长与改变；对于精神障碍患者，在药物治疗的同时辅以支持性心理治疗也是有意义的。

三、严重精神障碍患者的心理卫生服务

严重精神障碍是指精神疾病症状严重,导致患者社会适应等功能严重损害、对自身健康状况或者客观现实不能完整认识,或者不能处理自身事务的精神障碍,包括精神分裂症、分裂情感性障碍、偏执性精神病、双相(情感)障碍、癫痫所致精神障碍、精神发育迟滞伴发精神障碍等六种严重精神障碍的确诊患者,以及符合《中华人民共和国精神卫生法》第三十条第二款第二项情形并经诊断、病情评估为严重精神障碍的患者。加强严重精神障碍患者发现、治疗、管理、服务,促进患者康复、回归社会,是心理卫生工作的重点之一。

1. 严重精神障碍患者的发现与诊断

目前,我国严重精神障碍患者管理工作的主要依据是《中华人民共和国精神卫生法》和国家卫健委于2018年发布的《严重精神障碍管理治疗工作规范》,要求精神卫生医疗机构对疑似严重精神障碍者尽可能明确诊断;基层医疗卫生机构人员每季度与村(居)民委员会联系,了解辖区常住人口中重点人群的情况,开展疑似严重精神障碍患者筛查;各类医疗机构非精神科医师在接诊中,心理援助热线或网络平台人员在咨询时,应当根据求助者提供的线索进行初步筛查,如属疑似患者应当建议其到精神卫生医疗机构进行诊断。

我国使用国家严重精神障碍管理信息系统对严重精神障碍患者进行服务和随访。建立电子健康档案对社区严重精神障碍患者的管理效果明显,有利于控制患者病情和促进患者社区康复,提高患者及家属满意度(董兰,张功法,2016)。根据《2018年全国严重精神障碍患者管理治疗现状分析》显示,国家严重精神障碍管理信息系统覆盖范围继续扩大,登记患者人数持续增长,患者管理和服药水平有所提高(王勋 等,2020)。

2. 严重精神障碍患者的治疗

在治疗与用药方面,《中华人民共和国精神卫生法》第六十八条规定,县级以上人民政府卫生行政部门应当组织医疗机构为严重精神障碍患者免费提供基本公共卫生服务。精神障碍患者的医疗费用按照国家有关社会保险的规定由基本医疗保险基金支付。

目前,北京、上海、深圳等城市已经开始实施严重精神障碍患者免费服药制度,以促进严重精神障碍患者的主动式社区治疗。例如,2018年深圳市南山区开始实施非户籍患者免费服药政策,打造"15分钟免费服药圈",包括专科医生下社区开展免费诊疗发药工作、现场培训精防医生专业知识与技能等服务,为辖区内精神障碍患者提供了更便

捷、更有效的服务[*]。

3. 严重精神障碍患者的康复与保障

在严重精神障碍患者的康复与保障方面,社区康复服务是关键的一环。社区康复指通过多种方法使有需求的人在社区生活中获得平等服务的机会,是精神障碍患者恢复生活自理能力和社会适应能力,并最终回归社会的重要途径。2017年,民政部会同财政部、卫计委、中国残联四部门联合印发的《关于加快精神障碍社区康复服务发展的意见》明确提出,到2025年80%以上的县(市、区)广泛开展精神障碍社区康复服务,在开展精神障碍社区康复的县(市、区),60%以上的居家患者接受社区康复服务,基本建立家庭为基础、机构为支撑、"社会化、综合性、开放式"的精神障碍社区康复服务体系。2020年年底,民政部、卫健委、中国残联印发《精神障碍社区康复服务工作规范》,进一步明确了各部门职责、任务和社区工作流程。

在这一系列文件指导下,各地开始启动精神障碍社区康复工作。以成都为例,全市23个区(市)县建立了59个精神障碍社区康复服务站点,主要为精神障碍患者提供服药训练、生活技能训练、职业技能训练、心理治疗和康复等服务[**]。

四、灾难与危机心理干预

我国首次开展灾后心理危机干预是1994年克拉玛依火灾,而心理援助第一次真正被公众了解是在2008年汶川地震发生后。汶川地震后,卫生部发布了紧急心理危机干预指导原则,国内灾难心理援助开始逐步发展并走向系统化(Higgins, Xiang, Song, 2010)。

有研究者对涉及20年、80余种次自然和人为灾难、涵盖50 000人的177篇有关文献进行了综述,将灾难对人心理的影响归纳为六种,包括与灾难相关的特定心理问题、非特异性的痛苦、相关的健康问题、长期的生活问题、社会心理资源的丧失、儿童及青少年的特殊问题等,同时还根据损害类型和持续时间将灾难对人们造成心理影响的程度分为轻度、中度、重度和极重度四个等级,结果发现这些不同程度的灾难分别占9%、52%、23%和16%(Norris, Byrne, Diaz, 2003)。鉴于灾难对心理影响的范围之广、程度之深,针对重大灾难及危机开展心理干预已成为国内外心理卫生专业人员的共识。

任何一场灾难都会影响许多人。无论是亲身经历危机,还是亲眼看到灾难,包括受难者的家属和朋友,都会受到严重的心理创伤。即使不是受灾社区的成员或者公众,也可能透过媒体报道而经历"第二手"灾难,在情绪上受到影响。研究表明,在灾难发生后介入心理卫生服务具有重要的意义(史宇,王立祥,2013)。从个体的水平讲,可以帮助

---

[*] 严重精神障碍患者社康免费服药.(2018-08-07)[2022-06-20]. http://gdsz.wenming.cn/ttbt/201808/t20180807_5371185.html.

[**] 59个"康复驿站",建立以社区为基础的"精神康复"模式.(2022-03-02)[2022-06-20]. https://baijiahao.baidu.com/s?id=1726182096725358306&wfr=spider&for=pc.

个体缓解劫后幸存的罪恶感,对失去的亲人、事物表达追忆与哀悼,重新建立安全感与信赖感,在此基础上逐步恢复与正常生活的联系,有助于减少创伤后应激障碍的发生。从社会层面帮助公众了解灾难后可能出现的应激障碍,能够较早识别并积极应对压力,有利于尽快稳定社会局面,恢复正常的社会生活秩序,动员全社会的力量重新建设家园。

从世界卫生组织于当地时间 2020 年 1 月 30 日宣布将新型冠状病毒感染疫情列为国际关注的突发公共卫生事件后,全球疫情在几年中持续存在。这一突发公共卫生事件的心理援助工作在一定程度上体现了我国对公共危机事件心理干预方面的发展与进步(An et al.,2021)。国家卫健委疾病预防控制局在 2020 年 1 月 27 日就发布了《关于印发新型冠状病毒感染的肺炎疫情紧急心理危机干预指导原则的通知》,2 月 2 日发布了《关于设立应对疫情心理援助热线的通知》要求开通疫情应对心理援助专线,2 月 7 日继续发布《关于印发新型冠状病毒肺炎疫情防控期间心理援助热线工作指南的通知》,提出热线的设立、督导及管理要求以及伦理要求。从专业学会层面,例如中国心理学会临床心理学注册工作委员会积极组织专业力量,在心理援助的组织管理、督导、伦理等方面均起到示范和引领作用(贾晓明 等,2020)。整体而言,我国的公共卫生事件心理援助工作更加科学、规范,组织管理也更加有序。

第二节 重性精神病人的管理与权利

一、精神病人的权利

从第一章讲述变态心理学的历史中,读者已经了解到,在历史上曾有很长一段时间,精神病人没有被当作人来看待,无任何权利可言。直到 18 世纪,法国医生皮内尔首先倡导以人道主义对待精神病人,使精神病人的境况得到改善。美国精神卫生运动的开创人之一比尔斯(Clifford W. Beers)因患抑郁症住进精神病院,根据三年的亲身经历写了一本自传《一颗找回自我的心》(*A Mind that Found Itself*),真实描述了精神病院的简陋与肮脏,医生的冷酷无情、护士的粗暴对待以及信件受检查等非人待遇,呼吁争取病人的合法权利,恢复精神病人的自由。此后,精神病人的权利逐步得到重视,民众逐渐认识到精神病人的权利同样应该受到保护。

【案例 15-1】*

自 2022 年 1 月 28 日以来,"丰县生育八孩女子"事件引起了全社会的广泛关注。经公安机关侦查,确定该女子杨某侠原名为小花梅,1995 年嫁到云南省保山市,1997 年

---

* 江苏省委省政府调查组. 江苏省委省政府调查组关于"丰县生育八孩女子"事件调查处理情况的通报. (2022-02-23)[2022-06-20]. https://www.ccdi.gov.cn/yaowenn/202202/t20220223_173651.html.

离婚后回到亚谷村。小花梅亲属、同村村民反映其回村后言语行为异常。1998年年初，桑某妞以给小花梅介绍对象、看病为由，将小花梅从亚谷村带至东海县卖给徐某东。徐某东与小花梅共同生活三四个月后，于1998年5月上旬某日早晨发现小花梅不知去向。1998年6月，小花梅被拐卖至江苏丰县结婚生子，据知情亲属反映，2012年小花梅生育第三子后，精神障碍症状逐渐加重。2022年1月30日，经徐州市医疗专家会诊，诊断小花梅患有精神分裂症。

随着对上述事件调查的跟踪报道，社会舆论持续发酵，人口拐卖等一系列社会问题浮现出来。其中杨某侠患有精神疾病，精神病人的生活境遇问题也因此再次成为社会焦点。

1. 接受治疗的权利

精神病人与所有人一样享有同等的权利，包括尊严和人格被尊重的权利。他们在治疗中理应得到医务人员高质量的医疗和人道的服务。精神病人的自主知情同意权、隐私保密权等都是不容忽视的。由于精神疾病的发病诱因多与心理因素相关，精神病人更需要心理安慰，更需要被尊重和被爱护。

精神病院能够提供最低标准的医疗和护理，满足基本治疗需要，包括人道的心理和物理环境、具有足够资格的工作人员，并提供个体化的治疗方案。精神病人有权利选择在限制最小的环境中接受治疗，即使是在强制治疗时也应尽可能少地限制病人的自由 (Dltmanns,Emery,2004)。从理论上讲，最小限制治疗的理念很容易被接受，但问题是如何实施，因为没有人能够明确界定，并且精神病院通常是无法做到的，社区医疗服务虽然可以提供最小限制治疗，但社区资源常常又无法满足实际干预的需要。

由于精神疾病的特殊性，对精神病人有强制治疗的问题，即当病情严重不能表达自己的意愿、对自己的言行缺乏自知力和自制力、无法判断自己的行为可能产生的后果时，有必要采取强制治疗。《中华人民共和国精神卫生法》第三十条规定精神障碍的住院治疗实行自愿原则，同时也指出"诊断结论、病情评估表明，就诊者为严重精神障碍患者并有下列情形之一的，应当对其实施住院治疗：（一）已经发生伤害自身的行为，或者有伤害自身的危险的；（二）已经发生危害他人安全的行为，或者有危害他人安全的危险的"。

2. 拒绝治疗的权利

如果精神病人认为机构提供的治疗是不适当的，同样有权利拒绝治疗。特别是当治疗违背病人的宗教信仰，或者有同样疗效且更容易接受的其他方法时，病人有权利对现有治疗予以拒绝。

当然，精神病人拒绝治疗的权利是有限的，特别是以下三种情况病人没有权利拒绝治疗(Holmes,1994)：其一，当病人被判定为无责任能力时没有权利拒绝治疗，因为没有责任能力的个体无法判断治疗是否适当。其二，如果病人属于强制入院，不可能有权利拒绝治疗,例如有自杀倾向的抑郁症患者、处于妄想状态的病人都没有权利拒绝服药。其三,即使有责任能力、自愿入院治疗的病人,如果其拒绝治疗将导致社区增加医疗费用时,同样没有权利拒绝治疗。

《中华人民共和国精神卫生法》第二十八条规定,"除个人自行到医疗机构进行精神障碍诊断外,疑似精神障碍患者的近亲属可以将其送往医疗机构进行精神障碍诊断。对查找不到近亲属的流浪乞讨疑似精神障碍患者,由当地民政等有关部门按照职责分工,帮助送往医疗机构进行精神障碍诊断。疑似精神障碍患者发生伤害自身、危害他人安全的行为,或者有伤害自身、危害他人安全的危险的,其近亲属、所在单位、当地公安机关应当立即采取措施予以制止,并将其送往医疗机构进行精神障碍诊断"。可见,精神障碍患者的近亲属、所在单位等在必要时对精神障碍患者有送医疗机构就诊的权利和责任。

3. 其他权利

尽管由于精神疾病的特殊性对精神病人有许多限制,但是应该注意保护病人的合法权利,而且保护病人的利益是最根本的出发点。

我国通常要求住院病人穿统一的病号服。在美国,精神病人有权利穿自己的衣服,但必须保证被认定是安全的(Holmes,1994)。例如,有自杀倾向的病人,不允许所穿的衣服上有带子等饰物以免被用作轻生的工具;妄想是"超人"的病人,不允许穿披肩、斗篷等以免病人以为穿上它就可以从高处飞下;试图逃离的住院病人,穿统一服装更容易被识别。

精神病人是否参加劳动则是一个特殊问题。从积极的方面看,患者参与建设性工作,不仅有助于提升自我概念,还可以减轻家庭或所属机构的负担;从消极的方面讲,如果机构强制病人劳动或者以谋取利益为目的,是不被允许的。但二者之间很难区分,例如精神病人擦洗地板,如果视病人为劳工就是不适当的,但如果看作是帮助病人学习承担责任,培养成就感和自豪感,就具有积极的意义。因此,精神病人是否参加劳动,主要取决于该项工作对病人而言是否具有治疗意义。

【案例 15-2】*

2019 年 6 月 6 日,谭先生与女朋友到端州区人民政府婚姻登记处要求办理结婚。婚姻登记员根据婚姻登记系统信息查询得知,女方曾因患精神病被前夫申请撤销结婚,但女方坚称目前精神病已治愈。端州区人民政府婚姻登记处答复:精神病患者不具有完全民事行为能力,不能在婚姻登记机关办理结婚,如果已经治愈必须在有资质的医院出具一份鉴定证明。经与当事人沟通,女方在肇庆市第三人民医院开具鉴定书,目前已与谭先生喜结连理。

---

* 肇庆市端州区民政局. 关于曾患精神病的人员申请结婚案例. (2019-06-07)[2022-06-20]. http://www.zqdz.gov.cn/zqdzmzj/gkmlpt/content/1/1340/post 1340403. html#6864.

该案例说明,精神病人虽然有权利管理个人事务,包括结婚、离婚、选举、签署合同等,但其权利通常是有限制的。在司法实践中,对于限制民事行为能力人能否结婚不可一概而论,要考虑精神病人的病情严重程度以及是否正处于发病期间。患有精神疾病不影响个体享有与其他社会成员同等的社会福利、人道保护等权利,不能以精神疾病为借口限制其公民权,但同时也要注意当精神病人被判定为无民事行为能力时,他们的权利必然受到限制。

二、精神病人对公共安全的影响

异常心理者,特别是肇事、肇祸精神病人对公共安全构成的威胁,日益引起公众的广泛关注。人们在痛心于伤者、死者无辜的同时,难免对精神病人肇事的可能性感到担忧。不过,Dltmanns 和 Emery(2004)曾指出,精神病人的危险性远远低于公众的知觉,大约 90% 的精神病人都没有暴力行为的历史。只有双相情感障碍、严重抑郁、精神分裂症等重性精神病人,尤其是处于精神分裂症或躁狂症活跃期、妄想状态的患者才可能构成威胁,而且因精神病人的危险行为而受害的通常不是街头的陌生人,而是其家人或朋友。

调查研究表明,精神病人出现肇事、肇祸行为,在很大程度上与未定期门诊随访、未按医嘱服药,以及监护人照顾不力有关(陈圣祺,2001)。也就是说,精神病人的肇事、肇祸行为除了与精神症状有关外,与社区管理最为相关(饶顺曾 等,2002)。需要澄清的是,有些精神病人确实存在潜在的危险性,但并不是所有的精神病人都会影响公共安全。

精神病人尤其是重性精神病人,在医学范畴属于残疾人,不应该受到社会的歧视。如果由于社会对精神病人的歧视而使他们因病失业或无法就业,他们将遭受心理上和经济上的双重打击,不仅可能对精神疾病的复发及康复造成消极影响,而且直接影响精神病人就医及生活质量,更容易造成对公共安全的威胁。精神病人是值得社会同情和公众关注的困难群体,其医疗、就业等合法权益同样应该受到保障,这不仅是社会公平的具体体现,同时也是公共安全免遭其害的根本保障。

三、精神病人的监管体系

无论精神病人的精神状态如何,都应当加强对其监护,不仅因为精神疾病复发的潜在风险,而且因为瞬间的刺激可能导致少数精神病人突然之间出现过激行为,对其个人以及社会构成威胁。重性精神病人始终潜伏着不稳定的因素,对他们的监护不容忽视。

但是,对精神病人的有效监护并不是简单地甚至是粗暴地把精神病人关在家中。精神病人被监护人监禁、虐待的事件时有发生。诸如丈夫锁妻子、母亲关儿子等,时间短的有几个月,时间长的可达二十年,其中衣不蔽体、食不果腹者并不罕见。在周围人看来,这些精神病人经常外出滋事,毁物伤人,其家属实在是不得已而为之,尽管具有相对的合理性,却是违背人道、伦理和法律的(见案例15-3)。另一方面,对精神病人的监护早已令家属不堪重负。有研究表明,近半数的精神分裂症患者亲属存在不同程度的心理问题及情绪问题,主要表现为紧张、抑郁和焦虑,SCL-90评分显著高于国内常模(陈德昌,陈蕾,2004;马玉红,2016)。

【案例15-3】

2003年2月,在重庆江津区,丈夫竟然用铁链将患精神病的妻子囚禁在地窖里。在长达一年的时间里,这个女人腰间拴着沉重的铁链,全身赤裸地在草堆里爬行,吃喝拉撒都在这个地窖里,如同一个被囚禁的动物。

令人吃惊的是,辖区的街道和相关部门都知情,但为了社会治安竟没有人管,有人甚至认为这就是对精神病人采取的强制措施。作为妻子监护人的丈夫,对患病的妻子有没有权利将其锁住囚禁呢?这样的囚禁不是在实施家庭暴力吗?对类似的精神病人,其家属以及社会该怎样合法对待呢?

(摘自《民主与法制时报》,2003年4月3日)

我国2004年启动了严重精神障碍管理治疗项目,2009年将重性精神疾病社区随访管理纳入国家基本公共卫生服务项目。同期,国家财政投入686万元作为启动资金,对精神分裂症、分裂情感性障碍、偏执性精神病、双相(情感)障碍、癫痫所致精神障碍、精神发育迟滞伴发精神障碍等患者进行管理治疗,简称"686"项目,具体工作包括:①登记、评估重性精神疾病患者,随访有危险行为倾向的患者;②免费向有危险行为倾向的贫困患者提供精神疾病主要药物治疗、应急处置、免费紧急住院、解锁救治关锁病人;③对重性精神疾病管理治疗项目相关人员进行培训(马弘 等,2011)。这些措施有利于保障精神病人的权利,改善他们的处境。

四、精神病人的危险性评估

无论从精神疾病临床治疗和护理的角度,还是从保证社会公共安全出发,精神卫生专业人员都必须评估精神病人的危险性。只有准确预测精神病人对自己或他人的潜在危险性,才能决定其是否需要强制入院接受治疗或强制留院继续治疗,才能决定对病人限制的程度和看护的等级,才能决定是否有责任联络相关部门做好预防工作。

对于有肇事、肇祸可能的精神病人而言,如果能够对其危险性进行预测和评估,有助于预防或减少危害的发生。毋庸置疑,预测危险性是精神卫生专业人员的职责,但预测的准确性并不令人满意(Nevid,Rathus,Greene,2000)。总的来讲,精神卫生专业人员倾向于过度预测危险性,即对可能没有危险性的个体也做出存在危险性的预测(Dltmanns,Emery,2004)。专业人员之所以过度谨慎,是因为他们认为,如果没有做出可能有危险的预测而实际上发生了暴力行为,后果可能更为严重。

1. 预测危险性的依据

事实上,不少心理卫生专业人员并不具备预测个体潜在危险性的特殊知识与技能。

研究表明,心理学家和精神病学家仅仅依靠访谈信息做出的临床判断远不如以该个体过去的暴力行为为依据做出的预测准确(Gardner et al.,1996;Mossman,1994)。也就是说,如果非专业人员了解个体过去暴力行为的历史,也可能更准确地预测个体潜在的危险性(Mossman,1994)。

因此,专业人员必须综合考虑多种因素,包括个体的性别、年龄、种族、婚姻状况、工作经历等背景资料,青少年时期的犯罪记录、过去暴力行为的历史、精神疾病住院史,以及酒精或药物滥用情况等都是重要的相关因素(Shaffer,Gould,Hicks,1994)。需要指出的是,个体过去有精神疾病并不代表一定是危险的,目前的精神症状能更准确地预测其潜在的暴力行为(Dltmanns,Emery,2004)。

2. 评估危险性的难题

导致无法准确评估个体危险性的因素有很多,主要包括以下六个方面(Nevid,Rathus,Greene,2000):

(1) 事前预测的问题。与在事情发生以后证明某行为是暴力行为相比,在事情发生之前预测某个体是否将做出暴力行为是极其困难的。

(2) 从一般推及特殊的问题。可能很多人有暴力倾向,但未必表现出暴力行为。根据对个体暴力倾向的总体知觉很难具体预测某个体是否会发生特定的暴力行为。

(3) 界定危险性的问题。判断个体是否具有危险性,首先要明确什么行为属于暴力或危险行为。谋杀、强奸或以致命武器攻击他人是暴力行为,那么鲁莽驾驶、毁坏资产、偷盗汽车等是否属于暴力行为,即使在专家中也缺乏一致性意见。

(4) 概率问题。尽管暴力行为触目惊心,但在个体水平上却是罕见事件,存在概率问题。以自杀行为为例,假定已知在临床人群中自杀率是1%,仍然很难准确预测此人群中某个人自杀的概率。

(5) 不可能直接泄露威胁。在心理治疗中,尽管来访者会透露其内心想法,但很少会清晰表明他可能对自己或他人构成危险。来访者发出的所谓危险信号常常是模糊的,治疗师只能从来访者敌对的态度和试图掩饰的信息中进行推测。

(6) 从医院行为预测社区行为。个体发生暴力行为常常与当时所处的情境有关。适应精神病院环境的人,不一定能够独立应对社区生活。单纯依靠个体在住院期间的行为,很难推测其进入社区后的潜在危险性。

3. 潜在危险性的评估方法

任何行为都是个体人格倾向性与所处的情境因素共同作用的结果,危险行为同样如此。精神卫生专业人员无法预测个体将会遇到什么样的情境,因此对危险性的评估主要集中在个体的人格方面。

关于个体人格方面的信息,通常可以通过两种途径获得:施测人格测验和了解个体的既往经历。人们通常认为,具有敌对性、攻击性和冲动性等特质的人更容易表现出暴力行为,人格测验可以揭示个体是否具有这些人格特质。了解个体既往的经历,例如该个体过去是否出现过攻击行为、是否有因为暴力行为而被拘禁的记录、是否曾经说过要做出攻击行为等,这些都是预测个体潜在危险性的有效指标。

五、精神病学拘禁

对于病情严重、肇事肇祸的精神病人来说,在对自己或他人构成即刻威胁的紧急情况下,可以由相关人员采取必要的强制措施对病人实行拘禁强制治疗,以确保自身及他人安全。这种违背个人意愿将其合法安置在精神病治疗机构的情况,称为精神病学拘禁(Nevid,Rathus,Greene,2000)。也就是我们通常所说的强制入院,但这种情况下的强制性更高。

精神病学拘禁区别于法律或刑事拘禁,如果罪犯因为精神失常而宣判无罪被安置在精神病治疗机构接受治疗,属于法律或刑事拘禁。精神病学拘禁区别于精神病人自愿入院,如果个体自愿到精神病治疗机构寻求医治,在提前告知院方后同样可以自愿出院。当然如果临床专业人员认为要求出院的病人可能对自己或他人构成危险,可以向法庭提出申请改为强制治疗。

1. 精神病学拘禁的标准

法律规定,只有那些确实患有精神疾病,而且对自己或他人构成清晰的、即刻的威胁时,才可以对其实行精神病学拘禁,对行为古怪或者不符合社会常规的个体不能将其强制送往精神病院。

在美国,实施精神病学拘禁的条件是:①对自己或他人构成危险;②无法满足进食、睡眠等基本生理需要;③不能对入院做出负责任的决定;④和/或需要医院的医疗和护理(Carson,Butcher,Mineka,1996)。

在我国,《中华人民共和国刑事诉讼法》第三百零二条规定,实施暴力行为,危害公共安全或者严重危害公民人身安全,经法定程序鉴定依法不负刑事责任的精神病人,有继续危害社会可能的,可以予以强制医疗。

2. 精神病学拘禁的程序

精神病学拘禁的程序(commitment process)因紧急状况和正常情形而有所不同。

在美国,紧急状况指精神疾病非常严重、对自己或他人构成严重威胁时,可立即将躁动的精神病人暂时禁闭在精神病院强制治疗。但这种强制性监禁有时间限制,通常不超过72小时。相关人员必须向法庭提交申请登记备案,否则被拘禁的个体有权利在72小时后要求出院。在美国不同地区有资格决定病人是否需要紧急拘禁的人员不同,有的州由医生决定,或者必须由精神卫生专业人员决定,还有由警察决定。在正常情形下只能由法庭发布拘禁命令,必须保证合法的诉讼程序。通常包括以下步骤:首先,相关人员例如病人的亲属、医生或专业人员向拘禁意见听证会提交申请;其次,由法官指定两名专业人员及时对病人评估,以确定是否需要拘禁;最后,法庭必须在14天之内举行听证会,以决定病人是否需要强制入院治疗,若有其他特殊原因可延长至30天之内。

如果法庭裁定病人需要住院治疗，收治医院必须在60天之内向法庭提交报告，陈述病人是否需要继续留院治疗，否则病人有权利要求出院。对于需要继续住院的病人，要求继续对病人的精神状况进行阶段性评估，并出具诊断证明，以确保精神病人不会被无限期地拘禁在精神病治疗机构(Dltmanns, Emery, 2004)。

在我国，《中华人民共和国刑事诉讼法》第三百零三条规定，公安机关发现精神病人符合强制医疗条件的，应当写出强制医疗意见书，移送人民检察院。对于公安机关移送的或者在审查起诉过程中发现的精神病人符合强制医疗条件的，人民检察院应当向人民法院提出强制医疗的申请。人民法院在审理案件过程中发现被告人符合强制医疗条件的，可以作出强制医疗的决定。对实施暴力行为的精神病人，在人民法院决定强制医疗前，公安机关可以采取临时的保护性约束措施。

第三节　心理卫生工作中的法律与伦理议题

一、精神卫生立法

自1938年法国颁布第一部《精神卫生法》以来，已经有100多个国家制定了精神卫生法。我国的香港和台湾地区也相继于20世纪90年代初颁布和修订了精神卫生领域的相关规定。世界卫生组织的精神卫生处于1995年提出《精神卫生保健法：十项基本原则》作为各国政府制定和修改精神卫生法的参考。

我国的精神卫生立法工作始于1985年，卫生部指定四川省卫生厅协同湖南省卫生厅起草草案，刘协和教授和他的团队起草《中华人民共和国精神卫生法（草案）》第一稿，至2012年正式立法，经历了27年的漫长岁月（谢斌，2013）。我国的精神卫生立法可以分为三个阶段：第一阶段是20世纪80年代的拓荒期，不仅国内没有可以借鉴的文本或相关规范，国际上也缺少可供参考的文献资料；第二阶段是20世纪90年代的观望期，这一阶段精神卫生立法进程几近停止，可能是由于当时经济高速发展使得经济领域立法成为法制建设的当务之急，也因为当时精神卫生政策和服务体系本身尚不健全使法律制度建设颇为困难；第三阶段是21世纪初的加速期，卫生部颁布的《中国精神卫生工作规划（2002—2010年）》总目标中明确提出，要加快制定精神卫生相关法律、法规和政策，并且开展《中华人民共和国精神卫生法（草案）》立法调研、起草、论证，及时报请国务院审核并送全国人大审议列入保障措施（卫生部 等，2003）。经许多专业工作者和立法机构多年的努力，《中华人民共和国精神卫生法》至2012年10月26日获得第十一届全国人大常委会第二十九次会议通过，于2013年5月1日正式实施；并于2018年4月27日经第十三届全国人大常委会第二次会议通过，作了修正。

《中华人民共和国精神卫生法》共有七章，第一章为总则，第二章为心理健康促进和精神障碍预防，第三章为精神障碍的诊断和治疗，第四章为精神障碍的康复，第五章为保障措施,第六章为法律责任,第七章为附则。主要内容包括:精神障碍患者的权益保障,强调精神障碍患者住院治疗实行自愿原则,精神障碍患者的治疗方案、出院、康复,各级政府及有关部门、社会团体、村民委员会和居民委员会、用人单位、各级各类学校、医疗卫生机构等在开展精神卫生的宣传和健康教育方面的责任等内容。

在精神卫生领域,地方性法规也起到了非常重要的规范作用。在《中华人民共和国精神卫生法》出台之前,上海市于2002年4月7日已经开始施行《上海市精神卫生条例》,这是中国第一部规范精神卫生方面工作的地方性法规,该《条例》后来于2014年修订。宁波市、杭州市、北京市、无锡市、武汉市等地立法工作也逐步开展,相继出台了地方性法规,对各地的精神卫生相关工作起到了积极的推动作用(狄晓康,肖水源,2012)。

《中华人民共和国精神卫生法》为我国精神卫生事业掀开了新的一页(陈一鸣,2013)。制定精神卫生的相关法律和法规,不仅可以保障精神障碍病人的权益,还可以规范心理卫生服务,推进心理卫生工作。以法律的形式明确了政府和各行政部门的职责,协调和组织各方面的力量,营造有利于心理卫生发展、有利于全民心理卫生素质提高、有利于精神障碍病人康复和回归社会的大环境,体现了政府领导、社会参与的特点。

二、心理卫生工作中的保密与预警责任

专业的心理学从业者在心理卫生工作中起到了积极的作用,同时在工作中不可忽略相关的伦理议题。应以善行、责任、诚信、公正、尊重为原则,保证和提升专业服务水准,保障寻求专业服务者和心理师的权益。

保护个人隐私权是各国法律发展的共同趋势,但保护隐私权是有限制的。在心理咨询与心理治疗过程中,来访者会说出内心的秘密,这涉及来访者个人隐私权的问题。《中国心理学会临床与咨询心理学工作伦理守则(第二版)》第3.2条明确了保密原则的例外情况:①心理师发现寻求专业服务者有伤害自身或他人的严重危险;②不具备完全民事行为能力的未成年人等受到性侵犯或虐待;③法律规定需要披露的其他情况。当从来访者提供的信息中得知其可能对他人或社会构成威胁时,专业人员应该注意:其一,法律予以保护隐私范围的限制,前提是个人隐私不侵犯他人,对社会没有实质性影响;其二,侵害隐私权方式的限制,如果为当事人的利益了解当事人的隐私、为社会公共利益公开他人隐私、发现来访者有明显自杀意图或为免于他人受到伤害而做的预防工作,不构成对个人隐私权的侵犯。

在实践中当来访者的隐私权与他人及社会的安全利益发生冲突时,心理卫生专业人员需要在二者之间进行权衡。通常认为,生命是人生最重要的权利,只要是为了来访者本人或他人的生命安全,专业人员有责任披露相关信息发出警告(戴庆康,2004),如果未及时警告,则有可能出现Tarasoff案件中的后果(见专栏15-1)。当然,专业人员应遵循最低披露原则,只涉及旨在保护来访者本人以及他人安全的相关信息。此外,如果病人已经被强制入院治疗,在这种情况下没有必要再披露相关的信息。

专业人员应该注意下列两点(马惠兰,2003)。其一,要遵守为来访者保密的职业道德。保密原则是对专业人员的基本要求,是治疗师与来访者之间建立互相信任的治疗关系的必要条件,是鼓励来访者畅所欲言的基本保障,同时也是对来访者人格及隐私权的尊重。其二,要知法懂法,依法行事。得知来访者有违法犯罪的问题时,应及时向司法机关反映情况,这是公民应尽的法律义务,不向司法机关反映情况一般也不会负知情不举的法律责任,但如果出主意帮助他人逃脱法律制裁就有可能触犯法律。

由此可见,来访者个人的隐私权是受法律保护的,但这种权利并不是绝对的。既然不可能做到绝对保密,专业人员有义务提前说明有可能披露隐私的情形,这是心理治疗开始阶段进行知情同意时解释工作必不可少的内容之一。

专栏 15-1

著名的 Tarasoff 案件

1969年,美国加利福尼亚大学的研究生 Prosenja Poddar 向 Tatiana Tarasoff 表达爱意被断然拒绝,感到抑郁接受心理治疗。在治疗过程中,Poddar 向心理治疗师透露了想在 Tarasoff 度完暑假回家后杀害她的想法。心理治疗师考虑到 Poddar 的潜在危险性,通知校园警察建议他们带 Poddar 到精神卫生机构接受治疗。但校园警察与 Poddar 谈话以后,认为他是理性的,在他承诺远离 Tarasoff 之后就释放了他。Poddar 于是终止了心理治疗。

不久,Tarasoff 被 Poddar 杀害。但由于 Poddar 被确认心智能力下降、患有偏执型精神分裂症,被从轻判罚为过失杀人罪,而不是谋杀罪。

Tarasoff 的父母对学校提出控告,认为在事件发生之前病人曾经向心理治疗师透露过要杀害死者的犯罪企图,但是心理治疗师没有采取合理的措施告知死者或其亲属,以避免危险的发生。

最高法院裁定,当心理治疗师有理由认为来访者对他人构成威胁时,有责任向可能的受害方提出警告(Nevid,Rathus,Greene,2000)。

也有专家指出,事实上真正实施危险行为的来访者并不多见。治疗师如果因为很少发生的个别情况违背保密原则,反而可能失去来访者的信任,有可能增加更多的危险。例如,来访者不再信任治疗师、不愿意倾诉内心的秘密,这样治疗师就很难帮助他们;有潜在暴力倾向的个体因为担心被治疗师揭发,不敢接受心理治疗;而治疗师为避免卷入法律纠纷,也可能回避讨论有关来访者暴力倾向的问题(Nevid,Rathus,Greene,2000)。

三、精神病人的司法鉴定

《中华人民共和国刑法》第十八条规定，精神病人在不能辨认或者不能控制自己行为的时候造成危害结果，经法定程序鉴定确认的，不负刑事责任，但是应当责令其家属或者监护人严加看管和医疗；在必要的时候，由政府强制医疗。间歇性精神病人在精神正常的时候犯罪，应当负刑事责任。尚未完全丧失辨认或者控制自己行为能力的精神病人犯罪的，应当负刑事责任，但是可以从轻或者减轻处罚。

精神病人的司法鉴定有严格的专业规定。《中华人民共和国刑事诉讼法》第一百四十六条规定，为了查明案情，需要解决案件中某些专门性问题的时候，应当指派、聘请有专门知识的人进行鉴定。2012年，国家认证认可监督管理委员会、司法部印发了《司法鉴定机构资质认定评审准则》，对提升我国精神疾病司法鉴定的质量，增强司法鉴定公信力和权威性起到了十分重要的作用（刘协和，2015）。

四、精神病人出庭受审的能力

为了保护精神失常的病人避免受到不公正的审讯，在法律上有一条基本原则，被指控为犯罪者必须有能力理解对他的指控以及司法程序，能够参与自己的辩护，才具有出庭受审的能力（competency to stand trial）。这里所说的能力，指被告理解不利于自己的法律程序的能力以及为自己辩护的能力，更重视个体的行为能力，而不是精神疾病的诊断标准，这一法律界定具有以下几个特点（Dltmanns，Emery，2004）：

（1）这里界定的能力指被告目前的精神状态，而以精神失常为由辩护是指被告在实施犯罪行为时的精神状态；

（2）这里界定的无责任能力区别于临床上对精神疾病的诊断，精神失常的个体从法律的角度可能仍然是有责任能力的；

（3）这里所说的责任能力强调被告理解刑事司法程序的能力，不是参与其中的意愿，例如被告拒绝与法庭指定的律师协商辩护，并不代表被告没有能力；

（4）这里要求被告必须具有的责任能力水平是相当低的，只有严重的精神障碍才可能被判定为无责任能力。

如果个体因为精神疾病无能力出庭受审，例如思维紊乱的精神分裂症发作期患者，他们的审讯将被延期。这类病人被监禁在精神病院接受治疗，目的是帮助其恢复受审能力，或者是被认定为不可能恢复受审能力。

在我国，《中华人民共和国刑事诉讼法》第二百八十一条规定，对于未成年人刑事案件，在讯问和审判的时候，应当通知未成年犯罪嫌疑人、被告人的法定代理人到场。但是，刑事诉讼法及相关解释对限制刑事责任能力精神病人的案件审理是否需要其法定代理人到场尚未做出明确规定。李熠杨（2021）认为，如果受审时对诉讼活动缺乏认识和判断能力，无法准确表达自己的意思，应参照刑事诉讼法对审理未成年人刑事案件的有关规定,通知被告人的法定代理人到庭参加诉讼。

需要说明的是,被告虽然具有责任能力并能够出庭受审,仍然可能因为患有精神障碍而被宣判为无罪;反过来,被告可能在一段时间内无责任能力出庭受审,恢复责任能力后出庭受审仍然可能被宣判为有罪。例如,妄想的患者,他们有能力理解诉讼程序,能够与辩护律师协商,但可能因为患有精神疾病而被宣判无罪。

五、精神失常辩护

通常情况下,个体可以控制自己的行为,因此必须为自己的行为负责,如果做了违法的事情就应该受到惩罚。但是,如果个体由于某些原因不能控制自己的行为,却坚持让他们为自己的行为负责,或为此接受惩罚,就是不适当的。于是,出现了精神失常辩护的概念。

在世界范围内,从历史的角度看,在英国早期的法律里非常明确,1843年精神失常辩护被收入法典(Dltmanns,Emery,2004)。精神失常辩护的基础信念是如果犯罪行为源于错乱的精神状态,而不是受个体自由意志支配的,此时不应让精神病人为其行为负责,也不应让精神病人为其行为受到惩罚(Holmes,1994)。精神失常辩护通常是在被告被起诉有罪后才提出医学证据,意图获得法庭的从轻处罚。《美国法典》(United States Code)第十八条对精神失常辩护的界定是,作为严重精神疾病或缺陷的后果,被告在实施犯罪行为时不能正确评价自己行为的性质或非法性(Dltmanns,Emery,2004)。在英国,精神失常辩护主要包括由于罹患严重精神疾病不负刑事责任因而无罪,以及由于罹患严重精神疾病负限制性责任等情况。英国《精神卫生法案(1983)》(Mental Health Act 1983)规定,为了使因精神疾病而无罪辩护成立,必须有两名以上的精神科医生出具证明,且至少一位必须具有精神卫生法案所要求的资质(见胡纪念,2005)。

事实上,在法庭上采用精神失常辩护的标准极为严格。在美国,所有刑事案件中提出精神失常辩护的案件只占1%,其中仅有25%的被告被确认是精神失常而被宣判为无罪;在英国,精神失常辩护实际上几乎是不存在的,每年只用于极少数的案例(Dltmanns,Emery,2004)。

【案例 15-4】[*]

2015年6月20日在南京市繁华路段,友谊河路与石杨路交叉口,发生一起惨烈车祸。一辆宝马七系轿车高速闯红灯通过路口,撞上正在左转弯的一辆马自达轿车。马自达轿车被撞解体,车上两人当场死亡。这一案件引发社会广泛关注。案发后,侦查机关委托南京脑科医院司法鉴定所对被告人王季进作案时的精神状态进行鉴定,鉴定意

---

[*] 赵兴武,郑雯. 南京"宝马车案"宣判,被告人王季进一审获刑11年. (2017-04-01) [2022-06-20]. https://www.chinacourt.org/article/detail/2017/04/id/2684471.shtml.

见为"被告人王季进作案时患急性短暂性精神障碍,有限制刑事责任能力"。法院审理期间,被害人薛某近亲属质疑南京脑科医院司法鉴定所的结论,申请重新鉴定。法院委托北京法大法庭科学技术鉴定研究所对被告人王季进的刑事责任能力再次予以鉴定,鉴定意见为"被告人王季进在案发前、案发当时处于精神病状态,2015年6月20日实施违法行为时评定为限制刑事责任能力"。法院认为,虽然王季进系限制刑事责任能力,但结合其犯罪行为的危险程度、造成的严重后果、事后未能积极赔偿,合议庭认为对其不适合减轻处罚,只能依法适当从轻,故法院一审判决被告人王季进犯以危险方法危害公共安全罪,判处有期徒刑十一年。

案例15-4说明,认定一个人是否患有精神病,是涉及民事和刑事的重大问题,有时还会引发舆论的争议。在我国,根据《中华人民共和国刑法》第十八条的规定,因精神病导致丧失辨认或者控制能力之时,必须经过法定程序鉴定确认,对其是否具有精神病还需要经过法庭的质证,被害人对鉴定有异议的也可以申请补充和重新鉴定。即使确认为精神疾病患者,是否可以认为其降低了行为人的责任能力,也需要法官根据具体犯罪的构成要件进行具体的判断(郭自力,2016),如案例15-4,法院认为,虽然王某系限制刑事责任能力,但结合其犯罪行为及其后果和他事后的表现,认为对其不适合减轻处罚,只能依法适当从轻。

关于精神失常与判刑轻重,罪犯是否患有精神障碍,是法官在宣判以前考虑的减轻惩罚的因素之一,特别是在可能宣判死刑的案件中必须要考虑的。从目前的发展趋势来看,在美国倾向于即使确认被告患有精神疾病,也像其他罪犯一样被判刑,但法庭会同时裁定给予精神疾病治疗,但如果是性犯罪,患有精神障碍往往成为延长拘禁期限加重惩罚的因素之一(Dltmanns,Emery,2004)。

关于精神失常与服刑,在英国将犯罪视为对社会的侵害,无论是正常人还是精神病人实施犯罪行为,都不影响其犯罪行为的性质,只会影响对行为人的处理方式。如果是精神病人杀了人,同样判决犯有谋杀罪,但由于被告是精神病人,所以不将其送入监狱,而是改送到专门为精神病犯人修建的医院医治和疗养,直到医疗小组确认其不致再次危害社会后,才可以将其释放。在我国,如果经司法鉴定罪犯确属精神病人,因为不负刑事责任通常由监护人领走,责令其家属或者监护人严加看管和医疗,在必要的时候由政府强制医疗。

第四节 我国心理卫生工作面临的挑战

一、心理卫生工作中的挑战

我国正处于社会变革时期,社会的变化给人们生活的方方面面带来显著的影响。

提高人们对心理卫生的认识,改善心理卫生服务的现状,加强应对灾难与危机心理干预的能力,是我国心理卫生工作面临的重要问题。

我国精神卫生事业发展面临以下挑战:一是精神卫生资源短缺,很多医院没有精神病学专科,约50%的县级医院没有精神科医生,长期以来我国精神卫生专业人才处于短缺状态,精神卫生服务体系面临巨大挑战;二是国际合作交流不足,应开展广泛的国际交流,提升精神卫生和精神病学领域的临床诊疗和医疗服务水平;三是心理危机干预体系薄弱,重大公共卫生事件下心理危机干预体系建设不足;四是精神障碍污名化问题,有精神问题者讳疾忌医,不愿意寻求专业帮助,害怕被贴上"精神病"的标签;五是精神卫生医疗服务能力低下,我国现阶段精神障碍治疗率较低等(潘锋,2020)。针对上述问题,心理卫生工作者还需要进行多方面的努力。

1. 提高国民心理健康素养

江光荣等人(2021)以系统的全国抽样调查方式,发现我国公众的心理健康素养总体处于中等偏低水平,提升心理健康素养的任务是极其艰巨的,在实践策略上应以提升心理疾病应对的素养作为工作重点。

在物质生活逐渐丰裕、生活更加便捷的基础上,公众开始关注心理健康,但对心理卫生问题还缺乏充分认识,忽视自身心理卫生需求、歧视精神障碍患者的现象仍然存在。面向公众开展心理卫生知识的宣传教育具有重要的意义。

(1) 面向大众的心理卫生工作。随着科学技术的发展与经济社会的进步,人们越来越关注心理层面的需要,在这种情况下对面向大众的心理卫生工作提出了更高的要求:①关注不同年龄群体的心理健康,要根据人生各个发展阶段的心理特点,制定不同年龄群体保持心理健康的基本原则和方法。②关注不同职业群体的心理健康,要了解不同职业领域的具体特点及其对心理健康的影响,制定不同群体维护心理健康的有效策略。③全面提高人口素质,培养健全人格,重视心理社会因素对心理健康的影响,促进个体在社会环境中的适应。④提升国民心理健康素养,建立维持积极心理健康状况的认知,提高对精神疾病的识别能力,加强寻求专业帮助的意识,减少精神疾病的污名效应,预防心身疾病和精神疾病的发生,提高生命质量。

(2) 正确认识精神疾病患者的心理卫生工作。一项对30名大学生对心理疾病的内隐和外显污名程度的研究,对他们采用了教育性和接触性两种干预策略对其对精神病人污名化状况的改善进行探索。结果发现,大学生被试在对精神病人的外显态度上没有明显的污名倾向,但内隐测验反映出他们仍然存在认知和情感层面的污名倾向;教育性、接触性干预策略有助于增进大学生对相关知识的了解,但未能改进大学生对心理疾病的内隐污名水平(张君睿 等,2019)。精神病人是社会上的困难群体,饱受疾病痛苦和偏见歧视的双重折磨,他们的合法权益和人格尊严尚未得到充分保障,需要引起全社会的关注。从某种程度上看,精神病人的心理卫生工作既是为了保证精神病人得到有效的治疗和监管,同时也是公共安全的保障。

精神疾病患者的心理卫生工作是长期的、系统的,我国在很多方面还有待加强和完善:

第一,保障精神病人的医疗及康复需求,精神病人通常需要长期的医疗与康复,常常给家庭带来极大的经济压力,只有实施低收费或免费治疗才能从根本上保证精神病人得到持续治疗,需要政府完善社会保障制度。

第二,加强社区精神卫生康复机构建设,大力培养精神科医护人员及社工专业人才,形成结构合理的专业人员队伍,以满足精神疾病患者社区精神卫生服务的实际需要。

第三,建立社会支持网络,向公众普及精神疾病常识,为精神病人营造宽容的社会环境,为精神病人的家属提供情感支持,保障精神病人的日常照顾,促进社会功能恢复。

消除公众对精神疾病的偏见,对精神病人多给予关心、帮助和支持,同时也可为精神病人的家属提供情感支持,营造宽松、宽容的社会环境,对精神病人的康复是相当重要的,这也是一项需要长期坚持的工作。

2. 有关精神疾病的治疗与康复

根据流行病学调查显示,我国 18 岁以上人口各类精神疾病(除痴呆外)的加权终生患病率为 16.57%(Huang et al.,2019),提示我国针对精神疾病患者治疗与康复工作的艰巨性。

我国面临的精神卫生工作中突出的问题是精神卫生资源非常匮乏且存在许多问题(王文萍,周成超,2018)。由于精神卫生机构工作条件、待遇等方面相对较差,加之普遍存在社会偏见,医学院校毕业生大多不愿意从事精神卫生工作,高层次人才流失相当严重,而现有的精神卫生专业服务人员存在专业技术不足、继续教育欠缺等问题。精神卫生专业队伍结构不健全、不合理,尤其是儿童、老年等专业的精神科医生严重不足,据 2020 年不完全统计,全国只有 4 万余名精神科专业医师,总体精神卫生医疗资源不足及分配不均,远远不能满足临床需求[*]。此外,各级各类精神卫生机构功能缺乏统一管理,定位不够明确。各级精神卫生医疗机构大多把重点定位在医疗,而预防和康复等功能相对薄弱。这些问题均亟待解决。

3. 有关重性精神病人的治疗和监管

重性精神病患者在就诊、治疗、管理等方面均有特殊性,尤其是有些重性精神病人在发病状态下可能丧失自知力和自制力,无法理智做出合理决策或控制自身行为,为保证安全常常需要予以人身约束,限制其处理事务的权利,或者强制性给予治疗等。

重性精神病人的治疗和监管仍面临以下问题:

其一,防治工作相关机制有待完善,社区精神障碍防治工作质量有待提升。李敏璐

---

[*] 贾艳滨."2021 年数字医疗高峰论坛"关注我国精神心理疾病群体.(2021-12-13)[2022-06-20]. https://www.sohu.com/a/507757220_100043155.

等人(2020)对深圳市龙岗区登记在册的750例重性精神疾病患者精神卫生服务需要及可及性调查显示,84.24%需要相应的精神卫生服务,13.67%能够及时获取精神健康知识,55.84%首次发病能够及时就诊;但龙岗区内尚无专业精神病人康复机构,至文章发表时有精神科执业医师11人,专职社工116人,可见近年来对精神卫生的投入已经取得成效,但仍需积极建设精神病人康复机构。

其二,精神卫生资源分配不合理,精神卫生资源缺乏地区精神病患者管理治疗仍面临困境。申柏岭等人(2012)对青海省海西州的调查显示,该地重性精神疾病管理治疗还是空白,尚未形成精神卫生防治网络,各级精神卫生机构人力不足,胜任力不强。虽然各类公共卫生项目繁多,但精神科医师能力有限,疲于应付。亟须加强各级各类人员的分级、分类培训,以增强各类人员的能力。

其三,全社会对精神疾病的认识不够,仍对精神病人持有偏见和歧视。仅以常见的抑郁症为例,不仅患病者不能识别,家属也认为病人是意志品质有问题;我国综合医院的医生对抑郁症的识别率远远低于发达国家。另外,多数重性精神疾病患者病后丧失自知力,拒绝治疗。这都给精神病人就医带来很大困难。

近年来,我国相继出台《严重精神障碍管理治疗工作规范》《精神障碍社区康复服务工作规范》等文件,明确各机构的职责及保障条件,规范了患者发现、诊断、登记、报告以及随访管理等工作规范。与此同时,我国在精神疾病防治康复工作中积极探索行之有效的管理模式,既符合国情又行之有效,极大地推动了对精神病人的防治康复工作。

二、对我国心理卫生工作的展望

总的来讲,我国的心理卫生工作已经取得了很大进步,但相对于民众日益增长的心理卫生服务需求还有待进一步发展。心理卫生事业的发展需要全社会的努力。我国正在采取一系列有效的应对措施,进行积极的努力。

(1)加强心理卫生知识的宣教,提高公众心理健康素养。各地应充分利用各类媒体资源宣传心理卫生知识,提高全民的心理健康意识,反对歧视精神疾病患者,营造宽松和谐的社会环境。教育部门应将心理卫生内容纳入健康教育课程,促进青少年的身心健康发展。

(2)加强社会心理服务体系建设,扶持和发展社区服务。贯彻预防为主的方针,培育自尊自信、理性平和、积极向上的社会心态,将心理卫生社区服务做到普及化、普惠化,充分发挥家庭在精神病人监护方面的积极作用,推动社区预防、治疗及康复工作一体化。

(3)加大对心理卫生工作的投入,合理配置心理卫生资源。将心理卫生工作纳入社会和经济发展计划,在政策和资金上对心理卫生事业给予必要的支持和倾斜。积极培养心理卫生专业人才,对心理卫生资源实行科学规划、合理布局和结构调整。

综上所述,目前我国正处于经济转型的发展时期,社会对心理卫生服务需求日趋增加,我国应该建立和完善政府领导、各相关部门协同配合,以及社区和个人积极参与的心理卫生服务网络,精神卫生医疗机构与社区康复机构的工作相协调,加快建设社会心理服务体系,共同推动心理卫生事业的发展。

小　　结

习近平总书记在党的二十大报告中提出"重视心理健康和精神卫生",这对新时代做好心理健康和精神卫生工作提出了明确要求。心理健康和精神卫生是公共卫生的重要组成部分,也是重大的民生问题和突出的社会问题。近年来,心理健康和精神卫生工作已经纳入全面深化改革和社会综合治理范畴,设立了国家心理健康和精神卫生防治中心,开展社会心理服务体系建设试点,探索覆盖全人群的社会心理服务模式和工作机制。心理健康和精神卫生工作是一项系统工程,需要从公众认知、基础教育、社会心理、患者救治、社区康复、服务管理、救助保障等全流程加大工作力度,以适应人民群众快速增长的心理健康和精神卫生需求*。

心理卫生涵盖了与人的心理健康有关的各个方面,既包括对轻度心理异常的心理咨询与治疗,也包括对精神疾病的治疗与康复。

心理卫生工作不仅要保障精神病人的合法权利,还要避免某些重性精神病人危及公共安全。为避免精神病人对自己、对他人造成伤害,需要准确预测精神病人潜在的危险性,以决定是否需要强制入院。对于病情严重、肇事肇祸的精神病人,当构成即刻的威胁时可以实行精神病学拘禁。

个体因精神失常而无能力出庭受审时,对他们的审讯将被延期。实施危害行为者经法律程序确认是精神病人时,可依法减轻刑事责任。此外,心理治疗专业工作伦理规定,专业人员在临床实践中应尊重来访者的隐私权,严格遵守保密原则,但是当涉及生命安全时专业人员有警告的责任。

我国的精神卫生立法极大地推动了心理健康服务的发展,同时也面临着诸多挑战,只有政府与各级相关部门积极配合,依靠专业人员和全体人民的共同努力,才能推动我国心理健康和精神卫生事业的健康发展。

思　考　题

1. 通过阅读本章你对精神病人的权利有何新的认识?
2. 心理异常中有哪些是涉及法律方面的问题?
3. 你对心理治疗工作中心理治疗师肩负的保密与警告的责任如何看待?
4. 你对我国的心理卫生领域应进行的工作有哪些思考和建议?

推 荐 读 物

巴洛,杜兰德.(2017).变态心理学:整合之道. 7 版. 黄铮,高隽,张婧华,等,译. 北京:中国轻工业出版社:650-668.

比尔斯.(2000).一颗找回自我的心. 陈学诗,等,译. 北京:中国社会科学出版社.

---

* 党的二十大报告学习辅导百问编写组. 二十大报告辅导百问:为什么要重视心理健康和精神卫生?(2023-03-08) [2022-06-20]. https://www.12371.cn/2023/03/08/ARTI1678267963473487.shtml.

福柯.(2003).疯癫与文明:理性时代的疯癫史.刘北成,杨远婴,译.北京:生活·读书·新知三联书店.

《社会心理服务体系建设实践指导》编委会.(2021).社会心理服务体系建设实践指导.北京:中国人民大学出版社.

参 考 文 献

Burger, J. M. (2010). 人格心理学. 第七版. 陈会昌, 等, 译. 北京: 中国轻工业出版社.
Hyman, S. E. (2003). 让精神疾病原形毕露. 科学美国人(中文版), 11: 75-81.
Kennerley, H. (2000). 战胜焦虑. 施承孙, 等, 译. 北京: 中国轻工业出版社.
Tölle, R. (1997). 实用精神病学: 第 10 版. 王希林, 译. 北京: 人民卫生出版社.
阿依夏木·艾合买提. (2011). 谈新疆少数民族吸食大麻人员焦虑心理的自我矫正. 新疆警察学院学报, 31(3): 24-28.
安然. (2017). 加拿大: 发布咖啡因安全摄入量 健康成人每天不得高于 400 毫克. 中国食品, (12): 67-67.
安婷, 王丹, 陈琛, 等. (2015). 惊恐障碍病因及诊治研究进展. 国际精神病学杂志, 42(5): 68-73.
巴洛. (2004). 心理障碍临床手册: 第三版. 刘兴华, 黄峥, 徐凯文, 刘鑫, 李波, 译. 北京: 中国轻工业出版社.
巴洛, 杜兰德. (2017). 变态心理学: 整合之道: 第七版. 黄峥, 高隽, 张婧华, 等, 译. 北京: 中国轻工业出版社.
鲍利克. (2002). 国际心理学手册. 张厚粲, 等, 译. 上海: 华东师范大学出版社.
比尔斯. (2000). 一颗找回自我的心. 陈学诗, 等, 译. 北京: 中国社会科学出版社.
彼得森. (2002). 变态心理学. 杜仲杰, 沈永正, 杨大和, 等, 译. 新加坡: 国际汤姆森出版公司.
波林. (1981). 实验心理学史. 高觉敷, 译. 北京: 商务印书馆.
布彻, 米内卡, 霍利. (2004). 变态心理学: 第 12 版. 影印本. 北京: 北京大学出版社.
布彻, 米内卡, 霍利. (2015). 变态心理学: 布彻带你探索日常生活中的变态行为: 第 2 版. 王建平, 吕殊阳, 符仲芳, 译. 北京: 机械工业出版社.
蔡焯基, 汤宜朗. (2000). 精神分裂症——病因、诊断、治疗、康复. 北京: 科学出版社.
蔡志基. (1999). 全球毒品问题的现状与动向. 中国药物依赖性杂志, 8(1): 7-11.
陈楚芳, 郭非, 陈祉妍. (2021). 父亲共同养育对青少年抑郁的影响: 母亲心理控制和青少年坚毅的多重中介作用. 中国临床心理学杂志, 29(4): 734-738.
陈德昌, 陈蕾. (2004). 精神分裂症患者亲属的心理健康状况调查分析. 中华医学实践杂志, 3(4): 332-333.
陈弘道. (1984). 精神病症状学. 合肥: 安徽科技出版社.
陈婧, 肖翠萍. (2017). 机器人技术在自闭症儿童干预中的应用. 中国临床心理学杂志, 25(4): 789-792.
陈珏. (2013). 进食障碍. 北京: 人民卫生出版社.

陈珏．(2019)．进食障碍诊疗新进展及其对全科医生的启示．中国全科医学志,22(8)：873-881．

陈珏,陈兴时,楼翡璎,等．(2011)．神经性厌食患者事件相关电位CNV的研究．临床精神医学杂志,21(6)：378-380．

陈珏,张明岛,林治光,等．(2008)．神经性厌食患者血小板5-羟色胺浓度的对照研究．上海精神医学,20(4)：196-199．

陈丽华,苏少冰,叶枝,等．(2015)．同伴饮酒人数与青少年饮酒行为：饮酒动机的中介作用．中国临床心理学杂志,23(6)：1079-1083．

陈荣富,张富强,周文华,等．(2006)．酒依赖治疗药物研究进展．中国药物滥用防治杂志,12(5)：279-281．

陈圣祺．(2001)．肇事肇祸精神病人35例的社区管理．现代康复,5(2)：124．

陈婷．(2017)．汶川不相信眼泪——纪念5·12汶川大地震九周年随笔．城市与减灾,(3)：48-50．

陈曦,钟杰,钱铭怡．(2004)．社交焦虑个体的注意偏差实验研究．中国心理卫生杂志,18(12)：846-849．

陈向明．(2000)．质的研究方法与社会科学研究．北京：教育科学出版社．

陈晓东,陈刚,王金明,等．(2021)．整形美容人群中躯体变形障碍患病率meta分析．中华整形外科杂志,37(4)：380-387．

陈晓鸥．(2017)．神经性厌食症的治疗进展．四川精神卫生,30(1)：93-96．

陈欣,蒋维连．(2015)．员工援助计划服务对手术室护士职业价值观和工作压力的影响．中国实用护理杂志,31(33)：4-6．

陈彦芳．(2001)．CCMD-3相关精神障碍的治疗与护理．济南：山东科学技术出版社,368-418．

陈一鸣．(2013)．解读《精神卫生法》．精神医学杂志,26(3)：216-218．

陈熠,岳英,宋立升．(2000)．精神病患者家属病耻感调查及相关因素分析．上海精神医学,12(3)：153-154．

陈玥,祝卓宏．(2019)．接纳承诺疗法在抑郁症治疗中的应用(综述)．中国心理卫生杂志,33(9)：679-684．

陈祉妍．(2003)．短程心理动力学疗法．见钱铭怡主编：心理治疗．长春：吉林教育出版社．

陈仲庚．(1985)．变态心理学．北京：人民卫生出版社．

陈仲庚．(1992)．实验临床心理学．北京：北京大学出版社．

陈仲庚,张雨新．(1986)．人格心理学．沈阳：辽宁人民出版社．

陈仲庚．(1997)．人格障碍的概念、历史与特征．金秋科苑,2,20-21．

丛征途．(2009)．惊恐障碍的认知模式及认知-行为治疗对其认知模式影响的研究．沈阳：中国医科大学．

崔界峰,王健,范宏振,等．(2012)．中文版韦氏成人智力量表和记忆量表第四版(WAIS-Ⅳ & WMS-Ⅳ)的修订和标准化过程：第十五届全国心理学学术会议论文摘要集．[S. l.]：[s. n.]．

崔玉平．(2005)．金星画传．北京：团结出版社．

大凡．(1999)．不见硝烟的战争．今日海南,(12)：50-53．

大原浩一,大原健士郎．(1995)．森田疗法与新森田疗法．北京：人民卫生出版社．

戴庆康．(2004)．有关精神病治疗和病人权利保护的若干问题．医学与社会,17(1)：40-43．

戴文杰,陈龙,谭红专,等.(2016).社会支持及应对方式对洪灾创伤后应激障碍慢性化的影响.中华流行病学杂志,37(2):214-217.

戴赟.(2022).高校心理危机干预工作的现状及相关文件解读.心理学通讯,5(2):97-105.

狄晓康,肖水源.(2012).我国大陆地区六部地方性精神卫生条例内容的评估.中国心理卫生杂志,26(1):1-5.

底晓静,赵保路.(2011).烟碱依赖和祛烟碱依赖研究进展.中国烟草学报,17(3):71-77.

丁欣放,李岱.(2018).虚拟现实暴露疗法治疗焦虑障碍的随机对照试验meta分析.中国心理卫生杂志,32(3):191-199.

董兰,张功法.(2016).电子健康档案对社区严重精神障碍患者管理效果探讨.精神医学杂志,29(1):39-42.

杜江,钟娜,Poznyak,等.(2018).ICD-11精神与行为障碍(草案)关于物质使用障碍与成瘾行为障碍诊断标准的进展.中华精神科杂志,51(2):90-92.

杜娟.(2007).物质滥用者的人格特质、人格障碍及其评估.中国药物滥用防治杂志,13(2):99-103.

杜楠.(2019).我国智力障碍儿童教育评估困境与发展——基于美国特殊教育评估的经验.社会工作与管理,2019,19(6):72-78.

杜启峰,于妍,李功迎,等.(2013).社交焦虑障碍的家系对照研究.中华临床医师杂志(电子版),7(11):4766-4769.

杜睿,江光荣.(2015).自杀行为的分类与命名:现状、评述及展望.中国临床心理学杂志,23(4):690-694.

杜学东,董成惠.(1983).古代中医的医学心理思想与心理治疗.见中国心理学会医学心理学专业委员会、河南省心理学会医学心理学专业委员会编:心理治疗参考资料(第一期),5-10.

端义扬,姜漪华.(1993).咖啡因对精神活动的影响.国际精神病学杂志,20(1):16-20.

范青,马玮亮,季建林.(2005).女性进食障碍的心理社会学因素研究.国外医学妇幼保健分册,16(1):55-57.

符仲芳,徐慰,王建平.(2015).依恋焦虑、囤积和负性情绪的关系:囤积信念的中介作用.中国临床心理学杂志,23(4):660-664.

付翠.(2001).元认知模型:广泛性焦虑障碍研究中的新理念.医学与哲学,22(12):56-58.

付培鑫,吕秋霖,王红星.(2005).大麻使用障碍的治疗进展.国际精神病学杂志,32(4):246-249.

傅宏.(2000).儿童青少年心理治疗.合肥:安徽人民出版社.

格里格,津巴多.(2003).心理学与生活.王垒,王甦,等,译.北京:人民邮电出版社.

龚耀先.(1981).Wechsler成人智力量表和临床应用.国际精神病学杂志,(1):1-5.

龚耀先.(1983).韦氏成人智力量表在我国的修订.心理学报,13(3):362-366.

龚耀先.(1986).H.R.B.成人成套神经心理测验在我国的修订.心理学报,11(4):433-442.

龚耀先.(1992).韦氏成人智力量表手册.长沙:湖南地图出版社.

龚耀先.(2003).心理评估.北京:高等教育出版社,68-79.

龚耀先,戴晓阳.(1986).中国韦氏幼儿智力量表(CWICSI)手册.长沙:湖南地图出版社.

缑梦克,陈慧菁,钱铭怡.(2019).社交焦虑的网络认知行为干预及其在中国文化下的应用.中国心理卫生杂志,33(9):672-678.

谷向东,郑日昌.(2004).员工援助计划:解决组织中心理健康问题的途径.中国心理卫生杂志,18(6):398-399.

关建军,杨军.(2012).1000例慢性酒精中毒患者临床资料及脑电图分析.中国药物滥用防治杂志,18(1):23-25.

郭慧,李文武,张惠霞,等.(2012).2010年河南省苯丙胺类物质滥用者特征描述及防治对策.中国药物依赖性杂志,21(2):128-131.

郭坤亮,季克良,王昌禄.(2005).酒精代谢及其相关基因遗传多态性.酿酒科技,(7):36-38.

郭薇薇,姚磊,熊伟.(2015).大麻镇痛机制.中国疼痛医学杂志,21(8):561-566.

郭亚飞,金盛华,王建平,等.(2015).DSM-5精神分裂症谱系的新变化:类别与维度之争.心理科学进展,23(8):1428-1428.

郭自力.(2016).论刑法中的精神病辩护规则——以美国法为范例的借鉴.法学,1:88-96.

国家认监委,司法部.(2012).司法鉴定机构资质认定评审准则.(2012-09-14)[2023-05-23]. https://www.pkulaw.com/chl/d1d9948b9eaefceabdfb.html?

国家卫生健康委.(2018).严重精神障碍管理治疗工作规范.(2018-05-28)[2023-05-26]. https://www.gov.cn/gongbao/content/2018/content_5338247.htm.

国家卫生健康委办公厅.国家卫生健康委办公厅关于印发精神障碍诊疗规范(2020年版)的通知.(2020-12-07)[2023-05-05].http://www.nhc.gov.cn/yzygj/s7653p/202012/a1c4397dbf504e1393b3d2f6c263d782.shtml.

国家卫生健康委,中宣部,中央文明办,等.(2019).关于印发健康中国行动——儿童青少年心理健康行动方案(2019-2022年)的通知.(2019-12-18)[2023-06-05].https://www.gov.cn/xinwen/2019-12/27/content_5464437.htm.

国家卫生健康委,中央政法委,中宣部,等.(2018).全国社会心理服务体系建设试点工作方案.(2018-12-04)[2023-06-27].http://www.nhc.gov.cn/jkj/s5888/201812/f305fa5ec9794621882b8bebf1090ad9.shtml.

国务院应对新型冠状病毒肺炎疫情联防联控机制.(2020).关于印发新型冠状病毒肺炎疫情防控期间心理援助热线工作指南的通知.(2020-02-07)[2023-06-12].https://www.gov.cn/xinwen/2020-02/27/content_5484047.htm.

韩美芳,李桂松,侯峰,等.(2011).吸毒者社会支持、认知和心理压力相关性研究.中国药物依赖性杂志,20(6):451-454.

韩永华,周凤,小岛卓也.(1999).精神分裂症患者及其一级亲属探究性眼球轨迹运动的研究.中华精神科杂志,32(1):27-29.

韩煦,李雪霓.(2018).《动机与心理教育自助手册》介绍及干预进食障碍患者的病例报告.心理月刊,(10):1-3.

郝伟.(2001).精神病学:第四版.北京:人民卫生出版社,43-54.

郝伟,陆林.(2018).精神病学:第8版.北京:人民卫生出版社.

郝伟,王学义,周小波,等.(2017).酒精相关障碍的临床表现.中国药物滥用防治杂志,23(4):192-195.

郝伟,杨德森. (1995). 我国饮酒现状,预测及对策. 中国临床心理学杂志,(4):243-248.

何权瀛. (2013). 烟草历史之一瞥. 中华结核和呼吸杂志,(1):32.

何燕玲,张明园. (2000). 阳性和阴性症状量表的中国常模和因子分析. 中国临床心理学杂志,8(2):65-69.

贺金波,郭永玉,柯善玉,等. (2008). 网络游戏成瘾者认知功能损害的 ERP 研究. 心理科学,31(2):6.

侯彩兰,李凌江. (2006). 创伤后应激障碍和人格特征的关系. 中国心理卫生杂志,20(4):256-258.

胡华,杜向东,邓伟. (2004). 惊恐障碍临床特征及误诊分析. 中国误诊学杂志,4(10):1579-1581.

胡纪念. (2005). 英国精神病法庭辩护简介. 法律与医学杂志,12(1):67-68.

胡强,万玉美,苏亮,等. (2013). 中国普通人群焦虑障碍患病率的荟萃分析. 中华精神科杂志,46(4):204-211.

胡庆菊,谭秀梅,梁炜明,等. (2017). 15 例拔毛癖的临床分析. 中国健康心理学杂志,25(11):1627-1630.

黄继真,赖淑珍,魏永超. (2001). 癔症心理治疗体会. 中原精神医学学刊,7(3):167.

黄佳,陈楚侨. (2018). 精神分裂症内表型. 科学通报,63(2):127-135.

黄倩. (2016). 囤积障碍发病机制的研究概况. 中国临床新医学,9(8):756-759.

黄兴兵,梅芳,张晋碚,等. (2005). 惊恐障碍患者血儿茶酚胺和皮质醇水平的研究. 中国行为医学科学杂志,14(1):77-78.

霍克. (2010). 改变心理学的 40 项研究. 白学军,等,译. 北京:人民邮电出版社.

纪术茂,戴郑生. (2004). 明尼苏大多相人格调查表. 北京:科学出版社,1-40.

季建林. (2003). 精神医学. 上海:复旦大学出版社.

季建林. (2015). 中国抑郁障碍防治指南修订与抑郁障碍的规范治疗. 中华行为医学与脑科学杂志,24(4),2.

贾梦潇,王翰,张岫竹. (2016). 创伤应激障碍综合征的发展历史与诊断标准的进展. 创伤外科杂志,18(8):507-509,512.

贾晓明,钱铭怡,韩布新,等. (2020). 专业学术组织在抗疫心理援助中的工作范式——以临床心理学注册工作委员会为例. 心理学通讯,3(1):4-12.

江光荣,李丹阳,任志洪,等. (2021). 中国国民心理健康素养的现状与特点. 心理学报,53(2):182-198.

姜帆,安媛媛,伍新春. (2014). 面向儿童青少年的创伤聚焦的认知行为治疗:干预模型与实践启示. 中国临床心理学杂志,22(4):756-760.

姜美俊,郝伟. (2002). 阿片类物质对机体免疫系统的影响. 中国临床心理学杂志,10(1):77-80.

姜乾金. (2002). 医学心理学. 北京:人民卫生出版社,95-100.

蒋凌月,宋凯. (2017). 云南边疆地区大麻滥用问题初探——基于临沧市大麻滥用者的案例研究. 中国药物依赖性杂志,26(5):79-81,84.

教育部办公厅.教育部办公厅关于加强学生心理健康管理工作的通知. (2021-07-12)[2021-11-

11]. http://www.moe.gov.cn/srcsite/A12/moe_1407/s3020/202107/t20210720_545789.html.

亢清,陈珏,蒋文晖,等.(2014).神经性厌食患者的家庭环境特征与临床症状.中国心理卫生杂志,28(10):735-740.

克林,约翰逊,戴维森.(2016).变态心理学:第12版.王建平,等,译.北京:中国轻工业出版社.

李辞,曹建琴,李甜甜,等.(2019).社交焦虑障碍大学生对愤怒、厌恶面孔的注意偏向成分分析.中华行为医学与脑科学杂志,28(4):337-342.

李丹阳,程寅,梁红,等.(2021).对新冠疫情期间我国427条心理热线服务现状的调查.中国临床心理学杂志,29(3):633-638,647.

李定一.(1997).中华史纲.北京:北京大学出版社,264-270.

李功迎,宋思佳,曹龙飞.(2014).精神障碍诊断与统计手册第5版解读.中华诊断学电子杂志,2(4):310-312.

李佳岭,冯先琼.(2020).脊髓损伤患者创伤后应激障碍、社会支持与生存质量的现状调查及相关性分析.中国医学科学院学报,42(6):723-731.

李敬阳,韩东良.(2009).社交焦虑障碍神经生物学机制的功能磁共振成像研究.中国医药指南.7(13):45-47.

李静,郭万军,王传升,等.(2017).酒精使用障碍的药物治疗.中国药物滥用防治杂志,23(6):16-21.

李敏璐,王承敏,张星,等.(2020).深圳市龙岗区重性精神疾病患者精神卫生服务需要及可及性调查.安徽预防医学杂志,26(4):262-266.

李武,胡春凤,李龙飞,等.(2007).男性海洛因依赖者注意力改变的研究.中华行为医学与脑科学杂志,16(1):28-30.

李献云,许永臣,王玉萍,等.(2002).农村地区综合医院诊治的自杀未遂病人的特征.中国心理卫生杂志,16(10):681-684.

李献云,费立鹏,王玉萍,等.(2003).冲动性与非冲动性自杀未遂的比较.中国神经精神疾病杂志,29(1):27-31.

李心天.(1998).医学心理学.北京:北京医科大学-中国协和医科大学联合出版社,471-506.

李新旺,白一鹭.(2013).消防员创伤后应激障碍研究现状与展望.首都师范大学学报(社会科学版),(2):151-156.

李亚茹,王婧,赵丽云,等.(2018).中国成年人饮酒习惯及影响因素.中华流行病学杂志,39(7):898-903.

李艳玲.(2005).暗示在癔症护理中的作用.齐鲁护理杂志,11(1):70.

李焰,杨振斌.(2020).我国高校心理健康教育的特色.中国高等教育,(8):18-20.

李熠杨.(2021).限制刑事责任能力精神病人受审时应通知其法定代理人到庭.人民司法,8;41-44.

李振辛.(2019).二十世纪美国LSD的滥用经验教训对我国新精神活性物质(NPS)管控的启示.云南警官学院学报,(3):7-11.

梁宝勇.(2002).变态心理学.北京:高等教育出版社.

梁耀坚, 钟杰. (2006). 用"代际-脑-经验模型"理解边缘性人格障碍的病理机制. 中国临床心理学杂志, 14(3): 258-262.

林传鼎, 张厚粲. (1986). 韦氏儿童智力量表-中国修订本. 北京: 北京师范大学出版社.

林丹华, 杨阿丽, 王芳, 等. (2009). 工读学校学生的物质滥用行为及其关键影响因素分析. 心理发展与教育, 25(4): 101-108.

林红. (2020). 社区心理健康服务网格化管理体系的理论探索. 心理学进展, 10(1): 33-40.

蔺秀云, 方晓义, 赵俊峰, 等. (2009). 受艾滋病影响儿童的PTSD表现和影响因素分析. 心理科学, 32(6): 1491-1493, 1487.

刘方圆, 张仲明. (2018). 注意偏向矫正训练对强迫症的干预. 心理科学进展, 8(3): 431-441.

刘黎明, 施大庆. (2012). "吸毒者人格"与青少年药物滥用. 中国药物滥用防治杂志, 18(4): 199-200.

刘强, 陈珏, 楼翡璎, 等. (2010). 神经性厌食的事件相关电位P300的实验研究. 上海精神医学, 22(3): 144-146.

刘秋波. (2013). 中重度智力障碍学生心理干预个案研究. 绥化学院学报, 33(4): 131-134.

刘士协, 杨德森. (1985). 精神分裂症与脑器质性疾病患者Halstead-Reitan成套测验(HRB)比较研究. 中国神经精神疾病杂志, 11(2): 79-82.

刘树瑜, 章秀明, 钟杰. (2018). 少年精神病态特质量表中文修订版信效度研究. 中国心理卫生杂志, 32(8): 682-688.

刘铁榜, 王晓萍, 白雪光, 肖家宏, 臧德馨. (1992). 伴贪食诱吐的神经性厌食症. 中华神经精神科杂志, 25(1): 22-24.

刘笑晗, 陈明隆, 郭静. (2022). 机器学习在儿童创伤后应激障碍识别及转归预测中的应用. 心理科学进展, 30(4): 851-862.

刘协和. (2015). 试论我国精神疾病司法鉴定面临的问题. 中国司法鉴定, 6: 27-36.

刘彦明, 胡忠心. (2007). 251例慢性酒精中毒所致精神障碍临床分析. 中国健康心理学杂志, 15(6): 488-489.

刘艳棠, 周万绪, 毕小平. (2017). 浅谈美沙酮在戒毒治疗中的应用现状. 中国药物滥用防治杂志, 23(1): 49-51, 62.

刘韫宁, 刘江美, 刘世炜, 等. (2017). 2013年中国居民吸烟对归因死亡和期望寿命的影响. 中华流行病学杂志, 38(8): 1005.

刘肇瑞, 黄悦勤, 马超, 等. (2017). 2002-2015年我国自杀率变化趋势. 中国心理卫生杂志, 31(10): 756-767.

刘志民, 宫秀丽, 周萌萌, 等. (2014). 中国氯胺酮滥用问题调查报告. 中国药物依赖性杂志, 23(5): 321-323.

刘忠华, 张开镐. (1999). 阿片类药物依赖性的分子机制. 中国药物依赖性杂志, 8(2): 86-89.

柳静, 王铭, 孙启武, 唐光蓉. (2022). 我国大学生心理咨询与危机干预的管理现状调查. 中国临床心理学杂志, 30(2): 477-482.

陆遥, 何金波, 朱虹, 吴思遥, 蔡太生, 胡献, 毛巍巍. (2015). 父母教养方式对青少年进食障碍的影响: 自我控制的中介作用. 中国临床心理学杂志, 23(3): 473-476.

路敦跃,张丽杰. (1992). 防御机制研究进展. 国外医学精神病学分册,19(2):69-72.

罗羚尹. (2019). 大麻合法化之国际趋势与争议. 中国药物滥用防治杂志,25(3):130-138.

罗斯(Ross,P.). (2003). 读出人的思想. 科学美国人(中文版). 11,52-55.

罗跃嘉. (2006). 认知神经科学教程. 北京:北京大学出版社,281-287.

吕红霞,郭本玉,王苹. (2005). 暗示疗法治疗儿童癔症30例的疗效观察. 职业与健康,21(4):613.

吕淑云,徐向东,路霞,等. (2014). 暴力事件女性伤员人格及应对方式与心理健康状况的关系. 中国全科医学,17(16):1902-1905.

马含俏,张曼华. (2020). 我国社区心理健康服务体系研究. 医学与社会,33(8):67-72.

马弘,刘津,何燕玲,等. (2011). 中国精神卫生服务模式改革的重要方向:686模式. 中国心理卫生杂志,25(10):725-728.

马惠兰. (2003). 心理咨询与治疗人员如何处理涉及来访者个人隐私而引发的法律问题. 中国心理卫生杂志,17(10):724-726.

马佳,静进,何珊茹,等. (2005). 深圳市儿童青少年学习障碍认知特征分析,中国全科医学,8(11):901-902.

马晓年. (2004). 现代性医学. 北京:军事出版社.

马玉红. (2016). 精神分裂症患者亲属心理健康状况调查及心理干预效果分析. 临床心身疾病杂志,22(5):86-88.

迈耶,萨门. (1988). 变态心理学. 丁煌,李吉全,武宏志,译. 沈阳:辽宁人民出版社.

美国精神医学学会. (2015). 精神障碍诊断与统计手册:第5版. 张道龙,等,译. 北京:北京大学出版社.

孟凡强,侯冬芬. (1995). 森田疗法治疗神经性贪食症一例. 中国心理卫生杂志,9(6):270.

孟莉,侯志瑾,张岚. (2005). 心理咨询与治疗的研究. 中国心理卫生杂志,(1):64-65.

孟昭兰. (1994). 普通心理学. 北京:北京大学出版社.

米切尔,布莱克. (2013). 弗洛伊德及其后继者:现代精神分析思想史. 陈祉妍,黄峥,沈东郁,译. 北京:商务印书馆.

民政部,财政部,卫生计生委,等. (2017). 关于加快精神障碍社区康复服务发展的意见. (2017-10-26)[2023-05-05]. https://www.gov.cn/xinwen/2017-11/13/content_5239315.htm.

民政部,国家卫健委,中国残联. (2021). 精神障碍社区康复服务工作规范. (2020-12-28)[2023-05-05]. http://www.gov.cn/zhengce/zhengceku/2020-12/29/content_5650065.htm.

尼科尔斯,施瓦茨. (2005). 家庭治疗基础. 林丹华,等,译. 北京:中国轻工业出版社.

诺伦-霍克西玛. (2017). 变态心理学. 邹丹,等,译. 北京:人民邮电出版社.

潘锋. (2020). 后疫情时代我国精神卫生事业发展面临新挑战——访中国科学院院士、北京大学第六医院院长陆林教授. 中国当代医药,27(31):1-3.

潘玲,刘桂萍. (2013). 精神疾病公众污名的研究进展. 中华护理教育,1:40-42.

庞焯月,席居哲,左志宏. (2017). 儿童青少年创伤后应激障碍(PTSD)治疗的研究热点——基于美国文献的知识图谱分析. 心理科学进展,25(7):1182-1196.

彭玮婧,王瑞瑶,胡宓. (2021). 湖南省中小学心理健康教育资源的现况与展望. 中国临床心理学杂志,29(2):406-415.

齐萱,李勇辉.(2014).以正念为基础的治疗方法在物质使用障碍复发预防中的应用.中国药物依赖性杂志,23(6):412-416.

钱铭怡,刘鑫.(2002).北京女大学生节食状况及进食障碍状况的初步调查.中国心理卫生杂志,16(11):753-757.

钱铭怡,王慈欣,刘兴华.(2006).社交焦虑个体对于不同威胁信息的注意偏向.心理科学,29(6):1296-1299.

钱铭怡,武国城,朱荣春,等.(2000).艾森克人格问卷简式量表中国版(EPQ-RSC)的修订.心理学报,32(3):317-323.

钱铭怡,马悦.(2002).北京市大学生对心理健康的认知.中国心理卫生杂志,16(12):848-852.

钱铭怡.(1994).心理咨询与心理治疗.北京:北京大学出版社.

钱铭怡.(2006).变态心理学.北京:北京大学出版社.

秦虹云,季建林.(2003).PTSD及其危机干预.中国心理卫生杂志,(9):614-616.

冉茂盛,侯再金,向孟泽.(1998).精神分裂症患者家属的情感表达.中华精神科杂志,31(4):237-239.

饶顺曾,单怀海,吴洪明,等.(2002).精神病患者肇事肇祸相关因素回顾分析.神经疾病与精神卫生,2(4):233-234.

任峰,张坚学,宋翠林,等.(2019).药物合并正念认知疗法对复发性抑郁障碍残留症状的疗效.中国心理卫生杂志,33(4):5.

任致群.(2013).舍曲林并门诊式森田疗法对强迫症的疗效分析.中国实用神经疾病杂志,16(18):45-47.

上海市人大常委会.(2014).上海市精神卫生条例(2014修订).(2014-11-20)[2023-05-06].https://law.sfj.sh.gov.cn/#/detail?id=51025e1281b9778478bb7dcdf32f1767.

申柏岭,韩国玲,李少华,等.(2012).低精神卫生资源地区精神病患者管理治疗的困境及对策.中华医学会第十次全国精神医学学术会议论文汇编,487.

沈渔邨.(2002).精神病学:第4版.北京:人民卫生出版社.

盛秋萍,梁舜薇,陈熔宁,等.(2022).人际与社会节奏疗法对双相障碍患者的干预效果研究.中国临床心理学杂志,30(3):6.

史宇,王立祥.(2013).灾难心理救援中不可缺位的"心理伤票".中华医学会急诊医学分会第十六次全国急诊医学学术年会论文集.

史占彪.(1999).中文MMPI和MMPI-2效度量表及临床量表的比较研究.北京:中国科学院心理研究所.

世界卫生组织.(2023).ICD-11精神、行为与神经发育障碍临床描述与诊断指南.王振,王晶晶,主译.北京:人民卫生出版社.

司天梅,杨彦春.(2016).中国强迫症防治指南.北京:中华医学电子音像出版社.

宋平,赵辉,张卓,等.(2018).品行障碍的脑成像研究.中国临床心理学杂志,26(6):1074-1080.

宋维真,张建新,张建平,等.(1993).编制《中国人个性测量表(CPAI)》的意义与程序.心理学报,(4):400-407.

宋之杰,臧刚顺,石蕊,等.(2016).创伤后应激障碍的眼动脱敏再加工整合团体疗法.中国健康心理学杂志,24(6):953-957.

苏逸人,陈淑惠.(2013).核心假定量表:心理计量特性检验及其与创伤和创伤后压力症状之关联.中华心理学刊,55(2):255-275.

孙达亮,邵春红,等.(2014).广泛性焦虑障碍神经影像学研究进展.国际精神病学杂志,41(1):51-53.

汤静.(2016).青少年女子体操运动员进食障碍的特征分析.河南师范大学学报(自然版),44(1):184-188.

唐莉,张进辅.(2004).新视角——进食障碍的病因学研究进展.中国全科医学,7(7):516-517.

唐文新.(2000).抗抑郁剂诱发四种疾病的躁狂发作的比较分析.四川精神卫生,(4):265.

唐钺.(1982).西方心理学史大纲.北京:北京大学出版社.

陶国泰.(1999).儿童少年精神医学.南京:江苏科学技术出版社.

特勒.(1997).实用精神病学(第十版).王希林,译.北京:人民卫生出版社.

腾讯网.印象中的海洛因和真实的海洛因有多少差距?真实戒毒案例为您揭示.(2020-01-20)[2021-08-08].https://new.qq.com/omn/20200120/20200120A04WVN00.html.

佟靓,邓燕,张瑜,等.(2016).帕罗西汀联合森田疗法治疗惊恐障碍患者疗效观察.临床合理用药杂志,9(35):33-34.

汪春运.(2004).躯体变形障碍.中国心理卫生杂志,18(11):802-803.

汪春运.(2001).抑郁症的药物长期治疗.国外医学.精神病学分册,(3):152-155.

王凤姿.(2014).认知加工治疗用于PTSD患者的心理康复研究.心理技术与应用,(4):47-49,51.

王高华,魏艳艳,王惠玲,等.(2015).认知行为疗法联合药物治疗惊恐障碍疗效Meta分析.中国健康心理学杂志,23(2):161-164.

王海龙.(2020).森田疗法联合文拉法辛治疗强迫症患者的效果.中国民康医学,32(6):87-89.

王海洋,孙晓培,张炳蔚.(2016).惊恐障碍脑成像研究进展.中华医学杂志,96(6):743-746.

王红波,邢小莉,王慧颖.(2021).普萘洛尔修复即刻消退产生的二次创伤.心理学报,53(6):603-612.

王慧颖,董昕文,李秀丽,李勇辉.(2011).高唤醒对创伤后应激障碍形成发展的影响及其神经机制.心理科学进展,19(11):1651-1657.

王建平.(2005).变态心理学.北京:高等教育出版社.

王菁,刘爱书,牛志敏.(2016).父亲缺位对少女进食障碍的影响.中国学校卫生,37(8):1275-1278.

王立娥,郭玉岚,杜宪慧.(2005).城乡癔症患者临床特征及心理护理对策.中国民康医学杂志,17(6):332.

王丽颖,杨蕴萍,林涛.(2004).焦虑障碍患者父母养育方式分析.中国心理卫生杂志,18(6):414-415.

王蒙,甘明星,张林,等.(2020).囤积障碍的研究进展.中国健康心理学杂志,28(4):621-625.

王米渠.(1982).谈中医情志相胜的心理治疗.见中国心理学会医学心理学专业委员会,北京心理学会. 医学心理学文集：64-68.

王铭, 江光荣. (2016). 创伤后应激障碍的双重表征理论及其检验. 心理科学进展, 24(5)：753-764.

王铭, 孙启武, 柳静, 等. (2022). PTSD 易感性人格特质、工作记忆能力和创伤期间认知加工对模拟创伤闪回的影响. 心理学报, 54(2)：168-181.

王庆松, 王正国, 朱佩芳. (2001). 创伤后应激障碍及其神经生物学机制. 中华创伤杂志, (7)：58-60.

王文萍, 周成超. (2018). 中国精神卫生服务体系及服务资源研究进展. 精神医学杂志, 31(5)：392-395.

王向群, 王高华. (2015). 中国进食障碍防治指南. 北京：中华医学电子音像出版社.

王燮辞. (2010). 延时暴露疗法治疗创伤后应激障碍临床研究. 临床精神医学杂志, 20(5), 325-326.

王欣欣. (2018). 青少年个案社会工作案例分析——以多动症儿童辛某为例. 劳动保障世界, 23：54.

王秀芳, 张郭鹏. (2010). 影响创伤后应激障碍的心理社会因素. 科技创新导报, (20)：232.

王绪轶, 江海峰, 包涵, 等. (2017). "笑气"滥用的思考. 中国药物滥用防治杂志, (5)：249-251.

王勋, 马宁, 吴霞民, 等. (2020). 2018年全国严重精神障碍患者管理治疗现状分析. 中华精神科杂志, 53(5)：438-445.

王有德, 叶兰仙. (1999). 神经性厌食症濒临死亡一例报告. 中国心理卫生杂志, 13(3)：161.

王雨吟, 梁耀坚, 钟杰. (2008). 米氏 BPD 检测表在中国大学生人群中的修订. 中国临床心理学杂志, 16(3)：258-260.

王钰萍, 张宾, 黄佳滨, 等. (2018). 神经性贪食患者额叶-纹状体神经环路静息态 fMRI 功能连接研究. 中华行为医学与脑科学杂志, 27(4)：316.

王钰萍, 陈钰, 肖泽萍. (2018). 惊恐障碍脑磁共振研究进展. 上海交通大学学报, 38(2)：227-232.

王振, 江三多, 陈钰, 等. (2004). 5-羟色胺转运体基因第二内含子多态性与强迫症的关联分析. 中国神经精神科杂志, 30(3)：202-204.

王智雄, 李冰, 盛利霞, 等. (2014). 自助疗法在中国的发展. 中国药物滥用防治杂志, 20(5)：306-310.

王中立. (2021). 突触可塑性损伤与创伤后应激障碍发病的研究进展. 神经解剖学杂志, 37(4)：488-492.

网易新闻. 1亿老年人活跃于互联网, 部分日在线超10小时！(2021-02-24)[2021-11-10]. https://www.163.com/dy/article/G3JHNTC80518WBPI.html.

卫生部, 民政部, 公安部, 等. 中国精神卫生工作规划(2002-2010年). (2002-04-10)[2023-05-07]. https://www.chinacdc.cn/ztxm/jkzg2020/gnzl/200807/t20080730_53748.html.

魏礼群. (2019). 中国社会治理通论. 北京：北京师范大学出版社.

翁晖亮. (2004). 儿童分离性焦虑. 中国社区医师, (10)：41.

沃纳, 吉罗拉莫. (1997). 精神分裂症. 成义红, 王克勤, 等, 译. 北京：人民卫生出版社.

吴珏,李丹,任志洪,等.(2019).影响精神疾病界定的非科学因素.华中师范大学学报(人文社会科学版),58(3):185-192.

吴妹清,杨晓蓉,陈瑶,等.(2015).员工帮助计划缓解精神科护士职业倦怠初探.中国实用护理杂志,31(8):594-595.

吴薇莉.(2008).社交焦虑障碍成人依恋类型与防御机制关系的研究.中国健康心理学杂志,16(3):322-325.

吴艳茹,肖泽萍.(2004).分离性身份识别障碍的相关临床问题.上海精神医学,16(4):246-248.

武雅学,刘磊,曹学玲,等.(2021).抑郁障碍正念认知治疗中心理弹性的作用.中国心理卫生杂志,35(7):529-534.

武珍珍,龚倩,王晓东.(2019).下丘脑室旁核神经元亚群在应激反应中的作用与机制.国际精神病学杂志,46(3):385-387,391.

夏镇芬.(1999).现代精神病学早期发展史(一).上海精神医学,11(3):178-181.

肖广兰,Huon,G.,钱铭怡.(2001).节食及相关态度的社会影响因素研究.中国心理卫生杂志,15(5):365-367.

肖广兰,钱铭怡,Huon,G.,等.(2001).北京市女中学生进食障碍检出率研究的结构式会谈结果报告.中国心理卫生杂志,15(5):362-364.

肖茜,张道龙.(2019a).ICD-11与DSM-5关于精神分裂症诊断标准的异同.四川精神卫生,32(4):357-360.

肖茜,张道龙.(2019b).ICD-11与DSM-5关于抑郁障碍诊断标准的异同,四川精神卫生,32(6):543-547.

肖茜,张道龙.(2020a).ICD-11与DSM-5关于分离障碍诊断标准的异同,四川精神卫生,33(5):471-475.

肖茜,张道龙.(2020b).ICD-11与DSM-5关于强迫及相关障碍诊断标准的异同.四川精神卫生,33(3):277-281.

肖茜,张道龙.(2021).ICD-11与DSM-5关于躯体症状及相关障碍诊断标准的异同.四川精神卫生,33(4):83-86,96.

肖融,吴薇莉,张伟.(2005).惊恐障碍的病因学特征.中国临床康复,9(48):111-113.

肖泽萍.(2006).强迫症发病机制的研究现状.上海交通大学学报(医学版),26(4):331-334.

谢爱,蔡太生,刘家僖.(2016).父母教养方式对超重/肥胖青少年暴食行为的影响:自尊的中介作用.中国临床心理学杂志,23(3):837-840.

谢斌.(2013).中国精神卫生立法进程回顾.中国心理卫生杂志,27(4):245-248.

谢仁谦.(2001).人类阿片药用和滥用的历史与现状.中国药物滥用防治杂志,65(2):17-20.

谢小虎,周文华.(2012).中国汉族人群吸烟成瘾的神经生物学机制遗传学研究进展.中国药物滥用防治杂志,18(5):281-283.

辛自强,张梅,何琳.(2012).大学生心理健康变迁的横断历史研究.心理学报,44(5):664-679.

修慧兰.(2006).辅导、咨询与心理治疗的异同.中国心理卫生杂志,20(3):201-205.

徐碧云.(2012).广泛性焦虑障碍发病机制的研究进展.四川精神卫生,25(3):188-191.

徐斌,王效道,刘士林.(2000).心身医学:心理生理医学基础与临床.北京:中国科学技术出版社.

徐静.(1997).家庭治疗.见沈渔邨.精神病学:第三版.北京:人民卫生出版社.

徐俊冕.(2004).躯体化与躯体形式障碍.中国行为医学科学,13(3):359.

徐凯文.(2003).精神分裂症病人注意功能的研究.北京:北京大学.

徐蕊,苗丹民,曹彦军.(2007).主题统觉技术的研究与应用.中国行为医学科学,16(8):760-762.

徐韬园.(1999).精神医学.上海:上海医科大学出版社.

徐云,龚耀先.(1987).Luria-Nebraska神经心理成套测验的初步修订.心理科学通讯,3:28-32.

许淑莲.(1989).医学心理学研究方法.北京:团结出版社.

许彤彤,钟元.(2021).创伤后应激障碍与海马亚区影像学研究.中华行为医学与脑科学杂志,30(6):572-576.

许又新.(1993).神经症.北京:人民卫生出版社.

许又新.(1998).精神病理学——精神症状的分析.长沙:湖南科学技术出版社.

许又新,刘协和.(1981a).中国精神病学发展史.见湖南医学院.精神医学基础.长沙:湖南科学技术出版社,1-9.

许又新,刘协和.(1981b).国外精神病学发展史.见湖南医学院.精神医学基础.长沙:湖南科学技术出版社,9-28.

薛兆英,许又新,马晓年.(1995).现代性医学.北京:人民军医出版社.

亚隆,莱兹克兹.(2010).团体心理治疗:理论与实践:第五版.李敏,李鸣,译.北京:中国轻工业出版社.

严万森.(2013).海洛因成瘾与赌博成瘾的认知神经机制比较研究:奖赏加工和认知控制在成瘾中的作用及其机制.北京:中国科学院大学.

杨晨,王振,邵阳.(2019).惊恐障碍与童年创伤的关系研究进展.上海交通大学学报(医学版),39(7):800-804.

杨涵舒,巫静怡,刘文敬,等.(2020).父母教养方式对社交焦虑障碍青少年焦虑水平的影响.中国儿童保健杂志,28(5):521-524.

杨宏,曹廷容,杨军.(2013).环境性吸烟与儿童呼吸健康.中国医药导报,10(22):27-29.

杨慧芳,党晓姣,黄珊珊,等.(2013).创伤个体注意控制、焦虑及情绪对闯入记忆的影响.心理科学,36(1):223-227.

杨军韦,周云飞,魏堃.(2020).焦虑障碍虚拟现实暴露治疗的效果研究进展.四川精神卫生,33(6):566-571.

杨丽,侯祥庆,刘海玲.(2021).自杀行为筛查问卷的编制和信效度检验.中国临床心理学杂志,29(6):1175-1181.

杨玲玲,左成业.(1993).器质性精神病学.长沙:湖南科学技术出版社,43-54.

杨彦春,刘协和.(1998).强迫症的家系遗传研究.中华医学遗传学杂志,15(5):303-306.

姚树桥,龚耀先.(1993).儿童适应行为评定量表的编制及城乡区域性常模制定.心理科学,1:38-42.

姚玉红,马希权,赵旭东,等.(2011).焦虑障碍青少年患者家庭功能的对照研究.中华行为医学与脑科学杂志,7:577-579.

叶绿,马红宇,史文文,等. (2013). 病理性赌博的发生机制研究综述. 中国临床心理学杂志, 21(4):623-626.

应对新型冠状病毒感染的肺炎疫情联防联控工作机制. (2020). 关于印发新型冠状病毒感染的肺炎疫情紧急心理危机干预指导原则的通知. (2020-01-27)[2023-06-05]. https://www.gov.cn/xinwen/2020-01/27/content_5472433.htm.

尤静,刘海玲,刘新春,等. (2022). 大学生自杀意念和自杀尝试影响因素分析——基于自杀行为的整合动机意志模型. 中国临床心理学杂志,(4):944-948.

游彦,邓毅,赵敏. (2017). 第三代毒品——新精神活性物质(NPS)发展趋势评估、管制瓶颈与应对策略. 四川警察学院学报,29(1):97-102.

于慧,崔维珍. (2013). 慢性应激对海马的影响及其机制. 四川精神卫生,26(2):145-147.

于欣,石川,姚树桥,等. (2012). MATRICS扩展认知成套测验中国常模制定. 中华医学会第十次全国精神医学学术会议论文汇编.

于宗富,张朝,逮希俊,等. (2002). 暗示疗法结合放松训练治疗癔症性躯体障碍一例. 中国心理卫生杂志,16(7):487.

余红玉,李松蔚,钱铭怡. (2013). 社交焦虑者的自我聚焦注意特点. 中国心理卫生杂志,27(2):147-150.

俞蓉蓉,林良华,许丹,等. (2011). 我国儿童孤独症患病情况分析. 中国妇幼保健,26:4563-4565.

苑佳玉,李俊旭,张汉霆,等. (2017). 大麻的成瘾性和潜在的药用价值. 中国药物依赖性杂志,5(127):10-16.

岳玲,唐莺莹,亢清,等. (2016). 神经性厌食患者反应抑制功能事件相关电位的研究. 临床精神医学杂志,26(3):151-154.

曾玲芸. (2007). 社交焦虑障碍一级亲属的相关研究. 成都:四川大学.

曾强,梁仕武,梁佳,等. (2013). 动力学心理治疗广泛性焦虑的疗效观察. 广西医学,35(10):1327-1328.

翟金晓,崔文,朱军. (2017). 咖啡因的中毒、检测及其应用研究进展. 中国司法鉴定,(5):30-35.

翟书涛,杨德森. (1998). 人格形成与人格障碍. 长沙:湖南科学技术出版社.

詹姆斯,吉利兰. (2018). 危机干预策略:第七版. 肖水源,周亮等. 译. 北京:中国轻工业出版社.

张伯源,陈仲庚. (1986). 变态心理学. 北京:北京科学技术出版社.

张大荣,沈渔邨. (1993). 进食障碍概念的演变及病因学研究进展. 中国心理卫生杂志,7(1):7-10.

张芬,王穗苹,杨娟华,等. (2015). 自闭症谱系障碍者异常的大脑功能连接. 心理科学进展,23(7):1196-1204.

张郭莺,杨彦春,黄颐,等. (2010). 成都市6～16岁儿童少年抑郁障碍的流行病学调查. 中国心理卫生杂志,24(3):211-214.

张厚粲. (2009). 韦氏儿童智力量表第四版(WISC-IV)中文版的修订. 心理科学,(5),3.

张慧芳,龚洪翰.(2015).酒精成瘾的磁共振波谱研究现状与应用前景.磁共振成像,6(10):792-795.

张建芳,马艳玲,樊玉贤,等.(2005).中专生癔症集体发作.临床精神医学杂志,15(2):91.

张建新,宋维真,张妙清.(1999).简介新版明尼苏达多相个性调查表(MMPI-2)及其在中国大陆和香港地区的标准化过程.中国心理卫生杂志,13(1):20-23.

张靖,陈珏.(2018).辩证行为疗法在进食障碍中的应用.精神医学杂志,31(4):312-315.

张静,沈红艳,杨志磊,等.(2020).儿童青少年焦虑障碍认知行为治疗及药物治疗.中国健康心理学杂志,28(9):1437-1440.

张君睿,温旭,任红旭,等.(2019).大学生对心理疾病内隐外显污名教育干预研究.中华行为医学及脑科学杂志,28(11):1010-1014.

张力文,路永红.(2021).拔毛癖诊疗进展.皮肤科学通报,38(2):176-180.

张妙清,张树辉,张建新.(2004).什么是"中国人"的个性?中国人个性测量表(CPAI-2)的分组差异.心理学报,36(4):491-499.

张明亮,朱晓文.(2021).羞耻感在人格特质与创伤后应激障碍间的中介作用.中国卫生统计,38(3):381-383.

张明园,沈国华,王龙林,等.(1993a).精神分裂症家庭教育:(2)病人的效果.上海精神医学,5(1):59-62.

张明园,严和骎,瞿光亚,等.(1993b).精神分裂症家庭教育——中国5城市/WHO合作研究.上海精神医学,5(1):55-58.

张明园,张晔.(1995).上海地区精神分裂症家庭教育干预的两年随访研究.上海精神医学,7(2):73-75.

张萍,邵伟婷,刁安庆,等.(2021).桌面游戏对智力障碍儿童社交技巧的干预研究.教育与教学研究,35(8):102-116.

张淑芳,邢丽,马闯胜,等.(2001).癔症患者症状及相关因素的城乡差异.中原精神医学学刊,7(1):14-15.

张同延,徐嗣荪,蔡正宜,等.(1993).主题统觉测验中国修订版(TAT-R,C)的编制与常模.心理学报,25(3):314-323.

张维熙.(1985).精神疾病流行学调查手册.北京:精神疾病流行学调查手册,44-48.

张维熙,李淑然,陈昌惠,等.(1998).中国七个地区精神疾病流行病学调查.中华精神科杂志,31(2):69-71.

张文珠,王添爽,赵洋,等.(2016).测定饮料中咖啡因含量的综合性实验.实验室研究与探索,35(1):13-15.

张向阳,吴桂英.(2000).住院森田疗法在治疗强迫症中的改进及疗效分析.中国心理卫生杂志,14(3):171-173.

张信勇,陈泽绮.(2016).人格特质与创伤后应激障碍的关系——述情障碍的中介作用.晋中学院学报,33(4):73-76.

张亚林.(2000).神经症理论与实践.北京:人民卫生出版社.

张亚林,曹玉萍.(2014).心理咨询与心理治疗技术操作规范.北京:科学出版社.

张亚林. (2005). 精神病学. 北京：人民教育出版社.

张英俊,涂翠平,胡昭然,等. (2017). 中国团体心理治疗发展的文献计量分析. 中国心理卫生杂志,31(5)：356-363.

张英俊,钟杰. (2013). 家庭无效环境在心理病理发展中的地位. 中国临床心理学杂志,21(2)：251-255.

张雨新. (1989). 行为治疗的理论与技术. 北京：光明日报出版社.

章晓云,钱铭怡. (2004). 进食障碍的心理干预. 中国心理卫生杂志,18(1)：31-34.

赵凤青,程贝贝,李奕萱,等. (2022). 核心家庭父亲协同教养对青少年抑郁的影响：父子依恋和母子依恋的中介作用. 心理发展与教育,38(1)：109-117.

郑宁. (2003). 行为治疗. 见钱铭怡. 心理治疗. 长春：吉林教育出版社.

郑日昌. (1999). 心理测量学. 北京：人民教育出版社.

郑晓娇,梁雪梅,向波,等. (2019). -1438A/G 基因多态性与进食障碍发病相关性的 Meta 分析. 重庆医学,48(4)：638-644.

郑玉英,丁冬红. (2001). 森田疗法与药物疗法治疗社交恐怖症的疗效比较. 四川精神卫生,14(2)：102-103.

郑毓鹳,张天宏,Keeley, J.,等. (2018). ICD-11 精神与行为障碍(草案)关于人格障碍诊断标准的进展. 中华精神科杂志,51(1)：5-8.

中共中央 国务院. "健康中国 2030" 规划纲要. (2016-10-25) [2023-05-06]. https://www.gov.cn/zhengce/2016-10/25/content_5124174.htm.

中国心理学会. (2015a). 心理测验工作者职业道德规范. 心理学报,47(11)：1417-1418.

中国心理学会. (2015b). 心理测验管理条例. 心理学报,47(11)：1415-1417.

中国心理学会. (2018). 中国心理学会临床与咨询心理学工作伦理守则(第二版). 心理学报,50(11)：1314-1322.

中共中央网络安全和信息化委员会办公室,中华人民共和国国家互联网信息办公室. 第 47 次中国互联网络发展状况统计报告. (2021-02-03) [2021-11-10]. https://www.cac.gov.cn/2021/02/03/c_1613923423079314.htm.

中华医学会精神科分会. (2001). CCMD-3 中国精神障碍分类与诊断标准(第三版). 济南：山东科学出版社.

钟友彬. (1999). 认识领悟疗法. 贵州：贵州教育出版社.

钟友彬. (1988). 中国心理分析：认识领悟疗法. 沈阳：辽宁人民出版社.

周立民. (2015). 我国大麻滥用的历史和现状. 中国药物依赖性杂志,24(5)：327-331.

周蓉,卢宏. (2018). 一氧化二氮中毒致神经系统损伤的研究进展. 中华神经科杂志,51(9)：763-767.

朱家丽,赵锦华. (2021). 广泛性焦虑症运用接纳与承诺疗法联合抗焦虑药物治疗的临床研究. 中外医学研究,19(3)：124-126.

朱智佩,张丽,李伟,等. (2015). 简化认知行为治疗操作手册的编制与临床应用评价. 精神医学杂志,28(2)：4.

左启华. (1989). 智力低下的诊断、治疗和预防. 实用儿科杂志,4(1)：31-34.

左衍涛. (1994). 神经性贪食症的发生率、危险因素及心理治疗. 中国心理卫生杂志, 8(3): 137-140.

Aanstoos, C. S. I., & Greening, T. (2000). A History of Division 32 (Humanistic Psychology) of the American Psychological Association. In D. Dewsbury (Ed.), Unification through division: Histories of the divisions of the American Psychological Association, Vol. V. Washington, DC: American Psychological Association.

Abbas, A., & Macfie, J. (2013). Supportive and insight-oriented psychodynamic psychotherapy for posttraumatic stress disorder in an adult male survivor of sexual assault. Clinical Case Studies, 12(2), 145-156.

Abraham, K., Bryan, D., Strachey, A., & Jones, E. (1927). Selected papers of Karl Abraham, M. D. (Vol. no. 13). London: L. & Virginia Woolf.

Abrahamson, D. J., Barlow, D. H., Sakheim, D. K., Beck, J. G., & Athanasiou, R. (1985). Effects of distraction on sexual responding in functional and dysfunctional men. Behavior Therapy, 16(5), 503-515.

Abramson, L. Y., Seligman, M. E., & Teasdale, J. D. (1978). Learned helplessness in humans: Critique and reformulation. Journal of Abnormal Psychology, 87(1), 49-74.

Adinoff, B., & Stein, E. A. (2011). Neuroimaging in addiction. New York: Wiley-Blackwell.

Afifi, T. O., Mather, A., Boman, J., Fleisher, W., Enns, M. W., MacMillan, H., & Sareen, J. (2011). Childhood adversity and personality disorders: results from a nationally representative population-based study. Journal of Psychiatric Research, 45(6), 814-822.

Aggleton, J. P. (1992). The amygdala: Neurobiological aspects of emotion, memory and mental dysfunction. New York: Wiley Liss.

Ahlers, C. J., Schaefer, G. A., Mundt, I. A., Roll, S., Englert, H., Willich, S. N., & Beier, K. M. (2011). How unusual are the contents of paraphilias? Paraphilia-associated sexual arousal patterns in a community-based sample of men. The Journal of Sexual Medicine, 8(5), 1362-1370.

Akbarian, S., Bunney, W. E., Jr, Potkin, S. G., Wigal, S. B., Hagman, J. O., Sandman, C. A., & Jones, E. G. (1993). Altered distribution of nicotinamide-adenine dinucleotide phosphate-diaphorase cells in frontal lobe of schizophrenics implies disturbances of cortical development. Archives of General Psychiatry, 50(3), 169-177.

Albano, A. M., Chorpita, B. F., & Barlow, D. H. (2003). Childhood anxiety disorders. In E. J. Mash & R. A. Barkley (Eds.), Child psychopathology (pp. 279-329). New York: Guilford Press.

Alexander, W. H., & Brown, J. W. (2018). Frontal cortex function as derived from hierarchical predictive coding. Scientific reports, 8(1), 3843.

Allen, A., & Hollander, E. (2004). Similarities and Differences Between Body Dysmorphic Disorder and Other Disorders. Psychiatric Annals, 34(12), 927-933.

Allan, R. & Ungar, M. (2014). Resilience-building interventions with children, adolescents, and their families. In S. Prince-Embury & D. H., Saklofske (Eds.). Resilience Interventions for Youth in Diverse Populations (pp. 447-462). New York: Springer.

Allen, J. L., Rapee, R. M., & Sandberg, S. (2008). Severe life events and chronic adversities as antecedents to anxiety in children: a matched control study. Journal of Abnormal Child Psychology, 36(7), 1047-1056.

Allen, N. B., Gilbert, P., & Semedar, A. (2004). Depressed Mood as an Interpersonal Strategy: The Importance of Relational Models. In N. Haslam (Ed.), Relational models theory: A contemporary overview (pp. 309-334). Lawrence Erlbaum Associates Publishers.

Allison K. C. (2012). Eating disorders. Clifton: Humana Pressff.

Alloy L. B., & Acocella J., & Bootzin R. R. (1996). Abnormal Psychology: current perspectives. New York: Mcgraw-Hill, Inc.

Altshuler, L. L., Sugar, C. A., McElroy, S. L., Calimlim, B., Gitlin, M., Keck, P. E., et al. (2017). Switch Rates During Acute Treatment for Bipolar II Depression With Lithium, Sertraline, or the Two Combined: A Randomized Double-Blind Comparison. American Journal of Psychiatry, 174(3), 266-276.

Amad, A., Ramoz, N., Thomas, P., Jardri, R., & Gorwood, P. (2014). Genetics of borderline personality disorder: Systematic review and proposal of an integrative model. Neuroscience & Biobehavioral Reviews, 40(40), 6-19.

American Psychiatric Association. (1987). Diagnostic and Statistical Manual of Mental Disorder. 3rd ed., Washington, D. C.: American Psychiatric Association.

American Psychiatric Association. (1994). Diagnostic and Statistical Manual of Mental Disorder. 4th ed., Washington, D. C.: American Psychiatric Association.

American Psychiatric Association. (2000). Diagnostic and statistical manual of mental disorders. 4th ed., test revision, DSM-IV-TR. Washington, DC: American Psychiatric Association.

American Psychiatric Association. (2013). Diagnostic and statistical manual of mental disorders. 5th ed., DSM-5. Washington, D. C.: American Psychiatric Association.

Amsters, D., Schuurs, S., Pershouse, K., Power, B., & Kuipers, P. (2016). Factors which facilitate or impede interpersonal interactions and relationships after spinal cord injury: a scoping review with suggestions for rehabilitation. Rehabilitation Research and Practice, 29(4), 1151-1167.

An, Q., Gao, J., Sang, Z., & Qian M. (2021). Professional Ethical Concerns and Recommendations on Psychological Interventions during the COVID-19 Pandemic in China. International Journal of Mental Health Promotion, 23(1), 87-98.

Aron, A. R., Robbins, T. W., & Poldrack, R. A. (2004). Inhibition and the right inferior frontal cortex: one decade on. Trends in Cognitive Sciences, 8(4), 170-177.

Ashley, L. L., & Boehlke, K. K. (2012). Pathological gambling: a general overview. Journal of Psychoactive Drugs, 44: 27-37.

Astbury, J. (2010). The social causes of Women's depression: A question of right violated? In D. C. Jack & A. Ali (Eds.), Silencing the self across cultures (pp. 19-45). New York: Oxford University Press.

Apostolopoulos, A., Michopoulos, I., Zachos, I., Rizos, E., Tzeferakos, G., Manthou, V., Papageorgiou,C. ,& Douzenis,A. (2018). Association of schizoid and schizotypal personality disorder with violent crimes and homicides in Greek prisons. Annals of General Psychiatry,17,35.

Attridge,M. (2019). A global perspective on promoting workplace mental health and the role of employee assistance programs. American Journal of Health Promotion,33(4),622-629.

Auchincloss,E. L. (2015). The Psychoanalytic Model of the Mind. Washington,DC: American Psychiatric Publishing.

Baker,N. R. (2008). Chlorophyll fluorescence: a probe of photosynthesis in vivo. Annual Review of Plant Biology,59,89-113.

Baker,J. D. ,Capron,E. W. & Azorlosa,J. (1996). Famlily environment characteristics of persons with histrionic and dependent personality disorders. Journal of Personality Disorders,10(1),82-87.

Ball,J. S. ,& Links,P. S. (2009). Borderline personality disorder and childhood trauma: Evidence for a causal relationship. Current Psychiatry Reports,11(1),63-68.

Balon,R. (2006). SSRI-associated sexual dysfunction. American Journal of Psychiatry,163(9),1504-1509.

Bancro,J. (1989). Human sexuality and its problems (2nd ed.). New York,NY: Churchill Livingstone.

Bandura,A. (1977). Social Learning Theory. Oxford,England: Prentice-Hall.

Bandura,A. (1986). Social foundations of thought and action: A social cognitive theory. Englewood Cliffs,NJ: Prentice-Hall.

Barbaree,H. ,& Seto,M. C. (1997). Pedophilia: Assessment and treatment. In D. R. Laws & W. T. O'Donohue (Eds.),Sexual deviance: Theory,assessment and treatment. (pp175-193). New York: Guilford Press.

Barlow,D. H. (2004a). Covert sensitization for paraphilia. In D. Wedding & R. J. Corsini (Eds.),Case studies in psychotherapy (4th ed., pp. 105-113). New York: Thomson Brooks/Cole Publishing Co.

Barlow,D. H. (2004b). Psychological treatments. American Psychologist,59(9),869-878.

Barlow,D. H. (2014). Clinical Handbook of Psychological Disorders: a step-by-step treatment manual. 5th ed. New York: Guilford Press.

Barlow,D. H. ,& Durand,V. M. (1995). Abnormal Psychology: an integrative approach. Pacific Grove,CA: Brooks/Cole Publishing Company.

Barlow,D. H. ,& Durand,V. M. (2001) Abnormal psychology: An integrative approach. 2nd edition,Belmont,CA: Wadsworth/Thomson Learning.

Barlow,D. H. ,& Durand,V. M. (2012). Abnormal Psychology: An Integrative Approach,7th Edition. Cambridge,MA: Wadsworth Publish Company.

Barlow,D. H. ,Durand,V. M. ,& Hofmann,S. G. (2016). Abnormal Psychology: An Integrative Approach. Boston,MA: Cengage Learning.

Barlow,D. H. ,Durand,V. M. ,& Hofmann,S. G. (2018). Abnormal Psychology: an integrative approach. Connecticut: Cengage Learning.

Barr, C. E., Mednick, S. A., & Munk-Jorgensen, P. (1990). Exposure to influenza epidemics during gestation and adult schizophrenia: a 40-year study. Archives General Psychiatry 47: 869-874.

Bartak, A., Andrea, H., Spreeuwenberg, M. D., Thunnissen, M., Ziegler, U. M., Dekker, J., Bouvy, F., Hamers, E. F., Meerman, A. M., Busschbach, J. J., Verheul, R., Stijnen, T., & Emmelkamp, P. M. (2011). Patients with cluster a personality disorders in psychotherapy: an effectiveness study. Psychotherapy and psychosomatics, 80(2), 88-99.

Basson, R., Wierman, M. E., Van Lankveld, J., & Brotto, L. (2010). Summary of the recommendations on sexual dysfunctions in women. The journal of sexual medicine, 7(1 Pt 2), 314-326.

Bateman, A., & Fonagy, P. (2006). Mentalization Based Treatment for Borderline Personality Disorder: A Practical Guide. Oxford, UK: Oxford University Press.

Bateman, A., & Fonagy, P. (2008). 8-year follow-up of patients treated for borderline personality disorder: Mentalization-based treatment versus treatment as usual. American Journal of Psychiatry, 165(5), 631-638.

Bateman, A., & Fonagy, P. (2009). Randomized controlled trial of outpatient mentalization-based treatment versus structured clinical management for borderline personality disorder. American Journal of Psychiatry, 166(12), 1355-1364.

Bateson, G., Jackson, D. D., Haley, J., & Weakland, J. (1956). Toward a theory of schizophrenia. Behavioral Science, 1, 251-264.

Baxter, A. J., Scott, K. M., Vos, T., & Whiteford, H. A. (2012). Global prevalence of anxiety disorders: a systematic review and meta-regression. Psychological Medicine, Cambridge University Press: 1-14.

Bear, M. F., Conners, B. W., & Paradiso, M. A. (2007). Neuroscience: Exploring the Brain. Philadelphia, PA: Lippincott Williams & Wilkins, pp. 113-118.

Bearss, K., Burrell, T. L., Stewart, L., & Scahill, L. (2015). Parent training in autism spectrum disorder: What's in a name. Clinical Child and Family Psychology Review, 18(2), 170-182.

Beauchaine, T. P., & Hinshaw, S. P. (2017). Child and Adolescent Psychopathology. New York: John Wiley & Sons.

Beck, A. T., Davis, D. D., & Freeman, A. (2015). Cognitive Therapy for Personality Disorders. New York: The Guilford Press.

Beck, A. T., Emery, G., & Greenberg, R. (1985). Anxiety disorders and phobias: A cognitive perspective. New York: Basic Books.

Beck, A. T., & Rector, N. A. (2005). Cognitive Approaches to Schizophrenia: Theory and Therapy. Annual Review of Clinical Psychology, 1(1), 577-606.

Beck, A. T, Rush, A. J., Shaw, B. F., & Emery, G. (1979). Cognitive therapy of depression. New York: Guilford Press.

Beck, J. S. (1995). Cognitive therapy: Basics and beyond. New York: Guilford.

Beck, J. S., & Beck, A. T. (2011). Cognitive Behavior Therapy: Basics and Beyond (2nd ed.).

New York: Guilford Press.

Beck, A. T., Freeman, A., & Davis, D. (1990). Cognitive therapy of personality disorders. New York: Guilford.

Beidel, D. C., & Turner, S. M. (1997). At risk for anxiety: I. psychopathology in the offspring of anxious parents. Journal of the American Academy of Child & Adolescent Psychiatry, 36(7), 918-924.

Belsher, B. E., Beech, E., Evatt, D., Smolenski, D. J., Shea, M., Otto, J., Rosen, C. S., & Schnurr, P. P. (2019). Present-centered therapy (PCT) for post-traumatic stress disorder (PTSD) in adults. Cochrane Database of Systematic Reviews, (11), CD012898.

Benassi, M., Simonelli, L., Giovagnoli, S., & Bolzani, R. (2010). Coherence motion perception in developmental dyslexia: A meta-analysis of behavioral studies. Dyslexia: An International Journal of Research and Practice, 16, 341-357.

Benjamin, H. (1966). The Transsexual Phenomenon. New York: Julian Press.

Berk, M., Post, R., Ratheesh, A., Gliddon, E., Singh, A., Vieta, E., Carvalho, A. F., Ashton, M. M., Berk, L., Cotton, S. M., McGorry, P. D., Fernandes, B. S., Yatham, L. N., & Dodd, S. (2017). Staging in bipolar disorder: from theoretical framework to clinical utility. World Psychiatry, 16(3), 236-244.

Berridge, K. C., & Robinson, T. E. (2003). Parsing Reward. Trends in Neurosciences, 26: 507-513.

Beynon, S., Soares-Weiser, K., Woolacott, N., Duffy, S., & Geddes, J. R. (2008). Psychosocial interventions for the prevention of relapse in bipolar disorder: systematic review of controlled trials. British Journal of Psychiatry, 192(1), 5-11.

Bhasin, T. K., & Schendel, D. (2007). Sociodemographic risk factors for autism in a US metropolitan area. Journal of Autism and Developmental Disorders, 37(4), 667-677.

Birmaher, B., Brent, D., AACAP Work Group on Quality Issues, Bernet, W., Bukstein, O., Walter, H., ... Medicus, J. (2007). Practice parameter for the assessment and treatment of children and adolescents with depressive disorders. Journal of the American Academy of Child and Adolescent Psychiatry, 46, 1503-1526.

Bisson, J, I. (2009). Psychological and social theories of post-traumatic stress disorder. Psychiatry, 8(8), 290-292.

Blair, R. J. R., Colledge, E., Murray, L., & Mitchell, D. G. V. (2001). A selective impairment in the processing of sad and fearful expressions in children with psychopathic tendencies. Journal of abnormal child psychology, 29(6), 491-498.

Blakemore, S. J., & Frith, U. (2005). The learning brain: Lessons for education. Oxford, UK: Blackwell Publishing.

Blanchard, R. (1993). Varieties of autogynephilia and their relationship to gender dysphoria. Archives of Sexual Behavior, 22, 241-251.

Blanchard, R., & Bogaert, A. F. (1996). Homosexuality in men and number of older brothers.

American Journal of Psychiatry,153,27-31.

Blanchflower,D. G. ,& Oswald,A. (2008). Is Well-being U-Shaped over the Life Cycle? Social Science & Medicine,66(8),1733-1749.

Boileau,I. ,Assaad,J. M. ,Pihl,R. O. ,Benkelfat,C. ,Leyton,M. ,Diksic,M. ,Tremblay,R. E. ,& Dagher,A. (2003). Alcohol promotes dopamine release in the human nucleus accumbens. Synapse,49(4),226-231.

Bomyea,J. ,Risbrough,V. ,& Lang,A. J. (2012). A consideration of select pre-trauma factors as key vulnerabilities in PTSD. Clinical Psychology Review,32(7),630-641.

Bonanno,G. A. (2004). Loss,trauma,and human resilience—Have we underestimated the human capacity to thrive after extremely aversive events? American Psychologist,59(1),20-28.

Boon,S. ,& Draijer,N. (1993). The differentiation of patients with MPD or DDNOS from patients with Cluster B personality disorder. Dissociation,6,126-135.

Borkovec,T. D. (1994). The nature,function,and origins of worry. In Davey,G. ,& Tallis,F. (Eds.),Worrying: Perspectives on theory,assessment,and treatment (pp. 5-33). New York: John Wiley & Sons.

Bornstein,R. F. (2005). The dependent patient: diagnosis,assessment,and treatment. Professional Psychology Research & Practice,36(1),82-89.

Bornstein,R. F. (2012). Illuminating a neglected clinical issue: Societal costs of interpersonal dependency and dependent personality disorder. Journal of Clinical Psychology,68(7),766-781.

Bornstein,R. F. ,& Natoli,A. P. (2019). Clinical utility of categorical and dimensional perspectives on personality pathology: a meta-analytic review. Personality Disorders: Theory,Research,and Treatment,10(6),479-490.

Bortolato,B. ,Köhler,C. A. ,Evangelou,E. ,León-Caballero,J. ,Solmi,M. ,Stubbs,B. ,Belbasis,L. ,Pacchiarotti,I. ,Kessing,L. V. ,Berk,M. ,Vieta,E. ,& Carvalho,A. F. (2017). Systematic assessment of environmental risk factors for bipolar disorder: an umbrella review of systematic reviews and meta-analyses. Bipolar Disorders,19(2),84-96.

Bouton,M. E. (2016). Learning and Behavior: A Contemporary Synthesis (2nd ed.). Sunderland,MA: Sinauer.

Bowen,S. ,Chawla,N. ,& Marlatt,G. A. (2010). Mindfulness-based relapse prevention for the treatment of substance use disorders: A clinician's guide. New York,NY: Guilford Press.

Bozarth,J. D. ,& Brodley,B. T. (1991). Actualisation: a functional concept in client-centered therapy. Journal of Social Behavior & Personality,6(5),45-59.

Bradford,J. M. (1997). Medical interventions in sexual deviance. In D. R. Laws & W. O'Donohue (Eds.),Sexual deviance: Theory,assessment and treatment (pp. 449-464). New York,NY: Guilford.

Bradford,J. M. (2001). Theneurobiology,neuropharmacology,and pharmacological treatment of the paraphilias and compulsive sexual behaviour. The Canadian Journal of Psychiatry. 46(1),26-34.

Bradford,J. M. ,& Meston,C. M. (2011). Sex and gender disorders. In D. H. Barlow (Ed.),

Oxford handbook of clinical psychology. New York: Oxford University Press.

Bradley, S. J., & Zucker, K. J. (1997). Gender identity disorder: a review of the past 10 years. Journal of the American Academy of Children and Adolescent Psychiatry, 36, 872-880.

Bradley, R., Jenei, J., & Westen, D. (2005). Etiology of borderline personality disorder: disentangling the contributions of intercorrelated antecedents. The Journal of Nervous and Mental Disease, 193(1), 24-31.

Bremner, J. D., & Wittbrodt, M. T. (2020). Stress, the brain, and trauma spectrum disorders. International review of neurobiology, 152, 1-22.

Brenner, C. (1973). An Elementary Textbook of Psychoanalysis. New York: International Universities Press.

Brent, B. (2009). Mentalization-based psychodynamic psychotherapy for psychosis. Journal of Clinical Psychology, 65, 803-814.

Breslau, N., Troost, J. P., Bohnert, K., & Luo, Z. (2013). Influence of predispositions on posttraumatic stress disorder: does it vary by trauma severity? Psychological Medicine, 43(2), 381-90.

Bretschneider, J. G., & McCoy, N. L. (1988). Sexual interest and behavior in healthy 80- to 102-year-olds. Archives of Sexual Behavior, 17(2), 109-129.

Brewin, C. R., & Burgess, N. (2014). Contextualisation in the revised dual representation theory of PTSD: A response to Pearson and colleagues. Journal of Behavior Therapy and Experimental Psychiatry, 45(1), 217-219.

Brockmann, H., Zobel, A., Schuhmacher, A., et al. (2011). Influence of 5-HTTLPR polymorphism on resting state perfusion in patients with major depression. Journal of Psychiatric Research, 45(4), 442-451.

Bromet, E., Andrade, L. H., Hwang, I., et al. (2011). Cross-national epidemiology of DSM-IV major depressive episode. Bmc Medicine, 9.

Brotto, L. A., & Luria, M. (2014). Sexual interest/arousal disorder in women. In Y. M. Binik & K. Hall (Eds.), Principles and Practice of Sex Therapy (5 ed.). New York, NY: The Guilford Press.

Brown, A. S. (2011). Exposure to prenatal infection and risk of schizophrenia. Frontiers in Psychiatry, 2(63), 1-5.

Brown, A. S., Cohen, P., Harkavy-Friedman, J., & Babulas, V. (2001). Prenatal rubella, premorbid abnormalities, and adult schizophrenia. Biology Psychiatry, 49, 473-486.

Brown, J., Mulhern, G., & Joseph, S. (2002). Incident-related stressor, locus of control, coping, and psychological distress among firefighters in Northern Ireland. Journal of Traumatic Stress, 15, 161-168.

Bryant, R. A. (2016). Acute Stress Disorder: What It Is and How to Treat It. New York, NY: The Guilford Press.

Buhlmann, U., & Wilhelm, S. (2004). Cognitive factors in body dysmorphic disorder. Psychiatric Annals, 34(12), 922-926.

Burdick,K. E. ,Goldberg,T. E. ,Cornblatt,B. A. ,Keefe,R. S. ,Gopin,C. B. ,DeRosse,P. ,Braga,R. J. , & Malhotra,A. K. (2011). The MATRICS Consensus Cognitive Battery in patients with bipolar I disorder. Neuropsychopharmacology,36(8),1587-1592.

Burgo,J. (2012). Why Do I Do That? Psychological Defense Mechanisms and the Hidden Ways They Shape Our Lives. Berkeley,CA: New Riders Press.

Burt,S. A. , & Neiderhiser,J. M. (2009). Aggressive versus nonaggressive antisocial behavior: Distinctive etiological moderation by age. Developmental Psychology,45,1164-1176.

Bustillo,J. ,Lauriello,J. ,Horan,W. , & Keith,S. (2001). The psychosocial treatment of schizophrenia: an update. The American Journal of Psychiatry,158(2),163-175.

Butcher,J. N. ,Mineka,S. , & Hooley,J. M. (2004). Abnormal Psychology. Beijing: Peking University Press.

Butzlaff,R. L. , & Hooley,J. M. (1998). Expressed emotion and psychiatric relapse. Archives General Psychiatry,55(6),547-552.

Byely,L. ,Archibald,A. B. ,Graber,J. ,et al. (2000). A prospective study of familial and social influences on girls' body image and dieting. International Journal of Eating Disorders,1(28),155-164.

Bylund Grenklo,T. ,Kreicbergs,U. ,Valdimarsdóttir,U. A. ,Nyberg,T. ,Steineck,G. , & Fürst,C. J. (2014). Self-injury in youths who lost a parent to cancer: nationwide study of the impact of family-related and health-care-related factors. Psycho-oncology,23(9),989-997.

Byne,W. ,Bradley,S. J. ,Coleman,E. ,et al. (2012). Report of the American Psychiatric Association Task Force on treatment of gender identity disorder. Archives of Sexual Behavior,41(4),759-796.

Cadoret,R. J. (1978). Psychopathology in adopted-away offspring of biologic parents with antisocial behavior. Archives of General Psychiatry,35(2),176-184.

Cain,N. M. ,Pincus,A. L. , & Ansell,E. B. (2008). Narcissism at the crossroads: Phenotypic description of pathological narcissism across clinical theory,social/personality psychology,and psychiatric diagnosis. Clinical Psychology Review,28(4),638-656.

Caldiroli,A. ,Capuzzi,E. ,Riva,I. ,et al. (2020). Efficacy of intensive short-term dynamic psychotherapy in mood disorders: A critical review. Journal of Affective Disorders,273,375-379.

Campellone,T. R. ,Sanchez,A. H. , & Kring,A. M. (2016). Defeatist performance beliefs,negative symptoms,and functional outcome in schizophrenia: A meta-analytic review. Schizophrenia Bulletin,42,1343-1352.

Cannon,T. D. (1998). Genetic and perinatal influences in the etiology of schizophrenia: A neurodevelopmental model. In M. F. Lenzenweger & R. H. Dworkin (Eds.),Origins and development of schizophrenia: Advances in experimental psychopathology (pp. 67-92). American Psychological Association.

Cannon,T. D. ,Rosso,I. M. ,Hollister,J. M. ,Bearden,C. E. ,Sanchez,L. E. , & Hadley,T. (2000) A prospective cohort study of genetic and perinatal influences in schizophrenia. Schizophrenia Bulletin,26,351-366.

Cannon, W. B. (1922). Bodily changes in pain, hunger, fear and rage: An account of recent researches into the function of emotional excitement. New York: D. Appleton & Company.

Capaldi, D. M., & Patterson, G. R. (1994). Interrelatedinfuences of contextual factors on antisocial behavior in childhood and adolescence. In D. Fowles, P. Sutker, & S. Goodman (Eds.), Psychopathy and antisocial personality: A developmental perspective (pp. 165-198). New York: Springer.

Cappelletty, G. G., Brown, M. M. & Shumate, S. E. (2005). Correlates of the Randolph Attachment Disorder Questionnaire (RADQ) in a Sample of Children in Foster Placement. Child & Adolesc Social Work Journal, 22(1), 71-84.

Cardno, A. G., Rijsdijk, F. V., Sham, P. C., Murray, R. M., McGuffin, P. (2002). A twin study of genetic relationships between psychotic symptoms. America Journal Psychiatry, 159(4), 539-545.

Carey, G. (1990). Genes, Fears, Phobias, and Phobic Disorders. Journal of Counseling & Development, 68(6), 36-40.

Carhart-Harris, R. L., Muthukumaraswamy, S., Roseman, L., et al. (2016). Neural correlates of the LSD experience revealed by multimodal neuroimaging. Proceedings of the National Academy of Sciences of the United States of America, 113: 4853.

Carson, R. C., Butcher, J. N., Mineka, S. (1996). Abnormal psychology and modern life. 10th edition, New York: Harper Collins College Publishers.

Carson, R. C., Butcher, J. N., & Mineka, S. (1998). Abnormal Psychology and Modern Life. 10th ed. New York: Addison-Wisley.

Cartwright-Hatton, S., Roberts, C., Chitsabesan, P., Fothergill, C., Harrington, R. (2004). Systematic review of the efficacy of cognitive behavior therapies for childhood and adolescent anxiety disorders. British Journal of Clinical Psychology, 43, 421-436.

Carulla, L. S., Reed, G. M., Vaez-Azizi, L. M., et al. (2011). Intellectual developmental disorders: towards a new name, definition and framework for "mental retardation/intellectual disability" in ICD-11. World Psychiatry, 10(3), 175.

Casey, P. (2009). Adjustment disorder: epidemiology, diagnosis and treatment. CNS Drugs, 23(11), 927-038.

Cashmore R., Cousins T., Arcelus J. (2011). Motivational and psycho-educational package for people with eating disorders. Leicestershire: Leicestershire Partnership NHS Trust.

Cautela, J. R. (1967). Covert Sensitization. Psychological Reports, 20(2), 459-468.

Cavada, C., & Goldman-Rakic, P. S. (1989). Posterior parietal cortex in rhesus monkey II: Evidence for segregated corticocortical networks linking sensory and limbic areas with the frontal lobe. Journal of Comparative Neurology, 287, 422-445.

Cavanagh, J. T., Carson, A. J., Sharpe, M., & Lawrie, S. M. (2003). Psychological autopsy studies of suicide: a systematic review. PsychologicalMedicine, 33(3), 395-405.

Center for Substance Abuse Treatment (US). (2014). Trauma-Informed Care in Behavioral Health Services. Rockville (MD): Substance Abuse and Mental Health Services Administration (US).

Chen, M. C., Hamilton, J. P., & Gotlib, I. H. (2010). Decreased hippocampal volume in healthy girls at risk of depression. Archives of General Psychiatry,67(3),270-276.

Chen,T. Y.,Kamali,M.,Chu,C. S.,Yeh,C. B.,Huang,S. Y.,Mao,W. C.,Lin,P. Y.,Chen,Y. W.,Tseng,P. T.,& Hsu,C. Y. (2019). Divalproex and its effect on suicide risk in bipolar disorder: A systematic review and meta-analysis of multinational observational studies. Journal of Affective Disorders,245,812-818.

Chen,Y. J.,Nettles,M. E. & Chen,S. (2009). Rethinking Dependent Personality Disorder Comparing Different Human Relatedness in Cultural Contexts. The Journal of Nervous and Mental Disease,197,793-800.

Cheung,F. M.,Cheung,S. F.,& Zhang,J. X. (2004). What is "Chinese" personality? Subgroup differences in the Chinese Personality Assessment Inventory (CPAI-2). Acta Psychologica Sinica,36(4),491-499.

Chmielewski,M.,Ruggero,C. J.,Kotov,R.,Liu,K.,& Krueger,R. F. (2017). Comparing the dependability and associations with functioning of the DSM-5 section iii trait model of personality pathology and the DSM-5 section ii personality disorder model. Personality Disorders: Theory,Research,and Treatment,8(3),228-236.

Choong,C.,Hunter,M. D.,& Woodruff,P. W. R. (2007). Auditory hallucinations in those populations that do not suffer from schizophrenia. Current Psychiatry Reports,9,206-212.

Chorpita,B. F. & Barlow,D. H. (1998). The development of anxiety: the role of control in the early environment. Psychological Bulletin,124,3-21.

Chou,C. Y.,Tsoh,J. Y.,& Smith,L. C.,et al. (2018). How is hoarding related to trauma? A detailed examination on different aspects of hoarding and age when hoarding started. Journal of Obsessive-Compulsive and Related Disorders,16,81-87.

Chun,Z. F.,Mitchell,J. E.,Li,K.,Yu,W. M.,et al. (1992). The prevalence of anorexia nervosa and bulimia nervosa among freshman medical college students in China. International Journal of Eating Disorders,12(2),209-214.

Ciompi,L.,& Müller,C. (1976). Lebensweg und Alter der Schizophrenen. Berlin: Springer-Verlag.

Clark,D. M.,& Wells,A. (1995). A cognitive model of social phobia. In Heimberg R G,Liebowitz M & Hope D A(eds). Social phobia: diagnosis,assessment and treatment. New York: Guilford.

Clarke,G. N.,Lewinsohn,P. M.,& Hops,H. (2001). Instructor's manual for adolescent coping with depression course. Retrieved from http://www. kpchr. org/public/acwd/acwd. html.

Clarkin,J. F.,Levy,K. N.,Lenzenweger,M. F.,& Kernberg,O. F. (2007). Evaluating three treatments for borderline personality disorder: A multiwave study. American Journal of Psychiatry,164(6),922-928.

Clay,R. A. (2002). A renaissance for humanistic psychology: The field explores new niches while building on its past. American Psychological Association Monitor,33(8),42.

Cleghorn,J. M.,Franco,S.,Szechtman,B.,Kaplan,R. D.,Szechtman,H.,Brown,G. M.,Nahmias, C. , & Garnett, E. S. (1992). Toward a brain map of auditory hallucinations. The American journal of psychiatry, 149(8), 1062-1069.

Cobham, V. E. , Dadds, M. R. , & Spence, S. H. (1998). The role of parental anxiety in the treatment of childhood anxiety. Journal of Consulting and Clinical Psychology, 66, 893-905.

Cocores, J. A. , Miller, N. S. , Pottash, A. C. , & Gold, M. S. (1988). Sexual dysfunction in abusers of cocaine and alcohol. American Journal of Drug and Alcohol Abuse, 14, 169-173.

Cohen, D. , Taieb, O. , Flament, M. , Benoit, N. , Chevret, S. , Corcos, M. , Fossati, P. , Jeammet, P. , Allilaire, J. F. , & Basquin, M. (2000). Absence of cognitive impairment at long-term follow-up in adolescents treated with ECT for severe mood disorder. The American Journal of Psychiatry, 157(3), 460-462.

Cohen, P. , Chen, H. , Gordon, K. , Johnson, J. , Brook, J. , & Kasen, S. (2008). Socioeconomic background and the developmental course of schizotypal and borderline personality disorder symptoms. Development and Psychopathology, 20(2), 633-650.

Cohen-Kettenis, P. T. & Van Goozen, S. H. M. (1997). Sex reassignment of adolescent transsexuals: A follow up study. Journal of the Academy of Child and Adolescent Psychiatry, 36, 263-271.

Colapinto, J. (2001). As nature made him. New York: Harper Perennial.

Collaer, M. L. , & Hines, M. (1995). Human behavioral sex difference: A role of gonadal hormones during early development. Psychological Bulletin, 118, 55-107.

Colom, F. , & Vieta, E. (2004). A perspective on the use of psychoeducation, cognitive-behavioral therapy and interpersonal therapy for bipolar patients. Bipolar Disorders, 6(6), 480-486.

Colom, F. , Vieta, E. , Martinez, A. , Jorquera, A. , & Gasto, C. (1998). What is the role of psychotherapy in the treatment of bipolar disorder? Psychotherapy and Psychosomatics, 67(1), 3-9.

Comer, R. J. , & Comer, J. S. (2018). Abnormal Psychology. 10th ed. New York: Worth Publishers.

Comer, R. J. (1995). Abnormal Psychology. New York: Freeman.

Comer, R. J. (2002). Abnormal Psychology. 3rd ed. New York: W. H. Freeman & Co. Ltd.

Comer, R. J. (2003). Abnormal Psychology. New York: Macmillan Publishers.

Cook, M. L. , Zhang, Y. , & Constantino, J. N. (2020). On the continuity between autistic and schizoid personality disorder trait burden: A prospective study in adolescence. Journal of Nervous and Mental Disease, 208(2), 94-100.

Cooley, E. , & Toray, T. (2001). Body image and personality predictors of eating disorder symptoms during the college years. The International journal of eating disorders, 30(1), 28-36.

Costello, E. J. , Erkanli, A. , & Angold, A. (2006). Is there an epidemic of child or adolescent depression? Journal of Child Psychology and Psychiatry, 47, 1263-1271.

Cotrufo, P. , Gnisci, A. , & Caputo, I. (2005). Psychological characteristics of less severe forms of eating disorders: An epidemiological study among 259 female adolescents. Journal of Adolescence, 28(1): 147-154.

Crabbe, J. C. (2002). Genetic contributions to addiction. Annual Review of Psychology, 53: 435-

462.

Craske, M. G. , & Barlow, D. H. (2006). Mastery of your anxiety and worry. New York: Oxford University Press.

Crick, N. R. , & Dodge, K. A. (1994). A review and reformulation of social information-processing mechanisms in children's social adjustment. Psychological Bulletin, 115(1), 74-101.

Cristea, I. A. , Gentili, C. , Cotet, C. D. , Palomba, D. , & Cuijpers, P. (2017). Efficacy of psychotherapies for borderline personality disorder: A systematic review and meta-analysis. Jama Psychiatry, 74(4), 319-328.

Cuijpers, P. , Sijbrandij, M. , Koole, S. L. , Andersson, G. , Beekman, A. T. , & Reynolds, C. F. (2013). The efficacy of psychotherapy and pharmacotherapy in treating depressive and anxiety disorders: a meta-analysis of direct comparisons. World Psychiatry, 12(2), 137-148.

Cuijpers, P. , Sijbrandij, M. , Koole, S. L. , Andersson, G. , Beekman, A. T. , & Reynolds, C. F. (2014). Adding psychotherapy to antidepressant medication in depression and anxiety disorders: a meta-analysis. World Psychiatry, 13(1), 56-67.

Cusack, K. , Jonas, D. E. , Forneris, C. A. , Wines, C. , Sonis, J. , Middleton, J. C. , Feltner, C. , Brownley, K. A. , Olmsted, K. R. , Greenblatt, A. , Weil, A. , & Gaynes, B. N. (2016). Psychological treatments for adults with posttraumatic stress disorder: A systematic review and meta-analysis. Clinical Psychology Review, 43, 128-141.

Cutler, R. B. , & Fishbain, D. A. (2005). Are alcoholism treatments effective? The Project MATCH data. BMC Public Health, 5, 75-86.

Dalman, C. , Allebeck, P. , Cullberg, J. , Grunewald, C. , & Koester, M. (1999) Obstetric complications and the risk of schizophrenia: a longitudinal study of a national birth cohort. Archives General Psychiatry 56(3), 234-240.

Daly, R. J. (1983). Samuel Pepys and post-traumatic stress disorder. The British journal of psychiatry: the journal of mental science, 143, 64-68.

Davies, M. N. , Verdi, S. , Burri, A. , Trzaskowski, M. , Lee, M. , Hettema, J. M. , Jansen, R. , Boomsma, D. I. , & Spector, T. D. (2015). Generalised Anxiety Disorder: A Twin Study of Genetic Architecture, Genome-Wide Association and Differential Gene Expression. PloS one, 10(8), e0134865.

Davison, G. C. , & Neale, J. M. (1998). Abnormal Psychology, 7th ed. New York: John Wiley & Sons, Inc.

Davison, G. C. (1968). Elimination of a sadistic fantasy by an offender-controlled counter conditioning technique. Journal of Abnormal Psychology, 73, 84-90.

Davison, S. , & Janca, A. (2012). Personality disorder and criminal behavior: what is the nature of the relationship? Current Opinion in Psychiatry, 25(1), 39-45.

De Jong, S. , Diniz, M. J. A. , Saloma, A. , Gadelha, A. , Santoro, M. L. , Ota, V. K. , Noto, C. , Major Depressive Disorder and Bipolar Disorder Working Groups of the Psychiatric Genomics Consortium, Curtis, C. , Newhouse, S. J. , Patel, H. , Hall, L. S. , O Reilly, P. F. , Belangero, S. I. , Bressan, R. A. , & Breen, G. (2018). Applying polygenic risk scoring for psychiatric disorders to a large family with bipolar disorder and major depressive disorder. Communications Biology,1,163.

De Rosnay,M. ,Cooper,P. J. ,Tsigaras,N. ,& Murray,L. (2006). Transmission of social anxiety from mother to infant: an experimental study using a social referencing paradigm. Behavior Research and Therapy,44,1165-1175.

De Silva,P. ,& Rachman,S. (1981). Is exposure a necessary condition for fear-reduction? Behavioral Research and Therapy,19(3),227-232.

De Wilde,A. & Rapee,R. M. (2008). Do controlling maternal behaviours increases state anxiety in children's responses to a social threat? A pilot study. Journal of behavior Therapy and Experimental Psychiatry,39,526-537.

DeLisi,L. E. (1992) The significance of age of onset for schizophrenia. Schizophr. Bull. ,18,209-215.

Dell,P. F. ,& O'Neil,J. A. (2010). Dissociation and the Dissociative Disorders: DSM-5 and Beyond. New York,NY: Routledge.

Dennis,M. ,Godley,S. H. ,Diamond,G. ,et al. (2004). The Cannabis Youth Treatment (CYT) Study: Main findings from two randomized trials. Journal of Substance Abuse Treatment,27(3), 197-213.

Depue,R. A. ,& Collins,P. F. (1999). Neurobiology of the structure of personality: Dopamine, facilitation of incentive motivation,and extraversion. Behavioral and Brain Sciences,22(3),491-517.

Derryberry,D. ,& Reed,M. A. (2002). Anxiety-related attentional biases and their regulation by attentional control. Journal of Abnormal Psychology,111(2),225-236.

DeStefano,F. ,Price,C. S. ,& Weintraub,E. S. (2013). Increasing exposure to antibody-stimulating proteins and polysaccharides in vaccines is not associated with risk of autism. The Journal of Pediatrics,163(2),561-567.

Dhawan,N. ,Kunik,M. E. ,Oldham,J. ,& Coverdale,J. (2010). Prevalence and treatment of narcissistic personality disorder in the community: A systematic review. Comprehensive Psychiatry, 51,333-339.

Dickerson,F. B. (2000). Cognitive behavioral psychotherapy for schizophrenia: a review of recent empirical studies. Schizophr. Res. ,43,71-90.

Didie,E. R. ,& Tortolani,C. C. ,et al. (2006). Childhood abuse and neglect in body dysmorphic disorder. Child Abuse & Neglect,30(10),1105-1115.

Diedrich,A. ,& Voderholzer,U. (2015). Obsessive-compulsive personality disorder: A current review. Current psychiatry reports,17(2),2.

DiNardo,P. A. ,Guzy,L. T. ,Jenkins,J. A. ,Bak,R. M. ,Tomasi,S. F. ,& Copland,M. (1988). Etiology and maintenance of dog fears. Behavior Research and Therapy,26(3),241-244.

Dishion,T. J. ,& Dodge,K. A. (2005). Peer contagion in interventions for children and adolescents: Moving toward an understanding of the ecology and dynamics of change. Journal of Abnormal Child Psychology,33,395-400.

Disner,S. G. ,Beevers,C. G. ,Haigh,E. A. P. ,& Beck,A. T. (2011). Neural mechanisms of the cognitive model of depression. Nature Reviews Neuroscience,12(8),467-477.

Dlabac-de Lange,J. J.,Knegtering,R.,& Aleman,A. (2010). Repetitive transcranial magnetic stimulation for negative symptoms of schizophrenia: review and meta-analysis. The Journal of Clinical Psychiatry,71(4),411-418.

Dltmanns,T. F.,& Emery,R. E. (2004). Abnormal Psychology (4th ed). Upper Saddle River, New Jersey: Prentice-Hall,619-651.

Docter,R. F.,& Prince,V. (1997). Transvestism: A Survey of 1032 Cross-Dressers. Archives of Sexual Behavior,26,589-605.

Dodge,K. A. (2009). Mechanisms of gene-environment interaction effects in the development of conduct disorder. Perspectives on Psychological Science,4,408-414.

Dodge,K. A.,& Pettit,G. S. (2003). A biopsychosocial model of the development of chronic conduct problems in adolescence. Developmental Psychology,39(2),349-371.

Dohm,F. A.,Striegel-Moore,R. H.,Wilfley,D. E.,Pike,K. M.,Hook,J.,& Fairburn,C. G. (2002). Self-harm and substance use in a community sample of Black and White women with binge eating disorder or bulimia nervosa. The International Journal of Eating Disorders,32(4),389-400.

Domhardt,M.,Letsch,J.,Kybelka,J.,Koenigbauer,J.,Doebler,P.,& Baumeister,H. (2020). Are Internet- and mobile-based interventions effective in adults with diagnosed panic disorder and/or agoraphobia? A systematic review and meta-analysis. Journal of Affective Disorders,276,169-182.

Done,D. J.,Crow,T. J.,Johnstone,E. C.,Sacker,A. (1994) Childhood antecedents of schizophrenia and affective illness: social adjustment at ages 7 and 11. Br. Med. Journal. 309(6956),699-703.

Dong,M.,Lu,L.,Zhang,L.,Zhang,Q.,Ungvari,G. S.,Ng,C. H.,Yuan,Z.,Xiang,Y.,Wang,G.,& Xiang,Y. T. (2019). Prevalence of suicide attempts in bipolar disorder: a systematic review and meta-analysis of observational studies. Epidemiology and Psychiatric Sciences,29,e63.

Donnelly,K.,& Neziroglu,F. (2010). Overcoming Depersonalization Disorder: A Mindfulness and Acceptance Guide to Conquering Feelings of Numbness and Unreality. Oakland,CA: New Harbinger Publications.

Dougall,N.,Maayan,N.,Soares-Weiser,K.,McDermott,L. M.,& McIntosh,A. (2015). Transcranial Magnetic Stimulation for Schizophrenia. Schizophrenia Bulletin,41(6),1220-1222.

Douzgou,S.,Breen,C.,Crow,Y. J.,Chandler,K.,Metcalfe,K.,Jones,E.,Kerr,B.,& Clayton-Smith,J. (2012). Diagnosing fetal alcohol syndrome: new insights from newer genetic technologies. Archives of Disease in Childhood,97(9),812-817.

Draijer,N.,& Boon,S. (1999). The imitation of dissociatIVe identity disorder: Patients at risk, therapists at risk. Journal of Psychiatry & Law,27,423-458.

Driessen,E.,Abbass,A. A.,Barber,J. P.,Connolly Gibbons,M. B.,Dekker,J. J. M.,Fokkema,M.,Fonagy,P.,Hollon,S. D.,Jansma,E. P.,de Maat,S. C. M.,Town,J. M.,Twisk,J. W. R.,Van,H. L.,Weitz,E.,& Cuijpers,P. (2018). Which patients benefit specifically from short-term psychodynamic psychotherapy (STPP) for depression? Study protocol of a systematic review and meta-analysis of individual participant data. BMJ open,8(2),e018900.

Driessen,E.,Hegelmaier,L. M.,Abbass,A. A.,Barber,J. P.,Dekker,J. J.,Van,H. L.,Jansma,E. P.,& Cuijpers,P. (2015). The efficacy of short-term psychodynamic psychotherapy for depression: A meta-analysis update. Clinical Psychology Review,42,1-15.

Dugas,M. J.,Laugesen,N.,& Bukowski,W. M. (2012). Intolerance of uncertainty,fear of anxiety,and adolescent worry. Journal of Abnormal Child Psychology,40(6),863-870.

Durand,V. M.,Barlow,D. H.,& Hofmann,S. G. (2018). Essentials of Abnormal Psychology. Boston,MA: Cengage Learning.

Durkheim,E. (1897). Le suicide: étude de sociologie. Paris: F. Alcan.

Ecker,W.,Kupfer,J.,& Gönner,S. (2014). Incompleteness as a link between obsessive-compulsive personality traits and specific symptom dimensions of obsessive-compulsive disorder. Clinical Psychology & Psychotherapy,21(5),394-402.

Edwards,A. C.,Dodge,K. A.,Latendresse,S. J.,Lansford,J. E.,Bates,J. E.,Pettit,G. S.,Budde,J. P.,Goate,A. M.,& Dick,D. M. (2010). MAOA-uVNTR and early physical discipline interact to influence delinquent behavior. Journal of Child Psychology and Psychiatry,and Allied Disciplines,51(6),679-687.

Edwards,S. L.,Rapee,R. M.,& Kennedy,S. (2010). Prediction of anxiety symptoms in preschool-aged children: examination of maternal and paternal perspectives. Journal of Child Psychology & Psychiatry,51(3),313-321.

Eikenaes,I.,Pedersen,G.,& Wilberg,T. (2015). Attachment styles in patients with avoidant personality disorder compared with social phobia. Psychology and psychotherapy,89(3),245-260.

Eilenberg,T. (2016). Acceptance and commitment group therapy (ACT-G) for health anxiety. Psychological Medicine,46(1),103-115.

Eley,T. C.,& Stevenson,J. (2000). Specific life events and chronic experiences differentially associated with depression and anxiety in young twins. Journal of Abnormal Child Psychology,28(4),383-394.

Ellard,K. K.,Zimmerman,J. P.,Kaur,N.,Van Dijk,K. R. A.,Roffman,J. L.,Nierenberg,A. A.,Dougherty,D. D.,Deckersbach,T.,& Camprodon,J. A. (2018). Functional Connectivity Between Anterior Insula and Key Nodes of Frontoparietal Executive Control and Salience Networks Distinguish Bipolar Depression from Unipolar Depression and Healthy Control Subjects. Biological psychiatry. Cognitive neuroscience and neuroimaging,3(5),473-484.

Ellis,B. J.,& Boyce,W. T. (2011). Special section editorial: Differential susceptibility to the environment: Toward an understanding of sensitivity to developmental experiences and context. Development and Psychopathology,23,1-5.

Ellison,W. D.,Rosenstein,L.,Chelminski,I.,Dalrymple,K.,& Zimmerman,M. (2016). The Clinical Significance of Single Features of Borderline Personality Disorder: Anger,Affective Instability,Impulsivity,and Chronic Emptiness in Psychiatric Outpatients. Journal of Personality Disorders,30(2),261-270.

Emery, R. E., & Oltmanns, T. F. (2000). Essential of abnormal psychology. Upper Saddle River, New Jersey: Prentice Hall.

Epperson, C. N., Steiner, M., Hartlage, S. A., Eriksson, E., Schmidt, P. J., Jones, I., & Yonkers, K. A. (2012). Premenstrual Dysphoric Disorder: Evidence for a New Category for DSM-5. American Journal of Psychiatry, 169(5), 465-475.

Essex, M. J., Klein, M. H., Slattery, M. J., Goldsmith, H. H., & Kalin, N. H. (2010). Early risk factors and developmental pathways to chronic high inhibition and social anxiety disorder in adolescence. The American journal of psychiatry, 167(1), 40-46.

Esterberg, M. L., Goulding, S. M., & Walker, E. F. (2010). Cluster a personality disorders: Schizotypal, schizoid and paranoid personality disorders in childhood and adolescence. Journal of Psychopathology and Behavioral Assessment, 32(4), 515-528.

Eyberg, S. M., Nelson, M. M., & Boggs, S. R. (2008). Evidence-based psychosocial treatments for children and adolescents with disruptive behavior. Journal of Clinical Child and Adolescent Psychology, 37(1), 215-237.

Fagan, P. J., Wise, T. N., Schmidt, C. W., Jr., & Berlin, F. S. (2002). Pedophilia. JAMA: Journal of the American Medical Association, 288(19), 2458-2465.

Fairburn, C. G., & Harrison, P. J. (2003). Eating disorders. Lancet, 361(9355), 407-416.

Fairburn, C. G., Cooper, Z., Doll, H. A., & Welch, S. L. (1999). Risk factors for anorexia nervosa: three integrated case-control comparisons. Archives of General Psychiatry, 56(5), 468-476.

Fan, P. Y., & Ning, W. (2010). Impact of club drugs abuse on AIDS epidemic. Zhonghua liu xing bing xue za zhi, 31(3), 340-343.

Fanselow, M. S., & Bolles, R. C. (1982). Independence and competition in aversive motivation. Behavioral & Brain Sciences, 5, 320-323.

Farhat, L. C., Olfson, E., Nasir, M., Levine, J. L. S., Li, F., Miguel, E. C., & Bloch, M. H. (2020). Pharmacological and behavioral treatment for trichotillomania: An updated systematic review with meta-analysis. Depression and anxiety, 37(8), 715-727.

Farmer, R. F., & Chapman, A. L. (2008). Behavioral interventions in cognitive behavior therapy: Practical guidance for putting theory into action. Washington, DC: American Psychological Association.

Farnham-Diggory, S. (1992). The Learning-disabled Child. Cambridge, MA: Harvard University Press.

Ferguson, C. J. (2010). Genetic Contributions to Antisocial Personality and Behavior: A Meta-Analytic Review from an Evolutionary Perspective. The Journal of Social Psychology, 150(2), 160-180.

Fernando, J. (1998). The etiology of narcissistic personality disorder. The Psychoanalytic study of the child, 53(1), 141-158.

Ferrari, A. J., Santomauro, D. F., Herrera, A. M. M., et al. (2022). Global, regional, and national burden of 12 mental disorders in 204 countries and territories, 1990-2019: a systematic analysis for the Global Burden of Disease Study 2019. Lancet Psychiatry, 9(2), 137-150.

Field, A. P. & Lawson, J. (2003). Fear information and the development of fears during childhood: effects on implicit fear responses and behavioral avoidance. Behavior Research and Therapy, 41, 1277-1293.

Fineberg, N. A., Sharma, P., Sivakumaran, T., Sahakian, B., & Chamberlain, S. (2007). Does obsessive-compulsive personality disorder belong within the obsessive-compulsive spectrum? CNS Spectrums, 12(6), 467-482.

Finger, E. C., Marsh, A. A., Blair, K. S., Reid, M. E., Sims, C., Ng, P., Pine, D. S., & Blair, R. J. (2011). Disrupted reinforcement signaling in the orbitofrontal cortex and caudate in youths with conduct disorder or oppositional defiant disorder and a high level of psychopathic traits. The American journal of psychiatry, 168(2), 152-162.

Fitzgerald, K. D., Liu, Y., Stern, E. R., Welsh, R. C., Hanna, G. L., Monk, C. S., Phan, K. L., & Taylor, S. F. (2013). Reduced error-related activation of dorsolateral prefrontal cortex across pediatric anxiety disorders. Journal of the American Academy of Child and Adolescent Psychiatry, 52(11), 1183-1191.

Fitzgerald, P. B., Hoy, K., Gunewardene, R., Slack, C., Ibrahim, S., Bailey, M., & Daskalakis, Z. J. (2011). A randomized trial of unilateral and bilateral prefrontal cortex transcranial magnetic stimulation in treatment-resistant major depression. Psychological Medicine, 41(6), 1187-1196.

Foa, E. B., Steketee, G., & Rothbaum, B. O. (1989). Behavioral/cognitive conceptualizations of post-traumatic stress disorder. Behavior Therapy, 20(2), 155-176.

Forgac, G. E., & Michaels, E. J. (1982). Personality characteristics of two types of male exhibitionists. Journal of Abnormal Psychology, 91, 287-293.

Fossati, A., Krueger, R. F., Markon, K. E., Borroni, S., & Maffei, C. (2013). Reliability and validity of the personality inventory for DSM-5 (PID-5): Predicting DSM-IV personality disorders and psychopathy in community-dwelling italian adults. Assessment, 20(6), 689-708.

Franke, P., Maier, W., Hain, C., & Klingler, T. (1992). Wisconsin card sorting test: an indicator of vulnerability to schizophrenia? Schizophrenia Research, 6(3), 243-249.

Franko, D. L., Keshaviah, A., Eddy, K. T., Krishna, M., Davis, M. C., Keel, P. K., & Herzog, D. B. (2013). A longitudinal investigation of mortality in anorexia nervosa and bulimia nervosa. The American Journal of Psychiatry, 170(8), 917-925.

Freud, A. (1937). The Ego and the Mechanisms of Defence, London: Hogarth Press and Institute of Psycho-Analysis.

Freud, S. (1900). The Interpretation of Dreams. In J. Strachey et al. (Trans.), The Standard Edition of the Complete Psychological Works of Sigmund Freud, Volume IV-V.

Freud, S. (1905). Three Essays on the Theory of Sexuality. In J. Strachey et al. (Trans.), The Standard Edition of the Complete Psychological Works of Sigmund Freud, Volume VII.

Freud, S. (1920). Beyond the Pleasure Principle. In J. Strachey et al. (Trans.), The Standard Edition of the Complete Psychological Works of Sigmund Freud, Volume XVIII.

Freud, S. (1922). Mourning and Melancholia. The journal of nervous and mental disease, 56(5),

543-545.

Freud, S. (1923). The Ego and the Id. In J. Strachey et al. (Trans.), The Standard Edition of the Complete Psychological Works of Sigmund Freud, Volume XIX.

Freud, S. (1926). Inhibitions, symptoms, and anxiety. In J. Strachey et al. (Trans.), The Standard Edition of the Complete Psychological Works of Sigmund Freud, Volume XX.

Freud, S. (1926). Introductory Lectures on Psycho-Analysis (1916-1917). In J. Strachey et al. (Trans.), The Standard Edition of the Complete Psychological Works of Sigmund Freud, Volume XV-XVI.

Freund, K., & Blanchard, R. (1993). Erotic target location errors in male gender dysphorics, paedophiles, and Fetishists. British Journal of Psychiatry, 162(4), 558-563.

Freund, K., Seto, M. C., & Kuban, M. (1996). Two types of fetishism. Behaviour Research and Therapy, 34(9), 687-694.

Frick, P. J., & Morris, A. S. (2004). Temperament and developmental pathways to conduct problems. Journal of clinical child and adolescent psychology, 33(1), 54-68.

Frick, P. J., & Nigg, J. T. (2012). Current issues in the diagnosis of attention deficit hyperactivity disorder, oppositional defiant disorder, and conduct disorder. Annual Review of Clinical Psychology, 8, 77-107.

Frick, P. J., Lahey, B. B., Loeber, R., Tannenbaum, L., Van Horn, Y., Christ, M. A. G., Hart, E. A., & Hanson, K. (1993). Oppositional defiant disorder and conduct disorder: A meta-analytic review of factor analyses and cross-validation in a clinic sample. Clinical Psychology Review, 13(4), 319-340.

Friedman J. R. (2009). The "social case": Illness, psychiatry, and deinstitutionalization in postsocialist Romania. Medical anthropology quarterly, 23(4), 375-396.

Fristad, M. A., & Algorta, G. P. (2013). Future directions for research on youth with bipolar spectrum disorders. Journal of Clinical Child & Adolescent Psychology, 42, 734-747.

Fuentenebro de Diego, F., & Valiente Ots, C. (2014). Nostalgia: a conceptual history. History of psychiatry, 25(4), 404-411.

Fuster, J. M. (1989). The prefrontal cortex: Anatomy, physiology, and neuropsychology of the frontal lobe (2nd ed.). New York: Raven Press.

Fyer, A. J., Mannuzza, S., Chapman, T. F., Martin, L. Y., & Klein, D. F. (1995). Specificity in familial aggregation of phobic disorders. Archives of general psychiatry, 52(7), 564-573.

Gabbard, G. O. (1994). Psychoanalysis. In B. J. Sadock & V. A. Sadock (Eds.), Kaplan and sadock's comprehensive textbook of psychiatry (Seventh ed.). Philadelphia: Lippincott Williams & Wilkins.

Gabbard, G. O. (2017). Long-Term Psychodynamic Psychotherapy. New York: American Psychiatric Pub.

Garber, J., & Horowitz, J. L. (2002). Depression in children. In I. H. Gotlib & C. Hammen (Eds.), Handbook of depression (pp. 510-540). New York: Guilford Press.

Gardner,W. ,Lidz,C. W. ,Mulvey,E. P. ,& Shaw,E. C. (1996). Clinical versus actuarial predictions of violence of patients with mental illnesses. Journal of consulting and clinical psychology, 64(3),602-609.

Garno,J. L. ,Goldberg,J. F. ,Ramirez,P. M. ,& Ritzler,B. A. (2005). Impact of childhood abuse on the clinical course of bipolar disorder. British Journal of Psychiatry,186,121-125.

Ghaemi,S. N. ,Hsu,D. J. ,Soldani,F. ,& Goodwin,F. K. (2003). Antidepressants in bipolar disorder: the case for caution. Bipolar Disorders,5(6),421-433.

Gibbon,S. ,Duggan,C. ,Stoffers,J. ,et al. (2010). Psychological interventions for antisocial personality disorder. Cochrane Database of Systematic Reviews,65(6),Art. No. : CD007668.

Giourou, E. , Skokou, M. , Andrew, S. P. , Alexopoulou, K. , Gourzis, P. , & Jelastopulu, E. (2018). Complex posttraumatic stress disorder: The need to consolidate a distinct clinical syndrome or to reevaluate features of psychiatric disorders following interpersonal trauma? World Journal of Psychiatry,8(1),12-19.

Giustino,T. F. ,Ramanathan,K. R. ,Totty,M. S. ,Miles,O. W. ,& Maren,S. (2020). Locus coeruleus norepinephrine drives stress-induced increases in basolateral amygdala firing and impairs extinction learning. Journal of Neuroscience,40(4),907-916.

Gjerde,L. C. ,Czajkowski,N. ,Røysamb,E. ,et al. (2012). The heritability of avoidant and dependent personality disorder assessed by personal interview and questionnaire. Acta psychiatrica Scandinavica,126(6),448-457.

Gjerde,P. F. (2001). Attachment,culture,and amae. American Psychologist,56(10),826-827.

Glasper,E. R. ,Schoenfeld,T. J. ,& Gould,E. (2012). Adult neurogenesis: Optimizing hippocampal function to suit theenvironment. Behavioural Brain Research,227(2),380-383.

Glenn,A. L. ,Johnson,A. K. ,& Raine,A. (2013). Antisocial Personality Disorder: A Current Review. Curr Psychiatry Rep,15,427.

Gluck,M. ,Mercado,E. ,Myers,C. (2014). Learning and Memory: from Brain to Behavior (Second Edition). New York,NY: Worth Publishers.

Gobbi,G. ,Atkin,T. ,& Zytynski,T. (2019). Association of Cannabis Use in Adolescence and Risk of Depression,Anxiety,and Suicidality in Young Adulthood: A Systematic Review and Meta-analysis (vol 76,pg 426,2019). Jama Psychiatry,76(4),447-447.

Goff,D. C. ,& Coyle,J. T. (2001). The emerging role of glutamate in the pathophysiology and treatment of schizophrenia. American Journal of Psychiatry,158(9),1367-1377.

Goldman-Rakic,P. S. ,Bourgeois,J. P. ,& Rakic,P. (1997). Synaptic substrate of cognitive development: Lifespan analysis of synaptogenesis in the prefrontal cortex of the nonhuman primate. In Krasnegor,N A,Lyon,G R,& Goldman-Rakic,P S. (Eds.),Development of the prefrontal cortex: Evolution,neurobiology,and behavior. Baltimore: Paul H. Brookes.

Golier,J. A. ,Yehuda,R. ,Bierer,L. M. ,Mitropoulou,V. ,New,A. S. ,Schmeidler,J. ,Silverman,J. M. ,& Siever,L. J. (2003). The relationship of borderline personality disorder to posttraumatic stress disorder and traumatic events. The American Journal of Psychiatry,160(11),2018-2024.

Gómez-Gil, E., Esteva, I., Almaraz, M. C., Pasaro, E., Segovia, S., & Guillamon, A. (2010). Familiality of gender identity disorder in non-twin siblings. Archives of sexual behavior, 39(2), 546-552.

Gonzalez, H. M., Tarraf, W., Whitfield, K. E., & Vega, W. A. (2010). The epidemiology of major depression and ethnicity in the United States. Journal of Psychiatric Research, 44(15), 1043-1051.

Goodman, S. H. (2007). Depression in mothers. Annual Review of Clinical Psychology, 3, 107-135.

Gormez, V., Kılınçaslan, A., Orengul, A. C., Ebesutani, C., Kaya, I., Ceri, V., Nasıroglu, S., Filiz, M., & Chorpita, B. (2017). Psychometric properties of the Turkish version of the Revised Child Anxiety and Depression Scale—Child Version in a clinical sample. Psychiatry and Clinical Psychopharmacology, 27(1), 84-92.

Gorwood, P., Kipman, A., & Foulon, C. (2003). The human genetics of anorexia nervosa. Eur J Pharmacol, 480(1/3), 163-170.

Gosslin, C. C., & Wilson, G. D. (1980). Sexual Variations. London: Faber & Faber.

Gottesman II. (1991) Psychiatric Genesis: The Origins of Madness. New York: Freeman. 296.

Gottesman, I. I., & Shields, J. (1982). Schizophrenia: The Epigenetic Puzzle. New York: Cambridge University Press.

Graber, J. A., & Brooks-Gunn, J. (2001). Co-occurring eating and depressive problems: an 8-year study of adolescent girls, International Journal of Eating Disorders, 30, 37-47.

Grant, J. E., Kim, S. W., & Eckert, E. D. (2002). Body dysmorphic disorder in patients with anorexia nervosa: Prevalence, clinical features, and delusionality of body image. International Journal of Eating Disorders, 32(3), 291-300.

Grant, F. B. (1997). Barriers to alcoholism treatment: reasons for not seeking treatment in a general population sample. Journal of Studies on Alcohol, 58: 365-371.

Grant, B. F., Hasin, D. S., Stinson, F. S., Dawson, D. A., Chou, P. S., Ruan, J. W., et al. (2005). Co-occurrence of 12-month mood and anxiety disorders and personality disorders in the US: Results from the National Epidemiologic Survey on Alcohol and Related Conditions. Journal of Psychiatric Research, 39(1), 1-9.

Green, M. F., Kern, R. S., Braff, D. L., & Mintz, J. (2000). Neurocognitive deficits and functional outcome in schizophrenia: are we measuring the "right stuff"? Schizophrenia bulletin, 26(1), 119-136.

Green, R., & Fleming, D. (1990). Transsexual surgery followup: Statues in the 1990's. In J. Bancroft, C. David, & H. Ruppel (Eds.), Annual review of sex research. Mt. Vernon, IA: Society for the Scientific Study of sex.

Gregory, A. M. & Eley, T. C. (2007). Genetic influences on anxiety in children: what we've learned and where we're heading. Clinical Child and Family Psychology Review, 10, 199-212.

Groth-Marnat, G., & Wright, A. J. (2016). Handbook of Psychological Assessment. New York: John Wiley & Sons.

Grisham, J. R., Frost, R. O., Steketee, G., Kim, H. J., Tarkoff, A., & Hood, S. (2009). Formation of attachment to possessions in compulsive hoarding. Journal of Anxiety Disorders, 23, 357-361.

Gurney, J., Shaw, C., Stanley, J., Signal, V., & Sarfati, D. (2015). Cannabis exposure and risk of testicular cancer: a systematic review and meta-analysis. BMC Cancer, 15, 897.

Gutman, D. A., & Nemeroff, C. B. (2011). Stress and depression. In Contrada, R., & Baum, A. The Handbook of Stress Science: Biology, Psychology, and Health. New York: Springer Publishing Company, pp. 345-357.

Guze, S. B., Cloninger, C. R., Martin, R. L., & Clayton, P. J. (1983). A follow-up and family study of schizophrenia. Archives of General Psychiatry, 40(12), 1273-1276.

Hageman, T. K., Francis, A. J., Field, A. M., & Carr, S. N. (2015). Links between Childhood Experiences and Avoidant Personality Disorder Symptomatology. International Journal of Psychology and Psychological Therapy, 15(1), 101-116.

Hall, J. E. (2011). Guyton and Hall Textbook of Medical Physiology (12th ed.). Berkeley, CA: Elsevier Inc.

Hamburger, M. E., Lilienfeld, S. O., & Hogben, M. (1996). Psychopathy, gender, and gender roles: Implications for antisocial and histrionic personality disorders. Journal of Personality Disorders, 10(1), 41-55.

Hamilton, N. L., Brantley, L. B., Tims, F. M., et al. (2010). Family Support Network for Adolescent Cannabis Users: Volume 3. Cannabis Youth Treatment (CYT) Series.

Haney, M., Cooper, Z. D., Bedi, G., Vosburg, S. K., Comer, S. D., & Foltin, R. W. (2013). Nabilone Decreases Marijuana Withdrawal and a Laboratory Measure of Marijuana Relapse. Neuropsychopharmacology, 38, 1557-1565.

Haney, M., Hart, C. L., Ward, A. S., & Foltin, R. W. (2003). Nefazodone decreases anxiety during marijuana withdrawal in humans. Psychopharmacology, 165(2), 157-165.

Harden, S. W., & Frazier, C. J. (2016). Oxytocin depolarizes fast-spiking hilar interneurons and induces gaba release onto mossy cells of the rat dentate gyrus. Hippocampus, 26(9), 1124-1139.

Harris, B. (1979). Whatever happened to Little Albert? American Psychologist, 34 (2), 151-160.

Harrison, K., & Cantor, J. (1997). The Relationship between Media Consumption and Eating Disorder. Journal of Communication, 47(4): 40-67.

Harrison, P. (2012). D-amino acid oxidase, D-serine and the dopamine system: their interactions and implications for schizophrenia. Mediceine Psychology, 178521211.

Hart, O. V. D., Nijenhuis, E. R. S., & Steele, K. (2006). The Haunted Self: Structural Dissociation and the Treatment of Chronic Traumatization (Norton Series on Interpersonal Neurobiology). New York, NY: W. W. Norton & Company.

Harte, C. B., & Meston, C. M. (2008). Acute effects of nicotine on physiological and subjective sexual arousal in nonsmoking men: a randomized, double-blind, placebo-controlled trial. The Journal of Sexual Medicine, 5(1), 110-121.

Harvey, P. D., & Walker, E. F. (1987). Positive and Negative Symptoms of Psychosis: Description, Research, and Future Directions. Hillsdale, NJ: Erlbaum.

Hawes, S. W., Perlman, S. B., Byrd, A. L., Raine, A., Loeber, R., & Pardini, D. A. (2016). Chronic anger as a precursor to adult antisocial personality features: The moderating influence of cognitive control. Journal of Abnormal Psychology, 125(1), 64-74.

Hayes, S. C. (2005). Acceptance and commitment therapy, relational frame theory, and the third wave of behavioral and cognitive therapies. Behavior Therapy, 35(4), 639-665.

Head, S. B., Baker, J. D., & Williamson, D. A. (1991). Family environment characteristics and dependent personality disorder. Journal of Personality Disorders, 5(3), 256-263.

Heaton, R. K., & Staff, P. A. R. (1993). Wisconsin card sorting test: computer version 2. Odessa: Psychological Assessment Resources, 4, 1-4.

Heider. F. (1958). The psychology of interpersonal relations. New York: John Wiley & Son.

Heiman, J. R. (2007). Orgasmic disorders in women. In S. R. Leiblum (Ed.), Principles and practice of sex therapy (4th ed., pp. 84-123). New York, NY: Guilford.

Heiman, J. R., & Meston, C. M. (1997). Empirically validated treatment for sexual dysfunction. Annual Review of Sex Research, 8, 148-195.

Hektner, J. M., August, G. J., Bloomquist, M. L., Lee, S., & Klimes-Dougan, B. (2014). A 10-year randomized controlled trial of the Early Risers conduct problems preventive intervention: Effects on externalizing and internalizing in late high school. Journal of Consulting and Clinical Psychology, 82(2), 355-360.

Hendin, H. (2017). Psychodynamic Treatment of Combat Veterans with PTSD at Risk for Suicide. Psychodyn Psychiatry, 45(2), 217-235.

Herdt, G., & Stoller, R. G. (1990). Intimate Communications: erotics and the study of a culture. New York: Columbia University Press.

Herman, J. L. (2005). Justice from the victim's perspective. Violence Against Women, 11(5), 571-602.

Herman, J. L. (2015). Trauma and Recovery. New York, NY: Basic Books.

Herman, J. L., Perry, C., & Van der Kolk. (1989). Childhood trauma in borderline personality disorder. American Journal of Psychiatry, 146(4), 490-495.

Herpertz, S. C., Huprich, S. K., Bohus, M., Chanen, A., Goodman, M., Mehlum, L., Moran, P., Newton-Howes, G., Scott, L., & Sharp, C. (2017). The challenge of transforming the diagnostic system of personality disorders. Journal of Personality Disorders, 31(5), 577-589.

Herrman, H., Patel, V., Kieling, C., Berk, M., Buchweitz, C., Cuijpers, P., Furukawa, T. A., Kessler, R. C., Kohrt, B. A., Maj, M., McGorry, P., Reynolds, C. F. 3rd, Weissman, M. M., Chibanda, D., Dowrick, C., Howard, L. M., Hoven, C. W., Knapp, M., Mayberg, H. S., Penninx, B. W. J. H., … Wolpert, M. (2022). Time for united action on depression: a Lancet-World Psychiatric Association Commission. Lancet (London, England), 399(10328), 957-1022.

Hertler, S. C. (2014). A review and critique of obsessive-compulsive personality disorder etiologies. Europe's Journal of Psychology,10(1),168-184.

Hetrick,S. E. ,McKenzie,J. E. ,& Merry,S. N. (2010). The use of SSRIs in children and adolescents. Current Opinion in Psychiatry,23,53-57.

Hettema,J. M. ,Neale,M. C. ,& Kendler,K. S. (2001). A review and meta-analysis of the genetic epidemiology of anxiety disorder. American Journal of Psychiatey,158,1568-157.

Higgins,L. T. ,Xiang,G. ,Song,Z. (2010). The development of psychological intervention after disaster in China. Asia Pacific J Counsel Psychother,1(1),77-86.

Hoek,H. (1993). Review of the epidemiological studies of eating disorders. International Review of Psychiatry,5,61-74.

Holeva,V. ,& Tarrier,N. (2001). Personality and peritraumatic dissociation in the prediction of PTSD in victims of road traffic accidents. Journal of Psychosom Research,51(5),687-692.

Hollander,E. ,Zohar,J. ,& Sirovatka,P. J. ,et al. (2011). Obsessive-Compulsive Spectrum Disorders. Arlington,Virginia: American Psychiatric Association.

Holmes,D. S. (1994). Abnormal Psychology (2nd ed). New York: Harper Collins College Publishs.

Hooley,J. M. ,Nock,M. K. ,& Butcher,J. N. (2021). Abnormal Psychology (18th ed). New York: Pearson Education.

Hooley,J. M. ,Butcher,J. N. ,Mineka,S. ,& Nock,M. K. (2016). Abnormal Psychology. London,UK: Pearson.

Horney,K. (1937). The Neurotic Personality of our Time. New York: W. W. Norton & Co.

Horney,K. (1967). Feminine Psychology. New York: W. W. Norton & Co.

Hornstein,N. ,& Putnam,F. W. (1992). Clinical phenomenology of child and adolescent dissociatⅣe disorders. Journal of the American Academy of Child and Adolescent Psychiatry,31,1077-1085.

Horowitz,M. J. (1986). Stress-response syndromes: a review of posttraumatic and adjustment disorders. Hospital Community Psychiatry,37(3),241-249.

Horwath,E. ,Johnson,J. ,Klerman,G. L. ,& Weissman,M. M. (1992). Depressive Symptoms as Relative and Attributable Risk-Factors for 1st Onset Major Depression. Archives of General Psychiatry,49(10),817-823.

Howes,O. D. ,& Kapur,S. (2009). The dopamine hypothesis of schizophrenia: version III the final common pathway. Schizophrenia Bulletin,35(3),549-562.

Huang,Y. ,Wang,Y. ,Wang,H. ,Liu,Z. ,Yu,X. ,Yan,J. ,Yu,Y. ,Kou,C. ,Xu,X. ,Lu,J. ,et al. (2019). Prevalence of mental disorders in China: a cross-sectional epidemiological study. The lancet. Psychiatry,6(3),211-224.

Huang,Y. ,Kotov,R. ,Girolamo,G. D. ,Preti,A. ,& Kessler,R. C. (2009). DSM-Ⅳ personality disorders in the who world mental health surveys. The British journal of psychiatry: The Journal of Mental Science,195(1),46-53.

Hudson,J. I. ,Hiripi,E. ,Pope,H. G. ,Jr,& Kessler,R. C. (2007). The prevalence and correlates of eating disorders in the National Comorbidity Survey Replication. Biological Psychiatry,61(3),

348-358.

Huon, G. F. , & Strong, K. G. (1998). The Initiation and the Maintenance of Dieting: Structural Models for Large-Scale Longitudinal Investigations. International Journal of Eating Disorder, 23, 261-369.

Hussong, A. M. , Hicks, R. E. , Levy, S. A. , & Curran, P. J. (2001). Specifying the relations between affect and heavy alcohol use among young adults. Journal of abnormal psychology, 110(3), 449-461.

International Society for the Study of Trauma and Dissociation (ISTTD, 2011). Guidelines for treatingdissociatⅣe identity disorder in adults, Third Revision. Journal of Trauma & Dissociation, 12(2), 115-187.

Io, L. , Wang, Q. , Wong, O. L. , Li, Z. , & Zhong, J. (2023). Development and psychometric properties of the Chinese Invalidating Family Scale. Family process, 62(3), 1161-1175.

Isobe, M. , Redden, S. A. , Keuthen, N. J. , Stein, D. J. , Lochner, C. , Grant, J. E. , & Chamberlain, S. R. (2018). Striatal abnormalities in trichotillomania: a multi-site MRI analysis. NeuroImage. Clinical, 17, 893-898.

Jacobson, L. , & Sapolsky, R. (1991). The role of the hippocampus in feedback regulation of the hypothalamic-pituitary-adrenocortical axis. Endocrine reviews, 12(2), 118-134.

Jaffe, L. T. , & Archer, R. P. (1987). The Prediction of Drug Use Among College Students From MMPI, MCMI, and Sensation Seeking Scales. Journal of Personality Assessment, 51, 243-253.

Jakšić, N. , Brajković, L. , Ivezić, E. , Topić, R. , & Jakovljević, M. (2012). The role of personality traits in posttraumatic stress disorder (PTSD). Psychiatr Danub, 24(3), 256-266.

James, S. L. , Abate, D. , Abate, K. H. , et al. (2018). Global, regional, and national incidence, prevalence, and years lived with disability for 354 diseases and injuries for 195 countries and territories, 1990-2017: a systematic analysis for the Global Burden of Disease Study 2017. The Lancet, 392 (10159), 1789-1858.

James, R. K. , & Gilliland, B. E. (2003). Theories and strategies in counseling and psychotherapy. 5th ed. New York: Allyn & Bacon.

Jang, K. L. , Livesley, W. J. , Vernon, P. A. , & Jackson, D. N. (1996). Heritability of personality disorder traits: A twin study. Acta Psychiatrica Scandinavica, 94(6), 438-444.

Janicak, P. G. , Nahas, Z. , Lisanby, S. H. , Solvason, H. B. , Sampson, S. M. , McDonald, W. M. , Marangell, L. B. , Rosenquist, P. , McCall, W. V. , Kimball, J. , O'Reardon, J. P. , Loo, C. , Husain, M. H. , Krystal, A. , Gilmer, W. , Dowd, S. M. , Demitrack, M. A. , & Schatzberg, A. F. (2010). Durability of clinical benefit with transcranial magnetic stimulation (TMS) in the treatment of pharmacoresistant major depression: assessment of relapse during a 6-month, multisite, open-label study. Brain stimulation, 3(4), 187-199.

Janssen, E. (2011). Sexual arousal in men: a review and conceptual analysis. Hormones and behavior, 59(5), 708-716.

Jenike, M. A. (1990). Psychotherapy. In Bellack, A. S. , & Hersen, M. (Eds). Handbook of

Comparative Treatments for Adult Disorder. New York: John Wiley & Son.

Jenkins, H. M. (1979). Animal Learning and Behavior, Ch. 5, in Hearst, E. The First Century of Experimental Psychology. Erlbaum: Hillsdale, N. J.

Jiang, H., Niu, L., Hahne, J., Hu, M., Fang, J., Shen, M., & Xiao, S. (2018). Changing of suicide rates in China, 2002-2015. Journal of Affective Disorders, 240, 165-170.

Johansson, A., Sundbom, E., Höjerback, T., & Bodlund, O. (2010). A five-year follow-up study of Swedish adults with gender identity disorder. Archives of Sexual Behavior, 39(6), 1429-1437.

Johnson, J., & El-Alfy, A. T. (2016). Review of available studies of the neurobiology and pharmacotherapeutic management of trichotillomania. Journal of Advanced Research. 7(2), 169-184.

Johnson, S. L., & Jones, S. (2009). Cognitivecorrelates of mania risk: are responses to success, positive moods, and manic symptoms distinct or overlapping? Journal of Clinical Psychology, 65(9), 891-905.

Johnson, S. L., Cueller, A. K., Ruggero, C., et al. (2008). Life events as predictors of mania and depression in bipolar I disorder. Journal of Abnormal Psychology, 117(2), 268-277.

Johnson, J. G., Smailes, E. M., Cohen, P., Brown, J., & Bernstein, D. P. (2000). Associations between four types of childhood neglect and personality disorder symptoms during adolescence and early adulthood: Findings of a community-based longitudinal study. Journal of Personality Disorders, 14(2), 171-187.

Judd, L. L., Akiskal, H. S., Schettler, P. J., Endicott, J., Maser, J., Solomon, D. A., Leon, A. C., Rice, J. A., & Keller, M. B. (2002). The long-term natural history of the weekly symptomatic status of bipolar I disorder. Archives of General Psychiatry, 59(6), 530-537.

Jung, C. G. (1961). Freud and Psychoanalysis. In Collected Works of C. G. Jung, Volume 4, Princeton, N. J.: Princeton University Press.

Jung, C. G. (1968). Analytical Psychology: Its Theory and Practice. Pantheon Books.

Jung, C. G. (1969). Archetypes and the Collective Unconscious. In Collected Works of C. G. Jung, Volume 9, Princeton, N. J.: Princeton University Press.

Jung, C. G. (1970). Structure and Dynamics of the Psyche. In Collected Works of C. G. Jung, Volume 8, Princeton, N. J.: Princeton University Press.

Junginger, J. (1997). Fetishism: Assessment and treatment. In D. R. Laws & W. O'Donohue (Eds.), Sexual deviance: Theory, assessment and treatment (pp. 92-110). New York, NY: Guilford.

Kaar, S. J., Ferris, J., Waldron, J., Devaney, M., Ramsey, J., & Winstock, A. R. (2016). Up: The rise of nitrous oxide abuse. An international survey of contemporary nitrous oxide use. Journal of psychopharmacology (Oxford, England), 30(4), 395-401.

Kabat-Zinn, J. (2003). Mindfulness-based interventions in context: Past, present, and future. Clinical Psychology: Science & Practice, 10, 144-156.

Kagan, J., Snidman, N., Zentner, M., & Peterson, E. (1999). Infant temperament and anxious symptoms in school age children. Development and Psychopathology, 11(2), 209-224.

Kagan, J., & Snidman, N. (1999). Early child predictors of adult anxiety disorders. Biological

Psychiatry,46,1536-1541.

Kaiser,B. N. ,Haroz,E. E. ,Kohrt,B. A. ,Bolton,P. A. ,Bass,J. K. ,& Hinton,D. E. (2015). "Thinking too much": A systematic review of a common idiom of distress. Social Science & Medicine, 147,170-183.

Kalat,J. W. (2016). Biological psychology (12th ed.). Boston,MA: Cengage Learning.

Kalat,J. W. (2003). Bilolgical Psychology (8th Edition),Singapore: Thomson Learning.

Kanner,L. (1943). Autistic disturbances of affective contact. Nervous Child,2,217-260.

Kaplan,H. ,& Kaplan,S. B. (2014). Sadock's synopsis of psychiatry: behavioral sciences/clinical psychiatry. Trans,Rezaai F. Tehran: Arjmand pub,43-447.

Kaplan,H. S. (1974). The New Sex Therapy: Active Treatment of Sexual Dysfunctions. New York: Brunner/Mazel.

Kaplan,H. S. (1998). Ernie: A complicated case of premature ejaculation. In R. P. Halgin & S. K. Whitbourne (Eds.),A casebook in abnormal psychology: From the files of experts (pp. 128-142). New York: Oxford University Press.

Kazdin,A. E. ,Esveldt-Dawson,K. ,French,N. H. ,& Unis,A. S (1987). Problem-solving skills training and parent management training in the treatment of antisocial behavior in children. Journal of Consulting and Clinical Psychology,55,76-85.

Kazdin,A. E. ,Siegel,T. ,& Bass,D. (1992). Cognitive problem-solving skills training and parent management training in the treatment of antisocial behavior in children. Journal of Consulting and Clinical Psychology,60,733-747.

Kealy,D. ,Goodman,G. ,Rasmussen,B. ,Weideman,R. ,& Ogrodniczuk,J. S. (2017). Therapists' perspectives on optimal treatment for pathological narcissism. Personality Disorders: Theory, Research,and Treatment,8(1),35-45.

Keefe,D. L. (2002). Sex hormones and neural mechanisms. Archives of Sexual Behavior,31(5), 401-403.

Keel,P. K. ,Brown,T. A. ,Holland,L. A. ,& Bodell,L. P. (2012). Empirical classification of eating disorders. Annual review of clinical psychology,8,381-404.

Kellett,S. (2007). A time series evaluation of the treatment of histrionic personality disorder with cognitive analytic therapy. Psychology and Psychotherapy Theory Research and Practice,80,389-405.

Kellett,S. ,& Hardy,G. (2014). Treatment of paranoid personality disorder with cognitive analytic therapy: a mixed methods single case experimental design. Clinical Psychology & Psychotherapy, 21(5),452-464.

Kelly,J. ,Gooding,P. ,Pratt,D. ,Ainsworth,J. ,Welford,M. ,& Tarrier,N. (2012). Intelligent real-time therapy: Harnessing the power of machine learning to optimise the delivery of momentary cognitive-behavioural interventions. Journal of Mental Health,21(4),404-414.

Kendall,P. C. ,& Suveg,C. (2006). Treating anxiety disorders in youth. In P. C. Kendall (Ed.),Child and adolescent therapy: Cognitive-behavioral procedures (3rd ed. ,pp. 243-294). New York: Guilford Press.

Kendler, K. S., Neale, M. C., Kessler, R. C., Heath, A. C., & Eaves, L. J. (1992). Major depression and generalized anxiety disorder: Same genes, (partly) different environments? Archives of General Psychiatry, 49(9), 716-722.

Kendler, K. S., Myers, J., Prescott, C. A., & Neale, M. C. (2001). The genetic epidemiology of irrational fears and phobias in men. Archives of General Psychiatry, 58(3), 257-265.

Kendler, K. S., Karkowski, L. M., & Prescot, C. A. (1999). Fears and phobias: reliability and heritability. Psychological Medicine, 29: 539-553.

Kendler, K. S., Gatz, M., Gardner, C. O., & Pedersen, N. L. (2007). Clinical indices of familial depression in the Swedish Twin Registry. ActaPsychiatrica Scandinavica, 115(3), 214-220.

Kendler, K. S., Czajkowski, N., Tambs, K., Torgersen, S., Aggen, S. H., & Neale, M. C., et al. (2006). Dimensional representations of DSM-IV cluster A personality disorders in a populationbased sample of Norwegian twins: A multivariate study. Psychological Medicine, 36(11), 1583-1591.

Kernberg, O. F. (1992). Aggression in personality disorders and perversions. New Haven, CT: Yale University Press.

Kernberg, O. F., Yeomans, F. E., Clarkin, J. F., & Levy, K. N. (2008). Transference focused psychotherapy: Overview and update. International Journal of Psychoanalysis, 89, 601-620.

Kernberg, O. F. (2007). The almost untreatable narcissistic patient. Journal of American Psychoanalytic Association, 55(2), 503-539.

Kessing, L. V., Vradi, E., & Andersen, P. K. (2015). Life expectancy in bipolar disorder. Bipolar Disorders, 17(5), 543-548.

Kessler, R. C., Berglund, P., Demler, O., Jin, R., Merikangas, K. R., & Walters, E. E. (2005a). Lifetime prevalence and age-of-onset distributions of DSM-IV disorders in the National Comorbidity Survey Replication. Archives of general psychiatry, 62(6), 593-602.

Kessler, R. C., Chiu, W. T., Demler, O., Merikangas, K. R., & Walters, E. E. (2005b). Prevalence, severity, and comorbidity of 12-month DSM-IV disorders in the National Comorbidity Survey Replication. Archives of general psychiatry, 62(6), 617-627.

Kessler, R. C., McLaughlin, K. A., Green, J. G., Gruber, M. J., Sampson, N. A., et al. (2010). Childhood adversities and adult psycopathology in the WHO World Mental Health Surveys. The British Journal of Psychiatry, 197(5), 378-385.

Kessler, R. C., Petukhova, M., Sampson, N. A., Zaslavsky, A. M., & Wittchen, H.-U. (2012). Twelve-month and lifetime prevalence and lifetime morbid risk of anxiety and mood disorders in the United States. International journal of methods in psychiatric research, 21(3), 169-184.

Kessler, R. C., Berglund, P. A., Chiu, W. T., Deitz, A. C., Hudson, J. I., et al. (2013). The prevalence and correlates of binge eating disorder in the World Health Organization World Mental Health Surveys. Biological psychiatry, 73(9), 904-914.

Kessler, R. C., Rose, S., Koenen, K. C., Karam, E. G., Stang, P. E., et al. (2014). How well can post-traumatic stress disorder be predicted from pre-trauma risk factors? An exploratory study in the WHO World Mental Health Surveys. World Psychiatry, 13(3), 265-274.

Kestler, L. P., Walker, E., & Vega, E. M. (2001). Dopamine receptors in the brains of schizophrenia patients: a meta-analysis of the findings. Behavioural Pharmacology, 12(5), 355-371.

Khalifa, N., Duggan, C., Stoffers, J., Huband, N., Völlm, B. A., & Ferriter, M., et al. (2010). Pharmacological interventions for antisocial personality disorder. Cochrane Database of Systematic Reviews, Issue 8. Art. No.: CD007667.

Killikelly, C., & Maercker, A. (2017). Prolonged grief disorder for ICD-11: The primacy of clinical utility and international applicability. European Journal of Psychotraumatology, 8(6), 1476441.

Kim, Y., Zerwas, S., Trace, S. E., & Sullivan, P. F. (2011). Schizophrenia genetics: where Next? Schizophrenia Bulletin, 37(3), 456-463.

Kim, J., Iwata, Y., Plitman, E., Caravaggio, F., & Gerretsen, P. (2018). A meta-analysis of transcranial direct current stimulation for schizophrenia: "is more better?". Journal of Psychiatric Research, 110, 117-126.

Kimonis, E. R., Frick, P. J., & McMahon, R. J. (2014). Conduct and oppositional defiant disorders. In E. J. Mash & R. A. Barkley (Eds.), Child psychopathology (3rd ed., pp. 145-179). New York: Guilford Press.

Kirov, G., & Owen, M. J. (2009). Genetics of schizophrenia: overview of methods, findings and limitations. Frontiers in Human Neuroscience, 11, Article 322.

Kishimoto, T., Krieger, T., Berger, T., Qian, M., Chen, H., & Yang, Y. (2016). Internet-Based Cognitive Behavioral Therapy for Social Anxiety with and without Guidance Compared to a Wait List in China: A Propensity Score Study. Psychotherapy and Psychosomatics, 85(5), 317-319.

Kleider, H. M., Pezdek, K., Goldinger, S. D., & Kirk, A. (2008). Schema-driven source misattribution errors: Remembering the expected from a witnessed event. Applied Cognitive Psychology, 22(1), 1-20.

Klein, D. N., Kotov, R., & Bufferd, S. J. (2011). Personality and Depression: Explanatory Models and Review of the Evidence. Annual Review of Clinical Psychology, 7, 269-295.

Kleinman, A. (1986). Social Origins of Distress and Disease: Depression, Neurasthenia, and Pain in Modern China. New Haven: Yale University Press.

Kleinplatz, F. J., Moser, C., & Lev, A. I. (2012). Sex and gender identity disorders. In I. B. Weiner, G. Stricker, & T. A. Widiger (Eds.), Handbook of psychology, Clinical psychology (2nd ed., Vol. 8, pp. 171-192). Hoboken, NJ: Wiley.

Kluft, R. P. (2009). A clinician's understanding of dissociation: Fragments of an acquaintance. In P. F. Dell & J. A. O'Neil (Eds.), Dissociation and the dissociative disorders: DSM-5 and beyond (pp. 599-624). New York, NY: Routledge.

Knitzer, J., Steinberg, Z., & Fleisch, B. (1990). At the schoolhouse door: An examination of programs and policies for children with emotional and behavioral problems. New York: Bank Street College of Education.

Koch, J., Modesitt, T., Palmer, M., Ward, S., Martin, B., Wyatt, R., & Thomas, C. (2016). Review of pharmacologic treatment in cluster A personality disorders. The Mental Health Clinician, 6(2),

75-81.

Koenen, K. C. , Hitsman, B. , Lyons, M. J. , Niaura, R. , McCaffery, J. , Goldberg, J. , Eisen, S. A. , True, W. , & Tsuang, M. (2005). A twin registry study of the relationship between posttraumatic stress disorder and nicotine dependence in men. Archives of General Psychiatry, 62(11), 1258-1265.

Koerner, N. , Mejia, T. , & Kusec, A. (2017). What's in a name? Intolerance of uncertainty, other uncertainty-relevant constructs, and their differential relations to worry and generalized anxiety disorder. Journal of Clinical Psychiatry, 46(2), 141-161.

Kopelman, M. D. , Thomson, A. D. , Guerrini, I. , & Marshall, E. J. (2009). The Korsakoff Syndrome: Clinical Aspects, Psychology and Treatment. Alcohol and Alcoholism, 44, 148-154.

Kramer, G. P. , Douglas, A. B. , & Vicky, P. (2009). Behavioral and Cognitive-Behavioral Psychotherapies. In Introduction to Clinical Psychology (7th ed). Upper Saddle River, NJ: Pearson Prentice Hall, 269-300.

Kring, A. M. , & Johnson, S. L. (2018). Abnormal Psychology: The science and treatment of psychological disorders (14th ed). New York: John Wiley & Sons.

Krueger, R. B. (2010). The DSM Diagnostic Criteria for Sexual Masochism. Archives of Sexual Behavior, 39, 346-356.

Krueger, R. F. , & Markon, K. E. (2014). The role of the DSM-5 personality trait model in moving toward a quantitative and empirically based approach to classifying personality and psychopathology. Annual Review of Clinical Psychology, 10(1), 477-501.

Krueger, R. F. , Derringer, J. , Markon, K. E. , Watson, D. , & Skodol, A. E. (2012). Initial construction of a maladaptive personality trait model and inventory for DSM-5. Psychological Medicine, 42, 1879-1890.

Kuperman, S. , Chan, G. , Kramer, J. R. , Wetherill, L. , Bucholz, K. K. , Dick, D. , Hesselbrock, V. , Porjesz, B. , Rangaswamy, M. , & Schuckit, M. (2013). A model to determine the likely age of an adolescent's first drink of alcohol. Pediatrics, 131(2), 242-248.

Kvarstein, E. H. , & Karterud, S. (2012). Large variations of global functioning over five years in treated patients with personality traits and disorders. Journal of Personality Disorders, 26(2), 141-161.

Kvavilashvili, L. (2014). Solving the mystery of intrusive flashbacks in posttraumatic stress disorder: Comment on Brewin. Psychological Bulletin, 140(1), 98-104.

Ladouceur, R. , Sylvain, C. , Boutin, C. , Lachance, S. , Doucet, C. , Leblond, J. , & Jacques, C. (2001). Cognitive treatment of pathological gambling. The Journal of Nervous and Mental Disease, 189(11), 774-780.

Lake, P. M. (2005). Recognizing reactive attachment disorder: early intervention is essential to prevent lifelong consequences. Behavioral Health Management, 5, 41.

Långström, N. , & Seto, M. C. (2006). Exhibitionistic and voyeuristic behavior in a Swedish national population survey. Archives of Sexual Behavior, 35(4), 427-435.

Långström, N. , & Zucker, K. (2005). Transvestic fetishism in the general population: Prevalence and correlates. Journal of Sex & Marital Therapy, 31, 87-95.

Lanyon, R. I. (1986). Theory and treatment of child molestation. Journal of Consulting and Clinical Psychology, 54, 176-182.

Lau, T., Horschitz, S., Bartsch, D., & Schloss, P. (2009). Monitoring mouse serotonin transporter internalization in stem cell-derived serotonergic neurons by confocal laser scanning microscopy. Neurochemistry International, 54(3-4), 271-276.

Laumann, E. O., Paik, A., & Rosen, R. C. (1999). Sexual dysfunction in the United States. Journal of the American Medical Association, 281, 537-544.

LeDoux, J. E., & Hirst, W. (1986). Mind and behavior: Dialogues in cognitive neuroscience. Cambridge: Cambridge University Press.

Lee, H. J., Espil, F. M., Bauer, C. C., Siwiec, S. G., & Woods, D. W. (2018). Computerized response inhibition training for children with trichotillomania. Psychiatry Research, 262, 20-27.

Lee, S., Lee, A., Leung, T., Yu, H. (1997). Psychometric Properties of the Eating Disorders Inventory (EDI-1) in a Nonclinical Chinese Population in Hong Kong. International Journal of Eating Disorders, 21(2), 187-194.

Lee, R. J. (2017). Mistrustful and misunderstood: A review of paranoid personality disorder. Current Behavioral Neuroscience Reports, 4(2), 151-165.

Leichsenring, F., Leweke, F., Klein, S., & Steinert, C. (2015). The empirical status of psychodynamic psychotherapy - an update: Bambi's alive and kicking. Psychotherapy and Psychosomatics, 84(3), 129-148.

Lemche, E., Surguladze, S. A., Giampietro, V. P., Anilkumar, A., Brammer, M. J., et al. (2007). Limbic and prefrontal responses to facial emotion expressions in depersonalization. Neuroreport, 18, 473-477.

Lenze, E. J., Mulsant, B. H., Shear, M. K., Schulberg, H. C., Dew, M. A., Begley, A. E., Pollock, B. G., & Reynolds, C. F. III. (2000). Comorbid anxiety disorders in depressed elderly patients. The American Journal of Psychiatry, 157(5), 722-728.

Lesch, K. P. (2004). Gene-environment interaction and the genetics of depression. Journal of Psychiatry & Neuroscience, 29(3), 174-184.

Leung, F., Lam, S., Chan, I. (2001). Disorder eating attitudes and behavior among adolescent girls in Hong Kong. Journal of the Youth Studies, 4, 36-51.

Levi, O., Bar-Haim, Y., Kreiss, Y., & Fruchter, E. (2016). Cognitive-behavioural therapy and psychodynamic psychotherapy in the treatment of combat-related post-traumatic stress disorder: a comparative effectiveness study. Clinical Psychology & Psychotherapy, 23(4), 298-307.

Levi, D. (2017). Group dynamics for teams. Washington, DC: SAGE Publications, Inc.

Lewis, D. A., & Levitt, P. (2002). Schizophrenia as a disorder of neurodevelopment. Annual Review of Neuroscience, 25, 409-432.

Li, F., Cui, Y., Li, Y., Guo, L., Ke, X., Liu, J., Luo, X., Zheng, Y., & Leckman, J. F. (2022). Prevalence of mental disorders in school children and adolescents in China: diagnostic data from detailed clinical assessments of 17,524 individuals. Journal of Child Psychology and Psychiatry, 63(1),

34-46.

Li, J., Cao, X., Liu, S., Li, X., & Xu, Y. (2020). Efficacy of repetitive transcranial magnetic stimulation on auditory hallucinations in schizophrenia: a meta-analysis. Psychiatry Research, 290, 113141.

Li, M., D'Arcy, C., & Meng, X. (2016). Maltreatment in childhood substantially increases the risk of adult depression and anxiety in prospective cohort studies: systematic review, meta-analysis, and proportional attributable fractions. Psychological Medicine, 46(4), 717-730.

Li, Y., Lv, M. R., Wei, Y. J., Sun, L., Zhang, J. X., Zhang, H. G., & Li, B. (2017). Dietary patterns and depression risk: A meta-analysis. Psychiatry Research, 253, 373-382.

Liddle, H. A. (2002). Multidimensional Family Therapy for Adolescent Cannabis Users, Cannabis Youth Treatment (CYT) Series, Volume 5. Adolescents, 5, 245.

Lieb, K., Völlm, B., Rücker, G., Timmer, A., & Stoffers, J. M. (2010). Pharmacotherapy for borderline personality disorder: Cochrane systematic review of randomised trials. The British Journal of Psychiatry: The Journal of Mental Science, 196(1), 4-12.

Lindström, L. H., Gefvert, O., Hagberg, G., Lundberg, T., Bergström, M., Hartvig, P., & Långström, B. (1999). Increased dopamine synthesis rate in medial prefrontal cortex and striatum in schizophrenia indicated by L-(beta-11C) DOPA and PET. Biological Psychiatry, 46(5), 681-688.

Linehan, M. M. (1993). Cognitive-Behavioral Treatment of Borderline Personality Disorder. New York: Guilford Company.

Linehan, M. M., Schmidt, H., Dimeff, L. A., Craft, J. C., Kanter, J., & Comtois, K. A. (1999). Dialectical behavior therapy for patients with borderline personality disorder and drug-dependence. The American Journal on Addictions, 8(4), 279-292.

Links, P. S., Gould, B., & Ratnayake, R. (2003). Assessing suicidal youth with antisocial, borderline, or narcissistic personality disorder. Canadian Journal of Psychiatry. Revue Canadienne de Psychiatrie, 48(5), 301-310.

Liu, Z., Palaniyappan, L., Wu, X., Zhang, K., Du, J., et al. (2021). Resolving heterogeneity in schizophrenia through a novel systems approach to brain structure: individualized structural covariance network analysis. Molecular psychiatry, 26(12), 7719-7731.

Livesley, W. J., Jang, K. L., & Vernon, P. A. (1998). Phenotypic and Genetic Structure of Traits Delineating Personality Disorder. Arch Gen Psychiatry, 55, 941-948.

Loas, G., Cormier, J., & Perez-Diaz, F. (2011). Dependent personality disorder and physical abuse. Psychiatry Research, 185(1-2), 167-170.

Loeber, R., Burke, J. D., Lahey, B. B., Winters, A., & Zera, M. (2000). Oppositional defiant and conduct disorder: a review of the past 10 years, part I. Journal of the American Academy of Child & Adolescent Psychiatry, 39(12), 1468-1484.

Loewenstein, R. J. (2007). Dissociative identity disorder: Issues in the iatrogenesis controversy. In E. Vermetten, M. Dorahy, & D. Spiegel (Eds.), Traumatic dissociation: Neurobiology and treatment (pp. 275-299). American Psychiatric Publishing, Inc.

Lombardo, M. V., Chakrabarti, B., & Baron-Cohen, S. (2009). The amygdala in autism: not adapting to faces. American Journal of Psychiatry, 166(4), 395-397.

Loo, J., Raylu, N., & Tian, P. (2008). Gambling among the chinese: a comprehensive review. Clinical Psychology Review, 28, 1152-1166.

Loo, C. (2010). ECT in the 21st Century: Optimizing Treatment-State of the Art in the 21st Century. Journal of ECT, 26(3), 157-157.

López-Solà, C., Fontenelle, L. F., Alonso, P., Cuadras, D., Foley, D. L., Pantelis, C., Pujol, J., Yücel, M., Cardoner, N., Soriano-Mas, C., Menchón, J. M., & Harrison, B. J. (2014). Prevalence and heritability of obsessive-compulsive spectrum and anxiety disorder symptoms: A survey of the Australian Twin Registry. American journal of medical genetics. Part B, Neuropsychiatric genetics: the official publication of the International Society of Psychiatric Genetics, 165B(4), 314-325.

Lorber, M. (2004). Psychophysiology of aggression, psychopathy, and conduct problems. Psychological Bulletin, 130, 531-552.

Lubit, R., Maldonado-Durán, J. M., Bram, L., Pataki, C., Lartigue, T., & Windle, M. (2013). Attachment disorders differential diagnoses. https://emedicine.medscape.com/article/915447-differential? form=fpf.

Luciana, M. (2006). Cognitive neuroscience and the prefrontal cortex: Normative development and vulnerability to psychopathology. In D. Cicchetti & D. J. Cohen (Eds.), Developmental psychopathology: Developmental neuroscience (2nd ed., pp. 292-331). New York: John Wiley & Sons, Inc.

Luger, T. M., Suls, J., & Vander Weg, M. W. (2014). How robust is the association between smoking and depression in adults? A meta-analysis using linear mixed-effects models. Addictive Behaviors, 39(10), 1418-1429.

Luu, P., Flaisch, T., & Tucker, D. M. (2000). Medial frontal cortex in action monitoring. The Journal of Neuroscience, 20(1), 464-469.

Madsen, K. M., Hviid, A., Vestergaard, M., Schendel, D., Wohlfahrt, J., Thorsen, P., Olsen, J., & Melbye, M. (2002). A population-based study of measles, mumps, and rubella vaccination and autism. The New England Journal of Medicine, 347(19), 1477-1482.

Maletzky, B. (2002). The paraphilias: Research and treatment. In P. E. Nathan & J. M. Gorman (Eds.), A guide to treatments that work (2nd ed., pp. 525-557). New York, NY: Oxford University Press.

Malgaroli, M., & Schultebraucks, K. (2020). Artificial intelligence and posttraumatic stress disorder (PTSD): an overview of advances in research and emerging clinical applications. European Psychologist, 25(4), 272-282.

Maniglio, R. (2013). The impact of child sexual abuse on the course of bipolar disorder: a systematic review. Bipolar Disorders, 15(4), 341-358.

Manzoni, M., Fernandez, I., Bertella, S., Tizzoni, F., Gazzola, E., Molteni, M., & Nobile, M. (2021). Eye movement desensitization and reprocessing: The state of the art of efficacy in children and adolescent with post traumatic stress disorder. Journal of Affective Disorders, 282, 340-347.

Mapou, R. L. (2009). Adult Learning Disabilities and ADHD: Research-Informed Assessment. New York: Oxford University Press.

Marenco, S. , & Weinberger, D. R. (2000). The neurodevelopmental hypothesis of schizophrenia: following a trail of evidence from cradle to grave. Development and Psychopathology, 12, 501-527.

Marshall W. L. (1989). Intimacy, loneliness and sexual offenders. Behaviour Research and Therapy, 27(5), 491-503.

Martell, C. R. , Addis, M. E. , & Jacobson, N. S. (2001). Depression in context: strategies for guided action. New York: W. W. Norton & Company, Inc.

Marzouk, T. , Winkelbeiner, S. , Azizi, H. , Malhotra, A. K. , & Homan, P. (2019). Transcranial magnetic stimulation for positive symptoms in schizophrenia: a systematic review. Neuropsychobiology, 79(6), 1-13.

Mash, E. J. , & Barkley, R. A. (2014). Child Psychopathology, 3rd ed. New York: Guilford Publications.

Mash, E. J. , & Wolfe, D. A. (2018). Abnormal Child Psychology. New York: Cengage Learning.

Masters, W. H. & Johnson V. E. (1970). Human Sexual Inadequacy. Boston: Little, Brown and Co.

Masters, W. H. , Johnson, V. E. & Kolodny, R. C. (1997). Human Sexuality (5th Edition). New York: Allyn & Bacon.

Matsunaga, H. , Kiriike, N. , Nagata, T. , & Yamagami, S. (1998). Personality disorders in patients with eating disorders in Japan. The International Journal of Eating Disorders, 23(4), 399-408.

Mauro, C. , Reynolds, C. , Maercker, A. , Skritskaya, N. , & Shear, M. (2019). Prolonged grief disorder: Clinical utility of ICD-11 diagnostic guidelines. Psychological Medicine, 49(5), 861-867.

McCabe, R. E. , Antony, M. M. , Summerfeldt, L. J. , Liss, A. , & Swinson, R. P. (2003). Preliminary examination of the relationship between anxiety disorders in adults and self-reported history of teasing or bullying experiences. Cognitive Behaviour Therapy, 32(4), 187-193.

McCleery, A. , Green, M. F. , Hellemann, G. S. , Baade, L. E. , Gold, J. M. , & Keefe, R. , et al. (2016). Latent structure of cognition in schizophrenia: A confirmatory factor analysis of the Matrics Consensus Cognitive Battery (MCCB). Psychological Medicine, 46(5), 2657-2666.

Mcclellan, J. , & King, M. C. (2010). Genomic analysis of mental illness: a changing landscape. JAMA, 303(24), 2523-2524.

McCrady, B. S. , & Tonigan, J. S. (2014). Recent research into twelve-step programs. In R. K. Ries, D. A. Fiellin, S. C. Miller, & R. Saitz (eds.), The ASAM Principles of Addiction Medicine (5th ed, pp. 1043-1059). New York, NY: Wolters Kluwer.

Mcewen, B. S. (2017). Neurobiological and systemic effects of chronic stress. Chronic Stress, (1), 10.

McGauley, G. , Yakeley, J. , Williams, A. , & Bateman, A. (2011). Attachment, mentalization and antisocial personality disorder: The possible contribution of mentalization-based treatment. European

Journal of Psychotherapy & Counselling,13(4),371-393.

McGovern,P. E. ,& Mondavi,R. G. (2003). Ancient wine: the search for the origins of viniculture. Economic Botany,58(3),488-488.

McGowan,P. O. ,Suderman,M. ,Sasaki,A. ,Huang,T. C. ,Hallett,M. ,Meaney,M. J. ,& Szyf, M. (2011). Broad epigenetic signature of maternal care in the brain of adult rats. PLoS ONE, 6(2),e14739.

McGuffin,P. ,Rijsdijk,F. ,Andrew,M. ,Sham,P. ,Katz,R. ,& Cardno,A. (2003). The heritability of bipolar affective disorder and the genetic relationship to unipolar depression. Archives of General Psychiatry,60(5),497-502.

McIntyre,R. S. ,Berk,M. ,Brietzke,E. ,Goldstein,B. I. ,Lopez-Jaramillo,C. ,Kessing,L. V. ,et al. (2020). Bipolar disorders. Lancet,396(10265),1841-1856.

McNeil,T. F. ,& Cantor-Graae,E. (2000). Neuromotor markers of risk for schizophrenia. Aust. NZ J. Psychiatry 34(Suppl.),S86-90.

Meaney,R. ,Hasking,P. ,& Reupert,A. (2016). Borderline Personality Disorder Symptoms in College Students: The Complex Interplay between Alexithymia,Emotional Dysregulation and Rumination. PLoS ONE,11(6),e0157294.

Mednick,S. A. ,Gabrielli,W. F. ,& Hutchings,B. (1984). Genetic influences in criminal convictions: Evidence from an adoption cohort. Science,224(4651),891-894.

Merikangas,K. R. ,He,J. P. ,Burstein,M. ,Swanson,S. A. ,Avenevoli,S. ,Cui,L. ,et al. (2010). Lifetime prevalence of mental disorders in U. S. adolescents: Results from the National Comorbidity Survey Replication-Adolescent Supplement (NCS-A). Journal of the American Academy of Child & Adolescent Psychiatry,49,980-989.

Merkl,A. ,Schubert,F. ,Quante,A. ,Luborzewski,A. ,Brakemeier,E. L. ,Grimm,S. ,et al. (2011). Abnormal Cingulate and Prefrontal Cortical Neurochemistry in Major Depression After Electroconvulsive Therapy. Biological Psychiatry,69(8),772-779.

Mesulam,M. M. (1998). From sensation to cognition. Brain,121,1013-1052.

Micali,N. ,Hagberg,K. W. ,Petersen,I. ,& Treasure,J. L. (2013). The incidence of eating disorders in the UK in 2000-2009: findings from the General Practice Research Database. BMJ open, 3(5),397-406.

Miklowitz,D. J. (2008). Adjunctive Psychotherapy for Bipolar Disorder: State of the Evidence. American Journal of Psychiatry,165(11),1408-1419.

Miller,J. ,Bilder,D. ,Farley,M. ,Coon,H. ,Pinborough-Zimmerman,J. ,Jenson,W. ,& McMahon,W. (2013). Autism spectrum disorder reclassified: A second look at the 1980s Utah/UCLA Autism Epidemiologic Study. Journal of Autism and Developmental Disorders,43(1),200-210.

Miller,L. J. ,O'Connor,E. ,& DiPasquale,T. (1993). Patients' attitudes toward hallucinations. The AmericanJournal of Psychiatry,150(4),584-588.

Miller,W. R. ,Seligman,M. E. P. ,& Kurlander,H. M. (1975). Learned helplessness,depression,and anxiety. Journal of Nervous and Mental Disease,161(5),347-357.

Miller, J. D. , Campbell, W. K. , & Pilkonis, P. A. (2007). Narcissistic personality disorder: Relations with distress and functional impairment. Comprehensive Psychiatry, 48(2), 170-177.

Miltenberger, R. G. (2008). Behavioral Modification: Principles and Procedures. Boston, MA: Thomson/Wadsworth.

Mitchell, S. A. , & Black, M. J. (1995). Freud and beyond: A history of modern psychoanalytic thought. New Yokr: Basic Books.

Mitchell, K. R. , Jones, K. G, Wellings, K. , Johnson, A. M. , Graham, C. A. , Datta, J. , Copas, A. J. , Bancroft, J. , Sonnenberg, P. , Macdowall, W. , Field, N & Mercer, C. H. (2016), Estimating the Prevalence of Sexual Function Problems: The Impact of Morbidity Criteria, The Journal of Sex Research, 53:8, 955-967.

Moffitt, T. E. (1993). The neuropsychology of conduct disorder. Development and psychopathology, 5(1-2), 135-151.

Moffitt, T. E. , & Caspi, A. (2001). Childhood predictors differentiate life-course persistent and adolescence-limited antisocial pathways among males and females. Development & Psychopathology, 13(2), 355-75.

Money, J. (1984). Paraphilias: phenomenology and classification. American Journal of Psychotherapy, 38, 164-179.

Monterosso, J. R. , Flannery, B. A. , Pettinati, H. M. , Oslin, D. W. , Rukstalis, M. , O'Brien, C. P. , & Volpicelli, J. R. (2001). Predicting treatment response to naltrexone: the influence of craving and family history. The American journal on addictions, 10(3), 258-268.

Monzani, B. , Rijsdijk, F. , Iervolino, A. C. , Anson, M. , Cherkas, L. , & Mataix-Cols, D. (2012). Evidence for a genetic overlap between body dysmorphic concerns and obsessive-compulsive symptoms in an adult female community twin sample. American Journal of Medical Genetics. Part B, Neuropsychiatric Genetics, 159B(4), 376-382.

Morey, L. C. , Hopwood, C. J. , Gunderson, J. G. , Skodol, A. E. , Shea, M. T. , & Yen, S. , et al. (2007). Comparison of alternative models for personality disorders. Psychological Medicine, 37(7), 983-994.

Morey, L. C. , Skodol, A. E. , & Oldham, J. M. (2014). Clinician judgments of clinical utility: a comparison of DSM-IV-TR personality disorders and the alternative model for DSM-5 personality disorders. Journal of Abnormal Psychology, 123(2), 398-405.

Morrison, J. (2014). DSM-5 Made Easy. New York: Guilford Publications.

Mossman, D. (1994). Assessing predictions of violence: being accurate about accuracy. Journal of Consulting and Clinical Psychology, 62, 783-792.

Mukai, T. , Kambara, A. , Sasaki, Y. (1998). Body dissatisfaction, need for social approval, and eating disturbances among Japanese and American college women. Sex Role, 39, 751-763.

Muris, P. , & Ollendick, T. (2015). Children who are anxious in silence: a review on selective mutism, the new anxiety disorder in DSM-5. Clinical Child and Family Psychological Review, 18, 151-169.

Murray, L., De Rosnay, M., Pearson, J., Bergeron, C., Schofield, E., Royal-Lawson, M., & Cooper, P. J. (2008). Intergenerational transmission of social anxiety: the role of social referencing processes in infancy. Child Development, 79(4), 1049-1064.

Myers, D. G. (2010). Social psychology (10th ed.). New York: Mcgraw-Hill, Inc.

Nanni, V., Uher, R., & Danese, A. (2012). Childhood Maltreatment Predicts Unfavorable Course of Illness and Treatment Outcome in Depression: A Meta-Analysis. American Journal of Psychiatry, 169(2), 141-151.

Nasser, M. (1988). Eating disorders: the cultural dimension. Social Psychiatry Psychiatric Epidemiology, 23: 184-187.

Nasser, M. (1994). The psychometric properties of the eating attitude test in a non-western population. Social Psychiatry Psychiatric Epidemiology, 29, 88-94.

Nathan, P. E., & Gorman, J. M. (2015). A Guide to Treatments that Work, 4th ed, Oxford: Oxford University Press.

National Center on Addiction and Substance Abuse at Columbia University. (2010). Behind Bars II: Substance Abuse and America's Prison Population. National Center on Addiction & Substance Abuse at Columbia University.

National Institute on Drug Abuse (NIDA). (2009). Principles of Drug Addiction Treatment: A Research-Based Guide. 2nd edition (NIH Publication No. 094180). 2009. Rockville, MD: National Institute on Drug Abuse.

Nelson, R. O., & Barlow, D. H. (1981). Behavioral assessment: Basic strategies and initial procedures. In D. H. Barlow (Ed.), Behavioral assessment of adult disorders, (pp. 13-43). New York: Guilford.

Nelson, E. C., Grant, J. D., Bucholz, K. K., Glowinski, A., Madden PAF, Reich, W., & Heath, A. C. (2000). Social phobia in a population based female adolescent twin sample: Comorbidity and associated suicide related symptoms. Psychological Medicine, 30, 797-804.

Nevid, J. S., Rathus, S. A., & Greene, B. (2018). Abnormal Psychology: In a Changing World. 10th ed. New York: Pearson Education.

Nevid, J. S., Rathus, S. A., & Greene, B. (2000). Abnormal Psychology: In a Changing World. 4th ed. Upper Saddle River, NJ: Prentice Hall.

Newman, M. G., Llera, S. J., Erickson, T. M., Przeworski, A., & Castonguay, L. G. (2013). Worry and generalized anxiety disorder: A review and theoretical synthesis of research on nature, etiology, mechanisms, and treatment. Annual Review of Clinical Psychology, 9, 275-297.

Newman, M. G., Szkodny, L. E., Llera, S. J., & Przeworski, A. (2011). A review of technology-assisted self-help and minimal contact therapies for anxiety and depression: is human contact necessary for therapeutic efficacy? Clinical Psychology Review, 31(1), 89-103.

Newton-Howes, G., Clark, L. A., & Chanen, A. (2015). Personality disorder across the life course. The Lancet, 385, 727-734.

Nicolaides, N. C., Kyratzi, E., Lamprokostopoulou, A., Chrousos, G. P., & Charmandari, E.

(2014). Stress, the Stress System and the Role of Glucocorticoids. Neuroimmunomodulation, 22, 6-19.

Nieuwdorp, W., Koops, S., Somers, M., & Sommer, I. E. C. (2015). Transcranial magnetic stimulation, transcranial direct current stimulation and electroconvulsive therapy for medication-resistant psychosis of schizophrenia. Current Opinion in Psychiatry, 28(3), 222-228.

Nieuwenhuys, R., Voogd, J., & Van Huijzen, C. (2008). The greater limbic system. The human central nervous system, 4th ed. New York: Springer Verlag.

Nievergelt, C. M., Maihofer, A. X., Klengel, T., Atkinson, E. G., Chen, C. Y., Choi, K. W., Coleman, J. R. I., Dalvie, S., Duncan, L. E., Gelernter, J., Levey, D. F., Logue, M. W., Polimanti, R., Provost, A. C., Ratanatharathorn, A., Stein, M. B., Torres, K., Aiello, A. E., Almli, L. M., Amstadter, A. B., ⋯ Koenen, K. C. (2019). International meta-analysis of PTSD genome-wide association studies identifies sex- and ancestry-specific genetic risk loci. Nature Communications, 10(1), 4558.

Niu, T., Chen, C., Ni, J., Wang, B., Fang, Z., Shao, H., & Xu, X. (2000). Nicotine dependence and its familial aggregation in Chinese. International Journal of Epidemiology, 29(2), 248-252.

Nock, M. K., Borges, G., Bromet, E. J., Alonso, J., Angermeyer, M., Beautrais, A., Bruffaerts, R., Chiu, W. T., de Girolamo, G., Gluzman, S., de Graaf, R., Gureje, O., Haro, J. M., Huang, Y., Karam, E., Kessler, R. C., Lepine, J. P., Levinson, D., Medina-Mora, M. E., Ono, Y., ⋯ Williams, D. (2008). Cross-national prevalence and risk factors for suicidal ideation, plans and attempts. The British Journal of Psychiatry, 192(2), 98-105.

Nolen-Hoeksema, S. (2001). Abnormal Psychology, 2nd ed, New York: McGraw-Hill.

Nolen-Hoeksema, S. (2004). Abnormal Psychology, 3th ed. New York: McGraw-Hill.

Nolen-Hoeksema, S. (2020). Abnormal Psychology, 8th ed. New York: McGraw-Hill.

Nordahl, H. M., & Stiles, T. C. (1997). Perceptions of parental bonding in patients with various personality disorders, lifetime depressive disorders, and healthy controls. Journal of Personality Disorders, 11(4), 391-402.

Norman, R. M., Malla, A. K., McLean, T. S., McIntosh, E. M., Neufeld, R. W., Voruganti, L. P., & Cortese, L. (2002). An evaluation of a stress management program for individuals with schizophrenia. Schizophrenia research, 58(2-3), 293-303.

Norris, F. H., Byrne, C. M., & Diaz, E. (2003). The Range, Magnitude, and Duration of Effects of Natural and Human-Caused Disasters: A Review of the Empirical Literature. [2023-05-16]. http://www.ncptsd.org/facts/disasters/fs_range.html.

Nuechterlein, K. H., Ventura, J., Subotnik, K. L., & Bartzokis, G. (2014). The early longitudinal course of cognitive deficits in schizophrenia. The Journal of clinical psychiatry, 75 Suppl 2(suppl. 2), 25-29.

Nusslock, R., Harmon-Jones, E., Alloy, L. B., Urosevic, S., Goldstein, K., & Abramson, L. Y. (2012). Elevated Left Mid-Frontal Cortical Activity Prospectively Predicts Conversion to Bipolar I Disorder. Journal of Abnormal Psychology, 121(3), 592-601.

Nutt, D., & Malizia, A. (2006). Anxiety and OCD: the chicken or the egg? Journal of Psychopharmacology, 20(6): 729-731.

O'Dea, J. A., Abraham, S. (2000). Improving the body image, eating attitudes, and behaviors of young male and female adolescents: a new educational approach that focuses on self-esteem. International Journal of Eating Disorders, 28, 43-57.

O'Farrell, T. J., & Clements, K. (2012). Review of Outcome Research on Marital and Family Therapy in Treatment for Alcoholism. Journal of Marital and Family Therapy, 38, 122-144.

O'Neal, M. A., & Baslet, G. (2018). Treatment for patients with a functional neurological disorder (conversion disorder): An integrated approach. American Journal of Psychiatry, 175(4), 307-314.

O'Connor, R. C. (2011). The integrated motivational-volitional model of suicidal behavior. Crisis, 32(6), 295-298.

O'Connor, R. C., & Kirtley, O. J. (2018). The integrated motivational-volitional model of suicidal behaviour. Philosophical transactions of the Royal Society of London. Series B, Biological sciences, 373(1754), 20170268.

Odgers, C. L., Moffitt, T. E., Broadbent, J. M., Dickson, N., Hancox, R. J., Harrington, H., et al. (2008). Female and male antisocial trajectories: From childhood origins to adult outcomes. Development and Psychopathology, 20(2), 673-716.

O'Leary, K. D., & Wilson, G. T. (1975). Behaviour Therapy: Application and Outcome. Englewood Cliffs, NJ: Prentice-Hall.

Olfson, M., Gameroff, M. J., Marcus, S. C., & Waslick, B. D. (2003). Outpatient treatment of child and adolescent depression in the United States. Archives of General Psychiatry, 60, 1236-1242.

Olson, K. R., Key, A. C., & Eaton, N. R. (2015). Gender cognition in transgender children. Psychological Science, 26, 476-474.

Olssøn, I., & Dahl, A. A. (2012). Avoidant personality problems—their association with somatic and mental health, lifestyle, and social network. A community-based study. Comprehensive psychiatry, 53(6), 813-821.

Oltmanns, T. E. & Emery, R. E. (2004): Abnormal Psychology. Upper Saddle River, NJ: Pearson Prentice Hall.

Öst, L. G. (1992). Blood and injection phobia: background and cognitive, physiological, and behavioral variables. Journal of Abnormal Psychology, 101(1), 68-74.

Öst, L. G., & Hugdahl, K. (1981). Acquisition of phobias and anxiety response patterns in clinical patients. Behaviour Research and Therapy, 19(5), 439-447.

Ozonoff, S., Macari, S., Young, G. S., Goldring, S., Thompson, M., & Rogers, S. J. (2008). Atypical object exploration at 12 months of age is associated with autism in a prospective sample. Autism, 12, 457-472.

Paast, N., Khosravi, Z., Memari, A. H., Shayestehfar, M., & Arbabi, M. (2016). Comparison of cognitve flexibility and planning ability in patents with obsessive compulsive disorder, patents with obsessive compulsive personality disorder, and healthy controls. Shanghai Archives of Psychiatry, 28(1), 28-35.

Pacchiarotti, I., Bond, D. J., Baldessarini, R. J., Nolen, W. A., Grunze, H., Licht, R. W., et al.

(2013). The International Society for Bipolar Disorders (ISBD) Task Force Report on Antidepressant Use in Bipolar Disorders. American Journal of Psychiatry,170(11),1249-1262.

Pain,S. (2015). A potted history. Nature,525,S10-S11.

Parker,G. ,Hadzipavlovic, D. ,Brodaty, H. ,Boyce, P. ,Mitchell, P. ,Wilhelm, K. ,& Hickie, I. (1992). Predicting the course of melancholic and nonmelancholic depression a naturalistic comparison study. Journal of Nervous and Mental Disease,180(11),693-702.

Parker,S. K. ,Schwartz, B. ,Todd, J. ,& Pickering, L. K. (2004). Thimerosal-containing vaccines and autistic spectrum disorder: a critical review of published original data. Pediatrics,114(3), 793-804.

Passos,I. C. ,Ballester, P. L. ,Barros, R. C. ,Librenza-Garcia, D. ,Mwangi, B. ,Birmaher, B. ,et al. (2019). Machine learning and big data analytics in bipolar disorder: A position paper from the International Society for Bipolar Disorders Big Data Task Force. Bipolar Disorders,21(7),582-594.

Patel, V. ,Burns,J. K. ,Dhingra,M. ,Tarver,L. ,Kohrt,B. A. ,& Lund,C. (2018). Income inequality and depression: a systematic review and meta-analysis of the association and a scoping review of mechanisms. World Psychiatry,17(1),76-89.

Patterson,G. R. ,Reid,J. ,&Dishion,T. J. (1992). A social learning approach (Vol. 4). Antisocial boys. Eugene,OR: Castaglia.

Pauls,D. L. ,Alsobrook,J. P. ,2nd,Goodman,W. ,Rasmussen,S. ,& Leckman,J. F. (1995). A family study of obsessive-compulsive disorder. The American journal of psychiatry,152(1),76-84.

Pavlov,I. P. (1927). Conditional Reflexes. New York: Dover Publications.

Pearcy,C. P. ,Anderson,R. A. ,Egan,S. J. ,& Rees,C. S. (2016). A systematic review and meta-analysis of self-help therapeutic interventions for obsessive-compulsive disorder: Is therapeutic contact key to overall improvement? Journal of behavior therapy and experimental psychiatry, 51, 74-83.

Penfield,W. ,& Rasmussen,T. (1950). The cerebral cortex of a man: A clinical study of localization of function. New York: Macmillan.

Perreira,K. M. ,& Sloan,F. A. (2001). Life events and alcohol consumption among mature adults: a longitudinal analysis. Journal of studies on alcohol,62(4),501-508.

Persons,J. B. ,Davidson,J. ,& Tompkins,M. A. (2001). Essential components of cognitive-behavior therapy for depression. Washington,DC: American Psychological Association.

Peters,A. ,Sylvia,L. G. ,da SilvaMagalhaes,P. V. ,Miklowitz,D. J. ,Frank,E. ,Otto,M. W. ,et al. (2014). Age at onset,course of illness and response to psychotherapy in bipolar disorder: results from the Systematic Treatment Enhancement Program for Bipolar Disorder (STEP-BD). Psychological Medicine,44(16),3455-3467.

Peyrot,W. J. ,Milaneschi,Y. ,Mullins,N. ,Lewis,C. M. ,Boomsma,D. I. ,& Penninx,B. W. J. H. (2016). Gene-by-environment interaction in major depressive disorder? Bipolar Disorders, 18, 37-37.

Phelps,E. A. ,& LeDoux,J. E. (2005). Contributions of the amygdala to emotion processing:

from animal models to human behavior. Neuron,48,175-187.

Phillips,K. A. ,Stein,D. J. ,Rauch,S. L. ,Hollander,E. ,Fallon,B. A. ,Barsky,A. ,Fineberg,N. ,Mataix-Cols,D. ,Ferrão,Y. A. ,Saxena,S. ,Wilhelm,S. ,Kelly,M. M. ,Clark,L. A. ,Pinto,A. ,Bienvenu,O. J. , Farrow,J. , & Leckman,J. (2010a). Should an obsessive-compulsive spectrum grouping of disorders be included in DSM-5? Depression and anxiety,27(6),528-555.

Phillips,K. A. ,Wilhelm,S. ,Koran,L. M. ,Didie,E. R. ,Fallon,B. A. ,Feusner,J. , & Stein,D. J. (2010b). Body dysmorphic disorder: Some key issues for DSM-V. Depression and Anxiety,27(6),573-591.

Phillips,K. A. (2009). Understanding Body Dysmorphic Disorder: An Essential Guide. New York: Oxford University Press.

Phillips,K. A. ,Menard,W. , & Fay,C. (2006). Gender similarities and differences in 200 individuals with body dysmorphic disorder. Compr Psychiatry,47(2),77-87.

Phillips M. R. ,Zhang J. ,Shi Q. ,Song Z. ,Ding Z. ,Pang S. ,Li X. ,Zhang Y. , & Wang Z. (2009). Prevalence,treatment,and associated disability of mental disorders in four provinces inchina during 2001-2005: an epidemiological survey. The Lancet. 373,2041-2053.

Phillips,M. R. ,Li,X. Y. , & Zhang,Y. P. (2002). Suicide rates in China,1995-1999. Lancet,359(9309),835-840.

Pickles,A. ,McCauley,J. B. ,Pepa,L. A. ,Huerta,M. , & Lord,C. (2020). The adult outcome of children referred for autism: typology and prediction from childhood. Journal of Child Psychology and Psychiatry,61(7),760-767.

Pierce,W. D. , & Carl,D. C. (2003). Behavior Analysis and Learning. New York: Psychology Press.

Pine,D. S. (2011). The brain and behavior in childhood and adolescent anxiety disorders. In W. K. Silverman & A. Field (Eds.),anxiety disorders in children and adolescents: Research,assessment, and intervention (2nd ed. ,pp. 179-197). Cambridge,England: Cambridge University Press.

Pinto,J. V. ,Passos,I. C. ,Gomes,F. ,Reckziegel,R. ,Kapczinski,F. ,Mwangi,B. , & Kauer-Sant' Anna,M. (2017). Peripheral biomarker signatures of bipolar disorder and schizophrenia: A machine learning approach. Schizophrenia Research,188,182-184.

Pizzagalli,D. A. ,Nitschke,J. B. ,Oakes,T. R. ,Hendrick,A. M. , & Davidson,R. J. (2002). Brain electrical tomography in depression: the importance of symptom severity,anxiety,and melancholic features. Biological Psychiatry,52(2),73-85.

Polivy,J. , & Herman,C. P. (1987). Diagnosis and Treatment of Normal Eating. Journal of Consulting and Clinical Psychology,55(5),635-644.

Polkinghorne,D. E. (1993). Research methodology in humanistic psychology. The Humanistic Psychologist,20(2-3),218-242.

Polonsky,D. C. (2000). Asessment and treatment of male sexual dysfunction in primary care. InLeiblum,S. R. ,Rosen,R. C. Principles and practice of sex therapy,3rd ed (pp. 305-320). New York: The Guilford Press.

Prigerson HG, Horowitz, M. J., Jacobs, S. C., Parkes, C. M., Aslan, M., Goodkin, K., Raphael, B., Marwit, S. J., Wortman, C., Neimeyer, R. A., Bonanno, G. A., Block, S. D., Kissane, D., Boelen, P., Maercker, A., Litz, B. T., Johnson, J. G., First, M. B., & Maciejewski, P. K. (2009). Prolonged Grief Disorder: Psychometric Validation of Criteria Proposed for DSM-5 and ICD-11. PLoS medicine, 6(8), e1000121.

Pritchett, R., Pritchett, J., Marshall, E., Davidson, C., & Minnis, H. (2013). Reactive attachment disorder in the general population: a hidden ESSENCE disorder. Scientific World Journal, (2), 818157.

Project, T. Q. A. (1990). Treatment outlines for paranoid, schizotypal and schizoid personality disorders. Australian and New Zealand Journal of Psychiatry, 24(3), 339-350.

Purcell, S. M., Wray, N. R., Stone, J. L., Visscher, P. M., O'Donovan, M. C., Sullivan, P. F., & Sklar, P. (2009). Common polygenic variation contributes to risk of schizophrenia and bipolar disorder. Nature, 460(7256), 748-752.

Purdon, C. (2004). Empirical investigations of thought suppression in OCD. Journal Behavior Therapy Experimental Psychiatry, 35(2), 121-136.

Qian, M., Chen, R., Chen, H., Hu, S., Zhong, J., Yao, P., & Yi, C. (2012). Counseling and psychotherapy services in more developed and developing regions in China: a comparative investigation of practitioners and current service delivery. International Journal of Social Psychiatry, 58(5), 536-543.

Querido, J. G., & Eyberg, S. M. (2005). Parent-Child Interaction Therapy: Maintaining Treatment Gains of Preschoolers with Disruptive Behavior Disorders. In E. D. Hibbs & P. S. Jensen (Eds.), Psychosocial treatments for child and adolescent disorders: Empirically based strategies for clinical practice (p. 575-597). American Psychological Association.

Quirk, S. E., Berk, M., Chanen, A. M., Koivumaa-Honkanen, H., Brennan-Olsen, S. L., & Pasco, J. A., et al. (2016). Population prevalence of personality disorder and associations with physical health comorbidities and health care service utilization: a review. Personality Disorders: Theory, Research, and Treatment, 7(2), 136-146.

Raine A. (2006). Schizotypal personality: neurodevelopmental and psychosocial trajectories. Annual review of clinical psychology, 2, 291-326.

Rapee, R. M. (1997). Potential role of childrearing practices in the development of anxiety and depression. Clinical psychology review, 17(1), 47-67.

Rapee, R. M., Schniering, C. A., & Hudson, J. L. (2009). Anxiety disorders during childhood and adolescence: origins and treatment. Annual Review of Clinical Psychology, 5, 311-341.

Rapee, R. M., Wignall, A., Hudson, J. L., & Schniering, C. A. (2000). Treating Anxious Children and Adolescents: An Evidence-Based Approach. Oakland, CA: New Harbinger.

Rayner, L., Kershaw, K., Hanna, D., & Chaplin, R. (2009). The patient perspective of the consent process and side effects of electroconvulsive therapy. Journal of Mental Health, 18(5), 379-388.

Redmond, D. E. (1985). Neurochemical basis for anxiety and anxiety disorders: Evidence from drugs which decrease human fear or anxiety. In Tuma, A. H., & Maser, J. (eds). Anxiety and the anxiety disorders (533-555). Hillsdate, NJ: Erlbaum.

Reed, G. M., Drescher, J., Krueger, R. B., Atalla, E., Cochran, S. D., First, M. B., Cohen-Kettenis, P. T., Montis, I. A., Parish, S. J., Cottler, S., Briken, P., & Saxena, S. (2016). Disorders related to sexuality and gender identity in the ICD-11: revising the ICD-10 classification based on current scientific evidence, best clinical practices, and human rights considerations. World Psychiatry, 15, 205-221.

Rees, C. S., & Pritchard, R. (2015). Brief cognitive therapy for avoidant personality disorder. Psychotherapy, 52(1), 45-55.

Reichborn-Kjennerud, T., Czajkowski, N., Neale, M. C., Ørstavik, R. E., Torgersen, S., Tambs, K., Røysamb, E., Harris, J. R., & Kendler, K. S. (2007). Genetic and environmental influences on dimensional representations of DSM-IV cluster C personality disorders: a population-based multivariate twin study. Psychological medicine, 37(5), 645-653.

Reiersøl, O., & Skeid, S. (2006). The ICD diagnoses of fetishism and sadomasochism. Journal of homosexuality, 50(2-3), 243-262.

Reinblatt, S. P., & Riddle, M. A. (2007). The pharmacological management of childhood anxiety disorders: A review. Psychopharmacology, 191, 67-86.

Reinders, A. A., Nijenhuis, E. R., Paans, A. M., Korf, J., Willemsen, A. T., & Sen Boer, J. A. (2003). One brain, two selves. NeuroImage, 20(4), 2119-2125.

Reuter, J., Raedler, T., Rose, M., Hand, I., Gläscher, J., & Büchel, C. (2005). Pathological gambling is linked to reduced activation of the mesolimbic reward system. Nature Neuroscience, 8(2), 147-148.

Ribeiro, Â., Ribeiro, J. P., & vonDoellinger, O. (2018). Depression and psychodynamic psychotherapy. Revista brasileira de psiquiatria (Sao Paulo, Brazil: 1999), 40(1), 105-109.

Rice, M. E., & Harris, G. T. (2002). Men who molest their sexually immature daughters: is a special explanation required? Journal of Abnormal Psychology, 111(2), 329-339.

Richardson, P. G. (2010). Peripheral neuropathy following nitrous oxide abuse. Emergency medicine Australasia: EMA, 22(1), 88-90.

Richter, M. A., Summerfeldt, L. J., Antony, M. M., & Swinson, R. P. (2003). Obsessive-compulsive spectrum conditions in obsessive-compulsive disorder and other anxiety disorders. Depression and Anxiety, 18(3), 118-127.

Riddle, M. A., Maher, B. S., Wang, Y., Grados, M., Bienvenu, O. J., & Goes, F. S., et al. (2016). Obsessive-compulsive personality disorder: Evidence for two dimensions. Depression and Anxiety, 33(2), 128-135.

Ridenour, J. M. (2016). Psychodynamic model and treatment of schizotypal personality disorder. Psychoanalytic Psychology, 33(1), 129-146.

Riecher-Rossler, A., & Hafner, H. (2000). Gender aspects in schizophrenia: Bridging the border between social and biological psychiatry. Acta Psychiatry. Scand. Suppl. 102(407), 58-62.

Rief, W., & Martin, A. (2014). How to use the new DSM-5 somatic symptom disorder diagnosis in research and practice: a critical evaluation and a proposal for modifications. Annual Review of Clinical Psychology,10,339-367.

Rief,W. ,& Nanke,A. (1999). Somatization disorder from a cognitive-psychobiological perspective. Current Opinion in Psychiatry,12(6),733-738.

Rieger,G. ,& Savin-Williams,R. C. (2012). Gender nonconformity,sexual orientation,and psychological well-being. Archives of Sexual Behavior,41(3),611-621.

Rigter,H. ,Henderson,C. E. ,Pelc,I. ,Tossmann,P. ,Phan,O. ,Hendriks,V. ,Schaub,M. ,& Rowe,C. L. (2013). Multidimensional family therapy lowers the rate of cannabis dependence in adolescents: a randomised controlled trial in Western European outpatient settings. Drug and alcohol dependence,130(1-3),85-93.

Roberts,A. L. ,Gilman,S. E. ,Fitzmaurice,G. ,Decker,M. R. ,& Koenen,K. C. (2010). Witness of intimate partner violence in childhood and perpetration of intimate partner violence in adulthood. Epidemiology,21(6),809-818.

Robins,C. J. ,& Block,P. (1989). Cognitive theories of depression viewed from a diathesis-stress perspective: Evaluations of the models of Beck and of Abramson,Seligman,and Teasdale. Cognitive therapy and research,13(4),297-313.

Robinson,B. E. ,Bacon,J. G. ,& O'Reilly,J. (1993). Fat phobia: measuring,understanding,and changing anti-fat attitudes. International Journal of Eating Disorders,14(4),467-480.

Robinson,T. E. ,& Berridge,K. C. (2003). Addiction. Annual Review of Psychology,54,25-53.

Rodgers,R. F. ,& DuBois,R. H. (2016). Cognitive biases to appearance-related stimuli in body dissatisfaction: A systematic review. Clinical Psychology Review,46,1-11.

Rogers,C. R. (1951). Client-centered therapy: Its current practice, implications, and theory. Boston,MA: Houghton Mifflin.

Rogers,C. R. (1959). A theory of therapy,personality relationships as developed in the client-centered framework. In S. Koch (ed.). Psychology: A study of a science. Vol. 3: Formulations of the person and the social context. New York: McGraw Hill.

Rogers,C. R. (1961). On becoming a person: A therapist's view of psychotherapy. London: Constable.

Rogers,C. R. (1989). On becoming a person: a therapist's view of psychotherapy (renew ed.). Boston,MA: Houghton Mifflin.

Ronningstam,E. (2010). Narcissistic Personality Disorder: A Current Review. Curr Psychiatry Rep,12,68-75.

Rosen,R. C. (2007). Erectile dysfunction: Integration of medical and psychological approaches. In S. R. Leiblum (Ed.),Principles and practice of sex therapy (4th ed. ,pp. 277-312). New York, NY: Guilford.

Rosen,R. C. ,Wing,R. R. ,Schneider,S. H. ,& Gendrano,N. (2005). Epidemiology of Erectile Dysfunction: The Role of Medical Comorbidities and Lifestyle Factors. Urologic Clinics of North America,32(4),403-417.

Rosenberg,H. (2002). Controlled drinking. Encyclopedia of Psychotherapy,New York,NY: Academic Press.

Rosenberg, O. , Isserles, M. , Levkovitz, Y. , Kotler, M. , Zangen, A. , & Dannon, P. N. (2011). Effectiveness of a second deep TMS in depression: A brief report. Progress in Neuro-Psychopharmacology & Biological Psychiatry, 35(4), 1041-1044.

Rosenberg, R. , & Kosslyn, S. (2014). Abnormal Psychology. New York, NY: Worth Publishers.

Rosenhan, D. L. , & Seligman, M. E. P. (1995). Abnormal psychology. 3rd ed. New York: W. W. Norton & Company. Inc.

Rothbaum, B. O. , Anderson, P. , Zimand, E. , Hodges, L. , Lang, D. , & Wilson, J. (2006). Virtual reality exposure therapy and standard (in vivo) exposure therapy in the treatment of fear of flying. Behavior therapy, 37(1), 80-90.

Roussos, P. , Chemerinski, E. , & Siever, L. J. (2012). Schizoid and schizotypal personality disorder. Encyclopedia of Human Behavior, 43(8), 286-294.

Ruscio, A. M. , Stein, D. J. , Chiu, W. T. , & Kessler, R. C. (2010). The epidemiology of obsessive-compulsive disorder in the National Comorbidity Survey Replication. Molecular psychiatry, 15(1), 53-63.

Rutter, M. (2006). Implications of resilience concepts for scientific understanding. Resilience in Children, 1094, 1-12.

Rutter, M. (2013). Annual Research Review: Resilience clinical implications. Journal of Child Psychology and Psychiatry, 54(4), 474-487.

Rauch, S. A. , Eftekhari, A. , & Ruzek, J. I. (2012). Review of exposure therapy: a gold standard for PTSD treatment. Journal of rehabilitation research and development, 49(5), 679-687.

Sadock, B. J. , Sadock, V. A. , & Ruiz, P. (2014). Synopsis of Psychiatry. Philadelphia, PA: Wolters Kluwer Health.

Salk, R. H. , Hyde, J. S. , & Abramson, L. Y. (2017). Gender Differences in Depression in Representative National Samples: Meta-Analyses of Diagnoses and Symptoms. Psychological Bulletin, 143(8), 783-822.

Salkovskis, P. M. , & Kobori, O. (2015). Reassuringly calm? Self-reported patterns of responses to reassurance seeking in obsessive compulsive disorder. Journal of Behavior Therapy and Experimental Psychiatry, 49(Part B), 203-208.

Samborn, R. (1994). Priests playing hardball to battle abuse charges. National Law Journal, 16, A1.

Samuels J. (2011). Personality disorders: epidemiology and public health issues. International review of psychiatry (Abingdon, England), 23(3), 223-233.

Sapolsky, R. M. (2005). Biology and Human Behavior: The Neurological Origins of Individuality (2nd ed.). [S. I.]: The Teaching Company.

Sarason, B. , & Sarason, I. (1999). Abnormal Psychology (11th ed.). The problem of Maladaptive behavior, Englewood Cliffs, NJ: Prentice Hall.

Sarin, F. , Wallin, L. , & Widerlöv, B. (2011). Cognitive behavior therapy for schizophrenia: a meta-analytical review of randomized controlled trials. Nordic journal of psychiatry,65(3),162-174.

Scaini,S.,Belotti,R.,& Ogliari,A. (2014). Genetic and environmental contributions to social anxiety across different ages: a meta-analytic approach to twin data. Journal of anxiety disorders, 28(7),650-656.

Schacter,D. L.,Gilbert,D. L. & Wegner,D. M. (2010). Psychology. (2nd ed.). New Work, NY: Worth Publishers.

Schaub,M. P.,Henderson,C. E.,Pelc,I.,Tossmann,O. P.,Hendrike,V.,Rowe,C.,& Rigter, H. (2014). Multidimensional family therapy decreases the rate of externalising behavioural disorder symptoms in cannabis abusing adolescents: outcomes of the INCANT trial. BMC Psychiatry, 14, 26-26.

Schiavi,R. C. (1990). Chronic alcoholism and male sexual dysfunction. Journal of sex & marital therapy,16(2),23-33.

Schmid,Y.,Enzler,F.,Gasser,P.,Grouzmann,E.,Preller,K. H.,Vollenweider,F. X.,Brenneisen,R.,Müller,F.,Borgwardt,S.,& Liechti,M. E. (2015). Acute Effects of Lysergic Acid Diethylamide in Healthy Subjects. Biological psychiatry,78(8),544-553.

Schmidt,N. B.,Richey,J. A.,Buckner,J. D.,& Timpano,K. R. (2009). Attention training for generalized social anxiety disorder. Journal of Abnormal Psychology,118(1),5-14.

Schneider,S.,Peters,J.,Bromberg,U.,Brassen,S.,Miedl,S. F.,Banaschewski,T.,Barker,G. J.,et al. (2012). Risk taking and the adolescent reward system: a potential common link to substance abuse. The American Journal of Psychiatry,169(1),39-46.

Schramm,E.,Klein,D. N.,Elsaesser,M.,Furukawa,T. A.,& Domschke,K. (2020). Review of dysthymia and persistent depressive disorder: history,correlates,and clinical implications. Lancet Psychiatry,7(9),801-812.

Schreiber,F.,Heimlich,C.,Schweitzer,C.,& Stangier,U. (2015). Cognitive therapy for social anxiety disorder: the impact of the "self-focused attention and safety behaviours experiment" on the course of treatment. Behavioural and cognitive psychotherapy,43(2),158-166.

Schuch,F. B.,Vancampfort,D.,Firth,J.,Rosenbaum,S.,Ward,P. B.,Silva,E. S.,Hallgren, M.,Ponce De Leon,A.,Dunn,A. L.,Deslandes,A. C.,Fleck,M. P.,Carvalho,A. F.,& Stubbs,B. (2018). Physical Activity and Incident Depression: A Meta-Analysis of Prospective Cohort Studies. The American journal of psychiatry,175(7),631-648.

Schumann,C. M.,& Amaral,D. G. (2006). Stereological analysis of amygdala neuron number in autism. Journal of Neuroscience,26(29),7674-7679.

Selemon,L. D.,& Goldman-Rakic,P. S. (1988). Common cortical and subcortical targets of the dorsolateral prefrontal and posterior parietal cortices in the rhesus monkey: Evidence for a distributed neural network subserving spatially-guided behavior. Journal of Neuroscience,8,4049-4068.

Seligman,M. E.,Walker,E. F.,& Rosenhan,D. L. (2001). Abnormal psychology. New York, NY: W. W. Norton & Company.

Selvaraj,S.,Murthy,N. V.,Bhagwagar,Z.,Bose,S. K.,Hinz,R.,Grasby,P. M.,& Cowen,P.

J. (2011). Diminished brain 5-HT transporter binding in major depression: a positron emission tomography study with [11C] DASB. Psychopharmacology, 213(2-3), 555-562.

Selye, H. (1936). A syndrome produced by diverse nocuous agents. Nature, 138, 32.

Serefoglu, E. C., & Saitz, T. R. (2012). New insights on premature ejaculation: a review of definition, classification, prevalence and treatment. Asian Journal of Andrology, 14(6), 822-829.

Seto, M. C. (2009). Pedophilia. In S. Nolen-Hoeksema, T. D. Cannon, & T. Widiger, (Eds.), Annual review of clinical psychology (Vol. 5, pp. 391-408). Palo Alto, CA: Annual Reviews.

Seto, M., Cantor, J., & Blanchard, R. (2006). Child pornography offenses are a valid diagnostic indicator of pedophilia. Journal of Abnormal Psychology, 115, 610-615.

Sha, F., Yip, P. S. F., & Law, Y. W. (2017). Decomposing change in China's suicide rate, 1990-2010: ageing and urbanisation. Injury Prevention, 23(1), 40-45.

Shaffer, D., Gould, M., & Hicks, R. C. (1994). Worsening suicide rate in Black teenagers. American Journal of Psychiatry, 151, 1810-1812.

Sharma, V., Mazmanian, D. S., Persad, E., & Kueneman, K. M. (1997). Treatment of bipolar depression: A survey of Canadian psychiatrists. Canadian Journal of Psychiatry-Revue Canadienne De Psychiatrie, 42(3), 298-302.

Shaywitz, B. A., Shaywitz, S. E., Pugh, K. R., Mencl, W. E., Fulbright, R. K., Skudlarski, P., Constable, R. T., Marchione, K. E., Fletcher, J. M., Lyon, G. R., & Gore, J. C. (2002). Disruption of posterior brain systems for reading in children with developmental dyslexia. Biological psychiatry, 52(2), 101-110.

Shear, K., Jin, R., Ruscio, A. M., Walters, E. E., & Kessler, R. C. (2006). Prevalence and correlates of estimated DSM-IV child and adult separation anxiety disorder in the National Comorbidity Survey Replication (NCS-R). American Journal of Psychiatry, 163(6), 1074-1083.

Sheeber, L., Hops, H., Alpert, A., Davis, B., & Andrews, J. (1997). Family support and conflict: prospective relations to adolescent depression. Journal of Abnormal Child Psychology, 25(4), 333-344.

Siegel, M., Kurland, R. P., Castrini, M., Morse, C., De Groot, A., Retamozo, C., Roberts, S. P., Ross, C. S., & Jernigan, D. H. (2016). Potential youth exposure to alcohol advertising on the internet: A study of internet versions of popular television programs. Journal of substance use, 21(4), 361-367.

Sierra, M. (2009). Depersonalization: A New Look at a Neglected Syndrome. Cambridge, UK: Cambridge University Press.

Silverman, W. K. & Treffers, P. D. (2001). Anxiety disorders in children and adolescents: research, assessment and intervention. New York, NY, US: Cambridge University Press.

Silverman, W. K., Pina, A. A., & Viswesvaran, C. (2008). Evidence-based psychosocial treatments for phobic and anxiety disorders in children and adolescents. Journal of Clinical Child & Adolescent Psychology, 37, 105-130.

Simeon, D., Guralnik, O., Knutelska, M., Yehuda, R., & Schmeidler, J. (2003a). Basal norepinephrine in depersonalization disorder. Psychiatry Research,121(1),93-97.

Simeon,D. ,Knutelska,M. ,Nelson,D. ,& Guralnik,O. (2003b). Feeling unreal: A depersonalization disorder update of 117 cases. Journal of Clinical Psychiatry,64,990-997.

Simons,A. D. ,Garfield,S. L. ,& Murphy,G. E. (1984). The process of change in cognitive therapy and pharmacotherapy for depression changes in mood and cognition. Archives of General Psychiatry,41(1),45-51.

Simons,J. ,& Carey,M. (2001). Prevalence of sexual dysfunctions: Results from a decade of research. Archives of Sexual Behavior,30(2),177-219.

Skidmore,W. ,Linsenmeier,J. ,& Bailey,J. (2006). Gender nonconformity and psychological distress in lesbians and gay men. Archives of Sexual Behavior,35,685-697.

Skinner,B. F. (1953). Science and Human Behavior. New York: Macmillan.

Skinner,B. F. (1938). Behavior of Organisms. New York: Appleton Century Crofts.

Slotema,C. W. ,Aleman,A. ,Daskalakis,Z. J. ,& Sommer,I. E. (2012). Meta-analysis of repetitive transcranial magnetic stimulation in the treatment of auditory verbal hallucinations: update and effects after one month. Schizophrenia Research,142(1-3),40-45.

Smith,P. N. ,&Cukrowicz,K. C. (2010). Capable of suicide: a functional model of the acquired capability component of the Interpersonal-Psychological Theory of Suicide. Suicide Life Threat Behav, 40(3),266-275.

Smith,E. E. ,& Kosslyn,S. M. (2007). Cognitive Psychology: Mind and Brain. Upper Saddle River,NJ: Pearson Prentice Hall

Snyder,J. S. ,Soumier,A. ,Brewer,M. ,Pickel,J. ,& Cameron,H. A. (2011). Adult hippocampal neurogenesis buffers stress responses and depressive behaviour. Nature,476(7361),458-461.

Somma,A. ,Fossati,A. ,Terrinoni,A. ,Williams,R. ,Ardizzone,I. ,Fantini,F. ,Borroni,S. ,Krueger,R. F. ,Markon,K. E. ,& Ferrara,M. (2016). Reliability and clinical usefulness of the personality inventory for DSM-5 in clinically referred adolescents: A preliminary report in a sample of Italian inpatients. Comprehensive Psychiatry,70,141-151.

Soraya,S. ,Kamalzadeh,L. , Nayeri,V. ,Bayat,E. ,Alavi,K. , & Shariat,S. V. (2017). Factor Structure of Personality Inventory for DSM-5(PID-5) in an Iranian Sample. Iranian Journal of Psychiatry & Clinical Psychology,22(4),308 - 317.

Southwick,S. M. ,& Charney,D. S. (2012). The Science of Resilience: Implications for the Prevention and Treatment of Depression. Science,338(6103),79-82.

Spermon,D. ,Darlington,Y. ,& Gibney,P. (2010). Psychodynamic psychotherapy for complex trauma: targets,focus,applications,and outcomes. Psychology research and behavior management,3, 119-127.

Spiegel,D. , Lewis-Fernandez,R. , Lanius,R. , Vermetten,E. , Simeon, D. , & Friedman,M. (2013). Dissociative disorders in DSM-5. Annual Review of Clinical Psychology,9,299-326.

Spielberger,C. D. (1966). Anxiety and behavior. New York: Academic Press.

Spreen,O. ,& Benton,A. L. (1965). Comparative studies of some psychological tests for cerebral damage. Journal of Nervous and Mental Disease. 140,323-333.

Squire,L. R. (1977). Ect and memory loss. American Journal of Psychiatry,134(9),997-1001.

Stam,C. J. ,Van Straaten,E. C. W. (2012). The organization of physiological brain networks. Clinical Neurophysiology,123(6),1067-1087.

Stark,K. D. ,Streusand,W. , Arora,P. , & Patel,P. (2012). Childhood depression: The ACTION treatment program. In P. C. Kendall (Ed.),Child and adolescent therapy: Cognitive-behavioral procedures (4th ed. ,pp. 190-233). New York: Guilford Press.

Steele,K. ,Boon,S. ,& Hart,O. V. D. (2016). Treating Trauma-Related Dissociation: A Practical,Integrative Approach (Norton Series on Interpersonal Neurobiology). New York,NY: W. W. Norton & Company.

Stein,D. J. ,Fineberg,N. A. ,Bienvenu,O. J. ,Denys,D. ,Lochner,C. ,Nestadt,G. ,Leckman,J. F. ,Rauch,S. L. ,& Phillips,K. A. (2010). Should OCD be classified as an anxiety disorder in DSM-5? Depression and Anxiety,27(6),495-506.

Steketee,G. ,& Barlow,D. H. (2002). Obsessive-compulsive disorder. In Barlow,D. H. (ed.),Anxiety and its disorders (2nd ed,pp. 516-50). New York: Guilford Press.

Stern,T. A. ,Freudenreich,O. ,Smith,F. A. ,Fricchione,G. L. ,& Rosenbaum,J. F. (2017). Massachusetts General Hospital Handbook of General Hospital Psychiatry. New York,NY: Elsevier Health Sciences.

Stewart,D. A. ,Carter,J. C. ,Drinkwater,J. ,Hainsworth,J. ,& Fairburn,C. G. (2001). Modification of eating attitudes and behavior in adolescent girls: A controlled study. The International journal of eating disorders,29(2),107-118.

Stone,J. ,Zeman,A. , Simonotto, E. , Meyer, M. , Azuma,R. ,Flett,S. , & Sharpe,M. (2007). FMRI in patients with motor conversion symptoms and controls with simulated weakness. Psychosomatic medicine,69(9),961-969.

Stringaris,A. , Maughan,B. ,Copeland,W. S. ,Costello,E. J. ,& Angold,A. (2013). Irritable mood as a symptom of depression in youth: Prevalence,developmental,and clinical correlates in the Great Smoky Mountains Study. Journal of the American Academy of Child & Adolescent Psychiatry, 52,831-840.

Stunkard,A. J. (1959). Eating patterns and obesity. Psychiatr. Q. ,33,284-295.

Suárez-Orozco,C. ,Rhodes,J. ,& Milburn,M. (2009). Unraveling the immigrant paradox: Academic engagement and disengagement among recently arrived immigrant youth. Youth & Society, 41(2),151-185.

Sullivan,H. S. (1953). The interpersonal theory of psychiatry. New York: WW Norton & Co.

Summerfeldt,L. J. , Kloosterman,P. H. , Antony,M. M. , McCabe,R. E. ,& Parker,J. D. (2011). Emotional intelligence in social phobia and other anxiety disorders. Journal of Psychopathology and Behavioral Assessment,33(1),69-78.

Sumner J. A. (2012). The mechanisms underlyingovergeneral autobiographical memory: an evaluative review of evidence for the CaR-FA-X model. Clinical psychology review,32(1),34-48.

Sun,J. D. ,Guo,X. L. ,Zhang,J. Y. ,Jia,C. X. ,& Xu,A. Q. (2013). Suicide rates in Shandong,China,1991-2010: Rapid decrease in rural rates and steady increase in male-female ratio. Journal of Affective Disorders,146(3),361-368.

Swanson,S. A. ,Crow,S. J. ,Le Grange,D. ,Swendsen,J. ,& Merikangas,K. R. (2011). Prevalence and correlates of eating disorders in adolescents. Results from the national comorbidity survey replication adolescent supplement. Archives of general psychiatry,68(7),714-723.

Taylor,S. E. ,Way,B. M. ,& Seeman,T. E. (2011). Early adversity and health outcomes. Development and Psychopathology,23,939-954.

Taylor,S. ,& Asmundson,G. J. G. (2004). Treating Health Anxiety: A Cognitive-behavioral Approach. New York,NY: Guilford Press.

Thapar,A. ,& McGuffin,P. (1996). The genetic etiology of childhood depressive symptoms: A developmental perspective. Development and Psychopathology,8(4),751-760.

Thompson,C. (1952). Sullivan and Psychoanalysis. InMullahy, P. , ed. The Contributions of Harry Stack Sullivan. [S. I.]: Hermitage House.

Thorndike,E. L. (1998). Animal Intelligence: An Experimental Study of the Associate Processes in Animals. American Psychologist,53(10),1125-1127.

Tillfors,M. ,Furmark, T. , Ekselius, L. , & Fredrikson,M. (2001). Social phobia and avoidant personality disorder as related to parental history of social anxiety: a general population study. Behaviour Research and Therapy,39,289-298.

Tolin,D. F. ,Frost,R. O. ,& Steketee,G. (2007). An open trial of cognitive-behavioral therapy for compulsive hoarding. Behaviour research and therapy,45(7),1461-1470.

Tollefson,G. D. (1996). Cognitive function in schizophrenic patients. Journal of Clinical Psychiatry,57 Suppl 11,31-39.

Tomarkenand,A. J. ,& Keener,A. D. (1998). Frontal Brain Asymmetry and Depression: A Self-regulatory Perspective. Cognition & Emotion,12(3),387-420.

Torgersen,S. ,Lygren,S. ,Oien,P. A. ,Skre,I. ,Onstad,S. ,Edvardsen,J. ,et al. (2000). A twin study of personality disorders. Comprehensive Psychiatry,41(6) ,416-425.

Torvik,F. A. ,Welander-Vatn,A. , Ystrom,E. ,Knudsen,G. P. ,Czajkowski,N. ,& Kendler,K. S. ,et al. (2016). Longitudinal associations between social anxiety disorder and avoidant personality disorder: A twin study. Journal of Abnormal Psychology,125(1),114-124.

True,W. R. ,Rice,J. ,Eisen,S. A. ,Heath,A. C. ,Goldberg,J. ,Lyons,M. J. ,& Nowak,J. (1993). A twin study of genetic andenvironmental contributions to liability for posttraumatic stress symptoms. Archives of general psychiatry,50(4),257-264.

Trull,T. J. ,& Durrett,C. A. (2005). Categorical and dimensional models of personality disorder. Annual Review of Clinical Psychology,1,355-380.

Trull,T. J. ,Jahng,S. ,Tomko,R. L. ,Wood,P. K. ,& Sher,K. J. (2010). Revised nesarc personality disorder diagnoses: Gender,prevalence,and comorbidity with substance dependence disorders. Journal of Personality Disorders,24(4),412-426.

Turan, M. T., Eşel, E., Dündar, M., Candemir, Z., Baştürk, M., Sofuoğlu, S., & Ozkul, Y. (2000). Female-to-male transsexual with 47, XXX karyotype. Biological psychiatry, 48(11), 1116-1117.

Turnbull, G. J. (1998). A review of post-traumatic stress disorder. Part I: Historical development and classification. Injury, 29(2), 87-91.

Uher, R., & Zwicker, A. (2017). Etiology in psychiatry: embracing the reality of poly-gene-environmental causation of mental illness. World psychiatry: official journal of the World Psychiatric Association (WPA), 16(2), 121-129.

Ungar, M., Ghazinour, M., & Richter, J. (2013). Annual Research Review: What is resilience within the social ecology of human development? Journal of Child Psychology and Psychiatry, 54(4), 348-366.

Van Beijsterveldt, C., Hudziak, J., & Boomsma, D. (2006). Genetic and environmental influences on cross-gender behavior and relation to behavior problems: A study of Dutch twins at ages 7 and 10 years. Archives of Sexual Behavior, 35, 647-658.

Van der Kolk, B. A. (2015). The body keeps the score: Brain, mind and body in the healing of trauma. New York, NY: Penguin Books.

Van Kesteren, P. J., Gooren, L. J., Megens, J. A. (1996) An epidemiological and demographic study of transsexuals in the Netherlands. Archives of Sexual Behavior, 25, 589-600.

VanRyzin, M. J., Fosco, G. M., & Dishion, T. J. (2012). Family and peer predictors of substance use from early adolescence to early adulthood: an 11-year prospective analysis. Addictive behaviors, 37(12), 1314-1324.

Vargas, J. S. (2013). Behavior Analysis for effective Teaching. New York: Routledge.

Ventimiglia, G. (2020). A psychoanalytic interpretation of bipolar disorder. International Forum of Psychoanalysis, 29(2), 74-86.

Vermetten, E., Vythilingam, M., Southwick, S. M., Charney, D. S., Bremner, J. D. (2003). Long-term treatment with paroxetine increases verbal declarative memory and hippocampal volume in posttraumatic stress disorder. Biological Psychiatry, 54(7), 693-702.

Volkert, J., Gablonski, T., & Rabung, S. (2018). Prevalence of personality disorders in the general adult population in Western countries: Systematic review and meta-analysis. The British Journal of Psychiatry, 213, 709-715.

Volkow, N. D., Fowler, J. S., Wang, G. J., Baler, R., & Telang, F. (2009). Imaging dopamine's role in drug abuse and addiction. Neuropharmacology, 56 Suppl 1(Suppl 1), 3-8.

Wade, T. D., Bulik, C. M., Sullivan, P. F., Neale, M. C., & Kendler, K. S. (2000). The relation between risk factors for binge eating and bulimia nervosa: a population-based female twin study. Health psychology: official journal of the Division of Health Psychology, American Psychological Association, 19(2), 115-123.

Walker, E., Kestler, L., Bollini, A., & Hochman, K. M. (2004). Schizophrenia: etiology and course. Annual review of psychology, 55, 401-430.

Walther, J. B. (1992). Interpersonal effects in computer-mediated interaction: A relational perspective. Communication Research, 19(1), 52-90.

Wang, C., Zhang, P., & Zhang, N. (2020). Adolescent mental health in China requires more attention. The Lancet Public Health, 5(12), e637.

Ward, T., & Beech, A. R. (2008). An integrated theory of sexual offending. In D. R. Laws, & W. O'Donohue (Eds.), Sexual Deviance: Theory, Assessment, and Treatment, vol. 2 (pp. 21-36). New York: Guilford Press.

Warner, M. B., Morey, L. C., Finch, J. F., Gunderson, J. G., Skodol, A. E., & Sanislow, C. A., et al. (2004). The longitudinal relationship of personality traits and disorders. Journal of Abnormal Psychology, 113(2), 217-227.

Warren, Z., McPheeters, M. L., Sathe, N., & Foss-Feig, J. H. (2011). A systematic review of early intensive intervention for autism spectrum disorders. Pediatrics, 1303-1311.

Watson, J. B., & Rayner, W. R. (1921). Studies in Infant Psychology. The Scientific Monthly, 13(6), 493-515.

Webster-Stratton, C., & Herman, K. C. (2010). Disseminating incredible years series early-intervention programs: integrating and sustaining services between school and home. Psychology in the Schools, 47, 36-54.

Wegner, D. M., Schneider, D. J., Carter, S. R., & White, T. L. (1987). Paradoxical effects of thought suppression. Journal of personality and social psychology, 53(1), 5-13.

Weinbrecht, A., Schulze, L., Boettcher, J., & Renneberg, B. (2016). Avoidant personality disorder: a current review. Current Psychiatry Reports, 18(3), 29.

Weis, R. J. (2017). Introduction to Abnormal Child and Adolescent Psychology. Washington, DC: SAGE Publications, Inc.

Weisberg, R. B., Brown, T. A., Wincze, J. P., & Barlow, D. H. (2001). Causal attributions and male sexual arousal: the impact of attributions for a bogus erectile difficulty on sexual arousal, cognitions, and affect. Journal of abnormal psychology, 110(2), 324-334.

Weisz, J. R., Weiss, B., Suwanlert, S., & Chaiyasit, W. (2003). Syndromal structure of psychopathology in children in Thailand and the United States. Journal of Consulting and Clinical Psychology, 71, 375-385.

Wesseldijk, L. W., Bartels, M., Vink, J. M., Beijsterveldt, C. E. M. V., Ligthart, L., Boomsma, D. I., & Middeldorp, C. M. (2018). Genetic and environmental influences on conduct and antisocial personality problems in childhood, adolescence, and adulthood. European Child & Adolescent Psychiatry, 27(9), 1123-1132.

Wheaton, M. G., & Pinto, A. (2017). The role of experiential avoidance in obsessive-compulsive personality disorder traits. Personality Disorders: Theory, Research, and Treatment, 8(4), 383-388.

WHO. (2018). International classification of diseases 11(ICD-11) Beta Draft. [2023-05-06]. https://icd.who.int/dev11/1m/en. 2018.

WHO. (2019). ICD-11 for mortality and morbidity statistics/dissociative disorders. [2023-05-

06]. https://icd. who. int/browse11/lm/en#/http%3a%2f%2fid. who. int%2ficd%2fentity%2f108180424,20190401.

Wiegel,M. ,Scepkowski,L. ,& Barlow,D. (2006). Cognitive and affective processes in female sexual dysfunctions. In I. Goldstein,C. Meston,S. Davis,& A. Traish (eds.),Women's sexual function and dysfunction: Study,diagnosis and treatment (pp. 85-92). London,UK: Taylor & Francis.

Wilfley,D. E. ,Friedman,M. A. ,Dounchis,J. Z. ,Stein,R. I. ,Welch,R. R. ,& Ball,S. A. (2000). Comorbid psychopathology in binge eating disorder: relation to eating disorder severity at baseline and following treatment. Journal of consulting and clinical psychology,68(4),641-649.

Williams,J. L. (2002). Constructing a behavior analytical helping process. Behavior Analyst Today,3(3),262-264.

Williams,J. G. (1988). Cognitive intervention for a paranoid personality disorder. Psychotherapy: Theory,Research,Practice,Training,25(4),570-575.

Wilson,P. ,Sharp,C. ,Carr,S. (1999). The prevalence of gender dysphoria in Scotland: a primary care study. British Journal of General Practice,49(499),991-992.

Wincze,J. P. (2009). Enhancing sexuality: A problem-solving approach to treating dysfunction: Therapist guide (2nd ed). New York,NY: Oxford University Press.

Wincze,J. P. ,& Weisberg,R. B. (2015). Sexual dysfunction: A guide for assessment and treatment. New York: Guilford Publications.

Winstock A. (2015). The global drug survey 2015 findings. [2023-05-08]. https://www. globaldrugsurvey. com/the-global-drug-survey-2015-findings/.

Wittchen,H. -U. ,Gloster,A. T. ,Beesdo-Baum,K. ,Fava,G. A. ,& Craske,M. G. (2010). Agoraphobia: A review of the diagnostic classificatory position and criteria. Depression and Anxiety,27(2),113-133.

Wolff,S. ,Townshend,R. ,Mcguire,R. J. ,& Weeks,D. J. (1991). 'Schizoid' personality in childhood and adult life. ii: adult adjustment and the continuity with schizotypal personality disorder. Brtish Journal of Psychiatry,159,620-629.

Wonderlich,S. A. ,Crosby,R. D. ,Mitchell,J. E. ,Thompson,K. M. ,Redlin,J. ,Demuth,G. ,Smyth,J. ,& Haseltine,B. (2001). Eating disturbance and sexual trauma in childhood and adulthood. The International journal of eating disorders,30(4),401-412.

World Health Organization. (2022). International Classification of Diseases 11th Revision (ICD-11). [2023-05-08]. https://icd. who. int/browse11/lm/en.

World Health Organization. (2014). Global Status Report on Alcohol and Health. [2023-05-08]. https://www. who. int/data/gho/data/themes/global-information-system-on-alcohol-and-health.

World Health Organization. (2016). World health statistics 2016: monitoring health for the SDGs,sustainable development goals. World Health Organization. [2023-05-08]. https://iris. who. int/handle/10665/206498.

World Health Organization. (1992). International classifification of diseases. 10th revision (ICD-10). [2023-05-08]. https://www. cdc. gov/nchs/icd/icd10. htm

Wu, C., Dagg, P., & Molgat, C. (2014). A pilot study to measure cognitive impairment in patients with severe schizophrenia with the Montreal Cognitive Assessment (MoCA). Schizophrenia Research, 158(1-3): 151-155.

Wynne, L. C., Singer, M. T., Bartko, J. J. & Toohey, M. L. (1975). Schizophrenics and their families: Recent research on parental communication. In J. M. Tanner (Ed.) Psychiatric research: The widening perspective. New York: International Universities Press.

Yalom, I. D. (1980). Existential psychotherapy. New York: Basic Books.

Yalom, I. D., & Leszcz, M. (2005). The theory and practice of group psychotherapy. 5th ed. New York: Basic Books/Hachette Book Group.

Ye, B. Y., Jiang, Z. Y., Li, X., Cao, B., Cao, L. P., Lin, Y., Xu, G. Y., & Miao, G. D. (2016). Effectiveness of cognitive behavioral therapy in treating bipolar disorder: An updated meta-analysis with randomized controlled trials. Psychiatry and clinical neurosciences, 70(8), 351-361.

Yehuda, R. (2002). Post-traumatic stress disorder. The New England Journal of Medicine, 346(2), 108-114.

Young, J. E., Klosko, J. S., & Weishaar, M. E. (2003). Schema therapy: A practitioner's guide. New York: Guilford Press.

Zeanah, C. H., Scheeringa, M., Boris, N. W., Heller, S. S., Smyke, A. T., & Trapani, J. (2004). Reactive attachment disorder in maltreated toddlers. Child abuse & neglect, 28(8), 877-888.

Zelviene, P., & Kazlauskas, E. (2018). Adjustment disorder: Current perspectives. Neuropsychiatric Disease and Treatment, 14, 375-381.

Zemore, S. E., Subbaraman, M., & Tonigan, J. S. (2013). Involvement in 12-step activities and treatment outcomes. Substance abuse, 34(1), 60-69.

Zhang, F., Mitchell, J. E., Li, K., Yu, W. M., et al. (1992). The prevalence of anorexia nervosa and bulimia nervosa among freshman medical college students in China. International Journal of Eating Disorders, 12(2), 209-214.

Zhang, J., Lyu, J., Sun, W., & Wang, L. (2022). Changes and explanations of suicide rates in China by province and gender over the past three decades. Journal of affective disorders, 299, 470-474.

Zhang, L., Li, X. X., & Hu, X. Z. (2016). Post-traumatic stress disorder risk and brain-derived neurotrophic factor Val66Met. World Journal of Psychiatry, 6(1), 1-6.

Zhang, L. P., Zhao, Q., Luo, Z. C., Lei, Y. X., Wang, Y., & Wang, P. X. (2015). Prevalence and risk factors of posttraumatic stress disorder among survivors five years after the "Wenchuan" earthquake in China. Health and quality of life outcomes, 13, 75.

Zhao, M. Z., Song, X. S., & Ma, J. S. (2021). Gene×environment interaction in major depressive disorder. World Journal of Clinical Cases, 9(31), 9368-9375.

Zhong, J., & Leung, F. (2007). Should Borderline Personality Disorder be Included in the Fourth Edition of the Chinese Classification of Mental Disorders? Chinese Medical Journal, 120(1), 77-82.

Zhong, J., & Leung, F. (2009). Diagnosis of Borderline Personality Disorder in China: Current Status and Future Directions. Current psychiatry reports, 11, 69-73.

Zhu, Y., Tang, Y., Zhang, T., Li, H., Tang, Y., Li, C., Luo, X., He, Y., Lu, Z., & Wang, J. (2017). Reduced functional connectivity between bilateral precuneus and contralateralparahippocampus in schizotypal personality disorder. BMC psychiatry, 17(1), 48.

Zilbergeld, B. (1998). The new male sexuality (Rev. ed). New York: Bantam Books.

Zuckerman, M. (1999). Vulnerability to Psychology: A Biosocial Model. Washington, DC: American Psychological Association Press.

Zung, W. W. (1965). A self-rating depression scale. Archives of general psychiatry, 12(1), 63-70.

Zung, W. W. (1971). A rating instrument for anxiety disorders. Psychosomatics, 12(6), 371-379.

Zwaigenbaum, L., Bauman, M. L., Fein, D., Pierce, K., Buie, T., Davis, P. A., Newschaffer, C., et al. (2015). Early Screening of Autism Spectrum Disorder: Recommendations for Practice and Research. Pediatrics, 136 Suppl 1(Suppl 1), S41-S59.